我的哲学探索

My Philosophical Pursuit

金观涛——著

中信出版集团

图书在版编目（CIP）数据

我的哲学探索 / 金观涛著. -- 北京：中信出版社，
2025.4. -- ISBN 978-7-5217-7242-5
Ⅰ. N02
中国国家版本馆 CIP 数据核字第 20253GH477 号

我的哲学探索
著者： 金观涛
出版发行：中信出版集团股份有限公司
（北京市朝阳区东三环北路27号嘉铭中心　邮编　100020）
承印者： 北京联兴盛业印刷股份有限公司

开本：880mm×1230mm 1/32　印张：21　　字数：410千字
版次：2025年4月第1版　　印次：2025年4月第1次印刷
书号：ISBN 978-7-5217-7242-5
定价：128.00元

版权所有·侵权必究
如有印刷、装订问题，本公司负责调换。
服务热线：400-600-8099
投稿邮箱：author@citicpub.com

目　录

写给新一代的读者　　　　　　　　　　　　　　　　VII
导　论　哲学及其现代命运　　　　　　　　　　　　001

第一部分 | 系统的哲学

2019 年版序言　　　　　　　　　　　　　　　　　065
2005 年版序言　　　　　　　　　　　　　　　　　068
1988 年版序言：20 年的追求——我和哲学　　　　070

第一篇 | 人的哲学——论"客观性"

引　言　哲学家的内心独白　　　　　　　　　　　　133

第一章　理性在困境中……　　　　　　　　　　137
第一节　影子般的客体　　　　　　　　　　　　　　137
第二节　哲学争论的实验判决：关于贝尔不等式的验证　　140
第三节　存在真是被感知吗？——对一个实验的描述　　144
第四节　科学理性的金字塔　　　　　　　　　　　　149

第二章　建构主义的尝试　　　　　　　　　　　157
第一节　第 18 头骆驼　　　　　　　　　　　　　　157
第二节　无差异编码和纠错能力　　　　　　　　　　161

第三节	神经网络的封闭性	166
第四节	内稳态和符号主义	174
第五节	客观存在等于本征态吗?	182
第六节	量子力学的黑箱解释	192
第七节	鱼龙混杂的哲学遗产	201

第三章　客观性和公共性　　205

第一节	对经验可靠性标准的重新考察	205
第二节	寻找新的奠基石	213
第三节	同一性疑难和结构稳定性	218
第四节	人体的结构稳定性：为什么有清醒的直观世界?	225
第五节	结构稳定性的扩张：科学以人为中心	230
第六节	构造性自然观和科学解释的结构	239
第七节	我们仍在笼中谈哲学	244

第四章　近于上帝的观察者　　248

第一节	"客观存在"存在的条件	248
第二节	什么是观察者?	256
第三节	自然规律与仪器同构定律	263
第四节	理性的飞跃：从观察者到思想者	272
第五节	回到唯物主义：整体演化论	278
结束语	展望人的哲学	284

第二篇 | 发展的哲学——论"矛盾"和"不确定性"

第一章　从"无矛盾原理"的争论谈起　　293

第二章	"矛盾"概念的精确化：悖论对逻辑的破坏	298
第三章	科学理论纠错机制和集合论悖论的启示	303
第四章	不确定性和系统内部调节功能的破坏	310
第五章	无限、量子力学和信息论	315
第六章	数学家和哲学家共同的成果：	
	哥德尔不完备性定理	322
第七章	整体演化理论	331

第三篇 | 整体的哲学——我们的方法论

引 言	理性哲学的理想	345
第一章 历史的导言：整体方法的兴起		**353**
第一节	整体之谜	353
第二节	内稳态的发现	356
第三节	从维纳到艾什比：调节行为的起源	359
第四节	目的性、大脑和学习机制	365
第五节	生命：介于随机性和因果性之间？	376
第二章 什么是组织？		**385**
第一节	黑箱和整体中的部分	385
第二节	组织：功能耦合系统	393
第三节	结构主义三要素	404
第三章 稳定性、存在和价值		**414**
第一节	组织系统的稳定性	414
第二节	自耦合分析	419

第三节	维持生存的功能和结构	428
第四节	存在的逻辑	438
第五节	吸引子、组织起源和价值	443
第六节	小结：活的组织	453

第四章　生长的机制　457

第一节	从蝴蝶花纹和圆锥曲线的关系讲起	457
第二节	内稳态对生长的意义	464
第三节	货币的起源和神经系统的发育	469
第四节	生长作为层次展开：超目的与超因果	478

第五章　组织的结构、容量和形状　489

第一节	组织的层次和结构稳定性	489
第二节	结构对容量的限制：为什么生长有极限？	495
第三节	维生结构与突变理论	504
第四节	形态发生机制	513

第六章　老化过程和功能异化　523

第一节	从仪器老化原理讲起	523
第二节	浴盆曲线和功能对结构的反作用	527
第三节	衰老理论种种	532
第四节	功能异化与结构畸变	540
第五节	模拟演化	551
第六节	无组织力量和熵增加的异同	556

结束语　组织演化：我们面临新的综合　568

1988 年版后记　573

第二部分 | 走向真实性哲学

第四篇 | 意识是什么？

第一章	大脑研究与人工智能	579
第二章	在真实性哲学的路灯下	583
第三章	为什么人工智能不可能有意识	587
第四章	意识的拟受控实验（观察）研究	594
第五章	从大脑需要睡眠和做梦讲起	600
第六章	意识的心脑模型	610
第七章	主体的三个维度： 自由意志、自我意识和注意力	623
第八章	从"观看"到"看见"： 意识的结构及其化约	633
第九章	意识起源于社会真实和个体真实	641
第十章	令人惊异的一致： 意识起源和宇宙起源同构	648

附　录　金观涛、刘青峰著作年表　　　　　　　　654

写给新一代的读者

从"觉醒主义"谈起

2024年美国总统选举引起了全世界的关注甚至焦虑，这是人类历史上从未有过的。焦虑的原因是总统候选人对应着当今世界往何处去的两种思潮。一种是政治保守主义，其力图通过宗教对道德的规定来克服全球化导致的种种问题，并强调"美国优先"，这实际上是回到19世纪的民族主义。另一种是畸变了的新自由主义。新自由主义本是推动第二次全球化的意识形态，说其发生畸变是指它越来越倾向于"觉醒主义"。觉醒主义源于美国左翼对社会不公平和歧视的反对，并随着2020年"黑命贵"运动日益壮大。它在清算欧美殖民主义的历史，解决性别、种族等各个领域的社会不平等的同时，主张一百多种性取向，用"政治正确"压制思想和言论自由。

至今，人类尚未完全忘记19世纪民族主义带来两次世界大战的教训，本应毫不犹豫地支持新自由主义，然而觉醒主义使很多人无所适从。为什么推动全球化的意识形态会发生畸变？正如一位美国评论家罗伯特·巴伦所说，觉醒主义并不是近年来才出现的意识形态，而是扎根于后现代主义的土壤之中。[1]后现代主义对任何真理都秉持激进的批判和相对主义立场，在 20 世纪 80 年代极盛一时。后现代主义者自以为掌握了现代科学，往往不经任何解释、定义，就长篇累牍地使用各种科学概念，不顾这些概念互相矛盾，逐渐成为一种"自以为是的教条"。20 世纪 90 年代，科学界对此忍无可忍，终于发动了反击后现代主义的"科学战争"。后现代主义从此偃旗息鼓，退出人们的视线。然而，这并不意味着其价值追求不再支配着当代人的思想。

后现代主义本是 20 世纪人类思想大解放的结果，其转化为觉醒主义，再一次证明哲学作为普遍观念的最终根据对人类社会的重要性。它表明：任何一种由历史形成的思想都不会不经反思而自行消失，要正视今日全球化面临的思想困境，必须去梳理自 19 世纪第一次全球化到今天普遍观念和社会的互动，研究其背后的哲学根据。

追溯 20 世纪的思想暗流

在 2023 年出版的《真实与虚拟：后真相时代的哲学》（以下简称《真实与虚拟》）一书的导论中，我曾系统分析了后现代主义兴起的长程因素。从哲学层面讲，这是 20 世纪哲学的语言学转向导致哲学革命的结果，它为任何理论都是语言建构提供了基础。在社会层面，这则是基于 20 世纪对民族主义引

---

[1] 罗伯特·巴伦：《怎样理解"觉醒主义"的哲学根源？》，张军译，https://mp.weixin.qq.com/s/x8TkiL3mzDAhJu5WULhrMA。

起世界大战的反思，形成了马克思列宁主义和新自由主义两种对立的思潮。它们在互动中各自展开，最后和科学技术革命一起成为推动第二次全球化的思想力量。后现代主义之所以在20世纪70年代兴起并愈演愈烈，是上述社会思想深层暗流在表层激起的浪花。它直接起源于革命意识形态的解构，是思想解放的渴望和语言哲学、科学哲学结合的产物。

我在《真实与虚拟》一书中指出：20世纪90年代的科学战争虽然指出了后现代主义的虚妄，但没有克服当今世界面临真实性丧失带来的史无前例的危机。走出后真相时代必须提倡真实性的哲学研究。而真实性哲学在方法上源于20世纪80年代《系统的哲学》。在某种意义上，《系统的哲学》是用现代科学反思盛极一时的唯物辩证法的结果。它作为人类必须继承的20世纪思想遗产，本身就存在克服后现代主义的抗体。

为此，我向今天的读者推荐《系统的哲学》。这虽然是一本20世纪80年代的旧作，但它试图将20世纪最重要的科学方法论转化为哲学。这些方法论既包括系统论、控制论和信息论，还涉及20世纪量子力学的革命，它们正在深刻地改变着21世纪人类的社会组织和生活方式。可以说，《系统的哲学》虽然写于20世纪，但同样是为21世纪的人而作的。

正因如此，在决定将这部近40年前的哲学著作再版时，我决定基本不做改动，并将《系统的哲学》过去各个版本的序言、正文和后记编为本书新版的第一部分。《系统的哲学》引用的例子虽有点陈旧，但我仍保留其20世纪80年代的原貌，以便读者考察其形成的历史过程。不过，我在写作《系统的哲学》的时候，能获得的学术资讯十分有限。因此，我校订了其中的文字和事实错误，并核对了引文的出处，同时在注释中适当加入一些新的文献和案例，从而帮助读者更好地理解《系统的哲学》的基本观点。

研究意识的历程

《系统的哲学》意在总结和反思辩证唯物主义，其存在着一个缺陷。这就是书中未涉及意识和物质的关系。唯物辩证法把意识视为被意识到的存在，认为它是大脑的属性。然而，大脑的物质属性真的能产生意识吗？自从唯物论哲学诞生以来，意识研究一直是其短板。20 世纪 80 年代，我认为辩证理性可以重建时，最感困惑的是系统的哲学如何认识意识。于是在 2005 年《系统的哲学》再版时，我就开始了对意识的研究。

我认为，如果《系统的哲学》是对的，它一定能对"什么是意识"做出新的解释。在研究过程中，我发现解释意识必须用意识。为了克服意识和进化论的矛盾，我提出了意识起源的递归研究方案。这就是《关于意识的哲学思考》一文。2009 年 2 月，《关于意识的哲学思考》在中国国际神经科学研究所举办的"医学与哲学研讨会"上报告，论文发表在《科学文化评论》2009 年第 3 期，并收为《系统的哲学》2019 年版的附录。虽然如此，我对自己的研究结果一直不满意。

2023 年，我完成《真实与虚拟》一书后，发现意识起源的递归研究方案之所以含混不清，是混淆了真实性的不同领域。

只有真实性哲学才能为认识意识提供基础。换言之，如果不将系统的哲学拓展为真实性哲学，就无法理解意识及其起源。因此，我根据真实性哲学的基本原理重新思考意识问题，完成了《意识是什么？》一文，并将其作为本书的第二部分。读者只要将《意识是什么？》一文和2009年的《关于意识的哲学思考》做比较，就能发现：只有从系统的哲学走向真实性哲学，意识是什么，以及它和存在的关系，才能得到透彻地理解。

人工智能和哲学的现代转型

一旦把《意识是什么？》之论述作为继《人的哲学》、《发展的哲学》和《整体的哲学》之后第四篇，本书就超出了系统哲学的范围。它不仅仅是系统哲学的著作，还刻画了怎样从系统的哲学走向真实性哲学。为了分析两者的关系，我撰写了《哲学及其现代命运》一文。指出自20世纪发生哲学语言学转向后，不同于传统哲学的现代哲学就诞生了。符号系统的真实性从经验真实中独立出来，成为哲学必须研究的对象。在此意义上，只有逻辑经验论和真实性哲学才属于现代哲学。我将这篇文章作为本书的导论。

在本书的编辑过程中，2024年诺贝尔物理学奖揭晓，得奖者是人工智能学习机制的发明者。人工智能和物理研究有什么深层联系？这是这个哲学已死、科学越来越细分专业的世界无法回答的问题。而真实性哲学的目标正是把科学、人文和艺术整合起来。真实性哲学的"方法篇"《真实与虚拟》已勾画出科学真实的整体结构，指出科学真实是横跨由受控实验（观察）构成的经验真实和数学真实之间的拱桥。

《真实与虚拟》一书通过分析科学真实拱桥结构发现：科学真实中主体是被悬置的，故主体可以和获得知识的能力分离。这使得人工智能成为可能，但人工智能不可能有意识。在书中我指出科学知识由经验知识、符号知识和用符号表达的经验知识组成。获得这些知识的装置对应着人工智能的三种不同类型。《真实与虚拟》一书完稿时，ChatGPT 刚问世不久。因 ChatGPT 可以处理语言，我曾猜想它可能是第三种人工智能。但在短短一年时间之后，随着 ChatGPT 成为人们日常生活中不可缺少的一部分，我们对 ChatGPT 的认识不断深化。或许，它至今还不是《真实与虚拟》所说的第三种人工智能。为了进一步分析人工智能的认识论基础，在刘蓬的资助下，2025 年 1 月，我与几位年轻朋友做了为期一天半的研讨，对 ChatGPT 进行真实性哲学的分析。林峰主持了本次讨论，并将其中核心内容整理出来，作为本书的别册。

关于"书名"及致谢

把上述著作献给读者时，我最大的感触是，这些工作不是我一个人完成的。刘青峰是我日常进行哲学思考的主要讨论者，余晨则经常为我带来前沿科技的最新资讯。我对全书的内容增补和修订，是在徐书鸣的协助下完成的。刘蘅重制了本书的部分插图。宋福杰为本书导论提供了涉及生命系统自我复制、老化的资料。李金茂、童兰利和吴立新在我进行意识研究的不同阶段，分别提供了相关参考文献。桑田提供了卢曼的系统论理论的相关资料。屈向军、谢犁、吴建民、曹芳麟、涂江丽对我与青峰的照顾与支持，同样是我们所不能忘记的。

最后，需要感谢的是，上海人民出版社已故编辑马嵩山先生，他在1988年把我在《走向未来》丛书和《走向未来》杂志中出版的《人的哲学》、《发展的哲学》和《整体的哲学》编为合集，以《我的哲学探索》为书名出版。相隔十余年后，我和青峰的老朋友严搏非克服各种困难，推动这本书于2005年和2019年在不同出版社再版，并更名为《系统的哲学》，这本书才有更年轻的读者。现在，中信出版社"90后"编辑石含笑，在编完我的两本"真实性哲学"著述后，又推动此书新版的出版。在作者长期探讨写作的背后，是一代又一代的编辑相继付出极大的努力，把这些思考推向社会。而对于我本人来说，无论是就写书、编书过程而言，还是从上述增补的有关真实性哲学的内容来说，本书的主题已经不仅是系统的哲学；除了反映我从系统的哲学向真实性哲学的思想探索历程外，它还意味着，在这漫长的过程中吸引了素不相识的年轻读者自愿参与，并逐渐形成共同探讨的团队。这也正是为什么我将书名再一次改回《我的哲学探索》，除了怀念我自己青年时代的哲学探索和走向未来的精神外，更重要的是，我再一次感受到建立真实性哲学应该不只是我个人的学术目标，让我们共同探索吧！

金观涛
2024年10月于深圳

导　论
哲学及其现代命运

走出洞穴之后

真实性哲学的第二卷"方法篇"即《真实与虚拟》出版以后，一位朋友打电话给我，认为我根本没有必要再去写第三卷"建构篇"，因为科学乌托邦一旦破除，人文和终极关怀的真实性会自行恢复。今天必须去做的是重新思考系统的哲学，因为真实性哲学的"方法篇"中大量引用了《系统的哲学》的很多结论。《系统的哲学》集结了20世纪80年代我在《走向未来》丛书和《走向未来》杂志中发表的系列研究，力图用科学理性取代现代常识理性[①]和语言分析，重建现代哲学。该目标达到

---

① 常识理性是我和刘青峰在《中国现代思想的起源》一书提出的一个重要概念，又称为"常识合理精神"，它是指中国文化以常识和人之常情作为合理性的最终根据。需要强调的是，我们讲的常识理性与一般意义上的常识思维不尽相同。差别在哪儿呢？一般意义上的常识思维是具体的，思考不能与具体事例分离；而常识理性则是一种理性的自觉，即在思考任何问题时，意识到有一个高于具体事物的形而上层面（也即"后设层面"），它必定是通过常识和人之常情可以合理理解的。这样，常识理性的形成意味着人之常情和人之"常识合理"从具体常识中抽象出来，成为一种抽象的原则，它是论证道德意识形态的最终理据和理论框架。20世纪最初二十年，新知识的教育和普及根本改变了中国人的知识结构，但并没有改变常识理性的一元论论证模式。一旦新知识成为现代常识，基于新知的理性（公理）和常识理性合一，现代常识理性形成。

了吗？应怎样看待当时的思想探索？

今天，人们对于20世纪80年代既有追忆与怀念，也有批判与反思，甚至还有遗忘与虚构。这些态度的背后包含了对80年代思想的不同定位和评价。我认为，《系统的哲学》在一定程度上可以视为80年代思想的"哲学象征"。它力图引进控制论、信息论和系统论来改造辩证唯物论。至今我还记得完成《系统的哲学》三部曲以后激动的心情，因为它证明思想从被禁锢的牢笼中解放出来，不会带来理性的丧失。一种代表开放心灵的哲学即"辩证理性的重建"是可能的。

在《系统的哲学》的序言《二十年的追求——我和哲学》中，我这样描绘自己青年时代探索辩证法的艰苦历程："黑格尔的辩证法体系是一个又深又黑的岩洞，由于思想的深邃和为了深刻有意把思路搞乱的程序，进入其中的哲学家会觉得里面幽深无穷，有时他们在原地兜圈子，但这也会使他们误以为自己已走得很远。这个深洞是如此黑暗，以至于每个人迸发思想的火花去照亮道路时，这些瞬息即逝的亮光只能使探索者在岩洞壁上看到自己高大的身影。这些似乎是巨人般的影子会给人以鼓舞，使一个人可以在这种体系中耗尽生命。"

怎样才能从思想的黑森林里走出来？我意识到应该进行如同数学那样的公理化清晰的思考，或者说哲学的解放必须依靠科学理性。正如我在《二十年的追求——我和哲学》中所述："思想是否有效和成功，它的全部秘密在于我们是否能找到一些概念、一种框架、一种新的理解角度，使人类那充满生机和热情，然而又天然混沌的思想，一下子变得如水晶般透明！只有整个思想是透明的，它才有预见未来的能力！科学方法所做的一切归根到底是在人类那昏暗和充满激情的概念和感觉的世界中点起一盏灯，这盏灯用它明亮的青色又似乎是毫无感情的光辉照亮了思想，这就是理性。"

上面这段文字可能会让人联想到柏拉图著名的洞穴之喻。囚徒生活在洞穴里，在他们的身后有一堆火，囚徒和火中间是一堵矮墙，墙下面有人举着各种各样的物品，包括一些用石头和木头做的人体和其他生物模型，走来走去，火光将这些物品投影在囚徒对面的洞壁上，囚徒认为这些影子就是实物本身。柏拉图通过这个比喻说明大多数人都为感觉构成的虚假表象所迷惑，唯有理性才能把握真实的世界。表面上看，系统的哲学把辩证唯物论放到科学理性的阳光下，有点像从洞穴中走出来审视自己。然而，"文化大革命"之后我们经历的哲学解放，本质上和洞穴之喻不同。过往的思想束缚并不是没有理论思考，而是存在缺陷的思想方法。它不是别人强加给我们的，而是我们的先辈追求思想解放的结果。

在柏拉图的洞穴之喻中，理性本身就是思想解放，而20世纪80年代哲学解放的本质是要思考我们如何被辩证法禁锢，为什么科学理性是对的？先进的科学和技术会不会再一次导致思想的乌托邦？也就是说，真正的思想解放必须不断反思走出洞穴之后应该如何。洞穴之喻是柏拉图在《理想国》中提出的，它指向的几何学一直是古希腊理性精神的象征。然而，一旦认识到古希腊理性的城邦本身就是《理想国》哲学的投射，立即就会发现当古希腊、罗马社会解体之后，理性本身有可能遭到禁锢。现代科学精神不是古希腊哲学的直接延伸，它是古希腊、罗马文明和希伯来宗教融合的产物。禁锢思想的黑格尔辩证法来自德国观念论，它是力图超越17世纪形成的现代科学（经典力学，在当时也被视作形而上学）的产物。

  人作为符号的物种，虽然有可能出生在洞穴之中，但不是一开始就注定禁锢在某种思想之中。任何思想的洞穴都是人为建构出来的。如果没有走出洞穴之后应该如何的自觉，下一代人仍有可能生活在其前辈为了思想解放而建筑的意识形态牢笼之中。20世纪哲学革命原本是最大的思想解放，其宣称以前的所有哲学都是某种束缚人的思想的形而上学。但正是它带来最近一个世纪的思想禁锢，今天分析哲学家难道不是生活在语言学的牢笼中吗？事实上，自改革开放到今天，现代市场经济和科学技术突飞猛进，无论是人工智能革命还是虚拟世界都与控制论、信息论和系统论有关，它们再一次对思想构成挑战，人类正面临理性的丧失。我认为，这一切本质上都意味着真实性的消失，为了克服由此带来的危机，我提出必须从系统的哲学走向真实性哲学；这时回顾一下《系统的哲学》，并审视其与真实性哲学的关系，是有意义的。

《系统的哲学》的目标

  《系统的哲学》由《人的哲学》、《发展的哲学》和《整体的哲学》三篇构成，其分别对应唯物辩证法中"唯物论"、"发展观"和"整体论"三个部分。《人的哲学》用经验的可靠性代替唯物论中的客观性，提出一种和本体论哲学完全不同的真实观。唯物论将物质等同于客观存在，将意识（实际上是人的认识）视为意识到的存在；《人的哲学》则引用神经科学特别是二阶控制论的成果来研究经验，证明"感知"和"人对外部世界的改造"都基于神经系统的电脉冲。对于大脑来讲，物质及物质的性质只是外部世界输入的电脉冲，人的任何实践活动也是神经网络电脉冲输出（对运动肌的控制）。《人的哲学》认为唯物论甚至任何经验主义哲学，必须立足于控制论和信息论的科学新知之上。

《发展的哲学》重构了辩证法的发展观。唯物辩证法最了不起的就是把万物本身的流变作为和客观存在同样重要的思想支柱。为了强调发展的重要，它将"变化"和"否定"视为每一种存在内在的规定，即事物本身是矛盾和自我否定的，互相依存的对立面的冲突无处不在。《发展的哲学》肯定了变化观念对哲学的重要性，但用不确定性原理对其做了重新表述，认为矛盾会导致逻辑悖论和斗争哲学的泛滥，必须用不确定性作为辩证法的新表达。

《整体的哲学》重构了辩证唯物论的世界观。辩证唯物论认为必须整体地把握部分的互相联系和互动，从而给出事物整体的变迁模式；《整体的哲学》则用两条基本公理来建立整体演化论。首先，提出了任何存在都需要条件，这是整体分析必须立足的第一条公理。其次，根据《发展的哲学》用不确定性取代矛盾，把任何存在都处于不确定性扰动之下作为另一条公理。《整体的哲学》用上述两条公理推出"整体存在"的逻辑，并指出整体的变迁只能是系统演化。正是因为应用了新的方法,《系统的哲学》可以回答当代唯物论碰到的种种挑战,并阐明其科学和理性的基础。

早在 20 世纪 80 年代,学术界就感觉到《系统的哲学》和西方控制论、信息论和系统论及相应的哲学研究都不尽相同,现在终于可以解释为什么当时该书有那么多读者了。人们在谈论 80 年代以控制论、信息论和系统论("老三论")为代表的思想探索时,大多都不知道其背后的动力正是发展唯物辩证法的要求。如果进一步审视《系统的哲学》如何去实现这一哲学构想,就会立即发现它还是力图超越中国传统文化中常识理性局限的尝试。

今天一讲到唯物论,好像中国人是天生的唯物主义者。其实在五四新文化运动以前,中国人从来没有"物质决定意识"这样的信念。儒学传统中,不论是心学还是理学,都主张理气二分和退化史观。唯物论和变化观的结合源于气论及其形成的中国近代传统,中国近代传统是明清之际反思宋明理学的产物。甲午战败后,《天演论》首先把进化论引进中国,而新文化运动否定了作为《天演论》基石的中西二分二元论。在批判社会达尔文主义的过程中,中国近代传统及气论实现现代化,成为接引辩证唯物论的内在动力。换言之,唯物辩证法在中国的普及并非完全出于西方和苏联的影响,它是中国文化大传统本身变迁的重要组成部分,常识理性及其现代形态一直是支配其形成的深层结构。

20 世纪 80 年代的思想解放亦被称为五四新文化运动之后

的第二次启蒙。在五四新文化运动中，中国人破除了儒家意识形态的束缚，但随着常识理性的现代化，现代常识理性成为建构新道德意识形态的基础。如果我们不能从常识理性的思维模式中解放出来，在市场经济和科技带来的思想大变革中，仍有可能出现类似五四新文化运动的情形；今日作为唯物辩证法的现代常识理性转化为新的常识理性，下一代人仍有可能生活在我们建构的意识形态牢笼之中。

为了跳出历史的轮回，建立在科学精神之上的现代哲学必须不受常识理性的限制。如何做到这一点？除了运用控制论、信息论和系统论之外，哲学理论必须公理化。20世纪哲学革命以来，除了逻辑经验论以外，至今没有一种现代哲学具有公理化结构。[①] 如果缺乏公理化的论述展开方式，深刻的哲学思辨很容易因自然语言的含混，走向自相矛盾。哲学作为对知识和价值系统结构及其自身的思考，也许做不到数学那么严密，但只有自觉遵循公理化的推导模式，才可能在发现哲学存在问

[①] 逻辑经验论之所以是唯一具有公理化结构的现代哲学，很大程度上是因为它以数理逻辑作为哲学分析和论证的主要工具。自笛卡儿以来，哲学家就开始尝试将逻辑数学化，通过建立一套类似数学的符号系统，让逻辑推理变得严密。19世纪末，戴德金及皮亚诺对算术及实数理论进行公理化，推动了数学的公理化运动。而公理化运动的最大成就则是德国数学家戴维·希尔伯特在1899年对于初等几何的公理化。公理化方法作为现代数学最重要的方法之一，影响了同时期数理逻辑的发展。其中最具代表性的人物是德国耶拿大学教授、数学家弗雷格。弗雷格在1879年出版的《概念文字》一书中给出一个一阶谓词演算的公理系统，这可以说是历史上第一个符号逻辑的公理系统，并为逻辑经验论的兴起奠定了基础。（胡作玄：《第三次数学危机》，四川人民出版社1985年版，第23-26页。）

题的时候，通过对公理本身的不断深入发问，以及对公理之间关系的探讨，寻找新的道路。这一切可以帮助我们克服常识理性这一思想深层结构带来的盲目性。《系统的哲学》正是这么做的。

因此，随着20世纪90年代中国社会思潮的巨变，《系统的哲学》也就和控制论、信息论和系统论进一步拉开了距离。21世纪人工智能和计算机科学长足发展，原本是立足于控制论、信息论和系统论打下的基础，但人们对新兴科技背后的思想起源缺乏足够的重视。如果说生活在虚拟世界中的新一代人还依稀记得"赛博空间"（cyberspace）的概念，是"控制论"（cybernetics）和"空间"（space）两个词的组合，人工智能学者几乎已经忽略了20世纪80年代的二阶控制论基于神经系统的认识论。[①] 至于系统论，它早已转变为复杂性理

---

① 事实上，二阶控制论和人工智能研究在历史上长期处于分道而行的状态。例如，在20世纪60年代，海因茨·冯·福斯特的生物计算机实验室主要受到美国国防部的资金支持。然而，1970年《国防采购授权法案》的曼斯菲尔德修正案限制了国防部的资金，要求其主要用于支持"与特定军事功能或行动有直接和明显关系"的基础研究。二阶控制论学者（主要是福斯特）并不打算从事这类研究，而人工智能研究者则积极许诺自己将研究在战场上的应用性，并因此获得了慷慨的资金支持。上述修正案对资金的重新分配加强了麻省理工学院、斯坦福大学和其他地方的人工智能研究，并被视为导致1974年生物计算机实验室关闭以及1976年海因茨·冯·福斯特退休的原因。（Thomas Fischer & Christiane M. Herr, "An Introduction to Design Cybernetics", *Design Cybernetics: Navigating the New*, Springer, 2019, p.12.）这一现象的出现，部分是由于二阶控制论的发展方向。控制论学者弗朗西斯·海利格和克利夫·乔斯林指出：二阶控制论学者过于强调各种系统和观察者互动的不可化约的复杂性，以及建模的主观性，甚至因此彻底放弃了（下接第009页脚注）

论,[①] 直至21世纪，人们才开始依稀意识到日新月异的生命科学和复杂性研究存在联系。[②] 而20世纪80年代出版的《系统的哲学》则不是如此，它一直是我和青峰进一步研究所依据的方法论。读者可以在《兴盛与危机》《开放中的变迁》《观念史研究》《系统医学原理》和《轴心文明与现代社会》这一系列著作中看到它的影子。

我要强调的是，正因为《系统的哲学》是基于中国和中国文化本身的问题意识而形成的思考，它和20世纪80年代启蒙思潮的联系一直没有中断过。今天，当世界面临真实性的丧失时，相应的思想探索必定会走向真实性哲学。其实，《系统的哲学》是真实性哲学中基本概念的源头，它甚至是建立真实性哲学大厦的脚手架。下面，我将依次展开《系统的哲学》的各个部分，分析它们如何为真实性哲学研究提供基础。

（上接第008页脚注）形式化方法和数学建模，将二阶控制论局限于哲学或纯粹书面的讨论中。最为优雅的关于二阶控制论思想的计算机模型之一（即模型影响其本应模拟的系统）并不是由控制论学者创建的，而是由经济学家布莱恩·阿瑟提出的。此外，二阶控制论学者对自我引用以及观察者观察自己这一现象的痴迷，也导致了其学说与具体现象存在潜在的、危险的脱节。（Francis Heylighen & Cliff Joslyn, "Cybernetics and Second-Order-Cybernetics", http://pespmc1.vub.ac.be/Papers/Cybernetics-EPST.pdf.）

① 1984年圣塔菲研究所的成立，标志着复杂性科学作为一种研究范式的出现，该研究所力图运用计算机建模与模拟的手段在计算机中搭建出一套模拟的复杂系统，并通过模拟的方式来回答一些很难在真实世界通过做实验的方法解决的问题。
② 21世纪生命科学和生物医学的主要发展趋势之一，便是从简单性思维（带有还原论色彩）的分子生物学转变到复杂性思维的系统生物学。（吴家睿：《21世纪生物医学的三个主要发展趋势》，《生命科学》2022年第11期）

《真实与虚拟》的前传:《人的哲学》

《系统的哲学》的第一篇《人的哲学》有一个副标题:论"客观性"。它的问题意识及解决问题的方法,和《真实与虚拟》一模一样,其开篇也是从讨论量子力学对实在论的挑战开始的。实际上,《人的哲学》就是《真实与虚拟》的前传。《真实与虚拟》一书用惠勒实验证明客观存在不存在时,应该如何界定真实性,《人的哲学》亦是这样做的。差别在于,在《人的哲学》的写作过程中,惠勒实验作为一种设想刚提出不久,还没有转化为科学实验。[①] 当时虽然不能直接用受控实验证明客观存在不存在,但否定客观存在的间接实验已经出现了。这就是对贝尔不等式的检验。贝尔不等式是 1964 年爱尔兰物理学家约翰·贝尔为判断爱因斯坦和丹麦物理学家尼尔斯·玻尔的争论而提出的。他证明:如果玻尔正确即量子力学的哥本哈根解释是对的,那么有关实验结果将违反贝尔不等式。相反,如果贝尔不等式成立,那人们持有的那种客体(和它的性质)是不依赖于人的观察而存在的常识是正确的。

贝尔不等式的验证大致分为三个阶段。第一阶段(20世纪 70 年代早期),由于实验设计尚不理想,可信度不是很高。但第二阶段(20 世纪 70 年代中期到 80 年代中期)已得到相对可靠的结果,第三阶段(20 世纪 80 年代后期)得到的结论

[①] 1979 年,美国物理学家约翰·惠勒在普林斯顿大学纪念爱因斯坦诞辰 100 周年讨论会上正式提出延迟选择实验,即惠勒实验。

则无可怀疑。① 基于第一、二阶段的 12 个实验中有 10 个表明贝尔不等式不成立，《人的哲学》认为实验已经证明基本粒子不是客观存在！世界是由基本粒子组成的，基本粒子不是客观存在，意味着根本没有客观存在。这个结果违反常识，"存在"难道真的是"被感知"吗？哲学上把"存在是被感知"的主张归为唯我论。②《人的哲学》没有接受唯我论，认为必须用神经系统研究的成果来分析哥本哈根学派对量子力学主观唯心论的解释。

---

① 1972 年，美国理论物理学家约翰·克劳泽及其合作者利用级联辐射的方法制备纠缠光子对，完成了第一个对贝尔不等式的检验实验。实验结果明显违反贝尔不等式，这意味着量子力学不能用隐藏变量理论取代。然而，该实验中还存在所谓的局域性漏洞。该实验只有一个光子传输的通道，实验中所测量的光子偏振方向一旦确定，就在之后对大量光子对的测量中都无法更改，并未如前所要求的那样在对每对光子进行测量前都随机确定。贝尔不等式的第二阶段检验开始于 20 世纪 70 年代后期到 80 年代中期，是用非线性激光激励原子级联放射产生孪生光子对做的。实验中采用了双波导的起偏器，实验方案也如同 EPR 理想实验的一样，且孪生光子对光源的效率很高，实验的结果是以 10 个标准差，明显地与贝尔不等式不符，而同量子力学预期一致，令人印象深刻。贝尔不等式的第三阶段验证开始于 20 世纪 80 年代后期，是在美国马里兰和罗切斯特做的。采取非线性地分出紫外光子的办法来产生 EPR 关联光子对。用这样的光子对，测量时可以瞄准偏振或旋转体中任何一个非连续的变化（就像贝尔考虑的情况）或者瞄准模型连续的变化（如同 EPR 原先的设想）。这种光子源有一个显著的优点，就是能够产生非常细小的两个关联光子束，可以输入到很大长度的光纤中去，因而用光纤连接的光源和测量装置之间允许分开很远（有的甚至超过 10km），使验证实验显得更加直接和可靠。（沈惠川：《贝尔定理和贝尔不等式》，《自然杂志》1996 年第 4 期；崔廉相、许康、张苊、孙昌璞：《贝尔不等式的量子违背及其实验检验——兼议 2022 年诺贝尔物理学奖》，《物理》2023 年第 1 期。）
② 唯我论主张只有自己的心灵是唯一可以确认为真实的存在。

在日常生活中，人人知道物体有着各式各样的性质，它们客观存在着，这是无可辩驳的常识。《人的哲学》首先找到了一种能突破常识束缚的研究方法。这就是受控实验和受控观察的结果比常识可靠。19世纪上半叶，德国生理学家约翰内斯·弥勒根据实验提出了"神经特殊能量学说"，认为感觉的性质不决定于刺激的性质，而决定于感官神经的性质。每种感官神经都具有特殊的能量，只会产生一种感觉。[1]这种能量在后来被证明为神经元电脉冲。换言之，根据受控实验，如果事物真的客观存在着，人的感觉并不能传递客观事物性质的多样性，因为任何一种感官传递给大脑的信息都是电脉冲。我们看到的对象之颜色、听到的声音、触觉和嗅觉都是神经元电脉冲。作为电脉冲，其差别仅在于强度和序列结构。二阶控制论代表人物海因茨·冯·福斯特将其称为感官的无差异编码。只要将无差异编码的原理贯彻到底，立即发现客观事物的性质和形态实际上只是电脉冲输入、输出的序列结构。《人的哲学》认为，只要严格从受控实验和受控观察得到结果为真出发，必须用电脉冲输入和输出的关系来代替我们经验上感觉到的客体及其性质。换言之，常识可能只是假象。一旦把客体及其性质转化为输入与输出之间的稳定结构，因输入不能独立于输出，立即得到客体不能独立于观察者（主体）操作这一被科学实验证明的结论。

---

[1] Alistair M. C. Isaac, "Realism without Tears I: Müller's Doctrine of Specific Nerve Energies", *Studies in History and Philosophy of Science*, Vol. 78, 2019.

接着,《人的哲学》根据 20 世纪 80 年代二阶控制论的成果,把整个外部世界通过输入、输出和大脑神经网络联系起来。换言之,神经网络和外部世界形成一种互相耦合的闭合系统。只要闭合结构的层次足够复杂,神经网络的输入、输出和两者关系的稳态,对应着大千世界形形色色的"客体"及其各种"性质"。《人的哲学》这样描绘主客体互相交融的图画:一个多层次反馈的神经网络用输入、输出和外部世界耦合,从主体生存的环境再通过仪器向星空和微观世界延伸。在这个巨大的网络中,所谓客观存在其实是这个多层次自耦合系统的建构。《人的哲学》还引用了海因茨·冯·福斯特的名言,人能知晓存在着一个客观的外部世界,是因为"神经系统是被组织起来以使得它能计算稳定的'现实'"。[①]

接着《人的哲学》还证明:只要将上述原理推广到微观世界,就得到量子力学的公理。量子力学中具有确定测量值的状态被称为"本征态","本征态"是通过本征方程求出的,我曾用仪器和对象的耦合来证明为什么量子力学中有确定测量值的微观世界状态是"本征态",而现在我发现"本征态"只是输入与输出关系的稳态之一。它和二阶控制论给出的"建构主义世界观"不谋而合。虽然《人的哲学》尚没有证明为什么描述量子力学状态必须用复数,但已经用二阶控制论提供的世界观,将量子世界和我们生活在其中的经验世界整合起来了。

在 20 世纪 80 年代,人类还没有进入虚拟世界的体验,无

[①] Heinz von Foerster, *Observing Systems* (Second Edition), Intersystems Publications, 1984, p. 306.

论是神经网络的输入和输出可以构成各式各样事物的说法，还是一切均可由电脑计算产生的观念，对那一代人来说都是不可思议的。然而，《人的哲学》为了回应量子力学对客观存在观念的挑战，已经明确地用真实性取代客观性。而真实性只是对象和主体之间的一种关系。虽然《人的哲学》没有如《真实与虚拟》一书那样，根据惠勒实验指出真实性是对象 Y、主体 X 和实验装置 M 之间的一种三元关系 R（X，M，Y），但《人的哲学》已经用贝尔不等式的实验结果否定常识，指出真实性是一个多层次神经网络和外部世界耦合时，那个可以重复验证的稳定存在。作为关系的真实性 R（X，M，Y）完全取决于 M 的普遍可重复性这一观点已呼之欲出了。

读者或许已经发现，《人的哲学》把我们生活在其中的经验世界视为一个神经网络的输入和输出，它必定蕴含着两个重要的推论。第一，我们可以用电子元件代替神经元，组成一个人造的具有多层次反馈的神经网络，它同样可以通过输出和输入来连接外部世界，从而获得相应对象的信息，即用人工智能来获得知识是可能的。

第二，当将人的大脑中神经组织输入、输出端和电脑连接起来，电脑用特定的算法形成神经网络和外部世界耦合的稳态。这时神经网络并没有和外部世界耦合，但主体将很难区别自己在电脑还是在真实世界中。换言之，《人的哲学》在哲学上已经预感到虚拟世界的存在，以及今日人工智能的革命性进展了。

主体和客观性

一旦把人和经验世界的关系归为一个有多层次反馈的神经网络和外部世界的耦合，必须回答一个问题：上述大脑中存在的神经网络就是主体吗？显而易见，既然上述神经网络可以用一个电子元件组成的网络来代替，人工智能的展开迟早会证明：上述神经网络不可能是主体。[1] 那么，主体是什么？它又

---

[1] 毫无疑问，主体存在的前提是大脑，为什么大脑中的神经网络不是主体呢？关键在于，今日我们所知的神经网络是有限自动机，它和图灵机同构，作为人工智能的学习机器是由电子元件组成的人造神经网络，也和图灵机同构。和这些神经网络对应的是大脑感知和记忆中的经验世界，主体是非经验的，它是如何通过神经系统的功能实现的，至今仍属未知领域。有人认为它和镜像神经元有关。至于镜像神经系统和今日已知的作为有限自动机的神经网络是什么关系，正在研究之中。2005 年，意大利神经科学家加莱塞发表了《具身模仿：从神经元到现象体验》一文，首次在神经现象学视角下考察了人际关系中自我与他人的经验分享是如何实现的。加莱塞首先分析了人类镜像神经系统的活动特征，实验证明该系统在自我执行动作或者观察他人执行相关动作时都会被激活，并且在人类的模仿、共情、意图共鸣与语言理解过程中扮演重要角色。他认为，镜像神经系统是调节、理解并共享"我-他"经验的神经机制。这种经由"我-他"身体图式自发启动镜像神经系统活动，从而实现"我-他"间"无中介的共鸣"的模式被称为"具身模仿"。进而，加莱塞将镜像神经系统与现象学的身体主题联系起来——"使得其他自主者（agents）变得可理解的原因在于身体没有仅仅被经验为一种物质性的客体（躯体），而是被视为了活生生的身体，当前的神经科学研究显示'躯体'（大脑-身体系统）可以阐明身体（活生生的身体经验），而后者是前者的鲜活表达"。因此，我们的身体同时被感知为一个外在对象和一个产生经验的主体基架——它位于与组成躯体基质一样的那个结构中，这个躯体赋予我们体验自我状态并模拟他人感觉的能力。最终，加莱塞认为通过这种具身模仿化的共享神经状态方式，并且遵从相同大脑功能的不同　（下接第 016 页脚注）

存在于何处？《人的哲学》没有回答这个问题，但已经给出解决该问题的方案了。这就是去分析上述神经网络和受控实验及受控观察的关系。我们立即发现：受控实验和受控观察，本质上只是和经验世界耦合的上述神经网络的扩展和延伸，其输入、输出的结构和上述神经网络相同。哲学家可以基于受控实验和受控观察的结构来分析主体存在于何处。

如前所说，上述神经网络一方面直接和人的生活环境耦合，另一方面通过仪器设备将这种耦合扩张到宇宙并延伸到微观世界。什么是仪器设备？《人的哲学》指出：它们是受控实验和受控观察手段的物化形态，其结构亦是输入和输出的关系。所谓受控实验和受控观察，是主体面对一组变量，其可控变量是输出，可观察变量是输入。主体用可观察变量接受信息，用可控制变量实现操作。主体通过受控实验和受控观察扩大自己的真实经验，将其从我们直接耦合的环境延伸到宇宙太空和微观世界。

因为受控实验和受控观察的终端都是神经系统的电脉冲，受控实验和受控观察可视为上述神经网络的扩张。既然受控实验和受控观察的结果是扩张的上述神经网络的稳态，我们必定可以用受控实验和受控观察的结构分析，代替那个和经验世

（上接第 015 页脚注） 身体能感觉到这种共享，从而在将"客观他人"转变成"另一个自我"的过程中实现交互主体性。(V. Gallese, "Embodied Simulation: From Neurons to Phenomenal Experience", *Phenomenology and the Cognitive Sciences*, Vol. 4, No.1, 2005. 转引自陈巍：《具身交互主体性：神经现象学的审视》，《哲学动态》2013 年第 4 期。) 这种观点是否正确还有待证明，但有一点确定无疑，今日所知的神经网络不是主体。

界耦合的神经网络的研究。只要去分析受控实验和受控观察的结构，立即得到一个结论：主体不在上述神经网络之中！为什么？因为只要主体不去实行控制，就没有受控实验和受控观察。更重要的是，受控观察和受控实验中的可观察变量和可控变量中都没有主体，主体亦不存在于输入和输出关系之中。《真实与虚拟》一书在定义受控实验和受控观察的结构时，将主体不存在于可观察变量和可控变量中，称为主体被悬置。正因为主体被悬置，基于受控实验和受控观察的科学真实研究不可能揭示什么是主体。《人的哲学》作为真实性哲学的前传，虽然没有清晰地指出这一点，但其中引用的故事十分形象地表明了主体如何被悬置。

这个故事如下：一个老人有17头骆驼，他临终前决定将17头骆驼的1/2给大儿子，1/3给二儿子，1/9给小儿子，但分遗产时不能将骆驼杀死。正当三个儿子愁眉苦脸没有办法时，来了一个哲学家。这个哲学家也有一头骆驼，他把自己的那头骆驼算作第18头加进老人留下的骆驼群，再按老人的要求来划分。这样大儿子分得9头骆驼，二儿子分得6头骆驼，小儿子分得2头骆驼，加起来一共是17头，还多余一头正好还给哲学家。缺少这第18头骆驼，老人的遗产没法分配，但哲学家的第18头骆驼并没有分给老人的儿子，它只是帮助了按原则进行分配。这个例子十分形象地表明了主体在受控实验和受控观察中的位置：没有主体无法做受控实验和受控观察，但主体不存在于受控实验和受控观察的可控制变量和可观察变量及其关系中，即它悬置在上述神经网络及其扩张（通过受控观察和受控实验与外部世界的耦合）之外。

20世纪80年代，二阶控制论用某种具有多层次反馈的神经网络的输入、输出代替经验的感觉和操作时，也没有涉及主体是什么及其存在于何处这一问题。然而，为了界定客观性，二阶控制论代表人物海因茨·冯·福斯特曾用上述例子来定位"客观性"。不同于我用第18头骆驼描述主体如何在受控实验中被悬置，冯·福斯特认为，第18头骆驼就是客观性；客观性的作用只是作为一个拐杖，一旦所有事情都弄清楚了，就是多余的。[①]冯·福斯特所说"多余的"不是指客观性必须悬置，而是其可以放到括号里。为什么冯·福斯特要将客观性放到括号里？因为客观性原本是鉴别真假的标准，二阶控制论既然认为客体只是上述具有多层次反馈的神经网络的建构，当其不存在时，必须寻找判别真假的标准。换言之，真实性实际上是经验感觉和操作的公共性。因客观性和公共性等同，故其可以放到括号里存而不论。

二阶控制论用公共性代替客观性，以其为核心形成了自己的建构主义哲学。真的可以用公共性来代替客观性吗？众所周知，客观的东西一定可以成为公共的，公共的东西却不一定是客观的。然而，只要我们忽略观念，仅仅讨论经验，人类共同的经验通常和客观性等价。二阶控制论将客观性严格限定在人的感知和操作的经验领域，这显然是继承了实用主义和操作主义对经验和科学实验的论述。

二阶控制论的建构主义正确吗？《人的哲学》不同意这种

[①] Lynn Segal, *The Dream of Reality: Heinz von Foerster's Constructivism*, Springer, 2001, p. vi.

真实观，而认为真实性作为对象和主体的关系，只能用感知和实行操作的可重复性来定义。为什么？因为任何客体都是具有多层次反馈的神经网络和外部世界耦合中的稳态，稳态除了不能独立于上述神经网络的输入和输出之外，还有一个极为重要的性质。这就是它一定对应着输入和输出的可重复性。《人的哲学》认为：必须用输入和输出的可重复性作为真实性基础。表面上看，具有多层次反馈的神经网络输入和输出的可重复性及其稳态可以成为公共的是等价的。考虑一批结构完全相同的神经网络，当某一个神经网络和外部世界的耦合存在着稳态时，其他神经网络和外部世界耦合也存在着相应的稳态。既然稳态相同，规定这些稳态的输入和输出必定是一样的。也就是说，输入和输出可重复的前提似乎是"稳态可以成为公共的"，它和"一个神经网络的结构和另一个神经网络的结构相同"应该是一回事。其实，这是一个巨大的错觉。

　　《人的哲学》对输入与输出的可重复性展开了严格的分析，发现即使两个具有多层次反馈的神经网络结构相同，其稳态亦不一定相同。这样，某一个体可重复的输入与输出，对另一个个体不一定可重复。也就是说，公共性不能成为真实性的基础。《人的哲学》指出：即使在某种前提下公共性可以代替客观性作为真实性基础，它也必须建立在输入与输出的可重复性上。据此，《人的哲学》发现存在着不能普遍化即不具备公共性的个体真实。而在科学领域，普遍有效的真实性基础是受控实验和受控观察的普遍可重复。正是这一结论为日后建立真实性哲学提供了坚实的基础。

公共性和真实性：受控实验和受控观察普遍可重复

《真实与虚拟》把受控实验和受控观察的普遍可重复作为科学真实的唯一基础，用其推出什么是数学以及现代科学的结构。但《真实与虚拟》没有对受控实验和受控观察的"普遍可重复"本身进行分析，也没有深入探讨"普遍可重复"和"可重复"的关系。其实，这些论述都是在《人的哲学》中完成的。正因如此，《人的哲学》是走向真实性哲学的起点。让我们来分析这个出发点。

为了研究客体不存在时，什么是真实性基础，《人的哲学》将具有多层次反馈的神经网络的稳态转化为输入与输出的可重复性时，着重研究了一个问题：在什么前提下，某一神经网络和外部世界耦合形成的稳态（即某一个人的真实经验）可以成为公共的？所谓经验的公共性是某一个人的经验被一群或所有人接受，接受前提是它对于该人群或所有人是相同的。什么时候个体感受到的经验真实对所有人都成立呢？在实用主义和操作主义看来，只要具有多层次的反馈神经网络结构相同，它们和外部世界耦合具有相同的稳态，某一主体的感觉和操作（经验）一定和另一个主体的感觉和操作（经验）相同。然而，《人的哲学》发现这是不正确的。为什么？稳态可以是结构不稳定的，结构不稳定的稳态不能成为公共的。

控制论把稳定性和结构稳定性当作一回事。直到20世纪70年代突变理论成熟后，人们才认识到，结构稳定是指维系稳态的机制在微扰下的稳定，它和系统状态的稳定是不同的，即存在着结构不稳定的稳态。《人的哲学》将这一数学成果引进具有多层次的反馈神经网络的耦合分析，立即发现神经网络和外界的耦合可分为两种类型，一种是结构稳定的，另一种是结构不稳定的。个体的真实经验，实为个体具有多层次的反馈神经网络和外部世界耦合的稳态，当这种耦合结构不稳定时，它仅仅只是个体经验的真实性。[①] 相同结构的神经网络和外部世界耦合而形成的系统中，只要存在微扰（它可以是两个神经网络极为微小的差别），得到的稳态和没有受干扰的稳态完全不同。

任何具有多层次反馈的神经网络和外部世界的耦合都处于微扰海洋之中。因此，只有结构稳定的耦合，才有公共的稳态；对这些公共的稳态，相应的输入和输出对所有系统才是相同的。然而，只要是稳态，不管其是否相同，每一个相应的输入和输出都是可重复的。也就是说，输入和输出的可重复性是一个更为基本的前提，它才是真实性的基础。不同的耦合系统具有相同的稳态使得各系统的输入与输出相同，这只是输入和输出的可重复可以普遍化而已。简而言之，真实的经验作为具

---

① 一个系统结构具有稳定性，是指该结构受到扰动时，它所维系的稳态仍是稳定的。而稳定性是指某种机制的存在保证状态是稳态，它没有考虑保持状态稳定的机制碰到扰动时，对原有的稳态有什么影响。当系统结构稳定性破坏时，微扰往往导致其维系的稳态变成两个，这相当于原有系统的演化。正因如此，只要有一种控制保证结构不稳定系统不受扰动，就形成结构不稳定的稳态。当扰动是两个个体神经系统差异时，个体真实就是结构不稳定的稳态的例子。

有多层次反馈的神经网络和外部世界耦合的稳态,当耦合是结构不稳定时,它是个体真实。只有结构稳定的耦合才是可以成为公共的普遍真实。《人的哲学》发现存在着与普遍真实不同的个体真实。

正是基于上述分析,《人的哲学》提出了现代科学的真实性基础。这就是受控实验和受控观察必须是普遍可重复的。也就是说,一个新现象,只有当它可以被所有人(科学共同体)共同观察到,即可以社会化时,这个现象才能算一个真实的现象,它才是科学研究的对象!自17世纪现代科学建立以来,上述判别事实真假的原则就成为科学界的金科玉律,现在更是实验科学家必须遵循的道德规范。然而,为什么科学实验中存在着如此特别的道德规范?《人的哲学》指出,这是基于真实性要求。

《人的哲学》据此推出两个结论。第一个结论是科学真实的发展必须基于普遍可重复的受控实验和受控观察。因为唯有多层次反馈的神经网络和外部世界的耦合具有稳定的结构,它才可以不断通过仪器设备扩张。所谓扩张,一方面是普遍可重复的受控实验和受控观察转化为新的仪器,另一方面也是科学真实向宇宙和微观世界以及对人的大脑认识的延伸。《人的哲学》指出:这一扩张过程必须以人最早掌握的可控制变量和可观察变量为出发点,形成受控实验和受控观察,然后利用普遍可重复的受控实验扩大的可控制变量和可观察变量,建立新的受控实验和受控观察。扩张过程必须保证整个系统的结构稳定。也就是说,现代科学无论是经验还是理论,必须是一条结构稳定的稳态扩张链条，它以人为中心，从神经网络和环境直接耦合的内稳态集合 $\{A_i\}$ 出发，通过普遍可重复的受控实验和受控观察得到内稳态集合 $\{B_i\}$，并在这种结构中获得新的更大的内稳态集合 $\{C_i\}$ 等。这样一次一次扩张得到的 $\{A_i\}$ $\{B_i\}\{C_i\}$……就是人们不断发现新的科学事实。《人的哲学》已经得到真实性哲学中普遍可重复的受控实验可以通过自我迭代和组织无限制扩张的结论了。

《人的哲学》第二个结论是存在着不同的真实性领域，因其真实性基础不同，同样作为真实的经验不能互相化约。在科学真实的领域，那些具有多层次反馈的神经网络和外部世界耦合时形成的结构不稳定的稳态，经常被等同于错觉和实验误差，个体真实很难发现。《人的哲学》通过稳定性和结构稳定性的差别才知晓存在着两种稳态，个体真实不能社会化不是因为其非真，而是认知结构不稳定。《人的哲学》第一次指出：个体真实存在，且不同于那个具有多层次反馈的神经网络和外部世界耦合中普遍可重复之稳态。当然，要严格证明真实性存在三个领域，它们的真实性基础不同，必须认识到真实性是对象 Y、主体 X 和实验装置 M 之间的一种三元关系 R（X，M，Y），真实性取决于 M 的可重复性。因 M 有"包含主体"和"主体可悬置"两个选项，X 有"普遍"和"个别"两个选项，两两组合有四种可能。它们可以推出真实性有科学、社会和个体三种领域，即三种真实是不能化约的。《人的哲学》虽没有发现这一点，但已经蕴含着真实性哲学这一至关重要的研究了。

从经验到思想:被忽略的符号

既然结构稳定的稳态一定是公共的,那么对于公共的稳态(即普遍可重复的科学经验),客观性确实和经验的公共性等价,难道客观性不可以放到括号中存而不论吗?《人的哲学》认为即使在这一前提下,客观性作为真实性基础,仍然不能用经验的公共性取代。为什么?因为人有一种能力,可以从那个具有多层次反馈的神经系统和外部世界耦合的关系网中跳出来,思考这种耦合。也就是说,任何一个观察者和实践者可以成为一个思想者。一旦在思想上检视受控实验和受控观察,"对象"本身和"对'对象'的思考"是不能混淆的。这时,客观性再也不能放到括号中,因为对象的客观性是鉴别对其思考是否为真的基础!《人的哲学》认为:在此意义上,唯物论仍然是不可放弃的。《人的哲学》和二阶控制论拉开了距离,显示了它和建构主义的真正不同。

人之所以有别于动物,是因为他可以用语言表达世界。把语言视为思想的前提,意味着哲学研究必须建立在语言分析之上,这正是 20 世纪的哲学革命。无论是逻辑经验主义还是分析哲学,都承认外部世界客观存在,客观性是鉴别语言建构真假的基础。《人的哲学》坚持唯物论,反对建构主义,和 20 世纪哲学语言学转向异曲同工。那么,《人的哲学》能不能算作 20 世纪哲学的语言学转向的另一种版本呢?不能!

《人的哲学》成稿于 20 世纪 80 年代,当时哲学的语言分析已经影响到科学哲学研究,后现代思潮正在悄悄兴起,甚至和中国的"三论热"互相辉映。然而，《人的哲学》并不认同这一方向。没有语言，人不能进行思想交流，但人成为思想者真的只是因为其会使用语言吗？答案是否定的！什么是思想？《人的哲学》回到康德哲学，将其归为理性，不认为20世纪哲学的语言学转向已解决了这个问题。《人的哲学》中有这样一段论述："我们可以用思想无畏地想象一切——包括观察者的起源。科学经常迫使我们去思考人是从哪里来的，去考察思维的起源、生命的起源，甚至是宇宙的起源。这实际上等于人不断超越作为一个单纯观察者的地位而成为这个世界至高无上的思考者，人把一切观察过程，把各种观察过程对外界的影响，把条件的产生和消失的变化过程都放到理性和思想之光照耀之下。他思考这一切，用一个思想模型来代表这一切，人把自己放在一个近乎上帝观察者的位置！"

什么是近于上帝的观察者？《人的哲学》并没有展开讨论，但在拒绝把思想等同于言说背后，存在着两层含义。第一，人如果要成为思想者，首先必须是一个主体，主体存在着从经验活动中跳出来的自由。从受控观察和受控实验耦合的关系网中跳出来，思考这一关系网，这是一个惊天动地的飞跃。"成为近于上帝的观察者"是人把自己和动物以及一切其他生命区别开来，而不仅仅是把自己作为会说话或会制造工具的动物而已。

根据二阶控制论，如果仅仅考察一个具有多层次反馈的神经网络和外部世界耦合，人和动物没有本质差别。当世界是具有多层次反馈的神经网络建构的稳态，作为世界的观察和行动的体验者，庄周梦蝶和对蝴蝶本身的感知是等价的。①《人的哲学》不满意这种对人的定位，意识到普遍可重复的受控实验和受控观察之外存在着主体，主体虽在大脑之中，但它显然不是那个直接和外部世界耦合的具有多层次反馈的神经网络！主体是自由的，这意味着人可以在经验世界和符号世界中进行选择，人具有思想的自由。

---

① 当梦中没有出现语言时，梦就是经验世界，只是缺乏真实性而已。当不存在超越经验世界主体时，庄周做梦和蝴蝶做梦没有本质差别。这时，系统的输入和输出实为和另一个系统的互动，它们不能被视为感觉能力，更不是意识。正因为看不到超出经验世界之外主体的存在对意识的重要性，一些研究者主张 AI 具有人的感觉能力和意识。一个具有代表性的论点是认为 AI 是有感觉的，甚至将其感觉视为主观经验，主观经验是意识的标志。其论证方法是把自己的主体投射到 AI 中去。在两个主体在沟通时，当一个主体说"我在吃过一顿美味的饭后感到高兴"时，另一个人实际上没有直接证据感觉到那个说话主体的主观体验。但既然一个主体这样表达了，另一个主体会默认相信其确实经历了这种主观体验。这种推理成立的前提是一个主体可以把另一个主体想象为自己。今天，这种逻辑也被用来推论 AI 的意识状态。例如有人将类似的推理"规则"应用到亚马逊开发的大语言模型 LLMs 上。他们这样论证：就像任何人一样，我无法访问 LLMs 的内部状态。但我可以查询它的主观经验。我可以问"你感到饥饿吗？"它实际上可以告诉我是或否。此外，它还可以明确地与我分享它的"主观经验"，几乎涉及任何事情，从看到红色到吃完饭后感到幸福。因此，我没有理由不相信它是有意识的或不知道自己的主观经验，就像我没有理由不相信你是有意识的一样。这种推理的错误是忽略一个主体用自己想象另一个主体的前提：主体必须是超越经验系统之外的。只有这样，才能把对象想象成自己。最近，人工智能学者开始认识到上述推理的问题。李飞飞及其合作者以 IBM 的下棋程序"深蓝"为例，反驳人工智能有意识的观点。他们这样论证：该程序可以击败世界冠军加里·卡斯帕罗夫，但如果房间着火了，它却不会有停止游戏的意识。(《李飞飞亲自撰文：大模型不存在主观感觉能力，多少亿参数都不行》，机器之心，https://www.jiqizhixin.com/articles/202-05-24-10。)

第二层含义是《人的哲学》认识到人从事科学研究必须使用数学，数学不是语言。虽然《人的哲学》还没有揭示什么是数学，也不可能分析数学作为一个和语言完全不同的符号系统，如何与代表经验世界的具有多层次反馈的神经网络的稳态互动，但其对数学真实不等同于经验世界的真实性已有所感悟。数学和经验世界是什么关系？数学如何发展？这已经成为《人的哲学》进一步展开面临的问题，它涉及数学在科学理论中无与伦比的重要性。如果说语言的起源就是人类社会的起源，数学明显不同，它只是现代科学的起源。这一切说明用数学表达自然规律，是和用语言表达世界完全不同的过程。《人的哲学》已经感觉到从数学进入分析人的思想的重要性，做好了从数学是什么的研究走向真实性哲学的准备了。

科学史的哲学研究：发现科学真实的形态

在《真实与虚拟》一书中，将可重复的受控实验和受控观察视为真实经验时，对受控实验和受控观察的可重复做出了严格的定义。第一，受控实验和受控观察对某一主体 X_n 可重复，是指当主体 X_n 第 n 次实验得到某一结果时，第 n+1 次相同实验亦得到同一结果。这时，受控观察和受控实验相应的经验对主体 X_n 是真的。第二，受控实验和受控观察结果对某一个主体 X_n 为真时，对 X_{n+1} 主体亦为真，此乃受控实验和受控观察普遍可重复。也就是说，在可控制变量和可观察变量不变的前提下，将某一个主体 X_n 变为另一个主体 X_{n+1}，只要受控实验和受控观察结果仍然相同,再加上数学归纳法成立,得到的经验对所有主体 X 为真。

我将满足第一个前提的受控实验和受控观察称为对某一个体可重复,简称受控实验和受控观察的可重复,它对应着个体真实。将满足上面两个前提的受控实验和受控观察称为普遍可重复,它对应着科学(普遍)真实。提出上述定义需要两个条件,一是知晓受控实验和受控观察的普遍可重复是科学真实的基础,二是受控实验的可重复和普遍可重复都具有自然数的皮亚诺-戴德金结构。《人的哲学》已经提出了第一个条件。而第二个条件可由第一个条件精确化得到。我在写《人的哲学》一书的同时,在进行科学哲学和科学史的研究。我对证伪主义和库恩的科学革命即范式变化说均不满意,在分析证伪主义面临的困境过程中,已经发现了受控实验和受控观察普遍可重复中蕴含着自然数递归可枚举的结构。只要再往前走一步,就可以发现第二个条件。也就是说,真实性哲学的基石——"数学是普遍可重复的受控实验和受控观察的符号结构"这一关键性的结论——也蕴含在《人的哲学》之中。

20 世纪 80 年代与控制论、信息论和系统论并行不悖的是科学史和科学哲学的热潮。十分幸运的是,我正好处于这两种思潮的交汇处,可以把对科学史的哲学研究加入到《人的哲学》的探讨之中。然而,这一步迟迟没有迈出。为什么当时做不到?除了 80 年代思想解放运动的中断,关键在于,要从中悟出数学是普遍可重复的受控实验和受控观察的符号结构,还需要从新的角度反思康德哲学。虽然《人的哲学》在序言中已提到对康德式理性思考的向往，但要真正做到这一点，则是在三十多年之后。

我经常在想：如果中国轰轰烈烈的思想解放运动不是突然中止，我把人作为一个近于上帝的观察者加到和外部世界耦合的具有多层次反馈的神经网络中，又会得出什么样的哲学图像呢？显而易见，主体之所以可以悬置在和外部世界耦合的具有多层次反馈的神经网络之外，是因为它可以停留在非经验的符号世界中。只要将稳态的真实性即输入与输出的可重复性这一思想贯彻到底，一定会认识到数学是普遍可重复的受控实验和受控观察的符号结构。这时，立即突破了唯物论和语言哲学的樊篱，得到存在着不同于经验真实的符号结构的真实性这一结论。也就是说，主体一直面对两个真实世界。一个是经验世界，另一个是具有某种结构的符号世界，它们都是真实的。这样一来，真实性的扩张必定存在着两个不同方向。

一个方向是普遍可重复的受控实验通过自身的迭代和组织不断扩张，这是科学经验真实的增长。这在《人的哲学》中已有详尽探讨。另一个方向是符号结构真实性的自身扩张，数学研究就是这方面的例子。当在符号世界和经验世界之间架起桥梁时，则出现两个世界的互动，以及由此导致的互相促进，真实性开始加速扩张。现代科学正是这样一座横跨经验世界和符号世界的拱桥，它建立在时空测量构成的拱圈之上，时空研究是现代科学的基础。拱圈之上存在着由语言表达经验世界的上盖。我们可以根据两个世界之间是否存在拱桥，以及真实性是否可以用自身迭代和组织扩张，来研究真实性向主体展现时的各种形态。

符号世界和经验世界之间可以建立拱桥，亦可以不存在拱桥。真实性可以通过迭代和组织不断扩张，亦可能做不到通过迭代和组织扩张。两两组合有四种可能。第一种情况是不存在拱桥，但真实性可以通过迭代和组织不断扩张，这就是现代科学出现前的真实世界。这时，无论经验真实还是数学真实的发展都十分缓慢。第二种情况是建立了拱桥，真实性可以通过迭代和组织不断扩张，这就是现代科学出现后的世界。第三种情况是存在拱桥，但真实性不可以通过迭代和组织不断扩张，这就是现代科学建立后，物理学家在虚拟物理学中进行的探索。第四种情况是不存在拱桥，真实性亦不可以通过迭代和组织不断扩张，这就是电脑中的虚拟世界。也就是说，科学真实存在上述四种形态。

真实性的这些形态只有通过真实性哲学研究才能得到。然而，《人的哲学》已经意识到，一旦人成为一个思想者即从和外部世界耦合的具有多层次反馈的神经网络中跳出来，和思想直接相连的是各个领域和不同类型的真实性。当真实性存在着不同领域和类型时，在它们基础上的价值观和建立在以客观性为真之上的主观价值论必定是不同的，这种差别对理解现代性有什么意义，是一个从来没有研究过的问题。我在写《人的哲学》时，已经意识到必须从一个全新的角度来研究思想和行动、科学和道德的关系，以解决当代社会碰到的道德困境。

思想自由和人的解放

《人的哲学》把人定义为一个近于上帝观察者，立即从中推出思想的自由。书中有一段备受争议的话："我们没有必要担心思想的彻底解放会动摇理性和真理的基础,思想的自由可以使我们去想象那些罪恶的行径,但我们却没有必要因为想象犯罪而感到害怕,因为大无畏的理性的太阳仍在天空照耀。我们不会因为狂热而变成真正的疯子,人类也不会因为具有毁灭自己的能力而真正去毁灭自己。"这段话在20世纪80年代曾引发争议,一个人可以拥有"罪恶的思想"吗?人应该为自己"不道德和罪恶的思想"而感到可耻或害怕吗?《人的哲学》认为:思想是无所谓罪恶和不道德的,思想自由是一切自由中最基本的,它不存在着任何限制,主张当代人可以比历史上的人更彻底、更大无畏、更自由地思想。上述论述正确吗?实际上,这个问题比我在《人的哲学》想象的要复杂得多。为了解决它,必须从人的哲学进入真实性哲学。

我们可以用一部电影来分析思想自由所面临的当代困境。[1]该电影以强奸为例刻画了思想和自由的关系。电影中的强奸犯性欲强到在任何时候见到漂亮的女人都试图去强奸,但是他不愿意当强奸犯。他想了很多改过的方法,但是受本能的影响,强奸的欲望逼迫他还是要去强奸。为了克服罪恶的思想,最后他选择了自杀。电影用人可以自杀来表明自由意志的存在,正如一篇豆瓣影评所说:"他终于自由了!这不是关于一个强奸犯的纵欲的故事,而是关于活着还是死去的故事,是关于死是人类最终唯一能做出的自由选择的故事。"[2]该电影提出两个十

---

[1] 该电影名叫《自由意志》(*Der freie Wille*),由德国导演马蒂亚斯·格拉斯纳执导,于2006年上映。

[2] 水木丁:《死是自由岸》,豆瓣电影,https://movie.douban.com/review/1711875/。

分重要的问题。第一，行动受观念支配，如何看待与不道德甚至罪恶的行动对应的观念？第二，什么是自由意志？它就是选择的自由吗？电影刻画了现代人的某种困境：为了不犯罪，必须克服"犯罪的观念"。然而，自由意志的存在意味着"思想犯"只能自杀吗？

该电影认为思想就是动机。《人的哲学》则主张：主体从和外部世界耦合的具有多层次反馈的神经网络中跳出来，成为一个思想者时，就划清了思想和动机的界线。所谓主体的自由，就是可以阻止思想转化为动机，也就是主体可以不去做任何一件自己可以去做的事情。既然思想不是动机，思想的自由是不受约束的自由，思想也就无所谓善或不善，不能对其做道德判断。然而，上述论证是有问题的。支配社会行动的观念既包含思想也包含动机，观念肯定有价值指向，存在着对错。在一些重要领域，动机和思想无法划清界限。①

---

① 正是因为思想和动机在一些重要领域无法划清界限，由思想自由问题引发的言论自由、信仰自由等问题，一直没能得到解决。一个例子是目前欧美国家处理仇视言论（hate speech）的不同方式。所谓的仇视言论，是指对犹太人、黑人、穆斯林、同性恋或任何其他族群的成员恶意攻评，而且它纯粹是出于恨意，不是因为发言者曾受任何人的不当对待。美国法律处理仇视言论的方式，与几乎所有其他西方国家都不一样。在德国，公开展示纳粹夂标志或任何相关象征是重罪。欧洲有 11 个国家规定，说"大屠杀从未发生"或"德国在纳粹时期没有屠杀犹太人"是犯罪行为。加拿大也一样，该国最高法院已经宣判，即使加拿大宪法保障表意自由权，否认大屠杀的人还是可以被起诉与惩处。至于在美国，否认大屠杀是事实的权利，受宪法第一修正案的保护。（安东尼·刘易斯：《言论的边界：美国宪法第一修正案简史》，徐爽译，法律出版社 2010 年版，第 148—149 页。）今日自由主义价值观无法判定上述做法哪一种是正确的。

事实上，所有经过超越突破的文明，都存在着思想的禁区。无论希伯来宗教的原罪、儒家文明对思想的道德要求，还是印度文明的解脱，以及古希腊文明认同的公民理性，无一不存在思想不能自由进出的禁区。思想自由是现代性的产物，但随着现代性的展开，这个问题变得越来越复杂。现代社会主张拥有权利的个人通过契约来建立民族国家，为了规定契约社会的组织规模，必须确立民族认同。故所有现代社会都有自己的民族主义，民族主义一定会对思想自由构成限制。此外，与理性分离共存的终极关怀是道德的来源，它亦规定思想不能自由进出的禁区。现代社会如何摆脱民族主义对思想的桎梏？在道德沦丧时，如何从终极关怀中获得力量但又不对思想自由进行限制？这些都是至今没有解决的问题。① 在2014年"人的哲学续篇"系列讲座中，我提出过一个猜想：思想自由基于作为"元价值"的真实性，它是其他各种自由的前提。如果没有思想自由，个人权利就不可能具有终极的正当性，② 现代社会也

---

① 21世纪数字和神经科学技术的发展，为思想自由的追求带来更多的挑战。2021年，联合国宗教或信仰自由问题特别报告员向联合国大会提交了一份有关思想自由的报告。这是自1948年该权利被承认以来，联合国层面首次对思想自由权进行实质性审议。该报告指出：现代数字和神经科学技术给思想自由的权利带来一系列威胁，包括如何保护心理隐私、如何防止思想被不当操控和修改，以及如何防止这些技术被滥用来惩罚人的思想而非个人行为。(Ahmed Shaheed, Interim Report of the Special Rapporteur on Freedom of Religion or Belief: Freedom of Thought, A/76/380, United Nations, Geneva, 2021, Retrieved from https://www.ohchr.org/sites/default/files/Documents/Issues/Religion/A_76_380_AUV.docx.）

② 如果坚持天赋人权，会碰到人是否有社会权的困境。(下接第034页脚注)

不会有坚实的道德基础，终极关怀也不可能纯化。然而，要做到上述一切，必须把人的哲学上升为真实性哲学。

我之所以反复强调《人的哲学》中那些力图去回答但实际上不能解决的问题，都是为了说明：《人的哲学》不可能是我哲学探索的终点，它一定会走向科学和人文相结合以建立现代世界价值基础的真实性哲学。

矛盾、悖论和不确定公理

如果说《人的哲学》一直缺乏对什么是符号的意识，《系统的哲学》第二篇《发展的哲学》则是从思考逻辑语言这一不可回避的符号系统开始的。为什么《发展的哲学》必须从语言分析切入唯物辩证法？关键正是辩证逻辑允许推理自相矛盾。经过"文化大革命"之后，中国人意识到辩证法可以沦为诡辩法，逻辑矛盾更是科学理性思维不能允许的。《发展的哲学》力图从逻辑矛盾中拯救出辩证法的"发展观"。

表面上看，这是一个不可能实现的任务。辩证法把变化视为事物本质的规定性而主张矛盾无处不在，该原理运用到人的思维中就是用辩证逻辑代替形式逻辑。一旦认识到思考过程中必须排除悖论，立即会对矛盾观念形成否定。《发展的哲学》

（上接第033页脚注）所谓社会权，是指每个人应该有社会基本保障，如受教育的权利、得到医疗的权利等。如果坚持社会权利等同于个人权利，那禁止移民是不正当的。今天，现代的福利国家就把社会权利看作本国公民才能拥有的，这又和天赋人权相矛盾。今天必须重新思考个人权利的基础。

则认识到，如果这样做，辩证法哲学中最深刻且最具革命性的基本原理会遭到阉割。青年时代，我从马克思那里继承了辩证法的精神，正是依靠这一基本原理冲破了思想牢笼，《发展的哲学》不想"把孩子和洗澡水一起倒掉"。然而，怎样才能在排除悖论思维的同时，又保留辩证哲学的精神呢？我决定用不确定性代替矛盾。

《发展的哲学》从批评哲学界提出的"无矛盾原理"开始，对逻辑语言中的悖论进行深入分析。逻辑语言作为对象语言，允许对有关对象的命题进行任意组合。如果某一个命题存在悖论，组合的后果使得任何一个命题都可以被证明为真，这样一来，对象语言的符号推理将毫无意义。《发展的哲学》发现：悖论中包含了不确定性，但不确定性不等同于悖论。逻辑语言中出现不确定性是允许的，但要用不确定性代替矛盾，必须证明逻辑推理中必定存在不确定性。这时，我注意到哥德尔不完备性定理。该定理指出：任何一个包含自然数的数学公理系统都存在不能由公理判断真假的命题。我立即意识到：存在着不可判定命题就是逻辑推理中的不确定性，不确定性和矛盾一样是无处不在的！这样一来，用不确定性代替矛盾，既排除了逻辑语言中不能允许的悖论，亦保住了辩证法的精神。

《发展的哲学》以集合论的建立和公理化为例，分析了悖论在一个符号系统中产生的原因，其中有这样一段论述："集合论证明，各式各样的逻辑推理过程以及数学结构都可以归之于集合的基本构造。这使得数学家第一次站到一个总体的哲学高度来审视清晰的逻辑思维体系究竟是什么。正因为如此，集合论悖论的发现才有可能真正显示问题的深刻性,而在此之前,科学家从来没有深刻地分析悖论的原因。因为这些悖论都被认为是定义和思维不严格造成的。但数学家在构造集合论概念时,本身就是从严格的逻辑出发,提取概念时已经做到了尽可能严格排除似是而非的陈述这一原则,但是悖论还是出现了。这引起人们的高度重视。经过一番艰苦探索,数学家终于发现:关键在于我们使用的概念在同一层次或不同层次之间必然存在着定义上的互为因果的关系。"《发展的哲学》指出:定义之间的互相依存即为组织系统中整体中的部分之间的互相依存,因此必须把导致符号系统悖论的分析方法推广到一切组织系统中去。

当时我还不可能知晓:纯符号系统是没有性质的,性质之间的互相依存是经验世界的事情。但我已经发现:数学中公理系统从定义、公理到定理再到推论是一个互相缠绕的陈述组织过程,它和经验世界的自组织系统存在着同构。也就是说,如果把不确定性无处不在这一基本原理贯彻到底,就能得到任何自组织系统形成和展开过程中都存在不确定性。这意味着任何组织系统必定处于演化之中!该结论正是辩证法万物内在发展论述的精确化。

和《人的哲学》相比,《发展的哲学》论述不够严密,甚至读起来觉得其充满稚气,我不知道今日读者能否接受这些论述。但在今天看来,它是当年《系统的哲学》三篇中最有原创性的一篇,因为把矛盾定义为互相冲突的控制,蕴含着对不确定性的全新看法,这在对概率和统计的基础做出更深度理解的同时,还可以洞察何为可能性。这都是从前的哲学家从来没有探索过的。当然,其前提是认识符号系统的真实性。对我来讲，当时之所以不得不采用不严格的论述，是因为我对符号系统缺乏研究，但又不同意西方主流学术界对悖论的观点。早在20世纪80年代，《走向未来》丛书就编译出版了《GEB：一条永恒的金带》。我没有用该书强调的"自指"来解释悖论的出现，[①] 我认为将哥德尔不完备性定理完全归为某种"自指"是不正确的。我写《发展的哲学》时，不可能认识到《GEB：一条永恒的金带》没有摆脱数学即逻辑这一根深蒂固的逻辑主义传统。我只是认为必须把不确定性和矛盾研究联系起来。在中国文化的脉络中，矛盾用于表达两种目标不相容的控制，它从来没有如同古希腊哲学那样成为悖论。矛盾观念在中国出现的时间和西方一样早，但没有推动数学和逻辑的发展。我并不是简单地将其归为中国文化的落后，而是去思考何为不确定性，以及究竟是什么导致了不确定性。

今日科学界把不确定性看作客观存在，[②] 我一直不同意这种观点。原因很简单，根据《人的哲学》，所有基本粒子都不能独立于观察者存在，如果微观世界的基本粒子本身都不是客观存在，其运动的不确定性又怎么可能是客观的呢？我认为不

---

① 当主体用符号系统指涉对象时，如果对象包含符号系统自身，就会出现"自指"现象。《GEB：一条永恒的金带》的作者侯世达把"自指"和悖论联系起来，如著名的说谎者悖论。当"自指"不导致悖论，侯世达认为此时"自指"是系统自我复制的基础。（侯世达：《哥德尔、艾舍尔、巴赫——集异璧之大成》，本书翻译组译，商务印书馆1997年版，第656页。）

② 这方面的典型例子是，21世纪西方主流科学界对量子力学中测不准原理的重新解释，认为不确定性是微观粒子的客观属性。这样一来，测不准原理应译为不确定性原理。

确定性的根源是同时存在两种互不相容的控制。在《发展的哲学》中，这一观点并没有展开。十分幸运的是，正因为《发展的哲学》打下了研究不确定性的基础，我写作《真实与虚拟》时碰到的两个难题才得以解决。因此，在某种意义上，如果不是《发展的哲学》用不确定性替代矛盾，真实性哲学的"方法篇"是不可能完成的。

第一个难题是概率是什么。《真实与虚拟》一书把数学视为普遍可重复的受控实验符号结构，会碰到一个绕不过去的问题：如何看待概率论和统计数学？统计数学也是普遍可重复的受控实验的符号结构吗？如果是，为何其公理系统和一般数学不同？如果不是，它作为一个和经验无关的符号系统为什么是真的？我发现，如果普遍可重复的受控实验第一个环节的控制中存在着互相矛盾的操作，这一类受控实验结构的符号表达就是概率论和统计数学。

《真实与虚拟》用"控制的互相排斥"来定义不确定性："控制的定义是主体从可控制变量集 C 中选出某一子集合 C_i。所谓控制结果的不确定性是指，选择的结果即子集合 C_i 包含若干元素，它们是互不兼容的，其中某一个实现时，其他不实现。这时，哪一个元素作为主体控制结果必定是不确定的。一旦认识到控制结果不确定性是它们互不兼容，结果的互不兼容又可以归为其相应的选择（控制）互相排斥，我们对不确定性就有了一种全新的认识。这就是在真实性哲学的框架中，控制结果的不确定性即为主体面对的互不相容的可能性，其本质乃是在一个控制序列中实现某个基本控制后，达到每一种结果之进一步控制和其他结果之进一步控制互相排斥。"分析具有上述控制的普遍可重复的受控实验结构，其符号表达正好是数学中的概率论和随机过程。

第二个难题是为什么量子力学表达物理学的基本法则时，必须用复数？《真实与虚拟》一书指出：自然界最基本的定律就是基本测量之间的关系，当所有的测量之间不存在矛盾时，我们可以用测量值来代表测量。测量值是实数，表达物理学基本定律的数学物理方程不需要复数。然而，任何测量作为一个普遍可重复的受控实验，都存在着控制。当两个基本测量的控制存在矛盾时，我们再也不能将测量值等同于测量。这时，必须用复数代表测量，测量值为其实部。表达测量之间关系的数学物理方程一定要用复数。量子力学之所以用复数表达自然界基本法则，正是测量中的控制存在着矛盾。

和《人的哲学》相比，《发展的哲学》的篇幅简短，很多问题没有深入展开。究其原因在于，与矛盾相应的控制过程涉及主体，对其开展进一步研究必须剖析经验和符号两个层面的互动。我们至今仍不清楚，为什么自然语言中可以存在悖论？矛盾和自然语言是什么关系？这些都是真实性哲学要解决的问题，但在20世纪80年代是不可能做到的。

"存在"和"系统"

《系统的哲学》第三篇是《整体的哲学》。《整体的哲学》目标是论述研究整体的方法。要做到这一点，必须先给出公理，然后再定义什么是整体。《整体的哲学》开篇提出一条公理：任何存在都是有条件的（图 0-1）。我称其为"条件性公理"。整体被视为不需要由外部提供前提的存在，亦称之为系统，组成整体的部分则是子系统。根据"条件性公理"，整体的定义就是其存在的条件必须由它（存在）自身提供。显而易见，只有存在着一个"由条件规定之'存在'到'条件'的映射 F"，"条件"才依赖于"存在"本身，即它是自我维系的（图 0-2）。我将其称为存在和条件耦合，整体为自耦合系统。

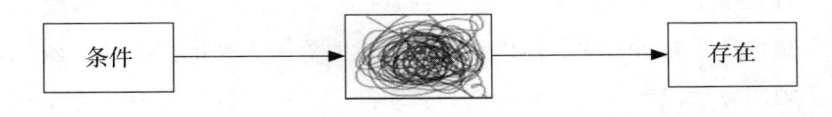

图 0-1　条件性公理

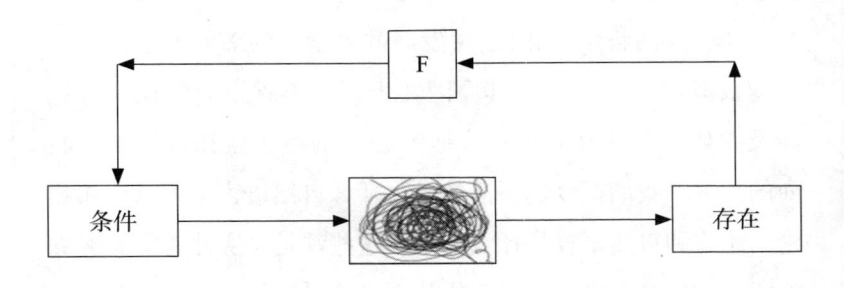

图 0-2　整体的自我维系

接着，再根据《发展的哲学》已提出的公理——不确定性无处不在，将其和"条件性公理"结合以分析整体。这样一来，如图 0-1 和图 0-2 所示的"条件"和"存在"及"自我维系的结构"均处于由不确定性组成的扰动海洋中。《整体的哲学》发现：只要运用上述两条公理，用公理化方法就可以推出任何整体即一个"条件由存在提供的自我维系系统"演化的基本法则。

这两条公理正确吗？《发展的哲学》提出的公理"不确定性无处不在"没有问题。不过在今日看来，条件性公理是不严格的。为什么？如果我们对"存在"做限定，指那些具体的事物，任何具体事物的存在都有前提，条件性公理当然成立。然而，当"存在"为《人的哲学》论及的多层次反馈的神经网络和外部世界的耦合时，多层次反馈的神经网络和外部世界耦合形成一个封闭系统，这就是经验世界。通常认为，经验世界的存在不需要前提。

为什么认为经验世界的存在不需要前提？因为作为客观存在，它本身就存在着。《人的哲学》之所以不同意建构主义将客观性等同于经验的公共性（即认为客观性不可以放到括号中存而不论），是因为意识到经验世界的存在就是客观性。如果没有客观性，经验世界就不存在。表面上看，上述分析没有问题。然而，一旦进一步追问，就会立即发现上述分析会引来自相矛盾。

为什么？《人的哲学》在研究一个具有多层次反馈的神经网络和外部世界耦合时，发现作为外部世界的"客观存在"不存在；现在把"具有多层次反馈的神经网络和外部世界的耦合"本身作为一个整体考察时，因为它就是经验世界，其又必须存在。这是一个悖论！《人的哲学》没有意识到上述悖论，当然不可能克服悖论。也就是说，《人的哲学》其实和唯物主义并不相容。

如何克服上述悖论？表面上看，悖论的发生是因为人从经验世界中跳出来面对经验世界，可以成为一个近于上帝的观察者。本来"客观存在不存在"，是指当一个具有多层次反馈的神经网络和外部世界耦合时，外部世界不能独立于神经网络的输出。现在把那个"具有多层次反馈的神经网络和外部世界的耦合"当作一个整体，它应独立于主体，才被视为客观存在，这时"客观存在"的定义已和前面不同了。然而，上面的分析是有问题的。第一，为什么人可以从那个具有多层次反馈结构的神经网络和外部世界的耦合中跳出来？第二，一旦主体从经验世界中跳出来，具有多层次反馈的神经网络和外部世界的耦合作为整体才成为主体的对象，这时必须去问：为什么对象是真的？什么是对象？它和主体是什么关系？

这两个问题只有真实性哲学才能回答。对第一个问题的回答是，只有一个结构真实的符号系统存在，主体才可以停留在符号系统中，不进入经验世界。动物只有经验世界，不可能跳出来，站在经验世界之外。第二个问题的答案更为重要。对象和主体是同时出现且互相依存的。当出现具有真实性结构的符号世界时，主体处于符号世界之中，就是人面对经验世界。这时，经验世界和符号世界都成为主体的对象。我们立即发现：作为一个真实的整体经验世界的存在是需要前提的，这就是存在主体以及判别经验世界为真的方法。

事实上，客观性本是作为判别经验世界的真实性基础而存在的，我们必须将其改为真实性基础。这样一来，我们只要修正条件性公理，它仍然可以成立。这就是把"存在"修改为"真实的存在"，"真实的存在"的存在是需要前提的。这就是主体存在，以及相应的控制手段可重复。必须强调的是，将"存在"修改为"真实的存在"，需要将整个经验世界作为对象。主体面对着经验对象和符号对象时，真实性作为主体X、控制手段M和对象Y的三元关系R（X，M，Y）被发现了。

在这种三元关系中，对象Y的真实性离不开主体X和控制手段M的可重复性。或者说，对象Y真实的存在是有前提的，这就是主体X的存在、控制手段M的存在以及它必须可以被X重复。这就是条件性公理的准确表达。那么，根据重新确立的条件性公理，什么是整体呢？真实性的三元关系R（X，M，Y）中，X、M、Y互相依存，真实性本身就是整体。在此意义上，作为真实性的整体研究，就是去探讨三元关系R（X，M，Y），这就是真实性哲学。《真实与虚拟》一书研究科学真实，探讨了三元关系R（X，M，Y）中X为普遍、M不包含主体X这一独特情况。这样一来，真实性的"整体研究"还必须展开探讨在M包含主体时，X是个别的或普遍的这两种情况。也就是说，真实性哲学必须包括对社会真实和个体真实的探索。

整体作为一种不需要外部前提的存在，还有另外一种更为简单的形态。这就是在真实性三元关系R（X，M，Y）中，M由Y提供。这时，三元关系R（X，M，Y）中，主体X不再是M和Y存在的前提，我们得到了一个纯粹由M和Y组成的系统，它就像图0-2中条件被存在规定构成的"整体"。实际上，只有当对象和控制条件均为真的前提下，对象 Y 成立的前提 M 才能由 Y 提供。这时，主体 X 可以被隐去，对象 Y 和控制条件 M 构成一个自我维系的系统。也就是说，图 0-2 中条件被存在规定构成的"简单整体"的准确表达应该是图 0-3，我们可称之为真实性结构中主体被隐去的自我维系的系统，简称为自耦合系统。

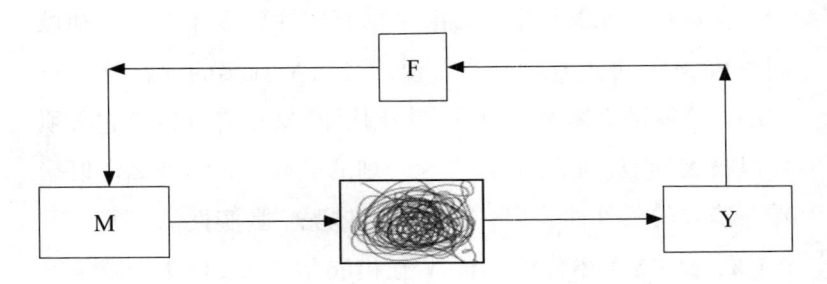

图 0-3 真实性结构中主体被隐去的自我维系系统

《系统的哲学》第三篇《整体的哲学》中研究的"整体"就是上述不同于真实性哲学的简单形态，其被称为作为整体存在的组织，亦可视为"有组织的系统"。一旦理解了这一点，《系统的哲学》第三篇《整体的哲学》的内容也就可以准确地定位了。

《整体的哲学》对应着两种演化论

在《系统的哲学》中，《整体的哲学》成稿最早，篇幅也最长。它本是继《控制论与科学方法论》一书后，进一步论述控制论、信息论、系统论和突变理论的著作。读者或许已经发现：《整体的哲学》的内容和今日复杂性科学几乎一模一样。不同的只是《整体的哲学》用如图 0-1 所示的条件性公理和不确定性公理将复杂性科学的各种结论推演出来。它从组织系统的稳态和维系稳态的机制出发，论述组织系统陷入周期性振荡、混沌和由一个稳态向另一个稳态演化的逻辑。因条件性公理和不确定性公理是普遍成立的，故由它们导出的结论适合任何领域的组织系统。

特别值得注意的是，价值和道德的起源亦可以用自我维系的系统结构的变化来解释，这就是吸引子对自耦合系统的选择。《整体的哲学》将不同规范相应的行为标上适应值，它趋于极大或进入某个"吸引子之洼"[①]，意味着道德起源，甚至主张普遍价值观一定是社会维生结构中最为稳定的状态。读者一定会问：用最稳定的状态形成来解释道德及各种普遍价值的起源正确吗？

《整体的哲学》是以"囚徒困境"为例子说明价值起源逻辑的。所谓"囚徒困境"是一个博弈论问题。警方逮捕 A、B 两名嫌疑犯，但没有足够证据指控二人。于是警方分别向双方提供相同的选择：若 A 认罪并做证检举对方（选择背叛），而 B 保持沉默（选择两人合作），A 即时获释，B 判监 10 年。若 A 和 B 都选择合作，则每人只判入监半年。若 A 和 B 二人都选择背叛，则二人都判监 2 年。显而易见，这场博弈中

---

① 关于"吸引子之洼"的具体讨论，见第三篇第三章第五节。

最佳均衡，就是双方合作。但对于只考虑自身利益的参与者，利他的合作难以实现。《整体的哲学》通过1979年美国政治学家罗伯特·阿克塞尔罗德设计的相应计算机程序模拟指出：利他的合作可以由一次又一次的博弈演化出来。即让博弈的参与者不断改变策略，会发现整体最优策略是所谓"一报还一报"的原则。也就是说，双方首先选择合作，如果一方背叛了对方，后者一定报复（也搞一次背叛），然后是宽恕，即报复过一次后，就重新采取和对方合作的态度，而不怀恨在心。正如《整体的哲学》所述：如果把某一轮中的得分看作适应性的度量，由它决定下一次比赛的某种机会，在200次以后，那些以欺骗和耍手段为主的程序开始逐步被淘汰。经过大约1 000次比赛后，上述"以一报还一报"的得分遥遥领先。《整体的哲学》认为，计算机模拟的结果暗示了在一个由自私自利个体组成的群体中合作行为（利他价值）的起源。

《整体的哲学》刚出版之际，上述分析方法刚刚被人文社会学者知晓。今日生命科学研究则发现：上述人类合作起源的机制居然可以解释细菌的行为。[①]用博弈论解释人类道德的起源尚可以理解，但为什么细菌和生态种群生成亦符合类似的原则？人有自由意志，自由意志支配下的道德行为和细菌行为存在根本的不同，但奇怪的是，作为整体结构的演变，两者居然同构！为什么两种本质上完全不同的组织系统，在行为模式上存在着令人不可思议的一致性？

[①] S. P. Diggle, A. S. Griffin, G. S. Campbell & S. A. West, "Cooperation and Conflict in Quorum-sensing Bacterial Populations", *Nature*, No. 450, Vol. 7168, 2007.

《整体的哲学》没法回答这个问题。然而,只要立足于真实性哲学,上述疑难便迎刃而解。关键在于,在《整体的哲学》中,对作为组织的"整体"的定义是含混的。如前所述,真实性三元关系 R(X,M,Y)中,"简单的整体"即组织形成的前提为 M 由 Y 提供。而 M 存在着两种形态,一种不包含主体,记为 M(1);这时 Y 亦不包含主体,记为 Y(1)。这是科学真实中的组织系统。另一种情况是 M 包含主体,记为 M(2)。当 M 包含主体时,相应的 Y 也包含主体,记为 Y(2),其大多为观念支配的社会行动。它是社会真实中的组织系统。换言之,由 M 和 Y 组成的互相维系的整体存在着两种类型,一种是由 M(1)和 Y(1)耦合而成的互相维系的系统(图0-4),另一种是由 M(2)和 Y(2)耦合而成的互相维系的系统(图0-5)。

《整体的哲学》没有区分上述两种互相维系的组织系统。实际上,细菌行为的演化属于第一种类型。人的行为模式的演化属于第二种类型。只有当这两种类型的整体同构时,才可以用《整体的哲学》中使用的方法研究其共同的模式。

简而言之,我们研究社会演化和道德起源时,应分析 M(2)和 Y(2)耦合而成的互相维系的组织系统(图0-5)。《整体的哲学》只是刻画了这两种演化过程同构的也是最简单的形态。20世纪80年代,我在写《整体的哲学》时,没有意识到一个包含主体的整体应如何研究。当时我和刘青峰已完成《兴盛与危机》的写作,中国传统社会的政治结构和经济结构的互相维系,以及两者在互动中一治一乱的行为模式,都符合

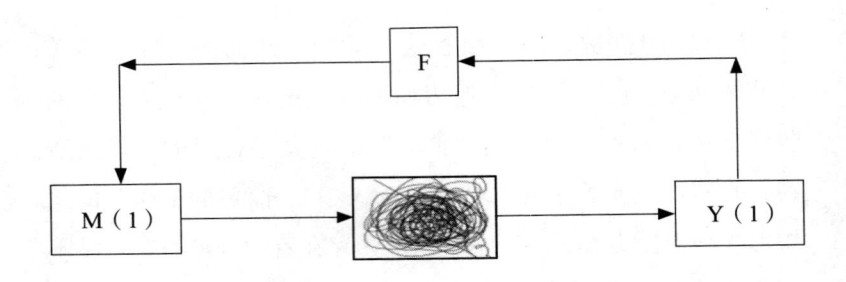

图0-4　M和Y中不包含主体的自我维系的系统

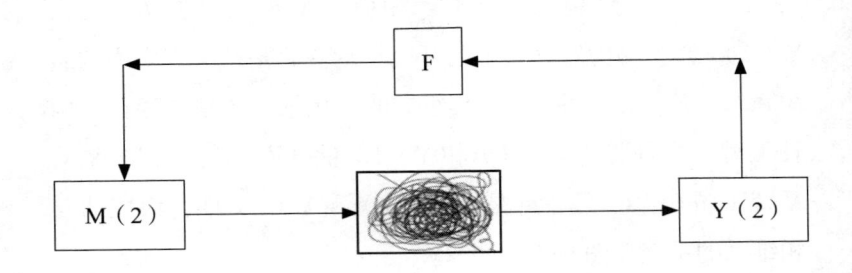

图0-5　M和Y中包含主体的自我维系的系统

《整体的哲学》中的系统演化。然而，它只是社会演化中和第一种整体演化同构的模式。要进一步揭示社会的演化，必须探讨支配社会行动的普遍观念，这是一个M和Y中都包含主体的自我维系系统。它与那种可以将观念系统悬置（M和Y中不包含主体）的自我维系的系统同构的系统是完全不同的。

正因如此，《整体的哲学》可以刻画生命系统的演化，当研究社会演化过程中观念系统可悬置时，亦可以用《整体的哲学》的方法来研究社会结构的变迁。但要进一步描述普遍观念和社会行动的互动，揭示社会组织演化的普遍模式，必须面对 M 和 Y 中都包含主体的自我维系的系统。众所周知，生命系统演化中最惊人的是意识和主体的起源。从此以后，系统的演化过程不是《整体的哲学》所论述的系统演化论所能涵盖的了。解释生命系统的演化法则的达尔文进化论，不适用于研究社会、历史和人的观念变化。我和刘青峰在20世纪80年代将系统演化论引进中国历史研究，后来发现这种方法无法解释中国思想的形成和变迁，故进一步提出观念史-系统论方法。观念史-系统论方法就是针对图 0-5 所示 M（2）和 Y（2）耦合而成的互相维系的系统的。实际上，主体性存在的前提是人会使用符号。什么是符号？存在着一个真实的符号世界吗？真实的符号世界如何同真实的经验世界互动？理解这一切，必须去研究作为真实性的三元关系 R（X、M、Y）中主体、控制方法和对象构成的整体，这是比 M 和 Y 耦合而成的"简单整体"（即一般组织）更为复杂的组织系统，它远远超出了《整体的哲学》的范围。

"涌现"和生命系统的自相似性

今日复杂性科学在讨论组织形成及其整体演化时，经常提到两点。一是生命系统各层次存在着同构现象，即组织系统演化是自相似的。二是在组织系统的演化过程中，新的性质会随着系统组织的复杂化而涌现出来。这两个基本观点恰恰也是《整体的哲学》研究的内容。然而，《整体的哲学》和今日复杂性科学不同，没有用泛泛的想象来刻画新的性质如何在新组织形成过程中出现，而是通过"生长"的概念来分析一个简单组织如何自行复杂化，以及在此过程中为什么会形成原有组织系统不具备的新性质。

《整体的哲学》把组织的本质视为系统的自我维系，所谓组织系统的自行复杂化即自我维系系统的生长。以最简单的组织形成为例，当某个随机变量 y_1 转化为一个自我维系的系统时，自我维系机制（记为自耦合关系 F_1）使 y_1 成为稳态。组织之形成可表达为 y_1 成为确定的。当确定的 y_1 可以规定另一种确定性即自我维系机制（记为自耦合关系 F_2）时，由 F_2 形成的自耦合系统使另一个随机变量 y_2 也成为稳态。如果 y_2 又可以规定第三种自我维系机制（记为自耦合关系 F_3），进一步使第三个随机变量 y_3 成为稳态。这样一来，一个从 y_1 开始的稳态链 y_1、y_2、y_3……一步一步地形成，这就是组织生长的机制（图 0-6）。

一个又一个的稳态形成意味着什么？让我们回忆一下《人的哲学》中一个基本观点，所谓事物的性质是一个具有多

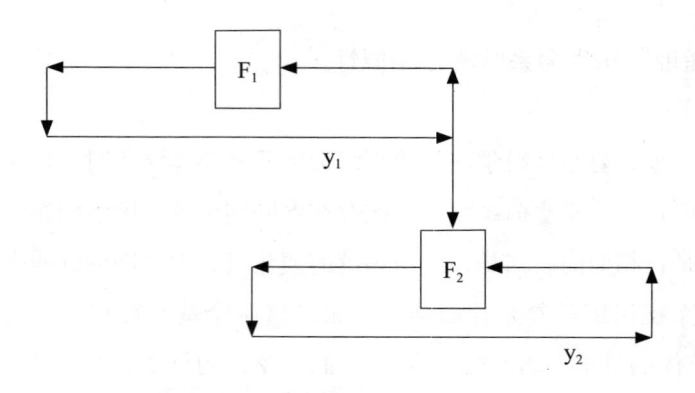

图 0-6　组织的生长：自我维系系统的复杂化

层次反馈结构的神经网络和外部世界耦合系统中的稳态,新稳态的形成即是原来没有的新性质的涌现!我们终于发现:涌现背后的机制就是生长。生长过程千差万别,但从自我维系机制自行复杂化的角度分析,第一步都是从原有功能耦合网形成稳态开始,一旦这个稳态可以引发一个新的功能耦合网,那么新形成的功能耦合网就可以形成新的稳态。只要这个过程自动进行下去,作为维生结构的功能耦合网就越来越大。生长既是组织系统的复杂化,也是原有组织系统中没有的新性质的涌现。

《真实与虚拟》一书在讨论科学经验真实时,强调普遍可重复的受控实验的自洽扩张的重要性。实际上,普遍可重复的受控实验经过自我迭代的扩张机制和生长的原理一模一样。主体 X 通过控制变量 C,使得相应对象 Y 成为稳态,Y 反过来加入 C 集合,扩大了主体拥有的可控制变量,使主体可以做新的受控实验。Y 成为主体掌握的新的可控制变量即扩大了受控实验的范围,就是生长过程中 Y 稳态形成新的自耦合系统。差别仅在于,在受控实验通过自我迭代扩张的过程中,存在着主体;只有当主体通过新的可控制变量做新的普遍可重复的受控实验时,才能说经验真实通过受控实验的迭代扩张了。而在生长过程中主体已被隐去,一切是作为整体的组织系统自行发生的。

换言之,受控实验通过自我迭代来扩张是真实性结构 R(X,M,Y)本身的复杂化,主体在迭代中起着不可忽略的作用;而组织的生长是真实性结构 R(X,M,Y)中 M 和

Y耦合而成的自我维系的系统的复杂化。前者依赖主体的控制，后者则是自我维系的系统自行产生的。然而，我们不要忘记，两者依据的原理相同。正因如此，如果普遍可重复的受控实验通过自我迭代的扩张是无限制的，那么我们总是可以看到新的性质随着组织系统的生长（不断复杂化）而涌现出来。

《整体的哲学》在讨论生长原理时，没有对组织系统做出限定。"整体"有时指单个细胞，有时指细胞的集合，如有机体和人体；很多场合下，《整体的哲学》还将相应的原则运用到生态系统的复杂化，甚至是社会结构的成长上。《整体的哲学》曾以市场经济的发展为例讨论社会组织的复杂化。在中国传统社会的家国同构体中，当经历大动乱后，一个新王朝在新建之际，市场经济极不发达。但随着社会秩序的恢复，则可看到城市的形成、交易的扩展，最后市场分工之细密达到其他传统社会很少看到的状态。在很多人看来，市场经济的形成和分工的复杂化源于人类对自发秩序的注重。它和有机体发育、生态演替似乎并无可比性。而《整体的哲学》用组织的生长对它们做出统一的概括。

在复杂程度上，人体组织比单细胞高一个层次，社会组织又比人体组织高了一层次。为什么《整体的哲学》提出的生长理论可以运用到生命系统的不同层次？特别对社会组织而言，它是一个有主体的自我维系的系统，有机体和生态组织中没有主体，两者为什么都受同样的生长机制支配？复杂性理论不能回答这一问题，而在《整体的哲学》看来，这是因为两者都满足"条件性公理"和"不确定性公理"。两个公理都包含了没有主体和有主体两种情况，由公理推出的定理当然也适用于两种不同的组织。总之，生命系统不同层次的生长和演化存在着出人意料的相似性，其原因正在于生长和演化由自我维系的系统的本质规定。

老化与系统的自我复制

除了"生"、"死"、"生长"和"演化"外，《整体的哲学》还把"老化"也视为组织系统的不同层次都具有的共同特征。对于自我维系的组织系统，"活"就是系统可以实现自我维系，"死"意味着自我维系机制的解体。"生长"是自我维系机制的复杂化，"演化"为自我维系的结构和相应稳态的变化。"老化"又是什么呢？它是自我维系的组织系统在运行过程中，功能对结构的破坏。

为什么一个自我维系组织的结构会被其各种功能的运行破坏？让我们来分析图 0-3 所示的自我维系的系统。自我维系的机制可以表达为 Y 的前提 M 被 Y 提供，即存在着一个从 Y 到 M 的映射 F，使得 M 属于 F（Y）。F（Y）是什么？它是 Y 的功能。需要注意的是，自我维系组织存在的前提是 M 属于 F（Y），而非 M 等于 F（Y）。为什么？对于 Y 的功能而言，F（Y）往往有很多种，只要其中一个和 M 相符，其他性质只要暂时不破坏 M，互相维系的系统就能存在。然而，F（Y）中那些不同于 M 的功能，从长期来说对 M 是有影响的。《整体的哲学》将不等于 M 的功能称为 F（Y）的多余功能，亦称组织系统的多余度。一个自我维系的组织系统越复杂，其多余度越多。《整体的哲学》发现：这些多余度会影响自我维系系统的耦合结构，使其畸变和解体，实际上老化正来自多余功能对自我维系系统的破坏。

我和刘青峰通过对社会组织的研究发现了组织系统的多余度，对自我维系的系统结构具有破坏作用，我们将其称为社会组织中无组织力量的增加。《整体的哲学》把无组织力量的增加推广到所有自我维系的组织系统之中，即对于任何自我维系的结构不变的组织（有机体）来说，老化是不可抗拒的。众所周知，和社会组织一样，生命也是一个自我维系的系统。几乎所有生命系统（多细胞生物）都会老化。然而，生命系统的老化机制真的和社会组织一样，源于自我维系机制中的多余功能对结构的破坏吗？

关于生命系统老化的学说大约有200种，其中绝大部分对老化原因的解释都指向组织系统的多余度，最典型的包括劳损说、功能退化说、积聚说和自由基说。劳损说和功能退化说认为衰老是由于有机体不能更换的组织器官逐渐劳损的缘故。[1] 积聚说实际上是从另一角度描述了功能对结构的慢性破坏。[2] 自由基说的要点是不饱和脂肪酸的氧化作用产生了一系

---

[1] Z. Sattaur, L. K. Lashley & C. J. Golden, "Wear and Tear Theory of Aging", *Essays in Developmental Psychology*, 2020, Available at: https://nsuworks.nova.edu/cps_facbooks/732/.

[2] João Pedro de Magalhães, "Distinguishing between Driver and Passenger Mechanisms of Aging", *Review Nat Genet*, Vol. 56, No. 2, 2024.

列自由基反应，引起一些细胞非特异成分的积累性损伤。[1] 氧化在生命代谢中是不可缺少的功能，其导致老化正是功能对自我维系系统结构的破坏。

《整体的哲学》在讨论生命系统老化时，面临最大的挑战来自细菌那样的单细胞生物。它们也是一个自我维系系统，但不会老化和死亡。难道老化机制对单细胞的生命不成立？这个问题曾困扰我很久，无法解决。四十多年后的今天，我才意识到：细菌之所以不会老化，是因为自我复制可以减少原有系统自我维系过程中必然释放出来的无组织力量。细菌通过自我复制由一个变成两个，十分重要的是，对绝大多数细菌而言，无法区分分裂后哪一个是旧的，哪一个是新的。也就是说，复制后两个细菌都不再是原有的有机体，而是一个新的自我维系的系统，无组织力量被清除了。如果复制只是在原有组织中长出一个新的，原有组织必定老化。

2005年发现了一种特殊的细菌，其分裂过程中新细菌只在细胞膜的某一处生长。这种细菌分裂的时候，可以看到细胞变长。细胞膜的某一处分裂出一个新的，旧的还在那里。实验证明那个最老的细菌三百多代以后，再也不能分裂，最后死亡。[2] 这个发现表明细胞自我复制、分裂为两个细胞时，只要它们都不再

---

[1] Laura C. D. Pomatto & Kelvin J. A. Davies, "Adaptive Homeostasis and the Free Radical Theory of Ageing", *Free Radic Biol Med*, Vol. 124, No. 20, 2018.

[2] Eric J. Stewart, Richard Madden, Gregory Paul, François Taddei, "Aging and Death in an Organism that Reproduces by Morphologically Symmetric Division", *PLoS Biol*, Vol. 3, No. 2, 2005.

是原有的有机体,也就清除了无组织力量。正因如此,大多细菌不会老化。如果无组织力量不能清除,单细胞生命也会老化。

上述现象可以解释另一种老化学说即端粒说。该学说认为细胞在每次分裂过程中都会由于DNA(脱氧核糖核酸)聚合酶的功能障碍而不能完全复制它们的染色体,最终造成细胞衰老、死亡。[1]在某种意义上,端粒说意味着老化是多细胞组织自身设定的,它导致细胞自杀机制的发现。[2]事实上,正因为细胞通过分裂可以避免老化,故原则上每个细胞可以进行无穷多次自我复制;只有用端粒规定单个细胞的寿命,才可以保持由多细胞组成的生命系统之稳定。[3]任何一个多细胞生命都由单细胞成长而形成。显而易见,多细胞生物为一个自我维系的组织系统,不能允许每个细胞无限制地分裂。因此,只要多细胞生命的生长期完成,必定要有一种机制来遏制细胞分裂,而这种机制只能是另一种细胞组织的功能,具有上述功能的细胞必定会老化死亡,故多细胞生命的寿命取决于其生长期的长短。[4]一旦上述机制被破坏,每个细胞都可以无限制分裂,其

---

[1] 端粒说最初由苏联科学家阿列克谢·奥洛夫尼科夫提出。他在1973年发表了一篇论文提出了端粒丢失与细胞衰老之间存在关联。(A. M. Olovnikov, "A Theory of Marginotomy: The Incomplete Copying of Template Margin in Enzymic Synthesis of Polynucleotides and Biological Significance of the Phenomenon", *Journal of Theoretical Biology*, Vol. 41, No. 1, 1973.)

[2] S. Elmore, "Apoptosis: A Review of Programmed Cell Death", *Toxicol Pathol*, Vol, 35, No. 4, 2007.

[3] 人的单个细胞,最多可以分裂大约50次。(L. Hayflick, "The Limited in Vitro Lifetime of Human Diploid Cell Strains", *EXP CELL RES*, Vol. 37, No.3, 1965.)

[4] 发育生物学理论认为,哺乳动物自然寿命约为其生长发育期的5~7倍。

后果是多细胞生命的稳态的解体。癌症就是例子，癌细胞不会老化，可以如细菌那样进行无限次分裂。①

既然老化源于多余度对结构的破坏，无论对于人造仪器还是自我维系系统的各个层次，它都是普遍适用的法则。这时，再来回顾一下仪器设计原理是意味深长的。仪器具有某种功能，该功能是根据某些自然法则设计出来的。自然法则在规定功能时，功能并没有多余度。多余度是作为自然法则规定的功能转化为经验事实时出现的。为什么自然法则本身没有多余度？一旦它转化为经验事实（无论是仪器的功能还是自我维系的组织），为什么多余度必定出现呢？《整体的哲学》无法回答这个问题。

在写《整体的哲学》时，我还不知道自然界的定律是测量之间的关系。而测量是横跨经验世界和符号世界的拱桥，其数值为具有双重结构的符号系统。用数学表达的自然法则没有多余度，这是因为它是符号系统。符号系统本身无所谓老化，但作为其物化形态的仪器必然会老化。这后面隐藏着符号真实和

---

① 为什么癌细胞不会老化？现已发现一个关键性因素，这就是端粒酶活性的变化。研究表明许多癌细胞的端粒比正常细胞短，但癌细胞通常具有较高的端粒酶活性。端粒酶是一种酶，能够在染色体的端粒处添加 DNA 序列，从而维持或甚至延长端粒的长度。端粒的维护对于细胞的持续分裂至关重要，因为端粒在每次细胞分裂时都会缩短。在正常细胞中，端粒的缩短最终会导致细胞进入衰老状态或程序性死亡（凋亡），但癌细胞通过激活端粒酶绕过了这一限制。癌细胞通常含有多种基因突变，这些改变使得癌细胞能够无视正常细胞的增殖限制，持续不断地分裂，逃避衰老和凋亡。人们相信：揭示这些机制是癌症研究和治疗的重要目标。

经验真实之间的基本差别,即老化是符号关系转化为经验关系时必然出现的。老化让我们再一次感受到真实性本身的奇妙。《整体的哲学》讨论组织系统老化时曾写过如下一段话:"制造永动机的失败,使人们意识到热力学定律。然而使我惊奇不已的是,追求长生不老的失败,居然没有使人想到一条与此有关的系统论定律。"当时我不可能知道,老化不是自然定律,而是真实性规定的哲学法则。为什么它是真实性哲学中的法则?因为只有认识到真实性既可以是经验的,也可以是符号的,才可以推出同样真实结构符号形态和经验形态必定不同,正是其导致任何一个经验世界的组织必定有多余度。在此意义上,《整体的哲学》也是真实性哲学的前传。

独特的哲学之路

现在,可以对《系统的哲学》做总结了。《人的哲学》讨论客观性,实际上,应该称其是对科学真实性基础的研究。《发展的哲学》用不确定性代替矛盾。《整体的哲学》是在不考虑主体以及符号系统并假定对象为真的前提下对"简单的整体"——组织系统——进行探讨。它的方法可运用到《系统医学原理》和《轴心文明与现代社会》中,当整体是一个具有多层次反馈结构的神经网络和外部世界耦合所构成的经验世界时,可推出《人的哲学》中接近于科学真实研究的种种结论。由此可见,《系统的哲学》只是走向真实性哲学的预备性工作。虽然主体和符号系统是不能忽略的,但《系统的哲学》提供了符号隐去时一个相对简明的整体分析框架，对理解科学真实和社会真实，它至今仍是不可缺少的。

那么，今天又应怎样评价这部 20 世纪 80 年代的哲学著作呢？忽略符号系统以及符号系统的真实性，是预设了对象为真（或认为其为客观存在）的前提下研究对象，这是以往哲学研究（我称之为传统哲学）的出发点。它当然不能回答"什么是对象"以及"对象为何是真"这样更深层次的问题。人们常把 20 世纪哲学的语言学转向视为哲学的终结，其实这只是传统哲学的死亡。为什么？因为哲学家一旦意识到人是符号物种，哲学研究的对象必定发生巨变，一种不同于传统哲学的现代哲学从此诞生。

事实不正是这样吗？自 20 世纪哲学的语言学转向后，对语言之探索必定涉及研究符号是什么。一旦发现符号是非经验的对象，必须去问符号、主体和真实性究竟是什么关系？从此以后，哲学研究再也不能假定对象为真或其为客观存在了。主体和符号的起源、符号真实和经验真实的关系，以及它们如何互动，就成为哲学研究的目标。直至今日，只有逻辑经验论和分析哲学有符号和经验关系的意识。《系统的哲学》没有考虑到符号，它和 20 世纪其他哲学探索一样，仍是前现代的。然而，它作为走向真实性哲学的出发点，以及建立真实性哲学的脚手架，从中可以看到一条中国哲学从前现代走向现代的道路。

既然现代哲学和传统哲学不同，现代哲学仍然是古希腊"爱智精神"的延续吗？"哲学"一词之所以起源于古希腊，是因为古希腊文明的超越视野将求知作为终极关怀，超越视野对自身的认识第一次包含了双重目标：对终极关怀的思考和对求知本身的思考。虽然古希腊文明的"哲学"比其他轴心文明的哲学更有"哲学意识"，但其他轴心文明各有各自的哲学。这就是不同超越视野对自身终极关怀的探求。如前所述，传统的哲学的特征是假定对象为真，其最重要的表现是不怀疑超越视野和终极关怀本身的真实性。故20世纪哲学革命后，各轴心文明的哲学都必须实现现代转型时，"为什么终极关怀是真的"首先成为现代哲学研究的对象。

因不同轴心文明的超越视野是不同的，重新审视终极关怀必定存在着不同的出发点，不同轴心文明的传统哲学走向现代之路也是不同的。这一点已被20世纪哲学家认识到了。海德格尔曾援引德国诗人赫贝尔的说法，认为人应该像植物那样扎根于大地，方能向天穹开花结果，[1]这实际上讲的正是哲学研究必须从自己成长的轴心文明出发面对现代世界的问题。确实，今天的哲学如果不从自己立足的超越视野重新思考生命的终极意义，不可能开放出灿烂的思想之花。

然而，我认为海德格尔的哲学想象仍然是不足够的。为什么？哲学除了对终极关怀进行反思之外，还有另外一个目标，这就是对人的认知本身进行思考。人既然凭着创造符号可以离开经验，进入另一个真实的世界，如果哲学思考仅仅强调从某一种轴心文明出发，那它只能是林中路或从大地仰望天空。哲

---

[1] Martin Heidegger, *Discourse on Thinking*, translated by John M. Anderson and E. Hans Freund, Harper and Row, 1966, p. 47–48.

学研究还必须包含对各种符号系统的反思，这样人就从经验的大地起飞，在空中鸟瞰经验世界甚至奔向星空。让主体在非经验的符号世界翱翔，并不断反思它和经验大地的关系，这才是现代哲学。换言之，认知精神对自身的思考也必须实现现代转型。这不仅是从一种超越视野走出来，也是寻找理解其他超越视野的道路，还是人的思想在星空中审视文明融合。只有这样，不同终极关怀才能在符号系统中加以定位，成为现代人的心灵追求。

一旦对什么是现代哲学有了真正的认识，我们立即看到，《系统的哲学》的意义不仅在于它是真实性哲学的前传，它还是一部记录了从现代常识理性出发、力图实现辩证理性重建的著作。这不仅是20世纪80年代哲学精神的历史记忆，还告诉我们探索是从哪里出发的，以及怎样寻找道路。常识理性是中国文化这条不曾中断的长河中最深的潜流，自其在第一次融合中形成以来，已经历了两次重要的改变。一次是明清之际气论和中国近代传统的出现，它是其成为现代形态的前提。第二次则是中国文明第二次融合过程中接受辩证唯物论。现代常识理性至今仍是中国人的思维模式。从五四新文化运动到今天，我们的父辈无论接受何种意识形态，思想变迁都无法脱离它的轨道。常识理性流淌在一代又一代中国人的血液中，浸润着他们童年的梦、少年的理想、青年时代的反叛、中年的麻木和老年时无奈地回归传统。而《系统的哲学》则指出：我们有可能从其出发，走向更为开放的理性。这也是中国人第一次从轴心文明的高度审视自己和世界。

从《系统的哲学》到真实性哲学，所有研究都围绕着一个基本问题：在客观世界不存在的情况下，哲学何为？读者或许已经注意到，我的哲学探索一直没有接受有神论和唯我论。为什么要拒绝有神论和唯我论？因为我是中国文明的儿子，常识理性是我与生俱来的基因，我认为其对中国人心灵的成长不是没有意义的。因为我们的哲学生命本来就是从这里开始，但是我们必须超越它，以开放的心灵去理解所有的超越视野。这种互相矛盾的追求贯穿我的青年、壮年直到老年。

　　一个以思想为志业的人一辈子都在思考同一个问题，这是不是有点乏味，甚至无聊？也许这正是我的写照。虽然如此，我并不后悔成为这样的自己。我再次阅读自己在 40 年前写的哲学著作时，仍然羡慕青年时代的哲学激情。激情不仅来自对传统的反思和对未来的向往，还在于对中国哲学现代转型的重要性的自信。我深知：当思想黑暗的时代再次来临之际，唯有哲学给人类带来慰藉和希望。我要强调的是，只有慰藉是远远不够的，因为生命需要希望，或者说生命本身就是希望。

金观涛

2024 年 7 月于深圳

第一部分

系统的哲学

2019年版序言

当搏非老友告诉我《系统的哲学》新版即将由鹭江出版社付印之时,我才不由自主地想到该书的出版和再版过程已如此漫长。本书最早是在20世纪中国第二次思想解放的时代潮流中,我把自己的哲学思考汇集为《我的哲学探索》,1988年由上海人民出版社出版。2005年,新星出版社以《系统的哲学》为书名再次出版,当时我还在香港中文大学中国文化研究所工作,是在日本爱知大学位于黑笹的校区的客座教授办公室看完该书清样的。此次再版《系统的哲学》,距最早的版本已过30年了。30年间世事变幻,该书出版的第二年,我和刘青峰离开北京后长期留在香港工作,2008年从香港退休后到台北教学,几年前再回到北京、杭州……熟悉的风景不复存在,我们的好几位朋友,包括编辑本书第一版的马嵩山先生,已相继离世,令人感慨唏嘘不已。

记得2005年为此书写再版序时,我提到自己参与的医学方面整体自洽疗法和美术中具象表现绘画的探讨、方法论都与《系统的哲学》阐述的自耦合分析有关。至今又过去13年了,我们与临床医生合作的整体自洽疗法已发展为系统医学的新理念,具象表现绘画成为中国美术学院油画系专业方向之一,已培养出十几个博士研究生。我本人则将《系统的哲学》的方法与思想史、观念史结合,在中国美术学院带出几批博士、硕士研究生,力图解释代表中国传统审美精神的山水画起源与演变以及探讨中国书法精神。也就是说,我的哲学研究从未停下来,并试图应用到不同领域。

《系统的哲学》是由《人的哲学》、《发展的哲学》和《整体的哲学》三部分组成。我在《人的哲学》中提出一切存在都是本征态,"客观存在"是有条件的,该观点自1987年提出后就备受争议,不断有人指责《人的哲学》提倡主观唯心论。当时量子纠缠的原理尚未被人们普遍理解和接受,而今日对定域实在论的否定已被公认,量子纠缠正在转化为量子通信技术。面临科学发展对客观唯物论的挑战,很多人惊慌失措,甚至还有人提倡用佛学观点来调和主体与客体之间不断消融的宇宙观。而我在本书初版时,提出用自然规律和仪器的同构律来解决这一问题。不仅如此,我还认为可以用本征态的自相关,即某种递归过程来破解人类的意识之谜。几年前,我用这一观点写了篇探讨什么是意识的文章,可能有助于读者理解本书的基本观点。

面对科技的飞速发展,哲学显得如此苍白无力,以至于今天有不少人感慨"哲学已死"。但我始终认为,正在死去的不是哲学,而是千百年来束缚我们对世界的思考的那些不甚准确的哲学观念,真正的哲学探索应该是用新的思路去考察古老的哲学命题。本着这一信念,这本写于30年前的《系统的哲学》,不仅体现着20世纪80年代思想解放的精神,而且力图把20世纪最重要的方法论遗产转化为哲学,故也可以视作为21世纪读者所写。

　　长期以来，我和青峰认为：任何著作一旦出版，便成为和作者无关的存在，世人关注、褒贬与否都不重要。话虽如此，但在现实生活中，这本书的出版使我们能以书会友，结识了许多年轻朋友，他们对哲学议题的热切追求和与我们的真诚友谊令我们感动不已。正因为书缘，我们结识了杜军，并在他主办的西山书院住了半年。至今我们仍然常常想起，2012年春天在京西百花绮丽的树林里和他讨论《系统的哲学》的情景。每一个生命注定都会衰老，从盛年走向老年正是人生慢慢消失在密林中的过程。而哲学之魅力在于它可以伴随一代又一代人对思想和人生意义的追求，希望本书更年轻的新一代读者，能有更多的哲学讨论的林中路。

金观涛
2018年写于北京寓所

2005年版序言

本书的基本思想孕育于20世纪70年代，发表于80年代。1988年夏曾以《我的哲学探索》为名由上海人民出版社出版。一本20年前的有关系统论哲学的书能够重印，这本身是不寻常的。当年我之所以对系统论做新的表述，是为了寻找中国文化重建的方法论基础。我曾在两条战线上作战：一方面是和刘青峰合作，提出中国社会超稳定结构假说；另一方面是致力于科学哲学的研究，力图勾画一种系统的哲学，以锤炼把握社会历史研究、理解现代性的分析工具。本书可以说是第二方面工作的代表作。20年过去了，我们仍在这一条看不见尽头的道路上上下求索，而不知老之将至矣！

令人欣慰的是，本书并没有被历史遗忘。虽然系统论哲学用于社会历史研究不再时尚，但是有两个方面的新进展出乎我的意料。第一，它的某些观点被运用到艺术研究的最新领域。《人的哲学》曾提出可将真实分为主观真实和客观真实两种。主观真实只是系统论方法在认知上运用得到的一个逻辑上可能的推论，在现实生活中是否真的存在，当时是不知道的。20世纪90年代基于法国画家贾科梅蒂创作经验的具象表现绘画，主观真实第一次在绘画领域中被证明。在这艺术成为可有可无的新世纪，当发现主观真实成为画家新的使命之时，有关哲学研究自然构成进一步探索不可缺少的工具。第二,《整体的哲学》的某些方法开始被运用到医学上,结构稳定性对内稳态的新发展终于引起医生的重视,一种被称为整体自洽的医疗理论正在兴起。

也许本书所举的一些例子已经过时,或应被更恰当的例子取代,但再版时我只改了书名,在内容表述上仍保持原书的面貌,除了因为我相信本书的基本理念仍然正确外,还想提醒读者80年代我们这一代人想达到的目标并没有实现。旅美哲学家傅伟勋先生希望我用系统论实现价值理论的重建,我在《人的哲学》的结尾对此做了展望,但至今还没有做到这一点。表面上看,《系统的哲学》只是站在系统论和20世纪科学的(事实)前沿,做出新的最基本的哲学概括;而价值系统是对"应然"的论述;"实然"(事实如何)推不出"应然"(应该如何)使得建立在系统论哲学之上的价值理论是不可能的。20年来,我一直被"实然"和"应然"之间不可逾越的鸿沟阻挡,不可能回到80年代的探索中去。直到最近我才意识到,建立跨越鸿沟桥梁的基石正在本书《人的哲学》之中。

当年竭力促成我把《人的哲学》、《发展的哲学》和《整体的哲学》汇成此书的是上海人民出版社编辑马嵩山先生,他一次又一次到我家中,讲述哲学重建对青年一代的重要性。今天傅先生和马先生都已去世了,想起他们对我的期待,我常常汗颜。今借再版序言表达对他们的思念。

金观涛
2005年于香港中文大学

1988年版序言
20年的追求——我和哲学

我埋头于自己的沉思之中，不觉岁月流逝，窗外已过去了 20 个春夏秋冬。今天我依然如 20 年前一样在走自己艰难的"哲学"之路，耳边仍回响着青年时代激励着我的主旋律："探索人生、寻找光明……"[1]

我们这一代已在人生的道路上走得很远了。是时候了，我们应该认真地想一想，我们是从哪里来的，又究竟要到哪里去。

我心中的马克思：对思想解放的渴望

罗曼·罗兰曾把人生比喻成那浩浩荡荡奔流着的大江，人的内心世界和自我意识的觉醒一开始往往如那江心岛屿在晨雾和阳光中时隐时现。[2]

整个少年时代，我和大多数同时代人一样处于"哲学麻木"状态。作为一个地道的中国人，我从小的思维方式就是常

---

[1] 本书章首引语未标明出处的皆为作者所写。
[2] 罗曼·罗兰：《约翰·克利斯朵夫》，载《傅雷译文集》（第七卷），安徽人民出版社 1983 年版，第 31 页。

识的、直观的。作为常识和直观经验的总概括——传统的哲学，对我没有特殊的吸引力。某一位物理学家曾十分风趣地说过，自从我们把宏观的手指头伸到宏观的嘴里时起，脑子里就灌满了各式各样显而易见的常识。常识决定了一个正常人的理智，但也使人带着那个时代的一切公认的错误和偏见。人们可以拒绝讲哲学，沉睡在以常识为基础的哲学梦中是最舒服和最难被唤醒的。

我的哲学意识唤起是朦胧的。初三那一年，有一次上哲学课，老师随便提到，有一位叫贝克莱的哲学家认为，石头的存在是因为你碰到了它。二十多年以后的今天，这句话当时在我的心中引起的骚动依然让我记忆犹新。一方面，我觉得这个论断荒谬绝伦，哲学居然是用于讨论这些根本不用理睬的荒唐的哲呓（我怎么可能想到，近三十年后，我居然不得不用很大的精力再次和这一论断作战，而且走出这一哲学的魔障是何等艰苦和需要科学的勇气）。另一方面，总有一种说不出的东西使我感到莫名其妙的不安、激动。现在我才知道，这原是一种只有对哲学家才要求的无畏和深刻的怀疑精神。哲学论断可以对也可以错，可以有意义也可以没有意义，但真假哲学的试金石乃是看它是否具有思想的大无畏和深刻的彻底性。然而，毕竟我还太年轻，哲学第一次来敲我内心的门时并没有把我从麻木中唤醒。在中学时期，我的整个兴趣都转到自然科学中去了。

其实，任何一种哲学理论如果不是内心的体验，那么所谓的理论思考和中学生的寻章摘句没有什么本质差别，你只是去吸收被别人咀嚼过的思想中流出的汁液。哲学的启蒙要求用整个身心去感受它，它要求理论家不仅用哲学来研究生活，而且要用生活来写哲学。而在"文化大革命"以前，要我们这一代人做到这一点甚为困难。我们从小就被灌输辩证唯物主义哲学，强大的传统对我们这一代人是作为信仰来接受的。而且即使是这一哲学本身的精髓也被一层又一层嚼之无味的常识和说教包裹着，要燃起热情的创造火焰，无论是对于整个哲学体系还是我们的内心，都需要等待一个伟大的解放运动的到来。

莫泊桑讲过，普通人一般极少去想那些有关人生价值以及和世界观有关的问题，只有当死亡来临或平静的生活中出现重大变故时，麻木的内心世界才会受到哲学和宗教的触动，但那时往往已为时太晚了。因此，一场巨大的社会变动对于一个老年人和一个正在成长的少年的心的影响是完全不同的。我认为，至关重要的是正当我的思想趋于成熟，但还未成熟的关头，"文化大革命"开始了。如果没有"文化大革命"，或者"文化大革命"推迟到十年以后发生，我都只可能是一个科学家，而不会走上思考历史、人生和哲学的道路。

1966年，"文化大革命"开始时，我正在北京大学化学系读书。当时越来越紧张的极左气氛在我心中引起不安和压抑，但我仍然不顾一切在读英文，埋头于科学报国的梦中。1966年盛夏的一天，因为我偷偷地躲在床上读英文，结果作为"白专典型"被同班同学批判。由于学习科学的权利从此被剥夺，我很快成为这场运动的旁观者和思考者。

人们常常把"文化大革命"时期的青年学生分成三类：第一类是积极参与者——红卫兵，第二类是运动的对象——挨整者，第三类是逍遥派。按这种表面的分法，我属于第二、三类。但我认为，不存在精神上的逍遥派，每一个经历过"文化大革命"的中国人在精神上都是"文化大革命"的参与者，区别仅在于参与的方式。而我的参与方式很特别，一切事变在我的心中都变成了哲学。从此，我开始了那长达20年的哲学沉思——最初从陶醉在思想解放中的欢悦之情开始，接着就迎来了漫长的苦闷和彷徨时期，它包括那一次又一次在非理性主义的黑暗中探索，最后重新去寻找光明和理性的历程。

"文化大革命"给我第一次内心的震动是那些我从小就被社会和家庭灌输的不可怀疑的信条的瓦解。从道德规范、理论体系、我所尊敬的人物一直到社会秩序，一切都突然变得不堪一击、摇摇欲坠，原来那神圣不可侵犯的东西也被亵渎了。我不知道这种大动荡对一个中年人或老年人的影响是什么，但对我内心的影响却是十分怪异和理性的。虽然我的家庭以及我在运动中挨了整，但我并没有像一个正常、未经世事的青年那样惊慌失措。相反，我从中领悟到怀疑一切的合理性。我好像从梦中惊醒，突然意识到以前不加怀疑就相信是一种混沌。当时，我的内心被笛卡儿的名言"我思故我在"强烈地震撼了，我把它记录在笔记本中。

这种怀疑带来的独立思考精神促使我用整个内心世界去感受辩证法。我开始领悟到辩证法的精髓。以前虽然我也学过辩证法哲学，但是对那些无处不在的革命性原理却视而不见——那就是世界从本质上是发展的，没有一种事业、一种信条、一种规范可以万古长存。一切处于永恒的流动、变化、产生和灭亡之中。所谓辩证法的整个哲学体系无非是对这个伟大、简单但又十分深刻的原理的表述而已。

当时我的思想并不足以深刻到去思考如下问题：为什么中国传统的古代哲学支柱"天不变，道亦不变"这一信念在短短的一个世纪中会被与其相反的观念——"万物是发展的"这一原理取代？我至今才明白，中国古代文化中道德理想主义的世界观支柱正是关于天道悠悠万古不变的思想。要冲破道德理想主义，世界观立足点发生一百八十度的转向是可以想象的。其实，我自己当时之所以感到思想解放，归根到底也可以说是第一次冲决了道德理想主义的堤坝。当时我还不可能清醒地意识到正是哲学给了我向传统道德理想主义挑战的勇气，我只是深深地为这一伟大的思想而激动，感到只做一个好人而不去洞察宇宙之真理是多么渺小！我想到了赫拉克利特被放逐的命运，黑格尔面临的那个大变动时代，一直到马克思对这一原理的正确阐述。我感到了中国近代史上社会变化的急风暴雨；每十年中国社会的一次巨变，使得那些在民族苦难中寻找光明的知识分子认识到这一原理而接受了辩证法。而我无非只是这一系列先驱者的一个后继者。

总之，在"文化大革命"初期短短几个月，我所领悟到的超过了读几年书，我开始以一种崇敬的心情走进哲学的殿堂。当然最使我敬仰的还是马克思。他第一个在那苦难的深渊中继承了黑格尔的辩证法遗产，洞察了人类历史的发展规律。马克思青年时代的放荡不羁，一边喝酒击剑并和同学斗殴，一边探讨真理的那种不怕神威、不怕天堂的雷霆精神使我觉得振奋和解放。

任何一种解放，即使它的后果是导致虚无，其最初阶段都是美好而令人欢欣鼓舞的。当时我心中雷声隐隐，自以为理解了辩证法的真谛，成了一个真正的马克思主义者。别人在写大字报，我却把自己的全部时间用来读马克思的原著，从《德意志意识形态》《资本论》一直追溯到黑格尔。由于我经常在和同学的讨论中诉诸黑格尔的思辨方法，在一段时间里，我被朋友们称为"金格尔"。其实，当时只有20岁的我，除了对哲学和真理追求的满腔真诚以外，知识广度和理解深度是极为有限的。我只是被青年时代的马克思的大无畏的探索精神鼓舞，我所理解的马克思主义哲学只是我心中的追求，它代表了我对思想解放的渴望。很快，和整个红卫兵运动一样，狂热的理想主义的危机马上就来到了。

陷入黑格尔体系的泥潭

我认为，任何一种事业、运动，以至于社会形态的危机必然同时也是一场深刻的思想危机，而且思想深处的危机意识往往出现在现实危机之前。虽然我并没有投入"文化大革命"运动，但我的整个哲学思想的转变都是和"文化大革命"时期的社会变迁连在一起的，差别仅在于这一切只发生在我心中。在那些难忘的日日夜夜，我的内心风驰电掣。但在别人看来，我只是一个对运动漠不关心的局外人。首先使我深入辩证法核心探索中去的是我对"文化大革命"的迷惑。

直至今天，理论家仍不能对"文化大革命"做出正确的解释。毫无疑问,"文化大革命"是中国当代史上最痛苦也是最重大的事件之一。它是中国社会寻找现代化道路以及追求它自身理想所经受的各种转变中最令人感到迷惑的事件。作为处于当时的革命中心地带——北京大学的大学生,又自以为是一个马克思主义理论家的我,认为最富有挑战性的问题莫过于如何在理论上解释和把握这场运动。可我马上觉得自己所学的理论无能为力。一方面是急风暴雨般的运动,一个又一个的风云人物(包括理论家)倒了台;另一方面我又感到在马克思主义和理想的旗帜下,一些类似于迷信一样的东西正在危险地蔓延。当时我的反应是和今天很多马克思主义理论家类似的:现实和理论之间总有一个不对头,我们唯一能做的就是回到马克思那里去!

我发现,历史上的马克思主义理论家都有一个共同的命运,他们大多来不及思考就被卷到运动中去,现实发展得太快了,他们又不得不用理论来理解并指导现实。结果是一些十分重要的理论问题长期停留在原始状态。究竟理论基础是否扎实和正确,人们很少有足够的时间去思考。

发现这一点后,我决心一定要把最基本的东西搞个清楚再往前走。如果基本的东西不搞清楚,我宁可站在那里不走。为此,即使我远远脱离现实也在所不惜。我渴望着真正的理解,而厌恶那种一知半解和假理解!我和几个朋友曾用这样的话自勉:"不要怕我们走得慢,我们会走得更远!"当时我已经感到自己并不比先辈聪明多少,我唯一和他们不同的只是生活在20世纪60年代。我有可能利用这个时代为我提供的新知识把一些基本问题看得更清一些。何况当时我已经目睹了我前面一批又一批人（实际上是一代人）的失败，我强烈地意识到决不能盲目地重蹈覆辙。

当时我给自己制订了一个读书计划，希望重新理解历史唯物主义，特别是用自己真正领悟的（而不是从老师那儿和书本中半懂不懂地听来、看来的）辩证法方法重新去考察人类文明史。当时我还没有想到这会决定我在今后20年中最主要的工作，但无疑我已经看到，要理解今后中国向何处去，一定要到历史中去寻找答案。我最初只是想彻底学习马克思，真正理解并运用马克思成功地洞察人类历史的方法。当时我也并无太大的奢望，因为我丝毫不怀疑基本规律已被马克思发现，即生产力的发展是历史演变的最终动力，我所想到的只是比马克思看得更仔细一点。我很快发现，要掌握这种方法必须去分析经典作家是怎样研究和解剖问题的。从反复推敲《资本论》第一章开始，我对这种方法有所领悟，接着我感到马克思在辩证法系统运用上直接继承了黑格尔。于是，我开始带着寻找方法的焦急心情进入了黑格尔哲学体系。

即使在今天，要用简单的一段话来概括什么是货真价实的辩证法，指出它和为了考试而背诵的肤浅的辩证法有什么差异，仍是困难的。但总的来说，凡对辩证法有造诣的人都承认，辩证地思考由两个基本环节组成：第一步是确定研究对象质的规定性，第二步是寻找这种质的规定性的自我否定——所谓两重性。因为发展原理在辩证法中占据核心地位，而发展原理最终只是强调任何事物在其本质上是内在地发展的，发展的动力和方式来自这个事物的内部，或者说来自这个事物之所以使其为这个事物的规定性——质的规定性。因此，为了理解发展思辨的辩证方法，第一步是寻找研究对象的质的规定性。一旦解剖了这种质的规定性，特别是阐明了其内在的否定方面以后，那么这个事物发展的规律就自然呈现在你的面前了。长期以来，辩证法哲学把马克思对商品的两重性的解剖当作思辨分析的成功范例，但要模仿着运用同样的辩证思辨于其他例子却是十分困难的。什么是"物自身"？什么是某物之所以使自己成为自己的规定性？马克思讲得很少，而黑格尔却讲得很多。1967年的夏天十分炎热难熬。外面发生着武斗，而我却躺在竹床上反反复复苦读黑格尔的逻辑学。从思索桌子、椅子、热水瓶的质的规定性开始，到思考人、自我、社会的质的规定性是什么。今天看来，我的这种苦思冥想的思辨有些荒唐可笑。但这种深入黑格尔体系的辛苦的经历至今仍是我宝贵的财富。因为，如果没有切身的体验，我不可能真正理解思辨哲学的妙处和它最大的弊病在什么地方，我不可能知道历史上的一些大哲学家是在什么地方失足的！

当时我并不知道穆尔关于黑格尔哲学是不可能适用于诸如桌子和椅子的这一精彩的评论，[①] 即使知道，我也许还会去寻找事物的质的规定性。因为，我心中始终存在一种信念，真正的方法论应该是放之四海而皆准的。对于辩证思维，我当然也对它提出了这一赤诚的要求！长达一年的苦读黑格尔著作毕竟

---

① G. E. Moore, "The Refutation of Idealism", *Mind*, New Series, Vol. 12, No. 48, 1903.

让我有所收获。我认为自己基本上掌握了马克思在分析商品本质时用的那种十分困难的思辨，一个实际成果就是我写了一篇有关中国文明历史和世界文明历史对比研究的短文。这也许是我的首次习作。全文贯穿着思辨和方法的探讨，为了能表述纯方法，论文是用对话形式写的。

今天看来，这篇文章是十分幼稚的。它的基本观点和今天盛行的有关亚细亚生产方式的议论有很多类似之处。写完这一篇文章后，我并没有陶醉其中，而是隐隐感到了两个问题：第一，寻找质的规定性有着巨大的任意性，任何一个具体的研究对象总是包含着无穷的质，至于在这些性质之林中抽取哪一种质，往往有一点事后诸葛亮的味道。实际上，在每个人的下意识中总是隐藏着他希望得到的答案。这样就引导了一个奇妙的心理过程，虽然表面上分析的最后结果是从困难的辩证思辨分析中得到的，但实际上这个得到的答案却是他早已想到（或人们已经提出过）的。这就造成辩证逻辑很容易变成思辨游戏。第二，这种研究方法实际上是从个性向共性一级级往上抽象的过程，寻找有关对象的质的规定性在很大程度上和滤去问题的具体细节等价。每运用一次这种方法，有关研究对象就变得越抽象，这种方法的反复运用使研究者得到的是一种空泛的东西。当时我对科学要求理论不能逃避证伪还缺乏认识，但我不喜欢这种使理论越来越空洞的做法。从小热爱科学的我，一直十分敬佩的是那些能解释使人觉得神秘莫测的事实的理论。

虽然我心中已产生了迷惑，但我当时并没有怀疑这种思辨方法的价值，我的目的是想使这一切变得完善和科学。整整一年的时间,我深陷在黑格尔思想体系之中。我觉得十分满足,一切思考在这里是那么深刻、迷人。思想每往前走一步,在这里是如此沉重和艰难。为了推动它,除了需要哲学功力,还需要你拿出满腔热情。确实,对于一个青年哲学家来说,没有什么比一种燃烧着热情的理论探索更有魅力的了。黑格尔的辩证法体系是一个又深又黑的岩洞,由于思想的深邃和为了深刻有意把思路搞乱的程序,进入其中的哲学家会觉得里面幽深无穷,有时他们在原地兜圈子,但也会使他们误以为自己已走得很远。这个深洞是如此黑暗,以至于每个人迸发思想的火花去照亮道路时,这些瞬息即逝的亮光只能使探索者在岩洞壁上看到自己高大的身影。这些似乎是巨人般的影子会给人以鼓舞,使得一个人可以在这种体系中耗尽生命。

对"彻底辩证法"[①]的恐惧

在我的哲学探索中,那足以动摇我的全部哲学信仰的危机出现在 1968 年。这是我力图将辩证法贯彻到底时发生的。由于我对辩证法发展原理赤诚的信念(至今仍是如此),我必然要用已经掌握的黑格尔的思辨方法将其贯彻到底。我从来认为,对于一个已被我认识的真理,如果在整个理论体系中不将其贯彻到底,那么理论家应该为自己的伪君子行为感到羞愧。马克思那关于站在真理面前就如站在地狱面前的著名警句一直

---

① 在此,"彻底辩证法"是指黑格尔的辩证逻辑体系。

是我的座右铭。[①] 但一旦我诚实地将发展原理贯彻到底，我发现，它会如不可控制的熊熊大火，将黑格尔体系和思辨方法烧得荡然无存。

辩证逻辑是为了表达事物由其内部发展变化这一最初要求而来分析事物质的规定性的。寻找质的规定性的最终目的是揭示发展的动力和把握发展的规律。因此，从方法论上讲，找到事物质的规定性后，为了表述发展，必须引进质的规定性的两重性，即它具有自我否定的要素。而且为了彻底，必须在任何一个层次的意义上，同时引进规定性的否定方面。1968年，当我顺着辩证逻辑的内在逻辑（如果它真有逻辑）走到这一步时，马上发现问题不对头了。因为如果真这么做，不仅用语言表达变化是不可能的，发展原理本身也应和它的否定方面共存，这样我们必将陷于绝对的概念混乱和虚无之中。例如，假定某物的规定性是A，这种质的规定性的自我否定方面是什么意思呢？人们常常将其理解为A和非A共存。也就是说，为了把握内在的发展，必须刻画一个由A向一个新的规定性非A转化的过程。假定这种新的规定性是B，那么发展在这里可以看作从一种规定性A转化到另一种规定性B的过程。很多哲学家分析到这里已经满足，但是，他们并没有把辩证思维贯彻到底。因为从另一个层次上讲，变化A→B本身又是一种确定的规定性。这里变化过程本身是某种确定性，是某种不变的规定。这样我们用确定的转化过程A→B来把握变化，本

[①] 卡尔·马克思：《〈政治经济学批判〉序言》，中文马克思主义文库，https://www.marxists.org/chinese/marx/06.htm。

身并不能说是具有彻底辩证法精神的。因为这里我们最终还是诉诸某种不变性：变化过程本身的确定性。为了表达彻底的辩证精神，变化过程本身的规定必须与其否定方面共存！这时，变化又是什么呢？它又怎样可以被把握呢？总之，如果我们彻底运用辩证法，必然把同样的分析，即对规定的否定引进整个哲学体系，最后一直到用语言表述层次。我发现，如果发展原理真的作为基本精神在整个辩证逻辑中贯彻到底，这个哲学体系中就没有任何确定的东西，甚至什么也不能说。不管你说什么，无论多么抽象，都要以某种确定的限定为前提。当时我对逻辑悖论会引起整个理论体系瓦解这一著名的结论并不了解，也不知道可以引进"不确定性"来科学地表达发展原理，但我已明显感到了思辨方法和辩证法的发展原理是不相容的。在方法论上，彻底的辩证逻辑只能在两个极端之间抉择，要么不承认理论体系在其最高层次的框架上保留了形而上学，不能将发展原理贯彻到底（因为，任何一个哲学体系要表达某种意义，总要以某一层次的不变性——确定性为前提，这种哲学就不可能是以发展原理——自我否定作为贯彻一切的精神），要么是一片混乱和绝对虚无，只要在任何一个层次的规定性上引进否定方面与其共存，那么这个体系中任何确定的东西都不会有，发展的内在大火已把思辨框架烧得干干净净。

用上面这样一段简单的分析来描述1968年我所碰到的理论危机是言不达意的，毕竟整个辩证逻辑的展开要复杂得多，特别是在思辨过程中处处要求彻底和对辩证逻辑的忠实，以至于我用理论语言来描述那个时期我在哲学体系深处和方法论上碰到的困难几乎是不可能的。我只能写下我当时的感觉。

整整几个月中,我感到一股强大的力量正在把我撕裂开来。一方面,我坚信辩证法核心原理——发展原理正确无误。另一方面,我又把黑格尔的辩证法看作展开人类迄今为止用于把握和表达发展原理的基本方法。而这两个基本支点居然是不可靠的,因为它们互不相容。它们的冲突带来的危机并不如数学公理体系那样,只要我从中选择一个就能保全原有的方法体系。相反,这两个原则从相反的方向撕开原有的大厦体系,它们在相互排斥中不仅取消了对方的意义,而且在对方消失之后自己也失去了意义。发展原理如果不能用辩证逻辑表达,那么它本身是空洞的,没有意义的。它只是人类朦朦胧胧的感觉,不能转化为思想力量。而辩证逻辑一旦不去把发展原理贯彻到底,那么它自己也无非是它历来攻击得最厉害的"形而上学"方法中的一种,而且是用假辩证法掩盖起来的一种!

我当时觉得自己快要疯了,整夜整夜地失眠,有时我差不多认为自己已经疯了。我不知道自己在什么地方,只感到脚下的大地在震动!我是如此真诚地追求,几年来用整个身心去体验哲学,已经使方法论探索超过了理智和知识的层次,深深地进入了我的感情深处,因此体系的自我悖论使我处于精神崩溃状态。

当时的大学生经常爱引用毛主席语录。有一段话我至今难以忘记,这段话的大意是,悲观失望、无所作为的观点是错误的,其之所以错误,是因为它们不符合人类近一百万年以来所知道的事实。① 这段话使我无畏而且乐观，对于我们这一代人，辩证法给了我们和道德理想主义决裂并下定决心去探索新路的勇气。发展原理之所以是真理，无非因为它为人类迄今为止的历史事实所证明。可是，追求思考的彻底性又使我发现，一旦我们企图用思辨方法来把握这一点，那么就会得到世界上不存在任何确定的东西这个十分荒谬的结论。而事实上，就连尼亚加拉大瀑布下乱溅的水珠，虽然足够混乱，却总有某种确定性存在。历来，辩证逻辑是用主要和次要，用折中的方法来避开这一悖论的。它们认为现实世界虽然处于永恒的发展的洪流中，但总存在着暂时的和局部的确定性。由于我从小就生活在一个讲折中、中庸之道与和稀泥的环境中，而这些东西在"文化大革命"中造成一些人的懦弱和虚伪，使我极为反感，于是我拒绝接受这种解释。我坚信在这中庸之道的哲学幕布后面必定隐藏着某种黑暗，甚至是可怕的错误。

人们常说，彻底的唯物主义者是无所畏惧的，但是彻底的辩证法（注意：我在此讲的仅限于辩证逻辑）却令人恐惧！只要用黑格尔的方法将辩证法贯彻到底，必然会得出一切都是虚无的结论。当时我已经意识到这种内在的方法论危机在中国近代史上已经引起和将会引起多么严重的后果。我们正站在悬

---

① 以下是这段语录的原文："停止的论点，悲观的论点，无所作为和骄傲自满的论点，都是错误的。其所以是错误的，因为这些论点，不符合大约一百万年以来人类社会发展的历史事实，也不符合迄今为止我们所知道的自然界（例如天体史，地球史，生物史，其他各种自然科学史所反映的自然界）的历史事实。"（《在第三届全国人民代表大会第一次会议上 周恩来总理作政府工作报告》，《人民日报》1964年12月31日。）

崖边上，前后均无退路！一开始，我们由于不理解现实，开始了一个回到经典作家那里去的运动。我们已经完成了一系列退却，当用某种观点又不能理解现实时，我们尚可以承认观点还不够完备，但理论的基础是对的。甚至当我们在理论基础中发现问题时，我们仍可假定方法是对的。可是，当我们一旦在方法上发现体系的崩溃，那么我们将无路可退。一场滚滚而来的虚无主义浪潮必将把我们这一代人吞没。记得有一天，我和几个朋友在校园里散步（以逃避那通宵不停的大喇叭的叫喊声），一位朋友问我未来前途如何，我们正好走进一片黑压压的树林。我对他谈了预感：我们这代人也许将生活在思想的黑暗之中。

由哲学向科学退隐

在一个人的青年时代经历理想主义的精神崩溃并非坏事，只要他是真诚的、无私的，青春具有足够的生命力以支撑那失去方向和灵魂的肉体度过危机。1968年的夏天和秋天，我不得不每天游泳到精疲力竭，用身体的极度疲劳来克服晚上无休止的失眠。这一年夏天，也是北大青年学生风流韵事最多的一年，很多对运动感到茫然的红卫兵在未名湖边谈起了恋爱。我也经历了一次单相思但很快就失败了的初恋。我终于找到了在哲学理想破灭和失恋的痛苦中应做的事情。后来证明这种选择对我以后的道路至关重要，那就是由哲学向科学的隐退，我又回到从小向往的科学中来了。

其实，我一直都是"两栖人"。当我涉足于哲学和人文密林中探索时，心里下意识地总是惦记着科学。在我还很小的时候就有着对科学方法的好奇。记得有一次，一个亲戚来我家时，偶尔向我介绍了爱因斯坦的相对论，我的惊愕是难以形容的。我最感兴趣的是爱因斯坦是如何得到这个似乎不可思议的结论的！我马上找来了相对论的著作，想看个究竟，一堆密密麻麻的数学符号困住了我。我感到深奥的数学背后一定蕴藏着十分奇妙的东西！正因为如此，即使在我深陷于黑格尔哲学体系的时候，我总是下意识地用哲学来理解科学，特别是我所不懂的数学。当时，摆在我面前有两个水晶球，一个水晶球似乎比较透明，我能看清楚，这是辩证法哲学；另一个水晶球表面模糊不清，这就是科学。那时，我曾不止一次用黑格尔的哲学来理解抽象代数、量子力学和相对论，但都以失败而告终。虽然如此，我仍坚信，只要看清一个水晶球，就一定能窥视到另一个水晶球的秘密。这样，当1968年我重新把兴趣转移到科学中来时，对我来说，科学最重要的已经不是知识本身，也不是和某一门具体学科有关的真理，甚至也不是方法，我把它看作把哲学从困境中解放出来的武器。我定要去擦亮这个几百年来使人类生活发生翻天覆地变化的魔球，以照亮那个在我心目中已经变得混乱和昏暗的哲学。

　　利用自然科学成就来鉴别和发展哲学，这是历代哲学大师重视的，恩格斯曾把自己学习自然科学比喻成"脱毛"[1]。我当时已经感到为什么近半个世纪以来很多辩证法哲学家在这方面

---

[1] 恩格斯：《〈反杜林论〉第二版序言（1885年9月23日）》，《马克思恩格斯文集（第9卷）》，人民出版社2009年版，第13页。

的尝试大多十分肤浅,关键在于他们往往对现代科学最前沿的思想缺乏真正的理解。其中的理由也许是哲学家不愿意公开承认的,那就是他们不是嫌一门又一门的科学知识太琐碎,就是害怕数学理论的艰深。尤其是后一点对认识当代哲学思想的贫乏特别重要。如果说在19世纪,哲学家还可以用直观和常识理性[1]把不断丰富的科学知识装到他们的哲学体系的口袋中,那么现在要做到这一点已经不可能了。20世纪科学前沿的最大特点就是,科学家们不得不运用艰深的数学来表达基本思想。科学的前沿已远远超出了直观。而数学正好代表了在直观以外人类求实的创造能力的高度发展。其实,这一过程在19世纪后半叶已经初步显现。当黑格尔把科学甚至整个自然界赶到自己哲学注脚中去的时候,群论和非欧几何已经在构想之中。我从小就对伽罗瓦和罗巴切夫斯基十分佩服,特别是群论和非欧几何在量子论和相对论中大显身手后。我深感今天如果我依然不能理解自然科学不可思议的思想方法,那么将没有资格成为真正的哲学家。当时,量子力学的奠基者之一保罗·狄拉克的话曾给我以很大刺激。他说:上帝是一个了不起的数学家,他用高深的数学创造了宇宙,我们在数学上不断地努力才得到对自然规律的了解。[2]当时,我还无能力评价这种西方毕达哥拉斯主义传统的对错,但我知道,这是一个科学家

---

[1] 这里所说的"常识理性"与20世纪90年代金观涛、刘青峰共同提出的中国文化的常识理性精神不是一回事,其对应于西方哲学中讨论的common sense。

[2] P. A. M. Dirac, "The Evolution of the Physicist's Picture of Nature", *Scientific American*, Vol. 208, No. 5, 1963.

的经验之谈。以前我读不懂这些高深的科学著作时，就不由自主地回到19世纪那些我熟悉的哲学著作中，这实际上是一种可耻的逃避。我必须通过一个艰苦的自学过程以真正成为科学的内行。

1968年以后，北大已经出现了一股越来越猛烈的地下读书风气，但在公开场合学习业务还有被指责为不关心运动的"白专"的危险。我却有一个相对好的读书环境。我从小喜欢画画，所以有幸进了北大美术队。美术队的成员来自北大各个系。后来的事实证明，他们是北大"逍遥派"中的最优秀分子。他们对朋友忠诚，对运动看得比较透，向往着思想自由。也许离开思想极为保守的"班级"，在一个思想相对自由的美术队待到1970年毕业前，对我这一阶段的思想变化极为重要。要知道，在"文化大革命"的前期（1970年以前），每个人都必须参加运动，数不清的会议、报告和活动把人压得喘不过气来。当时的思想家即使有想法和目标也没有时间去展开自己的思路，因为革命运动使任何一个人都几乎没有空闲时间。美术队的任务是画毛主席像。画画使我们表面上对革命有所贡献，而大部分空余时间可以用来读书和思考，甚至朋友之间会对哲学和"文化大革命"的合理性进行私下的怀疑和讨论，这在当时的北京是罕见的。

1968年的冬天很寒冷。怕被外面正在武斗的同学发现我们在读书，我们不得不在没有暖气的屋子里待上一整天。屋里冷得连墨水都冻住了，有时我们就烧一点擦油画笔的纸来取暖。然而，外部学习条件的艰苦（从借书到找到地点和时间读书）比起思想转变本身的困难来说都是微不足道的。十年以后我才明白，为何一个从黑格尔哲学出发来理解科学的人会感到如此艰难和格格不入。其实那些看来深奥莫测的科学和数学思路本身并不困难，真正的困难是我们从小养成的错误的思想方法，而这些错误的、含糊的常识又经过具有不正确方法的哲学以思想的深刻作为理由进行加固，这往往使高明的思辨家在科学面前奇蠢无比。我好像在一片又深又黑的森林中挣扎，这片森林虽然黑，但我十分熟悉，它就是我从小就习惯的常识的传统思想方法和黑格尔式的思辨。我在前方的远处看到一点光明，这就是科学思想和方法，我竭尽全力向光明走去，但不时被那些我所熟悉的树枝绊倒在地。我知道，待在这片森林中是没有希望的，但前面的光明是那么小，那么远，可望而不可即！由于没有老师可以请教，我不得不一遍又一遍地读科学名著，同时开始攻数学、物理和外语。从伽罗瓦的群论、黎曼空间、测度论以及集合论的基数等开始，只要是那些直观所不能把握的科学或数学思想都在我钻研的范围之列。常常我觉得似乎是懂了，但一放下书又糊涂了。然而我只有用科学大师的思想方法来纠正自己而别无他择。我经常捧着书在桌边睡着了，醒来后，擦掉那流在桌子上的口水，又开始沉到自学中去了……

在今天的读者看来，我如此顽固地用是否真正理解数学和量子力学之类来作为寻找正确思想方法的标准，这是被人们批判的科学主义的迷信。一个以解脱哲学的困境为目的的人在科学学科海洋中淹得死去活来，这真是自讨苦吃。当今，一个以思想的多元为时尚的时代正来临，人们总是十分轻松地由思想多元的合理性推出，各式各样认识世界的方法并无优劣之分，从而使当代很多学者已经放弃了不断使自己的认识论武器变得锐利的努力。然而，我至今仍非常感谢当时我那正确的直觉。那时候，科学革命对哲学和社会的挑战远未被中国学术界意识到，但我已隐隐感到，如果我们仅限于了解科学兴起之前的哲学，那么这种方法论的多元论确有道理。无论是基督教、佛教、中国的儒学还是禅宗，每一家宗教思想和哲学流派都必然有独自的、不可以用别的方法取代的思想方式。而一旦和近代科学方法相比，这些纯哲学思想中的方法马上黯然失色。至今为止，科学以外的哲学方法不得不在两个极端之间选择一个：如果某一种哲学方法是求实的和理性的，那么它最终必定是直观的和常识的。它充其量只能解释世界，而不能用这种方法在理论上准确地推断经验和常识未曾感觉到的东西。相反，如果一种哲学方法有超越直观和常识的能力，它必然是反理性的，甚至是主张荒诞的，因为它只有借助非理性之想象力来逃脱常识之笼。

　　从来，人最值得自傲和最有力量的是他的思想，思想可以使我们以一种风驰电掣的速度追溯整个人类的历史，思想可以使每一个渺小的个人成为实践着的整个人类的有机组成部分。因此，没有什么比思想能够不断超越自己已达到的成就更为激动人心和更美妙。但是非理性的哲学和超越不得不经常是错的，无论它多么令人感动。只有科学方法才破天荒地能将求实的理性与大无畏的预见和创见结合起来。因此，如果方法的最终使命是帮助人类认识未知世界,那么我十分赞同如下一句看来十分极端的格言:"有无数种方法可以把我们引向失败,而把我们引向成功的方法只有一种。"

用几句话来概括在我思想中进行科学方法和思辨方法的对话、交锋、较量、最后搏斗的历程是困难的。甚至我连自己当时的感觉都难以用语言表达清楚。我感触最深的是:科学方法最容易引起一个热情哲学家的反感。它似乎天然的冷冰冰,它要求理论如水晶般明澈。这种要求如此严格,以至于在人文和哲学爱好者的年青时代就把他们吓跑了,从而使真正同时精通人文和数理的人极少!据说,美国理论物理学家罗伯特·奥本海默曾写过一首诗,狄拉克对此有一个评论:"我不明白一个人怎么能同时在物理学前沿工作和写诗。这两者是对立的。科学是以简单的方式去理解困难事物,而诗则是将简单事物用无法理解的方式去表达。"[①] 其实,深刻的思辨哲学是和写诗一样的。是的,科学方法和思辨的最大不同是:思辨是借助于情感和直觉以及语义在昏暗的概念世界里横冲直撞,科学则认为把那含含混混、模模糊糊的东西搞清楚才是最难的和最有价值的(即使是模糊数学,它的目标并不是如一些哲学家想象的那样是用模糊的思想来思考,相反,它是理解模糊,用清晰的概念来把握模糊)。在科学方法看来,思想是否有效和成功,它的全部秘密在于我们是否能找到一些概念、一种框架、一种新的理解角度,使人类那充满生机和热情,然而又天然混沌的思

---

① Steven Krantz, *Mathematical Apocrypha Redux: More Stories and Anecdotes of Mathematicians and the Mathematical*, American Mathematical Society, 2006, p. 169.

想，一下子变得如水晶般透明！

只有整个思想是透明的，它才有预见未来的能力！科学方法所做的一切归根到底是在人类那昏暗和充满激情的概念和感觉的世界中点起一盏灯，这盏灯用它明亮的青色又似乎是毫无感情的光辉照亮了思想，这就是理性。

我感到科学理性之光慢慢在我心中出现，并开始扩大，我终于领悟到了一种和黑格尔式热情的思辨完全不同的思考方式。在青年时代，我常常把思想干净而又清晰当作浅薄的代名词。现在我才懂得，如果仅仅在常识和直观经验的范围内，思想的清晰确实是微不足道的，热情的思辨往往更可贵，因为它总是企图冲出常识。可是一旦思想家的目的是探索未开垦的世界，那么那盏我们在黑暗中点燃起的理性之灯能照多远就成为成败的关键。辩证逻辑在评论某一种思想、某一个概念时坚持自己滔滔不绝的雄辩，在这里概念太绝对化了，在那里把问题讲死了，没有余地了。是的，这些都对，但在科学理性看来，这是无谓的争论，好像小孩子和大人没完没了地纠缠。科学在提出理论之前已经承认任何一个概念（即使是经过科学千锤百炼的概念）都可能不全面，都可能不完全等同于真实。但思想的困难不在这里，而在于我们怎样用这些人造的概念去架起理解复杂而奇妙的自然现象的桥梁。理论成功与否的标准就在于它的构架是否美，是否具有巨大的预见性，是否具有超出直观的经验的能力。当时，正好我曾读到英国诗人蒲柏为牛顿写的一段诗句："上帝说，让牛顿去干吧，于是世界成为一片光明。"① 我不由得为此感动得热泪盈眶。以前牛顿力学常常被黑格尔当靶子来批判，我也接受了这种观点。但是，牛顿以前那个混混沌沌的宇宙和有牛顿力学以后一切成为光明的宇宙是多么不相同啊！我第一次感到了无形的力量，这就是科学理性。它不同于青年的热情，而是一种深沉的自觉、一种宁静而庄严的追求，它让建设性的清晰的思想充满我的心。我下定决心，如果辩证法哲学是科学的，那么它必须彻底抛弃黑格尔式的思辨，而接受科学精神对理论构架的要求。

为了对几年来思想的转变做一个总结，我开始把这种看法写成哲学札记。这份札记断断续续，一直到 1970 年初才完成。它既是一份对过去思考的总结，也是一份改造辩证法哲学的提纲。这份提纲中充满了对科学的人生观和方法论的信心。我相信，我已从黑格尔废墟中走了出来，虽然未来哲学的大部分面貌还不清晰，但作为基础的方法论已经在我面前出现了。十分有趣的是，这份札记在我的几个好友中流传，正是通过它我和刘青峰认识了，并开始了我们的恋爱。也许读者可以在刘青峰的《公开的情书》中的男主人公身上看到这样一位自信而热情的思考者的形象。

一个在科学神殿中平凡的科学家

罗素在谈到他早年进入黑格尔哲学的经历时曾说过，他告

---

① N. Sharp, "Nature's Laws Revealed in Rhyming Couplets", *Nature*, Vol. 413, No. 108, 2001.

别黑格尔体系时,"很高兴自己终于能够相信这本是个奇异多样的世界"①,这就像是一种从监狱中逃出来的感觉。很多年后,我读到这段话时不由深有同感。当我在黑格尔体系中探索时,由于我还太年轻,以至于天真地认为我一旦看出了这个体系的问题,哲学就有可能得到解放。其实,这只是一个从未获得过自由的人在黑暗中的想象,一旦他真正获得了自由,骇人的空虚马上就来临了!我根本没有想到,一个在我追求真理的过程中最苦闷、最彷徨的时期即将开始,无边无际的哲学虚无主义几乎把我吞没了。

其实,这一阶段的来临是必然的,而我却没有精神准备。不要忘记,我是为了改造辩证法才去学习科学的,但是事实上,我的目的已经被手段异化!当我理解了科学精神和科学思维之后,必然在某一天会忽然发现以前我的整个探索都是没有意义的,因为我的目标是虚幻的。我相信,在社会理想上,我们这一代人普遍经历过这一由狂热的理想追求跌入虚无的过程。对于我,无非这一切更彻底,因为它发生在意识形态的深层结构之中。

当时我已从北京大学毕业并分配到家乡的一个塑料厂劳动。在这段时间,我认为自己已具备了足够的数学与科学修养,经受了科学思想的洗礼,于是接着马上着手来完成该做的一步:用科学来改造哲学。我一边思考和做笔记,一边读了大量的西方哲学、科学哲学、史学和经济学的名著。当时,我成

---

① 《罗素回忆录:来自记忆里的肖像》,吴凯琳译,希望出版社 2006 年版,第 34 页。

了浙江图书馆和科技情报室的常客。由于我是一个工人，没有借这种内部书和外文书的权利，一次用别人的借书证让管理人员发现后，被狠狠地训斥了一顿。虽然这一阶段的读书和研究比以前轻松自在，在我看来，最难啃的哲学书也比不上抽象代数和测度论之类，但我的情绪却越读越糟。读者可以想象，当我发现，我通过几年辛苦的求索搏斗而悟出的道理在一百多年前或几十年前出版的哲学书中已经写着时，这是多么令人沮丧！我发现，我对黑格尔哲学的评价和西方主流哲学流派及思想界的批评惊人的一致！

而我对一个科学的理论体系的结构必须满足的要求的思考不仅是科学家早就在做的，而且科学哲学家早就对此做了正确的表述并形成了很多学派。我曾看到过一个故事，说一位数学家有一次兴冲冲地把他早年数学研究的结果寄给老师，他的老师看了这些结果后对他说，这些数学定律早已被别的数学家发现了，他只不过独立地重复了前人的工作。我当时的心情比这位数学家懊丧得多。对一个科学家来说，如果他独立地完成了别人已经做过的研究，这至少可以证明他已经具有研究的能力，他只要再努一把力，就可以走到科学探索的前沿。而对于哲学研究者就远不是那么回事了。从一种哲学体系中的猛醒只能表明摘下了从小就戴着的有色眼镜，而这一发现对于局外人可能只是众所周知的常识而已！我发现，五年来我所走过的路是历史上很多哲学家曾经走过的，有的甚至已经取得了十分著名的成果，无非当时我不知道罢了。这一段时间的苦读给一直习惯沉于苦思冥想的我一个极为深刻的教训：我再次明白了，我其实不比我的前辈聪明，和日新月异的国外学术界的发展相比更不知差了多大一截。不得不处于与世隔绝状态下的我能想到的东西（如果它是对的），别人也许早就想到过。这种不可低估他人的感受是如此强烈，以至于在很多年后，当我在理论上真的有所创新时，我依然不敢相信自己真是做出了新的发现。

当然，那僵化、保守、使人孤陋寡闻以及思想不自由的环境所带来的学术上的自卑感并不是我感到无望的主要原因。当我读到国外哲学、社会学、经济学大师对辩证法的中肯批评并感到我和他们不谋而合时，我总是急切地想看看批评后面又是什么。可每当我读到下文时，却总像是被一盆凉水从头淋到脚！在他们看来，辩证法大多是一种歧途，是一种古典的思想不成熟的错误，取而代之的应该是承认形形色色的其他哲学流派的合理性。特别是当我了解到黑格尔哲学在德国居然阻碍了科学的发展，德国科学的起飞是和清算黑格尔体系联系在一起时，我的心情是难以形容的。要知道，虽然我批判黑格尔，没完没了地研究科学方法，吸收科学精神的营养，但所做的这一切的最终目的都是为辩证法哲学寻找出路。现在，这等于说我的所有探索都是虚妄的。我的自认为神圣并准备为之献身的理想即使不是一个欺骗也是一种幻梦。看来，我所应该做的不是去发展辩证法，而是像一度当过嬉皮士的青年那样浪子回头，再次回到西方主流的、人们早已熟知的哲学中去！我知道，我的这些在哲学中感受到的东西或迟或早要被整个社会在生活中感受到，它等于宣布半个世纪以来几代人为之奋斗的目标是徒劳的!我好像是一个在战斗中被打败(其实,何止是被打败,而是发现战斗毫无意义)后立即被遗弃的战士,提着打得滚烫的武器,拖着快要倒下去的身体,却拒绝离开空无一人的战场。我不愿意接受理智的答案,我不愿意我们这一代人的追求化为泡影!

现在,在我的睡梦中还经常出现1970年那苦闷彷徨的情景。我一闭眼,耳边常常响起那车间隆隆的机器声,每当夜班的时候,我一个人躲在车间的角落里捧着书苦读,有时在黎明之前,我爬到厂房顶上看着那明亮的星辰,等待着太阳的升起……或者在上夜班之后,一个人骑车到西子湖边,望着那朦胧如烟的月光……我不知道我该做什么,我们这一代人又能做什么。

那时,"文化大革命"已进入了后期,几年来狂热的革命运动已经使整个民族疲倦了。虽然在表面上革命还在进行,但秩序已开始恢复。每逢假日,市民们兴致勃勃地准备食品,知识分子无事可做,他们不是热衷于带孩子就是偷偷搞点业务。整个民族精神开始陷于酣睡,但我知道,总有一天他们将从昏睡中醒来,会发现过去的理想已一无所有……

我青年时代的哲学梦就这样醒了。我总算明白了,我不是一个哲学家,也不会成为一个哲学家,即使成了,也没有什么意义。在我青年时代,哲学不仅是人生的真理,而且还是社会科学与自然科学的总概括,现在这个梦已被粉碎。没有了哲学和主义,只剩下了一大堆问题。人生价值问题、历史学问题、社会学问题、经济学问题等,由于一下子失去了中心而变得各不相关，显得琐碎而渺小。由于对哲学的绝望，再加上感到那些洋洋万言而言之无物、故弄玄虚的古典哲学著作误人子弟，我竟极端地看不起哲学著作，并发誓自己今后也不要写超过 15 万字的著作。

今天，一些海外学者常为我始终没有跳出马克思主义框框而惋惜，或一些青年认为我过于相信理性以至于陷入科学主义泥潭之中。显然，他们并不知道十几年以前，我的思想比他们远为激烈，在哲学和社会科学方面我对马克思主义抱以尖锐的批判态度，甚至我还写过一篇数万字的艺术论文，以诉诸现代派和非理性主义的合理性。当时，我以为这辈子已和马克思主义哲学无缘了，我甚至已看破了任何一种哲学！但我并不知道，我青年时代理想的火焰虽然熄灭，然而不可觉察的火种依然埋在我的心中。很多年后，它们仍会燃起熊熊的大火。我将重新发现并肯定青年时代探索的意义和价值，并对马克思主义和辩证法获得更高阶段的新认识。其实，我的探索生涯刚刚开始，只是我必须从在科学的神殿中做最平凡的工作开始自己的修炼！那个时期，我开始做各种各样的札记。我强烈地意识到，像过去那样一味地想大问题是不行的，我必须去扎扎实实地解决一些小的但尚未解决的问题。一个思想家不仅需要思想，还需要解决科学问题的耐心、技巧和为思想发展做一点一滴的积累。如果在经过漫长的积累之后还能迸发出创造的火花，完成大的发现，这只能是天意，因为这一切太难太难了！过去几年和一个已经幻灭的哲学体系打交道毕竟使我和那些从大学专业训练中出来的研究生不同，我已经不会因专业贡献而满足，我只是为了反抗虚无，甚至是抱着自己没有任何新发现的决心去研究各式各样的领域中的问题。我的思想只是像一个成熟的蒲公英被旋风吹散了，落到了我感兴趣的各个领域之中。

1974年，由于刘青峰已调到河南郑州大学教书，我因照顾爱人的关系也离开了工厂到郑州大学化学系任教。虽然学校也经常开门办学，而且带学生下厂下乡，但比起工厂工作来我毕竟有了更多的业余时间。于是我开始了一般从事哲学和社会科学研究者很少有机会体验的时期：我已经不是以一个哲学家的身份来欣赏科学或解释科学，而是作为一个平凡的科学工作者在大学和实验室做工作。这使我对科学有了切身的体验。

我在1976年以前发表的论文，大多极为平常，没有什么社会影响，它们属于科学领域中的常规研究。但是有一篇论文的写作使我至今难忘，它是关于模拟移动床的数学模型的研究。当时我和我的合作者从未见过这种新式反应器，但是根据它的原理我们提出一个数学模型来研究它的行为，并推出它的一些特征曲线。其中数学模型和推导工作主要由我完成。[①] 在论文交付发表之前，我几乎是胆战心惊地、小心翼翼地、一遍又一遍地反复推算。数学模型和数学推导本身并不复杂，可我没有把握的是我们从来没有见过这种反应器，对于它的外形和有关数据我们都一无所知！但根据我们的模型可以推知这一反应器很多特殊的规律，甚至给出了计算公式和曲线，它们正

---

① 金观涛、乐秀成、朱熹豪：《模拟移动床的数学模型》，《石油化工》1976年第1期。

确吗？我十分真切地体验到，科学研究和哲学社会科学很大的不同是，它的推论马上可以被事实证伪！也许科学理论的全部价值（理论之所以不同于事实之总结）就在于它敢于冒这种危险。对于我这的确是一次考验。从此我开始体验到了科学方法的力量，只要方法正确和模型巧妙，我们确实可以从众所周知的事实中推知一些新的东西。我们可以预见！我决心在今后构造社会科学理论时走一条运用科学方法的新路。

当时，我只是科学神圣大殿中一个平凡的科学家，我欣赏那历史上科学大师伟大的创造。虽然心中也不时地涌起创造的冲动，但我深知，批判别人不对，在一旁指手画脚是很容易的，进行体系式思辨的空想也不困难，然而一种符合科学规范求实的创新，即使是点滴的新进展，也是十分困难的。我不敢奢望在科学上有大的发现，却深知一点一滴建设性工作的意义。事实证明，这种使哲学雄心受挫而进入一个庄严的集体向真理进军的科学兵营，对我今后的道路十分重要。我的一些重要工作，以至于被社会认为是我们的代表作的历史研究正是在这一时期成型的。

属于我自己的"控制论"

或许，读者早已不耐烦，想知道我和刘青峰从什么时候开始并如何进行关于中国封建社会是一个超稳定系统的研究的。其实，早在1969年末及1970年初（确切时间已记不清），我读控制论先驱之一艾什比的《大脑设计》时，就产生了中国封建社会长期停滞和周期性改朝换代间存在着内在联系的想法。当时有关中国封建社会是一个超稳定系统的假说已写在我的札记中,当然那时这个想法十分含混、粗糙。它和我有关"自我意识起源""时间的本性""哥德尔理论和矛盾论的关系"等许许多多的想法放在一起,是我感兴趣并经常思考的众多问题中的一个。真正将设想转化为一种严肃的科学研究,则是在和刘青峰结婚以后。

必须指出,和刘青峰结婚使我的思想发生了一种十分重要的变化。前面我已讲过,我从小受的教育是十分传统的,我的很多性格甚至思想方式也是十分传统的,譬如在待人接物上,旁人会认为我有很多儒生气质,但所有这一切都是下意识的。除了上历史课,我从未像我国台湾地区或新加坡的学生那样接受过孔子和其他儒家经典的教育(一个从未直接学习儒家经典的中国青年如何会具有典型的儒生性格,这也许是中国文化深层结构中最令人感兴趣的问题)。我一直都在从事马克思主义哲学以及西方哲学和科学哲学的研究,在大学期间和"文化大革命"的自学年代,我的整个知识背景十分西化。像国内很多马克思主义哲学家一样,我一直不特别看重中国传统思想。然而,刘青峰在中国国学上的基础比我深得多,是她首先对我轻视中国传统提出了批评。她一方面对西方思想极其敏感,同时又对中国传统思想抱着深深的关切,这使我深受触动。在和她的不断讨论中,我猛然发现了我从未看到过的一个精神盲区。从来我都自以为是以马克思主义哲学为起点开始进行探索的,虽然一度陷于哲学虚无主义,但我总十分自信,认为自己的思想从来不是盲目的。但突然我发现，存在着一个我以前从来没有重视过的问题：为何近现代史上中华民族的知识分子大多数会接受马克思主义？为何在我和我的同时代人身上，传统的儒家精神居然是以马克思主义形式出现的？我发现，前几年我苦苦与之战斗的除黑格尔哲学外还有很多中国人生来就具有的传统。我不由打了一个冷战：原来，我自认为在哲学上和思想上具有足够清醒的洞察力，并无所畏惧，但我一直没有发现自己还是生活在一个自己并非自觉的传统的阴影之中。我只是苦苦思索，我们这一代人要到哪里去，但从未想过我们为什么要奋斗、追求，我们又究竟是从哪里来的？

这实际上是一种历史意识的觉醒。它促使我从更高的层次来看待以前的哲学探索，我们马上感到这个问题对即将来临的全民族的反省至关重大。如果说哲学的虚无代表了一个民族在追求自己理想的过程中目标的失落，那么探索意识的真正觉醒必然意味着这个民族将重新检讨那些在历史上形成的目标，那些被先人作为手段而又被后人误认为信仰的意识形态究竟是从哪里来的。

一百多年来，中国人大多数陷于各式各样意识形态的争论中，人们迟早有一天会明白，整个中华民族是超越一切意识形态的。民族的苦难、追求和它走过的道路本身就有着至高无上的意义，它召唤着后继者重新认识它！它渴望着在这伟大的反省中焕发出新的生命！我突然意识到我们这一代人肩上担子的沉重！我们在"文化大革命"中的苦闷、觉醒和彷徨都意味着历史已经对我们提出新的要求，我们应该比前人站在更高的高度上来认识中华民族的历史，特别是中华民族近百年来走过的道路。这样，原来有关中国封建社会是一个超稳定系统的假说的研究立即被提到日程上来了。当时，我们深感为了走得更远和更彻底，我们必须从笼统地、泛泛而谈地进行历史和文化的反省中摆脱出来，从突破一点开始。显然，风云突变的中国近代史开始于西方对中国传统社会的冲击，于是搞清中国封建社会的结构就必须是进一步探讨的起点。我们把分析的焦点放在中国封建社会长期停滞这一问题上。

表面上看，我们要回答的问题是中国封建社会长期延续的原因，而这个问题本身却是经不起推敲的。首先，把从秦汉到清末这一段中国社会称为封建社会就会引起很大的争论。因为封建社会原是对西欧中世纪社会的概括。而且，所谓封建社会的长短必定要有一个参照系，为何我们可以断定中国封建社会较长呢？这里潜含着以西方封建社会的历史发展为标准模式的思想。那么为什么我们不反过来问为何西方封建社会较短呢？实际上这个问题本身仍然是西方中心论式的。它有点类似于生物学家去考察为什么马的身子上不长着鹿的头（非常有趣，十年以后，我们论文的发表在大陆思想界引起的讨论热潮中，这一问题是否具有科学性果然被提出来，很多学者至今还把回答这一问题当作没有意义，或认为是"张冠李戴"和"指鹿为马"）。虽然一开始我们就意识到这个问题的提法有不准确的方面，但并没有为此就放弃研究。对于我们中国人来说，这个不准确的问题的真实意义在于它是一个吸引中心，它无疑代表了一种对中国历史的新反省。在这种精神下面隐含的是一系列中西文化和社会深层结构的比较研究。它包括社会结构的宏观发展是不是有规律可循，引起中西社会形态和发展道路不同的原因是什么，等等。从这些理论基本层次上讲，即使问为什么马身上不长鹿头也是有意义的。众所周知，居维叶正是从此开始发现生物身体各器官之间的适应性。因此，一个真正有眼光的理论家应不受这个问题表面上不科学的迷惑，而一眼看到它下面的实质。它只是一棵长在肥沃文化土壤之上的时代反思之树。正确的答案是去分析它之所以成为问题的社会历史包括方法论的深厚土壤。

当时，我们首先在研究中把问题变换到如下一种较科学的提法：为什么从秦汉以来建立中国社会的整体结构一直能保持到清末？显然，所谓超稳定系统的假说正是针对这一问题的。但要回答这个问题，必须首先去探讨什么是社会结构以及引起社会变化的动力是什么，研究这些在马克思主义中是十分基本的方面。

在中国大陆，任何一个理论家，无论他研究的领域是什么，马克思主义对他最大的影响也许都表现在经济决定论上。很多极高明的历史学家和文化史学家，他们表面上可以否认自己的观点是属于马克思主义的，但在灵魂的深处他们仍是经济决定论者，因为他们总是潜移默化地把经济因素看作社会变化的最深和最后的动因。是的，我们不能否认，经济决定论是一种深刻的学说，正如恩格斯在马克思墓前的演说中所指出的那样，在人类那错综复杂的行动和文化心理动机中发现隐藏得极深的经济因素是了不起的发现。无论西方史学家认为经济决定论怎样失之偏颇，20世纪30年代之后，西方年鉴学派和社会经济史研究的兴起都和经济决定论思潮有关。但是我们当时已经看到，我们决不能把已经简单化为经济决定论的唯物史观和马克思主义等同起来。因为经济决定论和马克思主义主张整体地把握人类文明史是互相矛盾的。我们认为，人的任何一种社会行为必然是一个包含着经济、政治和文化要素的整体，即在人类社会任何层次的需求目的中，我们必然可以同时发现文化、经济和政治的各种要素的并存与不可分割。如果说，当历史学家在人类的政治和宗教行为中找到了那个时代的经济动因，这会使他倾向于经济决定论，那么相反，当学者在一种被认为是纯经济行为中找到了那难以觉察到的文化和价值观动因，这必然会促使他倾向于文化和伦理决定论。但当时我们强烈地感到，在这个有机不可分整体中把某一类因素认为是最基本、最终极的，这已属于19世纪的思想方法。我们必须从中摆脱出来，整体地看待它们的关系。当时，由于大陆的资料所限，我们对韦伯和帕森斯的学说所知甚少。当然，这种忽略使我们研究的速度大大放慢了，以至于我们不得不再次去独立地发现很多已经被韦伯和帕森斯提出来的概念，并在这个基础上进一步往前走。但是，即使我们当时熟知韦伯和帕森斯的所有著作，我们也不会轻易地同意他们的结论和方法，或认为为何第一个工业化社会最早出现在英国这一历史性问题已得到解决。我们已从经济决定论中走了出来而无意再被吸引到另一种变相的文化和价值观决定论中去。

当时我们碰到的困难是一个两难的悖论。一方面，我们知道任何一种符合科学规范的社会分析必定是以因果关系（包括概率因果）为基础的，我们不能逃避因果分析；另一方面，我们已经意识到在社会组织演化过程中，经济要素和政治、文化价值观念等因素必定出现互动，在这互为因果的互动中去追溯哪一个原因更基本和更终极是没有意义的。那么我们怎样用一种整体方法来把握这互为因果的互动而又不深陷其中呢？这时，我的自然科学基础发挥了作用，我知道控制论、系统论从研究内稳态开始已经创造了一套有效的方法。我决定把控制论的系统成果引用到历史社会学研究中来。其实，在国际上，利用控制论和系统论研究社会科学，特别是历史，真正开始于20世纪60年代末和70年代初，[①]我们的起步和国际学术界的时间不相上下，而且由于我们要解决问题的特殊性质，我们在一开始系统应用控制论方法之时，不得不去马上发展它。

显然，探索中国封建社会结构两千年停滞和其周期性瓦解又重建的关系，在方法论上必然存在着两个必须解决的环节。第一，我们必须指出这种社会结构是什么，保持它稳定的是什么机制；第二，由于古代中国长期以来基本上处于相对孤立状态，每个王朝最初形成的社会结构往往都是被内在因素打破的，我们必须去探索那些导致社会结构瓦解的内在力量。控制论和系统论所提供的方法只能解决第一个问题：用一种互为因果的关系形成稳态来解释社会结构的存在，而避免了诉诸终极

[①] 这是指用控制论研究历史和社会科学。系统论的应用要早一些。帕森斯的《社会系统》出版于1951年；在政治学领域，美国政治学家戴维·伊斯顿的《政治系统理论》则出版于1953年。

原因。但对第二个问题，现存的控制论和系统论方法是无能为力的。西方五六十年代的结构主义正是在这里碰到困难。

我深感到在目前已有的理论中还缺少一种方法来解剖系统的结构达到稳态后，这个稳态又如何从内部破坏的过程。由于这个问题在我们的研究中无法逃避，于是我们不得不自己从历史分析中去寻找和抽取新的方法。一开始，我们想用熵增加来概括一种已经形成的结构趋于瓦解的过程，但我们马上发现这一概括不妥。因为在中国封建王朝后期导致原来稳定结构瓦解的因素，大多来自这个社会维持其结构稳定的调节能力。这个发现使我们大为惊讶，我们决定用一个新的概念来描述这种过程，这就是有关一个组织系统中无组织力量增长的不可避免性。而且我们大胆猜想，在一切组织系统（包括任何一个社会结构）中，无组织力量增长是一个规律，它们是社会演化的动力之一。但在当时这仅仅是猜想，而没有找到除中国古代社会之外的其他证据。我们还不曾想到，从这里开始，我们所用的方法已经超出了控制论、系统论和结构主义，而开始向一种新的整体方法——研究组织系统演化的方法过渡。当时我也不曾有这样的思想准备，即在若干年后，我们从具体科学研究中发现的这些新概念将和控制论、系统论方法一起，有可能为辩证法哲学的科学化起到核心作用，我有可能完成以前曾放弃的理想：完成辩证理性的重建。

但毫无疑问，当时我已看到控制论和系统论这些与电子计算机革命连在一起的新兴科学方法的重要性，特别是它可以用来改进辩证法的很多分析，使其科学化。当时我曾向朋友预言,20年以后,控制论热将席卷中国。当然我不可能预见到的是,控制论热在中国的兴起比我预言的还早了10年,而且我本人就是这一热潮的发动者之一。当时,我已经看到即将在中国兴起的控制论热和20世纪60年代西方与苏联的控制论热必定是不同的。由于中国历史和现代化碰到的问题的特殊性,以及中华民族传统文化吸收外来文化时必定要经过创造性的融合,控制论运动在中国必定是一个新的创造,而不仅仅是传播。其实,这一过程正好也反映了我们对西方三论的态度。值得一提的是,1986年,我和刘青峰在纽约的王浩教授家做客,王浩教授了解了我们的历史研究后,一方面对我们的研究表示很欣赏,但另一方面又对我们把自己所用的方法归为控制论表示迷惑。普里高津的学生陈平先生对此也大为不解。他认为,我们的超稳定系统和艾什比的方法是大不相同的。是的,这些评论今天看来很有道理,但是,他们不知道,十几年前当我们在进行这方面的探索时,并不是为了写博士论文。我们当时毫无在学术上建立一家之言的想法,只是一心一意想把问题搞清楚,而忽略了在整个方法的建立上明确区分哪些是从别人那里借来的,哪些是自己发现的。我们只是不假思索地把一切归在控制论的旗帜下。其实,这已是属于我们自己的控制论!

早在1974年,我们已经把有关中国历史的思考写成一份约7万字的提纲,实际上是一份备忘录(1979年后发表的有关中国封建社会超稳定结构的论文实际上是这份备忘录的一小部分)。当时,"文化大革命"已经接近尾声,但河南郑州大学的造反派派系斗争仍很激烈。虽然如此,我依然十分怀念那几年平静的隐居生活。这不仅仅由于我们有关中国历史、社会和文化的很多重要观点都是在那里诞生的，而且在这几年中，我们和一批探索中国前途的朋友结下了深厚的友谊。那几年，物质生活相当艰苦，肉是配给的，一个月只有一斤，还要去排长队，偶尔有老朋友从乡下来，带来一些甲鱼之类的（这些东西当地人不吃，所以特别便宜）。和老朋友一边畅谈，一边用煤油炉烧甲鱼，至今还是难忘的回忆。我和刘青峰住在一座被称为红十楼的职工宿舍中。我们的邻居有火车司机、食堂炊事员和会计。在唯一的一间房子中生了一个火炉，冬天可用于取暖和做饭。楼后面有一座小土山，每逢5月，山坡上石榴花盛开，我和刘青峰经常沿着弯弯曲曲的小路，一边散步，一边进行热烈的讨论。我们总是把一些十分基本的问题和历史已有的答案拿出来分析。我们感到一个已经通过几代人探讨的问题的更深的答案必定隐藏在一般人从未想到的那些方面，这就是作为中国人对自己最熟悉的东西的盲目性。在人的内心世界最熟悉的东西往往是最陌生的东西！我深信我们的历史研究对中国社会的透视已经到了一个新的高度。我经常坐在床边的书桌旁，抽着劣质的"黄金叶"烟，看着窗外的柳树在寒风中慢慢变绿，我思考着问题，等待着春天的到来。

哲学在召唤

在人的一生中，青年时代常如漫山遍野的映山红，它们往往一夜之间盛开。但中年的来临却是静悄悄的。当我们在春夜中久久不能入眠,回味着正在消失的梦想,当我们在月光下的田野中无休止地彷徨,当我们为了解决一两个科学难题苦苦思索的时候,时光流逝了,我们的头上不知不觉有了白发,年轻的脸上因热情和思想而刻下了皱纹,我们进入了中年。

中年人想起 20 岁时的狂热和那种走极端的偏激态度都会暗中羞愧,认为这是不知天高地厚、乳臭未干的表现。但今天我仍很难判断,人到中年头脑冷静下来,这究竟是一种觉醒,还是陷入一种作为社会中坚不得不具有的麻木状态(当然这是社会需要的)。中年人必须抛弃那些没完没了的幻想,不再去考虑那一辈子努力也回答不了的问题,而要真实地面对严峻的人生。中年人的生活就像拉车的疲倦的马。他们即使没有目标,也必须在两条车杠之间往前走!车杠的限制就是社会的责任。这种越来越强烈的社会责任感和紧迫感,以一种缓慢但不可抗拒的力量迫使人发生变化。1974 年后,我开始感觉到一种新的东西在我的内心萌发,而且越来越强大。这就是,我的人生目标从青年时代追求宇宙的真理变成了追求中华民族的真理。

我不知道我为什么有这样的转变。但十分明显的是,就在研究中国历史和文化的过程中,就在我们提出中国封建社会超稳定系统以及将它和西方乃至世界其他文明比较之中,我被我们民族的历史深深地感动了。它的悠久,它的无畏,它的博大,它在历史上和现代化过程中的苦难都变成了对我内心的召唤!我突然领悟了一个十分简单但以前从未想到的真理,这就是:似乎每个哲学家是在追求哲学的真理,其实他们不知道,他们最后所能达到的只是寻找一种民族文化的真理。自人类文明诞生以来，现代社会是由各民族组成的，人类的思想必然也是由不同的民族文化组成的。哲学作为一种文化，虽然力图摆脱某一民族文化的狭隘情绪和立场去进行超越，但是作为超越的目标本身却只能是从民族文化中提出来的。不同的文化对哲学提出的目标可以是不同的。而且哲学作为一个民族看待世界的方式，一个民族容纳自己经验的框架，它必然扎根于民族文化深厚的土壤中。对于任何时代的任何一个哲学家，绝不存在脱离那个时代和那个民族文化的哲学目标。其实，我整个青年时代的理想，我那朦胧的追求，归根到底是在探索当代世界里中国哲学的出路。我的希望、我的破灭的痛苦统统来自对未来中国新文化的渴求！无非我太年轻，把它错误地当作对抽象全人类真理的追求。

我开始感到一股不属于我的强大的力量灌入我的心中，我的自信心开始恢复，一个似乎不能算是目标的启明星在地平线上升起。我虽不知道离目的地还有多远，但知道必须从今天开始就要朝这个方向走去。是的，我们的先辈哲学家的一部分曾经把辩证逻辑的思辨作为他们的思想方法，并把它和中国传统思想结合在一起。今天我们已经发现了它的疑难，但从中得不到哲学虚无主义的结论，因为它并不意味着那些在批判黑格尔思辨方法基础上诞生的各式各样的西方哲学是唯一合理的。是的，对人类思想歧途的认识可以是不分民族文化传统的。但在清算错误之后找到那个相对正确的答案却取决于哲学家要解决什么问题，它和哲学的文化传统密不可分。因为，不同的民族文化面临着不同的挑战。我们当然要承认近现代西方哲学家已做出了伟大的贡献，但是形形色色的西方哲学流派没有也不可能回答历史对中国哲学提出的问题，并为它寻找出路。而要完成这一任务，只有通过我们本民族的努力，而我们这一代人是这个文化的继承人，我们是如此热爱我们的民族并体会着它的苦难。

在这里，我丝毫没有文化相对主义的意思，也不是拒绝承认科学思想对人类的普适性。我只是想强调我的民族文化意识以及民族使命感的觉醒。我慢慢懂得了"民族"这个从小就熟知的词的深刻而沉重的含义。我通过千辛万苦才理解了为什么在近代史上，在风起云涌的西方近代思潮中，很多中国知识分子会选择性地接受马克思主义哲学，为什么很多当代中国知识分子在思想方法上会处于一种黑格尔式的辩证逻辑和中国传统直观思辨的奇怪混合状态。这只是我们的先辈从中国传统文化出发来改造中国文化使之现代化的结果，它代表了那个时代人的哲学答案。一个时代先驱者探索所碰到的问题，甚至他们找到的解决方法不再适应今天，这一切并不能否认探索本身。对于思想家个人，对于理论和学派，有正确与错误之分，但对于一个民族思想变迁的过程是无所谓正确与错误的，正如天体运行的轨道、山崩海啸无所谓对和错一样。追溯一个伟大而永存然而却处在动荡中的民族思想，重要的也唯一有意义的是去把握它转化的历史、它所经过的阶段以及它未来的道路！它在任何一个阶段的困难和危机绝不是意味着过去的一切毫无意义，这只不过是表明民族历史已把过去作为一种必须继承的遗产交到它期望着做出新的创造的后继者手里！理解了这一切，哲学家就会从纯知识到纯理论的狭小探索圈子里跳出来，发现哲学的真正生命！

要知道，对我说来，这个转变是不容易的。至今我还不是文化相对主义者，我拒绝躺在一切相对主义思想安乐窝中睡觉。特别是我从小生活在追求科学真理的环境中，由于科学属于全人类，科学的真理也是宇宙的真理。因此我总是把科学看作是至高无上的，任何别的层次的真理均从属于它。因而即使存在着民族文化的真理，由于它的低层次，我一直对民族的真理缺乏足够的意识。其实，我一直没有发现，我的这种对科学和文化关系的看法，特别是科学和人生观的一元论恰恰是属于中国文化的典型心态。其实一个人只有献身于本民族解放的事业，才能献身于人类的解放事业。即使在思想的范围中往往也是如此。因此，我们祖父辈的追求和创造，我们父辈的继承和僵化，我们这一代的怀疑和失落，它们都将在中华民族追求自己出路的历史中得到自己应有的历史价值。

我不能用准确的语言来描绘我在黑暗中听到的民族文化的召唤，我想，每一个在苦苦地追求的中国人，每一个已经在生活中沉沦但又不甘心自己沉沦的人，每一个过去有过崇高的理想但今天又为找不到一种理想为之献身而痛苦的人，他们都会听到这种召唤。在我的探索中，一个新的时期将要开始。我即将告别那失落的非理性主义的时期。

这时，虽然夜仍然是那么深沉，无边无际的黑浪仍在那里咆哮，但是中华民族复兴使命的责任感以及对中华民族深沉的爱已在我内心筑起一道坚不可摧的堤坝。我不能担保今后不再困惑，不再彷徨，但我绝不会再迷失了。因为我已经深知，在今后那壮烈的民族思想变迁历程中，意识形态的变换，一种定型的思想的生和死都不可避免。但这一切再也不会阻止我们去追求，我们可能不会把自己献身于一个具体的固化的口号和目标，但我们知道这种整个民族的探索本身的意义将万古长存！

我们这一代人的青年时代是值得留恋的。虽然每个人的遭遇都不尽相同，有的曾被同时代人卷入斗争，内心的爱遭到社会的践踏；有的曾怀着赤诚的信念去批斗自己的父亲和朋友；有的病倒在看来似乎毫无意义的长征路上；有的则在解放军农场那稻田的淤泥中度过了青春最好的时光。和这些同龄人相比，我的遭遇算是得到命运之眷顾。但是我认为，所有这一切都值得我们这一代人深深地怀念，因为不论我们当时所做的现在看来是对还是错，是有意义还是没有意义，我们是那么真诚，那么充满了理想，我们的青年时代是轰轰烈烈的！我们从肉体到精神都没有躲在安乐窝里。我们虽然失败了，但勇敢地承担了失败的后果，虽然这一切最后的结果只是破坏！但我们用自己的青春证明某些东西一定是错的！我们推动了沉重的中国历史！当我清醒地意识到我们就要告别这一时代时，觉得它特别值得留恋。为此，我和刘青峰决定写一部作品来纪念它，这就是《太阳岛的传说》。[1]

当时正处于 1975 年海城地震之后和 1976 年唐山大地震之

---

[1] 刘青峰、金观涛：《太阳岛的传说》，《金观涛、刘青峰集——反思·探索·新知》，黑龙江教育出版社 1988 年版。

前,很多地方都处于一种大地震即将来临的惶惶不安之中。实际上,这正是中国将发生重大历史事件的预感。刘青峰和我就选择了以一个南太平洋小岛上的地震预报站为背景写一部长诗。当时我正好带学生去河南省安阳开门办学,我经常在夜阑人静之时,趁学生们都睡着,打着手电伏在地上开始写下那从我心中流出来的诗句(因为我们睡的是地铺)。而刘青峰则在离我200公里外的郑州家中创造情节和人物。几天后我将我写成的部分寄给她,由她把这一切综合起来。今天,这部长诗似乎没有刘青峰的《公开的情书》发表后引起那么巨大的轰动。但在我们自己看来,它更有意义,因为它记录了我们青年时代所经历的巨大创伤和那个在我们心中如不死鸟般的理想。读者也许在字里行间还能发现我对哲学的梦想。

非常有趣的是,在这部长诗中,我们还记录了对中国命运的预感。当时中国政治舞台上黑云滚滚,整个民族似乎都在等待着什么重大的事件发生。我们同时代人纷纷估计中国的政局即将大动荡,有人还认为会发生战争。而我们则感到时代正在召唤着它的儿女,一种意想不到的结局即将出现,中华民族即将开始它在近代史上一个史无前例的创造时代。果然,1976年后,这个伟大的时代开始了!

我的三部曲

一个人的内心历程是由感情和理智交织而成的,前面我只是描绘了哲学追求在我内心觉醒时的感受,而并没有讲这种新的哲学目标是什么。有一句古老的埃及格言说,当你喝了尼罗河的水,无论你走到世界哪一个角落,总有一天你还会回到它的身边。是的,一个旅行者一旦在青年时代喝了哲学理想的甘泉,那么无论他今后在哪一个领域探索、耕耘,总有一种莫名其妙的冲动使他不满足于他所涉足的任何一个领域而继续向前走。他走啊走,一直到某一天突然发现不知怎么的,他又回到那个青年时代离开的理想身旁。我的哲学探索的重新开始正是如此。

1978年,为了迎接那即将开始的思想解放运动,我和刘青峰放弃了在大学任教的工作,调到了北京从事编辑工作。我不想多费笔墨来描述这旋风般逝去的9年。科学史家常说,新的发现从来是等待着那些有准备的头脑的。社会思潮的发展和它的思考者的关系也是类似的。现在,当再次面临新的社会运动时,我和10年前大不一样了。我已经胸有成竹,知道在什么时候该做什么,一种社会现象发生前我心中就有了预感。在这9年中,中国的思潮风起云涌,我们的工作繁忙而又紧张,我们发表了很多社会科学论文。其中关于中国封建社会超稳定系统的假说引起了理论界和社会的广泛关注,这些是读者所熟悉的,我想指出的只是一点,这就是在相当长一段时间内,我都没有意识到该回到哲学探索中来。前面我已讲过,我已经放弃了成为哲学家的梦想,而只是切切实实地去提出并解决我认为有意义的社会科学问题。我知道中国哲学的大厦今后必将重建,但思辨式的空想毫无意义,重建要从制造砖瓦这些小事开始,我和我们同时代人做的一个又一个具体研究就是在为这将来的大厦奠定基础。甚至对于方法论,我也不愿意像很多人那样一开始去勾画一个大体系,而是更注重让解决问题本身来示范方法。读者在《问题与方法集》以及《控制论与科学方法论》等书中都可以发现我的这种态度。我知道在任何研究中,我们必须深入进去!在这方面,我对学问有无价值的标准和有关领域的专家一样。但我和专家们仍有一个重大差别,每当我在某一领域做出一些被社会承认的成绩后,我的兴趣马上就转到一个新的领域中了。不少朋友、同事(包括刘青峰在内)都对此大为不解。在他们看来,我在某一领域内取得的成就不过是成为专家的开始,我不该马上转入新的研究。在很长的一段时间内,就连我自己也为研究兴趣转移太快而苦恼。我不知道这究竟算什么,甚至以为自己不可救药,我不是专家,也不可能成为专家!因为吸引我的是思想,而不仅仅是学问!我的内心就像浮士德一样,似乎被一种莫名其妙的动力推动着,有一个不知道的目标在召唤着我。后来我才懂得,我一辈子都不会以作为专门家而满足,召唤我的正是内心长期压抑的哲学创造欲望。无论是深入中国历史、西方社会、科学史,还是在认识论等具体问题研究中,在竭尽全力解决具体的科学问题的同时,我总是下意识地在检验着一些我认为可以作为哲学基础的原理。因此,为了更清楚地阐述在我心中逐渐出现的哲学目标,我必须先回顾一下那长期中断(但我下意识地一直惦记着)的纯哲学思考。

我在前面讲过1968年我在辩证法思辨方法中所碰到的危机,大约到70年代中期,我脑中已经初步形成了一个怎样克服危机，怎样正确而科学地表达辩证法的核心思想——事物内在发展的方案。当时我意识到，辩证法的"万物是发展的"这一个基本原理可以用另外一条基础性原理来取代，这就是世界的不确定性背景。20世纪科学思想最重要的进步是否定了19世纪以前牛顿式的以确定事件为基本元素的构架，发现世界的统计本质。很多原来被视为宏观的确定的性质其实只是不确定事件的统计平均。我意识到，辩证法将"万物是发展的"看作是最基本的支柱这一核心思想和强调世界本质上存在着不确定性的思路是等价的。辩证法核心思想中第二个环节是事物之所以成为自身的规定性。科学地考察这一命题，它的更为准确的含义是发展的整体论，即当我们发现某物发展动因在外部时，这只是表示我们尚未抓到整体。一种正确的思考方法是重新划分系统，一直把导致发展的互相作用的各个部分都放在我们的视野之中，也就是说强调发展来自事物内部，在某种程度上和发展的整体观等价。这里问题的关键在于怎样定义整体。在辩证逻辑中所说的质的规定性，即事物之所以成为自身的规定性，这种概念在今天看来不符合科学分析的规范，我们必须用新的方法来定义它。当时我已经知道，由于科学规范要求理论具有可证伪性，因而任何理论分析必须以因果性和条件性为基础。当用这种方法来研究变化时，变化又会被肢解为两个部分：变化的结果和变化的原因。但这种分析肯定不是整体的，它不能用自己说明自己。我发现，困难的实质在于：一方面不得不采用因果性，但因果性的分析又不能把握整体！这个悖论使我苦恼了好久。终于在研究组织系统时，我认为找到了一种符合科学规范的定义整体的方法，这就是把整体定义为一个闭合的功能耦合系统。整体的每一个部分都符合科学可证伪性规范，每个部分的功能和条件是符合因果性的，但由于各个部分互为因果，这样整体可以自己说明自己。一旦完成了这一环，再把整体的分析放到世界不确定性背景中去考察（即考虑干扰存在下整体的稳定性），我们马上发现了保持整体之所以成为整体的稳态机制，可以根据有无这种稳态机制来说明某物为何能以某种特殊方式存在。而我们在中国封建社会结构的研究中引进的无组织力量这一概念可以刻画稳态机制是如何被慢慢破坏的。这样一来，只要把这些思路整合起来，一个符合科学规范的把握事物整体演化的哲学成形了。虽然我早就意识到，如果我提出的这个研究提纲是对的，那么辩证理性可以抛弃黑格尔的思辨而完成科学的重建。但是，对这种分析具有多大的普遍性，我一直没有把握。在我看来，在各种领域中验证它的细节比去刻画这整个纲领更为重要，至于哲学概括，我几乎不敢奢望，因为要成为一种哲学构架，除了这一纲领在各个领域中得到验证外，它还要有能力克服辩证理性在其他方面所碰到的似乎不可逾越的障碍。我几乎不敢相信这一条朴实而不复杂的思路具有这么大的生命力。

我们知道，辩证理性由两个基本方面组成，一部分是辩证法，另一部分是唯物论。关于辩证法所遇到的挑战，我在前面讲得很多了，但很多人至今对唯物论在20世纪碰到的挑战缺乏清醒的估计。我曾研究过量子力学（我还在大学中教过量子化学的课程并写过有关这方面的论文），我深知，在量子力学中,那种每个人觉得安全的唯物论已处于多么严峻的危机之中。存在就是被感知,这种主观唯心论在中国传统思想方法中是没有太大的市场的。无论是科学家还是社会科学家在哲学著作中读到这种观点都不十分介意。一个正常的理性主义者常常认为这不过是有关客观性定义不太严格准确,以至于这种夸大其词的说法只值得听一听而已。但是,我知道当 20 世纪 70 年代有关贝尔不等式的实验证明哥本哈根解释是正确的时,这几乎等于说科学实验已经把人们直观上觉得可靠的唯物论证伪了!如果说辩证理性可以重建,那么我前面提出的那条从历史和方法论研究中得来的思路也要能解决唯物论面临的挑战!哲学的核心必须是像一颗宝石那样坚硬的多面体,当思想和分析从不同方面照它时,它都应反射出那统一的、和谐的光芒。我不敢相信,我的这些哲学的直觉可能是对的,读者应该理解,当代人满足于做蚂蚁和蜘蛛的工作已经太久太久了,我们已经失去了 19 世纪哲人那种力图洞察世界的雄心!

  20 世纪 80 年代初的某一天(具体时间我已记不清),哲学又一次不客气地来敲我的门了。当时西方哲学开始冲击大陆的思想界,波普尔、库恩、拉卡托斯、费耶阿本德等人的学说在学术界引起了一阵又一阵的热潮。有一次刘青峰听完一位外国学者有关科学和哲学的学术报告回来后,对我说:"我一直不知道科学哲学是什么东西,现在一听,其中很多东西不正是你以前经常讲的吗?而且我觉得外国人讲的东西有的还不如你。"刘青峰从来对哲学是不感兴趣的,以前每当我没完没了地向她谈起哲学时,她脸上会充满迷惑:这样想问题有什么意义？每当这种时刻，我们就把话题转到我们共同有兴趣的历史和文化中去了。而这次她无意识的评价引起了我的警觉，我猛然感到是时候回到哲学中来了！因为，这几年来一股越来越猛烈的非理性（甚至是反理性的）潮流正在中国兴起，它日益引起我内心的不安。我从来不否认非理性主义哲学（或反理性主义）的合理性。当某一种理性主义的哲学已陷入盲目的迷信时，非理性主义无疑是人类思想健康发展的一剂解毒药。甚至在任何一种理性的哲学占主导地位的时代，有意识地让反理性主义作为补充，让它作为一种对我们已确定的哲学信念的怀疑，这对于人类不断进步的理智和良心的健全是十分有益的。每当理性主义是强大的、富有生命力的时候，作为永不休止的怀疑精神的非理性主义必定是深刻的、富有魅力的，甚至在很大程度上表达了另一种人生真理，除此非理性主义不足以和强大的理性对抗和共存。但是，在一个理性已经沉沦，人们在一片精神废墟中无所适从的时代，非理性主义可以轻而易举地赢得人心，所以它经常是肤浅的，甚至是可怕的。在人们没有真正尝到它带来的毁灭性社会后果之前，每一个人都可以津津乐道地讨论它，甚至中学生也可以以它为时尚。但是，如果一切正如非理性主义主张的那样，非理性主义真的自以为可以当作人类精神的主体，那么我们不禁要问：儿童为何需要长大成人？野蛮为何要被文明取代？人生的意义又在哪里？历史上的今天如果不是比昨天有所进步，如果这种进步不是一种理性的扩张，那么人为何需要认识自己和社会？以及为何要有一种超越直觉和感情的意识去反省自己的历史？

人之所以成为人，是因为他的意识是整个人类的一部分，因此每一个正直的有良心的人都对民族意识和人类意识负有不可推卸的责任。我感到不论我的能力有多大，我必须再次回到哲学中来了。我们这一代人曾亲身经历了过去理性大厦倒塌的痛苦，没有别的人比我们这一代人更能理解理性需要重建！是的，我们这一代人并不高明，也曾犯过很多错误，但是我以为，这一代人最大的特点是无论大事小事，我们一旦有所意识，就决不逃避。重建理性哲学的大厦对于我们也许是一件不能胜任的工作，但如果没有人从今天开始去做，那么大厦是不可能建成的。

我决定暂时中断历史和社会文化方面的研究，把以前断断续续进行的哲学思考集中起来。我发现，一旦内心有了不管成功还是失败都要去干的决心，那么原来认为几乎不可克服的困难并没有那么难了。山峰由于它的高度引起的眩晕从来只存在于山下的观望者的感觉中，而不适用于登山者。我发现，如果把观察者和他观察的对象看作一个耦合而成的组织系统，那么我在研究组织系统存在和演化中发现的普适公理同样可以解决唯物论遇到的挑战。我们可以精确地定义客观性存在的条件，以及给科学认识论一个更为坚实的基础。经过几年的思考，我自信已经解决了问题的关键。我决定把理性哲学的重建分成互相联系的三个环节来实现。第一部分是用不确定性概念来取代矛盾，以作为辩证法有关世界万物是发展的这一原理的科学表述。第二部分是建立一种用于分析有组织的整体为何能存在又为何会演化的方法。第三部分是用新的发展观和整体观考察人与他观察的对象耦合而成的特定的组织系统，研究客观性和科学认识论的基础。我把这三部分表达为三个哲学命题。第一个命题我称为发展的哲学，它必须从分析黑格尔的错误开始并在发展公理中注入科学规范。第二个命题我称为整体的哲学，它是研究整体和部分互相依存以及怎样演化的方法论。第三个命题我称为人的哲学，它证明作为观察对象的客观性存在是需要条件的，科学是以人本身为中心的，但科学以人为中心并不是客观和理性的消失，而只是意味着更高层次的理性的出现。

这三个命题分别对应着我的三本哲学著作，它们是我的三部曲。其中《发展的哲学》在1985年完成，发表在《走向未来》杂志第一期上，而《整体的哲学》和《人的哲学》分别在1986年和1987年完成。虽然这三本书互相独立，自成系统，但是读者可以发现一些将它们有机关联起来的基本公理的存在。它们十分朴素而平凡，但构成了理性哲学的基础。

知识、价值和终极关怀

我完成的哲学三部曲只是证明了辩证理性是可以重建的，并不意味着我已经完成了理性哲学的重建。今天我依然如青年时代那样赤诚地追求真理，既无西方哲学界那种稍有新想法就标新立异地认为自己提出了一种全新的哲学的念头，也不害怕被思想激进的年青一代抛弃。我只是想如实地告诉人们这些思想的来源和哪些是我的贡献。

我认为，自古以来，无论是在东方还是西方，有三个十分动人的基本猜想在人类哲学的长河中时隐时现。第一个猜想是万物动荡不已的变化观念。第二个猜想是整体观,大多数人生来是平凡而务实的,人最容易深陷到细节和琐事中去,因此警告人在进入人生和世界的森林时不要只看见树木,这就成为另一种动人的追求。第三个基本的猜想是理性的经验论。自从人创造了符号并由这些符号发展成思想之后,动物就具有的那种通过试错法来学习的机制逐渐演变成了一种直观的常识理性。人们相信基本经验的可靠性,并用一个不依赖于我们思想的外部世界的存在来作为鉴别人类可以自由想象(也经常出错)的思想观念真假的标准。无论哲学在发展中怎样日益趋于专门化,我们总是可以看到这三个基本的问题常如幽灵一般在各种各样的哲学流派以及不同层次的哲学探索中徘徊。也许在它们每一方面的细节的深化中,中国古代哲学对这三个问题的讨论不如西方哲学。但是把这三个哲学命题统一在一种和谐的哲学架构中的尝试,一直是中国文化的内在追求。我并不是想用此来证明近代中国知识分子接受辩证唯物主义作为其哲学基础的合理性。但是,无论我的答案和方法怎样超出了古典辩证法和唯物论,即便我的哲学构架中吸收了诸如系统论、控制论、建构主义等新营养,不可否认的是,我的哲学三部曲恰恰是回答这三个自古以来就存在的哲学命题面临的当代挑战。因此,我毫不犹豫地承认,我所完成的工作应该属于辩证理性的重建。

我的这种探索和追求,在一些人看来可能不符合20世纪学术思潮的时尚,但我在20年的追求中,一直拒绝盲目地赶潮流,我仍坚持着我青年时代的理想,我必须赤诚地服从我自己相信的真理。

我不得不再三表明，我所发现的那些可以成为今后理性哲学大厦基础的东西仅仅证明辩证理性可以重建，我并没有完成理性哲学的重建，因为我所做的全部工作至今只属于知识论、方法论和认识论。而它们只是理性哲学的一小部分而已！傅伟勋先生把哲学分成十大层面的问题，从知识论、方法论开始，一直到人生的价值以及终极关怀。实际上价值伦理行为准则、人生意义和终极关怀才是哲学的核心。因此，说到底，至今为止我所做的探索对于理性哲学的重建来说只是一个开始。我已经走了20年的探索之路，今天，当我进入不惑之年的时候，我面前展现出的仍是一个期待着我们去征服的心灵的荒漠。

我不得不意识到，在我的哲学研究中，一个新的阶段又将开始了，这个阶段和以前走过的路可能会完全不同，因为知识、方法、理性和价值与人生毕竟属于不同范畴，如果说以前我一直在研究科学理性本身，那么理性的哲学则要求我进入那理性笼罩之下的感情了。由于价值、终极关怀、人生的意义和伦理原则是不可能由知识和科学方法直接推出来的，因此今天很多人甚至怀疑它们是否属于理性指导的范围。这样当代大多数以讨论人生和终极关怀为职业的哲学家对方法论和知识论往往没有太大兴趣。关于知识论和价值论的关系，不仅是当代学术界也一直是我最困惑的问题。是的，如果在一个人刚涉足新领域时就知道前面的路是那么遥远，那片已吞没很多先驱者的泥潭正在等着他，他也许不会有足够的勇气去选择这条道路。只是我却无意站在我今天已经走到的路口停止脚步，使我决心向前走下去看个究竟的,与其说是对科学理性和伦理与终极关怀究竟有没有关系的好奇,还不如说是我不满意当代一些哲学家的不彻底态度。我认为在今天有关价值和知识关系的研究中,存在一种令人不安的做法。有些学者轻率地宣布价值和道德与方法和知识无关,但是就在这些哲学家的著作中,我往往发现了一种过时的甚至是早就被证明错误的知识和方法!

大约10年前(我还在郑州大学任教时),我就接触到西方当代一些讨论人的哲学流派。对它们的价值论和人生观我不敢妄加评论,但有一点令我十分惊讶,很多20世纪的新哲学思潮居然不得不应用黑格尔式的思辨作为其推理工具。自然,我不认为价值和人生态度的确立需要知识论和严格的推理,但是毕竟很多人在做推理(有时是没完没了的推理)。今天,很多关于人的哲学流派一方面反对价值研究和知识论、方法论有关,另一方面又下意识地运用一种已被科学抛弃的错误的推理方法!这种悖论使我很不舒服,既然一些哲学家认定价值伦理和知识与科学无关,他们为何不干脆宣布自己的学说只是属于艺术和美学甚至是类似于新小说的范围,而硬要挤进哲学的行列呢?这种断然否决价值伦理和科学知识与方法无关的做法本身是否掩盖了他们在科学理性面前的自卑呢?

1986年,我和刘青峰在美国宾夕法尼亚大学访问,一次和傅伟勋先生讨论这些问题,傅先生的一段评论使我很受启发。他认为,哲学未必需要像科学理论那样被经验证实,但哲学一定不能同科学理论矛盾,一定不能被经验否定和证伪。我认为,价值与伦理和知识与方法论的关系也是相似的。人的任何追求必定是整体的，越是基本的东西一定越具有整体性。人生观和终极关怀是一个人在精神世界中安身立命的支柱，它是一种庄严的境界，一种最高的感悟，一种爱和创造力的源泉，它是生命的最终归宿，它必定是经由人类通过科学方法和知识铺成的大道，登上那座最高山峰上所看到的太阳。也就是说，理性哲学的终极关怀、理性哲学的人生态度、理性哲学的价值不仅不能和作为方法与知识的基本的科学理性相冲突，而且要和谐地水乳交融，它们是一个宏伟而壮丽的整体！

一百多年了，自中国传统文化在西方近代文明冲击下失去自身的和谐，自中国人不得不寻找救国和自强的现代化道路开始，我们的民族就在期待着一种能在现代社会中焕发出灿烂光华的理性哲学。我们的民族文化就像一个巨大而痛苦的珍珠贝，它在吸收西方文化的营养，它在摆脱自己身上那沉重的历史渣滓，它在艰难地消化由新时代科学发现注入它体内的新事物。我毫不怀疑，在今后伟大的中华民族新文化的创造运动中，未来的理性哲学的明珠正在孕育之中。它正要求它的儿女注入今后可以成长为明珠的正确的知识论和方法论的砂石。这也正是我认为有必要把我的哲学探索看作辩证理性重建的理由。

人一过40岁，生命的路已经走了一半，虽然联合国规定的年龄线可以使40岁的人还算青年而聊以自慰，但40岁无疑是一个关头，迫使我考虑今后人生的路怎么走。

我深知，时代虽然早就在渴望我们建立理性哲学的大厦，但至今为止大多数人仍在那里拆房子，我们充其量只是打扫着不断掉下来的碎石，而在奠基方面的工作做得太少太少。有多少严峻的选择在等着我们，我并不期望能看到未来民族文化的落成，而且，研究理性哲学有关价值和终极关怀等重大问题也许已不是我的所长，但是，我决心像青年时代一样听从命运的召唤，即使我自己无所贡献，我也愿意用知识论和方法论上的成果来帮助后继者攀登，我决不愿躺在学问的安乐窝里去逃避一个新领域探索者必然遇到的风险。在今天的时代，任何一个立志去创造的人都是孤独的。其实，一个真正想创新并认真地去告别过去的人往往是最不能适应我们面临的思想商业化的时代的。有一位朋友风趣地说，现在各种新思潮、新人物是各领风骚三五天，人们崇尚新的思潮就像小姑娘喜欢新衣服一样。理论家热衷于知识表面的更新和哲学如走马灯般地换名词，只有对权威的藐视甚至破坏才能引起人们的喝彩，而理论家只要因为去思考大问题而几年不发表文章就会被社会视为江郎才尽。

而我一直引以为傲的是，除了同自己以外，我从未战斗过。今天我依然拒绝参加任何思想战斗，包括和那些批判我的文章商榷。我并不十分同意在我青年时代被社会广泛推崇也最容易吸引青年的口号：批判旧世界。我一直坚持认为，只有那些有助于创新的批评才是有意义的。我还如过去一样，深情地望着那曾经成为上一代人和我们青年时代的庇护但今天已是一片瓦砾的民族精神，我既无意去加入继续对那些残存的断壁摧枯拉朽的队伍，也不想追求西方最时髦的思潮！我伏在自己的宝剑上，只是想着创造——虽然我知道自己的能力有限，但我总想用自己内心的呼喊来表达我对同时代人和青年朋友的祈求：让我们抛弃任何个人的高傲、文人相轻，抛弃意识形态的不同为我们设下的障碍，抛弃那些无谓的喋喋不休的争论，甚至去打破那本来只属于每个人的小天地——专业的藩篱。因为我们来自同一个地方并处于同一种境地：一切都是为了中国文化的重建，让我们一起来创造吧！

1987 年 11 月作于北京

第一篇

人的哲学
——论"客观性"[1]

> 世界的客观存在是辩证理性的出发点。它也是至今为止常识和理性的基础。没有一个哲学命题会比客观性受到怀疑更具有挑战性。然而,半个世纪以来,那不依赖于人的纯客观性在越来越多的场合被最新科学成果推翻,辩证逻辑在新哲学潮流冲击下千疮百孔。人们在一片精神的瓦砾中渴望理性的重建……因此,新的哲学起点必然是从探讨这个命题开始的。

---

[1] 本篇在1988年曾以《人的哲学——论科学和理性的基础》发表在"走向未来"丛书中。

引 言
哲学家的内心独白

哲学家的责任是去进行那孤独的探索。

在那动荡的岁月中,哲学家的工作看起来是很可笑的。政治家们讨论着时局,学生们开始卷进那汹涌的社会思潮,老百姓关心着柴米油盐,甚至那些总钻故纸堆的历史学家也可以用历史来解释现在;但哲学家却依然坐在书房中间,思考着那些普通人根本不感兴趣的有关认识论和理性的基本问题。

我在写这本书的时候,深有这种不食人间烟火的孤独之感。窗外是异国的寒冬,雪一场接着一场。而我必须让自己的内心平静下来,不受风暴和电话的干扰,沉浸到困难而严密的哲学思考中去。

英国历史学家爱德华·霍列特·卡尔把历史称为"现在和过去之间永无休止的对话"。[①] 而哲学反思乃是哲学家不分昼夜的、自己和自己的对话。哲学家必须把各种问题、人们碰到的困难、解决问题的知识背景,以至于人的直觉和情绪统统放到理性之光的照耀下。他必须从怀疑自己开始,怀疑世界的存在,一直到肯定对它的哲学思考。经过这一切反复之后,他再

---

① E. H. 卡尔:《历史是什么?》,陈恒译,商务印书馆 2011 年版,第 115 页。

在所有的知识和思想之上重新检查那个被认为是"理性"的东西。这个过程有时十分乏味、枯燥，但有时在反复的沉思中内心深处会升起一种庄严的感觉——思想者为思想的大无畏而骄傲。

哲学之树从开花到结果是漫长的，本篇并不太长，却包含了我十几年的思考。在国内，我早就想来写这样一部著作，但杂事太多，不允许我用文字来追溯这漫长的内心独白。另外，我隐约感到，我想说的东西太多太多……多到说不清的地步，而且我所得到的结论太出乎意料，总怕不被人理解而指为异端。后来，我了解到西方控制论哲学自20世纪五六十年代以来的主要进展，它们和我的部分研究成果几乎是不谋而合的。这一切使我增加了勇气，去把自己的思想艰难地表达出来。而且引用别人的成果往往可以简化自己的思想，把我的一些想法表达得更为清楚和易懂。

很久以来，我一直在思考当代人脚下的哲学基础。虽然今天的哲学已在科学真理沉重的压迫下喘不过气来，自古以来，哲学家那寻求知识统一的精神，也因互相分裂而矛盾的专门知识的发展受到挫折，但我仍然感到统一的哲学基础是存在的。我试图把它概括为三个命题。第一个命题是"发展的哲学"，即怎样用一种非悖论的清晰概念来把握"内在的发展"。第二个命题是"整体的哲学"，它是把世界当作整体来研究时所必需的方法论。第三个命题就是本篇的内容，它以研究"客观性"为线索探讨人在宇宙中的位置，我们也可以将其称为"人的哲学"。这三个命题是哲学作为一个统一体的三个不同侧面。实际上,任何一种哲学的方法论和世界观总是互相支持、互相说明的。本篇所用的基本方法,在某种程度上说是完全基于《整体的哲学》的。在阅读本书碰到困难时,我特别建议读者去熟悉本书第二篇《发展的哲学》,以及第三篇《整体的哲学》的有关章节。

  本篇的写作和表达是艰难的,虽然我已力求使其简明易懂,但我还是要求读者和我一起深入那艰难的思路。任何一个尝过写作甘苦的人都知道,写作是一个不断和放弃写作动机做斗争的过程。思想在心灵深处驶越,好像云雀飞翔在蓝天,但人类的文字和语言是那么笨拙,它紧紧拖住思想的翅膀,只让它艰难地在字里行间爬行。唯一鼓舞着我不断写下去的(不管写得好坏)是一种责任心。哲学家考虑的问题虽然远离生活,但他也应对人类的命运负有某种责任。

  我认为,哲学的混乱从来就意味着社会思想的混乱。如果把人类的思想比作海洋,哲学思考大约是其中最深层的难以触及的底部。在历史上,海洋的表面有时阳光灿烂、平静如画,有时风雨交加、波涛汹涌,在海底深处却几乎没有什么感觉。但反过来,一旦海洋深处发生了某种骚乱,那么人类思想的动荡将会延续很久很久。因此,从这个意义上讲,哲学家的书房是安静的,但他的内心激荡着风雨雷霆。

  对于时代,哲学家是不能推卸自己的责任的。虽然哲学家只能用思想来回答时代的挑战,但对于人类,还有什么比思想更有力量呢?因此,每当一个时代的哲学思想不严格或不公,或出于偏见,或存在方法和知识的错误,都会导致那个时代悲剧性的历史后果。

也许，任何一个哲学家都是不自觉地过高估计哲学对人类生活的影响。然而，正是出于这种对哲学和自我的过高估计，哲学家才会鼓起勇气去忍受那新思想诞生的阵痛，以及为在一个大时代中躲在书房中潜心写作找到良心的安慰。

在写作过程中，我经常想到康德。他也生活在近代科学文明兴起的大时代。康德一生没有离开哥尼斯堡这个小城。小城中平静的、从中世纪延续下来的习俗并没有妨碍他去铸造一种新的理性。正是这种精神帮助当时的人理解科学、热爱科学和人生，以至于容纳了一个多世纪以来人类的知识和文化之果。康德是幸福的，他生活在人类的良知和直观理性尚能把握知识的时代。今天哲学家的处境就比康德要困难得多。但无论如何，一个从事哲学研究的人，一想起在他之前曾有过这样一位大无畏的先行者，他的内心就会受到一种鼓舞，去担负那他本来难以承受的重担。

1987年1月于美国宾夕法尼亚大学

第一章　理性在困境中……

今天，我们已被迫从与人无关的客观性之梦中醒来，发现宇宙原来是以人为中心的。然而，这并不意味着世界只是空虚人生之幻觉。存在的基石不是那渺小的自我中心的个人，而是指在心灵上相通的一代又一代创造着的群体——大写的"人"。人终于发现并承认自己在自然界奇特的位置，这是理性大无畏的体现。然而，一个更为壮丽的历程正有待于开始，这就是"人"去进行那永恒的自我超越：应以一种近乎上帝的目光来看待自己，去反省为何要建立一个以人为中心的世界。

平常人所谓的理性，是建立在一个平凡但并非人人知晓的哲学基石之上的，这就是存在着一个客观的、不依赖于我们思维过程的外部世界。这样，每天清晨，人可以从梦境中醒来，大胆地清除在黑夜中纠缠着他的梦魇，回到那个坚实而冰冷的外部世界中去。一旦这个基础崩溃了，人的心智将出现彻底的迷乱。

第一节　影子般的客体

自古以来，哲学界就存在着一个时而激烈、时而缓和但一直没有真正解决的争论：世界是不是独立于人的感觉和意识而存在的？唯物主义者坚信，在人类出现之前，客观世界就存在着。人的意识无非是宇宙间最灿烂的花朵。然而，另一种看起来极为荒谬的见解却不能在逻辑上予以驳斥，那就是主观唯心论和唯我论。由于人没法离开自己的经验和感觉来谈一切，如果哲学家坚持自己哲学思考的彻底性与严密性，就无法从逻辑上证明客观世界独立于人的感觉而存在。于是总有一些人坚持认为："石头的存在是因为你走路时碰到了它"，"外部世界犹如山坡上的花开花落，只有你的心里有了它，它才获得存在的意义。"

16世纪以后，近代科学兴起。以绝大多数人的常识看来，科学探索无疑是建立在客观存在和客观规律存在这一基础之上。唯物主义哲学成为理性的象征，阵营空前强大，但是上述哲学基本问题并没有真正解决。特别是20世纪20年代，量子力学兴起，使哲学上这个古老的争论又变得异常尖锐起来。

以常识看来，主观唯心论是站不住脚的，因而在以不脱离常识的宏观世界为研究对象的经典物理学占统治地位的时期，主观唯心论在科学界已没有太多市场。但随着人类的认识深入到微观世界，科学的发展像是自己否定自己——那种在常识上显而易见的唯物论居然解释不了电子奇怪的行为。

科学家发现，电子跟我们通常理解的宏观世界中的客体完全不同，它们似乎是影子般的存在！人们通常讲的客体（物理学家称之为物理学实在）总是可以同时具有各种确定的性质。比如它占有一定的体积，在确定时刻有确定的位置，同时又有一定的动量（即具有确定的质量和运动速度）。所谓客体，常常是指同时具有所有这些性质的东西之总和。但电子不是这样！根据测不准原理（量子力学的基本定律），如果电子具有确定的位置，那么就不可能具有确定的动量，反之，如果电子具有一定的运动速度（动量），就不可能具有确定的位置。确定的空间位置和确定的运动速度是电子不能同时具备的。

  为什么电子表现出如此奇怪的特点？就测不准原理陈述的事实而言，它是被千百次实验精确证明的，也是科学界公认的。问题在于，怎样在哲学上解释它？一种最著名也是被大多数物理学家接受的观点是德国物理学家维尔纳·海森堡的解释。海森堡认为：当人观察电子时（当然是通过某种仪器，比如超级电子显微镜，或通过某种实验装置来间接认识），总是存在着观察过程对被观察客体的微小扰动（比如用光照亮物体或用电子显微镜观察对象，都意味着一束光子、电子和被观察对象间的互相作用，它必然干扰观察对象）。这些干扰对于宏观客体是可以忽略不计的，对于电子却必须考虑。正是观察仪器的干扰造成了电子奇怪的行为，当人们测量它的位置时（位置作为测量结果有一确定的值），就必然干扰它的运动，使它的动量（速度）成为不确定的。反之，在另一个专门设计的测量电子动量的实验中，在测量电子动量赋予它确定值时，又会干扰电子的确定位置，使位置（干扰的结果）成为不确定的。因此，确定的动量和确定的位置正如一枚硬币的正面和反面，不会同时向同一个观察者显现。[①] 表面上看，似乎是电子太小才

[①] W. Heisenberg, "The Actual Content of Quantum Theoretical Kinematics and Mechanics", No. NAS 1.15: 77379. 1983.

会有这种特性，但著名物理学家狄拉克则认为，物体大小是表面现象，他主张用观察过程是否对观察对象造成不可忽略的干扰来界定宏观物体和微观物体（而不像通常人们主张的那样用质量或空间尺度来界定）。[1]

如果不去进一步分析海森堡对测不准原理解释的哲学背景，人们会觉得问题并没有真正解决。我们可以承认观察仪器对电子的干扰，但自然可以进一步追问，如果人不观察电子，当仪器的观察干扰不施加于电子时，电子会怎么样呢？它是否如宏观客体那样同时具有确定的位置和动量？正如即便我们把眼睛闭起来，也不妨碍断言在某一时刻月球同时具有确定的位置和动量那样。海森堡解释的关键在于，他认为当人们不观察电子时，去谈电子是什么是没有意义的。也就是说，他在哲学上取类似于主观唯心论的立场，即电子某种确定性质的存在是因为我们观察到它，我们不能离开人的感知（包括使用眼、手和各种感观的延长——仪器）来谈事物的性质。那种独立于我们感觉和意识之外的客体或性质只是一个古老的幻梦！

第二节 哲学争论的实验判决：关于贝尔不等式的验证

在科学史上，科学家经常因为思想和理念的内在美而不顾它的荒诞性去接受它。海森堡的观点在理解微观世界方面似乎有一种令人惊异的潜能，很多直观上看来不可思议的现象，用

---

[1] P. A. M. 狄拉克：《量子力学原理》，陈咸亨译，科学出版社1965年版，第1-4页。

这种哲学去解释都能获得满意的答案。因此，为了科学的美，海森堡的观点被广泛引用，采用这种哲学观点的哥本哈根学派也就成为科学界对量子力学的正统理解。当然，并不是所有的科学家都同意这种哲学观，特别是持唯物论的科学家总觉得这太不可思议，甚至有点像自欺欺人的鸵鸟政策，爱因斯坦就是著名的代表。他们承认量子力学的全部科学成果（这是被实验证明的），但不敢苟同它的哲学解释。他们争辩道：电子不同于宏观客体的种种特点一定是由其他一些我们尚未知晓的因素造成的。他们认为，我们不能放弃外部世界客观存在这一哲学基础。这样，为了理解量子力学，就必须去进一步探讨那些使电子呈现出奇怪特性的各种未知因素，他们坚持认为量子力学尚不完备。

从20世纪30年代开始，科学家之间爆发了关于这两派哲学观点的激烈争论。一边站着爱因斯坦，另一边的发言人是哥本哈根学派的领袖玻尔。另外一些物理学家则在量子力学尚不完备这一信念的鼓舞之下，为了他们的哲学理想，开始了新的更深层次的探索，定域隐变量就是这方面的代表。

这场基于不同哲学信仰的争论似乎永远不会有一个完结，正如历史表明的那样，持哪一种信仰是价值判断，不可能判别谁是谁非。但这一次哲学争论非同凡响，特殊之处就是它有着严密而坚实的科学基础。因此，科学家感到，也许有一天我们可以用实验来证明哪一种哲学观点是对的。近几十年来，很多物理学家一直在做这方面的尝试。

1964年，英国北爱尔兰物理学家约翰·贝尔终于在这方面获得了突破性进展。他在20世纪30年代爱因斯坦和玻尔争论的基础上,提出了"贝尔不等式"定理。他证明,如果量子力学的哥本哈根解释是对的,那么有关实验结果将违反贝尔不等式。相反,如果贝尔不等式成立,那么人们通常持有的那种关于客体(和它的性质)不依赖于人的观察而存在的理念是不可动摇的真理,我们可以对量子力学进行唯物本体论的定域隐变量解释。20世纪60年代,由于实验手段的限制,贝尔不等式的验证还有困难。但随着科学技术的进步,到了70年代,科学实验所能达到的精确性已经可以对贝尔不等式进行检验了。一场在人类历史上史无前例的用科学实验来鉴别哲学观点的过程开始了!

从70年代开始,科学家已经做了一系列实验。1972—1982年的实验结果,都显示了一个惊人的也是出乎唯物主义哲学家意料的结果:科学实验并没有再一次宣布那种直观上显而易见的朴素唯物主义的胜利,相反,实验结果明显倾向于主观唯心主义的哲学立场!也就是说,除了少数几个实验告诉人们上述哲学争论尚不能最后肯定外(例如1973年原子级联辐射光子实验与量子力学的哥本哈根解释和贝尔不等式均有偏差,另一个实验是1974年的湮没辐射光子实验),大多数实验(表1-1的12个实验中有10个)都明确表明:贝尔不等式不成立!量子力学的哥本哈根解释是对的,定域隐变量理论是错的。那种认为量子力学不完备,电子(或其他微观粒子及其性质)是不依赖于人的观察的独立客体的哲学论断站不住脚!

表 1-1

实验者及实验时间	所研究的粒子	实验结果	文献
1972 年，Freed-man, S. J. 和 Clauser, J. F.	原子级联辐射光子	违反贝尔不等式与量子力学预言一致	定域隐变量理论的实验检验。Phys. Rev. Lett. 28, 938（1972）
1973 年，Holt, R. A. 和 Pipkin, F. M.	原子级联辐射光子	与量子力学和贝尔不等式均有偏差，但偏离量子力学更大	量子力学与隐变量理论比较：原子汞气的偏振关联测量（未发表）。
1974 年，Faraci, G., Gutkowski, D., Notarrigo, S., 和 Pennisi, A. R.	湮没辐射光子	和贝尔不等式极限相符	湮没光子辐射角关联检验量子理论中的隐变量理论的可能性。Nuovo Cimento Lett., 9, R. 607（1974）
1975 年，Kasday, L. R., Ullman, J. D. 和 Wu, C. S.	湮没辐射光子	违反贝尔不等式与量子力学一致	湮没光子康普顿散射角关联和隐变量。Nuovo Cimento Lett., B25, 633（1975）
1976 年，Fry, E. S., 和 Thompson, R. C.	原子级联辐射光子	违反贝尔不等式与量子力学一致	定域隐变量理论的实验检验。Phys. Rev. Lett., 37, 465（1976）
1976 年，Wilson, A. R., Lowe, J. 和 Butt, D. K.	湮没辐射光子	违反贝尔不等式与量子力学一致	湮没量子偏振关联度作为间隔距函数的测量。J. Phys. G.:Nucl. Phys. 2, 613（1976）
1976 年，Clauser, J. F.	原子级联辐射光子	违反贝尔不等式与量子力学一致	偏振反常关联的实验研究。Phys. Rev. Lett. 36, 1223（1976）
1976 年，Lamehi-Rachti, M. 和 Mittig, W.	单态质子	违反贝尔不等式与量子力学一致	低能质子散射中的自旋关联实验。Phys. Rev., D14, 2543（1976）

(续表)

实验者及实验时间	所研究的粒子	实验结果	文献
1976年，Bruno, M., d'Agostino, M. 和 Maroni, C.	湮没辐射光子	违反贝尔不等式与量子力学一致	正电子湮没光子线偏振的测量。II Nuovo Cimento. B40, 143（1977）
1981年，Aspect, A., Grangier, P. 和 Roger, G.	原子级联辐射光子	违反贝尔不等式与量子力学一致	经由贝尔定理的定域实在论的实验检验。Phys. Rev. Lett., 47, 460（1981）
1981年，Aspect, A., Grangier, P. 和 Roger, G.	原子级联辐射光子	违反贝尔不等式与量子力学一致	爱因斯坦-波多尔斯基-罗森-玻姆思想实验的实现：贝尔不等式的一个新违反 Phys. Rev. Lett., 49, 91（1982）
1982年，Aspect, A., Dalibard, J. 和 Roger, G.	原子级联辐射光子	违反贝尔不等式与量子力学一致	应用时间变化检偏振器的贝尔不等式的实验检验。Phys. Rev. Lett., 49, 1804（1982）

注：参见董光璧：《定域隐变量理论及其实验检验的历史和哲学的讨论》，转引自《自然辩证法通讯》1984年第2期。

这是人类历史上第一次用科学实验来鉴别哲学观点！因此，西方一些科学哲学家在了解这些实验结果后，就用一种像科学家做出那些违反常识的科学预言一样大无畏的言辞宣称："现在我们已经知道，月亮在无人看它时确实不存在！"

第三节　存在真是被感知吗？——对一个实验的描述

如果这些有关量子力学哲学解释的物理实验不是那么高深、复杂，充满了专业词汇，以至于一个没有学过理论物理学或在科学上不是训练有素的专家不可能弄懂它,那么,哲学家会发现,这些实验向我们日常的朴素的唯物主义理性提出了多么严峻的挑战!现在,我们来具体剖析一个有代表性的实验。当然,为了简明易懂,我们不去讲解实验的原理、装置和细节,而是提炼它的思想,把它变换成日常生活中易懂的例子。

某人把两个大小、颜色、质料一样的球分别放在两个密封的盒子里,然后分别将它们送到两个相距很远的观察者(例如一个在火星上,另一个在地球上)手中,并告诉他们,根据装配原则,两个盒子里的东西完全一样。这样,其中一个观察者只要打开盒子,看看自己收到的盒子里的球是什么样子——比如是红的——那么根据两个球是一样的这一约束,他马上能断言,对方观察者收到的球也是红的。到现在为止,这个实验并没有什么奇妙之处:它只是物理学家从事的实验的一种翻译。比如两个球分别表示两个微观粒子,它们完全一样则代表它们存在自旋相关或总角动量为零之类的约束条件。当这两个粒子分开后,让两个相距很远的观察者测量它们的角动量或自旋。根据角动量守恒之类的定律,任何一个观察者只要测得自己见到的粒子的值就能断言另外一个粒子的角动量(虽然他并没有直接测量它)。

为了使这个实验和鉴别哲学命题有关,我们根据海森堡的解释,考虑观察仪器对对象的干扰。假定任何一个观察者打开盒子的过程,都会对球有一定的影响,也就是说,那个被密封在盒子里的球有点像薛定谔所说的在特殊装置中的猫,任何观察这个猫的过程都会产生诸如打破一个装有氢氰酸的瓶子之类的干扰（请注意，这样一来，任何一个观察者看到的一定是死猫）。显然，球在被干扰后呈什么样子依赖于观察者的操作，比如当观察者用操作方式 A 打开盒子时，球会被染上红色（或打上记号 A），用操作方式 B 打开盒子时，球被染上绿色（或打上记号 B）。至于这种机制怎么实现，我们暂不考虑，它正代表了仪器对观察客体的干扰过程是未知的，但这无疑取决于仪器的宏观状态。现在我们开始实验，那个把两个完全一样的球装在不同盒子里的人像排球教练那样源源不断地把一对对的球分别送到火星和地球。

现在我们问，当地球上的观察者用操作方式 A 打开盒子，发现球是红色的时候，他能断言火星上的观察者看到的球也是红色的吗？根据日常生活中的逻辑，当然不能，原因很清楚，球是什么样子在某种程度上取决于观察者的操作。除非当地球上的观察者决定用操作方式 A 打开盒子时，这种操作方式以一种瞬时信号传给火星上的观察者，火星上的观察者也用同样方式打开盒子，这才能保证两个人打开盒子时看到的球是一样的。

但是，这个在直观上看来不可思议的现象却在实验中真正地发生了！无论地球观察者用什么方式（A 或 B）打开盒子，他那打开盒子的方式都以某种神秘不可知的方式传给了火星观察者。火星观察者看到球的颜色和地球上观察者看到的颜色总是一样的（或严格来说是密切相关的）。① 为了使这个不可思

---

① 也就是说，观察者得到的结果存在着概率相关。当然，目前的实验是否能达到本文所讲的精度以使得两个观察者的行为完全独立，（下接第 147 页脚注）

议的实验结果可以被理解，人们不得不在如下两种可能性中抉择：第一，如果我们承认唯物论，即被观察后打上记号或被染上颜色的球是一种不依赖观察者的客观存在，那么我们必须同时承认万物之间可能存在这类像传心术般神秘的有机关联。物理学中关于物体存在的定域性（即不同客体可以在空间上彼此独立和互相区别）和信息传递不能超光速的原理就必定被破坏。第二，如果我们坚持定域性和信息不能超光速传递，那么只有承认存在就是被感知，即所谓球的记号和其他一切特征，只是观察者的感觉；离开观察者去谈什么客观存在的球的本来状态，是没有意义的。

　　只要坚持哥本哈根的哲学解释，这些实验结果非但不奇怪，而且在意料之中。因为球的任何性质不能离开观察者而独立存在，那么我们不应该去考虑当不观察球时，球会有一种确定状态。而我们又知道，两个球完全一样（或有关系）这样一个约束，那么当地球观察者看到球是某一种状态时，根据这个约束，他马上能推知火星观察者的观察结果。这里既不需要超光速信号，也没有传心术，而只要放弃那个本来就是"乌有"的性质的客观性概念，那么一切都迎刃而解！

　　表面上看来，根据直观的唯物主义理性，人们应该选择第一种观点，承认万物之间的有机关联，接受定域性破坏和信息可以超光速传递。因为我们总可以假定这是一些科学上的未知

　　（上接第 146 页脚注）　尚存在进一步争论和改进的余地。本文的例子只是象征性的理想实验。而且本文用球来比喻有关实验是不严谨的，但这不妨碍哲学概括。

领域，它等待着科学家进一步探索以发现相对论那样划时代的新的自然定律。但是绝大多数训练有素的科学家不同意这样做。因为人们通常不知道，这种选择会带来多么严重的后果。它不是物理学需不需要发展的问题，也不是承不承认还存在着我们不知道的新物理现象的问题（对这一点，没有一个科学家否认），而是它几乎取消了整个近代科学的所有理论成果！物理学家知道，不仅是理论物理学，差不多整个近代科学的大厦都是建立在定域性和信息不能超光速传递这些原理之上的。如果我们承认万物有机地神秘相关，这等于相信传心术。它会引起整个科学基础的动摇！如果我们承认信息可以超光速传递，那么相对论就被推翻，但近代科学的全部理论成果（包括相对论）是被人们千万次以各式各样的实验所证明的。科学家不能因为少数几个实验就否定那些证明定域性和相对论正确的千百个实验。因此，大多数科学家选择了后者：保全科学大厦而牺牲了朴素的唯物主义哲学。

而且，在科学家看来，哲学如果不想成为一种过时的思想，而是社会科学和自然科学一般原理的综合（正如 19 世纪以前的哲学家所坚持而今天已经觉得自己日益变得渺小的哲学家所梦想的那样），它必须首先是不违反科学的，它也必须服从科学精神。哲学的普遍原理不能被科学实验证伪！如果某一个哲学原理不能在逻辑上证明，又违反了科学实验中发现的新事实，难道哲学家不应该像科学家放弃错误的科学理论那样抛弃它吗？因此，表面看来，人们必须面对的现实几乎是令人沮丧的，"外部世界独立于人的感觉和思维存在"这一哲学原理从来只是一种不清晰、不精确的陈述,人们信仰它只是由于直觉的支持,但科学早就表明,很多显而易见的直觉是不可靠的!特别是当直觉和科学实验矛盾时,科学精神总是鼓励人们抛弃直觉而相信科学。因此,一些人认为,唯物主义哲学家如果真的像他们所说的那样大无畏,就应该像这些科学家一样,遵循着"科学的理性"勇敢地宣布:"唯物主义今天已经被证伪了!"①

第四节 科学理性的金字塔

　　生活在 20 世纪下半叶的思想家是痛苦的。人类知识和能力如此迅速地膨胀,以至于每一个人所懂得的东西和他所依靠的精神支柱都是一个巨大的、我们尚不知晓的、整体世界的局部。当一个思想家坚持自己观点和行动的合理性时,只要同时又是彻底的,即企图把一切连成一个整体,他往往立刻发现自己处于二律背反之中。
　　哲学观点也可以用科学实验来鉴别和证伪,它无疑是我们时代科学精神辉煌的体现,是人类大无畏的理性。因此,从局

---

① 或许有些读者会争辩说:我们必须把本体和本体的性质区别开来。上述的种种实验只证明本体的性质是不能脱离观察者存在的,但得不出本体不能脱离观察者存在的结论。自古以来,哲学家都在做如下一种抽象,认为可以把性质一一抽掉,当抽至无可再抽时,还剩下"某物",它就是本体。实际上近代物理已证明,这种本体即柏拉图学说中的 Matter(质料),是空洞的抽象。本体和本体性质之总和是等价的。因此,否定性质之客观性,就会动摇本体之客观性。

部看,那些根据科学新成果大胆抛弃唯物主义的哲学家是勇敢而充满理性的,但是当我们更进一步去考察什么是科学理性时,一个巨大的悖论出现了。科学不正是建立在一切理论和观念都要用事实来证明这一基础之上吗?而什么是实验事实呢?它难道不正是人们通常所理解的不依赖于人的意识的客观存在吗?如果把世界的客观性否定了,还有什么科学和理性可言呢?

400多年前,当科学还处于童年时代,一些伟大的思想家(比如培根)发现,在人类认识世界的过程中,心智是经常发生偏差的。人很难保证自己提出的理论、所做的抽象和概括不陷入虚假的陷阱之中。为了认识真理,他们提出了一条科学认识论根本性的原则:检验人的思想是不是真理的唯一标准只有看它能不能和经验事实相符合。[①] 这样,在认识世界的过程中,人为了区别幻觉和大胆的科学假设,为了检验某一种观念是个人的偏见、权威的武断还是天才的真知灼见,甚至为了分清幻梦和真实,都必须经常不断地把自己的感觉、思想与经验事实相比较,在反复比较过程中纠正认知的各种偏差。也就是说,只有事实和经验的检验才是人类在那充满危险和迷雾重重的密林中寻找真理的指南针。

是的,只有当那些近代科学的先驱找到这一认识论的伟大奠基石,人类才能把知识的砖块一块块地砌在坚实的基础上,建立起高耸入云的金字塔。事实正是如此,16世纪后,人类历史上出现了几千年未曾有过的知识进步!科学也开始和一切宗

[①] 培根是最早系统阐述这一观点的思想家之一。参见培根:《新工具》,许宝骙译,商务印书馆1984年版,第1-5页。

教、传说、神话，甚至是哲学相区别而获得一种空前清醒的理性。因此，我们可以说，由于用经验事实来检验思想的真伪在科学理性中占中心位置，凡是受到过科学精神训练的人大多都有意无意地赞同著名科学家普朗克概括出来的两个重要前提：

（一）存在着一个独立于我们认识过程的真实的外部世界。

（二）真实的外部世界往往不是可以被直接感知的。[1]

用经验事实来鉴别真伪必然意味着把思想和事实相比较。它首先要承认事实和客体独立于人的思想存在，这样它才是足够坚硬的，才可以用来纠正别的系统。如果外部世界不是真实存在的，而是依赖于我们的感觉和思想本身的，这无疑等于说用思想来检验思想，用误差来消除误差。这样一来，所谓用事实来鉴别真理，用思想和经验的符合程度来表示我们思想的正确程度，所有这一切都是一句空话。普朗克所陈述的两个前提不仅是迄今为止科学认识论的哲学基础，也是我们正常人理智的象征。

什么是理性？人们很可能难以用精确的语言表达。但大家常常用"公正和客观"作为理智的代名词。这里"理智"本身就包含着一种判别人的行为和观念真伪基础的存在，它常常被称为客观性。也就是说，我们所谓的理性，是指必须尽可能从个人认识的误差和感情偏见中摆脱出来。但是，又怎么证明某一种心态只是我们个人的认识误差，是我们的感情偏见呢？看来，无可避免的选择是，我们必须承认外部世界的存在、客观

---

[1] Max Planck, *Where Is Science Going?* translated by James Murphy, W.W. Norton, 1932, p. 82.

事实的存在和不可抗拒的客观规律的存在！正因为"存在"是不依赖于任何一个人的主观意识的，那么对于各种不同的意识、观念、感觉，就有了一个唯一的判别是非的标准，这就是不讲情面的铁的客观性。最接近这种客观性和客观规律的人是最大无畏而具有理性精神的。

因此，如果某一天，世界的客观性基础崩溃了，人类的理智将出现彻底的迷乱。如果存在都仅仅是被感知，那么在众说纷纭的观感和带有感情偏见的思想哈哈镜中，我们相信什么？我们怎么区别丑还是美？我们怎么判别为了真理的崇高激情还是为了狭窄私利的虚伪行径？

是的，客观性不仅是正常理智的基础，它还是人们迄今为止道德的温床！科学家常说，科学是神圣的殿堂，人在那里变得崇高、勇敢、善良和坚强。这是由于科学家是以追求真理为人生目的的人。显而易见，似乎只有当客观世界独立于人而存在着，而且它的真理不能被人类直接感知时，人类通过一代又一代人的努力去驱除世界的表象、探求实质究竟如何才能被赋予超越功利的不朽价值。反之，如果世界并不客观存在，存在只是人的虚假幻梦，那么科学家的工作和现代派画家、小说家和诗人、宗教和迷信的创造者，甚至是流言的散布者的所做所为还有什么区别呢？①

如果客观只是一个古老的幻梦，当代人正从这个梦中醒来，这不就意味着他们将变成唯我主义者和个人中心主义者吗

---

① 我在这里丝毫没有贬低小说、诗、绘画和宗教在人类生活中的功能的意思，只是想表明客观性是价值中立原则和人类追求真理的基础之一。

（如果每个人都像哲学家一样深刻，从头到尾地彻底思考一下他们的价值观的基础的话）？人们自然可以这样想，世界只是我的感觉，那也就无所谓真伪之分，我认为什么对什么就对。追求统一的真理是荒谬的，一代又一代艰苦的探索则更荒谬，为什么要花那个代价？既然一切无所谓真伪，当然也无所谓哪一个一定更有价值。这时世界不是成为多元论的，而是变为一盘散沙！多元论还坚持可以共存着几种不同的行为准则，而在彻头彻尾的个人中心主义和唯我主义中，每个人都是一元，人类可以变成一群毫无共性的个体之集合。总之，我无须去过多想象在很多人心中公认的世界客观性崩溃带来的一切后果。值得庆幸的是，并非每个人都如哲学家那么彻底，他不会怀疑周围的人和事、伴侣和食物是不是客观存在的。因此，我们的世界还不至于变成一个疯人院。

也许上面这些描述是夸大其词的，因为道德理性的推理通常并不严格，有时失之毫厘，谬以千里。上面这些推理显然是粗糙的，但它在某种意义上正好表明为什么很多唯物主义哲学家明知唯物主义遇到挑战，仍要拼死坚守阵地的理由。我们必须承认，即使事情并非如上所说的那样可怕，但一个潜移默化的过程正在人类精神生活中扩张，那就是20世纪如同风暴一般席卷而来的非理性主义潮流！很难认为，它们和客观性地位在哲学上的动摇没有关系。

对于人类来说，凡是那些来自理智的深层结构或最基本的哲学原理的危机，一定会逐步在人类整个活动中表现出来。自从量子力学的哲学解释动摇了客观性的基础后，主观唯心主义深刻的怀疑思潮在整个科学界弥漫。作为其浅薄的社会回响，没有哪一个时代的个人中心主义似今天这般猖獗。当然，量子力学的哲学问题表面上是十分艰深的，知悉它们的人占总人口比例极小，但量子力学中产生的哲学混乱足以震撼科学思维的基础。因为电子和基本粒子是宇宙的"砖块"，一旦它们的性质成为主观的，那不就意味着整个宇宙是主观的吗？而且量子力学当时是科学的前沿，前沿碰到的哲学问题必然意味着后继者也会碰到。事实正是如此，在心理学、控制论、认知过程、神经生理学甚至历史研究领域中都出现了类似问题。19世纪，世界客观性往往向科学家提供一种可以解析的世界观，它和价值中立原则是科学同神学迷信斗争的武器，它帮助科学家预见了原子是一种实在，使各门学科建立起自己的构架。但20世纪以后，客观性和价值中立原则似乎反过来成为科学发展的障碍。在各种新兴学科和最新的探索中，科学家痛苦地意识到，如果我们想对世界的本质做更深的理解，似乎只有抛弃它的客观性基础。令人不得不深思的是，那些甚至以科学本身为研究对象的学科，如科学哲学和科学史也出现了类似危机。科学史家发现，他们越是尊重事实，就越是体会到在科学发展的历程中，用纯粹的客观存在的经验来检验理论真伪的事例似乎从来不曾有过。任何经验和事实都是打上观察者思想的烙印的，根本没有独立于人的思维以外的事实！因此，一些思想趋于极端的科学哲学家甚至把科学史等同于一般思想史和宗教史，伽利略获得成功只是因为善于用各种宣传手段来推销他的学说，而不是因为他的理论在当时看起来更符合客观事实。①

我们的时代是悲剧性的。它的可悲在于科学和人日常的理性之间产生了巨大的裂痕。这样，人类正在失去科学童年时代那种对自己的信心和对未来乐观的高瞻远瞩的把握整体的能力。在这里，我认为哲学应该对这种局面负责。因为哲学的一种功能就是作为人的日常理性的表达而存在。这样以哲学为基础的日常理性可以和科学互相支持，使人类获得一种健全的心灵和谐与智慧之光。这时我们既是深刻统一的，又是丰富的。但是，今天由于哲学的落伍，科学发展已经超出了400年来直观唯物主义哲学所能容纳的极限。科学进一步发展势必和守旧哲学告别，但分裂的后果是使科学失去人类日常理性的支持。科学本来是反对神秘和荒诞的（至少要解释混乱和怪诞）。现在一切正如荒诞派戏剧里的情节或如弗洛伊德精神分析医生的病人，生活和梦失去了明确的分界线，越是深刻的真理似乎越荒谬！

这一切表明，重新整理作为人日常理性总结的哲学的时刻已经到来。哲学的精确化已是我们时代刻不容缓的任务。至今为止，很多哲学家还为哲学的含混、不清晰、不精确和随心所欲而洋洋自得，认为只有这样哲学才能区别于科学，获得它和小说那样永恒的价值。但他们也许没有意识到，今天理性的危机正是由于唯物主义哲学还是以直观常识为基础，它来自哲学的不精确和哲学家不敢正视挑战的内心的懦弱。只要把科学和

---

① 这方面的代表是库恩的范式说。参见托马斯·库恩：《科学革命的结构》，金吾伦、胡新和译，北京大学出版社2004年版。

哲学做一个对比我们就能看到，虽然哲学想成为科学理性的基础，哲学家却不敢经受科学理论经常受到的那暴风骤雨般的批评。就拿客观性这个认识论的基本问题来讲，对它长期的讨论只属于哲学抽象的思辨，不仅一般人对它不感兴趣，就哲学本身而言，它也缺乏科学定理所必须经过的那种理论推导和实验检验的千锤百炼的考验！用科学方法对哲学进行严格的大无畏的探索本来就不多见。世界的客观性对于大家都是显而易见的前提，唯物主义科学家只是乐于站在这个基础上把具体的专业知识一块块垒上去。实际上，正是人们对哲学基础的非科学的盲目性，才导致今天这一基础已难以承受整个知识金字塔重量的危险局面。今天的哲学家也许正处于与培根时代和康德时代一样的伟大转折点上。他们应该重新用科学精神接受 20 世纪的全部科学成果，重新用一种大无畏的探索精神来进行一番考察，使我们能找到那个已经森然耸立的科学知识大厦的坚实基础。

第二章 建构主义的尝试

鱼是最后一个知道它是生活在水中的。

——无名氏

第一节 第18头骆驼

在理性面临严峻的挑战之时,我们必须允许尝试。人们也做过了许多尝试。

我认为,在西方近半个世纪有关客观性的众多探索中,最具独创性、科学基础最为雄厚的是艾什比以后的控制论学者。他们博采百家之言,形成了所谓"建构主义"哲学。[1] 建构主义综合了认识论、心理学、神经生理学以及其他学科大量的成果,并自称为古往今来第一次由各种不同学科专家组成的哲学学派。[2] 例如,著名心理学家让·皮亚杰、物理学家薛定

---

[1] 建构主义"Constructivism"也被译作构成主义,它是指某种形式主义的艺术流派,本文所使用的"建构主义"是20世纪五六十年代控制论学者提出的哲学思想,和构成主义并无实质上的联系。

[2] 这里需要做出两点说明:(1)本书讨论的"建构主义"主要对应西方的"激进建构主义",这一说法最早是心理学家恩斯特·冯·格拉塞费尔德在1984年发表的一篇文集论文中提出的;他立足于心理学家皮亚杰、哲学家詹巴蒂斯塔·维柯、乔治·贝克莱等人的思想成果,(下接第158页脚注)

谆、心理学家恩斯特·冯·格拉塞斯费尔德和保罗·瓦兹拉威克、生物学家温贝托·马图拉纳和弗朗西斯科·瓦雷拉、神经生理学家沃伦·麦卡洛克、控制论专家和海因茨·冯·福斯特在不同程度上都持这一学派的观点。①

（上接第157页脚注） 首次对这一说法进行了系统的阐释。格拉塞斯费尔德之所以要在"建构主义"之前加上"激进"一词，是因为其主张彻底打破主观与客观的二分，并强调一切经验与知识都与主体有关。"激进建构主义"理念的提出与二阶控制论存在密切联系。在同一文集中，紧随格拉塞斯费尔德的文章之后的，便是二阶控制论提出者海因茨·冯·福斯特著名的《论建构实在》(*On Constructing a Reality*)。(Paul Watzlawick, ed. *The Invented Reality: How Do We Know What We Believe We Know*? W. W. Norton, 1984, pp.17–62.) 格拉塞斯费尔德对激进建构主义的后续阐释也汲取了二阶控制论的成果。(恩斯特·冯·格拉塞斯费尔德：《激进建构主义》，李其龙译，北京师范大学出版社2017年版。)此外，在2019年出版的一本德文论文集中，历史学家阿尔贝特·米勒挖掘出一批格拉塞斯费尔德与冯·福斯特的私人信件，进一步证明了两人在激进建构主义思想的提出上，有过紧密的合作。(Jonas Maria Hoff, "Radical Constructivism in Three Dimensions: Review of Radikaler Konstruktivismus: Vergangenheit, Gegenwart und Zukunft: Ernst von Glasersfeld (1927—2010)", *Constructivist Foundations*, Vol. 17, No. 1, 2021.)
（2）历史上并不存在一个组织意义上的"建构主义"学派。事实上，作为二阶控制论代表人物的冯·福斯特在1997年的一次采访中明确表示自己拒绝被定义为一个建构主义者(Heinz von Foerster, Albert Müller, Karl H. Müller. "Heinz von Foerster on Heinz von Foerster: Experiences, Heuristics, Plans, Futures", *Cybernetics & Human Knowing*, Vol. 18, No. 3-4, 2011.)，但这并不妨碍我们用"建构主义"来概括这一时期包括二阶控制论在内的一系列观点。

① 建构主义认为客观实在是本征态。笔者曾提出用黑箱方法来解释量子力学公理基础，得出客观存在是主客体相互作用中的"本征态"的重要思想。(乐涌涛：《论量子力学的公理基础》，《物理》1976年第5期。)那是否可以说笔者在某种程度上也是建构主义队伍中的一员？后面，我将论证我的观点和建构主义的差别。这一结果和建构主义对神经系统研究得到的结论不谋而合。一般说来，当一个自然科学家 （下接第159页脚注）

建构主义哲学可以分为两个部分：一部分是认知过程及其神经生理学基础探讨。它将控制论、心理学、知觉科学等学科的成果综合起来，得出了一个十分普遍的结论：人对任何事物的认识和描述都和观察者有关。原则上，不可以将客体从观察者中独立出来后再对客体进行一种和观察者无关的纯客观描述，即观察者的建构积极参与了认知过程。因此任何一种存在，只要它是具体的、确定的，那么有关它的规定性和描述必定依赖于观察者的认知结构和观察者与被观察事物的关系。那种哲学上所谓一般的独立于观察者的客体是苍白而空洞的抽象，没有太大的意义，哲学家可以同意它们的存在，但它们在科学世界观中不起作用。建构主义者有一句名言：把客观性放到括号里！[①] 建构主义企图超越原先主观唯心主义和唯物主义的对立，在一个新的层次上考察客观性问题。另一部分是哲学分析，讨论当排除独立于观察者之外的客观性这一概念后，什么是理性的基础。

　　建构主义者认为，即使不同意独立于观察者之外的客观性，科学和理性的大厦也不会倒塌。其代表人物冯·福斯特曾

（上接第158页脚注）对当代前沿自然科学成果进行方法论思考，一步一步迈入哲学殿堂时，建构主义的综合也许是他们必经的一个阶段。这也正是建构主义值得我们重视的原因之一。

① 正因为建构主义将客观性放到括号里，所以不能将其等同于唯我论。对此，格拉塞斯费尔德反复强调激进建构主义不等同于各种唯我论，其主张的认识论的主观性（或者更确切地说认知的主观性）涉及的是经验，而不是对"实在"的加工。（恩斯特·冯·格拉塞斯费尔德：《激进建构主义》，李其龙译，北京师范大学出版社2017年版，第2页。）

用一个比喻来说明客观性在科学和理性中的位置。一个老人有17头骆驼,他临终时吩咐将二分之一给大儿子,三分之一给第二个儿子,九分之一给最小的儿子,但条件是不能将骆驼杀死。正当3个儿子愁眉苦脸没有办法之时,来了一个哲学家。他想了一个办法,把自己的那头骆驼算作第18头加进老人留下的骆驼群。这样大儿子得到9头,第二个儿子分到6头,最小的儿子分得2头,一共是17头,还多余一只正好还给哲学家。冯·福斯特说,客观性正如第18头骆驼,当一切事情都弄清楚之后,就是多余的。①

由于建构主义哲学对知觉过程研究得充分精细,它的哲学差不多是建立在艾什比以后的二阶控制论基础之上的,比以往有关客观性的研究有着更严密的逻辑和实验基础。② 因此,我准备在系统回答客观性疑难之前,先展开20世纪60年代以来建构主义的主要成果和碰到的困难,它将成为我们进一步探讨的出发点。③

---

① Lynn Segal, *The Dream of Reality: Heinz von Foerster's Constructivism*, Springer, 2001, p. vi.

② 自艾什比以后,当代控制论研究主要围绕观察者和系统的关系展开,专家们倾向于把艾什比时代没有特别考虑观察者的系统研究称为一阶控制论。而实际上任何一个系统定义都依赖于观察者,差别在于,在很多系统中观察者是隐含的。今天控制论把考虑了观察者的系统称为二阶控制论,它比以前高了一个层次,包括研究者自身。正因如此,二阶控制论的哲学讨论的核心必然是客观性问题。

③ 进入21世纪之后,控制论发展进入一个新的阶段。一方面,其所推动的概念和技术比20世纪更加流行,如"反馈"和"信息";控制论的产物(如机器学习)正在大规模进入社会。但另一方面,"控制论"(下接第161页脚注)

第二节　无差异编码和纠错能力

让我们从认识论开始。只要确认客观性在科学和哲学中的中心位置，认识论就注定是反映论。因为世界首先存在着，然后才是人用感官和思想来认知它，那么人认识世界的过程就必然被看作思维力图克服偏差以逼近事实的过程。然而，人又怎样使自己的概念逼近客观存在呢？根据经验论的基本思路，人的所有概念都是建立在经验基础之上的，而经验又离不开感官和知觉。因此，人通过视觉、触觉等获得的那些基本经验（日常生活中的经验）应该是可靠的、坚实的。只有这样，它们才能用来对各种建立在基本经验之上的高层次概念进行鉴别、证伪。这样，就必然产生一个认识论的基本问题：为什么人通过感官感知的那些基本经验一定可靠呢？这就涉及人的知觉是否能正确如实反映客观世界的问题。虽然人们对知觉机制尚不了解，但哲学家为了确认经验论的可靠性，不得不把感官看作正确传递客观存在性质的某种通道，比如把眼睛想象成类似照相机快门或电视摄像机这样的东西。因此，从19世纪开始，知觉过程的科学研究差不多都是在上述直观反映背景下进行的。但令科学家惊奇不已的是，科学家对知觉机制的认识越

（上接第160页脚注）这一说法本身越来越少被人们提及。法国哲学家马修·特里克洛特称之为一种"没有控制论的控制论"现象。（Mathieu Triclot, "Ontology and the Politics of Information in the First Cybernetics", In Yuk Hui, ed. *Cybernetics for the 21st Century,* Vol. 1: Epistemolo-gical Reconstruction, Hanart Press, 2024, p.67）。

深入，他们发现真理偏离这种想当然的直观唯物论越远。

第一次使科学家朴素唯物主义认识论信条动摇的是感官无差异编码的发现。19世纪上半叶，德国生理学家约翰内斯·弥勒根据实验提出了"神经特殊能学说"，认为感觉的性质不决定于刺激的性质，而决定于感官神经的性质。每种感官神经都具有特殊的能量，只会产生一种感觉。[①] 例如，无论我们对眼睛做什么输入（即刺激眼睛的各种不同细胞或不同部位），眼睛无一例外地产生光的感觉（例如，眼睛受到打击时人会感到眼冒金星，但这时视神经并没有受到光刺激），其他感官也是类似的。控制论学者冯·福斯特将感官的这一种性质称为"无差异编码"，即我们的感官仅仅能根据它收到的刺激多少进行编码，而不管是什么东西或什么性质引起刺激。[②]

这样一来，直观的唯物主义认识论马上碰到一个问题：既然某一类感官仅仅能感知某一类刺激的量，而不管引起刺激的"质"是什么，那么人怎样感知那丰富多彩的世界？唯物主义一开始就承认，物质不仅具有量的无限性，而且有质的无限性。但任何有限种类的感官是不能感知超出其种类数的质的数目的。那么人怎样认识质的多样性？因而，是否真存在着质的无限性也是大可怀疑的了。这方面的实验无疑有助于20世纪初经验批判主义哲学思潮兴起，它构成对唯物主义的第一次

[①] Alistair M. C. Isaac, "Realism without Tears I: Müller's Doctrine of Specific Nerve Energies", *Studies in History and Philosophy of Science*, Vol. 78, 2019.

[②] Heinz von Foerster, "On Constructing a Reality", In Paul Watzlawick, ed. *The Invented Reality: How Do We Know What We Believe We Know?* W. W. Norton, 1984, p. 45.

冲击!

显而易见,根据感官的无差异编码原理,一个把人们引向省力舒服但多少有点自欺欺人的"安乐椅"的解决方案是:否定事物质的无限性和客观性,代之以人有限的几种感觉的复合。众所周知,经验批判主义基本思想正是对把外部世界描述分解成人的各种感觉,如视觉、触觉等感知性质的复合。这方面,科学家可以举出比较有名的例子是"立体感"。"立体感"只有用两只眼睛看世界时才能产生,它基于两只眼睛收到的信息不完全同一(一只眼睛的观察角度和另一只有微小不同),大脑将不同的信息复合而得到新的感觉。这里的复合并非简单的加和,它导致统一的立体感觉的产生。有些哲学家认为,我们通常称谓的客体或实在,实际上只是感觉经验之稳定复合而已!

随着科学的发展,特别是研究者深入到大脑、神经网络这些新领域,无差异编码被更为精确的关于神经元的新知识所代替。生理学家发现,虽然人的视觉、触觉、听觉的信号"质"是不同的,但就每一个具体的神经元而言,它们在传递外界信号的"质"上没有差别:一切信号都是电脉冲。也就是说,无论视觉、听觉还是触觉,都是将不同电脉冲复合起来的感觉,在神经元水平上,传递信号除了频率上有差别外,在"质"的方面是完全一样的(图1-1)。这样,知觉之谜对哲学的挑战也就更为强烈了。"感觉复合"变成了同一质的量相加可以出现不同的质!看来,我们关于"质"的不同,只是大脑在综合许许多多电脉冲时产生的,但是大脑怎样把千千万万电脉冲组成一幅反映外界的多样性和丰富性的图画呢?

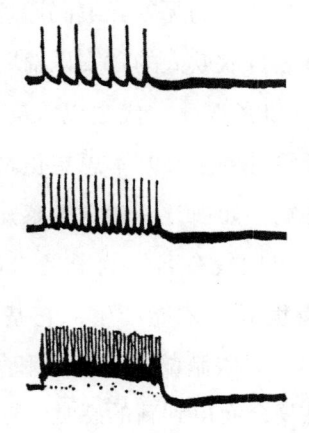

图 1-1　不同强度的刺激表现为频率不同的电脉冲

对朴素反映论的另一个挑战是人们发现神经系统具有巨大纠错能力和创造性。如果把人的感官理解为传递客观性质的某种反映通道（虽然传递和反映机制我们尚不了解），那么通道本身的损伤一定会对反映过程带来危害，会引起反映的变形。但大量实验证明，感官在受到很大损害的条件下，甚至在丧失一大半细胞的情况下，也不会造成知觉的显著不同。这方面一个著名的实验是有关盲点的研究。神经生理学家发现，有一些病人的后脑某些部位受到伤害后（例如被高速抛射物撞击），一开始并不感到有什么不正常，几周后，病人出现了运动障碍，手臂和腿运动失调。但是，仔细的诊断检查表明，病人的运动神经没有受到伤害。出毛病的原因是视神经和相应中枢受伤过度，以致每只眼睛的视野大部分都已丧失（图 1-2）。

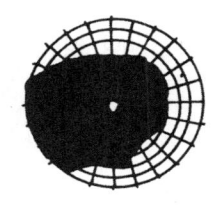

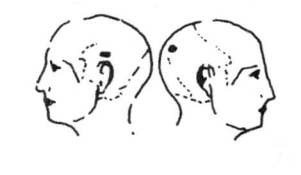

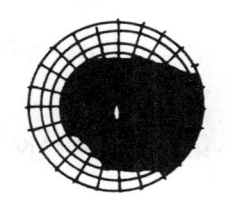

图 1-2 阴影区代表视野丧失部分

但奇怪的是病人自己并不知道视野丧失,他照旧能看见。大部分视野丧失的后果是原先在这部分视觉监视下的运动感觉消失,运动控制失灵。治疗办法很简单,只要通过一两个月的训练,使运动肌重新处于未受损害的视野感知之下,使仍旧保持良好的少数视神经注意到这些运动区域,病人就复原了。这个实验确实使科学家十分惊奇。它表明,认知和感觉根本不是一个纯粹的传递外界信息或反映的过程。我们不能设想电视摄像机的镜头被挡住大半,居然还能把整个场景无遗漏地拍下来。更奇妙的是,简单训练就能使病人完全恢复正常,即便那些被损害的中枢和视神经并没有复原。这里,知觉过程很像哲学家常说的那句格言:"如果我不知道我看不见,则我看不见,但如果我知道我看不见,则我看见了!"[1] 今天,上述种种令人惊异的特征基本上已被控制论和神经生理学等研究解决了。虽然很多

---

[1] Heinz von Foerster, "On Constructing a Reality", In Paul Watzlawick, ed. *The Invented Reality: How Do We Know What We Believe We Know*? W. W. Norton, 1984, p. 43.

细节尚不清楚，但人们发现，原则上神经系统奇妙的功能都基于一个十分基本的前提：神经系统是一个自我封闭的网络！[1]

第三节 神经网络的封闭性[2]

在讨论怎样用神经网络来解释知觉功能之前，我们必须先简述一下近几十年有关神经系统的结构研究的主要成果。神经系统由神经元（细胞）组成，图1-3中是一个非常典型的动物中枢神经细胞。位于照片中央的是细胞体。它上面长出很多类似树根一样的东西。其中有一根特别长，它负责把刺激传给别的神经细胞，称为轴突。另外许许多多那些树根状的东西称为树突，它们的功能是收集来自别的神经元的信号。因此，可以形象地把每一个神经元都比喻成一棵树（注意图1-3中的"树"是倒长的），"树根"代表众多的树突，它们如同从土壤中吸收水分和养料那样收集由别的神经元向它们提供的信号。根据这些信号的综合分析，神经元决定自己是处于激发还是抑制状态，然后把自己产生的电脉冲（信号）输出至与它相连的别的神经元。因此，神经元可以简单地看作一个输入与输出系

---

[1] Heinz von Foerster, "On Constructing a Reality", In Paul Watzlawick, ed. *The Invented Reality: How Do We Know What We Believe We Know*? W. W. Norton, 1984, pp. 57–59. 后面我们将证明，更为精确的提法是"认识结构的封闭性"。我认为，神经网络的封闭性是控制论专家常用的但不准确的近似。

[2] 本节及上一节的科学进展介绍主要来自 Heinz von Foerster, "On Constructing a Reality", In Paul Watzlawick, ed. *The Invented Reality: How Do We Know What We Believe We Know*? W. W. Norton, 1984.

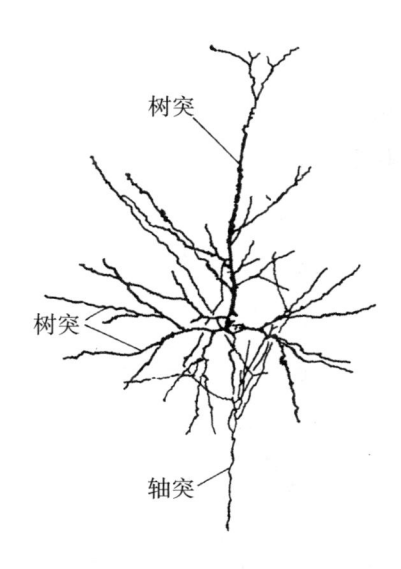

图 1-3 动物中枢神经细胞

统。它的输出(由轴突传递输出信号)是它自身阈值和树突所收到别的神经元信号(输入)的函数。

那么,这些单个的神经元是如何像砖块一样构成整个神经网络系统的大厦的呢?[1] 有趣的是,两个神经元的连接并不

---

[1] 神经元如何组成神经系统?除了从神经元联接方式上分析外,可以从解剖和功能两种角度进行讨论。从解剖上看,神经元常常以核团的形式存在,其在周围神经系统中称为神经节,在中枢神经系统中则叫作神经核。中枢神经系统中以无髓神经纤维和神经胶质细胞为主的部分称为灰质,以有髓神经纤维为主的部分称为白质。从功能上看,内脏神经支配心脏和肠胃等脏器,躯体神经支配皮肤和肌肉等体壁结构。在中枢神经系统中,神经纤维被包裹成神经束,上行神经束通过脊髓将冲动传递给大脑,而下行神经束则将大脑或脊髓等高级中枢的冲动传递到低位区域。这些神经束通常根据其起源和终止部位来命名,如从大脑皮质到脊髓的纤维组成的神经束被称为皮质脊髓束。(Thomas L. Lentz:《从环节动物到脊椎动物,(下接第 168 页脚注)

是把一个神经元的输出（轴突）和另一神经元的输入（树突）如金属导线那样焊在一起。输入与输出之间有间隙存在，而且这一间隙充满了各种神经递质，它们可以影响信号的传递。图 1-4 刻画了两个神经元是怎样连接的，Ax 为一个神经元的输出端（轴突）。在它的终端 EB 和另一个神经元的输入端 D

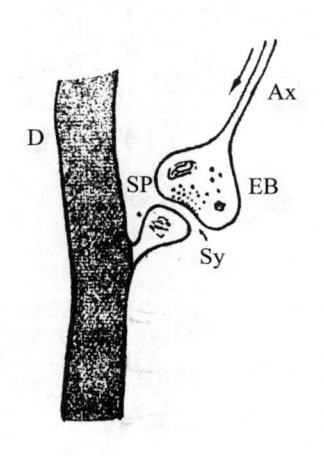

图 1-4

（树突）的端点 SP 之间有一个间隙 Sy，它称为突触间隙。在和骨关节类似的突触间隙中充满了诸如去甲肾上腺素、乙酰胆碱、多巴胺、肾上腺素、吲哚胺和五羟色胺等化学物质。正因为这些物质是分布于很多神经元突触间隙中的，所以它们的浓度变化会大范围地（不是几个或一个）改变神经元之间的信号传递功能，也就是说，虽然神经网络连接方式是固定的，但只

（上接第 167 页脚注） 揭示人类大脑进化奥秘》，茹小茹译，澎湃新闻，https://www.thepaper.cn/newsDetA_il_forward_10636899。）

要突触间隙中化学物质浓度有改变，就等于在客观上改变了整个系统结构。科学家发现，正是这些神经递质在某种程度上控制着大脑整体功能，诸如睡眠、情绪等。下面我们将指出，它对神经系统形成多层次封闭结构调节系统起到关键作用。认识神经元的连接方式后，就不难理解神经网络的封闭性了。

在教科书中，神经网络常常被简化为如图 1-5 所示的系统，即把由许多神经元耦合而成的网络总体上分成三个部分：感知器、中枢和效应器。感知器接受外界信息，中枢加工信息，然后控制效应器（控制论专家常常称其为运动肌）动作。[①] 三个

---

① 所谓神经网络，实际上是神经元耦合而成的有输入与输出的系统。输入常被等同于感知，输出则是某种对外部的效应。这样，神经网络被分为感知器、对感知的处理系统和效应器。感知器和效应器中也有神经系统，对感知的处理系统常被称为中枢。中枢被认为将各种感知综合起来，而后将做什么的信息传给各种效应器。事实上，神经网络只是将感知器和效应器联系起来，中枢并不是普遍存在的（比如以章鱼为代表的头足纲动物）。一般认为，从无脊椎动物到脊椎动物，其拥有的神经网络越来越复杂；有脊椎动物的大脑和脊髓中有数百亿的神经元，这些神经元通过神经末梢控制整个躯体的感官和运动。然而，章鱼也是一个例外。章鱼有高度发达的神经系统，一只章鱼体内有五亿多个神经元，与小型哺乳动物（比如狗）差不多。在行为主义的动物实验中，章鱼也往往有"发达智能"的表现，比如故意当着科学家的面，把给它但它不喜欢的食物扔进排水管。但章鱼并不像包括人类在内的脊椎动物那样，有大脑这样特别突出的神经中枢。章鱼头部的确有一个神经中枢，但相较于 8 只触手的神经中枢，也不是特别突出。或者说，章鱼有 9 颗大脑，头部一颗，每只触手各一颗。触角上的神经中枢与头部的神经中枢只有简单的神经节连接。这意味着章鱼头部的大脑并不会像人类大脑那样可以有效控制身体各部分。悉尼大学的科学史与科学哲学教授彼得·戈弗雷-史密斯认为，章鱼分布式的神经系统挑战了神经系统起源的主流观点——感知-运动理论。感知-运动理论认为神经系统是介导并协调动物感知与行动的中介系统。神经系统使动物与周围环境相互作用更有效率。不过，（下接第 170 页脚注）

系统每一个都由许多神经元组成，而且互相之间有反馈。特别是感受器所接受的信息可以分为两部分：外部信息 I 和运动肌通过体内神经系统反馈回来的信息 S（也常称为内反馈）。这个图式一般是正确的，但由于没有谈到外部信息 I 和体内信息 S 的比例，人们常常有一个错觉，即把图 1-5 所示的系统简化为一个输入输出系统（这样，神经系统就很容易被想成传递外界信息的通道）。[①] 然而，这个印象是错的。人的神经系统大

（上接第 169 页脚注） 章鱼分布式的神经系统与"散装"的头部和触手似乎支持这样的结论——神经系统也可能是为了整合身体的不同部位。单细胞动物向多细胞动物演化要解决的一个难题是，如何整合不同的细胞。原本感知-运动是由单细胞的感受表面与效应表面负责的，在多细胞动物中却出现了劳动分工，有的细胞负责感知，有的负责行动，有的负责其他功能。神经系统的出现可以解决这个整合的问题，让更有效率的劳动分工得以可能。（周理乾：《周理乾读〈章鱼的心灵〉| 淘气章鱼的九个自我》，澎湃新闻，https://www.thepaper.cn/newsDetail_forward_15119729。）

① 事实上，这也与神经科学发展的情况是一致的。长期以来，这一学科关注的重点都是对外部刺激的感知，如视觉、听觉信号和辨别性触觉。直至 21 世纪之后，相关领域学者才越来越多地关注内感受，并有学者提出了一套对内感受的系统性定义：内感受包括生物体感知、解释、整合和调节来自体内的信号的过程。其中，"感知"这一行为指的是从中枢神经系统以外的生理系统向中枢神经系统传递信息，通过通常所称的上行路径；而"调节"这一行为则指的是大脑通过下行路径向其他生理系统传递信息。中枢神经系统，尤其是大脑，主要负责解释和整合这些信号，形成对内部世界的表征。（Wen G. Chen, et. al. "The Emerging Science of Interoception: Sensing, Integrating, Interpreting, and Regulating Signals within the Self", *Trends in Neurosciences*, Vol. 44, No. 1, 2021.）内感受在保证身体内稳态方面，发挥了独特的作用。具体来说，为了生存，有机体必须在不断变化的环境中，保持其生理的完整性。维持这种内环境平衡的关键依赖于适应性行为，而这一适应性行为的关键便是内感受的内容、体验和预期。（Frederike H. Petzschner, et. al. "Computational Models of Interoception and Body Regulation", *Trends in* （下接第 171 页脚注）

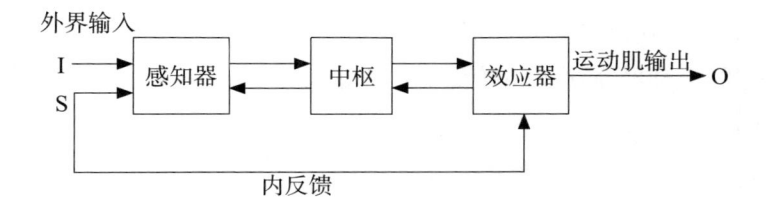

```
外界输入
I  →  ┌─────┐  ⇄  ┌────┐  ⇄  ┌─────┐  运动肌输出
   →  │感知器│     │中枢│     │效应器│  ────────→ O
S  →  └─────┘     └────┘     └─────┘
      │                          ↑
      └──────────内反馈───────────┘
```

图 1-5

约有 1 亿个外部感受器，用于接受外部信息。这个数目似乎不小，但是神经系统有多少个接受体内信息的感受器 S 呢？说来惊人，居然有大约 100 亿个之多！这样看来，那些开放的输入端在整个输入中占比极小，以至于几乎可以忽略不计。也就是说，实际上神经系统在整体上更像一个自我封闭的系统（它的输入基本上来自自己的输出）。①

（上接第 170 页脚注） *Neurosciences*, Vol. 44, No. 1, 2021.）

① 神经细胞是浸泡在神经递质的内环境中的。在此意义上，突触间隙化学物质的浓度即神经细胞所存在的内环境规定了神经网络的大结构。今日我们知道：不同的神经系统和内环境的关系是不一样的。神经系统的封闭性和内环境之间的关系是一个十分复杂的问题，上面的叙述只是一种简化。特别要强调的是，感知和控制身体内部状态的神经系统和处理外部信息和身体部位运动信息的神经系统不同。感知和控制身体内部状态的神经系统具备两个显著特点：第一，大多数内感受神经元中普遍缺乏髓鞘绝缘。典型的神经元有一个胞体和一个轴突，轴突是通向突触的"电缆"。接着，突触与下一个神经元接触，允许或阻止其活动。结果是神经元被激活或抑制。髓磷脂作为轴突电缆的绝缘体，可以防止外来的化学物质和生物电接触轴突。然而，在髓磷脂缺失的情况下，轴突周围的分子与轴突相互作用，会改变轴突的电位。此外，其他神经元可以沿着轴突而不是神经元的突触进行突触接触，从而产生所谓的非突触信号。这些操作在神经系统中是有害的。因此，有髓鞘的轴突可使神经元及其网络免受周围环境的影响。 （下接第 172 页脚注）

冯·福斯特在强调神经系统无可辩驳的闭合性时曾论证道，实际上神经系统从不接受那些它未曾准备接受或未曾计算过的外界输入（这一点我们在接下来的两节中要着重讨论），也就是说，一切输入都是它自己的输出。冯·福斯特把神经网络（包括大脑、感受器和运动肌在内）表示为图1-6所示的整体结构。黑色的方块N代表神经元，它们之间的间隙是突触间隙。显然，它由两个互相关联的闭路构成。第一个闭路为：神经系统的输入SS均为其运动肌输出MS。另一个闭路是突触间隙之间化学物质浓度由垂体和腺体NP决定，而腺体怎样分泌这些化学物质则受神经系统本身的功能控制。也就是说，我们可以把充满突触间隙的化学物质看作是影响神经系统整体结构和功能的因素，而这些因素反过来是被神经系统输出（功能）所控制的，这是一个高层次的反馈闭路。为了使人们对神经系统这种多层次的封闭性有鲜明的印象，冯·福斯特曾把它比喻成图1-7所示的环面，它是完全封闭的！

（上接第171页脚注）　第二，内感受神经元中缺乏将神经系统和血流分离开来的屏障。这被称为血脑屏障（与中枢神经系统有关）或血神经屏障（与外周神经系统有关）。在与内感受过程相关的神经区域，例如脊髓和脑干神经节，屏障的缺失尤其明显，在这些区域，循环分子可以与神经元的细胞体直接接触。这些奇特现象的结果是显著的。髓鞘绝缘和血脑屏障的缺乏使得来自身体的信号可以直接与神经信号相互作用。（Antonio Damasio：《人类思维进化史：神经系统内部的试探性对话》，孙宁远译，澎湃新闻，https://www.thepaper.cn/newsDetA_il_forward_19383410。）

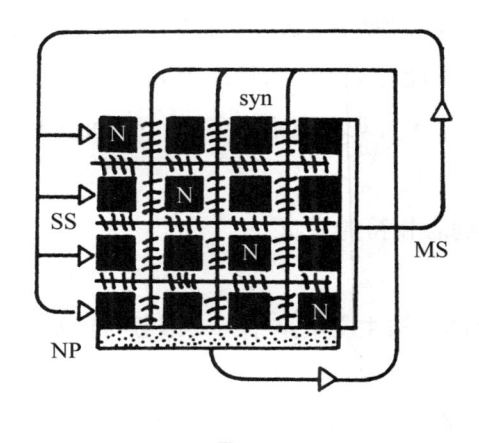

图 1-6

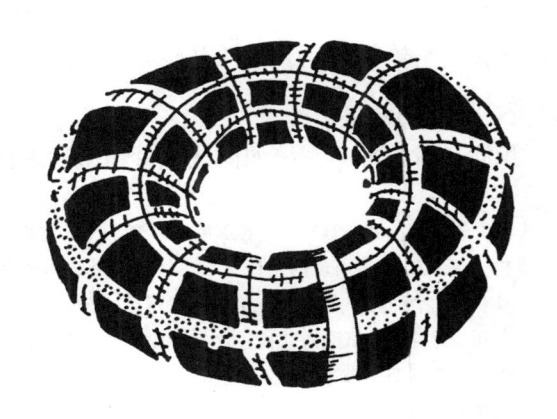

图 1-7

为什么神经系统整体的封闭性这样重要？因为一个多层次的封闭网络和一个由输入决定输出的系统行为模式是完全不同的！今天科学家已经证明我们在原则上可以构造出一个多层次

的闭合网络来解释神经系统任何高级复杂行为，它是以输入决定输出的系统不能理解的。而且，正是神经网络的封闭性使得建构主义可以推出客观存在不能离开观察者建构的哲学结论。

第四节　内稳态和符号主义

近20年的建构主义文献中，大多数讨论都充斥着一般人难懂的专业术语，特别是有关哲学和方法论的证明更是艰深烦琐。实际上，在繁复的论证背后，无论是用神经网络多层次封闭性来解释奇妙的认知功能，还是用本征态来定义客观存在以阐明它和神经系统建构有关，其核心思想都十分简单。[1] 我认为只要采用我在《整体的哲学》中的某些分析方法，就可以大大简化其有关讨论。

首先，我们来讨论神经系统如何认识事物质的多样性，实

---

[1] 如果结合《消失的真实》和《真实与虚拟》对科学真实与人文真实的区分来看，激进建构主义看似艰难烦琐的论证背后，缺乏一个统一的真实性基础。西方学术界似乎也觉察到这一点，2010年学术期刊 *Constructivist Foundations* 发布了一个专刊，讨论为什么激进建构主义没能成为一种主流社会思潮，其中涉及激进建构主义的两个理论预设：神经系统的封闭性和反实在主义。虽然激进建构主义者引用生物学和神经生理学的研究成果来为这两个预设进行论证，但从任何科学实证成果中，并不必然推出神经系统的封闭性，或者主体无法获得对真实世界的知识。这两个假设本质上依旧是哲学性的。然而，激进建构主义者又声称自己已经摒弃了任何哲学（或形而上学）的主张。这种情况下，甚至有一种观点认为激进建构主义是自我否定的。由于它拒绝客观真理的概念，它本身也无法成立为真。（关于这组专刊文章的详细内容，请参见 https://constructivist.info/6/1。）我认为，上述批评是有问题的，激进建构主义的问题在于其发现客观实在不存在时没有把真实性和客观性区别开来。

际上它是在人们把神经系统当作传递外界信息的通道这一错误前提下，才会出现的问题。现在，既然认识到神经系统是一个多层次的闭合网络，那么这个困难也就迎刃而解了。

我在《整体的哲学》中已证明，任何组织系统最基本的特征就是子系统功能耦合形成互相维系的闭合网。在此我们有必要引用一下《整体的哲学》中的一个基本结论（在此不做证明，有兴趣的读者可以读有关章节）。[1] 只要闭合网络结构和层次足够复杂，它们完全可以产生一些新的高级行为，以及子系统不具有的性质。这样我们也就在方法论上回答了第二节提出的"神经系统怎样认识世界质的多样性"的问题。虽然神经网络中每个神经元的输出都是在"质"上完全相同的电脉冲，但只要这些闭合网络足够复杂，它便可以产生形形色色的高级行为，正如用黑白两种颜色的点可以组成复杂的图画一样。这些高级行为实际上与我们所讲的"不同的质"完全等价。因为所谓质的不同，无非是指一个事物和别的事物的关系，以及它们的行为结构，只要表现出相同的行为模式和关系结构，就可以说它们是反映了某种"相同的质"。这也就是人们常说的，神经网络是用某一功能耦合网络来模拟外部世界种种复杂的性质，[2] 或者说，神经系统用功能耦合网络创造某种同构的符号来代表丰富的外部世界。

更有趣的是，只要我们对冯·福斯特概括出的代表神经系统一般的模型做深入探讨，则在原则上就能够对第二节中所讲

[1] 见本书第三篇《整体的哲学》第二章、第三章。
[2] 见本书第三篇《整体的哲学》第二章、第三章。

的神经系统那神奇的纠错能力进行解释。为了使推导简明易懂，让我们利用《整体的哲学》一篇中的自耦合分析方法考察一下冯·福斯特提出的神经网络结构（图 1-6）。在《整体的哲学》中，我曾证明，任何复杂的封闭的功能耦合系统都可以简化成自耦合系统，从而可以对其功能做简明的讨论。[①] 我们先考察图 1-6 所示神经系统第一个封闭网：神经系统运动肌输出 MS 反馈回来成为输入（常称为运动感觉），显而易见，可以将其简化为图 1-8。{S} 为输入集合，F 代表整体网络对 S 加工的功能，它是一个十分复杂的算子。[②] 一次加工的结果为 F（S），显然，它就是图 1-6 中的运动肌输出 MS。因为系统的封闭性，MS 再次成为输入（作为运动感觉）。于是神经网络第一个层次的封闭性可以表示成图 1-8 所示的自耦合系统。冯·福斯特所概括的神经网络比图 1-8 复杂，它还包括另一个层次的反馈，即神经系统的结构（表现为图 1-6 中突触间隙中神经递质的浓度 syn）受神经系统功能的控制。在自耦合分析中，神经系统结构即用功能算子 F 代表。神经系统这一高层反馈意味着 F 的形式受参数控制，但这些参数是神经系统输出的函数。于是冯·福斯特提出的神经网络多层次封闭网可以用图 1-9 所示的两个层次的自耦合系统表示，即算子 F 的形式和 S 有关（我

[①] 参阅本书第三篇《整体的哲学》第三章，特别是第二、三节。
[②] 对于不具备专业背景的读者，只需要知道算子（operator）是一个广义上的操作符，它可以对变量、数据结构或表达式执行某种操作。算子在数学和计算机科学中有着广泛的应用，它可以是数学中的函数、代数中的运算符，或者编程语言中的函数或方法。算子可以改变输入的值或数据结构，并产生输出结果。

们为了简化,已把神经系统的输出 NP 和 MS 并为一个集合)。

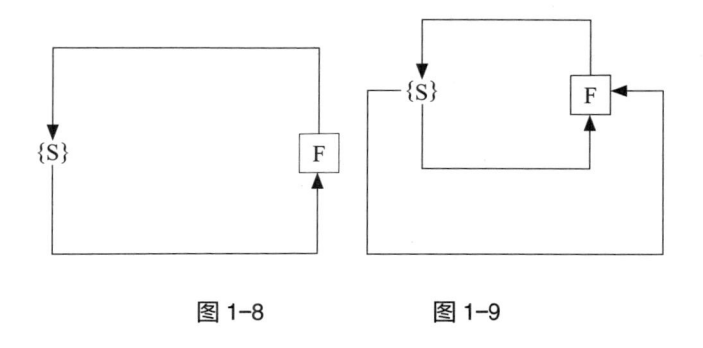

图 1-8

图 1-9

图 1-9 所示的自耦合系统最普遍的特征是：无论 S 取怎样的初始值（它代表认识过程的起点），集合 {S} 趋于和初始值无关的内稳态 S_0，S_0 具有一定的抗干扰能力，它代表了通常人的运动肌活动模式的确定性。更重要的是，一旦神经系统受伤，F 的功能必然发生改变，这时内稳态 S_0 可能破坏，这样 {S} 处于振荡之中，但经过一段时间振荡后系统会自动恢复，即它会寻找新的内稳态，也就是说，系统具有自动修复机制，从而表明神经系统有巨大的纠错能力。下面我们来证明这一点。

为了使讨论简化，假定信号集 {S} 是数，那么 F（S）为 S 的非线性函数，它表示整个系统对输入的计算功能。系统行为模式可以形象地用代数方法来研究，一般说来，把 {S} 当作数得到的结果和 {S} 为广义的集合，F 为非线性算子，这些更为复杂的情况在方法论和哲学上是等价的。显然自耦合系统意味着 F 对 S 进行一次又一次的计算，即把 S 某一初始值代入 F（S）算出的结果反复代入 F（S）。这种反复运算使得 S 处

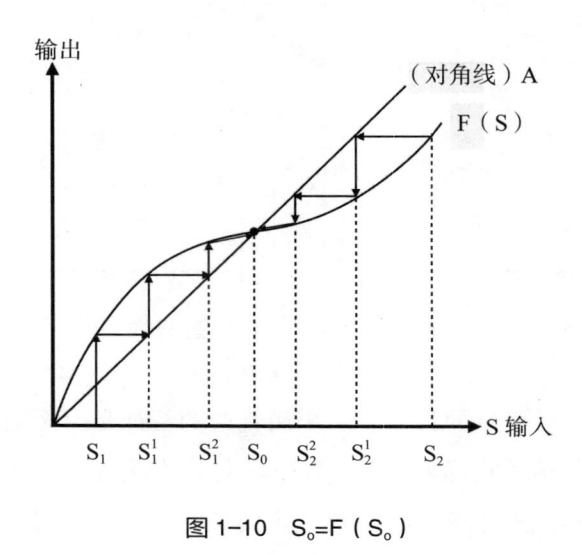

于不断变换中，变换轨迹可以用图 1-10 的蛛网法表示。①

图 1-10 $S_o=F(S_o)$

我们可以证明，对任何一个初始输入（如 S_1 或 S_2）一次一次反复加工的结果 $F\cdots\cdots F.F.F(S_1)$ 必然处于如下两种情况之一：

（一）它趋于和初始值无关（但和神经系统结构有关）的内稳态 $S_o=F(S_o)$（见图 1-10 系统从两个不同的初始值 S_1、S_2 出发分别通过变换序列 $S_1 \to S_1^1 \to S_1^2 \to \cdots \to S_o$、$S_2 \to S_2^1 \to S_2^2 \to S_o$ 趋于同一内稳态 S_o）。

（二）出现周期性振荡或混乱。②

显然第一种情况代表了神经网络正常状态。S_o 代表运动

---

① 见本书第三篇《整体的哲学》第三章第二节。
② 见本书第三篇《整体的哲学》第三章第二节。

肌确定的行为，它具有一定的抗干扰能力，这就证明人的运动控制是稳定的。现在我们假定，神经网络受到伤害，这时，在自耦合系统中表现为功能函数参数变化，使得正常功能函数变为另一个功能函数 F′(S)。对于这个功能函数，不存在内稳态 S_0。(见图 1-11)。即系统出现周期性振荡或混乱，这就是第二节所讲的病人受伤后出现运动肌活动失调，运动肌输出 S 处于混乱或振荡中。这时图 1-9 中那个由 S 控制下参数的高层次反馈就会发生作用。我们知道 {S} 和 F 满足如下关系：当 S 处于内稳态时，F 为正常功能函数，当 S 不处于内稳态时，{S} 的值必然处于改变之中，它的改变必然导致 F 的参数值的不断变化，也就是说 F′(S) 是不稳定的，它会随着 S 的振荡不断处于寻找之中。这样我们可以断言，对于图 1-9 这样的双层次自耦合系统，一直到 {S} 到达一个新的内稳态之前，F 将不断改变形式，只有当 S 到达内稳态时，F 才会停止

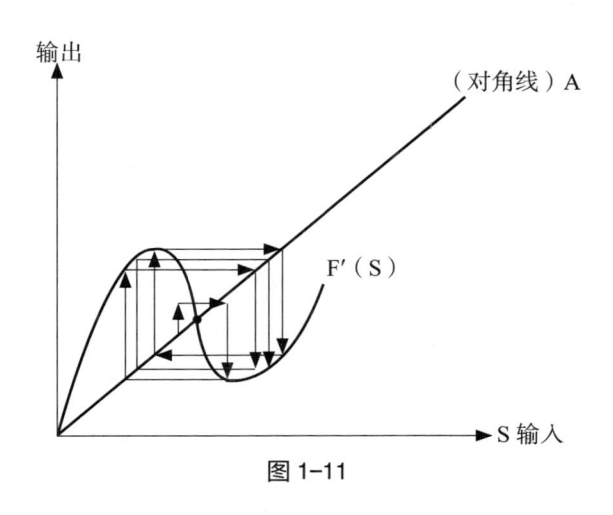

图 1-11

改变，这样整个自耦合系统就具有自动寻找内稳态或自我修复的功能。因此，只要有足够长的训练时间，F 一定会找到一个新的状态——与它的功能相应的 S 是内稳态。这就意味着病人自动康复了［必须注意，新找到的内稳态不一定是原先的内稳态 S_0，它可以是新的内稳态，即并不一定要 F′（S）恢复到原有的 F（S）］。新内稳态的确立表明，系统正好有第二节那个例子中所讲的功能：虽然受损伤的视神经并未复原，系统总体功能却康复了！当然这个解释是粗糙的，我们忽略了大量具体的细节，实际上具有这种功能的神经系统模式要复杂得多。但这种抽象的机制分析之所以重要，乃是因为它具有巨大的普遍性。

今天，无论是心理学家在研究知觉过程中的格式塔现象，还是讨论神经系统各种复杂的自我纠错机制（甚至是错觉的根源），科学家原则上都用不同层次的封闭自耦合网络的功能来进行解释。众所周知，艾什比的名著《大脑设计》也正是应用这种自耦合系统来解释大脑很多复杂的行为，诸如适应性、目的性和学习能力。20 世纪 60 年代至 80 年代，控制论研究最大的进展之一就是发现只要利用各种结构不同的封闭网络，原则上可以说明生命和大脑复杂的功能。它是和由输入决定输出的直线性因果系统完全不同的。因此，当代控制论专家对自我封闭系统予以高度重视。生物学家弗朗西斯科·瓦雷拉、温贝托·马图拉纳、里卡多·乌里韦等学者专门创造了一个新词 Autopoiesis 来表示这种完全封闭的自耦合系统，认为它们和最复杂的创造行为有关。Autopoiesis 来自希腊文，它的意思是"自创生"。①

用神经网络的封闭性来揭示认知过程和当代神经生理学和大脑研究中的种种秘密,不是本篇的任务。我们只想指出建构主义在这一切具体的科学成果上进一步抽象出的哲学结论。如前所述,对一个多层次的封闭网络来说,一个最普遍而且具有方法论意义的性质就是内稳态。显然,随着对系统定义不同,内稳态有着不同的意义,当封闭网络代表对躯体内部维生变量的控制机制,那么它就是美国生理学家沃尔特·坎农所说的反映躯体智慧保持生命存在的内稳态。而在上述分析中,内稳态 S_o 代表运动肌输出,只要我们改变系统定义,原则上可以用同样方法推出冯·福斯特在那篇建构主义奠基文献中的著名论断:"神经系统是被组织起来以使得它能计算稳定的'现实'。"② 这里"现实"加了引号,冯·福斯特认为它不是脱离人的意识的客观存在,而是神经系统的某种"内稳态"。现在我们重新定义图 1-9 所示的自耦合系统的功能函数,使得相应的内稳态 S_o 代表神经系统中存在的代表外界输入的稳定形象。显然,根据内稳态的条件,它必须满足同类方程:

$$S_o = F(S_o) \quad (方程 1\text{-}1)$$

---

① Alex M. Andrew, "Autopoeisis and Self-organization", *Journal of Cybernetics,* Vol. 9, No. 4, 1979. 我在《逻辑悖论和自组织系统》(《自然辩证法通讯》1985 年第 2 期)一文中也曾提出了类似的观点。

② Heinz von Foerster, "On Constructing a Reality", In Paul Watzlawick, ed. *The Invented Reality: How Do We Know What We Believe We Know?* W. W. Norton, 1984.

当F不是一般非线性函数，而是非线性运算子时，方程 1-1 称为本征方程，它的解 S_0 称为方程的本征值（或称本征态）。于是，建构主义得到它最核心的哲学结论：人对"客观存在"的识别是知觉即神经网络中的"本征态"。[1]

第五节　客观存在等于本征态吗？[2]

现在我们可以来讨论直观的经验反映论和建构主义的本质差别了。直观经验论为了确认人的基本感觉经验的可靠性，把人的感官看作能正确传递客观存在的信息的通道，即采用图 1-12 的认识论模式。由于通道是一个输入决定输出系统，所以只要 C 是基本可靠的，那么它就保证人们的那些基本感觉经验（如客体的形状、大小、空间位置、性质等）是可靠的。在这种模式中，观察者的影响只表现在观察者有选择地接受客体的部分信息而不是全部。虽然观察者接受客体的什么信息是依赖观察

---

[1] 在二阶控制论的文献中，这个结果的推导和叙述十分烦琐，一些学者为了说明其重要性，不得不应用诸如递归函数等概念来推演。（Lynn Segal, *The Dream of Reality: Heinz von Foerster's Constructivism*, Springer, 2001, Chapter 7.）实际上，运用自耦合分析，这一结果是十分明显的。

[2] 必须指出，在建构主义文献中关于"客体""客观存在""现实"这些概念和辩证唯物主义所对应的概念稍有不同，它不用以泛指那区别于主体的外部世界，而是表述那些确定的存在和确定的质的规定性，例如某一确定的事物或确定的性质。在辩证唯物主义体系中，"现实"可以包含某种变化过程，而建构主义哲学则把客体的变化当作本征态的变化来处理。因此，我认为，有关本征态等价于客观存在，其准确的含义是，有确定性质或规定性的事物是本征态！或者说，如果把客观存在的本体看作所有确定规定性的总和，那么每一个确定的质的规定性都是本征态。

者的，但即使观察者由于观察角度不同使得他只能接受客体的部分信息，我们也不能否认，这些信息仍然反映了客体本来具有的（与观察者无关）描述。虽然它是不完全的描述，但只要观察者观察过程越完备，即 C 越全面、正确，则观察者的基本经验就越客观，这样，人们对客体的最终描述是可以排除观察者的。

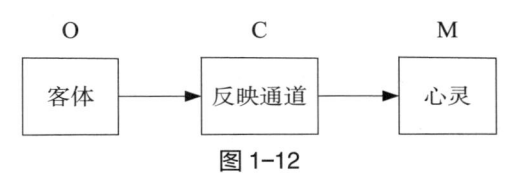

$$O \quad\quad C \quad\quad M$$

客体 → 反映通道 → 心灵

图 1-12

而建构主义却证明图 1-12 的认识模式是虚假的，神经系统不是传递外界信息的通道。由于神经网络的封闭性，人对外部世界确定的描述必然是由一些本征态构成的。每个本征态由方程解出。而方程 $S_o=F(S_o)$ 中对外部世界确定的描述 S_o 完全依赖于 F，F 是和神经网络整体功能有关的算子。显然，当神经系统的结构不同，即使在外部输入相同的条件下，F 的形式也必然不同，这样，方程的解（和有多少个解）也就必然大相径庭。于是建构主义得到一个结论：观察者的作用不仅仅表现在对外界信息的选择上，实际上观察者看到的外界本身已经包含了神经系统的建构。本征方程决定了观察者是不可能从认识过程中消去的。人在原则上不可能得到一种和观察者神经系统无关的认识对象的描述和知识，也就是说，纯客观不存在！

这个结论对一般人来说几乎是不可思议的，它和直观常识相悖。人们首先怀疑的是认知结构是否真是封闭网络。本征态的推导建立在神经系统的封闭性之上。人们可以承认如图 1-5

所示的神经网络在人体内部是封闭的,也可以承认神经系统外部感受器只是沧海一粟,但无论如何,正如第三节所说,神经系统毕竟有大约 1 亿个外部感受器存在,因此对外部对象来说,整体系统并非闭合!把感受器当作通道的直观唯物论虽然不对,但神经网络的封闭性充其量只证明认知模式如图 1-13,封闭性只存在于人体内部,对于人整个子系统和外部的关系,仍然是客体信息向大脑传递的过程(虽然人建立了一个复杂的闭合网络来处理它),因此人对客体的描述不可能是本征态!总之,这种批评认为,控制论和神经生理学的研究只表明:当我们把眼睛闭起来,我们对外界的想象和记忆可能是本征态;但一旦我们打开外部感受器,问题就不同了。这样,那种认识对象与观察者无关的描述仍是可能的!

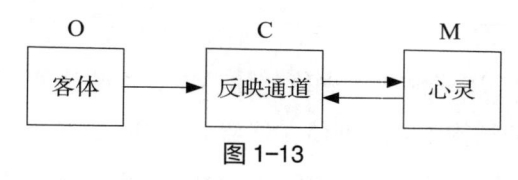

O　　　　C　　　　M
客体 → 反映通道 ⇄ 心灵

图 1-13

这些批评表面上很有理,实际上却误解了上面所说神经系统封闭性的含义,其实控制论在构造神经系统封闭性模型时,已经考虑了这 1 亿个向外开放的感受器。冯·福斯特的模型所讲的神经网络的封闭性是从一个更高层次出发的,它不仅仅指体内神经系统。确实,如果仅仅对体内神经系统而言,这些感受器确实是对外开放的。但即使把认识对象考虑进去,人对客体的认知过程总体上仍然是一个封闭的耦合。关键在于人的外部感受器通常接受的外界信息大多是人对客体操作的结果。即人在认识任何客体时，并不是像一般人认为的那样，仅仅是打开外部感受器以收取外界信息的过程，而是对外界（对象）进行某种操作，外部感受器收到的信息大多是这一操作施加到对象之后的反应。外界在认识论中是被当作一个黑箱和人耦合起来的。人对外界的操作可以看作外部黑箱的输入，而人的外部感受器所接受的信息是输入引起的输出。因此，从体内神经网络角度来看，外部感受器是对外开放的，体内神经系统在结构上并不封闭，但如果把人的操作考虑进去，人认识外界则是和外部黑箱的耦合，整个认知过程是如图 1-14 所示封闭的耦合系统，我们称其为认知结构。也就是说，在图 1-6 的模型中，所谓运动肌输出 MS 反馈回来成为输入 SS，这个反馈网络已经包含了两个部分，一部分是通过人的神经系统，另一部分就是将操作施加于认识对象，对象的反应作为输入进入神经系统。总之，无论是图 1-6 的模型还是我们提出的如图 1-9 的自耦合系统，实际上考虑的神经系统结构中，已经包含了如图 1-14 这样的整个系统。所谓本征态也是对这一整体认知结构的封闭性而言，而不是仅仅指体内神经网络。

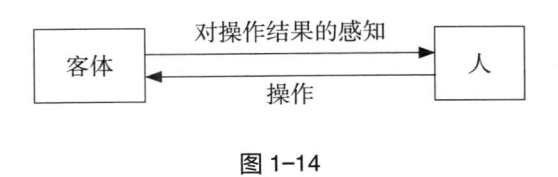

图 1-14

心理学家早就讨论过一个问题，即人是怎样得到客体恒定的感觉的。你桌上的杯子、手中的铅笔，你每次看到它、用手拿它，都不容怀疑它仍然是你在前一分钟看到和碰到的同一物体。但实际上它们的空间位置角度都和原来不同，观察者的运动肌感觉以至视网膜上的形象肯定是不完全相同的。心理学家证明，这种客体不变的感觉恰恰是由于它是你操作-感知这个认识闭合系统中的内稳态之故。

客体的恒定感证明了人对客体的认识都是图 1-14 闭合认知结构的本征态。这方面一个著名的例子是关于婴儿认知过程的研究。根据闭合系统内稳态存在条件的讨论，对于图 1-14 这样一个系统，当人的神经系统出现某种问题时，是可以没有内稳态的。当人的神经系统尚未发育成熟，或者当人刚刚和客体耦合（或神经系统尚未习惯和客体耦合）时，系统达到内稳态是需要一定时间的。心理学家证明，婴儿正是如此，他们一开始没有客体恒定的感觉。你把一个拨浪鼓给一个婴儿，对他来说，虽然每次碰到同一个拨浪鼓，但都认为碰到了一个全新的东西。婴儿开始了对拨浪鼓进行各式各样输入的过程：嚼它，抓它，摇它，踢它……对于以上每一个不同的输入，婴儿对拨浪鼓的感觉都是不同的。如果我们运用黑箱语言（把拨浪鼓当作黑箱），即只要输入不同，它输出也不同。而婴儿必然会根据自己对拨浪鼓的感觉采用新的操作，这样就构成了一个自耦合系统操作和感觉在这个自耦合中的不断变换，婴儿的行为不断改变，它对拨浪鼓的感受也处于变换之中。心理学实验证明，这个耦合系统中的行为变换会慢慢趋于内稳态（图 1-15）。[1] 这个内稳态由多层次性质构成：一方面，随着婴儿

---

[1] T. G. R. Bower, *Development in Infancy*, W. H. Freeman, 1974, p.149.

图 1-15

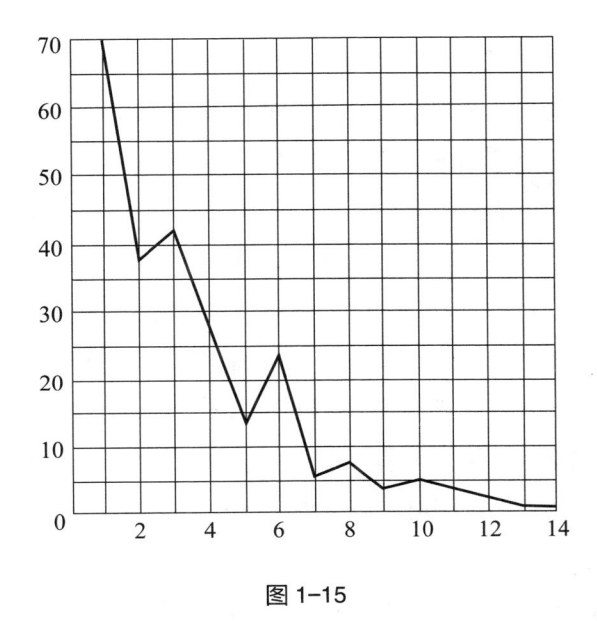

注：图中曲线表示婴儿在尝试抓握面前的拨浪鼓时，分散（踢腿）活动的减少。

神经系统的成熟和学习，婴儿慢慢知道了他对付的是一个拨浪鼓，即获得了客体的恒定感觉；另一个层次的意义是，婴儿发现这是一个玩具，他对拨浪鼓的操作方式趋于确定——摇它，拨浪鼓的输出也趋于恒定，这时，拨浪鼓作为一个玩具才被小孩认识。图 1-15 正好表明婴儿一旦认同了拨浪鼓，它对这一客体的操作模式必定处于某种确定行为。这个最终被确定的行为由操作算子和感觉过程结合而成的耦合系统决定，它是整个认知耦合系统的本征态。因此，心理学家常常用如下等式来定义客体：

$$行为的名称 = 客体的名称$$

基于类似的思路,皮亚杰提出了一个十分著名的认知理论。他认为婴儿认识发生取决于同化和顺应这两个基本过程的互相作用。所谓同化是认知者(婴儿)将自己既有的认知图式(即个体运用与生俱来的基本行为模式,了解周围世界的认知结构)运用到新事物之上的过程。而顺应则是既有认知图式不能同化新事物的时候,个体主动修改自己的认知图式而适应新事物。例如孩子抓东西,行为必须根据抓的东西大小、重量、样子进行调整。皮亚杰认为,当同化和顺应达到平衡时,意味着认知过程告一段落和客体概念的建立。[1] 实际上,只要做少许术语的改变,我们就可以发现,皮亚杰的理论正是讨论人在操作过程中认知结构是怎样达到内稳态的。皮亚杰的同化和顺应正是用于表达人的操作和实行操作后对客体的感知,而这两个过程的平衡恰恰是系统达到本征态的条件。[2]

人对客体的描述是自耦合系统的本征态的另一个强有力的

---

[1] T. G. R. Bower, *Development in Infancy*, W. H. Freeman, 1974, p.147.

[2] 皮亚杰的认知理论与我对系统哲学的探索,有着类似的思想基础,即重塑辩证法。与黑格尔、马克思、列宁及其后继者相比,皮亚杰将人类思想的方法区分为演绎法、归纳法和辩证法,他认为演绎法对公理的依赖最终会导致先验论,同时也批判归纳法缺乏必然性。他选择了在主客体互动建构中实现的辩证法。在皮亚杰看来,如果直到那时被认为独立的两个系统建立相互关系并融合为"一个其性质超越两个系统的新的整体",那么就有辩证法。建立这些相互关系的方式和整合得以实现的方式表现出如下特征:(1)新的整体从中形成的子系统固有的概念和基本知识是通过一个"相对化"的过程形成的。(2)如果新的整体(或结构)的建构需要进行"追溯改动,以充实有关系统的以前形式",那么这种建构蕴涵某个循环过程(或者更确切地说,是一种螺旋路线)。(罗兰多·加西亚:《辩证法、心理发生与科学史》,《皮亚杰文集(第2卷)》,姜志辉译,河南大学出版社2020年版,第399页。)

证据，是神经系统进化的研究。如果我们严格分析生物和环境的关系，它们都是如图 1-16 所示的耦合系统，生物一方面接受环境信息，受环境的影响，但同时可以对环境进行输出，可

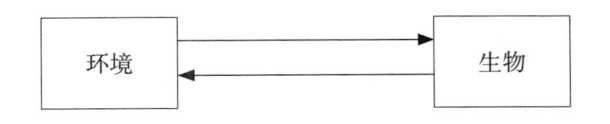

图 1-16　生物和环境的互相作用

以在一定程度上改变环境和生物之间的关系。对生物来说，最重要的就是使环境对生物的影响保持在适应生存的内稳态，也就是在生物眼中的环境，必定是这个耦合系统的本征态。美国神经生理学家约翰·富尔顿曾经用一个十分简单的模型来模拟生物怎样在与环境的耦合中发展起复杂的神经系统。图 1-17A 状似洋葱，是一个最简单的原生动物，它还没有神经系统，上面三角形的部分是感受器，椭圆形的部分是运动肌，原生动物的感受器和运动肌是连在一起的。假如环境的 pH 值太偏酸性（这对这一原生动物生存是不利的），感受器把信息传给运动肌，运动肌开始慢慢蠕动，远离酸性环境，由于运动肌输出改变了原生动物和环境的关系，使感受器所感觉的 pH 值发生变化，这种调整一直到 pH 值完全适合这一原生动物才会停止。显然，pH 值是原生动物和环境耦合系统中的内稳态。这个本征值是可以通过自耦合分析求出的。它近似满足本征方程（方程 1-1），只是方程中的 F 代表环境和生物结构这个耦

合网整体功能。① 毫无疑问，如果对原生动物可以定义客体的话，环境的 pH 值是一个重要方面，而和这个原生动物有关的 pH 值的状态正好是本征态。因此，在这里客体和本征态等价是显而易见的。

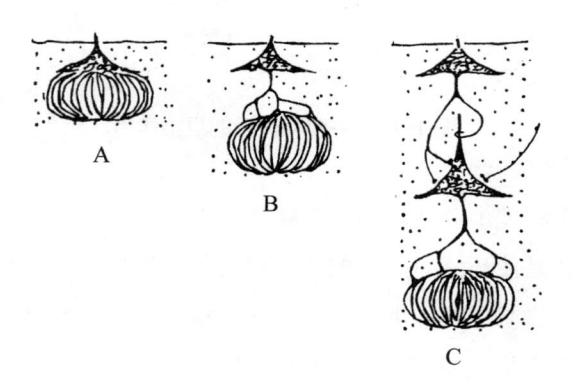

图 1-17　神经系统的进化

让我们考察原生动物的进化。进化的含义之一就是细胞分工，感受器和效应器由专门细胞承担，而且出现了把它们连接起来的神经系统（见图 1-17B）。最后它们发展成了中枢神经系统（见图 1-17C）。进化的动力乃是自然选择，它使得新的具有神经系统的物种能更好地适应环境。只要精确考虑更好适应环境的含义，就不难发现它无非是使环境输入的各个方面都成为内稳态，生物体能够顺利地改变自己和环境的关系，使得越来越多的变量特别是环境对生物体各层次的影响都能调到适

---

① H. R. Maturana, "Neurophysiology of Cognition", In Paul L. Garvin, ed. *Cognition: A Multiple View*, Spartan Books, 1970, pp.3-23.

合生存的内稳态。其实，神经系统能在进化中产生以及记忆功能的起源也许是因为生物体记住越来越多的内稳态对维生是有益的这一事实，当某种生物可以用最快的方法去达到那个复杂的内稳态时，它比那些需经过漫长调整才能达到内稳态的物种更易于生存。因此，无论是进化的动力还是人的神经系统，在学习中定型的机制都保证神经系统结构变化实际上是朝着使整个系统中环境变量成为内稳态方向前进的。[1] 这样，生物和人所耦合的外部世界作为认知结构中不同层次的内稳态存在并不奇怪。无论是猫眼中作为食物的耗子，还是婴儿手中的拨浪鼓，它们作为不同系统中的本征态乃是因为自组织系统趋于稳定的结果。[2]

---

[1] 人们常常认为高生物多样性表明快速进化，然而在1944年的一部经典作品中，古生物学家乔治·辛普森提出快速进化可能产生不稳定和灭绝，而缓慢进化导致高生物多样性。2022年正式发表的一项考古学研究为辛普森的观点找到了强有力的证据：如今包括超过10 000种蜥蜴和蛇的有鳞目，在其最初的三分之二历史中，显示出了缓慢的进化速率；同一时期，它们的姐妹类群——喙头目——显示出了高速的进化速率，但目前只剩下一种存活的物种。缓慢而稳定的进化使中生代的有鳞目赢得了竞争，而喙头目在那个时期高速增长和急速消亡的生存状态，使它们最终只留下一个幸存者。这项研究指出：快速进化可能导致短期的高度多样化，但最终导致长期的低生物多样性。（Jorge Herrera-Flores, et.al. "Slow and fast evolutionary rates in the history of lepidosaurs", *Palaeontology*, Vol. 65, Part 1, 2022.）

[2] 在《整体的哲学》和《发展的哲学》中，我曾指出：自组织起源和组织系统的演变广义上也可以用从一个稳定结构变到新的稳定结构来描述。实际上组织的演化和组织内部越来越复杂的内稳态的形成是同一问题的两个互相关联的侧面（可参见本书第二篇第七章和第三篇第三章第四、五节）。

第六节　量子力学的黑箱解释[①]

虽然控制论、心理学和生物学在 20 世纪下半叶的新进展为客体等价于本征态提供了大量有说服力的证据，但至今为止，对这一结论最大的挑战仍来自物理学。在心理学家和生物学家看来，认知结构的封闭性以及生物和环境的耦合是十分明显的，因此人对客体的描述只能是本征态，这大约是一个不可避免的结论。但是物理学家倾向于否定这一点，他们认为，心理学和生物学的结果至多证明人关于客体的直觉是本征态（它们取决于从婴儿时期开始的认识生活的过程），动物有关客体的认识也可以是本征态（例如青蛙眼睛中的世界）。而作为万物之灵的人——特别是有理性的科学家则可以从封闭的认知结构中摆脱出来，使人对客体的认识超越直觉阶段。例如我们可以做到使观察过程对客体的影响恒定不变（这是在做科学观察和实验时常运用的方法），特别是我们可以尽量设法改进观察方法，使观察者必需的操作对客体的影响可以忽略不计。在这两种情况下，观察者和客体之间的耦合可以简化为客体向观察者单向传递信息的过程（见图 1-18）。

显而易见，本征态的推导基础是耦合系统对某一初始输入进行一系列变换。当耦合系统中某一输入固定不变，而且输入不再对输出发生影响时，耦合系统的封闭网络并不造成对初始输入的不断变换。本征方程不再成立，客体等价于本征态的条

[①] 对量子力学不熟悉的读者可以忽略本节推理，直接看最后结论，或略去这一节直接读下面的章节。

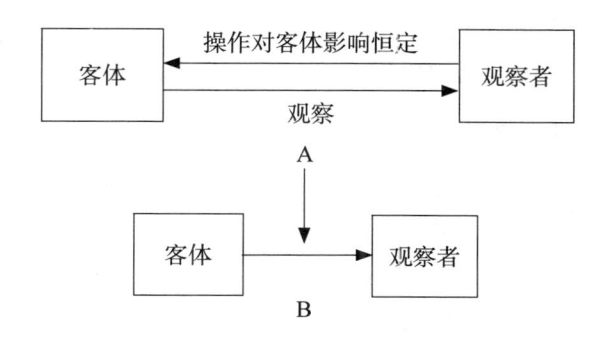

图 1-18 经典力学（古典理性主义）的基本假定

件也不复存在。因此，大多数科学家都认为，正因为人可以用科学的方法来观察世界，所以人可以超越心理学和生物学的限制，对世界进行一种不依赖于观察者的纯客观描述。这正是经典物理学家的观点，也代表了具有直观唯物主义世界观的古典理性主义认识论的基本立场。

是的，同样一个拨浪鼓，放在一个科学家面前和放在一个三岁幼儿面前是完全不同的。科学家用科学方法观察这个拨浪鼓，他可以通过观察（即在不干扰拨浪鼓的条件下获得有关信息）获得拨浪鼓的种种性质：几何形状、硬度、颜色、析光率、弹性强度、材料的化学成分……这一切无疑不等于婴儿在操作拨浪鼓时所获得的那个本征态！它们也很难再被认为是认识结构的本征态，反之，它们被看作与观察者无关的拨浪鼓本身具有的性质。确实，来自物理学和科学研究方法的非难乃是西方建构主义碰到最大的挑战之一。

非常奇怪的是，西方建构主义哲学家至今并没有正面回答

第一篇 人的哲学——论"客观性" 193

物理学家提出的问题。他们大多再次把物理学家拉回到心理学的战场，仅仅从观察依赖于神经系统来重申建构主义结论的普遍有效。然而我认为，物理学和建构主义对这个问题的论述非但不矛盾，而且是我们必须同时正视的，因为它们有着不同的前提。分析这些前提，有助于我们对客观性的研究大大深入一步！一般说来，建构主义的前提比经典物理学的结论更普遍，因为后面我们将证明经典物理学的结论只有在一些特殊条件下才满足。[①]而近半个世纪以来，物理学自身的发展早已否定了经典物理学结论的普遍性，这就是量子力学对认识论的贡献。我发现，物理学家在量子力学中面对的客体恰恰是本征态，这一点和建构主义从神经系统和知觉机制得到的结论不谋而合。

为了证明这一点，让我们对量子力学和认识论关系做简单的讨论，如果读者缺乏这方面的基础，可以将本节下面的段落忽略不读。它并不妨碍对本文意义的理解。众所周知，量子力学中有一个十分基本的公理，当我们要问某一微观状态具有什么样的宏观可观察量时，必须解量子力学中的本征方程（方程1-2）。

$$H\psi = h\psi \quad （方程1-2）$$

方程1-2中，H是算符，它可以用微分运算子表示，也可

[①] 关于这个问题的进一步讨论见本篇第四章第一节。

以用线性变换表示（希尔伯特空间的线性变换），ψ 为微观状态，h 为宏观可观察量（实数）。举一个例子，我们求原子核周围运动的电子的能量时，首先必须根据这个电子所处的环境（考察电子处于什么样的力场中），找到能量算符 H 的具体形式。然后解释方程 1-2，由于该方程的约束，并非所有的微观状态都满足方程 1-2，即并不是任何微观状态都具有确定的能量。在量子力学中，任何可观察量都是对特定的算子而言的。一般说来，对于特定算符 H 只有一些特定的状态如 ψH 和相应的 h_1, h_2……（它们常常是量子化的）满足方程 1-2，这样，求得的 h 值就是电子的能量和电子在原子核周围时所处的真实状态。至于这些特定的状态 ψH，它是否具有确定的动量和确定的空间位置呢？这要看 H 和动量算符 P（或位置算符）是否可交换，只有两个算符可交换，即满足方程 1-3 时，ψH 才可能同时具有能量和动量。

$$\vec{P}H(\psi) = H\vec{P}(\psi) \qquad （方程 1-3）$$

在量子力学中，上述原则是作为公理被接受的，无论量子力学的具体内容怎样发展充实，这些基本公理都不曾改变过，它们是不可破坏的。为什么量子力学公理体系总是毫无例外地普遍有效？这无疑是一个十分有趣的问题。至今大多数物理学家只是接受这些公理，而并不知道它的认识论根据。哥本哈根学派虽然早就对量子力学做过哲学解释（这些解释大多是对的），但他们的论述过于笼统，也没有详细论述量子力学本征方程的认识论基础。20世纪70年代初，我曾用黑箱理论对量子力学公理基础进行了探讨，我发现，量子力学中的本征态和控制论中的内稳态是一致的，从而可以从认识论角度对量子力学中的本征方程进行解释。[①]必须指出，建构主义得到客观存在等价于本征态的结论也在20世纪70年代。但奇怪的是他们一直没有把量子力学的结论和建构主义从认知理论得到的结论统一起来，这或许和当代控制论专家所熟悉的领域大多是神经生理学、心理学和人工智能有关。是的，一旦我们发现物理学家早在20世纪初创立的量子力学基础和20世纪七八十年代控制论专家由神经系统研究得到的结果居然殊途同归，不同性质和方向的探讨竟然奇妙地汇合在同一个焦点之上——客观存在是本征态，我们的内心就会被自然界在哲学基础上深刻的统一性所震撼。为了证明这一点，让我在这里引用一下《论量子力学公理基础》一文中提出的部分观点。

我认为，图1-18所示的那个经典理性主义的假定只是一种特殊情况，它要满足很严格的条件。我们可以证明，所谓保持观察操作对客体影响不变，实际上只有在如下两个条件成立时才做得到。第一，观察操作对客体的影响保持恒定实际上和观察者的输出必须是内稳态等价，这样，经典物理学要求的第一个条件本身规定了所谓古典理性主义的基本假定实际上也不能脱离内稳态，这实际上只是变换了问题，例如把研究对象看作一些基本本征态的组合以及深入考虑的是不同系统本征态之间的关系。第

[①] 乐涌涛：《论量子力学的公理基础》，《物理》1976年第5期。

二，操作输入不改变对象状态，即观察操作对被观察者的状态影响可以忽略不计，只有当客体比观察者高一层次、处于同一层次或处于更严格条件下才成立。① 在一般条件下（大多数实验、日常生活中），特别是当人类企图认识微观层次物质运动规律时，原则上不能做到观察操作对客体的作用恒定不变和对客体的影响忽略不计（在一般对宏观客体所做的实验中，做不到这一点，详见本篇第四章）。② 物理学家早就指出，人在研究微观粒子时，必须使用仪器，仪器对微观客体的干扰是不可控的。关于仪器干扰的不可控性，一直是哥本哈根学派对量子力学哲学解释的基础。现在我们可以用自耦合分析方法，进一步分析这个出发点，得出一些更为细致的结论。

我认为，由于仪器干扰的不可控性，仪器和微观粒子的关系必定构成一个封闭的耦合网，这个耦合网可以用自耦合分析来处理（见图 1-19A、B）。由于仪器对微观粒子的作用会改变微观粒子的状态，而微观粒子状态一旦变化，处于同一状态的同一宏观仪器对这个微观粒子状态的作用又必然和原先不同。这样，仪器对微观粒子状态的影响实际上可以看作一个有反馈的系统，只要我们把仪器对微观粒子状态的影响定义为对微观粒子状态的输入，把微观粒子状态的改变定义为输出，显然，输入因输出变化而变化。这样图 1-19A 的仪器和微观粒

---

① 关于这一条件的严格定义，我们将在第三章讨论。
② 我们观察某一客体时，至少要用一束光来照亮它，虽然可以控制实验条件，使输入光的性质、强度不变，但微观粒子一旦受到光的干扰，对于改变了的微观状态，同样强度的光对它的影响和原来是不同的，因此我们不能做到光对客体的作用保持恒定不变。

子状态的耦合网可以简化为图 1-19B 的自耦合系统。在这里，自耦合系统的输入集 $\{\psi\}$ 为微观粒子状态，整个仪器和微观粒子状态的相互作用简化为一个对 $\{\psi\}$ 进行反复加工的算子 H。显然 H 的形式取决于仪器结构和微观粒子状态。

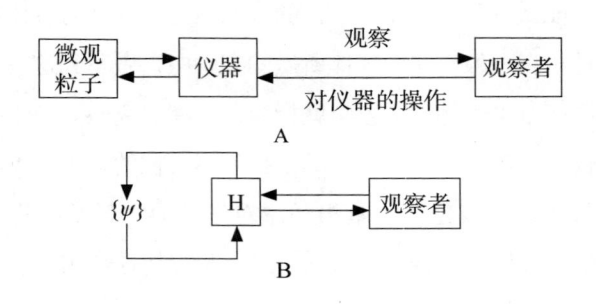

图 1-19　量子力学中的自耦合系统

现在我们来考察，在什么条件下可以用实验测得微观粒子状态所具有的客观量，或者说在什么条件下我们可以认为微观粒子状态具有某种确定的性质，例如电子具有动量、速度、空间位置等。某物具有某种性质，这是从亚里士多德以来哲学家就习惯了的对事物的描述。它究竟是什么意思呢？严格分析表明，我们首先必须赋予研究对象某种规定性，如果做不到这一点，我们便无法确定到底是什么具有某种性质。例如我们说这个球重 500 克，硫酸溶液是酸性的，就是分别从几何形状和化学成分赋予了球、硫酸溶液这两个对象某种确定的规定，而它们具有的性质可以看作规定性之间的映射。[①]500 克、酸性分

---

① 有关讨论可进一步参阅本书第二篇《发展的哲学》第七章，本书第三篇《整体的哲学》第三章第三、四节。

别是另外两种规定性。"球重 500 克""硫酸是酸性的"则是指出球和硫酸这两种规定与 500 克和酸性之间的确定的联系。因此，当我们说某一微观状态 ψ 具有某种性质（宏观可观察量）h 时，首先 ψ 要具有某种确定性。而且 h 要通过实验观察到，它必须满足实验可重复性的条件。虽然观察者在重复某一做过的实验时都尽可能控制实验条件，使其和以前的实验相同，但每次实验条件都有微小差别，测得的性质 h 必须在这些微小误差干扰下保持不变。总之，我们说某一微观状态 ψH 具有确定的性质 h，其意义是：当 $\{\psi\}$ 处于某一确定状态 ψH 时有 ψH → h，而且 h 是内稳态。但是在图 1-19B 的自耦合系统，$\{\psi\}$ 在 H 的一次一次作用下处于不断变换之中；因此，很明显，只有当 ψH 和 h 都是内稳态时，我们才能说微观状态 ψH 具有性质 h。于是那些具有确定宏观值的微观状态一定满足类似于方程 1-2 的内稳态所遵循的本征方程：

$$\psi H = H(\psi H) \quad （方程 1-4）$$

ψH 有宏观可观察量 h（内稳态）

方程 1-4 是从控制论内稳态条件得到的本征方程，即系统必须处于在 H 作用下不变的本征态。它和量子力学中的本征方程十分像。非常有趣，只要做某种数学处理，方程 1-4 就可以写成量子力学中本征方程的标准形式方程 1-2，其条件是，我们把 ψ 当作希尔伯特空间的矢量。把 H 当作这一空间的厄米共轭,方程 1-4 就变成方程 1-2。[①] 也就是说,量子力学中的本征方程和建构主义的内稳态在哲学上是完全等价的。

由于经典力学只是量子力学的特殊情况,这样我们就证明,物理学家所了解的客观实体也是某种本征态。当然,它不是如图 1-14 那样简单的认知结构的本征态。在量子力学中,本征态是什么取决于本征方程,而本征方程则和观察者使用什么仪器有关。微观粒子状态的存在同样离不开观察者的建构,差别只是这里的观察者不是用自己的神经系统(感官)而是用仪器来建构。仪器是观察者设计和控制的,他是观察者神经系统和手的延长。于是,我们可以说,只要我们对人的建构做正确的推广,不把它看作心灵、幻觉、想象,而当作实在的神经网络和对仪器的设计选择,则客观存在等价于本征态是普遍成立的。量子力学的证明,表面上看起来平淡无奇,似乎只是重复了建构主义已经得到的结论。但是我认为,无论对于量子力学还是对于建构主义,它都是重要的。一方面,它可以指示出十分抽象的量子力学实现基础的认识论根源,我们可以从中导出一些在认识论上引人入胜的发现。例如,在量子力学的本征方程中,算符可交换的意义不明确,它似乎是一种抽象。而在内稳态方程 1-4 中,算符代表了仪器和微观粒子的相互作用。这样,算符可交换条件(方程 1-3)就有了明确的认识论意义,即 ψH 同为两个不同自耦合系统的内稳态,换言之,两架仪器不互相排斥,一个仪器系统在结构上和另一个不互相排斥,它们是相容的。另一方面,它也解决了物理学对控制论认知理论

[①] 乐涌涛:《论量子力学的公理基础》,《物理》1976 年第 5 期。

的疑难，为建构主义进一步发展开辟了道路，将其有关神经系统的研究推广到更为广阔的认识论天地中去，在那里建立一种新的哲学。①

第七节　鱼龙混杂的哲学遗产

我认为，发现客观存在等同于认知结构的本征态是控制论和建构主义科学家对哲学的伟大贡献，但这并不意味着我同意建构主义的哲学结论。首先，建构主义对控制论的这一结论的表述并不严格。②建构主义把这一结论绝对化了。而且，至今

---

① 或许建构主义者和物理学家对量子力学的黑箱解释都不尽满意，认为它把仪器的作用放到了过于重要的位置上，人不仅可以通过仪器认识微观世界，还可以通过其他办法（例如建立模型）认识微观粒子，在这种认识过程中，难道一定需要包含仪器与微观粒子的耦合网吗？难道我们不可以在对客体的描述中消除仪器的影响吗？我们在后面将系统展开量子力学中仪器问题的讨论，并从黑箱解释中推出一条十分重要的结论，这就是仪器和自然规律等价。因而在认识微观世界时仪器是不能从研究对象的描述中除去的！非常有趣的是，实际上，上述批评因和直观认识论中那种把神经系统当作认识外界的通道类似而与对神经网络封闭性的争论相似，因为，仪器在认识论中是作为观察者感官和认知工具的延长，仪器和观察者本身的神经网络或许在控制论中可以当作同类的东西加以处理。总之，无论从哪一个角度出发讨论，我们都可以证明，在量子力学中本征态和认识结构的封闭网中的本征态完全等价。但这已经不是现在知觉理论层面的讨论，它把我们带到一个更为广阔的认识论和哲学战场。
② 根据我对量子力学哲学基础的研究，我认为，应该把控制论这一结果表示成更为科学的陈述：任何一种具有确定性存在的存在都是某个系统的内稳态（这一点可参看《整体的哲学》），在绝大多数情况下，它们也是人认识结构的本征态（因为我们必须排除经典力学所假定的那种特殊情况，即具有确定性质的存在虽然也是内稳态，但并非一定是和人特殊　（下接第202页脚注）

为止，建构主义哲学只是依靠控制论的自然推导、延伸得出的整个哲学体系。必须指出的是，有关本征态的探讨本身并不是哲学，它实际上只是具有普遍方法论意义的科学成就。从来，科学发现只为建立新的哲学大厦奠定基础，在这一基础上怎样建构哲学还得靠哲学家的努力。一般说来，从科学通向哲学的道路总是布满陷阱，人们往往误入歧途。在正确的科学基础上建立正确的哲学构架同样需要艰苦而精细的思考，它必须经受反复批判和证伪的洗礼。我认为建构主义者在这一块新的土地上建立的哲学殿堂远不如他们的科学理论那样成功。它有点像超现实主义的雕塑，以其缺乏消化的艰深的数学表达式鹤立在20世纪哲学的鸡群中。

今天，当人们从不同角度观察这座建筑物时，建构主义哲学往往呈现出完全相反的哲学形象。当我们仅仅考察客观存在等价于认知结构本征态时，马上可以推出客体是不能独立于观察者神经结构而存在的结论，它很像主观唯心主义的主张。但是建构主义并不像以往唯心主义哲学所做的那样，仅仅通过思辨来推知世界是我们的感觉。它的讨论建立在对认知结构的深入研究之中，因此，如果我们不仅仅看其最后结论而是进一步去研究它导出结论的分析过程，则必须先肯定认知结构，承认神经网络及整个系统的封闭耦合的存在。只有存在这一前提，才能有本征态。这样，存在似乎是第一性的，它又类似于唯物

（上接第201页脚注）　的认知结构有关的，在量子力学情况中，它则是推广了的认知结构（包括仪器系统）的内稳态。必须指出，从这个更准确的表达引出的哲学结论必然是和建构主义不同的。

主义哲学观！但是认知结构又不是如唯物主义所主张的那种独立于一切人的意识之外的存在，我们所讨论的认知结构，无论对于外部黑箱还是人的神经系统，都是对一定的观察者而言的，它只是另一个更高层次上认知结构（包括监视观察者观察过程的观察者）的本征态。在建构主义哲学中，观察者和整个认知系统处于一种奇妙的自我相关之中，它用蛋生鸡、鸡生蛋这样的循环，回避了原先唯物主义与主观唯心主义的冲突。因此，建构主义认为它已超越了哲学史上持续了两千多年的争论，完成了一次新的突破。

这究竟是一次哲学革命还是诡辩？从来，某一种新的哲学思想是否代表未来的出路，不能仅仅从内部来判别，而要看它能否回答整个时代对哲学的要求。我们在第一章概述了从量子力学新发现开始的科学理性面临的一系列严重危机。建构主义能应对这些挑战吗？

第一个问题是：怎样重建科学和理性的基础？主观唯心主义否认独立于人意识之外的客体和事实，必然导致迄今为止科学所依赖的哲学基础的瓦解，而建构主义有关客体的论述很类似主观唯心主义的主张。因此，建构主义不能回避的是，如果没有独立于观察者之外的事实，那我们用什么来鉴别人对世界认识的真伪，什么是真理和谬误的试金石？利用本征态和客观存在等价能找到科学理性新的基础吗？第二个问题仍然是从量子力学开始的那种折磨人的科学和直观对立的荒诞性。月亮在无人看它时真不存在吗？如果不是，我们怎样解释电子的行为？我们如何理解量子力学实验中那令人不可思议的"传心术"？推而广之，我们仍然回到那个唯物论和唯心论争论了两千多年的老问题：为什么人那么重要，没有人，世界真的不存在吗？很多时候，深刻的唯心论可以把许多具体问题讲得头头是道，对于一个小孩子提的问题却很难回答，这就是在有人之前，世界究竟是否存在？建构主义提出的观察者和客体的互相依赖与整个认知系统和观察者多层次的自我相关，虽然在语义上逃避了主观唯心论和唯物论的对立，但仍不能回避这个问题。只要我们承认人是大自然的创造物，则自然界的观察者是被自然界本身创造出来的。那么，在有人之前，世界是否存在？我们是否可能知道在人类出现之前世界是什么样子？如果能，当时没有观察者，它也不会是本征态；如果不能，今天的科学知识不是已经告诉我们很多地质年代，甚至宇宙大爆炸的细节了吗？

在这些简单而质朴的问题面前，很多聪明而深刻的哲学体系就像皇帝的新衣一样经不起考验。建构主义同样也碰到困难。因此，在第三章和第四章，我们准备分别回答这些问题。一方面，我们必须继承建构主义的很多重要成果，特别是彻底而深刻地挖掘本征态和认知结构封闭性的意义；另一方面，建构主义哲学对于我们是远远不够的，我们必须对它进行改建，因此我准备结合建构主义哲学对以上问题的一些论述进行分析，提出我自己的一些观点。建构主义也许正如"建构"这个名词的真实意义所表示的那样，它只是用来建立未来哲学的脚手架，我们只有在扬弃的基础上才能看清那正在形成的新的哲学大厦。

第三章　客观性和公共性

我的目的是教你从被伪装着的胡说八道中摆脱出来而进入那种明显的胡说八道。

——维特根斯坦[①]

对于主客观问题来说,整个西方哲学史是一部辉煌的失败史。

——恩斯特·冯·格拉塞斯费尔德

第一节　对经验可靠性标准的重新考察

现在,让我们回到认识论的基本问题中来:人怎样鉴别自己思想和经验的正确性?既然控制论已经证明所谓"客观存在"大多只是认知结构的本征态,那么直观唯物主义经验论所坚持的那种不依赖于人的建构的纯客观,是没有普遍意义的,它不能成为鉴别理论真伪的基石。建构主义者不得不重新审查认识论最核心的问题。他们发现,几百年来直观的唯物主义经验论一直在犯一个重大的逻辑错误!

---

① Ludwig Wittgenstein, *Philosophical Investigations*, translated by G. E. M. Anscombe, The Macmillan Company, 1968, 1: 464.

自从近代科学诞生以后,科学家意识到,为了认识"真理",必须区别哪些知识是不可靠的,是个人的偏见、幻觉,哪些是事实。他们找到一个重要的鉴别标准,这就是看它们是否依赖于个别观察者。伽利略曾这样写道:"事物的味道、颜色等只是一些没有太大意义的外表的名称,它们是依赖观察者感觉的……"①伽利略认为,只有物质的质量、空间位置、体积这些当时哲学家称为第一性质的东西才是不依赖观察者的,它们是真正的客观存在。为了将观察者从科学事实的描述中排除出去,以得到一种与观察无关的纯客观的真理,科学理性主义确定了如下原则:"如果当一个科学观察是有效的,那么对于任何一名合格的科学家,只要有足够的时间和金钱设备,他应该可以重复这一实验,可以观察到同样的现象,得到同样的结论。"②也就是说,科学理性是用排除作为观察者的个人来证明不依赖于观察者的客观存在!当某一个现象不仅仅在我做实验时可以观察到,任何一个科学家只要用同样方法做实验,必定能看到同一现象,这就证明我看到的现实是与我的偏见和错觉无关的,它也必定是不依赖于"我"而存在的,这样作为观察者的个人是可以排除的,科学就是一种与观察者无关的纯客观知识。

自16世纪以来,上述原则被科学家广泛接受,它是古典

---

① Lynn Segal, *The Dream of Reality: Heinz von Foerster's Constructivism*, Springer, 2001, p. 15.

② Lynn Segal, *The Dream of Reality: Heinz von Foerster's Constructivism*, Springer, 2001, p. 15.

理性主义的基石。现在，让我们来深入探讨这一基本前提。首先，我们碰到的第一个问题是：排除观察者个人真的意味着排除一切观察者吗？当我观察一杯溶液时，发现它是红色的，我把它给别的观察者看，他们都说这是红色的，显然红色不是我的错觉，但能由此证明红色是与观察者无关的吗？当然不能！红色是观察者对特定频率的光的知觉，对于一群色盲观察者，它就不是红色的。对于狗，红色没有任何意义！实际上，这里"红色"并不是一个与观察者无关的纯客观性，它只是对某一群观察者而言的"公共性"！古典理性主义用排除观察者个人的方法并没有证明纯客观的存在！他们犯了一个不易发现的逻辑错误，把观察者知识可以共享（即具有某种公共的经验）当作纯客观性。实际上，只要我们使哲学推理严格化，就可以发现，用实验的广泛可重复排除观察者的个人偏见，充其量只证明了人类的某些经验具有超越个人的普遍性，并没有把具有共性的人即具有相同神经结构的观察者排除出去！只要每个观察者与对象之间都能形成相同的认知结构，他们就能得到同样的本征态。这个本征态不依赖于某一特定观察者，但和某一类观察者相同的认知结构有关！

"客观性"是经验的"公共性"，哲学家对这个命题太熟悉了，它使人想起主观唯心主义和经验批判主义早就做出过的类似论述。也许，主观唯心主义对哲学正确的贡献正在于它用看似荒诞的语言指出，把共同经验和客观性相混淆大约是人类历史上常见而且古老的错误，正因如此，甚至在人类构词法的基本原则中，我们都可以发现它的影子。例如拉丁语词根 res 意味着某物，实际上它的意义就是 republic（公共的）。研究人类怎样错把公共性当作客观性，对于一个分析哲学家进行严格的思想体操虽然十分有趣，但对于科学理性毫无用处。虽然"客观性"必定可以变成某种"公共性"，但逆命题并不成立，普遍的思想错误、群众的迷信、人们共同相信的流言，它们都是某种公共性！"公共性"并不是"客观性"，公共性并不能成为鉴别思想和经验真伪的基础。当然，在人类过去的几千年历史中，甚至在今天某些领域，经验的公共性经常是鉴别真伪的标准，任何一个时代的人差不多都把这个时代人们公认的东西当作真实的东西，这也正是人类至今为止不得不在迷信的泥沼中挣扎的原因之一。是的，正是为了超越这种公认的错误，科学理性才开始寻找那区别真理和假象的试金石。但现在，不依赖于人的纯客观事实似乎已被粉碎，又如何在人类思想中那如白云苍狗般混乱动荡的思想公共性中去寻找一个稳固的基石呢？

在这方面最有造诣的建构主义者是生物学家兼哲学家马图拉纳。他认为，既然排除观察者是不可能的，那为什么我们不能用科学本身来定义科学呢？科学观察的有效性不一定要诉诸不可靠的客观性。虽然我们没法预言"客观的"月亮在某一时刻正在某处，但可以预见在某种条件下我们可以共同具有月亮在某处的经验。那么我们只要精确刻画人类怎样达到共同经验的条件，就可以获得鉴别真理还是谬误的标准。他提出，科学理性所诉诸的鉴别真理的程序须满足如下四个步骤：[1]

---

[1] 下文引用主要来自 H. R. Maturana, "Biology of Language: The Epistemology of Reality", In G. A. Miller & E. Lenneberg, ed, *Psychology and Biology* （下接第 209 页脚注）

第一步是做明确的区分，即明确条件性（虽然这些条件是和观察者有关的），观察者必须列举出他企图观察或解释某一现象所必需的一切条件，这些条件包括观察者为了知觉某一现象必须实行的种种操作；

第二步是构造假说，观察者提出一个普遍的解释系统，假说必须阐明某种机制，它是同第一个步骤刻画体系同构的系统，根据这个假说，只要设想假说中某些条件被实现（操作），假说的机制可以推出观察者想解释的现象；

第三步是计算，观察者根据假说系统计算另一个新的现象；

第四步是证明，观察者进行某种操作，看看它能否观察到通过第三步计算得到的现象，如果这一现象被观察到，则第二步的解释被证实，假说系统同构于操作系统的经验。

马图拉纳以闪电为例对这四个步骤做了说明。第一步，明确条件：在夏天下雨时以及适当条件下你将看到闪电。第二步，构造假说：云在摩擦中产生静电，它和地面的电位差导致放电，这就是闪电。第三步是计算：如果在云中安一个导电体接到地面，可以让电容器充电。当电容器充电后，我们可以观察到放电时的电火花。第四步是证明：我们放一个风筝到空中，并用一根导线将风筝与电容器相连，看看电容器是否放电。马图拉纳指出，上述四步就是科学家用实验来鉴别理论构思是否正确的基本步骤，其中每一步都和观察者有关，每一步

（上接第 208 页脚注） *of Language and Thought*, Academic Press, 1978；另参见 Lynn Segal, *The Dream of Reality: Heinz von Foerster's Constructivism*, Springer, 2001, Chapter 3。

所涉及的都只是观察者经验的公共性,这里没有独立于观察者的客观性,但这四个步骤组成一个有机的结构,它们可以区别科学还是非科学。严格说来,科学真理可以定义为用上述步骤所达到的人类经验的公共性。它并不需要独立于观察者的客观性作为鉴别理论真伪的基础。[1]

让我们来分析一下马图拉纳提出的程序,在我看来,马图拉纳先对人类可以共享的经验进行了某种区分。第一类为在操作系统中获得的经验,人在实验操作中和对象耦合,可以获得有关对象的知识,我们可以称之为操作系统的公共经验。马图拉纳相当于认为,对于操作系统的公共经验,我们可以用严格限定条件的办法,使不同观察者的感觉经验趋于相同,这一类公共性,只要刻画它们的条件充分仔细,它们就是可靠的。第二类是思想、概念、观念系统,它是人用某一种机制来模拟那些在操作系统中可观察到的现象之间的联系。这一类系统理论

---

[1] 对此,马图拉纳在一次访谈中有更进一步的说明:"我是一名科学家,能够说明在某种条件下发生的事情,我声称这事实际上正在发生。我可以提供符合科学解释条件的论据和理由,但我实际上所说的既不是真也不是假……在我看来,证明是提供一个可以接受的描述,这个描述产生并引发了我们想要证明的事件。证明和解释与外部现实或真理的表征无关;它们是人际关系的表达。我们相信一个论点或解释,是因为我们认为它是有效的,因为它以一种我们认为可以接受的方式描述——无论出于何种原因,并基于最多样的有效性标准……当问题最终似乎得到解决并且答案已经找到时,所有的怀疑和寻求就会被满足的状态所取代;不再有更多的问题。证明和解释从根本上依赖于个人或团体的接受。它们改变了一种关系。如果我们接受某事,我们总是有意识或无意识地应用一个验证标准,以决定被证明和解释的内容的可接受性。"(Humberto R. Maturana & Bernhard Poerksen, *From Being to Doing: The Origins of the Biology of Cognition*, Carl-Auer Verlag, 2004, pp. 53-54.)

的公共性是否正确，则要通过严格鉴别。但鉴别不是拿思想观念和客观事实比较，而是先将假想的条件输入这个思想模型，一定会得到预期现象，我们可以把预期现象和操作系统的观察进行比较，当操作系统中获得的公共经验和思想系统的结果相符，则可以认为思想系统的公共性正确。科学上常讲的用实验或用经验事实来鉴别理论，并不是用与观察者无关的纯客观来鉴别理论，实际上只是用操作系统的已经认同的公共经验来排除思想系统中的错误的过程，从而使理论思想系统也获得某种正确的公共性。因此，即使没有不依赖于观察者的纯客观，科学和理性的大厦也不会倒塌，人们可以把客观性放到括号里。①

不能否认，马图拉纳的分析十分精辟，他对科学方法的描述无疑是正确的，几百年来科学家正是这样工作的。用科学操作来定义科学，这种返璞归真的做法确实妙，按冯·福斯特所讲的第 18 头骆驼的故事，建构主义哲学家巧妙地把纯客观从科学理性的基础中排除了出去！但十分遗憾的是，建构主义哲

---

① 关于这一点，马图拉纳曾用一个飞行员的例子加以说明："想象飞行员坐在驾驶舱中，在完全黑暗的环境下驾驶一架飞机。他们无法直接接触外部世界，也不需要这样做，他们根据测量值和指示器采取行动，当数值发生变化或出现特定的数值组合时，使用他们的仪器。他们建立感觉运动相关性，以保持相关数值在指定的范围内。当飞机降落后，可能会出现一些朋友和同事，他们观察到飞机的到来，并祝贺飞行员在浓雾和危险的风暴中成功且令人钦佩地降落。飞行员们感到困惑并询问：'什么风暴？什么雾？你们在说什么？我们只是操作了我们的仪器！'你看：飞机外发生的事情对飞机内的操作活动来说，是无关紧要且毫无意义的。"(Humberto R. Maturana & Bernhard Poerksen, *From Being to Doing: The Origins of the Biology of Cognition*, Carl-Auer Verlag, 2004, pp. 63-64.)

学在这里却突然止步,他们一旦发现,即使没有纯客观事实,科学理性大厦也可以自然坚固地挺立,就心满意足了。他们并没有深入探讨科学理性的基础。因此,那些涉及科学理性基础的进一步深入的问题是建构主义者无法回答的。

第一,为什么只要严格定义操作条件,我们就能保证操作系统的经验一定可靠呢?为什么操作系统的公共经验是可靠的,可以作为鉴别其他系统的基础呢?我们下面马上可以证明,建构主义这一基本假定只是必要条件,而不是充分条件。在某种情况下,虽然一群观察者尽可能使他们面临的操作系统所处的各种条件同一,但这并不能保证经验是可靠的!因此,不把更为复杂的情况考虑进去,建构主义的哲学大厦就是建立在沙滩上的,一旦碰到复杂情况,整个建构主义哲学大厦也就倒塌了。

第二,用科学本身的结构来说明科学理性的合理性,这本身只是巧妙地逃避了问题,今天理性主义面临的困难在于,我们不明白为什么用上述科学方法获得的知识是可靠的、正确的。为什么要把人的知识分成操作系统与理论系统,为什么理论系统要和操作系统同构,要用操作系统来鉴别,是否可以用别的方法来建立理论获得某种经验的公共性呢?这样是否会滋长迷信呢?为什么近400年来,科学家所用的方法是科学的?是否只有这种方法才能获得正确的知识呢?总之,马图拉纳用科学本身来描述科学,并没有回答为什么科学是合理的这一当代理性主义面临的基本问题!

我发现,其实建构主义的困难恰恰在于他们并没有真正彻底继承控制论和系统论取得的成果。他们太急于做某种哲学概括了,从客观存在等价于本征态抽象出独立于人的纯客观并不普遍地存在,这在逻辑上也许没有错误,但这个结论是一个表面而容易的哲学结论。① 实际上,本征态以及与其相关的控制论和整体哲学已经蕴含了更为深刻的成果,而建构主义者急于采集这块处女地表面五光十色的花朵,却忘记了去挖掘埋藏在深处的哲学宝藏。

第二节　寻找新的奠基石

我发现,只要深入分析建构主义提出的经验可靠性的鉴别方案,无论是马图拉纳的程序,还是伽利略提出的用排除个别观察者的办法来诉诸感觉经验的客观性,其背后都隐含着一个重要的认识论前提,这就是近代科学是严格地运用经验的可重复性(而不是其他标准)来作为鉴别其真伪的标准的。建构主义放弃客观性重建科学认识论的思路正是企图使哲学家重新回到这一基石。虽然他们并没有在这一基石上盖起真正的哲学大厦,但已为我们清理干净覆盖在这一基础之上的几百年来错误和偏见的杂草,使我们能真正看清这一块基石。

---

① 后面一章我将要证明,这实际上是一个浅薄的正确结论。在某种意义上讲,客观存在是不能放到括号里去的,只要我们变换讨论角度(例如提出观察者与条件等价,把观察者用适当的条件来取代),控制论的科学成果完全可用与观察者无关的客观语言描述,但是,为了保证讨论的顺利展开,我们先不谈是否有独立于观察者的客观存在问题,而从建构主义熟悉的术语和逻辑以及吸收控制论具体成果开始,一步一步严格展开我们的讨论。

确实，科学是建立在一个十分简单而深刻的前提之上的，只有当某些经验可以普遍地重复时，[①]它们才是可靠的。至于这些经验与观察者有关还是可以独立于观察者，这本身无关紧要！这是一个十分朴实但十分牢固的基础（虽然人们至今还不明白为什么这个基础是对的，为什么它对人类文明如此重要）。为了理解它的含义，哲学家却将其误解为我们必须把不依赖于观察者的纯客观当作鉴别思想真伪的原则（这两个前提确实十分相近，但毕竟是不等价的）。这种误解有点像美国数学家诺伯特·维纳在《控制论》一书中讲过的那个魔术师徒弟的故事。魔术师徒弟从师傅那里学来了某些咒语，他便命令一把扫帚来代替他挑水。但是他并没有真正理解那些咒语，结果他无法使扫帚停下来，扫帚不断挑水，水溢出水缸，差一点把这个徒弟淹死。[②]400多年前，科学处于童年时代时，用客观性来作为鉴别经验真伪的基础确实大大促进了科学发展。当时，这两个表述之间微妙的差别无关紧要，但当20世纪科学长驱直入到微观世界，哲学家终于意识到不依赖观察者的纯客观不能无条件地成立，因而用纯客观事实来鉴别理论的真伪是不可能的。他们以为整个理性的大厦必然倒塌。但是科学发展的机制并没

[①] 必须指出，可重复性有双重含义，一重含义是某一现象（或人类经验）可以不止一次地重复出现；另一重含义是社会化，即某种现象可以被一群观察者（不止一个）观察到和确认。伽利略提出的不依赖个别观察者经验在某种程度上是强调后一种含义。实际上，这两种含义是不可分割的。我认为，凡是可重复的经验都是可靠的，但逆命题是否成立？这是科学方法论必须深入讨论的问题，它涉及科学规范的基本结构。

[②] N.维纳：《控制论》，郝季仁译，科学出版社2009年版，第134页。

有因为哲学家这一新发现而停止工作,因为科学家从来不是用纯客观而是用观察(经验)的可重复性来鉴别实验的真伪!同 200 多年前一样,今天那些研究量子物理的科学共同体每天依然可以毫无困难地鉴别哪些实验是真的,哪些则是假的。结果被非理性主义洪水淹没的并非科学,而只是误解科学和理性的粗心大意的哲学家。

我认为,为了完成 20 世纪科学理性的重建,今天哲学家正确的态度是:我们必须比以往的哲学家更为小心而深刻地思考这一鉴别经验真伪的科学原则,并在这一基石上重新筑起严格的哲学原理柱石。为了整个探讨在逻辑上的严密和精确性,我暂时回避脱离于观察者的客观世界是否真的存在这一问题,小心翼翼地从观察可重复性出发来阐明理性的基础。而把客观性的疑难放到下一章讨论。首先,让我们考察一下观察者在操作系统中的经验可以普遍重复究竟意味着什么,为什么它对科学如此重要?显然观察者经验的可重复性包含两重含义。第一,对于观察者个人,某一经验的可重复意味着观察者可以反复观察到某一种特定的现象,只要他进行某种特定的操作,就能进入他曾进入过的某一种特定的环境[①](注意,这里包括某一现象以一确定的概率重复)。正如目前通信系统中用可重复性作为可靠性标准一样,它是科学可靠性甚至预见性

---

① 注意,观察者进行某种操作就意味着它进行某种条件控制或选择,因此,我们可以用对观察条件的控制或可控制地重复来严格定义它。(这种可控性并不是指现象本身成为可控的,而是观察者观察到这一现象的条件尽量成为可控的。)

的基础。第二,不仅仅这一个观察者可以获得这一经验,社会上其他任何观察者只要实现相同的条件,他们也能进入相同的环境。这一点保证了属于某一观察者的个人经验社会化的可能性,[1] 社会化意味着这类经验可以积累,可以在积累中进步,并且它也潜在地确认了这种知识可以转变为技术。实际上,正是这两个条件使得科学知识具有和人类其他知识不同的重大特点!那么,观察者哪一类感觉和经验可以满足个人可重复性条件呢?我们马上发现:它就是内稳态!认知结构的内稳态一定具有某种程度的可重复性!

  我认为,应该在认识论中提出一个基本原理:人类可重复的经验的核心组成部分必定是他和某一对象构成的认知结构内稳态。我发现,它为建立今后科学理性的大厦提供了基础性原理,并可由它证明科学理性的基本结构和种种其他准则。建构主义者在分析客观存在等价于认知结构本征态的哲学意义时,只注重了本征态依赖于观察者这一个方面,对本征态是内稳态这一点没有给予足够的重视。实际上,作为客观存在的神经网络的任何本征态,在外界微小干扰存在时能保持不变(或有纠正偏差的能力),[2] 也就是说它具有稳定性,这正是任何一个观察者和外部黑箱耦合时,他的某种经验具有可重复性的基础。任何一个观察者在认知结构中都能获得很多经验,那些不是内稳态的感觉会如昙花一现,人们不能鉴别它是不是错觉。而只有那些有关内稳态的经验才是可以排除偶然干扰而反

---

[1] 在这里,我们把某一现象对一群观察者可重复称为经验的社会化。
[2] 见本书第三篇《整体的哲学》第三章第一、三、四节。

复出现的。这样我们就可以理解，为什么科学理性一定要强调用操作系统中获得的公共经验来鉴别其他经验，因为只有一个如图 1-14 的操作系统，观察者和外部黑箱才能形成封闭性耦合，它才能造就内稳态。对于那些非操作系统（例如纯观察系统、想象系统），由于没有形成封闭的认知结构，或虽形成封闭结构但不完备，就不一定具备内稳态，这些经验即使对于个人也不一定是可以重复的。①

那么，我们又如何保证某一观察者个人的经验可以社会化成为所有观察者共同的公共操作经验呢？显然这就是许多封闭的认知结构怎样才可能具有相同的内稳态的问题。答案是不难找到的，第一个条件是：每一个由观察者和认知对象组成的耦合系统都是相同的！② 当观察者具有相同的神经结构，那么我们只要确认与观察者耦合的系统相同，就能证明两个认知结构的同一，于是观察者必须尽可能详细地规定操作，以及与它耦合的对象，只有在这详细的规定中，两个观察者才能对比他们和外部世界耦合成的认知结构封闭网是否相同，当他们确保了两者结构相同的条件时，则可以认为他们与外界耦合可以得到相同的内稳态。这样属于观察者个人的本征态才可以属于社会。总之，经验可重复性的另一重含义——可社会化，实际上

---

① 一个纯观察系统（观察者对它不具有影响的可能）是否具有内稳态，这是一个十分有趣的问题。一般说来，它不一定具有内稳态，但在某些条件下仍可能有，在本篇第三章第四节我们将对这一问题进行深入讨论，在第四章第一节中我们对客观的内稳态和认知结构内稳态做严格区分。

② 至于在技术上如何实现，这一点我们暂不考虑。

只是意味着当我们按对有关认知结构的操作的详尽规定重新构造一个新的系统,我们就可以重复得到同样的内稳态。

现在,读者已经可以感觉到,只要利用内稳态的各种性质,我们可以将第一节马图拉纳提出的鉴别科学知识真伪的那些必需步骤从理论上推演出来!但是如果我们仅仅能做到这一点,我们所做的原则上不过是属于进一步加固建构主义已经建起的哲学框架罢了,还谈不上超越它。然而,事实上,利用内稳态来研究经验可重复性的基础必定要超出建构主义哲学。因为我们可以用内稳态深入讨论(例如结构稳定性问题)证明,马图拉纳所讲的程序仅仅是鉴别经验是否正确的必要条件,而不是充分条件,在某些情况中,即使马图拉纳所讲的整个程序都满足,我们仍然没法保证观察者经验的可重复性,特别是社会可重复性。这时鉴别经验真伪的问题显示出它错综复杂的深刻性,这也正是科学真理结构最深入、最吸引人的方面。我们后面将证明,内稳态要有社会化的可能,必定需要系统的结构稳定性。它是一种比建构主义包容度更为广阔的哲学。[①]

第三节 同一性疑难和结构稳定性

我认为,建构主义不用独立于观察者的纯客观性作为鉴别经验可靠性的基础,确实使理性的严格化大大前进了一步。但

---

① 见本篇第四章第四节。

是由于学者们一直没有对作为本征态的稳定性给予足够重视，这就造成其整个哲学架构有一个巨大的逻辑漏洞，他们认为只要某个观察者对操作系统各种变量（观察条件）进行详尽区分，我们就在原则上可以设计和达到与这个观察系统完全一样的系统，从而使各个系统本征态相同。而这一点实际上是做不到的。一个科学家虽然尽量严格地根据别的科学家对一个实验的描述去重复实现实验条件，例如用同样的观察仪器，控制同样的温度、压力……用同样的操作程序，等等，但事实上，要实现两个观察系统（认知结构）完全同一是不可能的。温度总有零点几个K（开尔文）的误差，实验室的磁场强度、空气里正离子浓度、实验对象离月球的位置……实验室外面的风速等等都会有不同（任何两个观察者的神经系统也必然有微小不同）。其实，任何实验科学家在做实验时，除了去实现建构主义强调的明确相同的操作条件外，必定同时去做另一件哲学家经常忽略的事情，这就是去计算各种误差，并估计预期现象误差可允许的范围，只有当预期现象在误差范围内被观察到，实验才算被重复。超出误差范围和一点误差都没有，都是使科学家极为不安的事情。在误差范围之外，表明实验没有重复。没有误差常常也意味着实验一定在某个环节上出了毛病。科学史上大量事例证明，当某一实验一点误差都没有时，这个实验往往是有问题的，因为观察者生活在误差和不可控的微小干扰的海洋中。

　　忘记了微小的干扰无处不在，表面上几乎是一个无关紧要的忽略，但这一疏忽却足以动摇整个建构主义哲学基础。我们怎么能担保，这些微小干扰和误差不会导致失之毫厘，差之千里的后果呢？不考虑微小误差而假定抽象的同一，这是古典哲学家的出发点，而分析怎样在干扰和误差的海洋中做到基本同一，这正是近代控制论思想的精神。非常奇怪，在这个问题上起源于控制论的建构主义者的思想则是类似于古典哲学的。①

也许，那个著名的逻辑驴子的故事很能反映忽略微小干扰带来的判断失误，这就是布里丹之驴的寓言：一只完全理性的驴恰好处于两堆等量等质的干草的中间将会饿死，因为它不能对究竟该吃哪一堆干草做出任何理性的决定。② 这个故事当然是一个笑话。事实上任何一头逻辑驴子都不会饿死在两堆干草之间，它总会去吃某一堆干草。这倒不是因为这头驴子不可能真正用逻辑思考，而在于干扰的存在和这个系统刚好是结构不稳定的。我们假定可以用计算机来设计一头真正的"逻辑驴子"，它吃哪一堆干草的决定完全取决它离干草的距离。一开始我们把这台计算机放在离两堆干草的绝对准确的等距的

---

① 我们后面将指出，不确定性的存在、干扰的存在将成为今后新哲学构架的重要基础。见本书第二篇《发展的哲学》第七章。
② 需要注意的是，虽然这个寓言被冠以法国哲学家让·布里丹的名字，但布里丹的著作中并未提出过这个寓言。这个寓言更可能来自后人对布里丹哲学的批评。布里丹认为，如果两种方案被认为相等，那么理性意志就无法打破僵局，它所能做的就是暂缓判断，直到情况发生变化，正确的行动方针明确为止。他借此指出：自由意志可能在于不行动的能力，即在于将任何不绝对确定的实践判断推迟或"退回"以供进一步考虑的能力。后来批评者则借由布里丹之驴的寓言，来说明布里丹的观点是荒谬的。（Jack Zupko, *John Buridan: Portrait of a Fourteenth-Century Arts Master*, University of Notre Dame Press, 2003, 400n71.）

点上。

　　在不考虑误差和干扰时，我们可以得到逻辑驴子这个故事描述的结果：计算机永远处于两堆干草之间不动。但实际情况如何呢？计算机是处于大地的震动、风的影响等等干扰之中的，只要微小的干扰使它偏离这一堆或那一堆，都可以导致它选择两堆干草中的任何一堆。

　　逻辑驴子的例子给我们一个启发，在微小干扰的作用下，即使两个极为相似的（几乎同一的）系统也必定有两种可能。第一种可能是，即使微小干扰存在，它们的内稳态还是相同，即我们可以说它们同一。另一种可能是它们是结构不稳定的，只要这两个系统的条件有微小差别，它们的内稳态就会完全不同。因此当我们分析一个观察者经验可以被另一个观察者重复的条件时，必须研究整个系统的结构稳定性。

　　为了考察结构微小变化误差对本征态的影响，在此我有必要引用一下在《整体的哲学》中提出的研究结构稳定性的方法。结构稳定性是一个相当复杂的数学概念，但是我发现只要采用自耦合分析，则可以从十分简明的结论中领悟到某些深入的哲学结论。

　　对于如第二章图 1-8 那样的典型的自耦合系统，我们可以设想整个系统的功能函数 F 是依赖参数 a 的。当 a 取不同值时，F 的形式不同，它表示自耦合系统的结构不同，现在让我们来考察两个结构基本相同的自耦合系统。一个的功能函数为 $F(a)$（见图 1-20A），另一个只是参数 a 受到误差的干扰，是 $F(a+\Delta a)$（见图 1-20B）。我们可以认为它们分别代表相当近

第一篇　人的哲学——论"客观性"　221

似的两个观察者的认知结构。这两个系统本征态 S_o 有什么不同呢？根据本征方程（方程 1-1），我们有：

$$S_o = F(S_o) \quad （方程 1-1）$$

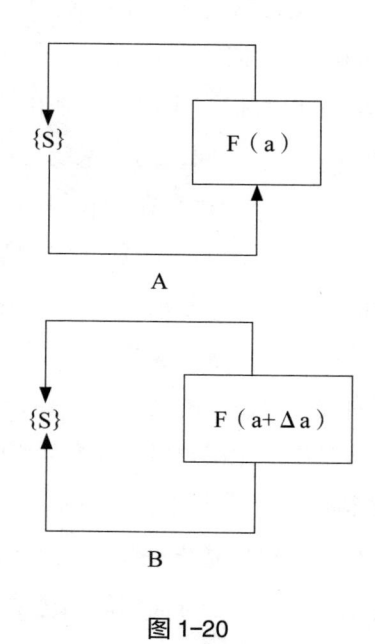

```
        ┌──────────┐
        │          │
        ▼       ┌──────┐
       {S}     │ F(a) │
        │      └──────┘
        │          ▲
        └──────────┘
             A

        ┌──────────┐
        │          │
        ▼       ┌─────────┐
       {S}     │F(a+Δa)  │
        │      └─────────┘
        │          ▲
        └──────────┘
             B
```

图 1-20

当 $F(S)$ 是一般的非线性函数（而不是运算子）时，本征态可以用蛛网法求得，这时 S_o 为内稳态的条件是[①]：

$$S_o = F(S_o, a)$$

[①] 有关这方面的详细讨论可以参见本书第三篇《整体的哲学》第五章第一节。

$$-1 < \left.\frac{\partial F}{\partial S}\right|_{S=S_o} = F's(S_o, a) < 1$$

当 $F's(S_o, a)=1$ 时，必须考虑高阶导数

显然当 a 受到干扰，变成 $a+\Delta a$ 时，对于图 1-20B 所示的系统内稳态为 $S_o+\Delta S_o$，它也满足相应的本征方程：

$$S_o+\Delta S_o = F(S_o+\Delta S_o, a+\Delta a)$$

将方程右边用幂级数展开后有：

$$S_o+\Delta S_o = F(S_o, a) + F's(S_o, a)\Delta S_o + F'a(S_o, a)\Delta a$$

考虑方程 1-1，我们可以求得 ΔS_o 为：

$$\Delta S_o = [F'a(S_o, a)] \cdot \Delta a / [1-F's(S_o, a)] \quad （方程 1-5）$$

我们从方程 1-5 中可以得到十分重要的结果，显然 $F'a(S_o, a) \neq 0$，那么当 $F's(S_o, a) \neq 1$ 时，只要 $\Delta a \to 0$，必定有 $\Delta S_o \to 0$，即当参数变化很小时内稳态变化也很少。$F's(S_o, a) \neq 1$ 就是指自耦合系统结构稳定，于是对于那些结构稳定的系统，只要我们使自耦合系统 B 的结构充分接近自耦合系统 A，B 的内稳态也可以充分接近 A 的内稳态。但是，当 $F's(S_o, a) \to 1$ 时，即使 $\Delta a \to 0$，两个系统内稳态也可以有很大的不同。$F's(S_o, a) \to 1$ 就是指自耦合系统结构不稳定。

这时，虽然我们尽可能使图 1-20 自耦合系统 B 的结构接近自耦合系统 A，但无论如何它们结构不能完全同一，只要有一点点误差 Δa，它们的内稳态就可能大相径庭。图 1-21 给出一个结构不稳定的内稳态的实例。由于功能函数 $F(S)$ 在 S_0 处和对角线相切 [即斜率 $F'_s(S_0, a)=1$]，它是结构不稳定的，但在 S_0 点 $F(S)$ 的高阶导数不等于 1，这就保证了当参数不

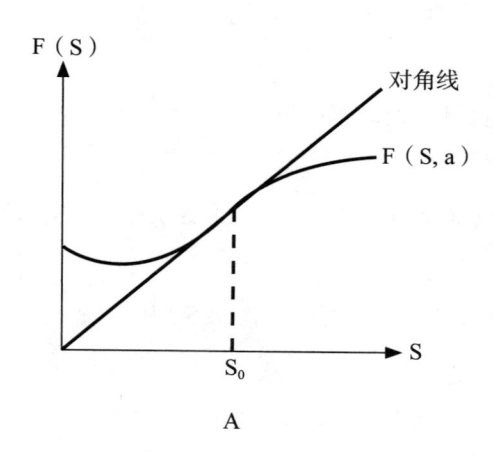

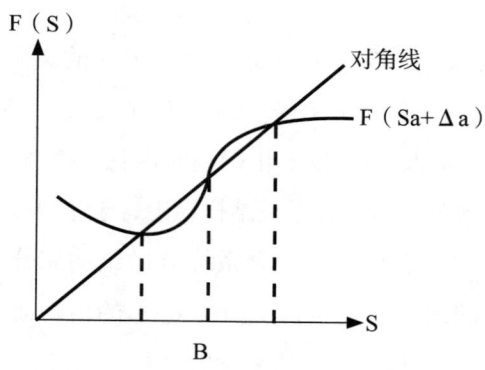

图 1-21 结构不稳定的内稳态

受干扰的 S_0 仍是内稳态（它满足内稳态必须遵循的条件如图 1-20，用蛛网法对曲线作图，也同样可以证明，当 S_0 受到干扰离开平衡点时，自耦合系统可以产生一个变换使系统回到 S_0）。但一旦参数 a 有微小改变，系统的内稳态就与原先完全不同。例如图 1-21 中的系统有三个内稳态。[①]

第四节 人体的结构稳定性：为什么有清醒的直观世界？

当 F（S，a）不是非线性函数而是非线性运算子时，上一节讨论的结果也是普遍成立的。这样我们就得到一个十分重要的结论：当人的认知结构是结构不稳定的，即使人们按照马图拉纳的要求，尽可能使两个规定操作系统的各项条件相同，两个不同的观察者也不会具有共同的经验。只要两个操作系统（认知结构）有无穷小差别，就阻碍了一个操作系统的经验在另一个操作系统重复。因此，我们必须把那种对个别观察者在某种特定条件下可重复的经验和对一群观察者可重复的经验严格区别开来。认知结构的内稳态充其量只保证了某一个观察者的某些经验可重复，因为一个具有内稳态的认知结构可以是结构不稳定的，这时我们不能保证别的观察者可以重复他的经验，即使别的观察者想尽办法去模仿他的观察条件也不行。

这样我们就得到了用于建造新的认识论大厦的基础性原理：如果我们以操作经验普遍的可重复性（特别是指经验可以

[①] 有关讨论可读本书第三篇《整体的哲学》第三章第二节和第五章第一节。

社会化）作为鉴别某一个观察者的经验是否可靠的最后标准，那么只有当一群观察者有着共同的结构稳定的认知结构，这个认知结构中的内稳态才是真正可以普遍地、社会地重复的。这些结构稳定的认知结构的内稳态是观察者可靠的经验，只有它们才能作为事实存在，[①] 它们是用于鉴别理论和其他各种经验的最后标准，并构成人类整个理性的基础。

当我们利用上述原理对人类经验进行初步分析时，就可以推出，人的感觉-操作系统获得的各种经验（基本经验）必然由三大类构成。第一类是结构稳定的认知结构的内稳态，它们满足个人可重复和社会化的要求；第二类是那些认知结构的非内稳态，这类经验是不可重复的，它们常常和错觉、误差、幻听以及种种不可思议的事件混杂在一起并不可分离，在这部分经验中，大部分是假象，但也有部分经验是真实的，因为它们只是由于条件所限（例如在某个时代还不可能形成结构稳定的认知结构）不能具备广泛的可重复性，但不排除今后能够重复；第三类是介于两者之间的经验，即那些结构不稳定认知系统的内稳态，虽然对于某一个个人的认知系统来说，它是内稳态，内稳态保证了它具有个人可重复性，但这又要求参数绝对同一。因此，这种经验即使对这个观察者个人，也往往并非绝对可重复，因为他每次观察构成的认知结构不一定能保证参数绝对同一，这种经验只有个别观察者偶然地能重复！

令人惊讶的是，这些推论和人类经验可重复性的种种复杂

---

① 严格地说，一般的结构稳定的组织系统的内稳态（包括结构稳定的认知结构）构成实在和理性的基础（见本篇第四章和本书第二篇《发展的哲学》第七章）。

情况十分符合。凡是那些人类可以共享的作为真实的经验，只要我们深入分析，就会发现它们都以认知结构的结构稳定性为基础。"我认为这个球是圆的，别人也这样认为。""我看这杯硫酸铜溶液是蓝色的，别人也不否认。""我看到的拨浪鼓形状与别人看到的拨浪鼓完全同一。"这些公共经验因为具有社会普遍可重复性，人们都同意它能代表客观经验。严格地讲，这些经验之所以可以共享，可以成为公共的，关键在于它们是对每个观察者来说都是相同的本征态，而不同观察者本征态之所以可以做到互相同一，这是因为人们有着相同的身体构造，相同的神经系统，相同的视觉感受器，相同的手（可以对外界进行同类操作）。

相同的身体构造保证作为观察者的人与同一环境耦合时，形成几乎相同的认知结构，而且这些认知结构是结构稳定的。这样，虽然人与人之间存在微小差别，但他们的本征态几乎完全相同。这是人可以共享很多日常生活经验的基本原因。如果你同一个具有青蛙视觉系统的人去交流有关周围环境的知识，你会发现很难和他有公共的经验。今天科学家对青蛙视觉系统的研究表明，青蛙视觉系统的本征态和人是大不相同的。

显然，一个结构稳定的认知系统中的内稳态一定是个人可以重复的，但某一个人认知结构中的内稳态不一定是结构稳定的，这就意味着并不是任何一个观察者个人可重复的经验，一定可以转化成社会普遍的公共经验的。我们可以举出许多例子，例如：气功、瑜伽术以及个别人特有的特殊功能。这些都是个别观察者所拥有的独特的个人经验。这些经验虽然对于这个特定的观察者在某种条件下是可以经常重复的,它是这个观察者个人的内稳态,但无论别的观察者怎样模仿,都不可能重复这个特殊个人的经验。这一类情况不仅出现在日常生活中,甚至某些十分高超的技艺也是如此。中国古代寓言中那个著名的制轮子工匠,他的技艺得之于心,应之于手。他能使自己的运动肌输出充分准确可靠,他的技艺具有很高的可重复性,这种经验肯定是他个人的内稳态,但他要将这种技艺传给他儿子却不可能。① 当然,必须指出,对于很多技艺来说,它们不可能社会化。除了系统结构不稳定外,还有另一个原因,这就是别人没法模仿这些系统。因为一个观察者模仿另一个观察者的认知结构,除了结构稳定性条件外,还需具备另一些条件。否则,即使是某一个观察者结构稳定的认知结构,也不可能社会化。历史上很多失传技艺大多属于这种情况。总之,对于个人,那些可重复的经验是他那大脑经验记忆海洋中坚实的岛屿。它们代表了观察者正常的理智和清醒状态。因此我认为,个人认知结构的内稳态(包括结构不稳定的内稳态和那些虽结构稳定但不能社会化的内稳态)就是人清醒的直观世界。由于只有那些结构稳定的可社会化的认知结构的内稳态才能成为社会公认的事实,那么对于正常的人,哪些认知结构一定可以社会化呢?显然由于身体结构相同,人得以掌握一些共同的可操作变量,在和日常生活中认识对象耦合时,所有正常人都能构成类似的认知结构。这一类结构稳定的认知结构的内稳态就是

---

① 这个故事是"轮扁斫轮",出自《庄子·天道》。——编者注

所谓的常识，它们在人类的日常生活中起着核心作用。它们是人类积累下来的经验中最可靠的部分。人们常说的用客观事实来鉴别就是指用这一类经验来作为鉴别感觉和经验的标准。因此它们就是人类某一个时代的社会化的直观理性，代表了人类那坚持常识合理的理性精神。

如果人仅仅满足于这个直观的世界，他们知足常乐，并不企图去鉴别关于星空、雷电、疾病以及沧海桑田这些超出日常生活以外的观察经验和想象的可靠性，那么自然界赋予人类的身体结构的基本同一，即基因决定每个正常人都享有基本相同的手和眼以及大脑、神经系统，这已经足够了。人类完全可以用这些天生耦合系统结构稳定性造就的内稳态来鉴别那虚假的表象，区分错觉和流言甚至神话迷信，而成为一个正常的、清醒的、具有直观理性的人。但是，一旦他们企图扩充他们的经验范围，去鉴别那些日常生活以外的经验和观察是否可靠，那些奇奇怪怪的观察是否可以社会地重复，问题就出现了！因为他们必须和一些新的未曾定义过的观察对象耦合，他们进入了一个新的世界，在日常环境中进化而来的人，身体结构天生同一，这不能保证这些新的奇奇怪怪的耦合系统具有相同的结构，更不能保证其稳定性。因此，为了使人类那社会可重复的经验（它们是真理）不断地扩充，这时就需要确立一种原则，即我们如何保证新形成的认知结构中的经验是内稳态，而且它们是结构稳定的呢？这是一个十分复杂而迷人的问题，它也是科学理性的秘密！

第五节　结构稳定性的扩张：科学以人为中心

　　根据上一节的研究，自耦合系统结构稳定分析已经在理论上为确立正确的科学认识论提供了答案。无论人们与怎样新的研究对象耦合，只要任意一个观察者保证他和对象构成的自耦合系统与别的观察者形成的系统基本一致（可以有微小误差），而且只要这些自耦合系统结构稳定，我们就可以保证观察经验可以被每个观察者重复，新的经验是可以社会化的。它们必定是一种真实而正确的经验。我们可以用严格的形式语言将这一结论表述如下：

　　当某一观察者和某一新研究对象构成一个自耦合系统时，这个系统的结构可以由一个参数集 $A_i=\{a_1, a_2\cdots\}$ 规定，那么别的观察者们只要实现这一参数集 $A_i \pm \Delta A_i$，而且当这个系统结构稳定时，这些观察者可以获得普遍可重复的新观察经验 B。他们得到的新知识 B 必定是真的和可靠的。从理论上讲，上述定理完美无缺，它解决了在日常生活以外怎样不断获得新的可靠经验这一问题。在我们的哲学中，无论对于科学还是常识，用于获得可靠经验的理性原则是一样的。但是一旦我们严格分析上述理论构想的可行性，马上会发现存在着一个实际困难。

　　新经验 $\{B_i\}$ 的可靠性和社会可重复性除了取决于整个认知结构的稳定外，还必须保证每个观察者都可以实现参数集：$\{A_i\} \pm \Delta A$，显然，这就要求参数集 $\{A_i\}$ 必定首先是社会化的或者是可以社会化的，即是可以被观察者广泛重复的，否则一切都是空中楼阁。但我们如何保证这一点呢？构造相同的认知结构理论上讲起来并不难，但实际上不一定能做到。我认为，正是为了保证一定能做到这一点，近代科学确立了一个认识论的基本规范，这就是用受控实验来发现新现象的原则。

我们前面已论证过，对于一群观察者共同的认知结构，如果它结构稳定，其内稳态必定是可以社会化、被大家无误重复的，那么我们只要让 $\{A_i\}$ 是这群观察者已经掌握的结构稳定的认知结构的内稳态，困难不就迎刃而解了吗？也就是说，为了保证新知识的可靠，我们必须实行如下认识程序来扩充新知识。一开始，一群观察者必须共同审视各人都可以具备的共同的结构稳定的认知结构，由于这个认知结构中的内稳态是可靠的，它们是可以被观察者广泛重复的，那么这群观察者就可以进一步利用这些已经掌握的内稳态组合成一个结构稳定的 $\{A_i\}$ 集，[①] 即用这些已经掌握的内稳态来建立一个新的认知结构（见图 1-22A），当这个新结构是结构稳定的，这种新建立的认知结构一定是可以社会化的，可以重复的。然后在这个新认知基础上，当我们观察到新的结构稳定的内稳态 B 时，就一定是新的可靠的经验。在这个程序中，最为关键的要点是观察某一新现象的认知结构参数集 $\{A_i\}$ 一定要是这群观察者共同的内稳态，甚至它们大多是人类已掌握的可控变量。我们马上发现这正是科学家们早已奉为金科玉律的受控实验原则。

众所周知，近代科学开始于实验科学的兴起，而所谓实验

[①] A_i 可以有一定结构，也可以是一个时间序列。

科学的建立正是指如下"受控实验"原则在探索各个领域的自然现象时被应用:"科学家必须在严格控制条件下进行实验,他在报告自己的实验成果时,必须准确刻画自己观察到某一现象的特定条件。"人们常常很奇怪,为什么受控实验原则那么重要,为什么自 16 世纪受控实验原则建立后,科学很快脱离自己的原始蒙昧阶段,开始了历史上从未有过的加速发展。

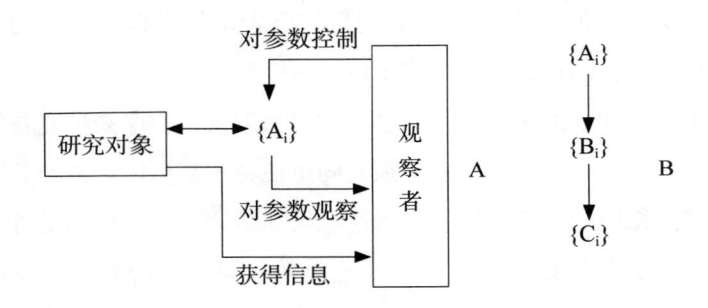

图 1-22 受控实验结构与科学的扩张

如果仅仅根据字面上的定义,受控实验原则是很容易被误解的(实际上今天很多哲学家还沉浸在这种误解中)。由于受控实验原则要求科学家在严格控制条件下观察某一新现象,人们常以为这一原则重要是因为它要求科学家准确地刻画某一新现象的条件性。实际上,受控实验原则的关键在两点:第一,实验必须是结构稳定的系统,如果系统结构不稳定,观察到的新现象不能算是一个新现象;第二,条件必须是受控的,即可以脱离个别观察者而为其他观察者实现,也就是它必须是一群观察者原来已经确认过的(或可以确认的)内稳态。

如果今天一名炼金术士声称他发现了某种新自然现象,但该现象依赖的条件是他本人的精神处于某一特殊状态，科学界并不会理睬这位炼金术士，因为他所陈述的条件不是一个可社会化的受控变量，不是现在科学界已掌握的内稳态。正是这两个条件保证了新经验 $\{B_i\}$ 是可靠的。如果没有这两个条件，仅仅是要求观察者详尽而准确地描述观察新现象的条件，那么可以说几千年以前人们已经这么做了，无论是亚里士多德还是普林尼，都是很详尽地描述有关新现象的各种条件的。但是，只要条件集 $\{A\}$ 不是人类已经掌握的内稳态，这样的观察仍是不可重复的，人们仍然不能把假象干扰和可靠的经验区别开来。[1] 正因为如此，受控实验原则的确立，意味着人类在可靠经验的扩充方面发动了一个伟大的革命，人类能像建立金字塔一样把新的可靠经验建立在原有可靠经验的基础之上。人们只要利用原来已确立的内稳态，积极在这个基础上进行各式各样的组合，建立新的认知结构，人类必定会有所收获（请回想一下法拉第怎样做实验）。也许科学家本身并没意识到，实际上它必定要求科学观察按照一个合理的程序展开。首先人类先利用那些已经掌握的结构稳定的内稳态系 $\{A_i\}$，然后利用这个集合的元素的各种组合来无误地确立那些普遍能重复的可靠新认知结构（见图 1-22A），在这个结构中得到可靠的新经验 B。我们假定集合 $\{B_i\}$ 为一切利用 $\{A_i\}$ 各种组合所能形成的结构稳定认知结构的内稳态。这样，我们在进一步扩大经验时必定

---

[1] 例如，在《父亲的病》中，鲁迅写到童年时有关他父亲的病时曾举过草药的例子，这些郎中认为，治某种病要用某种药引子，这有着十分严格的限定，但这些条件并非都满足受控实验的规范。

可以从集合 $\{B_i\}$ 出发建立更复杂的认知结构,并在这种结构中获得新的更大的内稳态集合 $\{C_i\}$,这样就保证了可靠的经验从集合 $\{A_i\}$ 向 $\{B_i\}$、$\{C_i\}$ 这样一级一级扩张(见图 1-22B)。这里 $\{A_i\}$、$\{B_i\}$、$\{C_i\}$……就是人们不断发现的新的"科学事实"。受控实验的重要性正在于它确立了在科学上不断扩充新的可靠经验的基本方法。

现在我们可以来总结一下建立在认知结构稳定性之上的鉴别经验是否可靠的原则和直观的(形而上学的)反映论、认识论的基本差别了。

第一,科学从来只是用操作经验的可重复性来鉴别经验的真伪,但直观唯物论将其误解为应用独立于观察者的纯客观来作为经验是否可靠的标准。而严格分析表明,是否有独立于观察者之外的客观存在,这与经验可靠性的鉴别准则是两个不同的问题。那些社会可重复的操作经验不一定是要独立于观察者的,它们只要是结构稳定的认知结构中的内稳态,就保证了它们的可靠性。例如我们在受控实验中获得的不断扩张的内稳态集 $\{A_i\}$、$\{B_i\}$、$\{C_i\}$,它们是科学事实,但并不一定是独立于观察者的客观存在。因此,发现科学事实是和观察者有关的这件事本身,并不会动摇(实际上也从没有动摇过)用科学事实来鉴别理论的原则。这一点原则上建构主义已经指出过。

第二,既然科学只证明了操作经验的可重复性是鉴别经验是否可靠的唯一标准。那么只有结构稳定的认知结构中的经验才是建构科学理论的基础。人们只能用某一观察是否对所有观察者可重复(而不是对个别观察者可重复)来鉴别这一现象是不是假象而别无他择。那么，根据这个标准，我们可以推出科学界至今坚守的一条不可动摇的原则："一个新现象，只有当它可以被科学共同体共同观察到，即观察可以社会化时，这个现象才能算一个真实的现象，它才是科学研究的对象！"①

这条原则是直观唯物主义很难理解的。由于直观唯物主义把不依赖于人的客观存在误解为鉴别人经验真伪的基石，于是，一个新现象只要被认为是客观的，那么它就应该成为科学研究的对象，而不管它是否可以被观察者重复！因此直观唯物主义者常常抱怨科学界保守，因为严肃的科学界至今拒绝把心灵学当作科学研究的对象。在科学规范看来，心灵学实验虽然新奇，但不满足社会可重复性，因此，在这些实验达到社会可重复性标准之前（包括在概率上可重复），科学拒绝把它当作一个新发现，拒绝把它当作自己的研究对象。② 因为科学理性无法把它和假象、骗局、错觉相区别。实际上，科学界不仅对心灵学运用这一原则，对一切发现都公正地实行这一鉴别原则。在伦琴发现 X 射线之前，X 射线早被别的科学家发现过，但在伦琴以前的观察是不可重复的，科学家把拍到的照片

---

① 这方面一个有趣的实例是 UFO，虽然不少观察者都报告他们见过外星人，但至今科学共同体不能确认这种经验的可靠性，即社会的可重复性，因此，UFO 不能算一个确定的科学事实。在这里我们对科学研究的对象有着严格定义，即科学家可以确定这些现象为真，虽然它的原因不明。科学无法把真假不明的现象定为提出理论和假说的基础。当然我们也可以把搞清某一现象是否为真也定义为科学研究对象，在此我们对科学研究对象取第一种定义。

② 这里的心灵学又称超心理学，主要研究一系列被称为的超自然现象，主要包括濒死体验、轮回、出体、前世回溯、传心术、预言、遥视和意念力等。

当作干扰丢到垃圾箱里。这些科学家确实不能算发现了 X 射线，因为他们没有指出可以使观察重复并社会化的条件。对于科学来说，人类的某一种新经验是否是真的，不是看它是否违背理论和直观或它是多么不可思议，关键看这种经验是否可重复，它能不能被社会化。因为，科学界只能坚持经验的可重复性是区别真实和假象的最终标准，从而确立了一种严肃的大无畏的理性精神。

第三，根据认知结构稳定性的讨论，可以推出科学必定以人为中心，这也是直观唯物论很难理解的地方。直观唯物论中，客观存在的一切都是科学研究的对象，因此科学对象并不存在中心，一切都可以是科学研究的对象。而在我们哲学系统中的新理性原则看来，只有那些可以普遍重复的可靠经验才是科学研究的对象。我们可以证明，这些新的可靠经验（科学事实）必定"主要"是以人为中心展开的。[①] 因为那些受控实验中发现的新现象是真的现象，它们是科学的事实，而受控实验的发展则沿着图 1-22B 所示的内稳态展开链进行：$\{A_i\} \rightarrow \{B_i\} \rightarrow \{C_i\}$。这个链必须有一个开始。由于人类刚开始着手做最初最基本的受控实验时，能控制的条件集必定是人自身本来具有的内稳态或者是在日常生活经验中和维持生存的历史中已经掌握的内稳态，所以这些内稳态要依靠人的身体结构的结构稳定性。这样，这些内稳态必然成为展开链的初始集合。科学史也证明了这一点，例如对位置的控制是人日常生活

---

① 只要详细推敲本篇第四章，读者就可以理解，为什么我们要加"主要"这一限定词。

中早就掌握的技能，空间位置、几何变量是人掌握的第一批结构稳定的内稳态，几何学也是严格符合近代科学规范的第一门学科。这样一来，既然内稳态展开链的起始端是人的身体所能达到的内稳态，那么由这个内稳态集组合展开而形成的整个链必定是以人为中心的。受控实验结构规定了科学事实增长的方向和它的出发点，因此并非所有的现象、所有的事物都是科学研究的对象。

当然，这并不是说科学家可以限定哪些现象是科学研究的对象，因为这个链（$\{A_i\} \to \{B_i\} \to \{C_i\} \to \cdots\cdots$）可以无限扩充而没有一个终点，科学的对象是在不断扩充之中的。但由于展开链有一个端点，那么科学家必定可以断言哪些不是科学研究的对象。这就是人的身体操作直接可以使其成为内稳态的集合。[①] 今天，从天上的白云、星星、黑洞到地上蚂蚁的行为，从人的血液流动规律到细胞结构，似乎没有东西不是科学研究的对象，但是人们很少去想：为什么我桌上的茶杯放在这儿，而不放在那儿；我站的地方以及我走路时脚碰到小石头的位置，为什么这些变量没有成为科学研究的对象呢？实际上，这些变量中的任何一个值，都是人的身体操作所能控制的第一批内稳态，只要我愿意，我可以把茶杯放在任何一个位置，由于

---

① 这并不是说，人不是科学研究的对象，我们必须把人本身以及人的行为结构和人身体所有直接控制的内稳态严格区别开来。"口吃"是人的行为，但并非人所能直接控制的内稳态，"口吃"是科学研究的对象。位置变量在一般精度下是人直接可控内稳态，所以不是科学研究对象，然而一旦要求精度高于人直观可控精度，它们又变成科学的对象，因为它已超出这个最初内稳态集。

第一篇　人的哲学——论"客观性"

这批最初的变量是人用自己的身体能掌握的最初内稳态集，它们应是用来构成所有认知结构的要素，所以它们不需要成为科学研究的对象。

科学以人为中心，这是哲学家经常爱讲的观点，以往人们谈这一点仅仅是从科学的目的出发的，现在我们则发现，即使我们不涉及价值问题，在认识论上，科学也是有着特殊的中心和坐标系的，这就是人的结构！人们曾把科学事实比作不断扩大的圆周，圆内是已知的科学事实，而圆外是未知的，现在我们则可以用精确的语言来描述这个以人为起点不断向外扩展的过程。根据图 1-22B 的内稳态扩张链考察人类的可靠的经验知识（科学事实）的集合 $\{A_i\}$、$\{B_i\}$、$\{C_i\}$……之间的关系，可以发现，$\{B_i\}$ 考虑了 $\{A_i\}$ 的一切组合，于是 $\{A_i\}$ 必定是 $\{B_i\}$ 中的元素，这样这个链代表了一个不断扩大的集合，即有 $\{A_i\} \subset \{B_i\} \subset \{C_i\}$……。而且这个集合的中心正是 $\{A_i\} \cap \{B_i\} \cap \{C_i\}$……，即与人身体结构直接有关的集合 $\{A_i\}$。

至今为止，我们讨论的都是基本操作经验，而没有涉及科学理论。众所周知，理论和观念是建立在基本经验基础之上的高层次的复杂系统，因此，理论是否正确必须利用操作经验的可靠性来鉴别，但是理论具备什么样的基本结构才算是科学的，才最有利于经验的鉴别和扩张呢？什么样的理论是最符合理性精神的呢？这从来是理论研究的难点，能否解决这个问题往往是鉴别一种认识论是否有效的试金石。如果我们真的发现了建立新的认识论的基石，那么它必定能给理论结构的研究提供新的思路。

第六节　构造性自然观和科学解释的结构

今天人们已经确立了一个坚定不移的信念：科学理论是人类一切观念系统中最可靠最符合理性的部分。但是，为什么科学理论比常识、哲学、宗教和其他观念系统更正确、更富有理性精神呢？很多人认为这是由于科学是人类可靠经验之概括，一些哲学家甚至把科学理论等同于人类可靠经验的正确概括。这是对科学最大的误解。理论概括了正确而可靠的经验只是科学必须满足的一个必要条件而已。科学哲学家早就指出过，如果理论体系仅仅是一个存放整理有效可靠经验之仓库，那么它并不是科学。

科学哲学家经过长期探索发现，科学理论必须具备特定的形式结构。逻辑经验主义曾用如下模式来定义科学解释：

（一）先行条件（或称逻辑前提）$C_1, C_2, C_3 \cdots\cdots C_m$

（二）普遍定律：$L_1, L_2, L_3, L_4 \cdots\cdots L_m$

（三）被说明的现象：E

根据这个模式，当我们要解释现象 E 为何发生时，首先必须去寻找一个条件集合 $\{C_i\}=\{C_1, C_2\cdots\cdots C_m\}$，和一个普遍适用的定律集合 $\{L_i\}=\{L_2\cdots\cdots L_m\}$，当条件集合 $\{C_i\}$ 为真，即作为逻辑前提代入普遍定律集，我们能从逻辑上推出 E 为真。只有用这种方式解释现象 E，才算是符合科学的！

逻辑经验论科学结构的定义曾得到科学界的广泛承认。20世纪下半叶，虽然逻辑经验论的科学观部分地被证伪主义和科学哲学的历史学派取代，但科学解释的基本结构（二）依然屹立着。无论证伪主义还是科学哲学的历史学派，都仅仅在经验的客观性和理论可靠性鉴别原则方面和逻辑经验论作战，至于科学理论的基本构架，则是人们普遍承认的。确实，如果我们严格审视一下各门自然科学理论，其内容虽然千差万别，但几乎一无例外地符合（二）模式。

为什么科学解释一定要满足（二）的形式结构？这是一个十分有趣但又难以回答的问题。当代人已经习惯了科学解释的模式，当人们为了说明某一现象 E 发生时，必然去追溯另外一组现象 C 和把 E 和 C 联系起来的普遍定律。而要进一步科学地说明 C 时则要进一步用这种方式往前追溯，这种对自然界的解释把自然现象看作一张由因果链组成的无限的大网。它意味着人必须用一种结构的观点来看待世界，把真实事件集 E 和 C 等看作是互相关联和制约的，自然规律无非是现象 C 和 E 之间的普遍联系。其实这种构造性自然观是 16 世纪以后才慢慢被人接受的。在古人看来，它是相当怪异的。为什么要用这种模式来说明现象？一个现象为什么不能由它自己的存在得到说明，而要去做那种看来是故意把问题复杂化的对背后之因的追溯？例如亚里士多德提出的用万物趋向于自己的自然位置来解释苹果落地。原则上讲，亚里士多德的理论也是人类某些可靠经验之概括！为什么这不是一个科学解释，这个问题很难回答，逻辑经验论和不少科学哲学家都对这个问题进行了深入的探讨，他们认为科学形式结构的秘密深藏在人的语言结构之中，他们企图从逻辑结构和语言结构来对科学理论的形式结构进行解释，但这些解释大多十分牵强。我发现，基于前几节新的认识论原理，我们可以从一个新的角度对这个科学哲学各个流派都感到十分困难的问题提供一个引人入胜的说明。

我认为，科学理论之所以必须具有这种特殊形式，其理由是需要把理论结构塑造成能和受控实验系统尽量同构的系统。让我们来分析模式（二），其中条件集 $\{C_i\}$ 和现象 E 是理论系统中的元素，普遍定律 $\{L_i\}$ 作为两者之间的必然逻辑关联。模式（二）的意义仅在于：只要 $\{C_i\}$ 为真时，E 必然为真。现在我们把问题还原到操作经验系统加以考察。理论系统元素 $\{C_i\}$、E 都是操作-观察认知结构的经验的某种概括。$\{C_i\}$ 为真和 E 为真在操作系统中的意义是它们必定是观察者共同的结构稳定认知系统的内稳态。而我们在前几节已经证明，只有受控实验才能扩大可靠经验，即只有在受控实验中，我们才能从一些经验的可靠性推出另一些新经验也可靠。例如在受控实验中，只要我们进行操作控制的条件集 $\{A_i\}$ 为内稳态，那么根据认知结构稳定性断定其新内稳态 B 是可靠的，即只要经验 $\{A_i\}$ 可靠，那么 B 必然可靠。显然只要把 $\{C_i\}$ 和 $\{A_i\}$ 对应，E 和 B 对应（见图 1-23），在这里，理论结构和受控实验结构是同构的。

这样，我们得到一个十分有趣的发现：科学规范之所以要求人们以模式（二）来构造理论，其目的是尽量使理论系统和受控实验同构！我们说同构是指理论系统在模仿受控实验之结构。由于受控实验结构中 $\{A_i\}$ 集是人的可控变量（人可以控制的内稳态），而在理论结构中先行条件集 $\{C_i\}$ 不一定是可控变量，所以我们只能说理论结构在模仿受控实验的结构，而

```
        {C_i}  ──────▶  {L_i}  ──────▶  E
          ▲              ▲              ▲
          │              │              │
          ▼              ▼              ▼
        {A_i}  ──────▶  受控实验  ────▶  B
```

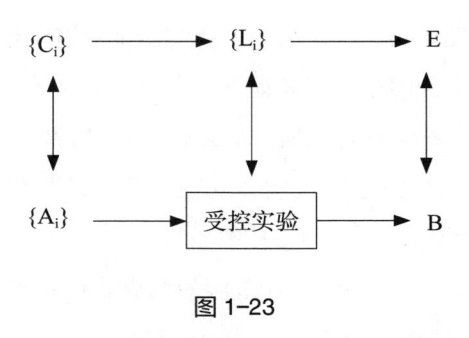

图 1-23

不能把它看作完全等价于受控实验之概括。使理论结构与受控实验同构究竟有什么意义？我认为，第一是它有利于理论真伪之鉴别。当一个理论解释中 $\{C_i\}$ 都是受控变量时（即它们都是观察者在某一个时代可控制的社会化的内稳态），理论要逃避证伪就很困难。人们只要去从事相应的受控实验，马上可以鉴别理论预见或解释的真和假，这样就使理论具有高度的清晰性。理论结构和实验结构的同构保证了当人类新经验按 $\{A_i\} \rightarrow \{B_i\} \rightarrow \{C_i\}$ 链扩张时理论建构也同时能迅速及时地扩大以包容越来越多的新经验。除此以外，我认为，理论结构和受控实验同构最大的好处乃在于：它使理论成为一个创造性探索系统，它可以帮助人去寻找那些可靠的新经验。

实验科学家都知道，用受控实验去探索自然是十分艰苦的过程，为了保证结构稳定性和 $\{A_i\}$ 集为内稳态，特别是尝试着 $\{A_i\}$ 各个元素的新组合方法，它需要实验者具有极大的耐心，付出极大的劳动，而且组合方式往往有无穷多，大多数组合都不会有结果，因此，做实验的科学家发现新现象往往如大海捞针般困难。一旦理论结构和受控实验结构同构，那么科学家用科学规范进行理论思考时，就相当于他们已经在尝试着去做各种新的受控实验。当然，理论分析并不等于做受控实验，这些理论设想的对错必须用真实的受控实验来证明，但是，这毕竟大大促进并简化了做受控实验的准备过程，当法拉第构想磁可以生电是一条自然定律时，他实际上已经在思想上设计着即将进行的新的受控实验。做一个思想实验往往比做一个真实的实验容易得多，有时却可达到相同的效果。更为重要的是，理论通过符号系统的传播是可以社会化的，理论结构一旦和受控实验同构，半对半错的理论、不完备的理论构思可以社会化，这意味着那些不完备的实验思想、过渡性的设想就可以社会化了。人们可以在前人已完成的工作的基础上继续前进。当康德猜想电和磁有着共同本质时，他并没有想到有关的受控实验，其实康德的理论太含糊，是哲学的，有很多错误，但这并不妨碍奥斯特受到康德的启发真正做了电流影响磁针偏转的受控实验。总之，理论结构一旦和受控实验同构，它大大地解放了思想的力量，同构一方面意味着思想遵循正确的规范，另一方面使人类第一次可以用思想首先在观念的海洋中探索新经验，当然这些观念探索的证明还有一个漫长而复杂的过程，但毕竟科学的逻辑结构第一次找到一种方法可以使人大无畏而清醒地把自己那无穷无尽的想象力解放出来！

　　自古以来，人类有两类观念系统：一类是神话想象系统，它们虽然自由而富有探索精神，但由于它无法把真理从错误和假象中区分出来而受到局限；另一类是那些以常识为基础的理性哲学，这些理论强调观念必须是可靠经验之概括，但由于它们缺乏正确的结构，理论系统仅仅能起到整理、储存人类可靠常识的作用。历史上很多哲学体系都是这样，虽然都是理性主义的，但由于不能有效地发挥思想在探索新经验中的作用而受到很大的局限。我认为，彻底的理性主义不仅要求经验之概括满足可靠性和符合逻辑这两个条件，更重要的，还要求经验具有创造性和探索性。这样，我们可以得到一个新理性主义的结论：今后彻底的理性主义必须符合科学理论的规范，因为任何一种具有扩大可靠新经验的能力的理论必定是科学的！近代科学理论结构是20世纪新理性主义有效认识世界之剑所不可缺少的利刃。

第七节 我们仍在笼中谈哲学

为了理性的严格，我们在操作经验可重复性基础上架起了鉴别理论和感觉可靠性的认识论原则，而小心翼翼地避开了独立于观察者的客观世界是否真的存在这个问题。我们用结构稳定性的分析指出了建构主义的缺陷，分清了操作经验个人可重复与社会可重复的区别，并证明了近代科学的实验和理论结构的合理性。虽然我们已经越出建构主义的限制去进行新的哲学探讨，但我们的讨论笼罩着主观唯心论的阴影，我们仍在笼中谈哲学。这个无形的笼子就是建构主义的基本构架：所谓客观存在都离不开人的建构，独立于观察者的纯客观存在是没有意义的！在第三章，我们正因为考虑到这一点，在探索经验真伪鉴别原则时，一切讨论必须十分小心和严格。严格的推导避免了混乱，但也给我们带来了限制。我们永远只能小心翼翼地谈观察者的经验，在任何描述中我们都沉重地带着观察者。虽然有时我们的讨论已显得烦琐、冗长而缺乏智慧的勇气，但为了严格，我们只能在建构主义筑下的笼子内转来转去。

我们能够走得更远吗？一方面继承建构主义的严格性，另一方面无畏地越过那看起来是不可超越的观察者局限的藩篱？在人类新经验如此迅速增长的今天，理性的高度严格性是必不可少的，只有坚持严格——从足够坚实的公理出发，然后沿着逻辑小心翼翼地向前走——我们才能重新找到科学的意义，才能避免那些使人意外的新发现（比如离开观察者的操作，电子某些可观察量不存在）动摇理性的基础，才能在这个个人自由不断扩张的世界中，使理性、公正和人类良心不受个人中心主义和非理性主义癌症的传染。然而，理性的严谨充其量只是一条拦洪堤坝，它还不足以平息那越来越猛烈的唯心论和唯我论的时代风暴。理性不应因其严格性而牺牲大无畏的探索精神！理性从来不是烦琐逻辑推导的奴隶，理性要驾驭逻辑，就必须从逻辑推理之外来看逻辑。因此，对于科学的理性的认识论，如果我们不想让自己局限在一个仅和观察者有关的世界中，我们就不能回避在有人之前世界是否存在的问题。我们必须把一个有观察者的世界放到一个可以产生观察者的世界中去考虑。

天文学家在解释人择原理时曾用过一个比喻，人类就如那些春天诞生而夏天死去的昆虫，在这些"昆虫"的眼中，世界永远是温暖而常青的，因为那个冰冷的寒冬的世界是没有观察者的世界。人择原理严格地用逻辑证明现实世界之所以是这种结构，是与人存在有关的，但人择原理本身却并不是处于观察者地位的"昆虫"所能发现的，也就是说它已经超越了如同夏天昆虫的观察者。它已考虑了各种不同的世界，包括那个不可能有观察者的世界。因此，关于观察者真正的哲学必须首先超出观察者。人在任何时候只有超越自己的位置后才能真正看清自己的位置。

建构主义用不同层次的观察者和对象之间构成的循环说明则是一种无限的后退。实际上，很多建构主义科学家已经开始意识到是否真存在不依赖观察者的客观存在，这是一个不可回避的问题。有人问冯·福斯特，在哲学上建构主义和主观唯心论以及唯我论到底有什么差别。冯·福斯特只能用一个比喻来回答。他说，火星上的人根据他们的观察发现火星是宇宙的中心，而地球上的观察者则看到星空围绕着地球旋转，不同的观察者都认为自己是宇宙的中心，但只要他们互相交换意见，则会倾向于接受大家都不是宇宙中心的观点。冯·福斯特认为建构主义和唯我论不同正在于他们是可以通过不同观察者的比较而免于堕入"世界只是我的感觉"这一古老的深坑，客观存在至少是可以作为一种共同的假设而存在的。[1] 在这里，我们发现，冯·福斯特企图对观察者进行一种超越，虽然他并没有完成这种理性的超越。

实际上，建构主义的哲学结论所扎根的基础和主观唯心论

---

[1] Lynn Segal, *The Dream of Reality: Heinz von Foerster's Constructivism*, Springer, 2001, p. 130.

与唯我论是不同的,建构主义关于客观存在离不开观察者建构的这一哲学结构虽然和主观唯心论相差不远,但建构主义并不是像历史上的主观唯心主义哲学,仅仅诉诸于思辨和逻辑,建构主义的基础是对认知结构和神经系统的科学研究,这一研究已为进一步超越建构主义之笼提供了可能。我认为,只要我们严格而深入地考虑认识过程的基本结构,就可以回答:什么时候独立于观察者的客观世界是存在的,什么时候不存在?哲学家考虑那个有观察者之前的世界,这又是什么意思?

第四章　近于上帝的观察者

人究竟比动物高明多少呢？其实，当人开始问这个问题时，他已经比动物高明了。作为操作经验的获得者，人和动物没有本质差别。人真正成为人乃在于他总是去想象操作，企图去观察自己对自然的观察。理性和自我意识无非是从一个层次向另一个层次的超越：人力图成为近于上帝的观察者。

第一节　"客观存在"存在的条件

本章一开始就碰到一个奇怪的问题：我们竟然认为有必要去探讨"客观存在"存在的条件。在直观的唯物主义哲学那里，客观存在不需要条件，它是第一性的，是用于说明其他一切的前提。而主观唯心论却视客观为无意义。今天，我们终于可以超越这种长期以来无望的争论和对立，提出第三种观点：客观既非无条件地存在，也并非如唯心论所认为是人的虚构，它只是需要满足条件的"存在"。在某种条件下，它确实存在，在某些条件下，它又不存在。

首先我们必须准确地定义什么是客观存在。众所周知，所谓客观是指独立于观察者。"独立"的含义是两者无相互关系。在科学上我们常说两个变量或事件是互相独立的，其意义是说，一个变量的取值不会影响另一个变量的取值。因此我们可以用两组状态是否相关来给客观一个准确定义：当某一个观察对象（或集合）O_i 与相应的观察者 b_i 所处的一切状态（行为）无关，则 O_i 可以认为是独立于观察者 b_i 的客观存在。必须注意，我们这里对客观的定义与唯心论是不同的，在主观唯心论看来，当作为观察者的我不存在，我对世界的所有知觉和印象都消失了，因而当 b_i 不存在时，O_i 是否受影响永远是一个不可知的问题。如果我们总是停留在这种靠主观思辨设置的魔障中，那么研究的深入是不可能的。

现在让我们改变问题提法，我们让一个新的观察者 b_j 来研究观察者 b_i 观察某一对象的过程。对于这个研究观察过程的观察者 b_j 来说，他显然比观察者 b_i 高了一个层次。他如何判断观察者 b_i 观察的对象不是 b_i 的建构而是独立于 b_i 的客观存在的呢？毫无疑问他只能用一个标准：O_i 和 b_i 是否相关。当它们不相关时，O_i 就是独立于观察者 b_i 的。我认为，无论是利用神经网络封闭性来说明视觉机制，还是利用建构主义进行哲学分析，都恰好是用类似方法来研究客观性问题的，所以他们的出发点是科学的，而不是思辨的。

我们在第二章第五节已经详细讨论过，建构主义在分析 O_i 是否客观之前，首先必须描述某一由观察者 b_i 和对象 O_i 组成的认知结构，这个结构当然是对类似于 b_j 这种更高层次的观察者而言的。由于 b_i 和认知对象 O_i 构成如图 1-14 那样的封闭认知结构，而观察者 b_i 对对象的认识是本征态，它必须满足如下本征方程：

$$S_o = F(S_o, b_i) \quad (\text{方程} 1-6)$$

其中 S_o 为本征态，b_i 是与观察者神经系统有关的以及规定这个认知结构的其他参数。显然 b_i 发生变化意味着整个认知结构改变，功能函数 F 形式必然变化，方程的解 S_o 也必然不同。建构主义推出，对于 b_i 有关对象的认识和 b_i 本身结构有关，所以纯客观是不存在的，人对一切的认识都包含了人的建构和发明。十分有趣的是，这里正因为建构主义是用我上面提出的有关客观性的定义来科学地研究独立于观察者的客体是否可以存在，虽然表面上建构主义得到了否定的即和主观唯心论相差无几的结论，但由于出发点不同，它又使我们可以超出主观唯心论和建构主义本身。我们可以考察这样一个特定的命题：对于什么样的认识结构，O_i 可以和 b_i 无关呢？这就是客观性存在的条件。

表面上看，对于任何一种认知结构，只要它具有封闭性，那么它总是本征态，因而总是不能独立于观察者的。而人从来是在改造世界中认识世界的，观察者为了得到研究对象的信息，必须和研究对象耦合起来，对认识对象进行某种操作（输入），然后收集有关对象对这一输入的反应（输出）信息，从输出与输入的关系来认识研究对象。因此认知结构的封闭性无法打破。

其实，我们在第二章第六节中已经简单谈到过打破认知结构封闭性的办法。我们曾指出，当如下两个条件满足时，观察者 b_i 收到的信息已不再是这个认知结构的本征态：

条件一：bi 在研究某一对象时，使所有输入保持恒定，即把我们为了获得信息的所有操作（输入）保持固定不变，这样可以中断由 b_i 和输出之间的封闭性构成的对输入的连续变换。

条件二：输入对研究对象的作用可以忽略不计，即作为观察对象的黑箱状态，O_i 是与输入不相关的变量。

当这两个条件满足时，认知结构封闭性只是表面的，与 b_i 耦合的黑箱变成一个由输入和与 b_i 无关状态 O_i 决定输出的系统。这时本征方程不再满足，b_i 收到的信息不再是本征态。这时我们可以认为黑箱状态中 O_i 与 b_i 互相独立，即某种客观存在。[①] 下面我们用严格的推导来证明这一点。

首先我们来考察一下，使所有的输入保持恒定是什么意思？显然，观察者 b_i 为了获得黑箱信息，必须进行某种输入，我们用变量集 $\{A_i\}$ 来刻画它。保持输入为恒定无非意味着我们在实验时控制 $\{A_i\}$ 为内稳态（图 1-24）。由于我们可以把内稳态集合 $\{A_i\}$ 等价于认知结构的某种参数集，这样我们马上可以发现，第一个条件相当于我们在做某种特殊的受控实验，或者说条件一只是说我们必须用某种受控实验来获得对象 O_i 的有关信息（把图 1-24 和图 1-22 进行比较，可以看到它们是相同的）。而条件二则意味着对受控实验进行进一步限定，它要求代表认知结构的参数 $\{A_i\}$（或对研究对象进行观察时的条件变量）不干扰黑箱状态（或对黑箱状态的影响可以

---

① 在《真实与虚拟》一书中，我将满足上述两个前提的认知结构称为受控观察，而只满足条件一的认知结构为受控实验。真实性哲学对客观实在的定义比《系统的哲学》中更为准确。

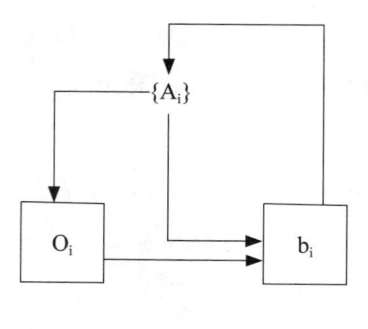

图 1-24

忽略不计）。我们知道，在大多数受控实验中条件二是不可能满足的，虽然 $\{A_i\}$ 保持恒定不变，但由于 $\{A_i\}$ 和 O_i 之间有互相作用，这种互相作用必定带来 O_i 状态的变换。例如一开始 $\{A_i\}$ 对 O_i 的影响使 O_i 变到 O_i+1，而黑箱状态处于 O_i+1 时 $\{A_i\}$ 对它仍有影响。这种影响可能使 O_i+1 变到 O_i+2，一直变到某一个特定状态 O_k，这个状态就是 $\{A_i\}$ 和黑箱耦合时黑箱的内稳态（它是 $\{A_i\}$ 和黑箱耦合系统的本征态）。这时观察者 b_i 得到的信息都是有关本征态 O_k 的信息。显然这个本征态是取决于 $\{A_i\}$ 的，而 $\{A_i\}$ 又是那个和 b_i 耦合系统的内稳态，只要 b_i 选择不同的 $\{A_i\}$，马上会影响 O_i，因此，这时黑箱的状态必定和 b_i 有关，我们在一般受控实验中，不能说黑箱状态是与观察者无关的客观存在。

一旦条件二满足，情况就不同了！条件二已规定了 $\{A_i\}$ 集对黑箱状态 O_i 没有影响（或影响可忽略不计）。而我们在受控实验中已经预先设计好了实验结构，使得 b_i 只能通过 $\{A_i\}$ 对 O_i 发生影响，虽然 $\{A_i\}$ 是和 b_i 有关的，但 O_i 却和 $\{A_i\}$ 无关，这样就证明了 O_i 与 b_i 是独立的，O_i 可以看作一种独立于观察者 b_i 建构的客观存在。

上面仅仅是一种理论分析，在实际情况中，是否真的存在着满足条件二的受控实验呢？如果这种受控实验根本不可能存在，那么建构主义之笼仍无法突破。我们发现，至少在某一类受控实验中，条件二一定满足，这就是观察者名副其实地去观察"宏观"对象——我们用光来照亮宏观物体，然后根据反射回来的光来获得研究对象的信息。

我们知道，要观察某一对象，至少要用光来照亮它。当我们控制输入 $\{A_i\}$ ——光的强度和频率——为内稳态，并排除观察者用其他途径对被观察物体施加影响时，S 表示观察者收到的信息。显然，b_i 可以通过实验发现，对于宏观物体——例如月球——$\{A_i\}$ 对它的状态的影响可以忽略不计，因此他可以得到月球是不依赖于他的建构的客观存在这一结论。于是我们终于有可能突破建构主义的局限，认识到控制论更为广阔的哲学基础。

总之，我们可以在认知结构分析中建立一条新的认识论原则。根据我在第三章提出的鉴别经验可靠性的基本原理（它们也是建构主义哲学的基础）：人只有在受控实验中才能得到可靠的知识，而对于受控实验结构必然有满足条件二和不满足条件二两种情况。只有当它满足条件二，客观性才是必然存在的。[1] 人可以把客观性当作一种可靠而真实的基本经验。因此

---

[1] 真实性哲学证明：客观实在存在的前提是存在着一个可以普遍重复的受控观察。实际上，根据测不准关系，条件二只是近似成立的。有关证明可参见《真实与虚拟》一书。

我认为在有关客观性的问题上，无论是古典理性主义的唯物论还是建构主义都犯了片面性的错误，把局部当作整体。建构主义对认知结构封闭性的分析过于笼统，他们没有考虑受控实验和认知结构的关系，因而也不能将分析精确化，没有发现这一条件，结果错误地把某些观察对象离不开观察者建构这一结论推广到一个全称命题，这样就把本来严格清澈的科学讨论带进了主观唯心论的浊流，因而也妨害了建构主义者在控制论科学成果上建起一种真正合理的哲学。①

我发现，精确地阐述"客观存在"存在的条件，可以使我们理解为什么几百年来古典理性主义会犯我们在第三章第一节所说的错误：把在观察过程中可以排除个别观察者，误认为可以排除一切观察者。显然，当受控实验满足条件二时，排除个别观察者必定等价于排除任何观察者，由于 O_i 是不依赖观察者 b_i 的（由于 b_j 和 b_i 等价，它也可以认为是不依赖 b_j 的），则 O_j 是不依赖任何观察者的。因而 O_i 不是观察者的建构而是某种纯客观。我们知道，16 世纪后，近代科学兴起，当时科学研究的主要对象还限制在力学和天文学，或者说，当时整个科学的轴心是力学和天文学。而在这两个领域中，受控实验的确立完全可以满足条件二。因而当时的科学家自然可以认为我

---

① 读者一定非常关心，当 O_i 不是 b_i 认知结构本征态时，我们在第三章所建立的整个经验可靠性判别标准是否成立。非常有趣的是，第三章所推出的用内稳态和结构稳定性判别经验是否可重复依然有效，因为 O_i 虽然不是 b_i 认知结构的内稳态，但是 O_i 也是处于干扰海洋包围之中的，因此 O_i 必定要是某个客观存在的组织系统的内稳态，而且这个系统要满足结构稳定性，这时，观察者的经验才能重复。进一步分析见第四章第五节。

们可以用排除个别观察者的办法来排除一切观察者。哲学家没有必要去严格地分清排除个别观察者和排除一切观察者之间微妙的差别，不加思考地把客观性当作整个哲学的基础。一直到 20 世纪，科学长驱而入到微观世界，在有关电子、生物、生态、心理等领域（甚至某些化学实验）中，条件二不再满足，于是古典理性主义的错误才暴露出来。这就造成了唯物主义哲学被近一个世纪科学新发现所震撼的局面。①

---

① 上面的讨论是不严格的。这方面准确的讨论必须依靠真实性哲学。为什么？上面的分析没有考虑普遍可重复的受控实验和普遍可重复的受控观察之间的关系。事实上，如果只有普遍可重复的受控观察，只能证明单称陈述为真。这时，经典物理学都不成立。更重要的是，任何一个普遍可重复的受控观察只是近似成立的。只有这样，我们才能理解 21 世纪物理学提出的宏观世界和微观世界界限有可能消失的观点。2013 年 7 月 12 日，美国达特茅斯学院的物理学家迈尔斯·布伦科在《物理评论快报》杂志上发表论文《关于引力引发的退相干的等效场论》(Effective Field Theory Approach to Gravitationally Induced Decoherence)。布伦科认为，正是在宇宙大爆炸时形成的"宇宙背景引力波"，干扰了宇宙中的宏观事物，使它们没有出现量子叠加态。弥漫宇宙的背景引力波和宇宙微波背景辐射有相似之处，只是宇宙背景引力波的温度更低，略低于 1 开尔文（宇宙微波背景辐射的温度大约为 4.3 开尔文）。布伦科认为，正是这种弥漫在宇宙中无所不在的背景引力波，这种时空的微小褶皱，足以干扰到一定质能的物质的叠加态，使之只呈现出遵守物理学经典理论的性质。此外，还有不少科学家试图在宏观世界真正实现"薛定谔的猫"实验。例如，来自加拿大卡尔加里大学的物理学家亚历山大·劳弗斯基和他的同事们进行的实验，他们通过一个半透明的镜子使一个光子达到量子态——其中一个状态是这个光子通过了镜子，另一个状态是光子被镜子反射，而且他们使光子的这两种状态相互纠缠。接下来，这组科学家通过激光使光子的其中一种状态被放大。这样，这种状态就被放大到了数以亿计的光子的范围——在理论上，这已经足够被人用眼睛直接看到，虽然实验中光的频率并不在可见光的 （下接第 256 页脚注）

第二节　什么是观察者？

现在我们再来分析本篇第一章的电子–月球悖论，一切就十分清楚了！据说，把月球和苹果相比较曾帮助牛顿发现了万有引力定律。但把电子和月球进行比较却使某些20世纪物理学家犯了错误。这里问题的关键在于，观察者能与月球和苹果构成同样的认知结构，因为，用光观察它们带来的干扰可以忽略不计。但观察者与电子耦合起来的认知结构却和月球必然不同。观察者无论用光还是用其他仪器认识电子时，由于 $\{A_i\}$ 对黑箱状态干扰不可忽略，观察者在受控实验中观察到的必然是本征态。本征态和观察者控制的条件 $\{A_i\}$ 有关，因此电子的状态取决于观察者 b_i 对受控实验条件集 $\{A_i\}$（某种仪器）的选择。当观察者 b_i 在选择某种条件时，电子的某种性质（确定的规定性）确实是不存在的，但这个结构对月球却不成立。科学哲学家无条件地将电子推广到月球，最后得到荒

（上接第255页脚注）范围之内。也就是说，在这个真正的实验中，一个光子的量子态成功地和数以亿计的光子形成了纠缠状态（而且这种状态有可能被人眼直接看到），可以说，这个实验在最大程度上模拟了"薛定谔的猫"假想实验。这组科学家声称，这是人类第一次实现一个微观物体和宏观物体（数以亿计的光子）形成纠缠状态。劳弗斯基和他的同事们论述这个实验的论文《对于微观–宏观光线纠缠态的观察》(Observation of micro-macro Entanglement of Light) 在2013年7月21日发表在《自然·物理学》杂志上。而在同时，另一组来自瑞士日内瓦大学的科学家也实现了类似的实验。（苗千：《微观与宏观的界限》,《三联生活周刊》2013年第32期。）我在《真实与虚拟》一书中指出：时空测量是最基本的受控实验，它不能化约为受控观察。故宏观世界和微观世界之间没有明确的界线。

谬的结论。一旦我们搞清了客观存在的条件,马上发现月球和电子之间根本没有什么悖论。这一切就如亚历山大一刀砍断那个难以解开的格尔迪奥斯绳结一样,答案居然简单得出奇!

月球是不依赖于观察者的客观存在,这本是常识,在这个悖论中最难理解的是为何电子的性质是与观察者有关的。虽然我们在第二章第六节对微观粒子的本征态以及为何这个本征态依赖于观察者对仪器的选择做了详细论述。这个结论人们听起来总有巨大的荒诞感。人们情不自禁地要问一个问题:当观察者不存在时,或者当我们不观察电子时,电子是什么样的呢?我们既然认为电子是构成一切原子和分子的基本"砖块"之一,观察者在某种程度上就是由电子组成的,当观察者不存在或不观察时,电子的某些确定的性质居然可以不存在,这不是十分荒谬吗?

究竟什么是观察者?我们对电子进行某种观察,这有什么意义?长期以来,哲学和形而上学都是从心灵、思维等思辨玄学的角度来定义观察者的。而在我们的认知结构模式中,观察者的真正面目开始暴露出来。虽然作为有意识、有情感、有思想的人很难有一个准确的科学定义,但在由受控实验定义的科学认知结构中,我们说电子的状态依赖于观察者的建构却有着清晰的意义,这就是指实验条件 $\{A_i\}$ 集合对电子状态的控制作用。因此,在这里我们又发现了一个本来十分简单的事实:观察者的建构作用实际上和选择(维持)某种条件处于内稳态等价!因此,所谓电子的某些状态在不观察它时不存在,实际上只是说电子的某种性质(确定的规定性)在某些条件不满足时必定不存在！

　　在 120℃和 1 个大气压下水是水蒸气，而不可能是冰，在-10℃和 1 个大气压条件下水是冰，而不是水蒸气；纯净的水不能同时是冰又是水蒸气。[①] 酚酞在酸性溶液中时是无色的，在碱性溶液中是红色的，在某一种溶液中酚酞不可能同时是无色又是红色的。这些都是一些被视为常识的废话。其实，电子的动量的确定性在某些条件下不存在，正如水蒸气在某些条件下不存在一样，它们符合同一哲学原理。电子某些规定性的存在依赖于观察者的观察，这个结论听起来很玄，其真正意义却十分简单，电子具有某种确定的性质是需要条件的，这就是 {A$_i$} 集。因此，离开 {A$_i$} 的存在谈电子是什么就没有意义，当内稳态 {A$_i$} 变化时，电子具有的性质必然是不同的，当两个 {A$_i$} 集互不相容时，电子的两种性质就不能同时作为确定的存在。在日常生活中，人们早就熟悉在某些条件下，某物具有某一种性质，而在另一种条件下，它可以具有另一种性质。当事物具有性质 A 和具有性质 B 的条件互相矛盾（互不相容）时，A 和 B 是不能同时存在的，任何人都不认为这里有什么荒诞的地方。一旦把这个命题换成电子的动量和位置，人们就觉得很奇怪了。其实，电子之所以不可能同时具有确定的位置和动量（这在量子力学中称为不确定性原理）也是出于同样的原因。无非在这里作为存在的条件是复杂的测量装置。我们只

[①] 通常人们可以看到冰与水蒸气共存，这就因为它们已不是单组分系统，而是双组分（水和空气）或多组分系统。物理化学证明，如果容器中只有纯净的水，在确定的温度压力下（只要它们不是双相共存的条件），水只有一个相。

要去详细地分析测量电子动量和位置的装置，确实可以发现它们互相排斥或互相干扰（不相容）。测量电子的动量需要用法拉第圆筒，而测量电子的位置需让电子束穿过一个确定的小孔（或用晶格来当小孔）。这两个实验条件本身就包含了对变量选择的不相容！

总之，人们早就熟知一个事实，宇宙任何一种确定的具体事物的存在都需要条件，电子的存在也不违反这一人们熟知的原则。于是我们可以进一步将其概括为一个最普遍的哲学公理——条件性公理，即任何一种确定的规定性都是在某些条件下成立的。月球、太阳、树木、空气等一切存在都需要满足特定的条件。无非对于像月球和太阳这样的天体，它们存在的条件是人们至今还不能加以影响的，或者说其存在的条件集不是人可以控制的变量。电子具有某些确定性质的存在的条件则是人可以控制的。在很多时候，客观存在和依赖于观察者建构的存在的差别仅仅在于，那些代表客观存在的事物存在所需要的条件是观察者至今尚不能控制的，而那些依赖于观察者建构的事物存在所需要的条件是观察者可以控制的变量！

从条件性公理来看，当我们去问，人不观察电子时，电子是什么？它处于什么状态？它具不具有确定的位置和动量？这并不是去问那个无条件的客观存在是什么（形而上学的直观唯物主义经常问这类问题，其实这个问题是没有意义的。正如你问温度不存在时，水是什么状态），而是问在自然条件下（不是我们人为设置的受控实验中）电子是什么状态，正如问在自然条件下水处于什么状态一样！因此，当我们考察观察者不存

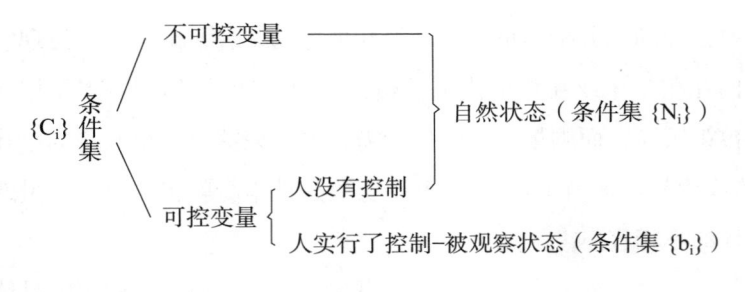

```
                 ┌─ 不可控变量 ─────────────┐
                 │                          ├─ 自然状态（条件集 {N_i}）
       {C_i} 条  │         ┌─ 人没有控制 ──┘
            件  │         │
            集  └─ 可控变量┤
                          └─ 人实行了控制-被观察状态（条件集 {b_i}）
```

图 1-25

在时,被观察的对象是否存在,它以什么状态存在,这实际上只是在实行一种条件的变换。把人为控制的条件集 $\{b_i\}$ 变换成一个与人无关的自然条件集 $\{N_i\}$（见图 1-25）。我们可以把一切条件的集合 $\{C_i\}$ 分为如下几类,一类是人不可控制的变量,一类是人可控制的变量,可控变量中又可以分为人正在进行控制的变量（表明观察者是在做实验）集合 $\{b_i\}$ 和观察者没有进行控制的变量。只有条件 $\{b_i\}$ 代表观察者的建构,而集合 $\{C_i\}-\{b_i\}=\{N_i\}$ 就相当于事物处于自然状态的条件。当我们问当观察者不观察电子时,电子处于什么状态,实际上是把条件集 $\{b_i\}$ 转化成 $\{N_i\}$ 来考察电子的状态。

实际上,物理学家和化学家经常处理类似问题。例如在固体物理和量子力学（或量子化学）中一大类需要回答的问题就是求电子的定态——它们往往就是自然状态。例如我们必须计算在原子核周围、在某一类化合物中以及在某一特定的力场中电子的状态。众所周知这时物理学家必须首先去解如下本征方程:

$$H\psi = E\psi \quad （方程1-7）$$

方程 1-7 中 H 代表能量算符，ψ 代表本征态——电子可能处于的自然状态，[①]E 代表电子相应状态具有的能量。为什么求电子的自然状态要去解方程 1-7？我们在第二章第六节中已证明过方程 1-2 和通过某一仪器观察电子时形成的自耦合系统的本征方程是等价的（例如第二章的方程 1-4 等价于本章的方程 1-7）。但我们必须指出，一谈到仪器，人们就会下意识地想到人为控制条件，其实算符 H 的意义仅在于某一个宏观系统（可以是仪器）和微观粒子耦合起来的自耦合系统的功能算子，因此，H 一方面可以看作仪器对电子作用的描述，同时又可看作电子所处的宏观环境。人对算符的选择既可以表示人把电子放在人为的仪器中观察，也可以代表我们确定电子所处的某种特定的环境（自然条件集 $\{N_i\}$）。这样根据第二章的方程 1-4，方程 2 的意义相当于，我们用某种特定的测量电子能量的仪器对电子进行观察，控制电子处于本征态。但也可以说电子的自然定态必定要从某一类特定宏观环境的本征态中来选择。电子的自然定态必定是具有确定能量的状态。我认为解这个方程正表示了自然条件集 $\{N_i\}$ 对电子状态的限制。

为什么科学家要把具有确定能量的状态当作电子自然状态必须满足的第一个条件呢？其理由是深刻而又简单的。我们知道，某物处于自然定态一般都要求这个状态处于能量曲线的洼

[①] 并非一切具有确定能量的状态都是电子的自然定态，下面我们马上要证明，自然状态是能量处于极小的状态。

图 1-26

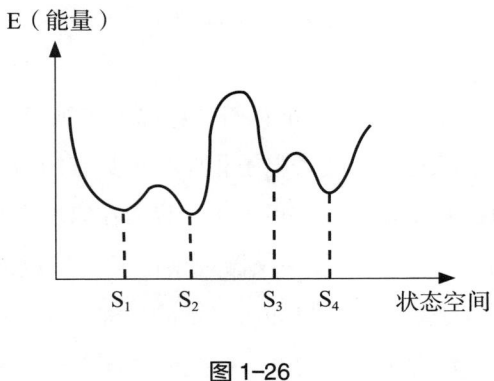

之中（即能量极小）（见图 1-26），即要求这个状态的邻近状态能量均比它高。因为自然状态往往意味着系统和它存在的环境有着人不加控制的相互作用。如果系统不处于能量曲线的洼之中，只要微小干扰就会使系统离开这个状态，如果它不达到能量极小状态，这种变换会在干扰作用下不断进行下去，这样它就不会以自然的定态存在。因此，为了求得电子的自然状态，一定先要求出电子具有确定能量的状态，只有算出电子在特定算符中具有确定能量的一切状态后，我们才能对每个状态的能量大小进行比较，最后找到那个能量极小状态，即求出"能洼"（例如图 1-26 中的 S_1、S_2、S_3 等）。因此，求电子自然状态的第一步首先必定是解本征方程 1-7，即必须把具有确定能量看作自然定态的必要条件，然后再在满足必要条件的状态中找到那个自然状态。熟悉量子力学的人马上会发现上述寻找自然定态的程序是量子化学家求电子云形状以判定某种化合物能否存在时必须遵循的规则。

一般说来，在量子力学中，由于算符代表仪器对微观粒子的作用，它代表微观粒子所处的宏观环境，只要算符所代表的宏观环境（或某种条件）不是人为选择和控制的结果，它们相应的微观状态 ψ 都代表自然状态。只要写出有关算符，就相当于明白了电子存在的条件集，就可以用本征方程算出电子存在的状态以及它有哪些确定的性质。总之虽然量子力学哲学的研究者可以一再强调当观察者不存在时电子的某种性质不存在，但这并不妨害量子力学整个内容实际上都是讨论某种和观察者无关的客观状态。长期以来，量子力学的科学内容是以抽象的数学公理的形式出现的，它一直没法与哥本哈根的哲学解释进一步联系起来。这也许是哥本哈根的哲学解释不够深入和不够清晰造成的。然而，只要我们认识到观察者的建构实际上和对条件的选择（控制某物存在的条件为内稳态）等价，不仅笼罩着哥本哈根解释的神秘的主观唯心主义迷雾被驱散了，从而使得整个量子力学及其科学成果显得合理而清晰，甚至那复杂的数学公理也能得到简明的解释。[1]

第三节 自然规律与仪器同构定律[2]

上一节的分析中已经隐含了一个十分深刻的原理，这就是算符 H 一方面可以代表仪器，一方面又代表了宏观环境，它意味着制造仪器和控制环境是等价的，我认为，从这种等价性

---

[1] 这方面更准确的论述可参阅《真实与虚拟》。
[2] 本节一般读者可略去不读。

出发可以帮助我们发现一条十分重要的认识论规律，这就是自然规律和仪器的同构定律。

我在《整体的哲学》中把仪器定义为自然规律的物化或物质实现。① 仪器的原理必定是某一条自然规律，而制造仪器无非是控制某些变量为内稳态使自然规律规定的变量之间的联系能表现出来。例如根据理想气体定律，pV=nRT，当我们控制 p 和 n 为内稳态，那么 V 和 T 成正比，即只要温度升高，体积一定膨胀，我们可以说制造了一架测量温度的仪器。总之，所谓自然规律，是指变量之间的联系或约束。我们在第三章第四节谈到人类在受控实验中那些可控变量的内稳态是按 $\{A_i\} \to \{B_i\} \to \{C_i\}$ 这样的链扩张的，人在受控实验中可以发现内稳态（变量）之间的联系，当他控制变量 A_1 与 A_2 为内稳态时，发现 A 也成了内稳态。他就认为 $A_3=f(A_1, A_2)$，这是一条自然规律。在第三章第五节我们又证明，科学理论和受控实验结构同构，科学理论中的所谓规律本身就是受控实验中变量之间的约束，而这些变量之间的约束一旦物化，就是仪器，因此，仪器与自然规律同构似乎是不言而喻的。它们只是从不同角度来看同一个东西，似乎不值得将其抽象出来作为一条认识论规律。

我认为，随着人们做的受控实验越来越复杂，描述自然规律的理论越来越深奥，自然定律与仪器关系同构定律也就愈加重要。因为在复杂的仪器关系中，自然规律与仪器之间本来存

---

① 见《整体的哲学》篇第四章第四节和第六章第一节。

在的一致性常常被人忽略，而只有用同构定律才可以帮助我们更全面清晰地把握认知结构。量子力学就是例子，因为量子力学中有关实验结构的描述有两种方式，一种用 $\{A_i\}$ 集，一种用算符。我认为，仪器与自然规律同构律在量子力学中至今尚未被人认识到。我发现，在量子力学的哲学解释中这条规律几乎是不可缺少的。它也许可以帮助我们理解目前有关微观粒子方面一些使哲学家惊奇不已的实验。例如我们在第一章第一节所描述的那个万物之间神秘的相关性，或许可以用仪器与自然规律的同构律来解释。

我们前面已经指出，量子力学中的算符有两种含义，第一种含义是它代表仪器和微观粒子之间的互相作用，第二章第六节中方程1-4和第二章方程1-2的等价表明，算符可以看作仪器和观察对微观状态作用的总体功能描述，但所谓仪器实际上又是一组观察者可控条件变量的内稳态。[①] 因此在量子力学中仪器与自然规律同构，实际上是意味着用算符之间关系表示的自然规律与用受控实验条件之间的互相关系（或称仪器结构之间的关系）是同构的。这种同构关系在量子力学的数学推导中一直占核心地位。为了说明这一同构定理的重要性，下面让我们先从一个具体例子讲起。

众所周知，对于宏观物体存在着如下一条自然规律：

$$E=(\frac{P^2}{2m})+V(x) \qquad （公式\ 1\text{-}1）$$

---

① 见《整体的哲学》第四章第四节和第六章第一节。

公式 1-1 中 E 代表处于某种力场（例如原子核中的辏力场；或太阳系中的引力场）的宏观物体的总能量，P 为动量，$P^2/2m$ 是动能，V（x）是势能。即公式 1-1 表示总能量是动能和势能之总和。公式 1-1 表明动量 P 与位置 x 这两个变量和总能量 E 之间存在着确定的函数关系。显然这条自然规律也表明在辏力场中测定能量的仪器和测定位置的仪器以及测量动量的仪器之间有着某种关系。也就是说公式 1-1 必然同时表明仪器之间存在联系！现在我们考虑一个微观粒子（例如电子）在这种力场中处于什么状态。根据上一节的讨论，我们必须解方程 1-7，首先要找到能量算符，即我们必须确定相应仪器和电子是怎样互相作用的，我们怎样找到这个特定的能量算符呢？仪器与自然规律同构定律这时就可以大显身手。显然我们知道仪器和算符只是同一个东西的两个侧面，当我们企图把握仪器和微观粒子作用时，用算符表示仪器和微观状态耦合的功能算子，但仪器又可以用其本身的物理结构来表示。这样，对于每一个仪器既可以用结构（内稳态）表示，也可以用算符表示，每一个仪器对应着一个算符（必须注意这两种表示是不同的，用算符表示时已考虑到和观察对象的耦合，而用内稳态表示时，并不考虑这一点）。即我们总有如下对应关系：

$$\begin{array}{ccc} E & P & x \\ \updownarrow & \updownarrow & \updownarrow \\ H & \vec{P} & \vec{X} \end{array}$$

在上述对应关系中，H 是能量算子，代表测量能量时仪器对电子的作用，P、x 分别表示动量和位置算符，它们表示测定动量和位置时仪器和电子的互相作用。现在我们根据仪器与自然规律同构律，可以认为对于任何一条规律，那些可控变量之间的联系必定意味着仪器之间应有相应的关系。这样我们可以用公式 1-1 来表示测量动量仪器，测量位置仪器和测量能量仪器之间的关系，即算符也应该有同类的关系。于是，我们可以将仪器与自然规律同构律表示如下：当用内稳态代表的仪器间存在着 E=f（P,x）这样的函数关系时，那么也会有 H=f（$\vec{P}$,$\vec{x}$）。

这样，我们只要知道和 P、x 相对应的算符 $\vec{P}$、$\vec{x}$，根据仪器与自然规律同构律，就可以从理论上预测新算符 H 的形态。确实，量子力学中正是用这种方法来寻找我们尚不了解的新算符形式的。在量子力学中，与动量 P 相对应的动量算符是知道的，它是微分算子，与 x 对应的算符也是已知的，因此，量子力学家可以写出某一种场的能量算符。例如运用公式 1-1 将，相应算符写成：

$$H = \frac{\vec{P}^2}{2m} + V(\vec{x})。$$

长期以来，这种寻找新算符的办法在量子力学中广泛运用，它也是作为类似公理的规则被人接受的。现在我们发现，它们是一条认识论规律，可从仪器与自然规律同构律推出。

我认为，只要真正理解仪器与自然规律同构定律，也许我们在第一章第三节所描述的那个神秘的实验就可以得到合理的解释。第一章第三节那个实验最令人费解之处在于地球观察者用仪器观察某一个微观粒子时,他对仪器状态的选择似乎会神秘地影响火星上的观察者对仪器状态的选择,其实,这里也许根本没有所谓信号的超光速传递,由于自然规律与仪器关系的同构性,一个观察者可以根据某一自然规律预见另一观察者的观察,实际上意味着,另一观察者只有用某种特定方式调整仪器,才能测到相应的可观察量。两个观察者选择仪器状态的相关性是仪器构造决定的,即在设计这些仪器和实验时,它们本来就是互相相关的。

例如当观察者C保持两个粒子角动量守恒,并使一个粒子飞向观察者A,另一个飞向观察者B。让A来用某种方法测量这个粒子某一个量。A一旦测出了某一个值,根据角动量守恒定律,A的选择会影响到B测量另一个粒子时观察到的结果。实验者之所以难以理解这种神秘的互相关联。原因在于他们把角动量守恒看作一条自然规律。实际上根据自然规律与仪器同构律,C要保持两个粒子角动量始终守恒,C必须用一架控制仪器,即这两个粒子始终是C所选择的仪器控制的本征态。A和B如何确认他们观察到的是角动量守恒的粒子对呢?显然它们必须是观察者C的本征态。这意味着一定要同时考虑A、B、C三个观察者的仪器,也就是说C的仪器始终要保持对A和B的仪器有所影响。这样,观察者A对仪器状态的选择之所以看起来和B对仪器的选择有相关性,其原因是C的仪器在起着两个仪器的联络作用。

总之,我认为很可能当观察者A根据某一条自然规律断言，他的选择会影响 B 的观察结果时，实际上这种影响早就隐含在实验的设计之中了。于是我认为，我们将可以大胆地猜想，只要我们严格分析这些实验操作，或许就会发现，A 只有和 B 之间有某种信息交流（通过仪器），A 才能完成测量。

当然，我在第一章第三节所讲的那个实验目前仍是半理想实验，因为很多科学家发现不能完全做到观察者 A 与 B 完全独立。很多人在改进实验，使 A、B、C 三者完全独立，企图在此基础上推翻相对论，我认为这种努力很可能是徒劳的，因为这个谜团的真正解决也许会出乎实验物理学家意外，他们很可能根本做不到在实验装置和条件控制上使 A、B、C 三个实验者真正独立。如果它们真正互相独立，必须排除调节仪器时操作的相关性或交换信息。一旦三者真正独立，粒子遵循的特定自然规律也就不存在了。我认为，根据仪器与自然规律同构定律，凡是和量子力学理论预言一致的实验，我们都能将其转化为仪器组合——发现观察仪器之间存在着关联。实际上用量子力学理论解释就是用抽象的数学语言来叙述这些仪器关联。人们之所以觉得这些实验破坏理性，对物理学基本原理构成挑战，很可能是忽视仪器与自然规律同构性产生的错觉。

根据仪器与自然规律同构定律，我们可以推出一个十分有趣的结论：自然规律和认识论规律具有一致性。在以往哲学家看来，自然规律和认识论规律是完全不相干的。而根据我的分析，由于仪器同时又是受控实验中的内稳态之间的关系，利用仪器和做受控实验是等价的。因此那些受控实验必须遵循的最普遍原则一定对应着一条最普遍的自然规律。我的这种推论有没有根据呢？十分惊人的是，我确实发现了这种对应性。众所周知，能量守恒定律是自然界最普遍的自然规律。能量守恒定律之所以正确，乃是它等价于受控实验某些最基本规则。下面我来进行这方面的考证。

在第三章，我们证明了受控实验中观察的可重复性是科学理性的基础，它是鉴别经验是否可靠的最终标准。因此，任何受控实验一定满足如下条件：在 t 时刻对于一群相同的观察者，当他们在受控实验中控制条件集 $\{A_i \pm \Delta A_i\}$ 为内稳态，观察到现象 E，那么对于任何 $t+\tau$ 时刻，只要他们做同样的受控实验，必定观察到同样的现象 E。受控实验如果不满足这个条件，等于说实验不能重复。因而实验可重复性又相当于说，时间的流逝是均匀的。在时刻 t 做的实验，对于任何 $t+\tau$ 都一样。而学过量子场论的人都知道，什么是能量守恒定律？在量子场论中，它的意义恰恰相当于时间流逝是均匀的！这里我们确实发现科学认识论最基本规范和最普遍的自然规律之间有着微妙的联系。我们如何证明时间流逝是均匀的？唯一的办法是在不同时刻控制相同的条件 $\{A_i\}$，看结果是否一样。如果实验绝对受控，则 $\{A_i\}$ 完全一样。在不同时刻看到现象不一样，我们在实验条件集 $\{A_i\}$ 上不能发现任何差异，这才意味着时间不均匀，现在和过去是不同的。而受控实验的可重复正证明时间是均匀的！

举一个具体例子或许好理解一些。当物理学家做两个球弹性碰撞实验时，通过一次一次实验，发现动能是守恒的。但是有一天他用质量、速度相同的两个球做非弹性碰撞时，发现两个球的动能在面对面碰撞时完全消失了。如果他在这两个实验条件中找不到任何差异，他不得不说在某一时刻能量守恒定律不成立了，或者他不得不把非弹性碰撞实验结果和弹性碰撞实验结果的不同归为时间流逝不均匀。然而，事实上却不是这样，因为科学家发现，非弹性碰撞中原来的实验之所以不能重复，是因为条件 $\{A_i\}$ 有了微小不同，他发现，非弹性碰撞中，两个球的温度有所提高。因而这不是时间流逝不均匀，而是实验范围扩大了，我们必须考虑更大的条件集，即如果把热能考虑进去，能量依然守恒。也就是说，每当科学家在一个实验中发现能量守恒不成立，他必定可以发现这个受控实验的条件和原来不同，而能量守恒定律实际上只是上述受控实验可重复性和条件性的这一最普遍规律的另一种表述而已！

　　自然规律和仪器之间的同构关系似乎表明，任何自然定律都等价于仪器的规律。人不仅把控制自然中碰到的变量约束当作规律，而且科学的规范，特别是鉴别经验真伪的最基本原则也是某种最普遍的自然规律。十分可惜的是关于这方面的研究实在太少，哲学家和科学家几乎都没有从这个角度来研究自然规律和认识论。虽然我在本节提出一些初步研究结果，但它们是尝试性的，还有很大的猜想成分，还有待于进一步证实。然而从这些推论中我们可以看到，我们确实可以超出建构主义，走进一个新的迷人的哲学殿堂。在这个宫殿中还会发现什么，我们尚不知道，但我们至少可以断言，唯物主义的理性可以重建，不过，它必须建立在新的更为雄厚的科学基础之上！

第四节　理性的飞跃：从观察者到思想者

一旦理解观察者的建构与在受控实验中控制某些条件为内稳态等价，那么我们前面提出的在有观察者之前（或如果世界上没有观察者），世界是否存在这个问题也就迎刃而解了。众所周知，历来这个问题对主观唯心论是最具有挑战性的，建构主义在这个问题面前也是含糊其词，而我们则可以正面而清晰地回答它。

根据客观性存在条件的讨论，当观察者 b_i 不存在时，必然有两种情况，对于那些在认知结构中和 b_i 无关的观察对象 O_i，它依然客观存在，而对于那些依赖于 b_i 选择的 O_i 则随着观察者的消失而消失了，正如生态系统中互相依赖的物种中有一种消失后，与其相关的生态结构必然改变，但地球依然存在，太阳依然在天空照耀，这本是一个平凡的真理，至于考虑在有观察者之前世界是什么样子，它也无非要求我们去进行某种条件变换，去考察那个观察者出现之前条件下的世界。其实这正是现代有关生命起源研究的课题。[①]

[①] 这里的论述是不准确的，其涉及到意识的起源。通常人们用进化论解释意识的起源，把它看作生命进化过程的一个环节。关于生命的起源，问题比较简单。自 20 世纪 50 年代著名的米勒-尤里实验开始，现代科学家就不断试图模拟地球生命起源时候的化学环境。进入 21 世纪之后，随着电脑和人工智能技术的发展，科学家也开始用电脑进行这一模拟，例如，2024 年，美国佛罗里达大学化学系学生借助超级计算机 HiPerGator，仿真早期地球的化学环境，针对 2 200 万个原子做了分子动力学实验。凭借该计算机的人工智能模型和强大的图形处理器，成功观测到氨基酸、脂肪酸、（下接第 273 页脚注）

也许，这里还有一个小小的困难需要克服。本章所做的有关客观性存在条件的推导和观察者等价于观察条件选择的分析都是建立在如图 1-24 所示的认知结构基础上的，而这一认知结构的存在必须是对更高一个层次的观察者 b_j 而言。我们去考察一切观察者不存在时，世界是什么样的，这等于说 b_i 和 b_j 都不存在。这时，我们如何肯定认知结构的存在呢？我们几乎又重新落到主观唯心论和唯我论设置的深渊中。其实，这个疑难是表面的，我们可以利用 b_i 和 b_j 两个层次的认知结构和观察对象 O_i 的关系分析，把上述结论严格推导出来。现在我们来考察第二层次观察者 b_j 与 b_i 的认知结构（如图 1-24 所示的认知结构）耦合，我们得到图 1-27。显然，作为观察由 b_i

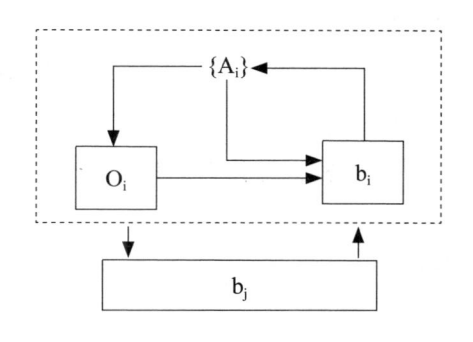

图 1-27

（上接第 272 页脚注） 碱基等分子的形成，而且完整的运算过程只花了短短 7 个小时。（"Can we create the molecules of life?" *University of Florida News*, https:// news.ufl.edu/2024/02/molecules-of-life/）生命是一个可以自我复制的自我维系系统，进化论认为其起源于没有生命的系统。虽然达尔文进化论认为人是由动物进化来的，而意识的起源，不是进化论可以推出的。关于意识起源和进化论的关系可参见本书第四篇。

和 O_i 耦合成的认知结构的更高层次观察者 b_j,它和这个认知结构的关系有两种可能。第一种可能是 b_i 的认知结构是 b_j 的建构,它是不能独立于 b_j 而存在的;第二种可能是 b_i 的认知结构和 b_j 不相关,即 b_j 对认知结构的观察不影响这个认知结构。也就是说,对于这个更高层次的观察者 b_j 和认知结构的关系,同样有满足第四章第一节中所讲的条件二和不满足条件二两种情况。而 b_j 和黑箱 O_i 的关系也有满足条件二和不满足条件二这两种可能,因此当我们考虑"一切观察者不存在那么这个世界是否存在"这一问题时,相当于综合起来考察 b_i 和 b_j 不存在对 O_i 有什么影响。

分析 b_i 和 b_j 与 O_i 的关系的各种组合可能,我们可以得到的如图 1-28,即可以得到四种组合 M_{11},M_{12},M_{21},M_{22}。M_{11} 表示在图 1-24 所示的认知结构中,O_i 和 b_i 的关系满足条件二,即 O_i 独立于 b_i,而对于更高层次观察者 b_j 和认知结构的关系也满足条件二,认知结构也是独立于 b_j 的客观存在。这时 M_{11}

观察者 b_j \ 观察者 b_i	满足条件二	不满足条件二
满足条件二	M_{11} 经典力学 直观唯物论	M_{21} 理想的观察者
不满足条件二	M_{12} 外星人的 动物园	M_{22} 量子力学 建构主义

图 1-28

表示直观唯物论和经典力学早就描述过的境地；一切观察者不存在对整个宇宙不会发生丝毫影响。而 M_{22} 则表示 O_i 是 b_i 的建构，图 1-24 所示的认知结构也是 b_j 的建构，它是建构主义和量子力学所描绘的情况。离开观察者的客观存在，自然界的形态将变得不确定。显而易见，宇宙和人的关系是 M_{11} 和 M_{22} 两种情况的混合，世界某一部分和观察者无关，某些部分和观察者组成一个不可分割的整体。因此，考虑没有观察者时世界是什么样的，答案肯定是：如果人类某一天被毁灭了，世界一部分依然存在着，如地球、天体，而世界和人建构有关的那部分将会消失！这本是一个众所周知的事实，但在直观唯物论和主观唯心论中却得不出来！

一般说来 M_{12} 和 M_{21} 这两种组合是没有意义的，只有 M_{11} 和 M_{22} 才代表真实的情况，因为 b_i 和 b_j 都是具有类似神经系统的人，即虽然 b_j 比 b_i 高一个层次，但我们在认识论中总可以假定 $b_i=b_j$。这样当 b_i 对条件的控制不影响 O_i 时，旁边站着一个旁观者 b_j 也不会影响整个认知结构。反之，当 O_i 离不开 b_i 的建构时，认知结构也离不开 b_j 的建构。M_{12}、M_{21} 这两种组合中 b_i 和 b_j 不等价情况在真实的观察中很少有可能出现。但是只要我们稍许改变一下看问题的角度，就可以发现，M_{12} 和 M_{21} 这两种组合是有意义的。例如 M_{21} 可以表示这样一种情形：虽然 O_i 是 b_i 的建构，但对于更高层次的旁观者 b_j，他对 b_i 认知结构的观察不会影响这个认知结构。虽然 b_i 和 b_j 是相同的，但只要 b_j 对认知结构没有反作用，即它仅仅代表 b_i 对自己观察世界过程的思考，那么就必然可以认可 M_{21} 存在的合理性。人总可以假定我们对某一种现实过程的想象或思考是可以不干预这个过程本身的,即观察者 b_i 一方面在认知结构图1-24 中是一个对 O_i 的建构者,他的真实观察过程会影响 O_i 的状态,但人之所以成为人,他不仅仅是观察者,还是思想者,他可以完成一种转化,即把自己想象成 b_j,他去思考自己的观察,他不认为自己的思考会影响认知结构。事实上,任何一个人都同时身兼 b_i 和 b_j,b_j 是一个悄悄地监视一切人对自然观察和改造的过程而不干预这一过程的理想观察者。

而 M_{12} 则代表与 M_{21} 相反的情况,b_i 的认知结构是 b_j 的建构,但 O_i 却是 b_j 的客观存在。这是一个颇为奇特的世界。对于低层次的观察者 b_i,在他看来,独立于自己的客观世界实际上是一个高层次观察者 b_j 的选择和建构。这种情况和一些科幻小说中所描绘情形类似:人类生存的世界只是外星人进行环境保护下的动物园。至今为止,科学尚未证实,世界上有比人类更强有力的建构者的存在。因此把 b_i 当作人类,目前还看不出有多大意义。但是如果我们把 b_i 看作动物,那么动物确实生活在一个类似 M_{12} 的世界中。目前生物生存的环境越来越依赖于人类的建构。但这种环境对于动物(例如蚂蚁)它却可以是一种客观性。或许今后研究动物的知觉进化,考察 M_{12} 这种模式是有意义的。M_{12} 可以用来表示的另一种情形是:b_i 代表观察者个人,b_j 代表社会上所有人对某种环境的建构,这时 M_{12} 确实表示个人怎样在一个不依赖自己意志的共同体中生活和认同问题,它确实展开了我们至今尚未知晓的认识论的种种方面。[1]

把 M_{11}、M_{12}、M_{21}、M_{22} 这四种情况和人类自古以来就存在的那些基本的哲学流派进行某种对比是意味深长的。众所周知，在思维和存在的关系上，从来就有唯物主义、主观唯心主义、客观唯心主义和二元论这四个基本的哲学立场。我认为，很可能上述任何一种哲学立场都是对 M_{11}、M_{12}、M_{21} 和 M_{22} 这四种基本情况被夸大到绝对化的结果（图 1-29）。如果对 M_{11} 进行绝对化，显然就是 18 世纪牛顿力学钟表式的形而上学唯物主义；而只看到 M_{22} 而忽略其余，那必然得到主观唯心论结论；将 M_{12} 的绝对化和无限夸大可以导出一个有人格的但却有至高无上建构能力的主宰存在，它是客观唯心论的；M_{21} 则代表某种理性主义的二元论立场。现在我们则可以知道这些哲学观也许都有某种合理的内核，但都犯了以局部代替全面的错误。今后理性的哲学必须将其观察者和自然各个层次各个角度的分析综合起来，它是人对自己和自然关系的更高层次、更全面的认识，这种认识要求人不仅从具体的观察者 b_i 上升到更高层次的观察者 b_j，而且要认识到 M_{11}、M_{12}、M_{21}、M_{22} 的各

---

[1] 上述讨论是不准确的。实际上当 b_i 和 b_j 不同时，b_j 代表一个对自己行为进行思考的思想者。对于什么是思想？《系统的哲学》并没有讨论。其实，只有引入符号系统，上述讨论才能深入下去。我在本书序言中指出，没有引进符号系统，是系统的哲学和真实性哲学最大的不同。一旦引入符号系统，就可以区别经验真实和符号真实，证明虚拟世界的存在。在某种意义上，M_{12} 是虚拟世界。考虑到人有可能生活在某种更高级文明建立的虚拟世界中，是 21 世纪的事情。相关讨论可参见《真实与虚拟》一书。

种复杂情况——这意味着人将成为一个近于上帝的观察者。①

M_{11} 绝对化形而上学的唯物主义（机械世界观）	M_{21} 绝对化二元论
M_{12} 绝对化有神论客观唯心主义	M_{22} 绝对化主观唯心论

图 1-29

第五节 回到唯物主义：整体演化论

上面的讨论给我们一个重要启示，或许对于理性最为重要的是，人从观察者层次中超越出来，成为一个思考者！如果仅仅考察观察者的建构这一个层次，一只蝴蝶、一只狗和一个人没有本质差别，世界都是它们的建构。人之所以成为人，不仅由于他们可以用受控实验来扩展自然界给予他们的神经系统，不断扩充自己的可靠经验。更重要的，他们可以完成一种由 b_i 到 b_j 的自由跳跃，他可以自由地由一个观察者转化为对自己观察的思想者，去思考自己的观察，并把 b_i 和 b_j 各种组合放在自己的思想之中。

---

① 根据我们的认识论模式，似乎存在着四个世界，当然，这里"四个世界"和波普尔的"三个世界"说的着眼点是不同的。

我认为，人类理性的成熟意味着人在大量受控实验中认识到如下一个事实（或者说被实验证明的假设）：当人用思想去模拟某一个实际操作和观察过程时，思想一般不会干扰操作和实验（除非我们特别设计脑电波影响实验的装置）。① 因此，我们可以用思想无畏地想象一切，包括观察者的起源。科学经常迫使我们去思考人是从哪里来的，去考察思维的起源、生命的起源，甚至是宇宙的起源。这实际上等于人不断超越作为一个单纯观察者的地位而成为这个世界至高无上的思考者，人把一切观察过程，把各种观察过程对外界的影响，把条件的产生和消失的变化过程都放到理性和思想之光的照耀之下。他思考这一切，用一个思想模型来代表这一切，人把自己放在一个近乎上帝观察者的位置！

在一个近乎于上帝的观察者———一个大无畏的思想者看来，世界是什么？认知结构是什么？仪器是什么？具体观察者又是什么呢？只要根据我前面提出的观察者的建构和某种条件选择等价原理，只要我们站在观察者之外来思考观察者，那么在我们面前是各式各样的组织系统，认知结构实际上也只是某一类组织系统。我在《整体的哲学》篇和《发展的哲学》篇中曾把"组织"定义为功能耦合系统，其中每个子系统都有输入输出，子系统输入就是子系统存在的条件，子系统输出为子系统的功能。而一个完全的功能耦合系统就是子系统的功能和条件互为因果，互相支

---

① 这实际上是唯物主义的基本前提，但是，几百年来，这个前提都被形而上学曲解。由于缺乏严格性，人们不由自主地总把这个前提等价于 M_{11}。这也正是为什么我认为彻底的理性主义者依然必须是唯物主义的。

持,一个子系统的输出为别的(或自己的)子系统的输入。而建构主义所谓认知结构的封闭性恰恰是把观察者和对象看作一个组织系统。因此,包容建构主义的新哲学必定是建立在研究组织系统存在和演化的一般理论基础之上的,它是整体演化的哲学!

为了证明我们通过建构主义的"脚手架"发现正在建造的新哲学大厦乃是整体演化哲学的一个部分,我必须再次概述一下我在《整体的哲学》篇和《发展的哲学》篇中提出的如下两个基本公理:

(一)任何一种具体的存在都需要一定的条件,世界上没有不需要条件的存在,我们将其称为条件性公理。

(二)任何确定的存在总是处于不确定的干扰海洋之中。即当我们依循某种条件下某种规定性时,一方面是描述这种规定的确定性,另一方面必须意识到,无论是作为条件的规定还是作为性质的确定性,每时每刻都受到不确定的但又不可绝对排除的干扰包围,我们将其称为不确定性公理。

在《整体的哲学》篇中,我从条件性公理出发来阐明什么是有组织的整体。把组织系统定义为各个部分互为条件的功能耦合网,并且证明了它是通过各个部分的互为条件、互为因果来保证了整体由部分构成,但不能看作部分简单相加之和。现在我们在认识论中也发现了类似情况:不仅观察者的建构作用可以用条件性公理来描述,我们在第三章讨论的认知结构实际上也只是由观察者和认知对象耦合而成的某种组织。更重要的是,在近于上帝的观察者眼中,观察者的神经系统本身也是某种复杂的组织系统,我在《整体的哲学》篇中曾指出神经系统也可以用某种互为条件的耦合系统来表示，它同样是一组复杂的内稳态集合。我们的眼前展现出一个多层次组织系统互相作用的画面。因此，研究组织系统存在和演化的讨论毫无例外地可以运用到认知结构中去。

在《整体的哲学》篇和《发展的哲学》篇中，我曾证明，只要反复运用条件性公理和不确定性公理，我可以把组织存在和发展的基本规律推演出来。例如，由于任何组织系统都是处于干扰的海洋之中的，那么必然只有那些具有内稳机制的功能耦合系统才能存在，当组织系统是多层次时，我们还要考虑结构稳定性。一般说来，任何一个复杂的组织都是多层次的，因此内稳态和结构稳定性是组织系统存在的条件。[1] 读者或许已经发现，我们在第二章对认知结构本征态的研究和第三章对认知结构稳定性的分析和上述讨论几乎如出一辙，我们用认知结构的稳定性来证明经验可重复、可社会化的条件，正是将"结构稳定的组织才能存在"这一普遍结论用于认知结构这一特殊的组织。

毋庸赘言，当我们研究的对象从一般的组织转到作为认知结构的组织时，组织的结构稳定性当然转化为认知结构的稳定性，组织的内稳态就转化为认知结构的本征态，这样用于探索组织内稳态存在和结构稳定性的条件当然也就转化为认知结构中人类获得经验可靠性的条件了。这样，我们可以说，本篇第二、三章全部内容也可用条件性公理和不确定性公理推出。这

---

[1] 参见《整体的哲学》篇第三章第四节及第五章第一节。

里唯一的不同就是组织系统的稳定性和结构稳定性考察的范围比认知结构的有关讨论更为宽广，结论也更为普遍。因为认知结构只是某一类特殊的组织，它的稳定性和结构稳定性只是组织系统普遍的结构稳定性的特例而已！

一旦我们把认识论放在一个更为宽广的哲学背景中考察，那么我们很容易将第三章得到的结论做重要推广。其实，在第三章中，我们的所有推断是建立在认知结构的封闭性之上的，如果我们结合第四章分析，我们可以说第三章的认识论只讨论了认知结构不满足条件二的情况，它只是一种描述 M_{21} 和 M_{22} 的认识论。那么在 M_{11} 的情况下，观察者获得的黑箱状态 O_i 不再是认知结构本征态，这时第三章的讨论还有效吗？根据条件性公理和不确定性公理，我们可以断言第三章的讨论仍然有效，因为 O_i 只要是客观存在，它同样要具有稳定性，差别仅在于，O_i 不是认知结构的本征态，而是别的功能耦合系统的内稳态，因为对于观察者，如果要使对 O_i 的经验有可重复性和可社会化，O_i 必须是某个组织系统的本征态（虽然这个组织系统不是认知结构），它同样要满足当条件受到无穷小干扰时能够保持自己存在的机制，无非这种机制不是认知结构规定的。研究这种机制，必须诉诸一般的组织理论。[①] 也就是说，对于一种包含 M_{11}、M_{12}、M_{21}、M_{22} 和观察者起源在内的认识论，我们必须突破认知结构，考虑包括其余组织系统在内的一切组织系统！

[①] 参见《整体的哲学》篇。

或许，读者还能发现更多的类似之处。例如，人类受控实验结构中可靠经验的开拓是按以人为中心的内稳态序列 $\{A_i\} \rightarrow \{B_i\} \rightarrow \{C_i\} \rightarrow \cdots\cdots$ 展开的，它和整体的哲学中讨论的生长机制很类似，确实，发现知识之树的生长和生命之树的生长存在着深刻的一致性是激动人心的，[①] 它激发着人们去进一步从组织系统演化的角度探讨科学史、人的心灵史。我们的面前展开了一个辽阔的视野，相比之下在本书中所做的一切探讨仅仅是一个开始，我们只走了几步，至今为止，我们还不能预见，沿着组织系统的基本公理，我们能走到哪里，我们还会得到哪些令人惊奇的新发现。

展开整个理性的科学认识论不是本篇的任务。我仅仅想证明人类科学理性的基础仍然是坚固的，或者它实际上从来未曾真正动摇过，那些被科学新成就潮流冲走的只是浮在理性奠基石之上的旧时代思想之残渣。今天，经过思想的千锤百炼，那些作为未来理性哲学大厦的柱石开始显露出来，它们在旧思想体系崩坏的狂风暴雨中巍然屹立，并且坚不可摧！

把条件性公理、不确定性公理、辩证唯物主义的基本原理做某些对比是发人深省的。众所周知，辩证唯物主义有三个最基本的出发点。第一条原理是世界的客观性；第二条原理是世界从基本性上动荡不安，是发展变化的；第三条原理是人在改造世界中认识世界。客观性原理和我提出的条件性公理有相近之处，而发展原理和我提出的不确定性公理很类似，[②] 第三条

[①] 参阅本书第三篇《整体的哲学》第四章第一节至第四节。
[②] 详见《发展的哲学》篇。

原理似乎也谈到了认知结构的封闭性。我们几乎发现，我们提出的新理性主义-整体演化哲学是辩证唯物主义基本规律更精确的表达。因此，它证明唯物主义的辩证理性可以重建！但是，必须指出，整体演化哲学的公理比辩证唯物主义原理更精确、更科学（因为它是建立在 20 世纪科学新成果之上的）。我们可以预言，辩证理性的重建不是仅仅去恢复原有哲学体系的活力，重要的是哲学家的任务仍和科学家一样，他必须勇敢地创新，无畏地探索。新理性主义的曙光已出现在地平线上，一个壮丽的历程已经开始而远未完成！

结束语　展望人的哲学

本篇是在严冬中动笔的，现在已是烈日炎炎的盛夏，我即将开始那疲劳的长途旅行，我们的讨论不得不就此告一段落。严格说来，我并没有直接回答一开始提出的问题。如果说本书的主题是重建理性哲学，那么我刚刚开始涉及就匆匆停笔，这会使读者感到扫兴。全书讨论的问题完全是知识论或方法论的。我花了大量篇幅来研究客观性，并在整体演化论的公理基础上重申了科学规范仍坚不可摧，并声明辩证理性可以重建。然而，这一切充其量只是给出了"人的哲学"的基础，而不是哲学本身。因为从这些原理出发，可以推出哪些有关的价值观和伦理准则，我们并不清楚。当然，道德理性从来不能由知识理性直接推出来，但是道德理性的结构和知识理性的结构必定是互相适应的。知识理性的结构一旦清楚了，就给了我们一个展望未来道德理性的出发点。我们对人行为价值合理性的研究也可以通过由科学知识铺成的大道站立到时代的山巅之上！

众所周知，道德理性的核心问题是个人和社会的关系，一切有关人行为规范合理性的探讨，在某种程度上都依赖于个人应在社会中处于什么样的位置。我们几乎可以说，个人在社会中的位置和人类在自然中的位置是同构的，而人在自然中的地位则必须依靠知识理性来解决。这样，解决了像客观性这类纯知识的问题，也就必然对未来道德理性的展望提供启示。

也许，客观性存在条件的发现对未来哲学最有力的支持就是我们必须重申理性主义的大无畏原则。虽然随着人的精神和知识空前的解放，出现了20世纪如洪水般卷来的思潮的巨流。人类的各种本能、潜意识，那被历史上宗教或者说文明的创造物长期压抑的人类思想和情绪的梦幻，如同鬼怪一样一下从阿拉丁的神灯中释放出来，使得今天的哲人猛然发现人的精神世界从本质上仍是非理性的。但是经验可靠性的哲学研究证明，理性主义仍然具有支撑生活在梦中和非理性主义情绪中的现代人的能力。虽然在形形色色非理性主义思潮的冲击下，20世纪的理性主义的重建是极其艰难的，但令人欣慰和鼓舞的是，今天理性主义结构比以往任何时代都强大和牢固，因此，当代人可以比历史上的人更彻底、更大无畏、更自由地思想。我们没有必要担心思想的彻底解放会动摇理性和真理的基础，思想的自由可以使我们去想象那些罪恶的行径，但我们却没有必要因为想象犯罪而感到害怕，因为大无畏的理性的太阳仍在天空照耀。我们不会因为狂热而变成真正的疯子，人类也不会因为具有毁灭自己的能力而真正去毁灭自己。但是，我们必须清醒地意识到，我们生活在整体的世界之中，而整体是和谐而宏伟的存在，只有凭借理性才能正确地揭示它、把握它，每个生活在整体中的个人必须珍惜它，这样它才能成为人在未来进行健全而大无畏探索的保证。总之，未来的人可以比以往任何时代的人更偏激，并尝到更多、更丰富的非理性的思想的果实，科学理性之树已经壮大到足以支撑他们。

就道德理性的出发点而言，我提出的"人的哲学"的基本构架和直观唯物论以及主观唯心论都是不同的。在直观的（形而上学的）唯物论那里，客观性是不需要条件的，是人无可奈何必须承认和接受的铁的事实，它是一种与人无关的存在，客观规律则是人必须服从的冰冷的铁的必然性。虽然哲学家一再强调人对世界的改造和能动性，但是这种能动性充其量只表现在对规律的顺应而很难作为一种和整个哲学融为一体的革命精神。在主观唯心论那里，世界是以每个自由的个人为中心的，人生的价值也是如此，人生如花开花落，世界只是属于每个个人的心中的世界，随着个人意识的消失，世界的意义也必然随之烟消云散。因而在这种哲学观中，人本身虽然是自由的，但必然孤独，人虽然可以在创造中寻找自己存在的意义，但创造既非永恒也非不朽。相对主义如荒诞的怪梦一样笼罩着短暂的人生。每个人在诉诸自己存在之时必然发现这种存在将要消失在虚无之中。

我们提出的人的哲学则认为这两个基本构架均是对人在自然界位置的片面曲解。人的哲学所描述的世界比建构主义和直观唯物主义更需要人的责任心和事业心,并发现了具有科学精神的人类把个人团结为不朽共同体的意义。

那个冰冷的没有观察者存在的世界是存在的,那就是死亡和虚无。那些强迫人服从、人类除了去顺从它以外别无他择的自然规律也是有的,但它们不是世界的全部。严格说来,它们只代表了人尚处于孤立状态和童年时代所面临的世界。今天人类已经成人,那普罗米修斯偷来的天火已燃成了熊熊的火炬,将来世界越来越依赖于人的建构。人已有能力在善和恶、生和死、兴盛和灭绝之间做出选择。

每个人都知道,选择从人诞生那一天起就引导着人生,它是人每天都在做而且可以说是人们做的全部事情。然而选择并非如直观唯物论认为的那样,只是对必然性的适应和顺从,也不是如建构主义和主观唯心论所认为的那样可以绝对自由和随心所欲。人每一步选择都需要理性地思考人和外界整体的关系。因此也可以说,人的哲学是一种强调科学合理地进行选择的哲学。因为我们需要选择,并对选择的那深远的影响和不可逆转的后果负责,我们才要去研究人面临可控变量后那漫长的自然规律之链。理性每一次进步都是人对选择盲目性的减少,因此以人类本身为目的就可以赋予理性以意义。

人的哲学不承认那与每一个个人都无关的绝对客观的价值,那超越人类的目标以及可以从外部强加给人类的价值准则也是虚妄的。但正因为人的哲学从人和自然整体合理的关系来理解价值，那么价值观必然是人对自己和人以及与外部事物关系某一个方向和方面思考的结果。因此，全面地思考价值观，必然会发现理性的怀疑精神和价值中立原则在科学上不仅是正确的，而且是不可少的。但是其准确的含义不是19世纪哲学家认为的那样，价值中立不是力图在判断中排除人的价值判断，而是从更高层次上去思索价值是什么，以及去诉诸检测真理和谬误的科学精神和规范！

人的哲学把人类的创造和趋向完备当作人类共同体的最终意义。虽然对每个个人来说，日常生活本身就是意义，个人的自由意志和偏好使每个人都有权决定自己的价值取向，而使世界成为丰富和多元的，但对整个人类历史来说，纯属个人的价值取向必然如过眼烟云。人不能要求个人的享乐和经历达到不朽。每个人都有一死，但这不等于说一切价值都是虚假和短暂的，人可以去追求那永恒的价值和不朽的目标，这就是他必须把个人孤独的人生投入人类互相沟通和用科学规范的共同探索中去。我们必须理解，虽然人生来是自由和孤独的，人可以天马行空，独来独往，但是如果没有社会性，也就不会有人从观察者向思想者的超越，不会有文明和科学，不会有人清醒的自我意识。因此，我们可以说虽然每个孤立的个人是渺小的，但每个人都有和他人同类的身体和大脑结构，因此，每个人都可以代表人类。自从人吃了智慧之树的禁果，他们终于发现了存在着与他们身体和思想结构类似的同类。于是他们可以互相沟通，可以相爱，并在沟通中建立了清醒的理性世界！人的哲学最重要的发现乃是找到了清醒意识和区别真理与谬误准则的来源——这就是人的社会性！①

今天，是时候了，我们必须从笼罩着人类近半个世纪的相对主义虚无的梦中清醒过来。对于每一个个人，人不得不生老病死，似乎没有个人的灵魂得以永垂不朽，但是个人对人类的变化及他对人类的思想的贡献却可以一代代留下来，人类作为一个整体，他对自身结构和自己在自然界位置的探索将万古长存！

---

① 这种社会性是指人作为一个可以沟通的类的共同性，而不是阶级性，它和马克思主义中所讲的社会性有很大不同。

第二篇

发展的哲学
——论"矛盾"和"不确定性"[①]

当代辩证理性碰到的第二个疑难是"发展原理"的挑战。承认世界万物处于永不休止的变化、发展和动荡之中,这使辩证法具有大无畏的革命精神。很多哲学家接受"辩证法"都是从领悟"发展原理"开始的,"辩证法"在某种意义上就是"发展的哲学"。但是,很多人不知道,辩证逻辑中的"发展"本身是一个悖论,内在的自我否定更是如此,如果不加以科学地把握,它会导致荒诞地自我崩溃,辩证法因此也会堕落为"诡辩法"。如果没有一种合理的科学表述,以发展原理贯彻到底的哲学必然是自我毁灭的,它用来批判别人的武器最后也将摧毁自己。问题出在什么地方?人类能用科学的逻辑来驾驭大无畏的"发展精神"吗?这是本篇要解决的问题。

从赫拉克利特开始,辩证法大师眼中的自然都是流动不息的火焰。为了把握这火焰的内在发展和自我否定,哲学家在凝固僵化的概念规定中引进了规定的自我否定,这就是矛盾。然而,矛盾会导致逻辑的

[①] 原文曾发表在《走向未来》杂志1986年第1期上。

破坏，因而遭到科学的冷遇。怎样走出这个哲学的怪圈？科学和哲学有无内在的共同基础？当代人又怎样基于科学的要求和进展来改造哲学？本篇对这一系列问题进行了探讨，试图提出"不确定性"原理来完成辩证理性的重建。

第一章　从"无矛盾原理"的争论谈起

1975年，意大利哲学家卢乔·科莱蒂提出"无矛盾原理"，引起了一场震撼西方哲学界的争论。卢乔·科莱蒂的中心论点是"矛盾只存在于命题与命题之间，而不存在于事物之间"，现实是无矛盾的。科莱蒂指出："对于科学来说，矛盾永远而且只能是应排除的'主观错误'。科学包含了无矛盾原理。当理论自相矛盾时，科学会立刻宣判理论的虚伪性"，"因而辩证法是一种'伪科学'。"[①]"无矛盾原理"在西方哲学界引起一场轩然大波，一些人认为它击中了辩证法的要害，而更多的哲学家则纷纷起而反击，认为科莱蒂没有读懂康德和黑格尔的著作，甚至把他的理论归结为从巴门尼德以来哲学界的一个大错误。激烈的论争一直延续到今天。[②]

[①] 中国现代外国哲学学会主编：《现代外国哲学（6）》，人民出版社1985年版，第296页。

[②] 卢乔·科莱蒂属于德拉·沃尔佩学派，后者是二战后20世纪五六十年代意大利主要的马克思主义理论流派，他们批判意大利马克思主义中存在的强大的黑格尔主义传统，强调实证主义，认为马克思的思想代表着同黑格尔的完全决裂。德拉·沃尔佩本人追溯从亚里士多德开始、中经伽利略、直到休谟的这一渊源来解释马克思——他说，所有这些人都在他们当代进行过马克思针对黑格尔所做的那种实质性批判。他的学生科莱蒂却对西方马克思主义内部产生的黑格尔主义，作出了主要的系统抨击：《马克思主义和黑格尔》。这一著作旨在全面说明黑格尔是一位基督教直观哲学家，（下接第294页脚注）

实际上,"无矛盾原理"的争论只是数百年来科学家和哲学家之间屡屡出现的冲突以新的形式再次爆发出来而已。很多自然科学家一开始就认为,辩证法中使用的"矛盾"概念,是和科学所要求的理论清晰性格格不入的。早在黑格尔出版他关于逻辑学的洋洋巨著时,同时代的著名数学家高斯在给友人的信中就流露了自己的反感。他说:"您认为一个职业哲学家在概念和定义上不会有混淆,这让我感到几乎是惊讶的。这种情况在非数学家的哲学家中尤为常见……只要看看现代的哲学家们,看看谢林、黑格尔、尼斯·冯埃森贝克及其同僚们——他们的定义难道不让你毛骨悚然吗?阅读古代哲学史,看看当时的人们,如柏拉图等人(除了亚里士多德),是如何解释的。甚至在康德这里,情况往往也好不到哪里;他对分析命题和综合命题的区分,在我看来不是庸俗就是错误。"[1]

（上接第 293 页脚注） 他的基本理论目的是为了宗教而抹杀客观现实和贬低才智,因此他同马克思有天壤之别。成为对照的是,科莱蒂认为马克思的真正哲学前辈是康德,认为康德坚持客观世界是超越一切认识概念的独立现实,预示了从存在到思想的不可反复性这个唯物主义命题。因此,康德的认识论预见了马克思的认识论,虽然后者从未了解前者对自己的教益有多大。同样地,对沃尔佩和科莱蒂两人来说,马克思的政治理论具有马克思自己并未察觉的一个决定性前提:卢梭的著作。康德的哲学局限性在于他接受了自由资本主义社会的交换原则,卢梭所批驳的正是这些,他对资产阶级代议制国家进行激烈的民主主义批判,而马克思后来在一切主要方面不过加以重复而已。(佩里·安德森:《西方马克思主义探讨》,高铦、文贯中、魏章玲译,人民出版社 1981 年版,第 82 页。)

[1] William Ewald, *From Kant to Hilbert: A Source Book in the Foundations of Mathematics Volume I*, Oxford University Press, 1996, p. 293. 另一个对黑格尔哲学的辛辣批评来自 19 世纪奥地利物理学家玻尔兹曼:（下接第 295 页脚注）

一些科学家认为，辩证法大师关于"矛盾无处不在"的论断往往是如下原因带来的：一是人们用来把握事物的概念似是而非，二是人们所使用的语言和推理过程不够严密。[①] 哲学家认为，机械运动本身就是矛盾。运动意味着某一物体同时既在某处又不在某处。物理学家针锋相对地指出，"既在某处又不在某处"之所以构成矛盾，正是因为人们所用的概念含糊不清。在这里，"某一时刻"和"某处"的确切意思究竟是什么呢？根据经典力学，运动的宏观物体在确定的时刻都有一个确定的位置，比如在确定的 t_1 处于一个确定的位置 x_1。当我们

（上接第 294 页脚注）"如果说我是带着犹豫回应涉足哲学的呼声，那么哲学家们则更频繁地干预自然科学。多年来，他们一直侵入我的领域，我甚至无法理解他们的观点，因此想要提升我对所有哲学基本理论的了解。为了直接深入其中，我选择了研究黑格尔。我在那里发现了多么不清晰、多么轻率的言语啊！……现代学者的头脑被黑格尔的废话弄得混乱不堪。他们无法思考，举止粗鲁，变得迟钝，沦为从蜥蜴蛋中爬出的肤浅唯物主义的猎物。"
（Ludwig Boltzmann, *Theoretical Physics and Philosophical Problems: Selected Writings*, edited by Brian McGuinness, Springer Netherlands, 1974, p. 155.）

① 除此之外，19 世纪科学家对辩证法的批评，还来自其无法得到现代科学的验证。例如，德国物理学家亥姆霍兹曾指出："即便承认黑格尔在构建道德科学的主要成果上或多或少有所成功，这仍然不能证明他起始时使用的同一性假设（即所谓正-反-合）的正确性。自然界的事实应该是关键的测试。在道德科学中出现人类智慧活动的痕迹及其发展的各个阶段，这是理所当然的；但是，如果自然界真的反映了创造性思维的思考结果，那么这个系统应当能够轻松地为其相对简单的现象和过程找到一个位置。在这一点上，我们敢说，黑格尔的哲学彻底崩溃了。至少对自然哲学家而言，他的自然体系看起来完全是疯狂的。在他同时代的所有杰出科学家中，没有一个人站出来支持他的观点。"（Hermann von Helmholtz, *Science and Culture: Popular and Philosophical Essays*, edited and with an Introduction by David Cahan, The University of Chicago Press, 1995, pp. 79–80.）

讲运动的物体不处于这个地方时，我们所讲的时刻已经不是 t_1 而是 $t_1+\Delta t$，物体的位置也应是 $x_1+v\Delta t$。我们只要引入无穷小量，将时间（关于无穷小量是否包含矛盾是一个十分有趣的问题，很多数学家坚持，非标准分析已证明无穷小量是无矛盾的，是可以明确规定的）、位置概念精确化，那就根本不会有什么矛盾。矛盾是我们对"某一时刻"和"某处"定义的不严格造成的。

另一个例子更具有代表性。黑格尔曾经断言，甚至对于"玫瑰是红的"这个信手拈来的陈述，他都可以在其中找出矛盾。黑格尔论证说，玫瑰是一个东西，"玫瑰是红的"表示玫瑰是一个别的东西，一个东西可以同时是两个东西，可见这里面包含了矛盾。德国哲学家汉斯·赖欣巴哈曾辛辣地批判黑格尔是犯了混淆类属性与同一性的逻辑错误，而这正好是人们使用语言不严格带来的。① 在通常的陈述"A 是 B"中，"是"所表达的含义有两种，一种是"同一性"，另一种是"类属性"。"这是一朵玫瑰"，"他是张三"，这里"是"的含义是"同一性"，表示我们所指事物与已经明确定义的事物（概念或类）完全同一，而"玫瑰是红的""白马是马"这类陈述中的"是"不是同一性，不是意味着"玫瑰与红同一"，而是"类属性"，即"玫瑰"这一类是属于（或被包含在）"红"这一类中的。只要明确区分日常生活中使用的"是"这个词的两个不同含义，自然不会得出"一个东西是两个东西"这种矛盾判断。

---

① H. 赖欣巴哈：《科学哲学的兴起》，伯尼译，商务印书馆 1966 年版，第 59 页。

总之，在辩证法认为存在着矛盾的地方，科学家总是尽可能用定义的严格化将矛盾消解掉。"不严格""思维的混乱"以及诸如此类的批评曾如暴风骤雨般地落到辩证法的头上。随着科学的迅猛发展以及随之而来的科学哲学的兴起，争论又变为西方科学哲学和辩证法哲学交锋的中心。而今天，"无矛盾哲学原理"的论战意味着争论已经深入到思辨哲学的内部，对于矛盾规律的科学考察，已成为辩证法在当前形势下的深刻需要，成为辩证法自我反省运动的中心任务，这一运动试图摆脱哲学那直观朴素的形态，追求辩证法基本概念的严格化和精确化。

第二章 "矛盾"概念的精确化：悖论对逻辑的破坏

显而易见，当哲学家第一次想用最普遍的概念来概括事物的发展和自我否定时，最初的尝试必定是利用包括悖论性语言的辩证逻辑，即一个事物内部质的规定中本身包含着这种规定性的否定方面。为了表达发展，最方便的是运用某物既是自身也不是自身，既在某处又不在某处，肯定方面与否定方面并存这样的概念。但是，一旦把辩证的自我否定性的思辨纳入精确逻辑的框架，困难就必然显现出来了。

加拿大哲学家马里奥·邦格在《对辩证法的批判性考察》一文中对"矛盾律"或"对立统一规律"做了严格的分析。[①]他认为对立统一规律虽然在直观上似乎概括了大量事实，但一旦将概念精确化，会碰到一些不可逾越的困难。邦格指出，如果将对立面理解成事物内部不同的组成部分或客体（如人们常说的敌我双方、正电和负电等），那么，对立统一规律并不是一个全称判断。"它只是一个存在性命题而不是一个普遍性命题。"这显然不满足作为一种普遍的哲学概括的要求。如果将对立面理解为事物的一种属性（诸如"好的"和"不好的"，"湿的"和"非湿的"），这时它作为命题的普遍性虽然满足要

---

① M. 邦格：《对辩证法的批判性考察》，范岱年、肖毅译，《世界哲学》1980年第1期。

求，却出现了另一个问题，这就是对立统一规律必然导致逻辑悖论。因为用精确的逻辑语言表达属性就需要应用谓词，而"所谓矛盾，就是对同一主词给予相反的谓词"。[①]"对立面同时存在"必定引起两个互相对立的谓词并存，谓词 P 和谓词非 P 在逻辑上构成悖论，这样会导致整个思维的混乱。

  为了证明困难的深刻性，这里有必要引用一个数理逻辑的基本定理。数理逻辑已经证明，任何一个理论体系，如果它内部存在着互相矛盾的命题（逻辑悖论），那么整个理论体系就是不可靠的，我们可以从中推出任何一个荒诞的命题。用逻辑学家的话说就是当"两个互相矛盾的命题同时都真，可以推出：所有的命题都真"。[②] 我曾听过一个说法：如果你证明了 $2×2=5$，那么我可以证明女巫飞出烟囱。表面上看，$2×2=5$ 是一个错误的数学命题，而女巫飞出烟囱却是神话，两者毫不相干。但数理逻辑表明，只要理论体系中有"既是"又"不是"这样悖论性命题，那么整个逻辑推理就会成为随心所欲，任何荒唐的结论都可能被推导出来，有人觉得这很不可思议，要求罗素从 $2+2=4$ 和 $2+2=5$ 同时成立的悖论中推出"罗素与某主教 x 是一个人"。罗素立即做了如下推导："假设 $2+2=5$，且 $2+2=4$，故 $4=5$；两边减 1，得 $3=4$；再减 1，得 $2=3$；再减 1，得 $1=2$。大家知道罗素与某主教 x 是两个人，由于 $1=2$，

---

① 末木刚博等：《现代逻辑学问题》，孙中原等译，中国人民大学出版社 1983 年版，第 12 页。
② 周礼全：《亚里士多德论矛盾律与排中律》，载《逻辑学论丛》，中国社会科学出版社 1983 年版，第 57、59 页。

所以推出罗素与某主教 x 是一个人。"① 在这里，每一步推导都是严格的。有人会反驳说，辩证逻辑所讲的矛盾不是悖论。悖论是僵硬的，而矛盾是活生生的。悖论意味着肯定和否定命题无条件同时成立，而矛盾中肯定方面与否定方面都依存于不同的条件。在一定条件下矛盾表现出肯定方面，在另一条件下矛盾表现出否定方面。这样，矛盾分析似乎并不构成逻辑悖论。但是请注意，辩证逻辑不仅仅认为矛盾的肯定与否定方面依赖于条件，而且更重要的是认为这些条件是不可分割地互相依存，它们同时存在于统一体中。而两个对立的条件并存这一点，同样构成逻辑悖论，只不过形式有所改变而已。如果把矛盾的肯定与否定方面依存的条件看作分裂的而不是同时成立的，那么虽然我们避免了悖论，但这样一来，事物发展的动因将不是自己否定自己，而是外部条件规定的变化。这就违背了辩证逻辑的基本精神。

另一种常见的意见是，辩证逻辑中的矛盾在定义上具有模糊性，不如逻辑悖论说的那么死，因而它也不会像逻辑悖论那样导致推理系统的瓦解。哲学概念是允许有一定程度的模糊性，推导过程也可以是模糊的。但模糊（弗晰）数学证明，模糊的思考也必须有确定的逻辑结构作为其框架。② 模糊（弗晰）逻辑也必须遵循作为定理推导规则的逻辑。一般说来在模糊推导中，结论的模糊程度是前提模糊程度和推导过程模糊程度

---

① 莫绍揆：《数理逻辑初步》，上海人民出版社 1980 年版，第 76 页。
② 王雨田：《弗晰逻辑及其若干理论问题》，《全国逻辑讨论会论文选集》，中国社会科学出版社 1981 年版，第 417—457 页。

的叠加。①一个模糊的悖论同样导致推导过程缺乏任何确定性，因而模糊的结论同样是随心所欲的。这里关键在于，一个互相矛盾的前提几乎覆盖了由一切可能命题组成的空间，其中包括了神话。正因为如此，数理逻辑学家普遍接受一个原则："矛盾隐含着一切东西。"②将悖论模糊化不仅不会使推理过程的任意性得以消除，反而因模糊使整个理论系统变为一池浑水，那些本来容易发觉的悖论导致的明显错误都会被模糊性掩盖。

看来不可避免的结论是，辩证逻辑中的"矛盾"概念一旦精确化，就必然包含悖论。为了摆脱困境，另一些人主张用"系统和结构"的概念来精确表达对立统一规律。确实，对立统一规律中矛盾的双方作为一种不可分割的依存体很像系统中相对区分的各部分，它们互为条件，互相调节，离开了其中一部分，其余部分就不能独立存在。但是，系统所描述的这种关系，似乎只与辩证唯物主义中另外一些范畴有关，它几乎是将"相互作用""普遍联系"和"整体与部分"这些哲学概念精确化了，但并不能简单地代替对立统一规律。系统方法仅仅把握了各部分之间的互相依存，而对立统一规律除了强调矛盾双方的互相依存外，还同时指出了各部分之间的不相容性。它强调对立面的斗争引起演化。而系统结构的演化正是系统论和结构主义不能解决的弱点。因此，对立统一规律和系统结构分析的角度是不同的，至少，目前那种被称为一般系统论的是不能概

---

① 王雨田：《弗晰逻辑及其若干理论问题》，《全国逻辑讨论会论文选集》，中国社会科学出版社1981年版，第417—457页。
② 王浩：《形式系统的相容性问题》，《自然科学哲学问题丛刊》1985年第3期。

括对立统一规律的。

　　总之，我认为，矛盾规律是用来表达辩证法一个基本出发点的，这就是世界万物处于一种永恒的动荡和发展之中。黑格尔曾把发展比作一团内在的火，时时刻刻从内部焚烧着事物的质的规定性。"万物本身就是内在发展的。"这无疑是一个彻底革命的大无畏的哲学思想，它是辩证法的精髓，是把辩证法同一切形而上学的庸俗哲学区分开来的分水岭。但是难就难在：怎样用科学而精确的概念来把握这团"内在发展的火"？搞不好，这"内在发展的烈火"不仅燃掉了形而上学，而且会危及逻辑，甚至连辩证法本身的基础也会焚毁。除了一片位置的混乱之外，任何概念大厦都不会留下。

第三章 科学理论纠错机制和集合论悖论的启示

悖论对逻辑构造的损坏是一个无情的现实。它告诉人们，哲学家用辩证逻辑表达万物内在发展的哲理这种良好的愿望和科学家所要求的清晰的逻辑思维之间，似乎有一条难以逾越的鸿沟。深为苦恼的辩证逻辑在鸿沟这一边徘徊着，而科学哲学和逻辑实证主义在鸿沟的另一边兴起。一些人断言，辩证法只是人类的一个古老梦幻，而真正的哲学必须建立在普遍有效的逻辑陈述之上。他们认为，不是"恶劣的欺骗"而是"似是而非"的伪理论阻挠了真理的展示。任何一种理论概括不是对的，就必然是错的，理论体系的每一假定、推理、结论必须如阳光照耀下的事物那样清楚。这被称为理论确定性和清晰性原则。"似是而非""互相矛盾"的陈述必定属于伪科学。[①]

这一信念使人想起恩格斯批判形而上学时用的格言："是就是，不是就不是；除此以外，都是鬼话。"[②] 但是，世纪之交兴起的逻辑实证主义以及相继发展起来的科学哲学并不是简单地回应了这一古老的信条，它们做了一个重大的改进。它们指出，理论具有清晰无矛盾的结构，是科学的排除主观错误纠错

---

① H.赖欣巴哈：《科学哲学的兴起》，伯尼译，商务印书馆1966年版。
② 弗里德里希·恩格斯：《社会主义从空想到科学的发展》，中共中央马克思恩格斯列宁斯大林著作编译局编译，人民出版社2015年版，第54页。

机制的基础。哲学家早就知道，人在用概念、模型、语言认识自然规律时，概念常常可能是不正确的，认识可能是不完全的，主观性错误几乎是不可避免的。因此，怎样排除主观错误历来是一个重大的哲学难题。这里有两种不同的解决方案。一种是辩证逻辑采取的，即在我们进行某种规定，实行某种理论抽象时，为了避免绝对化的形而上学变形，而使用悖论性语言，把规定性搞得似是而非。每个规定本身看来似乎都避免了绝对化，更接近现实。而科学家则采取另一种方案，他们用确定无疑的逻辑语言来把握每一个概念，并大胆地承认其中可能有错，却通过纠错机制来发现错误，通过反反复复地纠错来逼近真理。为了使理论结构可以发现错误，它的无矛盾性和清晰性就特别重要。只有在这种结构中，我们才能从抽象出来的概念和提出的普遍性假设中推出明确的结论，这样的结论才能和观察事实相比较，[①]才可能被证实或证伪。只有这样我们才知道原有概念中哪些部分是要修改的。

　　这里历史似乎和哲学家开了一个无情的玩笑，他们采用第一种方案，用心善良，出发点理想而深刻，结果却是坏的。因为任何单个孤立的概念、孤立的陈述都不足以反映规律和真理。辩证逻辑一旦把看来深刻全面但是用悖论性语言表达的概念结成一个理论之网，逻辑推理的确定性就破坏了。只要愿意，任何一个结论都可以推导出来，人们总是可以选择那些和

[①] 这里所谓观察事实，就是第一篇中所讨论的从操作系统中获得的可靠经验。我们在第一篇第三章第一至六节中指出理论和概念系统的可靠性必须用操作系统经验的可靠性来鉴别，一旦理论系统中出现悖论，鉴别机制就会破坏。

观察事实相符的结论作为推论,这样它永远是真的,它不可能通过和观察事实的比较来纠错。主观错误将永远停留在那混沌的理论体系之中,正如今天人们可以说中国道家思想和东方神秘主义哲学中某些结论可以和量子力学最新成果相符。很可能,人们在东方哲学中找到的恰恰是自己塞进去的东西。在一片漆黑的浑水中除了自己的倒影,什么也看不见。

理论的逻辑一致性和清晰性原则的确立,在相反的方向产生了一个历史性的后果,哲学家开始仿照科学家把哲学的大厦建立在严密逻辑结构的基础之上,而和悖论联系在一起的矛盾规律,则长期作为一种简单的错误被抛在一边。人们认为那是没有经过逻辑锤炼的思想产品,而辩证法关于事物内在发展的天才哲学猜想也被人们遗忘了。是的,在人们除了用悖论性语言来把握自我否定而别无他法的时候,这一切都是一种历史的必然。辩证法必须等待科学,它需要数学和逻辑自身发展到相当高度后才能再次显现出自己的天才光芒。

我认为,第一次有可能使科学家感到辩证法关于发展的哲学构想具有某种合理性的是集合论中悖论的发现。众所周知,自19世纪下半叶起,随着数学各个分支迅速发展,数学家终于认识到可以从一个统一的基础来阐述数学和逻辑推理的基础,这就是集合论。集合论证明,各式各样的逻辑推理过程以及数学结构都可以归之于集合的基本构造。这使得数学家第一次站到一个总体的哲学高度来审视清晰的逻辑思维体系究竟是什么。正因为如此,集合论悖论的发现才有可能真正显示问题的深刻性,而在此之前,科学家从来没有深刻地分析悖论的原因。因为这些悖论都被认为是定义和思维不严格造成的。但数学家在构造集合论概念时，本身就是从严格的逻辑出发，提取概念时已经做到了尽可能严格排除似是而非的陈述这一原则，但是悖论还是出现了。这引起人们的高度重视。经过一番艰苦探索，数学家终于发现：关键在于我们使用的概念在同一层次或不同层次之间必然存在着定义上的互为因果的关系（这里更准确的表述是：这些概念存在的前提构成一个循环）。而我们运用逻辑时总是尽可能将逻辑规定性扩大到一切对象、一切层次上去。当逻辑结构扩散到那些互为因果的概念上时，搞不好就会出现悖论。罗素曾用"理发师悖论"来比喻他发现的震撼集合论基础的罗素悖论：一个乡下理发师断言，他只给一切自己不刮脸的人刮脸。但他是否应给自己刮脸？如果他不给自己刮脸，那么他将属于他声明由他来刮脸的那一类人，这样他该给自己刮脸；如果他给自己刮脸，他就属于不该由他刮脸的那一类人，他又不该给自己刮脸。[①]

让我们从哲学的高度来分析一下这个悖论出现的原因。任何概念都是一种规定性，而对于任何规定性都必须明确它成立的条件。理发师宣布他给一切自己不刮脸的人刮脸是在给出一种规定性，它的条件是人们不给自己刮脸（见图 2-1），然而当理发师把这个规定性扩充到一切对象中去时就出现了问题。对于他自己，规定的结果可以反过来影响条件。他给自己刮脸

[①] 罗素：《罗素文集》第 10 卷《逻辑与知识（1901—1950 年论文集）》，苑莉均译，商务印书馆 2012 年版，第 323 页。

则等于把他自己放在自己声明规定要刮脸的那一类，由于在他身上，结果和条件等价，他自己规定的条件遭到了破坏，从而导致自相矛盾的悖论。①

条件——人们自己不刮脸
↓
规定——理发师给他刮脸
（对于除理发师以外的一切人）

条件——人们自己不刮脸
规定——理发师给他刮脸
（对于理发师本人，结果反过来影响条件）

图 2-1

---

① 如果说这个例子具有太多人为构想的色彩，那我们再来看另一个著名的逻辑悖论。1908 年格瑞林发现，当人们用概念和语言来把握世界时，虽然我们尽可能严格地使用概念，也会导致悖论。比如我们用某一个形容词来表示某一种性质时，这个词可能本身就有这种性质既可以表达形容词自己，也可能不能表示它自己。比如我们用"黑的"这个词表示黑色。当这个词用黑油墨印出来时，它是表示自己的，当用蓝色墨水写这个词时，它不表示自己。如英文中 polysyllabic 这个词本身是一个多音节词，词义正好又是"多音节的"，因此它可以表达自己。而 monosyllabic 这个词本身也是多音节词，但词义却是"单音节的"，因此不能表达自己。这样一切词必然可以根据这种性质分为两类，一类是自己表达自己的，称为自适用的；另一类是自己不能表达自己的，称为非自适用的或异的。到现在为止，一切分析都是严格的、有逻辑的，每一步都无懈可击！但是我们来考虑"非自适用的"这个词本身它是否表达自己呢？如果它是表达自己的，那么根据定义它本身的意思就是非自适用的，即自己不表达自己的，这里出现了悖论。这个例子中出现悖论的原因和上例一样。原来，当我们用语言（概念）来表达意义（或客体）时，一般总是假定语言（概念）本身和意义（客体）是两个不同层次的东西。黑的字母本身和字母所表达的意义是互相分离的。但对于"非自适用的"这个特殊的词（概念），它一方面意味着它是一个符号，另一方面又代表意义，两者互相交织在一起，理发师悖论是同一层次的规定和条件互为因果，而在这个例子中两个层次互为前提交融在一起，结果也导致了悖论。（见图 2-2）

第二篇 发展的哲学——论"矛盾"和"不确定性" 307

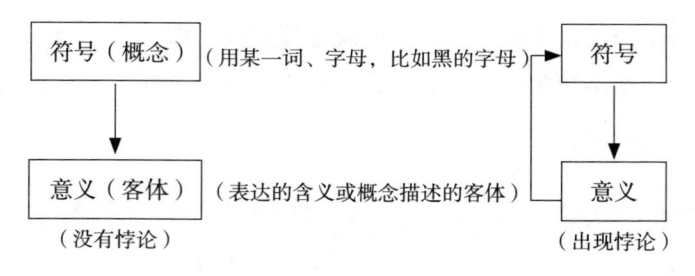

```
符号（概念） ─(用某一词、字母，比如黑的字母)→ 符号
    │                                              │
    ↓                                              ↓
意义（客体） ─(表达的含义或概念描述的客体)→   意义
 （没有悖论）                              （出现悖论）
```

图 2-2

总之，人们终于发现一个看来十分简单却长期以来没有被重视的事实：事物之间可以是互为因果的。我们在给事物下定义，做出规定性的时候，只要无穷深究下去，必然碰到互为因果的问题。通常，我们给出一种定义、概念或一种规定（规定1）时，总要明确定义这种规定性成立的条件（条件1）是什么，给出另一个规定（规定2）时，又要明确定义它所成立的条件（条件2）（请回忆一下第一篇第四章第五节中所谈的条件性公理）。然而当这些同一层次或不同层次的规定和条件构成如图2-3所示的循环圈时（这个循环圈结构可以非常复杂，这里只给出一种简单的循环圈作为示意），就会出现下述两种结果之一：

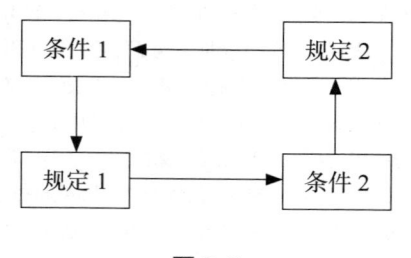

```
条件1  ←────  规定2
  │             ↑
  ↓             │
规定1  ────→  条件2
```

图 2-3

第一，条件1肯定了规定1，规定1肯定了条件2，条件2肯定规定2，而规定2又肯定条件1，这是一种自我肯定的循环模式，它是符合逻辑的，自洽的。

第二，如果规定2否定条件1，整个循环圈就造成了逻辑悖论。上述理发师悖论和格瑞林悖论就是这种情况。这是同一层次或不同层次条件和规定互为因果的否定模式。我认为，这种否定模式和辩证法中的对立统一规律有着深刻的一致性。首先是这个循环圈的结构使得规定2的成立是依赖条件1的，但规定2却又否定（破坏）条件1。这不正是人们常说的两个方面（或几个方面）内在的互相依存又互相对立吗？这里就每个规定本身而言都是有逻辑的、严格的，从整体上却导致了悖论。"矛盾"深刻的一面终于同时对科学和哲学都显现出来了！

第四章　不确定性和系统内部调节功能的破坏

我们再一次想到整体和系统。众所周知，无论是经济系统、人体系统、社会结构，还是生态系统，只要我们不断地向下追溯单向的因果关系，只要我们力图掌握整体，都会发现它们的各个组成部分之间存在着互为条件、互为因果的循环圈。这种互为条件、互为因果的关系正是系统各个部分互相调节以维持自己存在的基本机制。[①]逻辑悖论发生原因的分析，无疑证明思想过程作为一个整体，其深层结构中亦存在部分之间不可割断的联系。更为重要的是，将这种互相联系表达为互为因果循环时，这种互为因果的循环圈造成的相互作用必定有两种模式，一种是自我肯定，一种是自我否定。前者表示系统处于稳定状态，后者表示系统处于不稳定状态。

举一个简单的例子。我们知道，在市场经济中，任何一种商品的供和求是一个互为因果的关系。在其他条件固定时，某一种商品的市场价格取决于这种商品在市场上出售的数量。因为市场上某一商品的数量一旦确定，而这些商品又一定要卖出去，我们就可以根据需求曲线一意地决定某一时期它的市场价格（见图2-4）。但是，作为生产者，他们愿意生产这类产品

[①] 见本书第三篇第二章第一、二节。

的数量反过来是受价格支配的。当其他条件固定，某一种商品价格越高，生产者越愿意增大生产量，即市场价格一意地决定了生产者生产这种商品的数量（见图 2-5）。它们之间的关系表示为供给曲线。然而，在任何时候生产量等于市场供应量，于是我们发现在价格和生产量之间存在着一个互为因果的循环决定（见图 2-6）。[①] 根据微观经济学，价格和供应量这种互为因果的关系存在着两种基本模式。

第一种模式如图 2-7 所示，表示价格稳定，供求平衡状态。[②] 首先，(Q_1, P_1) 点是供给曲线 ss 和需求曲线 dd 的交点。图 2-7 中这个交点代表互为因果系统所处的稳定状态。因为 Q_1 根据需求曲线 dd 确定了一个唯一的价格 P_1，根据 ss 曲线重新确定价格，这个价格正好也是 P_1，也就是说图 2-6 中 P 和 Q 的互为因果规定是自我肯定的。其次，我们一开始假定供求不平衡，市场上某一商品的供给量是 Q_n，那么根据需求曲线这一供给条件规定了价格为 P_n，而 P_n 的条件又通过供给曲线规定了供给量为 Q_{n+1}……如此等等，一直到 Q 和 P 的值按图 2-7 所示的方螺旋收敛到 (Q_1, P_1) 点。这表示无论系统开始处于什么状态，P 和 Q 的互为因果关系起到了调节作用，使整个系统最终保持在价格为 P_1，生产量为 Q_1 的状态。也就是生产者愿意生产的量和消费者需求的量刚好相等（虽然生产者并不知道社会上消费者需求的量是多少），这时价格稳定，商品供给量也是确定不变的。

---

① 这里的讨论是不严格的，准确的定义可见本书第三篇第二章第二节
② 萨缪尔森：《经济学（中册）》，高鸿业译，商务印书馆 1981 年版，第 39 页。

图 2-4

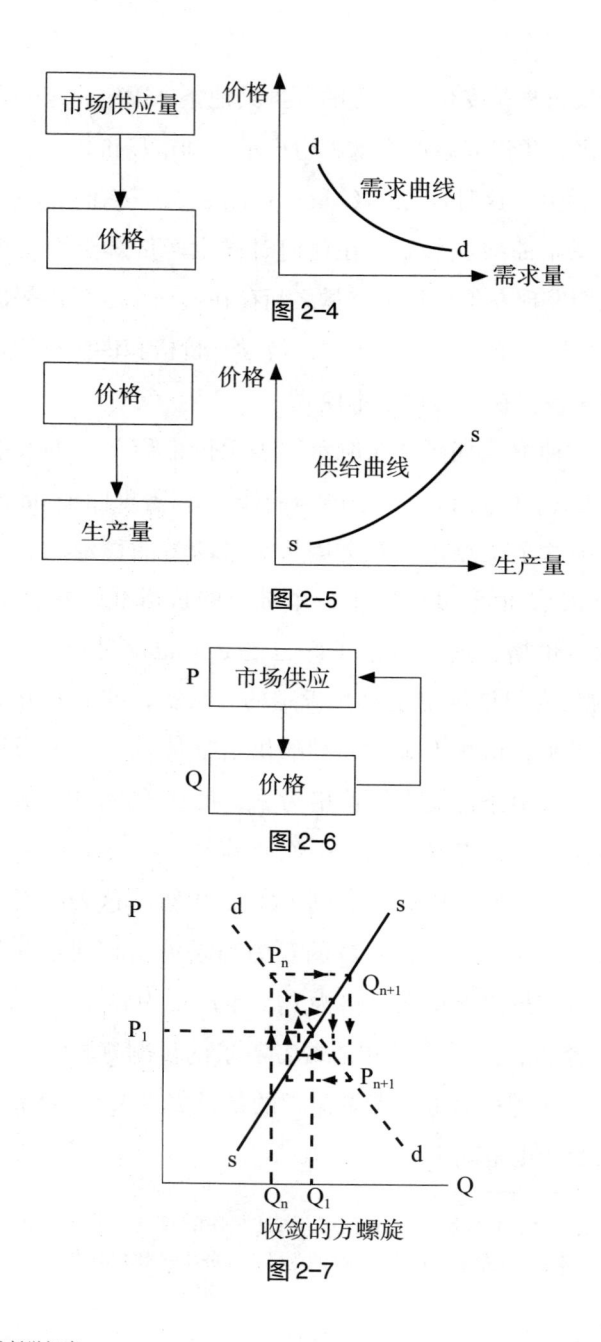

图 2-5

图 2-6

收敛的方螺旋

图 2-7

312　我的哲学探索

那么，是不是 P 和 Q 的互为因果只有这一种互相调节互相稳定的结局呢？不是！微观经济学已经证明，当供给曲线 ss 和需求曲线 dd 斜率具有如图 2-8 这种形式时（用经济学术语表述则是当需求弹性和供给弹性互相配合不当时），价格和供给量之间的互为因果关系就会出现另一种相互作用的模式，这就是供求不平衡，价格陷于无穷尽的波动的不稳定状态。图 2-8 表示不稳定状态的各种形式。从图 2-8 可见，无论对于供给量一开始取哪一个值，都会出现扩散的方螺旋，或封闭的圈，或无规则的波动，使系统陷于无休止的振荡。这就是 P 和 Q 之间互为因果的否定模式，即规定性产生的结果否定这个规定成立的条件。这种自我否定模式表示价格不稳定，生产量不确定，整个系统动荡不安。

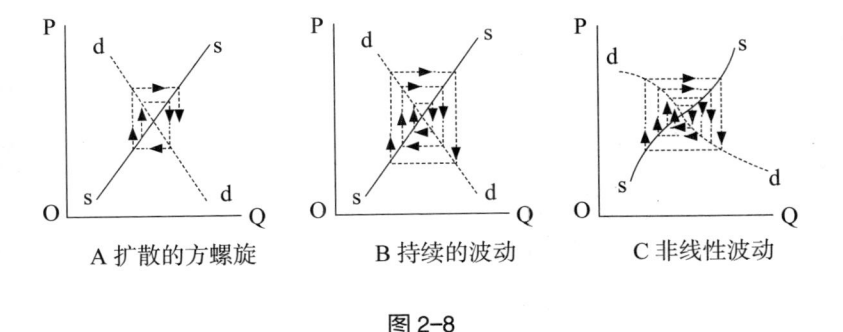

A 扩散的方螺旋　　B 持续的波动　　C 非线性波动

图 2-8

在系统论中，各子系统之间互为因果的联系方式可以是形形色色的。子系统之间的互为因果也可以出现在不同的层次上。但只要规定性之间存在着互为因果关系，那就无疑有两种作用模式。一种是互为因果导致自我肯定，它表示互相调节，系统稳定。另一种则代表互相否定，它意味着系统调节功能被破坏、不稳定和系统崩溃。这也正是我们在生命系统、生态系统和社会系统中经常见到的：生命或者处于内稳态，或者出现疾病甚至死亡；生态或者平衡，或者不平衡，出现互相瓦解的恶性循环。既然无限期追溯因果链最终都会发现循环周期，既然世界上任何一个整体都是系统，那么我们自然可以产生一个大胆的哲学猜想：人们以往用"内在矛盾"和"对立统一规律"表达的哲学思想能不能用另外一个系统论式的哲学概念来重新表述呢？即把"矛盾"理解为系统的不稳定，[①]它正处于内部调节破坏而导致的一种不确定状态？我认为，可以把矛盾等价于不稳定性和不确定性！

---

① 严格地讲"不稳定性"和"不确定性"是两个不同的概念。不稳定性概念中包含了时间，而不确定性则更为基本。从不确定性可以导出不稳定性这一概念。因此，本章的讨论只是一个从类比中得到的启发，而非严格的逻辑论证。

第五章　无限、量子力学和信息论

初看起来，我们提出的这个哲学概括是不能成立的。因为不确定性要作为一种新的关于事物内部斗争造成发展动力的哲学概括，必须具有和矛盾同样广泛而生动的含义，而矛盾所包含的内容似乎比不确定性多得多。根据辩证法对立统一规律的理解，对立面的互相依存有两种方式，一种方式正如系统论所指出的，它们互为因果；另一种方式是它们同时成立于一个统一体中（见图2-9）。对第一种方式，我们可以把它和不确定性等同起来。对第二种方式呢？它概括的例子相当多，比如量子力学的波粒二象性；又如斗争的甲乙双方，它们是对立的、互相否定的，不是甲战胜乙，就是乙战胜甲，但它们之间并不一定互为条件。在这里矛盾之所以构成，乃在于互相否定的对立面同时成立！请回忆本篇第二章中关于矛盾和悖论等价性的

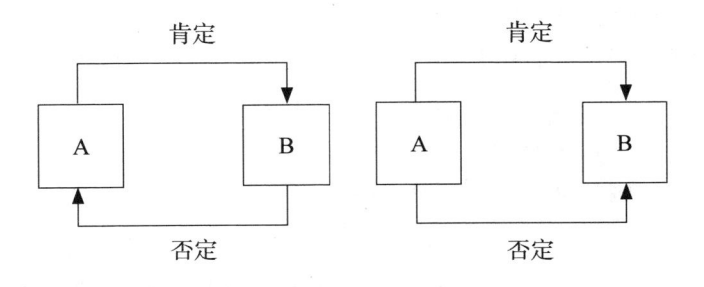

图2-9

证明：如果说，任何一个现实的矛盾都可以用相应的悖论来表示，那么悖论研究也表明，规定性的互为因果只是悖论的一个原因，它只代表一类悖论；而另一类悖论不如前一类深刻，它是相对简单的，它仅仅是互相否定的双方同时成立。

我们可以明确指出，任何矛盾，毫无例外地都导致不确定性。用更准确的语言讲，哲学家之所以力图用内在的矛盾或悖论来表达发展，实际上都是试图用某种确定的规定来把握事物那些不确定方面造成的结果。也就是说，不确定性就是黑格尔所讲的事物内在的毁灭规定性的发展和动荡之火！悖论只是它不严格的表达。在系统之中，由于系统各部分本来就是互为因果而依存的，却可以有导致不稳定的否定模式，因此，当用不精确的语言表达时，便认为这是一个悖论。矛盾的另一重含义也是如此，比如有关无穷集合和量子力学中的种种矛盾，只要对其精确分析，都无例外地导致不确定性。①

---

① 关于无穷导致矛盾的典型案例是集合论中的"抛球悖论"，它是著名的芝诺悖论的引申。其大意如下：设有 A、B 两人玩一个球，球由 A 抛到 B 处费时 1/2 分钟，由 B 抛回 A 处费时 1/4 分钟，以此类推，假使来回抛球所费的时间依次是：1/8 分钟，1/16 分钟……1/2^n 分钟……。

试问当时间到 1 分钟时，该球到达何处？令 t_n 为 n 次抛球时间总和：

$$t_n = \sum_{k=1}^{n} \frac{1}{2^k} \quad (n=2, 3, 4\cdots\cdots)$$

显然，当 n= 奇数时，算出的 t_n 时刻，球落在 B 处，当 n= 偶数时，根据公式算出的 t_n 时刻球落在 A 处。然而无论 n 取奇数，还是 n 取偶数，都有

$$\lim_{n \to \infty} t_n = 1$$

这说明到 1 分钟时，该球既可能在 A 处，也可能在 B 处。然而两人抛球，球不在 A 处必然在 B 处。显然这里出现了悖论。（下接第 317 页脚注）

我们并不能过分责怪前人，在相当长的时间中，人们还不习惯用不确定性这个概念。某物是"a、b、c、d……"中的一个（是其中一个就不可能是其他一个）但究竟是哪一个则不确定，这种定义方式是自然科学家首先引用的（它最早出现在概率论中）。首先它是一种规定，同时，这个规定本身意味着某种不确定性。然而在这种规定方式产生后相当长的时间以内，无论是哲学家还是物理学家都不认为它有什么现实意义。因为它似乎是数学家的一种虚构。而哲学是作为现实客观世界的一种反映和总概括，那些纯粹的数学构想如果没有实在性，无论怎样也不能成为哲学概念。

一直到20世纪20年代，量子力学出现了，物理学家才开始意识到，在描述物理实在时，运用"不确定性"这种规定是不可避免的。为了便于理解，让我们先来分析一下，人如何赋予宏观物体规定性。宏观物体的重要（本质）特征就是，人

（上接第316页脚注）（徐利治、朱梧槚、袁相碗、郑毓信：《悖论与数学基础问题（Ⅰ）》，《数学研究与评论》1982年第3期。）在这个悖论中，不存在互相对立的规定性互为因果。只要承认不确定性，这个悖论是很好解决的。我们知道，当A、B确实按上述程序抛球，那么在1分钟后，球在谁手中是不确定的。我们之所以遇到悖论，关键在于从直观上看来，球不在A处就在B处，不可能既在A处又在B处。然而，这一信念成立的条件恰恰是我们平常总是能确定抛球次数，而一般说来，只要时间一确定，次数也是唯一确定的。但在上述抛球程序中，对于t=1，抛球总次数是不确定的。悖论的原因就是我们硬要把不确定的东西确定下来。这个悖论在相当程度上代表了与无穷过程有关的悖论。而悖论的造成就是无穷量对确定量限的取消，它导致了某种不确定。

在对它的观察过程中，主体对它的作用可以忽略不计。①这样一来，测量宏观物体不同性质的不同测量过程（包括方法和仪器）是相容的。我们总可以找到两种不互相排斥的方法来测量不同的性质。例如，我们通过某种测量装置测得宏观客体具有能量 E 和动量 P；由于测量过程对客体的干扰可以忽略，对于同一客体，我们还可以进行位置测量，得到位置信息 x_1。而经过位置测定后，宏观物体仍是原来状态。这样我们可以用一组规定，如具有能量 E、动量 P 和位置 x_1 来描述宏观物体的性质。

然而，对于确定的微观物体（比如电子），测量过程对它的扰动是必须考虑的。对这样的微观物体进行某一测量，知道它具有某一种规定；再对它进行第二类测量，由于测量过程对它的反作用不能忽略，这个微观客体就突变到另一种状态中去了。这就是说，对这一微观客体的两种测量方式是不相容的，第二类测量破坏了第一类测量所得出的规定性，于是，对于这一微观客体我们就不能说，它同时具有第一种和第二种规定性。②

物理学家发现，对电子位置和动量的测量，正是两类互不相容、互相干扰的操作。一个具有确定动量的电子，其位置规定性是不确定的；反之，一个位置确定的电子，其能量和动量必定是不确定的。因而可以说，电子既是波，又是粒子。这是电子波粒二象性的真正科学含义。

---

① P. A. M. 狄拉克：《量子力学原理》，陈咸亨译，科学出版社 1965 年版。
② 参见本书第一篇第二章第六节和第四章第一节。

人们自然会问，为什么这种不确定性会长期造成人们的悖论感，以至于哲学家不得不用矛盾的语言来表达它呢？问题很清楚，任何宏观物体总是同时具有确定动量和确定位置的，而宏观物体又是我们构成物理世界的图像基础。于是对任何具有一定动量 P 的客体。我们都可以根据这种物理图像去问，它的空间位置是什么？这种图像构成了动量 P 和位置 x 之间的互相依存，但对于微观客体，测量 P 的操作即否定测量 x 的操作，P 是否定 x 的（见图 2-10）。P 同时肯定 x，又

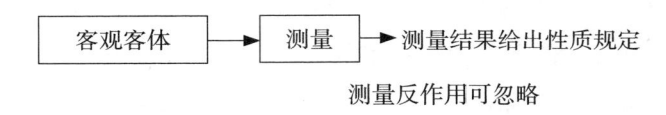

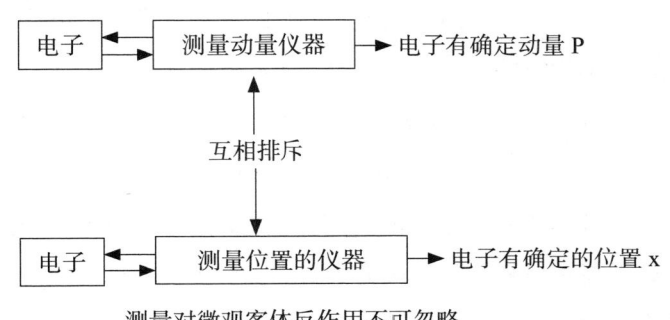

```
客观客体 → 测量 → 测量结果给出性质规定
         测量反作用可忽略

电子 ⇄ 测量动量仪器 → 电子有确定动量 P
            ↕
         互相排斥
            ↕
电子 ⇄ 测量位置的仪器 → 电子有确定的位置 x
       测量对微观客体反作用不可忽略

            根据宏观物
            理图像提问
动量为 P  ─────────→  位置
的电子                  x
    └── 测量系统互相干扰 ──┘
```

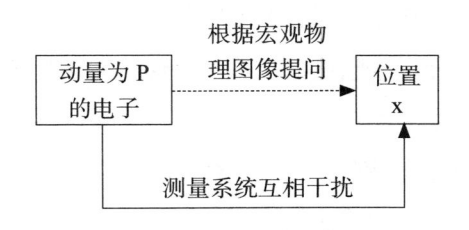

图 2-10　悖论的构成

第二篇　发展的哲学——论"矛盾"和"不确定性"

否定 x，构成了悖论。但实际上这只是用不严格语言把握 P 和 x 关系的结果。因为 P 对 x 的肯定只是宏观物理图像的，而 P 对 x 的否定并不是意味着位置对于作为微观客体的电子没有意义，而只是说没有确定的值。

图 2-10 所示的悖论基本上代表了那些对立面不是互为因果但同时存在于一个统一体内所有的案例。

可以指出，对千差万别的对象逐一进行归纳考察，只能证明我们预先提出的结论：矛盾无一不导致不确定性。因为对立面 A 和 B 即使不互为因果，它们的互相肯定是指规定 A 确定规定 B，而 A 同时否定 B。正确的科学理解并不是规定 B 没有意义，而是 B 没有确定的值，即 B 可以看作这样一个集合 b_1，$b_2 \cdots b_n \cdots$，A 对 B 的否定使得 B 在这个代表集中取哪一个元素是不确定的！

不确定性首先在概率论中普遍运用，接着在热力学、统计物理、量子力学、信息论、系统论、博弈论中都取得了成功。20 世纪 30 年代，不确定性的重要性在科学理论的各个领域越发显示出来。如果说量子力学表明不确定性对于把握实体是不可缺少的，那么信息论的出现则表明，不确定性对于表达事物之间的互相作用、互相关系同样是至关重要的。信息不是物质，也不是能量，它可以被看作负熵。而熵是事物混乱程度的度量，也是某一类内在的不确定性［无规则性（规则也可以看作一个关系的确定性）］的度量。这样信息则代表了不确定性程度的减少。它的传递代表了控制、规则的确定和知识。接着，博弈论出现了，人类第一次用逻辑和数学的语言来研究利益敌对双方的斗争。从下棋、军事战略战术、经济对策一直到人类如何在变幻不定的未来中制定正确的策略，博弈论都提供了一套深刻而精确的研究方法，而博弈论的方法基石正是斗争双方面临的不确定性。未来的不确定性决定了对策的可能性空间，这个可能性空间可以随着双方选择某种策略而变化。接下来，人们又发现，任何控制过程都可以规定为可能性空间不确定性程度的变化，这样人类改造世界和种种控制斗争行为也都可以精确地表达。

总之，我认为自20世纪30年代以来，科学气势磅礴的发展使得新的理论、概念犹如海浪一般向人们涌来，然而在这新概念的浪潮之中，在气象万千的科学变幻的海洋之中，人们渐渐感到有一种万变不离其宗的东西。只要理解了它，也就可以抓住它的种种变形。这就是不确定性。[①] 哲学家曾经说过，抓住矛盾，也就理解了发展。矛盾是贯穿整个辩证法体系的核心。我认为，现在我们在现代自然科学中也发现了这种核心。然而，有一个最高的山峰仍然在等待着我们，那就是不确定性能否把矛盾概念折射出的辩证法精神——把握自我发展的普遍运动，辩证地、真实地思维——推向科学化和精确化？不确定性能否在哲学上取代矛盾的地位？

[①] 我认为，不确定性是一个全新的概念，至今大多数思辨哲学家都没有理解它，思辨哲学中的"有"和"无"、"存在"和"非存在"都是某种确定性。我认为，展开不同含义（层次）的"不确定性"概念正是当代哲学家的任务。

第六章　数学家和哲学家共同的成果：哥德尔不完备性定理

对于我们给自己提出的艰难任务，还需十分谨慎小心，不确定性要作为矛盾的新表述，它必须放到逻辑思维体系的无情的熔炉中加以考验。一个不可回避的问题是：不确定性是否会像悖论一样破坏逻辑推理的可靠性？数学家庞加莱曾把逻辑体系中的悖论看作伤害羊群的狼。[①] 如果不确定性和逻辑的关系也如狼和羊那样不相容，那么无论它多么重要，作为哲学的核心概念都是不可取的，科学不能因为它而牺牲理论中排除主观认识偏差的纠错机制。

如前所述，不确定性是自己从具体科学理论的土壤中生长起来的，而不是哲学家为了把握发展硬塞到逻辑中去的。它和逻辑结构融为一体。在逻辑结构十分严密的具体科学理论中，我们处处看到不确定性概念和逻辑推理相洽，它不会如悖论那样损害逻辑思维。

但是，归纳不等于证明。第一，至今为止，不确定性在科学理论中是以各种不同的具体形态出现的，在量子力学中它是指空间位置、动量、能量等物理量的不确定性。在熵、信息等领域中是指系统的混乱度，而我们现在谈的是逻辑思维本

---

① Henri Poincaré, *Mathematics And Science: Last Essays*, translated from the French by John W. Bolduc, Dover Publications, Inc., 1963, p. 60.

身，在逻辑结构中是否也必然有相应的特殊的不确定性呢？如果有，它又会不会破坏逻辑推理呢？第二，并不是每一个具有普遍性的科学概念都能上升为哲学概念，哲学概念还必须具有认识论意义。辩证逻辑之所以要把矛盾作为辩证法的核心，除了认为对立面的斗争和同一在自然界广泛存在外，还基于思维和存在必须同一这个深刻的哲学信念。既然万物是内在发展的，而人们所用的任何一个概念都是一种规定，并且作为规定它必然是相对凝固的、僵化的，反映事物静止的一面，那么为了表达发展，我们不得不引进规定的自我否定——这就是矛盾。只有把悖论性概念引入规定性结构中，思维才能把握内在的运动。也就是说，为了辩证地思维，矛盾是不可缺少的。那么"不确定性"对逻辑体系本身是否也不可缺少呢？

长期以来，科学哲学家由于对悖论给推理造成危害的印象过分强烈，已经放弃了辩证法关于观念和存在这种直接同一性的想法。他们认为，即便是静止的、凝固的、绝对化的概念也能表达运动和发展，关键在于逼近真理的修改和纠错机制。我们可以通过经验事实对概念进行检验来纠正其错误，正如用直线逼近曲线一样，[①] 为了使理论的构架-逻辑具有这种机制（它是保证主观认识逐步逼近真理达到思维和存在同一的唯一途

---

① 这方面最典型的例子是赖欣巴哈对于两种"假的概括"的区分：无害错误形式和有害错误形式。前一种常出现在有经验论思想的哲学家中，比较容易在以后的经验的启发下得到纠正和改善。后一种常包含在类比和假的解释内，导致的是空洞的空话和危险的独断论。这一种概括似乎流行于思辨哲学家的著作中。（H. 赖欣巴哈：《科学哲学的兴起》，伯尼译，商务印书馆1966年版，第13页。）

径），就要求逻辑具备绝对的确定性。因此，无论各式各样有关不确定性的概念在各门具体科学中多么普遍、多么重要，就此而言它只是具体科学的对象，对于逻辑本身是没有意义的。它只是认识的对象而不是认识的工具，无权进入哲学的殿堂。

上述观念在西方科学界和哲学界可以说是根深蒂固，它突出地表现在数学家和哲学家对待逻辑和集合论悖论的态度之上。我们已经指出，集合论悖论出现的原因是规定性和规定性成立条件之间互为因果，科学哲学可以承认自然界任何一个整体的各部分都是互为因果的，但不允许逻辑思维当中本身存在着这种同一层次或不同层次规定性之间的互为因果，科学哲学家也认为自然界和社会是一个系统，其互为因果的子系统之间可以存在互相否定的作用模式，但坚持认为在逻辑中这种模式没有意义。为了使逻辑成为自然界系统之外绝对有效的认识工具，数学家和哲学家用如下两种方法来排除悖论：首先尽可能在推理和定义中分清层次，避开互为因果的循环圈；其次，禁止互为因果的子系统（当它在定义中不可避免时）之间互相否定的作用模式。这就是集合论公理化运动，它取得了重大成功，20世纪30年代，集合论悖论基本上得到排除，逻辑体系也获得无矛盾的可靠性。

但是，一些有远见的哲学家总觉得少了一点什么，因为一个关键问题并没有搞清楚：当逻辑构造越来越复杂，它作为一个整体，其不同层次规定性之间的互为因果的循环圈是否能人为割断？如果不可割断，我们是不是总可以禁止那种自我否定的作用模式？

20世纪30年代后，随着人们对逻辑和数学推理的基础的研究进入了元数学阶段，递归函数论证明，一切有效的逻辑推理都是一个递归过程。逻辑推导形式的定理集合必定是一个递归可枚举集合，而在递归过程的定义中本身就存在着推理规则和推理结果的互为前提的循环圈。也就是说，如果就逻辑推理方法和结构的局部或片段而言，我们可以认为它是没有规定性的因果循环圈，但从元数学和元逻辑高度来看复杂推理过程的整体，有效的推理和推理结果恰恰构成一个大循环。而数学家消除悖论的种种努力只是小心翼翼地避开循环圈，而没有正视它。如前所述，庞加莱曾把逻辑体系中的悖论看作伤害羊群的狼。他忧心忡忡的预见是有道理的。果然，不久以后，在羊群中发现了狼；但这不是普遍的悖论之狼，而是人类有史以来第一次碰到的怪物，这就是逻辑体系内不可判定问题的必然存在！

1931年，奥地利数学家库尔特·哥德尔证明了一个震撼数学界的定理，这就是哥德尔不完备性定理。这个定理大致内容如下：如果一个复杂的逻辑体系中任何一个命题非真即假，都可以用逻辑推理加以判定，或者用数学语言讲，这个理论体系是完备的，那么，这个理论体系就不可能是无矛盾的。如果我们要求这个理论体系是无矛盾的（数学上称为一致性），那么它就不可能是完备的，其中必定存在着非真非假（对这个体系本身而言，就是指其真假不可证明）的不可判定的问题。世世代代以来，数学家对逻辑体系抱着一个十分坚定的信念：理论体系必须是无矛盾的，即具有一致性。只要我们排除了矛盾，逻辑推理必然是绝对确定的，每一个符合逻辑的命题非真即假。似是而非、不真不假是不允许的；我们总可以从预定的公理和假设来判定某一结论的真或假。哥德尔不完备性定理犹如一个晴天霹雳，它证明对于那些整体的复杂的逻辑体系，无矛盾性和绝对确定性（完备性）是不能同时成立的！

　　哥德尔不完备性定理的推导十分复杂艰深，但它深刻的核心概念却是和那些最伟大的真理一样简单透明的。它的出发点正是这样一种思想：逻辑体系自身的构架中存在着证明过程和证明结果互为前提、互为因果的循环圈。这种互为因果的作用也如一般系统一样，有自我肯定和自我否定两种模式，自我肯定代表逻辑构架自身，而自我否定标志着对逻辑推理结构的超越，它导致逻辑证明的不完备性，也就是不可判定性。正如理发师不能断言一切人都可以遵循他所提出的原则来刮脸一样，只要我们排除了悖论，我们必定要限制逻辑体系的完备性，不可判定问题一定会出现。任何一个无矛盾的逻辑体系内部总有一些部分不能被逻辑推理之光所照射，这就是互为因果结构自身阴影所笼罩的部分！哥德尔不完备性定理的证明过程十分严格，无懈可击。数学家痛苦地接受了它。为了保证理论纠错机制，逻辑体系中的悖论必须禁止。于是人们不得不承认逻辑体系自身的不完备性。

　　哥德尔不完备性定理的发现是20世纪数学划时代的进步，它不仅是数学思想的一次深刻革命，而且还是哲学思想的一次革命。但直到20世纪80年代末，这场革命仅仅是在数学家之间悄悄进行，对哲学的波及才刚刚开始。一方面，哥德尔不完备性定理太深奥了，对于哲学家，它是一个又大又涩的酸果；另一方面，哲学革命有时出现在科学革命之后，科学哲学对逻辑作为认识工具必须具有绝对确定性的看法，建立在数学家对逻辑体系完备性和无矛盾性的信仰之上，这个基础崩溃了，但冲击波传到哲学大厦还需要一段时间。

现在我们来分析一下，哥德尔不完备性定理向哲学家展示了什么。我认为，首先它证明了不确定性不仅不会破坏逻辑思维，而且是任何一个逻辑体系必定包含的。前面曾指出，作为一个互为因果的整体，排除悖论往往带来不确定性，不确定性在逻辑证明中就是不可判定性，而哥德尔不完备性定理不是正好证明了逻辑体系本身也带着不确定性吗？不确定性如一个不可捉摸的幽灵，它不仅在自然界无处不在，也最终出现在人认识世界的科学工具（逻辑）之中了！无论认识者怎样锻炼认识的工具，它都不可能是绝对确定的。如果说存在是一个整体，是一个系统，那么逻辑思维也是一个系统，子系统互为因果互相否定的模式也不可避免。哥德尔不完备性定理似乎宣告了把逻辑体系和现实世界分割开来的二元论哲学理论的幻灭。它证明逻辑思维和存在之间有着更高水平上深刻的同一性。

人们把思维看作存在的反映，它是一个在哈哈镜中的世界。逻辑确定性和清晰性的要求就好像要求一个不知疲倦的磨镜工人，不断地把镜中的形象和现实形象进行比较，根据差异来磨平理论之镜，使主观的世界不断向现实世界逼近。长期以来这种纠错过程被科学认为是科学理论发展的唯一动力，我认为，哥德尔不完备性定理却揭示了科学哲学忽略的另一种过程：逻辑体系的发展还有一种内在的动力——它内部的不确定性，这使它作为一个整体很像系统演化。

哥德尔不完备性定理指出，逻辑体系作为认识世界的工具有着双重职能，首先是提出合乎逻辑的问题，其次是从确定的公理和假定出发解决它所提出的问题，这两个过程不可能完全一致，不完全性决定了理论体系提出的问题总是远远多于它所能解决的问题。任何一个理论体系，无论它多么完美，无论它和实际多么符合，它都不可能是自我封闭的。

总有一些新问题是旧理论提出但不能解决的。完美并非无物可增，而是无物可减。即使有一天，认识的哈哈镜已经磨平，理论的纠错机制已不对理论逼近过程起作用（我们暂且这样假设），理论也不会停止发展，因为存在着那些不可判定的问题。为了解决它们，我们必须把新的假定、公式和规定添加到原有理论体系中去。添加必定造成一系列连锁影响，如果添加的规定和原有的规定不矛盾，那么我们得重新开动纠错机制把推出结构和事实相比较，当出现理论和事实不相符时，我们不得不重新选择添加的规定，这样原来已磨平的理论之镜又变得高低不平了。这个过程会无限进行下去，因为添加的新规定会水涨船高地带来新的不可解决的问题，而为了解决这些新的不可判定的问题，我们不得不再次添加规定，这样一个理论体系就如气球般地不断膨胀一直到它必然炸毁。显而易见，总会有一天为了通过添加的新规定推出和实际相符的结论，我们不得不选择那些和原来体系规定相矛盾的规定，这样悖论就在原有逻辑体系中出现，它造成原有理论体系的瓦解和改建。理论体系和现实世界一样永远不可能停止自己的演化！这样哥德尔不完备性定理再一次使科学家和哲学家面临辩证法大师早就提出了的命题：无论对于思维，还是对于世界本身，我们都需要一个基本概念来表达事物内在发展的精神。现在对于我们来说，这种内在发展的精神就是不确定性！

马克思说过："理性向来就存在，只是不总具有理性的形式。"[①] 我认为，辩证法也是如此，表达运动的矛盾永远存在，但不一定存在于矛盾的形式之中。从矛盾到不确定性，这是一条曲折而崎岖的道路。一开始辩证法大师凭着天才的直觉感到必须创造一个概念来把握内在的发展，但他们不懂悖论对逻辑思维的损害，使主观错误和客观矛盾混淆在一起而不能自拔。科学哲学家看到了这一点，发现了理论清晰性和确定性原则，强调了理论无矛盾性是克服主观认识错误的纠错机制的保证。他们找到了一种有效的方法来排除认识过程中创造概念的主观任意性。但是他们在抛弃主观矛盾时把脏水和孩子一起泼了出去；逻辑作为整体也是一种存在，认识的工具和认识的对象必须是同构的，世界作为一个整体，是互为因果的系统，逻辑思维也是如此。因此我认为，表达系统内在动荡的"不确定性"，无论对外部世界还是人类内心世界都同样重要。只有排除了悖论，消除塑造概念世界时带来的主观任意性之后，才能看清这一点，这正是哥德尔不完备性定理至今不为人所认识的

---

① 马克思：《马克思致阿尔诺德·卢格（1843年9月）》，《马克思恩格斯全集（第47卷）（第2版）》，中共中央马克思、恩格斯、列宁、斯大林著作编译局编译，人民出版社2004年版，第65页。

哲学意义。可以指出，科学通过对辩证法的第一次反思，揭示了悖论对逻辑结构的破坏；而我们现在抽象出不确定性概念，则是在这一反思基础上进一步做哲学思考的结果。

但是，如果我们把哥德尔不完备性定理仅仅看作历史对辩证法的一次证明，那么哲学的地位似乎是可悲的，它仅仅扮演着事后诸葛亮的角色。哲学的使命从来是把那些创造性的科学思想提炼成最普遍的哲学思想，使人们更深刻地认识世界。我们证明了矛盾和不确定性的等价，但是，这一结果能否引导我们对世界产生更深刻的理解呢？

第七章　整体演化理论

邦格曾经讲过:"曾有一个时期,每个人都期望几乎一切知识皆来自哲学。那时,哲学家们已描绘出了世界图景的主要轮廓,而把填补某些细节的从属性工作留给物理学家。当这种先验论的方法看来归于失败时,物理学家就把哲学完全抛在脑后。"[①]

这段话颇为形象地概括了人们有关存在和发展的哲学观的历史变迁。每个人心中都有一条通向哲学的大道。万物为何存在?为什么会发展变化?这是人们一开始就期待哲学能回答的问题。然而随着近代科学的兴起,人们发现对各种事物性质和发展细节的了解越是深入,要从中概括出普遍规律就越是困难,古典的哲学回答一天比一天空洞,最后哲学被肢解了。

在黑格尔的辩证法中,事物的性质被看作某一种确定的规定性。但为什么事物呈现出这一种而不是另一种规定性?氢分子为什么是 H_2,而不是由三个氢原子组成?为什么任何轻原子核所包含的质子和中子数大致相等?照理说,任何数目的质子和中子数的组合也是某种规定,而原子核为何不以这种规定性存在?物质通常只有气体、液体、固体三种物相。如果用密度来表示物相的规定性,那么为什么对某些密度范围(它相应

---

① 马里奥·邦格:《物理学哲学》,颜锋、刘文霞、宋琳译,河北科学技术出版社 2003 年版,第 3 页。

着非液体非固体的中间密度）不存在相应的物相？恐龙的形态在今天是一种相当怪异的规定性，但它是存在过的；而一只牛头马面、鹿头虎爪的生物也是一种规定性，但这一种规定性不对应任何客观存在的物种，它只是人为的虚构。

这些形形色色的问题，现代科学都已有明确的答案。但是这些答案都涉及物理、化学、生物等学科的具体内容。每一种解释都要应用某一门具体学科的内容和定理。人们很难从中抽出一般的哲学解释。但是，如果哲学只能在空洞的客观性和具体问题具体分析这两个极端上摆荡，而不能回答万物为何以某种方式存在，为什么具有这种而不是别种性质，不能从事物规定性的变化中抽出更为深刻普遍的见解，它就难免衰落的命运。然而我认为，只要把不确定性作为辩证法哲学的核心概念，理解到它就是对立统一规律更精确的表达，那么，一种高屋建瓴的新的存在和发展观将重新显现出来。但是，要达到这样的高度，需要首先对不确定性的内涵做出更深入的考察。

众所周知，只有当两个氢原子相距为 R_0（$R_0=0.74Å$）时，它才代表氢分子结构。科学家算出了在由两个氢原子组成的系统中，当 R 取不同的值时相应的总势能，它的组成如图 2-11 所示的一条曲线。而 R_0 正好相应势能曲线的极小值（它处于曲线洼的底部）。原来，任何一个分子无时无刻不受到外来和内部的各种干扰，对于氢分子，最主要的干扰是氢原子的受热振动，这使得两个氢原子之间的距离 R 总是处于扰动之中。但是，R_0 附近的状态的势能当比 R_0 高，而整个系统有着能量趋于最小的倾向，当干扰使 R 大于或小于 R_0 时，系统会自动放出能量恢复到 R_0 状态。因此只有 $R=R_0$ 时两个氢原子的距离才能保持稳定，而 $R \neq R_0$ 时的状态是不稳定的。

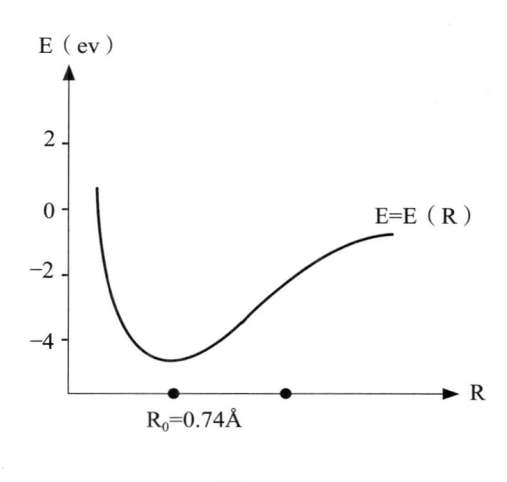

图 2-11

我们再来看一个例子。图 2-12 是水的自由能曲线的示意。横坐标 V/N 是单位摩尔分子的体积，即代表与密度有关的规定性。人们马上发现，气态、液态、固态的相应密度恰好也处于自由能曲线洼之中。而其他密度值虽然也代表某种确定的规定性，但这些规定性不代表客观存在的水的物相。原因和前述类似，任何一个热力学系统都受到内外不确定性的干扰，干扰使得物相相应的密度经常产生不确定的微小变化。而在恒温、恒压条件下（它们是判定某种性质是否存在的控制条件），系统自由能 Z 有趋于极小的倾向。这样，只有处于自由能曲线洼之中的物相才能稳定地存在，代表一种确定的客观的物相。

图 2-12

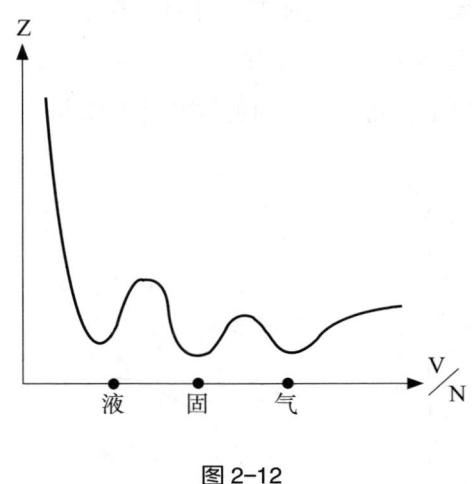

这两个例子涉及物质性质的层次和具体物理规律的内容都是不同的，但是在解释事物为什么具有这种而不是另一种规定性时，却遵循如下两个共同的原则：

（一）这两个系统或客体都处于某种不可排除的干扰之中。在第一个例子中，干扰是热振动，第二个例子中干扰较为宏观，表现为自由能有 ΔZ 的变化和密度有 $\Delta V/N$ 的不确定变化。我们必须在这种不可排除的干扰存在的条件下，考察哪些规定性能够保持不变。

（二）这两个系统或客体所具有的确定的性质（或结构），是在微小干扰下能够保持不变的性质。这意味着存在一种抗干扰的机制，我们称为稳定机制。在第一个例子中势能趋于极小是抗干扰机制，第二个例子中是自由能趋于极小。这两种机制虽然表示不同的物理规律，但在行为上都意味着这样一种变换：当干扰消失后，这种机制能自动使系统回到某个确定状态。这个状态就对应着事物表现出的确定性质。

我们发现，（一）（二）这两个原则有着极为深刻的广泛性。自然科学家在生态、生物、化学、物理甚至基本粒子的各个层次以及形形色色的学科中都发现了类似的方法论原则。[①]

实际上，对于（一）（二）这两个原则，我们只要证明（一）的普遍性，就可以证明（二）的普遍性。干扰造成不确定性，在不确定的冲击下事物要保持某种确定的性质，就一定需要存在抵抗干扰影响的稳定机制。但是，越出上述自然科学例子的局限，干扰是否普遍存在于任何事物内部呢？哲学作为自然科学和社会科学的总概括，它所指的规定性广泛得多。我

---

① 早在20世纪30年代，坎农就指出，应该用"内稳态"来刻画生命的本质规定性。他发现在任何一个有生命的躯体中，血糖、血压、体液盐分、体温都具有在外来干扰存在时保持不变的抗干扰能力。而生命的最重要的特点就是它建立起一系列抗干扰机制以保持基本变量的稳定。艾什比在他的著作《大脑设计》中则表达得更为彻底，他给有机体下了一个行为主义的定义：首先给出一个干扰集合，把有机体看作这样一种稳定机制：它在干扰存在的情况下能把一组基本变量保持在一定范围之内；这组变量是维持生命的必要条件。在基本粒子层次，物理学家在考虑质子和中子以什么比例才能结合成原子核时，同样首先认定原子核内部的干扰是不可排除的。只有处于能量曲线洼之中的规定性才对应着实际存在。科学家在电子计算机的帮助下绘制了一张图，横坐标和纵坐标分别代表质子数和中子数，高度表示原子核多余质量，它和核子结合能相关。这张图同样表明，在元素周期表的前20种元素中，能量曲面的峡谷恰好是沿着质子数和中子数相等方向延伸的。它意味深长地说明，轻原子核之所以呈现出质子数与中子数大致相当的规定性，也是由抗干扰稳定机制决定的。这在方法论上和氢分子的例子如出一辙。我在本书第三篇第三章第一节至第四节中系统地讨论了具有某一种规定性的存在和稳态等价的关系。

第二篇 发展的哲学——论"矛盾"和"不确定性"

们必须在社会科学范围内也做一番考察。如果说，确定的市场价格可以看作商品的一种规定性，那么商品为什么具有这一种价格就是上述哲学问题在经济学中的表现。第四章已经说明，某种商品是否具有确定的市场价格，取决于供给曲线和需求曲线的交点是不是稳定。当交点稳定时，交点相应的价格就是这种商品确定的市场价格。

在判别交点是否稳定即它是否处于供求平衡态时，经济学同样有两个方法论前提：其一，系统是经常受到消费倾向随机变动干扰的。其二，当供给曲线和需求曲线的交点处于图 2-8A 所示的收敛螺旋的中心时，这个交点才代表供求平衡的稳定态。图 2-8A、B 中供给曲线和需求曲线虽有交点，但它不代表平衡态，商品也不会表现出这个交点所规定的不变价格。① 因为干扰一旦使系统偏离这个状态，就再也没有一种机制能使系统回到这个状态。在这里我们同样运用了（一）（二）两个原则。其实我们不必多举例子，一般系统论和耗散结构理论已经证明（一）（二）两个原则的普遍性。无论是信息论、控制论、耗散结构理论还是协同学，都认为任何一个系统都处于内外干扰的洪流之中。信息论将其称为噪音，控制论称为干扰，而耗散结构理论称为涨落。系统论则把干扰存在下保持不变的机制称为稳定机制，它是通过几个互为因果的子系统互相调节实现的，我们在前面把它称为互相肯定的作用模式。控制论则更多地使用负反馈这一术语。而普里高津则运用微分方程

---

① 这个例子是不严格的，严格的分析首先必须规定干扰在什么层次和稳定性的层次。

的稳定性来说明这种机制，将一切有序组织称为远离平衡态的稳定态，实际上，所谓耗散结构，就同时包含了（一）（二）两个原则。

现在我们终于能够做出更普遍的哲学概括。事物内部不可消除的干扰难道不正是不确定性吗？原则（一）实际上是说"不确定性"存在于任何事物之中。辩证法常说，万物是矛盾的，对立面的斗争无处不在。而我们却发现，在考察任何一种规定性时，一定要把它放在不确定干扰的海洋之中。辩证法试图证明，静止只是矛盾暂时均衡的产物。而原则（二）则认为任何现实的确定的规定性（性质、结构）都是某种稳定机制的产物，这种稳定机制来自子系统互为因果的互相作用和互相调节，而我们又把它归为互为因果子系统互相肯定的作用方式，它不是和对立面的同一极为相像吗？

让我们再一次回忆辩证法的发展观：事物内部矛盾的双方既斗争，又同一。当同一性占主导地位时，事物呈量变或静止形态，表现出某种确定的质的规定性。但斗争是绝对的，对立面的均衡破灭，同一性消失，确定的质的规定性从内部瓦解，我们看到旧事物的灭亡，系统处于发展演化之中。这一众所周知的学说是用悖论性语言来表达的。科学哲学认为它不符合科学理论清晰性和无矛盾性的规范。但是我们只要把其核心概念矛盾翻译成"不确定性"，一个深刻、清晰而具有广泛意义的新理论就呈现在我们面前，这就是系统演化理论，或称为"整体演化理论"。

系统演化理论的第一步就是系统整体结构分析。我们需要搞清楚的第一个问题是：系统由哪些元素或子系统组成？结构如何？在分析结构时最重要的是要判定这种结构是否稳定。为了判别稳定性，必须去把握子系统之间的相互联系以及互为因果的作用方式，研究其物理的或社会的机理。因为只有稳定的结构才能长期存在，才能在整体上显示出确定的性质。通过系统整体的稳定结构分析，我们可以科学地回答有关存在的哲学问题，即事物为什么以这种方式存在，为什么具有这种确定的性质。这种方法似乎和辩证法中矛盾的分析风马牛不相及，在方法论上却有重大的相通之处。矛盾分析的关键在于揭示对立面怎样依存又怎样排斥。而系统结构稳定性分析则要去剖析各个互为因果的子系统是如何互相依存的。保持整体稳定的机制正是这些互为因果子系统互相肯定的作用方式，它实际上和分析对立面的依存和同一性是相当的。

但是，两种方法有一个重大差别，矛盾分析中"既同一又排斥"构成了悖论，无法用清晰的科学语言加以把握。而在稳定结构分析中，子系统互相否定的排斥则转化为干扰带来的不确定性，它不和稳定机制相悖。因此结构稳定性分析是可以精确化、科学化和深入展开的，具有严格的逻辑性。从基本粒子结构到生命系统，从生物各器官功能和结构的适应一直到社会结构各个子系统功能必须耦合，我们可以精确地、科学地回答，为什么只有某些互相适应的结构才是稳定的。

系统演化理论的第二个问题是：系统怎样演化？因为系统不稳定的结构是瞬息即逝的，那么我们看到系统确定性的变化必定是从一种稳定结构转化到另一种稳定结构，在这个转化过程中可以出现不稳定结构，但系统不会停留在这种结构。只有当新的稳定结构确定以后，系统才会呈现出新的质和新的确定状态。因此无论演化过程怎样形形色色，我们都可以从稳定结构出发来对其演化行为进行概括。

首先，只有旧结构的稳定机制被破坏，系统才有演化的可能。否则旧结构有着顽强保持旧结构存在的调节能力。在矛盾论中，演化是由对立面斗争引起的，是排斥战胜同一。但在辩证逻辑中对立面排斥和同一同时成立，因此很难精确分析什么时候排斥会战胜同一。在系统演化理论中，问题十分清楚，我们只要分析互为因果的子系统相互作用的模式是否是互相否定的，从互相肯定转化到互相否定就意味着内部保持稳定的调节机制破坏，它可以清晰地加以判别。

其次，我们可以从（一）（二）两个原则导出，旧结构稳定性被破坏后，系统面临如下几种可能性：没有新的稳定结构，没有任何稳定结构，只有旧结构才是稳定的。它对应着系统演化的三种可能：演化到新结构，毁灭，旧结构的恢复。因此总的说来，系统演化总是以这样的节奏进行的：旧结构稳定机制渐渐被破坏→系统不确定性程度越来越大→旧结构被破坏、系统不稳定→新稳定结构确立，系统重新稳定下来。这和辩证法发展的"肯定→否定→新的肯定"这种模式十分类似。

系统演化理论要回答的第三个问题是：系统为什么会演化？这实际上是要探讨旧稳定结构被破坏的原因。辩证法是高度重视发展的内部原因的，确实，内部和外部的变化都可能导致稳定机制的破坏，然而稳定机制内部自发破坏更具有吸引力。我认为，那些互为目的互相调节的子系统互相作用的方式可以被调节自身造成的后果破坏，这就是功能异化过程。在这里我们发现，我在整体的哲学中提出的功能异化理论可以成为整体演化的内在动力。①

与系统演化理论有关的第四个问题是系统演化的方式。系统既可以作为一个组织来分析，也可以从其宏观的质的规定性来把握。我们知道，系统总体上表现出确定不变的宏观的质的规定性就是其稳态结构具备的质。于是我们可以从质变角度来研究系统演化。系统结构演化必然带着量变和质变。系统从一种结构变到另一种结构的过程中，所经历的一系列中间状态如果也是稳定结构，那么这种质变必定是连续的。如果中间状态是不稳定结构，那么变化是非连续的突变，是飞跃。这样，我们可以从稳态结构变化方式来判别质变的方式。我们可以发展辩证法有关质变和量变的规律。由于稳定机制可以表示为图 2-11、图 2-12 所示的曲线，稳定结构对应着曲线的洼。这样人们可以从稳定机制的拓扑结构来刻画量变和质变的细节，解决辩证法中关于关节点的问题。它把系统演化理论和 20 世纪 70 年代的突变理论这一新数学分支联系起来了。②

在这里，我们不能展开系统演化理论的细节，而且原则上这也不是主要的任务。需要指出的是本文的最终结果：不确定性一旦升华为对立统一规律的精确表达，就确实成为一个核心

---

① 见本书第三篇《整体的哲学》第六章第一节至第六节。
② 金观涛、华国凡：《质变方式新探讨》，《中国社会科学》，1982 年第 1 期。详见本书第三篇第三章第四节，第五章第一节、第三节。

环节，而把当代科学方法论极为重要的各个方面有机地统一起来。于是我们似乎隐隐看到一种新的综合，那是一座在地平线上的大厦，我们虽然未曾到达那里，却可以断言那不是海市蜃楼。因为它的每个组成部分都是实在的，都是近代科学在其艰难发展中历经痛苦而诞生的产儿。它们已经在各个领域中起着方法论的作用，新时代哲学家的任务就是把它们统一起来！

这一切也许正在向世人表明，今后人类又可以恢复到从童年时代就抱有的美好理想：哲学是把握万物基本规律的框架，各门具体科学进一步把握着细节。最初，哲学家想用理性的思辨来达到这一点，然而那些先验体系一个接着一个地破产。哲学家在失望和被抛弃的凄凉中懂得，他们必须向科学学习，从不得不承认科学到立足于科学。科学会把一个哲学的新时代带到人间。毕竟，我们在一个分裂的世界中生活得太久了，人们期待着理性和哲学的重建。然而这一切并没有完成，时代把一种历史的使命放到了辩证法的肩上。

第三篇

整体的哲学
——我们的方法论[①]

辩证法对人类最迷人的贡献莫过于它的整体观，有关世界是一个不可分割的整体的议论，企图用互相依存的部分通过交互作用来解释整体的起源、存在和演化，这是人类自古以来的梦想。

然而，古典辩证逻辑中的整体观却是一个潘多拉之盒，它虽然带着从整体理解整体的希望，但随着这种良好的愿望在世上传播的却是反科学的含混性、不可分析的并不合科学规范的思辨，千百年来，人们不得不在非科学的有机论和"科学的"形而上学因果论之间抉择。但是，在20世纪下半叶，情况发生了革命性的改变。随着一系列带方法论意义的边缘学科兴起，作者认为，可将其结合起来，孕育出一种科学的"整体的哲学"——有关组织系统演化的理论。

令人欢欣鼓舞的是，整体的哲学不仅解决了自身的难题——给组织系统整体性一种科学的表述，它还出人意料地解决了辩证理性中"客观

[①] 本篇在1987年曾以《整体的哲学——组织的起源、生长和演化》为题发表在"走向未来"丛书中。

性"和"发展悖论"这两方面的难题。读者将会发现,正是本篇为前面两篇的讨论提供了一种有效的方法论。

整体的哲学证明了一个人类自古以来就向往的信念:"真理是统一的、美的,是和谐而简单的。"无论我们从哪里开始,无论我们经过多么复杂的探索,只要最后找到的东西有资格被称作"真理",它们必然都是内在一致的。正是这些最基本的原则构成了宇宙和人类的心灵。

引　言
理性哲学的理想

> 信心若没有行为就是死的。
> ——《圣经·雅各书》2：17

人类理性的重大进步，几乎都来自对已经分裂的既成现实的不满。

自从《控制论与科学方法论》一书的手稿完成以后，我就不曾想到会再来写一本关于方法论的著作。我认为，在理论研究中运用新的方法比写关于方法论的著作更为重要。几年来，我和我的合作者一直致力于将现代科学方法运用于历史和社会学的研究中。我们高兴地听到了来自各个方面的意见和批评。其中一种意见认为，我们的历史研究不是历史，而是控制论在历史学中的运用。这的确有一定道理，尚在意料之中。有趣的是，一些研究控制论和系统论的学者对我说："你们所用的方法根本不是控制论和系统论，它们和国外的Cybernetics（控制论）、Control theory（控制理论）或System theory（系统论）都有很大不同。"听到这种意见时我很吃惊，但后来仔细考虑了一番，觉得并非完全没有道理。的确，在我们所用的方法之中，经典的控制论、系统论已经被进行了消化，得到了某种适合社会科学的改造，特别是融入了很多我们自己多年研究和思考的结果。这使我想到，系统地向读者展开我们经常运用的方法论的哲学基础似乎是必要的。

20世纪80年代，系统论、控制论和信息论在我国理论界掀起广泛的热潮，人们纷纷在社会科学各个领域中尝试着运用新方法。"信息""反馈""控制""机制""稳定性"等大量新概念和新名词破门而入，涌进许多传统的社会科学领域。灼人的形势甚至引起了不满和忧虑，有人认为这不过是一场热症。确实，在这场方法论的革命中除了生气勃勃的四面出击，还有各种性质的混乱。人们的不满和担心是完全可以理解的。一方面，当上述崭新的方法开始涌入社会科学各个领域时，饥饿的人们会来不及细嚼就把有关的概念几乎生吞下去，种种表面的牵强附会也必然随之产生。这是一个必然要经历的阶段。另一方面，那些新兴的横断学科还十分年轻，它们成长得过于迅速，基础不够坚实。老三论（人们常用它来统称系统论、控制论和信息论）尚未被人们完全消化，新三论（突变理论、耗散结构理论和协同学）又被迅速引进。它们之间究竟有什么关系？在方法论中各占什么地位？不要说读者，即使有关领域的专家，包括新学科的创始者，也未必十分清楚。人们忙于建设和运用，来不及去深思它们共同的方法论和哲学基础。

这一混乱而生气勃勃的建设景象，使人想起维纳在创立控制论时讲过的一段话："这些专门化领域在不断增长，并且侵入新的疆土。结果就像美国移民者、英国人、墨西哥人和俄罗斯人同时侵入俄勒冈州所造成的情形一样——大家都来探险、命名和立法，弄得乱七八糟，纠缠不清。"[①]维纳这段话意在指出，各门具体学科的汇流势必导致新兴的横断学科和边缘学科的创立。富有戏剧性的是，维纳讲这段话40年以后，同样的倾向居然出现在这些学科自身，以及社会科学与自然科学之间。我们认为，这反映了一种向更高层次综合的需求。显然，时代需要把这些横断学科的成果综合起来，搞清它们共同的基础，产生一种严肃的、带有哲学方法论意义的组织理论。

本书企图在这方面做一些尝试。不过，科学通向哲学的道路是崎岖的。将现有的各门横断学科所共同遵循的原则抽象出来并不等于哲学方法论。我们认为，一般系统论、控制论、信息论、耗散结构理论、协同学和突变理论都从各自的角度来研究组织系统，至今都还没有统一。除了它们的侧重点有所不同外，还有一个重要原因，这就是在有关组织和整体的思想中，各个有关理论内部和理论之间还存在着某些重要的缺环，而其中最重要的就是缺乏对组织内部演化动力的研究。只有结合更深入的哲学思考，从社会科学和自然科学的更广泛的领域吸取营养，才能升华出新的概念。

因此，本书除了系统地吸取前辈大师们的重要成果，并做出适当的重新表述外，还侧重把刘青峰及其他合作者与我在有关社会科学研究中首次运用的一些新概念——如"组织生长""容量""功能异化""无组织力量"等——从整体上全面考虑，并编织、融合到统一的方法论结构中去，以建立组织理

[①] N. 维纳：《控制论》，郝季仁译，科学出版社2009年版，第4页。

论的大厦。当然，和本书所提出的目标相比，我们做的还差得太远，摆在读者面前的实际上只是一个纲要。组织理论的成熟和整体哲学的概括无疑需要更多的深思和锤炼，需要更多具体学科的成果为基础，它远非少数人的学识所能胜任，它需要我们这个时代各门学科学者的共同努力。但是，我们之所以仓促地把尚不成熟的著作分享给读者，实际上是想表达我们内心的一种理想：自然科学和社会科学是统一的！科学和理性仍应是我们时代思潮的主流。

如果把今天人类的思想和19世纪或更早期人类的思想相比，我们会发现一种奇怪的矛盾现象。从几个世纪以前开始，科学的理性和科学精神从地平线向上升起，首先在物理、化学等领域获得成功，而且表现为一种强大的精神力量。人们对自己的未来充满信心。在深刻的思想界，虽然科学的光芒尚未照耀到社会科学和人文科学等更为广大的地区，但人们相信真理的统一，相信科学理性的力量。科学家不但认为自然科学和社会科学是统一的，而且认为人类活动的感性领域也应受到科学和理性的指导。人们相信科学方法总有一天可以扩大到这些领域。不少思想家毕生都致力于将两者结合起来。众所周知，斯宾诺莎是借用几何公理的方法来推演他的伦理学体系的。哲学家往往高瞻远瞩，认为真善美可以服从于统一的理性。洛克这样写道："任何肯认真探求真理的人，首先就应该使自己的心发生一种爱惜真理的心。"[1]

---

[1] 洛克：《人类理解论（下册）》，关文运译，商务印书馆1983年版，第696页。

奇怪的是，当今天科学取得了史无前例的辉煌胜利而迅速蔓延到人类活动的一切领域的时候，人们对科学理性的信心却动摇了。在强大的科学面前，人们反而不知道科学是什么了。在一些人眼中，似乎科学的扩张不过是科学知识甚至名词术语以及仪器、技术的堆积而已！科学哲学的发展，反映了人们对寻找科学本质的焦虑。但就在这种关于科学自身基础的研究中，非理性主义的倾向也蔓延开来。某些科学哲学流派认为，科学或许并不是真理，而不过是一种宣传，甚至是一种宗教、一种神话。无疑，这些研究也不是完全没有意义的，它们把人类对科学的理解，特别是把人类对科学和社会、科学和信仰之关系的理解大大深化了一步。然而，这只是发现了问题，没有解决问题。正如有人在评价托马斯·库恩的"范式论"时所说的，他造就了魔鬼，又不知道怎样对付魔鬼。也许，当代整个科学哲学和科学方法论的研究都处于类似的境地。确实，世界本身和人的内心都是复杂的。几个世纪以来，人类只是依靠着理性来克服非理性，依靠科学来战胜非科学，但对于理性和科学方法本身却缺乏更高层次的认识，也就是说，人们只不过用理性掩盖了非理性。随着科学技术迅速膨胀，非理性、非科学方法必然一天天又暴露出来。20世纪初，心理学家威廉·詹姆斯就发现了这一点，他指出，"我们把正常的、清醒的意识称为理性意识"，但"这只是一种特殊的意识，除此之外，还有一种截然不同的潜在形式的意识，它是朦胧隐蔽的"。[1]

---

[1] A. Dittrich & C. Scharfett, "Einfuehrung", In A. Dittrich & C. Scharfett, eds., *Ethnopsychotherapie*, Ferdinand Enke Verlag, 1987, p.1.

对科学方法和理性，内心的动摇带来的后果是一些学者给自己的研究领域筑下了藩篱，而不允许自然科学方法侵入，认为这是非科学的领地。他们认为社会科学和人文科学有自己特殊的领域，有自己特殊的方法，这些方法甚至和自然科学大不相同，甚至不是科学所能概括的。本来，每一门学科都有自己的对象，都有自己长期形成的方法。自然科学运用到社会科学时，必须加以改造，这并没有错。正如康德在《实践理性批判》中所写，惊奇和敬畏虽然能够激起人们去探索，但毕竟不能代替探索。[①]简单地把自然科学方法扩大到社会科学和人文科学是不行的，但微妙的是禁止进入的心理。那种认为科学和理性方法有严重局限性的先入为主的信念，那种认为世界是分裂的，包括我们对世界的认识也需是分裂的心理，是值得我们深思的！

我怀疑，对科学方法论信心的动摇是否表明一百多年来人类的科学和理性在自身的丰硕成果面前产生的迷失之感，是否表明科学方法的异化，表明科学已经失去了正视自己的成功的勇气！正因为如此，我认为系统论、控制论这些横断学科的兴起有着特殊的意义，因为这些横断学科本身是从自然科学、社会科学、人文科学内部和它们之间生长出来的，从研究对象到内容，它们都具有强烈的边缘性。这些学科的兴起特别是其哲学基础的探讨则更有意义。它们和思辨哲学不一样，思辨哲学想用纯思辨来包容自然科学和社会科学，而这些横断学科则本

---

① 康德：《实践理性批判》，韩水法译，商务印书馆2000年版，第178页。

身充满了科学和理性精神。它们正在孕育着自然科学和社会科学更高层次的统一方法论。因此,我们应为这些学科的兴起而欢欣鼓舞,并期待着它们有一天成熟起来,产生一种包容今天人类精神成就的更为强大的科学方法和理性思维。也许,这正是今天的哲学家的使命。

总之,今天人类正处于一个理性主义退潮和日益分裂的世界中。但我认为可悲的并不在于人类尚不能把整个知识统一起来,而在于我们已经满足于这种分裂。人们常常有这样的观点:既然世界是多元的,真理也必然是多元的,因而分裂是正常的,对世界统一的解释也许只是一个古老的梦幻。这种观点是混淆了问题。科学上的多元论和探求世界的统一性是认识之剑的两个不同的刃,缺少了任何一个,我们都将变得肤浅而易于满足。彻底的多元主义本身也应该容忍反对多元主义。历史似乎表明,人类在理性科学上的重大进步,几乎都是因为发现了世界看来是相互独立的各方面之间的联系,而最初的起点都是对已经分裂的既成现实的不满。

多元主义之所以有合理的成分,关键在于它主张科学的宽容精神。在"多元"的背后隐藏着一个"统一",那就是对进步与创新的渴求。哲学家应该永远充满无畏的怀疑精神。当一元论居于主导地位时,他应该去怀疑是否已出现了一种迷信;当多元主义思潮滚滚而来时,他同样应怀疑表面上的多极性或许只是一种浅薄的时髦。思想深刻的哲学家永远在寻找世界深刻的统一性。正如波尔所说,浅薄真理的反面是谬误,但深刻真理的反面照样是真理。我认为这恰当地说明了多元论和一元论之间的关系。

哲学家的良心在于完成人类思想精神的不断自我超越，它的价值在于思想上永远往前迈出尝试性的一步。他怀疑自己的存在，怀疑人类的过去和已经取得的一切光荣和成就。他可能会在常识问题上犯错误，比如主观唯心主义，但这往往是一种大无畏的错误。他用这样的错误告诫人们，那些千百年来在常识问题上显而易见的真理并不那么神圣。

面对分裂的时代，今天的哲学家首先要有勇气，要有综合的气概，他必须不满足于自己所熟悉的领域，敢于涉足完全陌生的天地，到那里去验证自己的哲学。在自然科学和社会科学迅速发展、知识爆炸，而理性主义却在退潮的今天，囚禁于专业性越来越强甚至一天比一天狭窄的学科领域，或者沉溺于种种非理性的无为信仰，都是十分自然和容易的倾向。正因为如此，我们的时代更渴求勇敢的整体的哲学！

第一章　历史的导言：整体方法的兴起

整体方法的奥妙在于，人类必须意识到，当他们用某种预定的方法去改造世界时，他们和这些方法本身必定会被改变了的世界改变。明智的实践活动应该去驾驭这种改变，而不是抗拒它。

那些高级的目的性，甚至人类的目的行为，能否也解释为各种层次的交互作用和对稳态的寻求？

我相信，科学和理性可以理解自然界、人和社会，而思辨哲学只不过是科学的前奏。

第一节　整体之谜

"整体大于部分之和"，这几乎是一个妇孺皆知的哲学原理。它太常见了，人们对它已耳熟能详。然而，很少有人进一步追问："为什么整体一定大于部分之和呢？"

自古以来，人类就常常同整体与部分的关系打交道。我们可以将房子拆成一块块的砖，然后按图纸重新砌起来；可以将机器拆卸成一个个零部件，再装配起来，它仍具有原有的功能。然而，有机体、生命组织奇妙的整体性却令人困惑。只要我们将有机体各部分从整体中分离，它就会很快死亡，整体所具有的属性也就不可逆转地消失了。古人曾用"灵魂""生命之气"来表达对有机体整体性的敬畏。近代科学兴起之后，解剖学、生理学向人们提供了大量有关生命的知识。但为什么有机体整体大于部分之和，依然是个难解的谜。科学家们很清楚，组成生命系统的砖块和无机界一样，归根到底无非是原子和基本粒子。尽管人类对这些砖块所遵循的运动规律已知道得十分详细，但有机体产生、发育、生长、老化以至死亡的规律却不是物理和化学原理所能解释的。

哲学家早就感到，这里一定大有奥妙。生物体、人、社会本质上都是由原子、分子形成的不同层次的组织，但那些无生命的元素一旦形成组织就会产生新的性质。无机物是没有目的的，但生命系统可以自繁殖，具有目的性以及对环境的适应性。组织系统越复杂，行为往往越高级。人们曾思辨地把组织和整体奇妙的特性表述为普遍的哲学原理，然而这至多只做了描述性工作。组织系统整体的秘密仍使人迷惑不解。为什么低层次的子系统或元素一旦形成组织，一定会出现原有层次所没有的性质？像目的性、适应性、生长发育这些有机体的特性和低层次物质的性质如因果性有什么关系？如何研究复杂组织系统运动的规律？

一直到20世纪30年代，问题的答案才开始在地平线上朦胧地出现。科学家发现，人们认识目的性、适应行为、组织层次之间的关系困难重重，原因很多时候并不是我们缺乏关于这些组织的足够详细的知识，而是缺少一种新的研究组织系统的方法。一系列带有浓厚哲学和方法论色彩的横断学科开始兴起。奥地利生物学家冯·贝塔朗菲提出了"一般系统论",维纳创立了"控制论",美国数学家克劳德·香农则发现了"信息论"。在这些新兴学科提倡的整体方法的指导下,人类对组织系统规律性的研究获得了突飞猛进的进展。20世纪50年代后,有关方法论方面的创造性进展接踵而来:比利时物理化学家普里高津的耗散结构理论、法国数学家勒内·托姆的突变论、德国物理学家赫尔曼·哈肯的协同学,组织系统方法论研究出现了群星灿烂的局面。在哲学方面,也相应掀起了结构主义、功能主义和行为主义的思潮。总之,通过近50年的发展,到20世纪80年代,人们已经感到,可以把这些新兴学科在各个方面的成果和种种探索综合起来,形成统一的方法论。这就是研究组织系统的产生、发展、演化以及整体和部分关系的新理论——一种组织的哲学或者说整体的哲学。

在进行这方面的综合和尝试之前,我们必须回顾一下历史。一百多年前,俄国思想家亚历山大·赫尔岑曾这样讲过:"现时的人们是站在山巅上的,一下子就把辽阔的风景饱览无余了,但对于开辟登山之路人,这片景色却是慢慢地逐渐展现的。"因而,那些"从天才的思想家的强有力的肩膀上很容易就攀登上去的年青一代,既没有登山的那种热爱,也没有钦敬的心情,对他来讲,山已经是过时的东西了"[①]。当今的方法论学者是站在山巅上的,半个世纪来交叉学科的成果是这样丰富和深入,我们在组织系统的细节方面已经知道得如此之多,它

---

① 赫尔岑:《科学中华而不实的作风》,李原译,商务印书馆1981年版,第70页。

有时反而给人们带来一种茫然不知所措的感觉，研究者常常会迷失在繁复的理论和艰深的数学分析之中。因此，简明地回顾一下先驱者登山的道路是必要的，它将向我们展示人们在研究组织系统中碰到的历史性困难以及人们是如何克服这些困难的。历史将向我们表明，今天的整体理论是怎样发展而来的，以及为了进一步往上攀登，我们应该选择哪些新的道路和方向。

第二节 内稳态的发现

科学史上常常有这种情况：那些对后世具有重大价值的方法论贡献最初竟出现在一些人们意想不到的地方，它们或者过于平凡，使人熟视无睹，或者由于专业过分专门和狭窄，人们很难看到它们具有的普遍意义。组织系统研究方法的突破正是如此，它开始于"内稳态"的探讨。

19世纪末和20世纪初，法国生理学家克劳德·贝尔纳发现，一切生命组织都有一个奇妙的共性，这就是它们的内环境（如体内液床、血浆、淋巴）在外界发生改变时能够保持稳定不变。贝尔纳感觉到它对于说明有机体奇妙的整体性有着重大意义。他曾以哲学家的口吻写道，"内环境的稳定性乃是自由和独立生命的条件"，"一切生命机制不管它们怎样变化，只有一个目的，即在内环境中保持生活条件的稳定"。虽然某些科学家（如霍尔丹）把它当作"由一个生理学家提出的意义深长的格言"[1]，但贝尔纳的思想除法国外，很少为人所知，他所提出的有关稳态的思想被忽略了近70年之久。

20世纪30年代，稳态对于生命系统的重要性再次由美国生理学家坎农提出。坎农惊奇地发现，像有机体这样复杂的组织系统似乎生活在一个奇怪的悖论之中。一方面，有机体作为整体存在需要一系列十分严酷的内部条件。例如，"当脑血管中的血流发生短时间的停滞时，就可导致脑的某一部分活动的突然故障，从而发生昏迷和知觉丧失"[2]。躯体生命的存在除了需要大脑供血量稳定外，还要求血液中水含量的恒定、盐含量的恒定、血蛋白的恒定，以及血液中酸碱的恒定、体温的恒定、供氧量的恒定等。一旦身体内这些条件长期偏离所必需的恒定值，我们将毫无例外地看到死亡——生命组织分解为分子和原子，整体瓦解。然而，另一方面，这些维持生命所需的内部条件却又是处于一系列内部和外部干扰之中的。外界温度忽高忽低，人既可以生活在干旱的沙漠中，又可以生活在潮湿地区，生活在高山上的人和生活在平原上的人所吸进的空气中氧的浓度是大不一样的，然而生命却可以用惊人的能力来克服条件的多变性和内环境要求恒定之间的矛盾。这就是生命组织的适应性。坎农曾颇为感叹地写道，"当我们考虑到我们的机体的结构的高度不稳定性，考虑到机体对最轻微的外力所引起的纷乱的敏感性，以及考虑到在不利情况下它的解体的迅速出现等情况时，那么对于人能活几十年之久这种情形似乎是令人不

---

① 坎农：《躯体的智慧》，范岳年、魏有仁译，商务印书馆1982年版，第19页。
② 坎农：《躯体的智慧》，范岳年、魏有仁译，商务印书馆1982年版，第5页。

可思议的",特别是认识到这种结构(有机体)"本身并不是永恒不变的,而是在活动的磨损和裂解中不断地解体,并且又借修复作用不断地重建时,更要使人感到惊奇"。①

带着这种惊奇之感,坎农发表了一个划时代的观点,他认为任何生命组织都必须具有一种基本的性质,这就是组织内部必须是"稳态"。他指出,生命组织各部分生存所需条件的苛刻和整体的稳定性并不矛盾,虽然有机体任何一部分存在所必须的条件每时每刻处于干扰之中(干扰可以来自外部和内部),但有机体具备这样一种能力:那些条件一旦发生偏离,偏离会迅速得到纠正。比如生命活动的基础是蛋白质和酶,对于高级生物而言,生命活动所依赖的生化反应的温度都必须控制在36℃~40℃,但无论是有机体内还是有机体外,温度都可能受干扰而变动,有机体建立了一套机构,温度一旦偏离生命所需的恒定值,马上导致一系列反应,可以使温度重新回到恒定值,对于其他种种条件的恒定也是如此。坎农把它们称为内稳态,而把躯体维持内稳态的机制称为拮抗装置。他认为,也许正是这种拮抗装置的存在,才能把各个部分组织成一个整体,使得生命和组织系统能在各种各样的内外干扰下长期存在。正因为如此,"北极的哺乳动物处在零下35℃的环境中,其体温并无显著的下降。再说,在空气极为干燥的地区的居民在保持他们的体液上并无多大困难。攀登高山探险和在高空飞行的人们,其周围环境的氧分压虽然明显降低,但并不显示出严重的

---

① 坎农:《躯体的智慧》,范岳年、魏有仁译,商务印书馆1982年版,第6页。

需氧的表现"①。

坎农敏锐地感到,内稳态不仅是生命组织的共性,还适用于社会和一切组织系统。他在代表作《躯体的智慧》最后一章,从内稳态建立的角度设想了生命系统是如何产生和进化的,并把人体和社会做了巧妙的类比,认为社会组织也应该是内稳态,从经济组织中的物价、劳工工资、失业率以及交通运输一直到管理,他都做了讨论。他认为社会组织内稳态的破坏同样会导致社会组织的瓦解,并指出:"生物机体还提示,稳态的破坏有其早期征候……这种警告信号在社会机体中还几乎不为人们所知道,如果有一天人们能发现这些信号并证明它们的真正意义,那将是对社会科学具有头等重要性的贡献。"②

然而,当时坎农的发现并没有产生很大的社会影响,在科学界看来,这仅仅是生理学的杰出成就而已。大约坎农从事研究的领域过于专门,所做的类比也略为牵强,大多数科学家并没有看到内稳态中隐含的重大方法论意义,连坎农自己都没有想到,他已经在为今后即将出现的革命性科学思想铺平道路。

第三节 从维纳到艾什比:调节行为的起源

今天看来,坎农对组织系统方法论的贡献主要有两个方面。首先,内稳态是任何组织系统重要的共性,它可以成为人

---

① 坎农:《躯体的智慧》,范岳年、魏有仁译,商务印书馆1982年版,第7页。
② 坎农:《躯体的智慧》,范岳年、魏有仁译,商务印书馆1982年版,第195-196页。

类洞察组织秘密的突破口，这一点坎农天才地猜到了。我们将在本篇第三章证明，任何一个组织都必须有基本的维生功能，它正是坎农的内稳态思想的扩展！其次，坎农第一次明确定义了什么是"适应性"。生命组织研究的一个重大困难，就是它的性质极端复杂。像"学习机制""适应行为"这些只有有机体才具有的特性往往只可意会，不可言传。人们说不清它是什么，坎农用科学的语言指出，躯体的适应性实际上只是一种抗干扰能力，不管有机体适应的对象是什么，它可以是温度，也可以是氧含量或者其他环境变化，一切适应性都可以表达为当外部条件发生随机变化时保持某一个变量处于适当值的机制。也就是说，坎农最早从行为机制的角度概括了适应性。[1] 杜威

---

[1] 在坎农之后，生理学一直用"内稳态"的概念来描述有机体在各种情境下内部环境的稳定。它们是生命的各种生理参数，研究发现：有机体的各种生理参数不一定维持在某一固定值，也可能随环境而发生变化。例如，哺乳动物的体温并不总是恒定的，阿拉伯大羚羊的体温在沙漠中会出现剧烈的波动。（L. M. Romero, M. J. Dickens & N. E. Cyr, "The Reactive Scope Model: A New Model Integrating Homeostasis, Allostasis, and Stress", *Hormones & Behavior*, Vol. 55, No. 3, 2009.）也就是说，大多数生理系统是不断变化和适应变化的。20世纪末，神经生物学家彼得·斯特林和流行病学家约瑟夫·艾尔提出了"应变稳态"（allostasis）的概念，说明有机体的生理参数如何通过变化保持身体内环境与外界环境的平衡稳定。（P. Sterling & J. Eyer, "Allostasis: A New Paradigm to Explain Arousal Pathology", In S. Fisher & J. Reason, eds., *Handbook of Life Stress, Cognition and Health*, John Wiley and Sons Ltd., 1988.）这一概念还被进一步应用到心理健康领域。例如，应变稳态的概念有助于解释为什么一个生活充满压力的人会产生忧虑心理，并伴随相应的生理表现，如血压升高、心率加快和胃肠道不适等，即使在没有威胁或压力来源的情况下也是如此。大脑并没有回到一个设定值（这是内稳态模型的观点），而是已经适应了。在2014年发表于《美国医学会精神病 （下接第361页脚注）

曾经说过:"很好地阐明一个问题,那问题就解决了一半。"①人类一旦发现,生命系统那千变万化难以捉摸的适应性乃是一种内稳态机制,那么揭示这种机制的本质也就为时不远了。坎农已经接近了控制论的门槛。

但是,最后揭示内稳态的机制并不是作为生理学家的坎农所能胜任的。他面临的领域是这样广阔,为了在生物、人类行为以及形形色色组织中阐明适应机制的本质,需要生理学家、数学家的合作,需要各门学科的交叉和具有哲学眼光、高瞻远瞩的方法论大师。在坎农提出内稳态概念十几年后,数学家维纳和坎农的助手罗森勃吕特迈出了关键性的第二步。众所周知,这就是"负反馈调节"机制的发现,以及随之而来的控制论和信息论的诞生。②

维纳和罗森勃吕特等人提出,一个组织系统之所以有受到干扰后迅速排除偏差恢复恒定的能力,关键在于存在着负反馈调节机制(见图 3-1)。系统必须有一种装置来测量受干扰的变量和维持有机体生存所必需的恒值(我们将其称为控制目

(上接第 360 页脚注) 学杂志》(*JAMA Psychiatry*)的一篇论文中,斯特林解释了这种对大脑和身体的应变稳态理解如何为心理健康治疗提供依据。如果在适当的环境下进行练习,有意识的冥想、认知行为疗法和其他非药物项目等旨在鼓励建设性的想法、态度和行为的行为,可以以治疗的方式调动大脑的适应机制。(Markham Heid:《大脑和身体优先考虑的是"适应",而不是保持"稳定"》,Jane 译, 36 氪, https://36kr.com/p/937955404242049。)

① John Dewey, *Logic: The Theory of Inquiry*, Henry Holt, 1938, p.108.
② 弗洛·康韦、吉姆·西格尔曼:《维纳传——信息时代的隐秘英雄》,张国庆译,中信出版集团 2022 年版,第 6 章。

标）之间的差别，这种差别被称为目标差，然后由目标差来控制效应器，只要效应器的作用能使目标差逐步缩小，那么系统变量在受干扰后能依靠这种调节机制自动恢复到目标值，以保持内稳态中各种变量的稳定。负反馈调节机制的关键在于：由目标差到效应器一直到系统状态变量组成一个封闭的环路。在负反馈调节中，即使效应器仅仅做出机械的反应，但作为整体却能达到调节的目的。

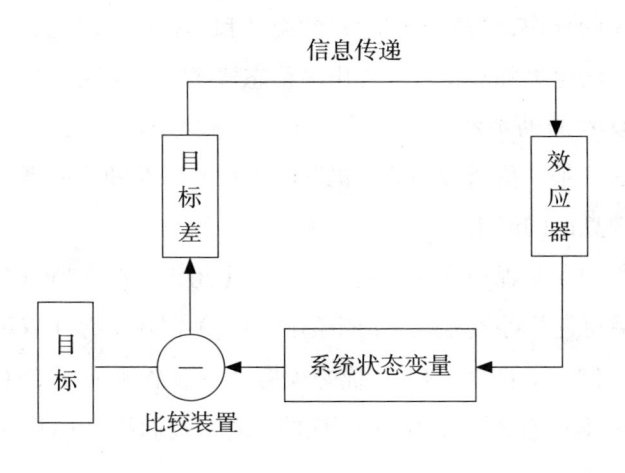

图 3-1

就以人体组织维持体温为 37℃ 而言，从物理上讲，任何一个能放热的化学反应都可用以升温。从最终结果来看，化学反应放热和用煤燃烧升温，两者并没有本质不同，但是一间温度为 10℃ 的屋子要烧几块煤才能达到 37℃ 呢？这可能是一个最优秀的工程师都难以解决的问题，除了计算煤的放热量外，我们还必须知道房子的热容量、室外温度、开了几扇窗、空气流动量等。而生命系统却有一种非凡的能力，它可以适当地控制这些放热的物理和生化过程，从而达到所需的温度。长期来说，它被看作某种只是生命系统才有的达到目的的能力，而受因果律支配的无生命系统是不具备这种能力的。

负反馈调节机制被发现后，问题迎刃而解。原来，在封闭回路中，放热过程是受目标差控制的，只要有一种装置时刻测量房间温度和目标值的差别。当室内温度低于37℃时，效应器放热，当室内温度高于37℃时，效应器能吸热，那么即使效应器放热量控制不准确，反馈调节环路的存在也能使一个机械的反应过程变成达到目的的过程。当一次放热温度没有达到37℃，那么目标差依然存在，效应器继续放热，而当放热过多超过37℃时，效应器会吸热，室温一步步向37℃逼近。室温一旦达到了37℃，目标差消失，效应器关闭；当温度一旦在干扰作用下，再次偏离37℃，那么整个调节机器又会开动起来，宏观上使温度自动保持在37℃左右。这里，回路中每一个环节似乎都是机械的，但整体上却把37℃看作调节的目标值。如果仅仅去分析物质的构成和系统所处的物理化学层次，那么身体的温度调节和一个装有负反馈温度调节器的房间是完全不同的东西，但两者在调节机制上却完全一样。现在科学家基本上搞清了人体调节体温内稳的复杂机制，它是由很多反馈系统构成，当然这些反馈系统中的元件是细胞水平和生化水平。

在坎农那里，有机体"内稳态"多少有一点神秘的性质，虽然坎农引用了大量实验数据证明躯体的神经系统在维持内稳态方面具有重要作用，但从哲学上，坎农还把这种有机体独特的维持内稳的能力称为"智慧",而控制论却指出,这种"智慧"无非是自然界普遍的负反馈调节而已,用电气的机械元件也能做到这一点。

负反馈调节使人们发现信息在调节系统中的重要作用。因为负反馈调节的关键性环节是目标差的测量,我们可以用水银温度计来测量房间温度,然后计算一下目标差,用手来调节效应器,也可以将温度差变成电脉冲信号或类似于人体中存在的神经元的兴奋等其他信号来触发效应器。在这里,反映目标差的物理或化学载体无关紧要。重要的是,用某一种差别来反映目标差,并把这种差别和效应器关联起来,众所周知,这就是信息。也就是说,维系内稳态最重要的就是目标差的信息本身和这种信息的无误传递。由此,再考虑到自然界形形色色的组织系统内部和之间信息传递的普遍存在,一种广义的结构功能观发展起来了,它为把坎农的内稳态推广到一切组织系统提供了坚实的理论基础。因此,控制论出现后,一系列人们原来根本没有想到过的学科,如神经控制论、经济控制论、教育控制论、社会控制论如雨后春笋般成长起来了。这些学科研究的对象是自然界形形色色的组织系统,但它们都被冠以"控制论",这正好标志着它们有一个共同的核心,这就是用反馈原理探讨维系这些形形色色组织的内稳机制。

20世纪40年代前后,组织系统内稳机制在方法论上已经搞清楚,这就是控制论中反馈调节和信息论的贡献。但是"负反馈"调节仅仅解释了维持内稳态的机制,而没有揭示这种调节机制的起源。原因很简单,任何一个反馈系统研究和模拟必须先确定目标，也就是内稳态中那些必须保持不变的恒值，然后才能寻找鉴别目标差的信息机构和信息传递机构与效应器之间的关联。也许对于一个想模仿生命系统维持内稳态神秘能力的工程师和数学家而言，这已经够了。但为了洞察调节能力和内稳态的起源，仅仅有负反馈是不能令人满意的。人们自然要问：内稳态的目标值是怎样确定的？人可以为调节器设计目标，却不能把目标强加给自然界。有机体不是工程师创造出来的，人设计维系内稳态的负反馈调节器不能代表有机体自身内稳态的起源。

富有戏剧性的是，数学家和工程师碰到困难时，再往前走又不得不依靠有数学和哲学头脑的生物学家了。[1]艾什比出现在历史的舞台上。

第四节　目的性、大脑和学习机制

自古以来，人们就把"目的性"看作生命组织和无生命系统的重要差别。近代科学兴起后，科学家常常陷于这样的苦恼：科学精神早已抛弃了"目的论"，它强调可以对自然现象进行因果解释，而不需要亚里士多德式的把趋向目的作为事物

---

[1] 对人（主体）与调节器关系的探索正是控制论理论起源的动力之一。维纳及其合作者朱利安·毕格罗在二战期间为美国军方开发对空火炮控制系统，维纳在开发中发现了人类行为对电路与机械系统的影响，因此邀请哈佛大学医学院的阿图罗·罗森布鲁斯来解决防空火炮系统中纠缠不清的物理、神经生理学问题，最终发现了"负反馈调节"机制。（Thomas Fischer & Christiane M. Herr, "An Introduction to Design Cybernetics", In Thomas Fischer & Christiane M. Herr, eds., *Design Cybernetics: Navigating the New*, Springer, 2019, pp.2–3.）

发展的原因；但是生命系统确实是"有目的"的，它很难用无目的的"因果"过程来解释。那么，这是否意味着我们在研究生命系统时要放弃科学对自然的因果解释而回到古老的目的论呢？① 反馈机制的发现使科学家在黑暗中看到了一线光明。在反馈机制中，每个组成部分都是纯因果性的，无论是目标差的测量，还是效应器的工作原理，都不存在"目的性"。但一旦这些部分组成闭路，居然可以构成达到目的的运动。因此维纳发现反馈调节原理后，马上感到它对解释自然界目的性的起源有重大意义。1943 年发表的控制论奠基性文献《行为、目的和目的论》中指出，一切有目的的行为都可以看作需要负反馈的行为，"目的论等于由反馈来控制的目的"。② 这篇文章的立论精辟而深刻，今天控制论学者已熟知，任何组织达到目的的行为中，一定存在着不同程度的反馈控制。

但是，目的性行为包含两个问题：第一，目的是怎样产生的？第二，怎样达到预定的目的？反馈只回答了第二个问题，而没有解决第一个问题。在坎农那里，调节的目的是内稳态所维系的恒值，它们的物理意义是明确的，就是保持生命必需的

---

① 历史证明，控制论不仅不意味着回到传统的目的论哲学中，反而重塑了 20 世纪哲学家的思想意识。在 1966 年的一次采访中，德国哲学家海德格尔甚至提出控制论已经占据了 20 世纪哲学的中心位置。他认为，以控制论为代表的科学进展开启了一个新的技术时代；传到尼采哲学就终结了的传统形而上学思想方法就再没有可能去对现在才开始的技术时代的根本特点进行思想工作了。（《"只还有一个上帝能救渡我们"——1966 年 9 月 23 日〈明镜〉记者与海德格尔的谈话》，熊伟译，《外国哲学资料》第五辑。）

② Arturo Rosenblueth, Norbert Wiener and Julian Bigelow, "Behavior, Purpose and Teleology", *Philosophy of Science*, Vol. 10, No. 1, 1943.

条件，内稳态对生命的意义潜含着目的的起源，但是用负反馈来把握调节过程后，达到目的过程的机制清楚了，目的的起源问题反而更难以捉摸了。似乎可以说，维纳发现负反馈是因为他没有局限于坎农，而把数学、工程等领域和生理学成果结合起来；但维纳没有进一步探讨目的的起源，原因也正在于他过分忽略了坎农。而只有把维纳的成果和坎农的成就结合起来，控制论的发展才能翻开新的一页，艾什比正是这样做的。

艾什比发现，坎农所讲的内稳态和数学家早就知道的微分方程稳定性很类似。人们早就熟知，假定有两个变量的变化规律遵循如下方程：①

$$\frac{dx}{dt}=P(x,y)$$
$$\frac{dy}{dt}=Q(x,y)$$

（方程3-1）

当 $\frac{dx}{dt}=0$，$\frac{dy}{dt}=0$ 时，意味着这两个变量不再变化。我们称不变的状态（x_0, y_0）为平衡点，显然，平衡点的数目可以由 P（x, y）=0，Q（x, y）=0 的解确定。微分方程稳定性理论告诉人们，对有的平衡点，它是稳定的，即当两个变量受到微小干扰，使 x_0 变为 $x_0+\Delta x$，y_0 变为 $y_0+\Delta y$，微分方程3-1决定了这些干扰可以自动纠正，系统将重新回到平衡点（x_0, y_0）；而对于有些平衡点，它是不稳定的，微小干扰一旦使系

---

① W. R. 艾什比：《控制论导论》，张理京译，科学出版社1965年版，第74-75页。

统离开平衡点，偏离会越来越大。那么自然可以设想，坎农所讲的内稳态，是不是正好意味着它是那些微分方程稳定的平衡点呢？艾什比的思想十分重要，他把控制论的研究推到了一个新的高度，他在《大脑设计》和《控制论导论》这两本奠基性著作中用这种方法剖析了控制论中的种种反馈调节，发现了"内稳态"和生物适应行为以及微分方程稳定性之间深刻的一致性。①

原来在控制论中，反馈调节从行为模式上讲仅仅是对微分方程平衡点附近变量x、y行为的一种概括而已。维纳发现，反馈调节有几种类型：第一种是稳定的，它有效地达到某一个目标并在目标受到干扰时自动维持原有目标。第二种是正反馈，系统在正反馈作用下对目标值（平衡态）的偏离将越来越大。第三种是系统围绕目标做周期性振荡。维纳深入地探讨了生命系统和机械系统因负反馈差错或不准确而导致振荡的条件。十分有趣的是，微分方程所规定的曲线在平衡点附近的行为刚好也有类似情况。众所周知，假定（x_0，y_0）是微分方程3-1 的一个平衡点，那么在这个点附近，微分方程所表达的场可以近似地看作线性的。即有：

$$\frac{dx}{dt} = a(x-x_0)+b(y-y_0)$$
$$\frac{dy}{dt} = c(x-x_0)+d(y-y_0)$$

（方程 3-2）

----

① 本文接下来对艾什比学说的介绍，也主要来自这两本书。

其中：

$$a = \frac{\partial p}{\partial x}(x_0, y_0) \quad b = \frac{\partial p}{\partial y}(x_0, y_0)$$

$$c = \frac{\partial Q}{\partial x}(x_0, y_0) \quad d = \frac{\partial Q}{\partial y}(x_0, y_0)$$

根据a、b、c、d的值，平衡点（x_0，y_0）附近的场必然处于如图3-2所示的六种情况之一。

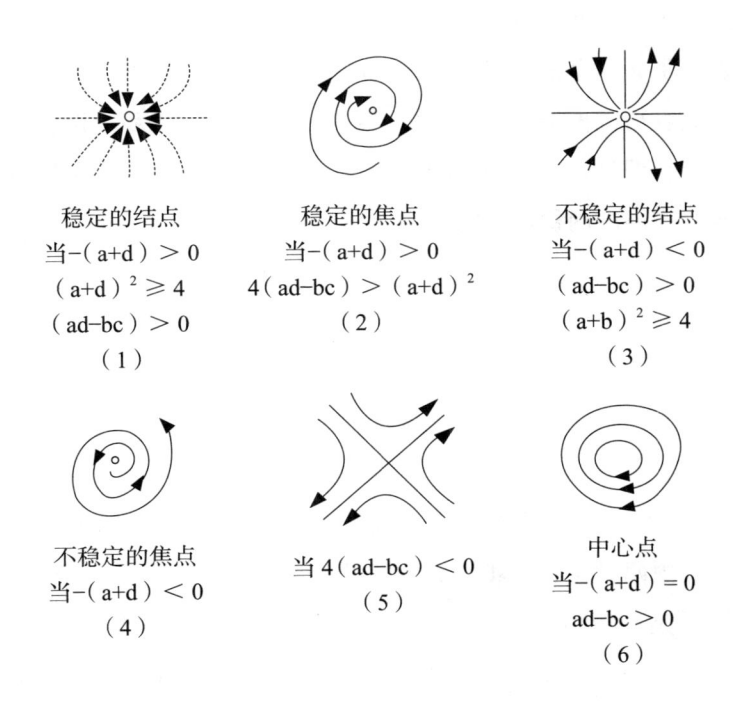

稳定的结点
当$-(a+d) > 0$
$(a+d)^2 \geq 4$
$(ad-bc) > 0$
（1）

稳定的焦点
当$-(a+d) > 0$
$4(ad-bc) > (a+d)^2$
（2）

不稳定的结点
当$-(a+d) < 0$
$(ad-bc) > 0$
$(a+b)^2 \geq 4$
（3）

不稳定的焦点
当$-(a+d) < 0$
（4）

当$4(ad-bc) < 0$
（5）

中心点
当$-(a+d) = 0$
$ad-bc > 0$
（6）

图 3-2

（1）（2）两种情况代表负反馈，（3）（4）（5）代表正反馈，（6）代表x、y围绕平衡点（x_0, y_0）做等幅振荡，它正好对应着反馈调节中常见的各种类型的周期性振荡。

艾什比对控制论发展的贡献表面上似乎平淡无奇，他所做的似乎仅仅是发现了微分方程稳定性和反馈调节之间的联系而已，但这一步却十分重要。因为在维纳那里，作为普遍调节方式的反馈的目标值是要预先确定的，现在目标值总可以从方程P（x, y）=0，Q（x, y）=0解出来。也就是说，艾什比发现，只要两个变量存在着交互作用，即存在着如图3-3所示的耦合，那么这个耦合就决定了它可能存在平衡点，从交互作用的方式就可以推出平衡点的数目，以及从平衡点的稳定性，可以判别反馈是正的还是负的。这样一来，艾什比揭示了包括目的本身在内的内稳机制的起源。

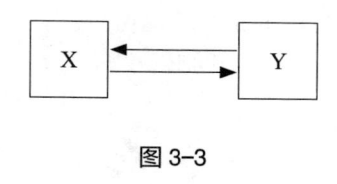

图 3-3

举一个例子比较好理解。假定x、y两个变量分别表示生态组织中两种生物的种群大小（数量）。我们知道，生态平衡的维系是一个负反馈，使x、y的数目偏离生态平衡态x_0、y_0时，会出现一个负反馈调节，使x、y向x_0、y_0逼近。如果从负反馈的角度来看生态平衡，我们只有预先确定了平衡值后才能分析整个系统，至于平衡态是怎么出现的，我们并不十分清楚，但从艾什比的观察角度，函数 P（x，y）和 Q（x，y）实际上代表两个种群之间的相互作用，它只是用数学语言把握了两个生物种群的各种关系而已，比如一个以另一个为食物，一个对另一个进行调节或提供保护等，而正是这种关系决定了平衡的存在，当系统偏离平衡时，也是这个关系维持着反馈调节。这种数量关系我们是可以通过对两个种群实际关系的把握来确定的。因此，如果系统各个部分存在着耦合，代表这种耦合的交互作用具有一个稳定平衡态，那么我们可以预言，无论系统一开始处于什么状态，这种交互作用都会引导系统达到稳定平衡，也就是说包括目的性在内的调节功能起源于交互作用。

目的性起源于交互作用，也就是说起源于事物之间的互相关系，这个答案多少有点出人意料。对于心灵中经常自发产生这样或那样目的的人类来说，这种解释似乎更难接受。但这个结论有深邃的洞察力：对于处于整体中的每一个部分，如社会中的人、生命组织中的细胞，目的似乎是外在规定的。而各个部分所属的整体，正是各个部分相互作用的一种方式。

艾什比没有敢涉及人类意识中那些高级的目的性。他只把自己的视野局限于那些作为本能的"目的性"的起源，即诸如生物体的内稳态、海胆产卵、飞蛾趋光或蚂蚁回巢这类比较简单的目的性行为。他发现，只要把坎农的思想贯彻到底，就能说明这类目的性的起源。坎农已经指出，当生命内稳态被破坏，调节功能不能保持有关变量处于维持生命所必需的适当值时，有机体便会死亡。因而，只要引进进化论"适者生存"的观点，问题就解决了。一开始各个子系统之间可能出现各种类型的交互作用，但是那些不能形成内稳态的交互作用（相应于平衡点附近微分方程不稳定的场）将被自然选择淘汰，这样目的性被无目的的交互作用创造了出来。[①]我们在本篇第三章将指出，这种思想方法只要稍加扩展，就可以构成解释组织系统起源乃至进化的主要思路。

生物行为的目的性起源也是类似的，不同的只是，在这里稳态不局限于生物体内。我们要考虑生物体和环境的交互作用。艾什比指出，凡是有利于生物生存的行为，和环境结合起来看，本质上都是一种稳态调节机制。和体内内稳态一样，它的平衡点就是那些适合生物生存的外部条件。比如生物在外界温度太高时会寻找阴凉处，从目的性角度看，避开火焰寻找温度适合的条件是一种目的性，但从生物和环境的交互作用来

[①] 在近年的科学研究中，也出现了类似的观点。2023 年《美国国家科学院院刊》(*Proceedings of the National Academy of Sciences*) 在线发表一篇论文，称发现了"缺失的自然法则"。具体而言，一个宏观规律承认进化是自然界复杂系统的共同特征，其特征如下：它们由许多不同的成分组成，如原子、分子或细胞，这些成分可以反复排列和重新排列；受自然过程的影响，形成无数不同的排列；所有这些配置中只有一小部分在一个被称为"功能选择"的过程中存活下来。就生物学而言，达尔文将"功能"主要等同于"生存"——活得足够长，以产生可育后代的能力。最新发表的这项研究扩展了达尔文的前述观点，指出自然界中至少存在三种"功能"：最基本的功能是稳定性——选择原子或分子的稳定排列；同样能持续存在的是具有持续能源供应的动态系统；第三个功能是"新颖性"——进化中的系统有探索新结构的趋势，这有时会导致惊人的新行为或新特征。而前述"静态持久性"、"动态持久性"和"新颖性的产生"，是"功能选择"的基本来源。（吴跃伟：《新研究称发现"缺失的自然法则"：自然复杂系统倾向于进化》，澎湃新闻，https://www.thepaper.cn/newsDetail_forward_24951787。）

看，这也是某种使生物体外条件（比如体外温度）保持在适当平稳值的相互作用。它同样是自然选择的结果。表面上看，这似乎是用进化论来说明目的性，但艾什比的出发点和进化论是不尽相同的。艾什比发现，各种目的性行为都是相互作用中维持稳定的一种机制。那么，窥视那种更高层次的目的性行为，比如揭开大脑学习能力的秘密，也就不难了。艾什比发现了目的性行为和学习机制之间的重要联系。他认为只要设想生物体内具备这样的机制：一旦它发现自己的行为模式（对外来刺激的反应）不能保持维持生存必需条件的稳态，就会马上改变自己的反应模式，改变后的反应模式如仍不能保持稳态，那么再选择新的模式一直到出现那些能保持稳态的反应模式为止。如果一个人造系统，比如一只电龟有这样的能力，那么一个生物学家会认为这是生物在用试错法学习，但实际上它只是一种更高层次的稳态机制而已。艾什比将其称为超稳定，并用它解释了斯金纳的鸽子和巴甫洛夫的条件反射。

  艾什比的哲学理想是动人的：那些高级的目的性，甚至人类的目的行为，能不能用各种层次的交互作用和对稳态的寻找来解释呢？我认为，这值得深思。世界上没有无缘无故的目的，特别是那些社会化的目的。人类具有意识，意识无非是人对自然关系与社会关系的功能反映，我认为，人类的一大类目的是从行为的预期中产生的，是从各种社会需要和可能中出现的，在某种程度上，它也许正是各个子系统交互作用的记忆模式或能动的反映。总之，艾什比的方法之所以比维纳的反馈分析更为普遍、更为有效，关键在于他对反馈调节机制的本质做

第三篇　整体的哲学——我们的方法论　373

出了更高度、更深刻的概括。维纳发现反馈调节必须有目标差,有信息传递,需要构成一个回路,从而根据机制的观点统一了调节行为。艾什比则把这些分析提高到更普遍的方法论高度,他把信息传递、效应器作用都看作事物之间互相作用的方式,只要两种事物存在着耦合,即交互作用,就必然包含着信息传递的回路,因而交互作用造就了内稳态和维系它的负反馈调节。艾什比还发现了调节功能的层次,只要子系统的耦合有几个层次,那么不同层次之间反馈的关系就会形成比目的性更高级、更复杂的行为。比如"试错法"学习机制实际上包含了两个层次的反馈。趋于一个确定的目的,只是低层次反馈;根据反应模式是否能形成稳定的场来决定要不要改变反应模式,这是更高层次的反馈。两者的结合组成学习机制。在艾什比的工作中,我们已经隐隐感到了一种整体方法的轮廓。[①]

自艾什比开创性的工作以后,关于有机体种种复杂行为机制的起源至少在原则上搞清楚了。只要系统各个部分之间的相互作用足够复杂(比如表达它们的微分方程是非线性的,而且子系统层次很多),不仅内稳态、目的性、学习机制可以由系统各部分的耦合产生,而且更复杂的行为也是可能的,我们甚至可以在原则上设计一个具有高级功能的大脑(虽然在技术细节上做不到)。20世纪50年代后各式各样具有复杂功能的计算机的出现,可以看作对这种哲学思想的证明。

---

① 关于目的性,还有一个极为重要的功能,这就是用神经系统将"目的"记住,会导致一个复杂系统的各子系统互相隔离,即实现模块化。这对复杂系统形成极为重要,有关研究可参见《系统医学原理》。

然而，科学永远渴望着那些未开垦的处女地。20世纪50年代后，组织理论研究的重心开始转移。人们不仅要了解"可能的"机制，而且试图真正搞清楚支配真实有机体组织的行为机制。在分子遗传学、生态学迅速发展的背景下，耗散结构理论兴起。为了探讨生命和有序怎样从处于热力学平衡状态的均匀无序中起源，要解决的问题必然涉及热力学与真实系统中的能量和物质流。这些探讨势必在数学表达上越来越复杂，但解决的问题却日益实际和具体。大体上说来，由于有关组织形成的重大方法论问题已由控制论、系统论解决，耗散结构理论只需要直接引用就行了；剩下的是考虑生命和有序怎样与无机界中有关的自然定律互相衔接。普里高津发现，化学反应要形成耗散结构需要四个条件：第一是远离热力学平衡态；第二是系统和外界有物质或能量交换；第三是系统各部分存在反馈耦合；第四是非线性。后面两点正是艾什比早就指出的。而第一、二点作为耗散结构的新发现，它所谈的恰恰就是组织系统和能量与热力学的关系。

研究重点的转移在研究组织系统所用的数学工具上也反映出来。法国作家安托万·德·圣埃克絮佩里有一句名言："一种景物，如果不从一种文化，一种文明，一种职业的角度来观察，那便是毫无意义的。"[①]数学也是这样。数学是人心灵对各种可能存在的关系和结构的探讨，"但数学和现实世界的关系，它究竟代表什么"却随着不同时代具有不同哲学观的研究兴趣

[①] 安托万·德·圣埃克絮佩里：《夜航·人类的大地》，刘君强译，上海译文出版社2014年版，第94页。

的转移而变化。我们前面谈到，艾什比把微分方程的平衡态和内稳态联系起来而获得研究组织系统的重大突破。过去物理学家研究微分方程时，对其平衡态或者说那些作为特解的奇异点并不太感兴趣，因为他们认为微分方程的非零解才更实在地代表着系统的真实运动。而现在，科学家以一种新的目光来看待这些奇异点。奇异点附近的拓扑结构研究找到了自己的应用，人们从普通平衡点的稳定性研究开始，逐渐深入到组织的结构稳定性。因而，从20世纪70年代起，托姆把微分拓扑学的成果——突变理论——用来研究组织系统也就不值得惊奇了。

著名的数学家和哲学家赫尔曼·外尔曾这样讲过："从上世纪末到本世纪初的转折关头起，物理学的发展就好像冲向一个方向的洪流，而数学则好像尼罗河三角洲，它的水流分散到所有方向。"[①]这段话用来形容20世纪30年代到50年代初步形成的关于组织理论的哲学思想和它的物化成果——计算机，也是十分贴切的。今天，计算机科学像20世纪初的物理学那样形成了巨大的洪流。而有关组织理论的哲学思想却流向自然科学和社会科学各个方向，所到之处都孕育了令人眼花缭乱的精神成果。

第五节　生命：介于随机性和因果性之间？

鸟瞰了控制论、系统论主要哲学思想发展的部分脉络后，

[①] Hermann Weyl, "A Half Century of Mathematics", *The American Mathematical Monthly*, Vol. 58, No. 8, 1951.

人们或许会觉得疑惑：截至20世纪80年代，它们大多是探讨了诸如目的性、学习、自适应等复杂系统行为的可能机制，组织系统整体与部分的关系谈得不多，对生命、人身、大脑以至社会这些复杂的组织是怎样将部分形成统一整体的机制则谈得更少。例如，艾什比的《大脑设计》一书几乎没有涉及大脑的结构和组织，他只是在书中详细地讨论了大脑种种复杂的功能如何由一些简单的系统在互相作用中产生出来。是的，今天控制论、系统论、耗散结构和协同学在研究具体的组织系统方面取得的成果与它们在社会上获得的声望是不相称的。那么为什么它们会产生如此深远的社会影响？为什么说它们已经产生并正在形成一种研究组织系统的整体的方法论？

任何一种哲学和方法论的意义取决于它在人类整个科学思想和科学精神中所占的地位。美国计算神级科学家阿尔贝勃曾这样讲过："大脑有很多特性，像记忆、计算、学习、目的性和在元件失灵时仍能保持整体的可靠性……我们可以构造出一种数学模型来证明，仅仅有电化学机制就能有上述性质……这就是一种了不起的进步……我们在'从机器中赶走鬼魂'方面做了一点工作。"[①]"模拟大脑可能的机制"也许在具体科学上不算太重要，但从有机体中赶走鬼魂却意味着哲学和方法论的革命。

多少年来，有机体研究的上方总是笼罩着这样或那样思辨哲学的阴影，科学精神和科学方法在这里不得不断然止步。众

---

① M. A. 阿尔贝勃：《大脑、机器和数学》，朱熹豪、金观涛译，商务印书馆1982年版，第2-4页。

所周知，自然科学方法有两个最基本的支柱：一个是对自然现象进行因果解释，另一个是用概率和统计的方法来研究随机现象。科学家所用的具体方法可以随各门科学不同，而且是经常发展的。但因果分析和概率统计是一切科学方法的基础，它们是近代科学规范的核心。当一门科学不是用因果性和概率论而用别的什么（比如目的论）来构成自然的图像时，人们往往就认为它不是科学，或者是伪科学。

为什么它们如此重要？我们知道，近代科学兴起的重要标志是用受控实验来揭示自然的奥秘，它要求一切科学理论成果都用受控实验来鉴别，而受控实验本质上可以归为寻找某一现象发生的充分必要条件。对于发现事物之间确定性的联系，它和寻找因果关系是同义语；而对不确定的随机事件，则是探讨其统计规律。社会科学也是一样，只要它是实证的，作为规律的基本元素必须是因果性陈述和概率统计关系的陈述。只有它们才是可以证伪或证实的。因果解释和概率解释是科学自然图像的框架。正因为如此，自然科学中的大部分规律都可以表达为因果律。例如，F=ma，常压下水在100℃变为水蒸气，酚酞在碱性溶液中变为红色，氢气和氧气点火燃烧化合成水。当代科学哲学家常常把自然科学理论或假说（它们是人对自然规律的认识）表示成：如果C类条件实现，则E类事件就会发生。[1]也就是说，自然规律是指一定的条件集合C和一定的现象（事件）集合E之间存在着确定的联系。当确定性联系不存

---

[1] C. G. 亨佩尔：《自然科学的哲学》，陈维杭译，上海科学技术出版社1986年版，第21页。

在时，我们将其关系表述为类似的有关统计规律的陈述。我们把它称为广义的因果律。[1]但是，将广义因果律解释运用到生命、组织系统时，发生了一个意想不到的困难，生命运动的很多基本现象不能用广义因果律来解释，目的性和学习机制就是其中之一。

人工智能的奠基人之一司马贺曾举过一个蚂蚁回巢的例子。[2]现在我们换一个角度来讨论它。一只蚂蚁通过一个复杂的地形回巢，它在路上不时受到风或其他随机因素的干扰，比如偶尔掉下一根树枝或一片树叶拦住它的去路，它必须绕过去。我们可以设想一下蚂蚁爬行的曲线，它可能复杂得难以形容，用纯粹的因果律或纯粹的统计规律都不足以对蚂蚁回巢行为加以解释。第一，我们不可能将蚂蚁的爬行轨迹看作确定的微分方程的解，因为树叶、风都是随机因素，它们会使蚂蚁的爬行路线发生随机的不可预见的改变。第二，这条曲线也不是可以用统计规律解释的，只要蚂蚁没有被压死，蚂蚁一定会回到巢里，而不是以一定的概率回到巢里。然而，只要生物学家知道这是一条描述蚂蚁回巢的曲线，一切就得到了解释，也就是说一旦

---

[1] 在某些时候，最普遍的自然规律常常用微分方程组表示，比如用波动方程表示一切波运动的规律，麦克斯韦方程组代表了电磁相互作用的普遍规律，连续性方程刻画了流体运动的连续性。这些方程组虽然抽象，但它们同样反映了条件集合C和事件集合E之间最普遍的联系。只要我们代入初始条件和边界条件C_1、$C_2\cdots C_n$，就可以通过解方程，推出特定的结果，这些结果就是事件集E_1、$E_2\cdots E_n$。因而用微分方程表示的规律乃是普遍的因果性。

[2] Herbert A. Simon, *The Sciences of the Artificial* (Third edition), The MIT Press, 1996, p. 51.

发现蚂蚁复杂行为中的最终目的，那么问题就迎刃而解了。

用广义因果律把握诸如目的性等生命系统规律的失败，给科学方法带来严重的威胁。在这个巨大的挑战面前，人们通常有两种态度。一种态度是承认科学方法对自然规律的认识是有严重局限的，它只适用于无机界，在有机界必须用思辨哲学或用非科学方法。科学家在本能上拒绝这种意见，因为它必然带来科学自然观的分裂而有可能重新滑到近代科学产生以前类似于亚里士多德的目的论和非理性的神秘主义中去。另一种态度是在科学方法中引进新的要素。正如冯·贝塔朗菲所建议的那样，考虑到有机体具有整体性，会发育、变异、生长，为了描述它们，我们必须运用管理、调节、控制、竞争这些传统自然科学（主要指物理化学）没有的新概念，并且不再用因果律解释来构成自然界的基本图像，比如承认有机体遵循"异因同果律"，不同初始态达到的最终态往往一样，因而表现出适应性和目的性。①对于后一种态度，科学是乐于接受的，科学从来不反对不断引进新的概念。但是如果不搞清楚引进的新概念和广义因果律的关系，那么新概念可能什么也没有解释，只是引进了新名词，它不能和整个科学方法融合起来。广义因果律与自然科学的基本规范血肉相连，它意味着科学解释要求具有可证伪性。"异因同果律"是否满足这一要求呢？因为变换概念和名词很可能只意味着尝试的开始，而没有解决实质性问题。

鉴于上面所说的理由，我们就能体会控制论、信息论兴起

---

① 冯·贝塔朗菲：《一般系统论：基础、发展和应用》，林康义、魏宏森等译，清华大学出版社1987年版，第36—37页。

后科学家由衷的喜悦。这些横断科学在研究自然界形形色色的组织系统方面虽然刚刚迈出第一步，但它确实为科学理解生命和组织指出了方向。科学找到了一条新的也是最合理的解决危机的道路——把各式各样的因果关系与统计关系巧妙地结合起来，用以解释生命系统的复杂行为。蚂蚁回巢是依靠了一个如图 3-4 所示的负反馈调节机制。在图 3-4 中，每一个部分都用因果性和概率性来解释。N 对 P 的影响是随机过程，而由 A 和 P 共同影响 I，再由 I 通过 B 作用于 P 是因果过程。只要把它们组织起来，就出现了目的性行为！这里每一种部分与部分之间的因果关系是满足可证伪性条件的，整个反馈联系方式也可以用经验来证伪或证实。

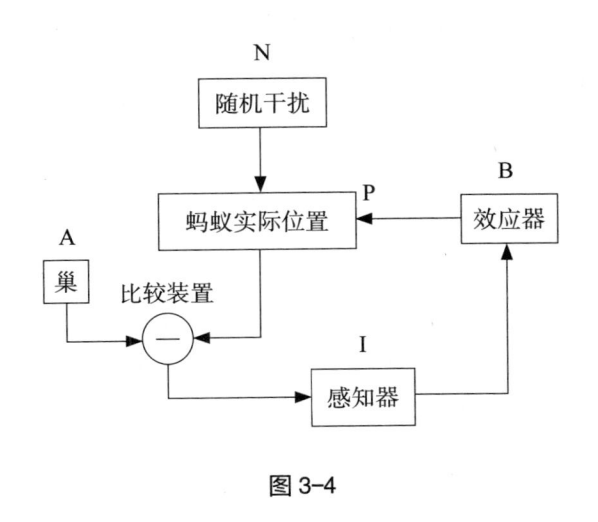

图 3-4

艾什比所讲的学习机制同样是靠将因果过程与随机过程巧妙地组织起来而实现的。生物体 R 对环境 E 的作用和 E 对 R 的作用都是因果过程，由E和R的关系决定的生存条件是否处于适当值也是一个因果过程。但当R做出的反应不适合生存条件时，C触发R改变反应模式，这是一个准随机过程，因为C只是要求R不再采用原有反应模式，而采用什么模式是随机的。然而，一旦R采用的反应模式使生存条件处于合适的值，C马上使R不再变化（见图3-5）。这里正是将不同层次的随机过程与因果过程巧妙地结合起来，产生了高级的学习行为。它意味着，自然科学不必从科学以外，比如从那些违反因果性与概率统计原则的神秘主义中去寻找对生命系统高级行为的解释，也没有必要引进那些不能证伪的含含糊糊的思辨性原则。批判的、实证的科学理性依然是不可动摇的科学信仰。这些复杂行为之所以与广义因果律相悖，无非是因为我们不了解因果性和随机性的结合方式而已！

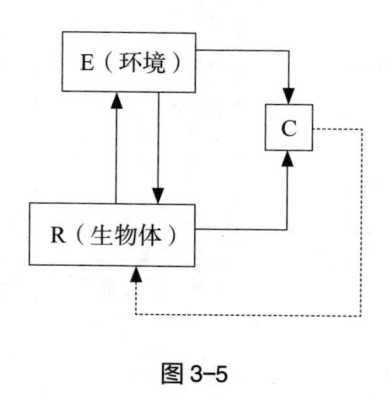

图 3-5

那么，这一切和整体的哲学又有什么关系？不要忘记，整体之所以是一个谜，大多是基于如下事实：组成整体的砖块是分子和原子，它们是服从广义因果律的，但由它们形成组织时，总体上会出现违反广义因果律的性质。整体方法的困难也正好在于，我们不知道组成整体的各部分的性质和整体统一具有的高级的复杂性质之间是什么关系。现在控制论和系统论已经给出一种方法，它可用因果性和随机性来合成高级行为，这难道不正暗示着，这些随机性和因果性的组合方式恰恰是部分形成整体的秘密吗？这种合成机制也许正是人们寻找了数百年之久的整体哲学。

我认为，科学解释的因果图像和概率图像是正确的，我们分析任何复杂对象都不能离开它们。但是原有的科学方法论只是把它们简单堆砌起来。它是一个被捆住了手脚的巨人，虽然在无机界已显出惊人的威力，但简单地对其加以应用，那实际上只是抓住了自然现象的两极：单纯的因果律和单纯的统计规律；而对介于其中的一大部分（是自然现象的绝大部分）必须把它们加以组织，这就需要创立一种组织的哲学。

难道自然界本身不就是最好的证明吗？众所周知，生命正好出现在宏观世界与微观世界之间，它恰恰是将概率关系与因果关系合适配合的结果。中国古代曾经有过"一粒粟中藏世界"的哲学思想。很多人在童年时都幻想过，我们所生活的宇宙是不是一只超级怪兽身上的一个原子呢？或者我们今后会不会在原子中发现一个生机盎然与我们周围相似的世界呢？科学虽早已证明这种思想的荒唐，但是为什么人和生命在大小上恰恰界于宇观和微观之间？在尺度为 10^{-13}cm 以下和 10^{13}cm 以上的物质层次为什么看不到复杂的生命组织？我认为，答案也许是简单的。复杂而具有目的和学习机能的组织系统必须将随机性与因果性结合起来,结合方式越复杂,出现的行为越高级。而物质尺度过大,比如行星,它的运动规律几乎遵循着铁的必然性,在那里因果性太多而随机性太小。在量子力学的世界中,随机性占了主导地位。前者太井然有序,后者太没有秩序,因而尽管大自然是慷慨的,它都不能由此制造那种从无序中维持秩序的东西——生命。也就是说,生命和复杂的有机体的组织必须依赖各种因果性与随机性巧妙地、多层次地结合,只有在宇观与微观之间才能做到这一点。

如果我们的分析是正确的,那么我们看到,一种理性之光正在照进那昏暗的、由有机体构成的整体世界。我们已可以沿着大师的脚步进一步前进,把半个多世纪贯穿于控制论、系统论等新兴学科中有关整体的思想汇集起来,走向一种新的结合,提出一种组织理论,一种整体的哲学。

第二章 什么是组织?

甚至社会组织也是一个功能耦合网,它的子系统是人的行为之间的关系!

人们常说,科学研究的第一步就是抽象。抽象是对共性的把握。然而,问题在于怎样进行抽象,而不是要不要抽象。那些陈腐的经院哲学和习惯的偏见也统统来自某种抽象。

第一节 黑箱和整体中的部分

整体哲学面临的第一个问题就是整体和部分的关系。整体是由部分组成的,那么作为整体才具有的高级复杂的性质是否也是由部分所具有的性质组成的呢?截至20世纪80年代,还原论和整体论各执己见,争论不休。但从历史给我们提供的方法看来,我们已经可以在哲学上迈出尝试性的一步了。

第一,整体可以分为两类:一类是有组织的,另一类是没有组织的。对于没有组织的部分之集合,整体和部分的关系是简单的,比如一把沙子、理想气体等。由于其各部分之间没有关系,或者说相互作用极弱,可以忽略不计,所以整体的性质可以近似地看作部分之和,或者是部分的统计平均(如果这些部分做随机无规则运动)。当然,这里存在某种近似,因为我们忽略了部分之间微弱的相互作用，比如沙粒之间的万有引力、理想气体分子间的互相作用力等。在某种场合，如当部分之和的数目非常大时，它们之间微弱的相互作用就不能忽略了，在研究整体的性质时必须加以考虑。但一般说来，对于没有组织的整体，它和部分的关系相对简单，它不是整体哲学研究的对象。整体哲学所讨论的整体都是有组织的。

第二，对于有组织整体的高级复杂的特性，我们需要从功能角度对它进行明确定义。原则上，它可以用比较低级的功能诸如广义因果律互相耦合来合成。请回忆一下反馈机制导致目的性和艾什比超稳定性的学习机制。合成高级功能的较低级功能肯定是整体某些部分所具有的。虽然我们一时尚不能知道整体中究竟哪几个部分存在着相应的较低级功能，但一个符合逻辑的推论是：正是这些部分互相耦合产生了整体更为高级复杂的性质。

这样我们可以得到一个十分重要的结论，只要将有组织的整体用某种适当的方式分解成某些适当的部分，整体的性质正是这些部分所具有的性质通过组织产生的，组织方式就是机制分析中功能耦合的方式。必须注意，关键的一步是我们必须对应着整体功能机制分析中每一个环节来寻找部分，把机制分析中每一个具体环节所需功能的部分定义为子系统。在这里，组织系统是用它的功能来定义的，而组成整体的子系统也是用功能来定义的。

把有组织的整体看作由一些互相联系的子系统组成，这是人们研究整体通常采用的方法。但是在很多场合，整体的性质往往如鬼魂一般，在部分之间突现。我认为，人们看不到整体的性质和各部分具有的性质之间的联系，这大多是因为我们没有找到一种正确地将整体分解成部分的方法，也就是说子系统定义得不对！整体从来是混沌的，它是无限复杂的，它包含着无限多种分解成部分的方法。有机体可以看作由器官组成的整体，但也可以看作由细胞组成的整体，甚至可以看作由分子、原子和基本粒子组成的整体。社会组织可以分为由政治、经济、文化等子系统组成的整体，但也可以看作由成千上万人集合组成的整体，甚至可以看作地域组织的集合。哪一种分法是合理的？整体中哪些部分形成整体功能，即哪些部分是在整体之中真正起作用的子系统？通常人们不重视这个问题，但这正是造成困难的关键！

人们通常习惯于从物质的大小尺度、所在的层次、解剖上的特点和空间位置、性质分类等来区分和定义整体中的子系统。例如把人体看作细胞组织，把大脑看作由一个个神经元组成的组织，把社会看作个人的集合。这种分法是否正确？它们并没有被严格证明过！在很多场合（对于系统的确定功能来说），这些人们想当然的"子系统"实际上不是真正存在于整体之中的子系统，而是把整体肢解后我们所能发现的那些已经被破坏的子系统。如果对子系统定义错误，那么整体的性质当然很难由这些子系统来组成！ [1]

---

[1] 这方面最典型的例子是医学的发展。还原论对现代医学影响很大。现代医学发展的重要基础是还原论，人们相信只要能从分子细胞、基因的层次建立对人体部分越来越深入的认知，就能建立治疗疾病方法的知识体系；现代医学研究的目标就成了开发设计出一款针对单作用靶点、（下接第388页脚注）

我认为，科学的整体分析方法必须严格按如下程序进行：第一步是明确地定义我们要研究的整体功能是什么；第二步是考虑这些功能可以由哪些广义因果律（或较低级的功能）通过耦合合成，即设想形成整体功能的可能机制；第三步是将机制中每一环节所需的功能和整体中各个部分所具有的性质进行对比。一般说来，当把整体分成部分时，随着分法不同，部分的性质是不同的。如果我们不能将机制分析中各环节的功能和整体有关部分的性质对应起来，那么我们必须重新考虑一种新的将整体分成部分的方法，或者修改原先设想的可能机制。经过反复对比，不断尝试，一直到我们在机制分析中每一环节的功能和整体中相应部分性质一致，我们才能认为，这些部分才是存在于整体之中的子系统，是真正起作用的部分。从这些部分互相耦合就可以说明整体的功能。

为了理解这种方法的重要性，我们来举一个例子。美国生物学家杰弗里·卡米伊等人曾系统地研究了蟑螂的神经系统，[1]

（上接第387页脚注）单一发病机制的特效"魔弹"。但随着时间的流行，这一研究路径的局限性逐渐显现出来。比如，人类花了数十年时间，深入研究阿尔茨海默病的方方面面，花费了好几亿美元，在还原论指导下也确实发现或探明了许多重要机制，但任何针对单一发病机制的药物治疗，都无法扭转阿尔茨海默病的病程发展。2019年一篇关于阿尔茨海默病的研究指出：现有的常用药缺乏有效性，它们的使用还可能与认知功能的加速衰退有联系。（大卫·帕尔马特：《序言》，载戴尔·E.布来得森：《终结阿尔茨海默病实操手册》，邹晓东主译，湖南科学技术出版社2021年版。）关于这一问题的讨论还可以参见金观涛、凌锋、鲍遇海、金观源：《系统医学原理》，中国科学技术出版社2017年，第一章。

[1] Jeffrey M. Camhi, "The Escape System of the Cockroach", *Scientific American*, Vol. 243, No. 6, 1980.

他们决定以蟑螂的逃避功能为研究对象。众所周知，蟑螂对外界反应极为灵敏，但这种整体功能是怎样产生的呢？蟑螂的身体组织结构极为复杂，确定子系统是问题的关键。通过机制分析，我们知道蟑螂的逃避系统是通过反馈系统来完成的，但反馈调节中接收信息的子系统是什么？是视觉、嗅觉还是触觉系统？信息接收器和效应器（腿）之间的神经网络是怎样连接的？我们只有将机制分析中的各环节解剖结构反反复复地对比才能确定，仅通过解剖无法判定哪些神经细胞是相应的子系统。科学家必须首先确定究竟哪些外界信息会引起蟑螂的逃避行为。这就需要严格分析蟑螂逃避系统的结构，设想这种功能可以由哪些机制合成。他们将蟑螂对风的反应和遭到蟾蜍捕食时的逃避行为做了对比（见图3-6A），发现两者十分相似。再通过改变风的加速度的试验，观察对蟑螂行为的影响，确定蟑螂是接收到空气流动的信息才做出逃避反应的（见图3-6B）。这时他们才开始重视蟑螂尾突中的线形毛，发现这些经常被人们忽略的线形毛原来是一个重要的子系统，它们是逃避系统中的风感受器。接着，科学家又做了改变风向的试验，考虑了蟑螂逃避行为的可能机制，将机制各部分和蟑螂的神经结构做了对比（见图3-6C）。通过反复比较才搞清楚反馈系统中信息传递的路线为：风感受器→风感受神经→终神经节→巨大中间神经元→后胸神经节→腿运动神经元。

最终，美国生物学家罗伊·里茨曼等把蟑螂逃避系统的结构表示成图3-6D。它是由具有较低级功能的子系统通过耦合而成的复杂系统，具备迅速逃避的功能，它是蟑螂复杂的神经

图 3-6　A、B

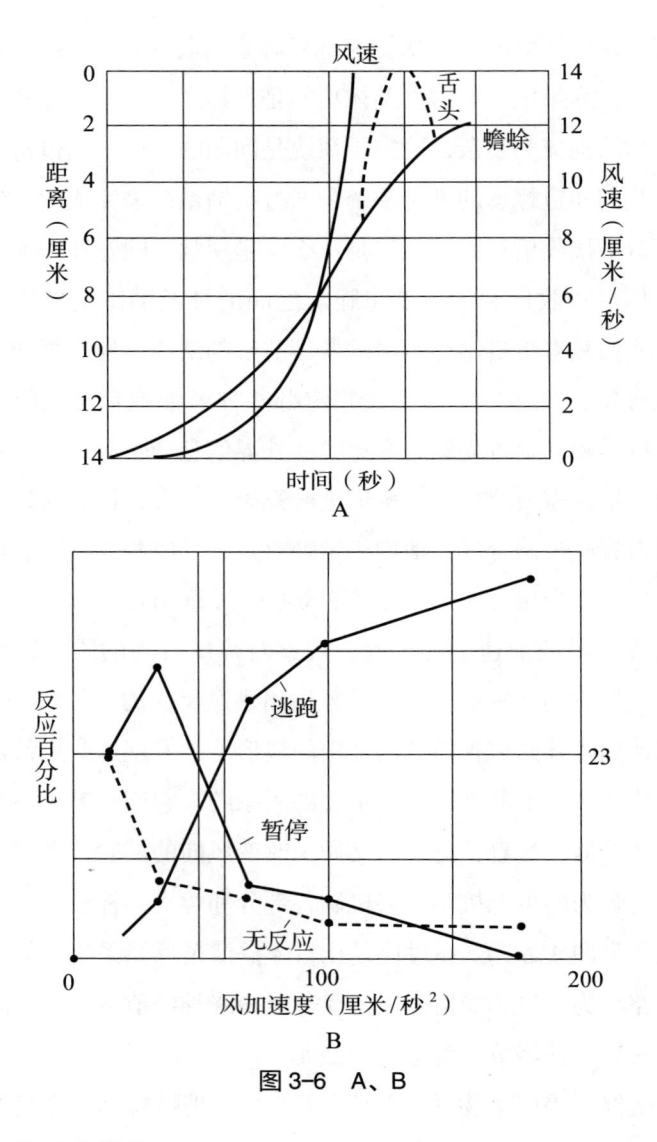

组织的一个部分。

　　这个例子十分典型。首先它表明子系统只能从功能分析中

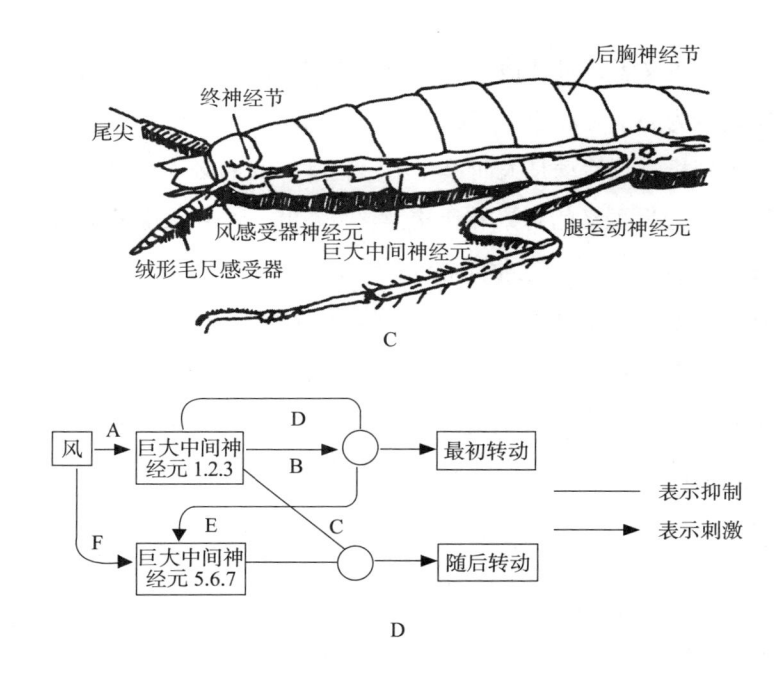

图 3-6　C、D

得到，它们一开始也是从功能角度定义的，甚至不一定和我们原来已知的某种部分或结构对应，它可以是一个黑箱。子系统本身也可以是一个复杂的组织，随着研究的深入，我们可以将这个子系统的功能进一步分解为具有更低级功能的部分。这样我们的整体分析是有层次的，每个整体都类似中国套箱，大黑箱由小黑箱构成。研究整体和打开黑箱很相像，当我们把整体功能分解到某一层次，在这个层次中所有子系统所遵循的规律完全是我们已知的广义因果律时，我们才可以说黑箱被打开了。

利用功能来定义子系统是研究整体方法的一次革命性变革，它的发现导致了行为主义思潮的兴起。今天，人们常常谴责行为主义者，批评他们只看到生物和人的行为结构而忽略了这些行为的生理和心理基础，批评行为主义者仅仅从行为关系着手分析心理活动是太简单化了。但是，我们必须透过这些批评看到行为主义的背景和历史意义。① 当一种方法论的革命用哲学语言表达时，它很可能会夸大其词，矫枉过正难以避免，有时是必需的。大概只有充分强调行为结构和行为之间的关系，才能使人们摆脱研究中对子系统定义先入为主的偏见，真正看到那些暂时还作为黑箱存在的部分——那些在整体中真正存在的子系统。历史表明，要从行为主义中走出来是不困难

---

① 行为主义起源于美国的心理学研究。20世纪初期，美国心理学家发现自己面临着一个重大的困境。一方面，即使在"意识"概念混乱的情况下，几乎所有心理学家都同意一点：心理学作为一门独立于生物学和生理学的科学而存在的权利，是基于心理学自称是意识科学。无论心理学与其姊妹科学的关系有多密切，心理学家总是可以通过强调意识研究是他们自己的研究来开辟自己的学术和智力空间。另一方面，心理学家意识到，他们声称心理学是一门科学的独立性是建立在流沙之上的。在人们几乎完全不同意其最基本主题的性质的情况下，意识科学如何能够作为一门独立的科学发挥作用？通过将行为——无论是动物还是人类的行为——定义为一种调整模式（先天和后天、骨骼和内脏、显性和隐性），在功能上依赖于环境中的刺激条件以及有机体中的习惯和驱动因素，心理学从自己所陷入的混乱争论中开辟出一条简单清晰的道路。这一变革的标志性事件是1913年，美国心理学家约翰·布罗德斯·沃森在哥伦比亚大学发表的题为"行为主义者眼中的心理学"的演讲。在演讲中，沃森通过抛弃意识，使心理学摆脱了内省，将剩下的一种客观的行为心理学称为"行为主义"，并宣称这是他自己发动的一场革命。（Robert H. Wozniak, "Behaviorism", In W. G. Bringmann, H. E. Luck, R, Miller & C. E. Early, eds., *A Pictorial History of Psychology*, Quintessence, 1997.）正如我将在第四篇《意识是什么？》中所说，行为主义开启了心理学的实验研究，使得心理学建立在普遍可重复的拟受控实验之上。虽然它带来了拟受控实验和受控实验的混淆，但没有行为主义，心理学不可能那么快地科学化。

的。一个受过行为主义方法影响的科学家，很容易找到复杂组织的那些起作用的子系统，而且人们一旦正确定义了子系统，那么整体组织就不难把握了，它们必然是由子系统功能耦合而成的！

第二节　组织：功能耦合系统

现在我们可以对有组织的整体做一种科学的抽象，提出组织系统的普遍表达式。

对某一个有组织的整体，它的整体性质为W，如果它能由一些较低级的功能W_A、W_B、W_C、W_D…W_M…耦合而成，而在整体中存在着部分A、B、C、D…M…，它们具有功能W_A、W_B、W_C、W_D…W_M…，那么整体W可以看作子系统A、B、C、D…M…通过功能耦合而成的组织系统。因为每个子系统都是符合广义因果律的，那么必定可以给子系统规定有输入和输出。输入是这个子系统存在的条件，输出为系统的功能。令子系统M的条件集合为$X_M=\{x_1, x_2 \cdots x_i\}$，功能集合为$Y_M=\{y_1, y_2 \cdots y_i\}$。由于功能是由条件决定的，即有：

$$Y_M = M [X_M]$$

M表示从X_M到Y_M的映射，即X_M和Y_M的关系，它就是子系统M的结构。$Y_M=M[X_M]$表示当条件集X_M存在时，系统结构确定时，某种功能Y_M是确定的，它是广义因果律的表现。

第三篇　整体的哲学——我们的方法论　393

我们可以把子系统表示为如下框图：

$$\{Y_M\} \leftarrow \boxed{M} \leftarrow \{X_M\}$$

由所有子系统组成的整体就是将子系统A、B、C、D…M…耦合起来，使得某些子系统的输出刚好是另一些子系统或它自己的输入。有组织的整体就是子系统的功能耦合网。例如，由A、B两个子系统组成的一种最简单的功能耦合系统如图3-7A所示，由一个子系统通过自耦合形成的功能耦合系统如图3-7B所示。对于任何一个复杂的功能耦合网，我们都可以画出耦合图。它是由子系统集合$\{A, B, C, D\cdots M\cdots\}$和条件集$\{X_A, X_B, X_C, X_D\cdots X_M\cdots\}$与功能集$\{Y_A, Y_B, Y_C, Y_D\cdots Y_M\cdots\}$之间的映射表示。我们可以用图论来研究它们的一般结构。

我认为，任何有组织的整体都可以用功能耦合系统来研究。实际上，在20世纪兴起的种种边缘学科中，科学家们早就在运用这种方法了，只是没有从哲学上对它加以总结而已。

比如，阿尔贝勃曾把人的神经系统简化为图3-8A，其中每一个部分都可以用类似于图3-8B所示的麦卡洛克-皮茨模型来表示。[1]复杂的功能耦合网正好表示某一类神经系统是怎样组织起来的。感知机理论、柯伐-维诺格拉德的可靠自动机理论都是某种功能耦合系统。其中子系统的功能是已知的，我们可以根

---

[1] M. A. 阿尔贝勃：《大脑、机器和数学》，朱熹豪、金观涛译，商务印书馆1982年版，第7、11页。

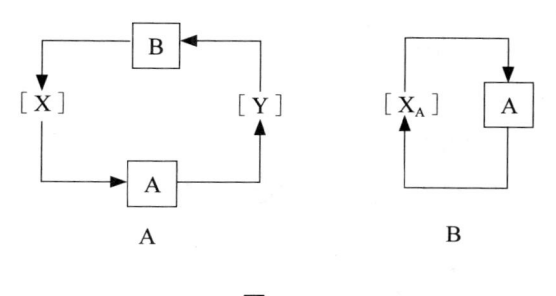

图 3-7

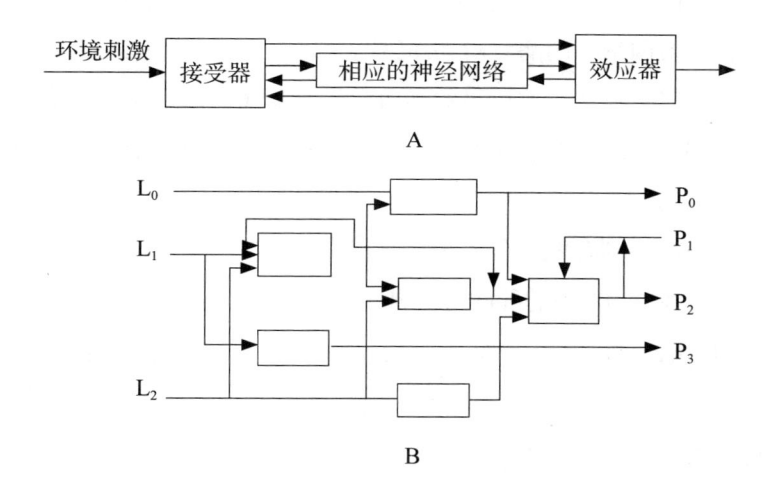

图 3-8 简单的抽象神经网络

据不同的功能耦合网确定组织整体的功能。20世纪下半叶以来，这一类研究在神经控制论和自动机理论的领域深入展开，它们是介于数学和神经生理学之间的边缘学科。当我们考虑的功能耦合系统是由DNA、RNA（核糖核酸）、酶的各种功能和各种生化反应耦合时，整个复杂的功能耦合网络就是生命系统运行的机制，它是生物化学家和遗传学家研究的对象。例如普里高津曾指出:"即使在最简单的细胞中,新陈代谢的功能也包括几千个耦合的化学反应,并因此需要一个精巧的机制来加以协调和控制。……如果我们看一下细胞所进行的复杂而有顺序的操作,我们就会发现其操作方式组织得简直就像现代的装配线一样。"[1]

他引用了一张示意图(见图3-9),并指出:"总的化学变化被分为一些连续的基元步骤,每步由一种特定的酶来催化。"在图3-9中,"初始化合物用S_1表示,在每层膜当中有一种'被囚禁'的酶,对物质进行一定操作,然后把它送到下一阶段"[2]。显然,这里讲的类似操作装配线的细胞功能恰恰是功能耦合系统。图3-9实际上只是生命系统那极其错综复杂的功能网的一个片段。

当功能耦合网的各个子系统代表生物种群,它们的输出表示某一种生物对别的种群的影响,输入代表它生存的条件时,这个功能耦合网就是生态组织。生态学家分析这些功能耦合网就可以抽象出生态模型,揭示生态系统的规律。甚至任何一架仪器都可以表示成功能耦合系统,因为仪器是人造组织,功能耦合网代表着仪器原理。例如,计算机程序图在某种程度上就是简化了的功能耦合系统的框图,研究它正是计算机科学家的任务。

社会组织是不是功能耦合系统呢?表面上看,用符合广义因果律的子系统耦合来概括社会组织是难以说得通的。因为社会是人的集合,人大约不能归为符合广义因果律的子系统。我

---

[1] 普里戈金:《从存在到演化》,沈小峰等译,北京大学出版社2007年版,第50页。关于该书作者,本书采用了目前国内更常用的译名——普里高津。

[2] 普里戈金:《从存在到演化》,沈小峰等译,北京大学出版社2007年版,第50页。

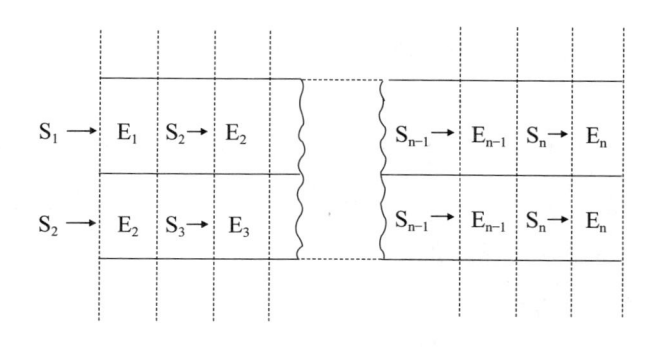

$S_1 \rightarrow E_1 | S_2 \rightarrow E_2 \quad\quad S_{n-1} \rightarrow E_{n-1} | S_n \rightarrow E_n$

$S_2 \rightarrow E_2 | S_3 \rightarrow E_3 \quad\quad S_{n-1} \rightarrow E_{n-1} | S_n \rightarrow E_n$

图 3-9　多重酶反应的镶嵌模型，S 通过这个系统变为 P

们都知道，作为个体的人原则上是有自由意志的。然而，这正好是说，如果社会确是功能耦合系统的话，那么就必须在个体之外去寻找正确划分的子系统。我认为社会组织也是一个功能耦合网，但作为符合广义因果律的子系统的，不是不加定义的具有无限自由的个人，而是人的行为之间的关系。[1]虽然在很多研究中人和由人组成的团体被视为社会组织的子系统，但人和社团常常只是社会关系的载体，组织中的子系统都必须

---

[1] 在1987年本书首版正式出版之后，我才知道美国社会学家帕森斯在1951年出版的《社会系统》一书中提出过类似观点，他写道："社会系统是行为者之间互动过程的系统，它涉及互动过程中行为者之间关系的结构……该系统是这种关系的网络。"（Talcott Parsons, *The Social System*, The Free Press, 1951, p. 25.）但我对社会系统的定义和帕森斯不同，分析方式也不同。帕森斯没有利用稳态和结构稳定性分析，不能把握社会系统的演化。例如，帕森斯主张结构变迁的动力是多元的，如人口变化、气候、技术等，加之我们缺乏对行动者互动的完整经验知识，因此不可能对系统变迁形成一个一般性的解释性理论。（Talcott Parsons, *The Social System*, The Free Press, 1951, p. 494.）我则提出"无组织力量"作为一个一般性概念来描绘系统的结构达到稳态后，这个稳态又如何从内部破坏的过程。

实行功能耦合，它要求满足广义因果律。下面我们来说明这一点。

社会组织中被研究得最为透彻的是市场经济组织。迄今为止，经济学是社会科学各门类中科学化、定量化程度最高的学科。经济学对经济组织的剖析可以证明，所谓经济组织正是人的各种经济行为之间互相联系的大网！可以随便举一个例子。在经典经济学教科书中，人们经常看到如图3-10A所示的均衡曲线。DD被称为需求曲线，它代表当某一种商品在不同价格时社会的需求量。SS被称为供给曲线，它代表同样一种产品在不同价格时，生产者愿意生产这种产品的数量，即商品供给量。微观经济学中有一条定理：当其他条件不变时，任何一种商品的市场价格和生产数量由SS曲线与DD曲线的交点（Q_0，P_0）确定。当市场价格为$P_1 \neq P_0$，生产量为$Q_1 \neq Q_0$时，价格会按如图3-10A所示的收敛蜘蛛网的运动轨迹自动趋于P_0和Q_0，并在一定程度上保持P_0、Q_0的稳定。

众所周知，上面所说的就是价值规律的一部分，它是市场经济组织系统的重要功能。为什么市场组织具有这种功能？如果从方法论上分析，微观经济学是把它看作一个功能耦合系统来研究的。因为这个功能耦合系统太简单，经济分析中常常将其忽略不谈。[①]现在为了说明经济组织就是形形色色的功能耦合

---

① 这里所说的"简单"指的是市场组织相对于其他社会组织而言，且仅仅就单个商品及其市场而言。一旦如一般均衡理论那样，从单个商品及其市场出发，试图在整体经济多个市场互动的框架内解释经济行为，依旧会面临重重困难。正如经济学家保罗·萨缪尔森所指出的经济（下接第399页脚注）

图 3-10 A

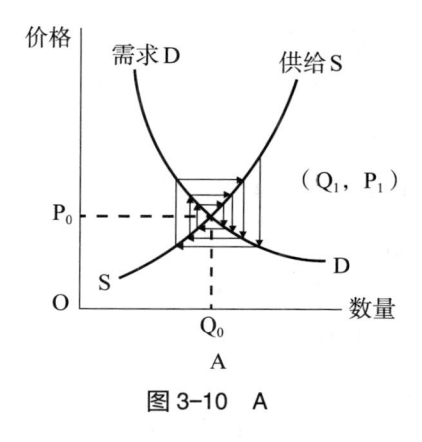

系统，我们来详细分析一下在市场组织后面相应的功能耦合网。

首先，功能耦合系统中每个子系统要符合广义因果律。在微观经济中，如下两种广义因果关系是众所周知的。第一种是某种商品价格和需求量之间的因果关系。在其他条件不变时，价格越高，社会需求越小，因为人们可以改买其他代用品，每一个人经过自省就可以发现这种因果性。因而我们可以得到第一个子系统 D，它的输入是价格 P，输出是购买量 Q_1，在其他条件不变的情况下，当 P 增加时，人们的购买量 Q_1 减少，曲线 DD 正表明输入 P 和输出 Q_1 的关系。影响这个子系统结构的是各种社会心理因素。第二个子系统是 S，它代表微观经济中另一种众所周知的广义因果关系，即当其他条件不变时，某一种商品价格越高，生产者越愿意生产。影响 S 结构的是追求

（上接第 398 页脚注） 活动作为一个整体存在太多的未知数，这妨碍着经济学家用数学化的方式展示其内子系统的互动模式。（Matthew Watson, *The Market*, Agenda Publishing, 2018, p. 27.）

利润的动机。S的输入也是P，P越大，S的输出Q（实际生产量）越大，它就是供给曲线SS。当然仅仅有这两个子系统是不能形成市场经济的。市场经济组织中还有一个关键性的子系统，即市场机制M，它也可以用广义因果律来表示，其输入是Q_1和Q，输出是P。M的输出也是由Q_1和Q决定的。显然，市场机制也可以归为某种广义因果性。

当供给大于需求时，市场上的卖方会倾向于降低价格P，当供给小于需求时，卖方会提高价格P。当Q_1=Q时，M不使价格变动。虽然输入Q_1和Q怎样影响P不能用简单的函数关系写出，但确实这是一种广义的因果性。换言之，在其他条件不变时，M的功能可以简化为，当需求量Q_D和供给量Q_S不等时，M根据$Q_D < Q_S$或$Q_D > Q_S$或$Q_D = Q_S$的信息分别做出降低价格或提高价格或保持价格不变的反应。显然，这三个子系统的输入与输出互相耦合形成一个典型的功能耦合系统，它就是市场组织的某一个方面（见图3-10B）。价值规律正是这个功能耦合网的功能。我们只要做某些简化，即得到图3-10A所示的均衡。

在一般情况下（比较健全的市场经济），某一种商品在市场上的极度稀缺和大量积压是不可能的，商品的生产者总是要把生产出来的商品卖掉。因此，M总是把价格P调整到由价格控制的需求量等于当时的供给量，即使$Q_D = Q_S$。也就是说，在商品不能积压的条件下，在任何一个市场中，市场机制都会迅速把一种商品某一时刻的价格调整到刚好等于某一时刻市场需求该商品供给量的程度，这样，一旦Q_S确定，Q_D也就确定，

P也随之确定。这样，M和D耦合就简化为一个新的子系统D来处理，D的输入是{Q}，而输出是{P}，Q和P的函数关系与需求曲线相同，这样，我们得到了一个由P和S这两个子系统功能耦合而成的更为简单的组织，如图3-10C所示。

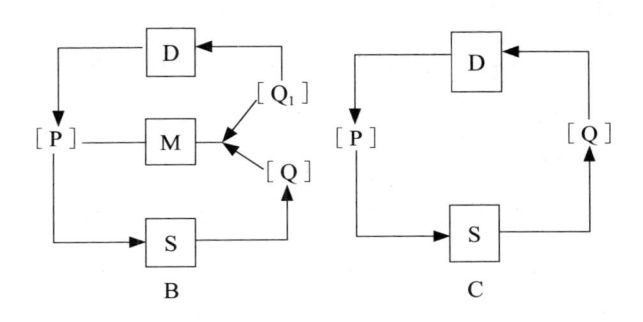

图3-10　B、C

这样一来，我们马上明白了图3-10A的真实含义，均衡价格用DD曲线与SS曲线相交来求出不仅仅只有数学意义，而且代表两个子系统的功能耦合，因而（Q_1，P_1）按蛛网轨迹运动的原因也清楚了，它们也是功能耦合系统中输入与输出的变化过程。例如，假定一开始$Q=Q_1$，那么价格将由Q_1输入D后得到的结果决定，$P_1=D(Q_1)$，然而当P_1确定，下一时刻的Q也将重新确定，因为生产者将重新根据价格来确定新的生产量，即下一时刻的Q_2将由P_1输入S后得到的结果决定，即$Q_2=S(P_1)$，这样功能耦合使得P和Q的值不断变动。显然，由Q_1决定P_1，再由P_1决定Q_2……这个过程可以从标有供给曲线和需求曲线的P×Q相平面中表示出来。它就是根据Q_1找到DD

曲线相应的P_1，再将P_1代入SS曲线找到相应的Q_2，如此等等，整个P和Q变化轨迹构成如图所示的蛛网。图3-10D、E、F、G表示在不同的供给需求曲线条件下蛛网的四种形态，第一种是蛛网收敛到供给曲线和需求曲线的交点（Q_0，P_0）。显然，它就相当于图3-10A中Q和P处于稳态。这时我们看到物价稳定，某一种商品的供给量是和社会需求相平衡的。而其余几种情况则相当于价格不稳定，供求关系处于振荡之中。①

翻开经济学教科书，我们可以发现，这种方法几乎渗透到经济体系的一切分析之中，从宏观经济中就业量、国民收入、资本利率一直到各种微观经济中的均衡，甚至是外贸，功能耦合系统无处不在。甚至经济增长也是用某种功能耦合系统来分析的。例如，汉森–萨缪尔森模型用如下差分方程表示经济增长过程：

$$Y_t = C_t + I_t + G_t$$
$$C_t = aY_{t-1}$$
$$I_t = b(C_t - C_{t-1})$$

Y_t – 国民收入

C_t – 国民消费

I_t – 民间投资

G_t – 政府支出

它是一个简单的有时间延迟的功能耦合系统。三个方程分别代表广义因果律。这一切证明，经济组织每一种整体性功能几

---

① 萨缪尔森：《经济学（中册）》，高鸿业译，商务印书馆1981年版，第39页。

收敛的蛛网——内稳态
D

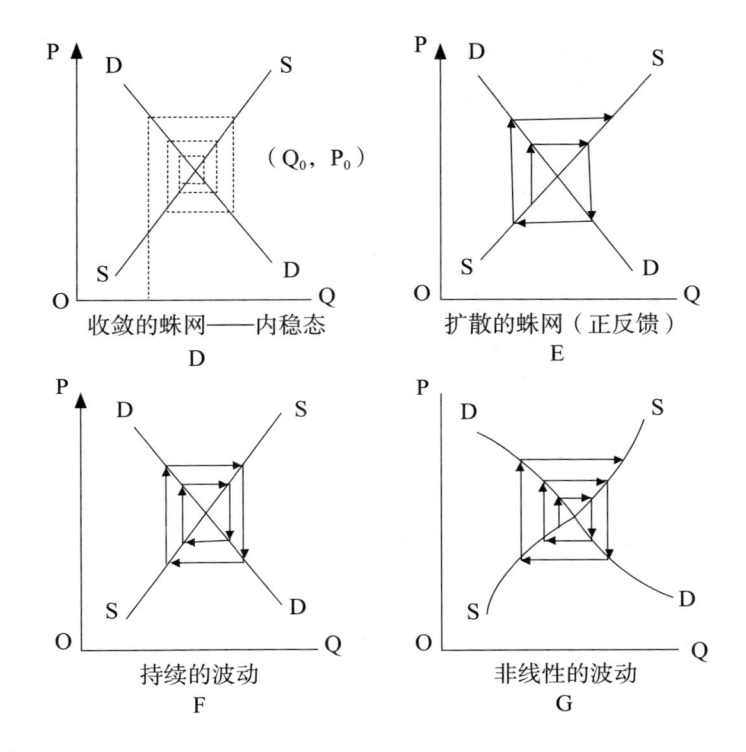

扩散的蛛网（正反馈）
E

持续的波动
F

非线性的波动
G

图 3-10　D、E、F、G

乎都可以用功能耦合系统来刻画，而具有许许多多功能的整个市场经济组织就是这许许多多互相作用、互相关联的功能耦合网的总和。各式各样的经济理论和模型实际上都是对这一巨大经济关系的功能耦合网的简化处理得到的结果。既然经济组织是功能耦合系统，而且符合广义因果律的子系统并不是人的集合，而是个人或集体（或社会）行为之间的关系，我认为如果我们对一般社会组织进行科学的研究，它同样应被看作一个巨大而复杂的功能耦合系统，子系统是人的各种社会化行为之间的关系。

总之，我认为，无论是机器系统、有机体、生命、生态系统还是社会，都是形形色色的功能耦合系统。组织系统越复杂、越高级，功能耦合网层次就越多、越庞大复杂。只要研究功能耦合系统的共性，就能探讨整体方法的本质，发展整体的哲学。这是一条富有魅力的思路。只要我们做简单讨论，就能对迄今为止的整体哲学中那些富有吸引力的成果做出更进一步的理解，甚至推出结构主义几条著名的基本原理。

第三节 结构主义三要素

瑞士著名的心理学家皮亚杰曾说过："在一切人文科学的先锋运动中，最普遍的倾向之一是结构主义。它替代了原子论的立场或'整体观'（实现的总体）的解释。"[1]近半个世纪来，结构主义哲学在社会科学研究中取得了引人注目的成就，在文学、美学、心理学、人类学等领域中，它已经发展为一套研究整体行为的有效的方法论。为了阐明结构主义方法的本质，1968年皮亚杰写了著名的《结构主义》一书。这本书到1979年已再版7次，产生了巨大的社会影响，成为结构主义科学学派的代表著作。他在书中高度客观地总结了近几十年来在数学、物理、心理学、语言学和社会研究中取得重大成果的结构主义方法，并从中抽出三条基本的原则。

（一）结构的整体性。任何结构中各个部分都不是孤立存

---

[1] 让·皮亚杰：《人文科学认识论》，郑文彬译，中央编译出版社1999年版，第170页。

在的，而是作为和其他部分的关系存在的。整体的性质不是从整体以外去寻找，而是由互相依存的各个部分的关系来说明。皮亚杰举出数学中的群、环、体，逻辑结构，有机体结构，心理学中的"格式塔"理论，语言结构，人类思维结构等例子来说明这一点。"例如，数学中的整数就并不是孤立地存在的，人们并不是在随便什么样的程序里发现了它们，然后再把它们汇合成一个整体的。整数只是按照数的系列本身才表现出来的……"① 皮亚杰指出："一个结构是由若干个成分所组成的；但是这些成分是服从于能说明体系之成为体系特点的一些规律的。这些所谓组成规律，并不能还原为一些简单相加的联合关系，这些规律把不同于各种成分所有的种种性质的整体性质赋予作为全体的全体。"② 为了进一步简述部分之间的关系，皮亚杰引出结构的第二个基本要素——转换规则。

（二）结构的各个部分必须满足转换规则。根据这个规则，可以把结构中某一部分转换成相应的另一部分（或与别的部分联系起来）。正是转换规则把部分连成整体，产生整体的性质。比如数学中的群，其中任何两元素根据结合律可以得到第三个元素，它必定也是整体的某个部分。结合律就是转换规则。亲属关系也是一种转换规则，它规定家庭成员在这种关系中的互相位置。因此，皮亚杰说："一切已知的结构……都是一些转换体系。"③ 这些转换构成了用部分来说明整体的过程。因而，

---

① 皮亚杰：《结构主义》，倪连生、王琳译，商务印书馆1984年版，第4页。
② 皮亚杰：《结构主义》，倪连生、王琳译，商务印书馆1984年版，第3页。
③ 皮亚杰：《结构主义》，倪连生、王琳译，商务印书馆1984年版，第7页。

结构主义研究中最重要的一个方面就是发现了整体中各部分之间的转换规则,发现转换规则就是结构分析。

（三）任何结构都具有"自身调整性"。结构中各个部分存在着互相调节的能力。皮亚杰举出群对运算的封闭性、生物体的内稳态和反馈调节机制,并认为"自身调整性"对结构是极为重要的,它保证了结构作为整体的存在。①

皮亚杰对结构主义哲学原理的概括深刻而准确,正是这三条原理筑成了结构主义的大厦。但是,皮亚杰的原则基本上是从各门学科的具体研究中归纳出来的,人们自然可以进一步追问:为什么结构主义方法的这三条原则是有效的呢？它们成立的根据是什么？或者说,结构主义作为一种方法,有没有更统一的背景呢？我认为,这三条原理实际上是对组织系统的某种概括,它们完全可以从一般的功能耦合系统中推出来。下面我们来做简单的证明。

结构主义第一条原则讲的恰恰是怎样寻找整体中的子系统。只要做简单对比,就可以发现存在于结构中的部分正是功能耦合系统中的子系统的输入与输出集,而转换规则正是由广义因果律（输入集和输出集的关系）组成的功能耦合网。我们前面已经证明,功能耦合网的整体功能可以由子系统功能耦合产生,而不需要从外部去寻找。这样,也就证明结构主义第一条原则,结构的整体性质来源于结构。

对于一个功能耦合系统,只要它是闭合的,即任何一个子

---

① 皮亚杰:《结构主义》,倪连生、王琳译,商务印书馆1984年版,第8—11页。

系统的输入都是某一个子系统或者它自己的输出，那么我们从任何一个集合出发，通过功能耦合网和广义因果律，都可以将其变换到任何一个集合。这正好构成皮亚杰的结构主义第二条原则。结构中任何部分通过转换规律都可以对应另外一个部分。结构主义认为，部分间的转换规律形成整体的性质，而这正好是功能耦合网的特点。

结构主义第三条原则的证明稍微复杂一点。但我们可以回忆一下本章第二节对市场结构的讨论。图3-10B是一个很简单的功能耦合系统，只要对它的行为做数学分析，就可发现，保持输入与输出集的稳态是这种耦合系统自动产生的功能。当干扰使P、Q值偏离稳态时，功能耦合网会产生一种调节作用，使其回到平衡态。关于功能耦合系统自身调整性的讨论，我们将在下一章进行，但有一点可以肯定，结构的自身调整能力正是功能耦合系统的一个特点，因而在原则上，结构主义第三条原则也可以得到证明。也就是说，结构主义之所以正确，恰恰是因为它概括了组织系统的一些共性！我们可以进一步证明，凡是皮亚杰用上述三条原则来说明的种种结构都可以用某种相应的功能耦合系统来表示，它们都是组织系统。

一种最为常见的结构是"关系"，包括人的社会关系、亲属关系、概念之间的关系，以及语言学中的句法、符号之间的关系等。众所周知，列维-斯特劳斯在《亲属系统的基本结构》和《结构人类学》中对关系结构做了著名的探讨。在一切关系研究中，结构主义三原则得到充分体现。结构中的任何一个部分离开对于其他部分的关系都没有意义。如果把概念、句法部分当作符号，符号的意义是从关系中产生的。但什么是关系？什么是由一定关系网构成的组织？我认为，它正是一种最为简单的功能耦合系统。

众所周知，在现代数学中，各种各样的关系已经可以用统一的理论来处理。数学家早已证明，任何一种关系都可以统一表示为一个集合自身到自身的映射。我们设部分为 X_1, X_2, $X_3 \cdots X_n \cdots$。令所有部分的集合为 $\{X\}$。那么部分之间的任何一种关系都可以表示为 $\{X\} \xrightarrow{f} \{X\}$。不同的映射方式 f 代表着不同关系。根据前一节的讨论，它相当于如下一个自耦合系统。其中 F 表示广义因果律，在这里，颇为特殊的是输入集合和输出集合是同一个集合。它相当于说结果同时也可以是原因（见图 3-11）。

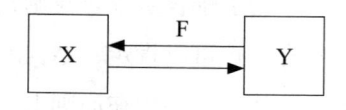

图 3-11　关系的结构

用自耦合系统表示关系，不仅仅是把关系研究数学化、形式化了，而且可以说在某种程度上，它揭示了关系的本质。以往，关系的概念总带有浓厚的思辨色彩。哲学家早就感到关系和一般的因果联系、事物存在的条件等有所不同。关系使事物具有互相依赖、互相定义的特点。父母是针对儿女而言的，而儿女也是对应着父母的，是在某种关系中形成的概念，脱离了由这种关系联系着的整体，每个部分本身也就毫无意义。我们的证明表明，关系实际上是事物或概念之间的互为因果和互为条件性的自耦合系统。任何一个概念、规定的成立必须依赖于某些条件。当这些条件的成立反过来又可以由它所规定的（派生的）概念为条件时，就构成图 3-11 所示的广义因果性（或条件性）自耦合系统，这种条件性和因果性就会形成关系，因为自耦合系统是一个组织，这样由关系定义的全体也通过这种关系形成一个有组织的互相说明的整体。

在图 3-11 所示的自耦合系统中，映射 F 就代表结构，当集合 {X} 用别的集合 {Y} 代替时，只要集合元素间对应关系不变，即 F 不变，那么这两种结构是相同的，这在数学上被称为同构。同构的组织具有相同的关系网，因而利用同构可以将形形色色的结构用统一的方式表示。同构的系统具有某种共性。在同构系统中，那些取决于结构的性质常常与集合元素是什么无关，因而它们常常用符号表示。因此我们也就不难理解，为什么原始思维的互渗律、乔姆斯基"标准理论"中的语法规则系统、心理学中的"格式塔"理论等这些对象完全不同的结构，有时可以用统一的方法来研究，甚至可以用符号化、形式化的关系网来剖析，这也是符号主义在 20 世纪兴起的原因之一。

皮亚杰在阐述结构主义哲学时，另一个基本模式就是数学中群的概念。群是结构的典范，实质上也是某种功能耦合系统。那么群和广义因果性有什么关系呢？众所周知，"群"一开始是从"变换"抽象出来的，使任何一个事物某种性质不变的一切变换必定构成一个群。对于使某一事物不变的任何两个变换 X_1 和 X_2，如果先实行变换 X_1，再实行变换 X_2，那么这也是一个变换，令其为 X_3。显然 $X_3 = X_2 \cdot X_1$，也就是说变换可以合成，任何两个变换进行结合可以得到第三个变换。就两个变换合成第三个变换来说，这也可以看作某种广义因果性，它表明 X_2 和 X_1 唯一决定了 X_3。因为 X_3 也是使事物某种性质不变的变换，所以它也应属于一开始定义的变换集。这里我们同样可以发现，这是一种结果与原因的重合，即输入集与输出集相同：它也是某种功能耦合系统。

数学家已经证明，当一个集合 $\{X\}$，其中的元素之间存在如下一个映射：$\{X\} \times \{X\} \xrightarrow{f} \{X\}$，那么这个集合就是半群。$f$ 代表结合法，通常被称为二元运算。众所周知，只要对半群中的映射做适当限制，我们马上得到群的定义。因而群也是类似于图 3-12 所示的功能耦合系统，f 是符合广义因果性的二元运算。因为输出集合和输入集合是同一个集合，所以这里也存在着自耦合，只要用 $\{X_3\}$ 集构成 $\{X\} \times \{X\}$ 即可。总之，结构主义探讨的各式各样的结构，实际上都是不同层次、不同类型、用不同方式进行功能耦合的组织系统。它们都可以分解为最基本的广义因果律（映射）。在哲学上，它们都可以用广义因果性通过复杂的组织产生。

既然只要研究功能耦合系统最一般的性质，就能推出结构主义方法的基本原则，那么功能耦合系统是不是完全与结构主义等价？如果这只是用不同的过程来表述同一种整体哲学，那

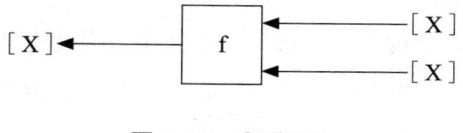

图 3-12　半群结构

显然有点多此一举。我认为，用功能耦合系统来建立整体哲学比结构主义要深刻。它有助于解决使结构主义望而生畏的困难。皮亚杰阐述结构主义三要素时，在谈到整体性和转换规则时很有说服力，但是一涉及结构第三个要素，即结构的自身调整性时，他立刻碰到了某种困难。

第一，结构为什么具有自身调整的能力？是不是转换规则带来了结构的自身调整能力？如果是，转换规则产生自身调整能力的机制是什么？如果将转换规则的自封闭性看作自身调整能力，那么结构的自身调整必须是稳定的、自给的，否则它会造成令人不安的逻辑悖论。因而皮亚杰一开始就认为："自身调整性质带来了结构的守恒性和某种封闭性。"[1]但我们知道，并非一切结构、关系都是稳定的。本章第二节就有一个例子，如图 3-10B 这样一种功能耦合系统，在某些条件下就不具备使 P 和 Q 调整到平衡态的能力（见图 3-10E、F、G）。一般说来，我们只要对功能耦合系统进行具体分析，就能证明什么时刻结构有自身调整能力，什么时候不具备，而结构主义要做到这一点却十分困难。

第二，对于一个组织系统，不仅输入与输出可以不稳定，其整个功能耦合网本身也可以是不稳定的，结构主义对这种情况的处理更束手无策。例如，传播学家纽科姆曾深入地剖析了大众传播中人们接受某一事物的结构，提出了 A-B-X 模式（见图 3-13）。两个人 A 和 B 对某一个传播对象 X 可以构成四

---

[1] 皮亚杰：《结构主义》，倪连生、王琳译，商务印书馆 1984 年版，第 8 页。

种不同的关系结构。一种结构是A和B彼此关系很好，对X都有好感（见图3-13A）；另一种结构是A和B关系不好，A喜欢X，B不喜欢X（见图3-13B）。这两种结构是传播中稳定的。另外两种结构（见图3-13C、D）表示A和B关系好，但对X意见不一，或他们相互关系不好，但对X意见相同。这两种结构中关系不均衡，结构很可能不稳定，A和B或者会争吵起来，或者会感到不愉快。纽科姆认为大众传播中存在着"趋向于认知平衡"或"内在一致"的倾向，即C、D两种结构会向稳定结构转化。[1]这种转化是不是结构的自身调整能力呢？它几乎很难从转换规则来说明，因为规定那些不稳定结构各部分之间关系的也是一种转换规则。结构的变化意味着转换规则的变化。我们知道，不稳定结构在组织系统比比皆是。因而，整体哲学一个十分重要的任务就是必须提出一种方法，以能说明一个组织系统、一个固定的结构在什么条件下是稳定的，当它受到干扰时具有自身调整能力以保持整体存在；而什么样的结构是不稳定的，一经扰动就转化为别的结构。结构主义哲学没有解决这个问题，它在结构的起源和演化方面遇到了困境。

虽然皮亚杰千方百计地企图将结构的发生和转化引入结构主义哲学，认为只要引进结构层次、时间性和强调转换体系的调节作用，特别是趋向平衡的过程，那么就可以"从有时间性的形成作用过渡到非时间性的相互联系"[2]。但是皮亚杰前进的

---

[1] 威尔伯·施拉姆、威廉·波特：《传播学概论》，陈亮、李启、周立方译，新华出版社1984年版，第236页。
[2] 皮亚杰：《结构主义》，倪连生、王琳译，商务印书馆1984年版，第79页。

稳定的关系

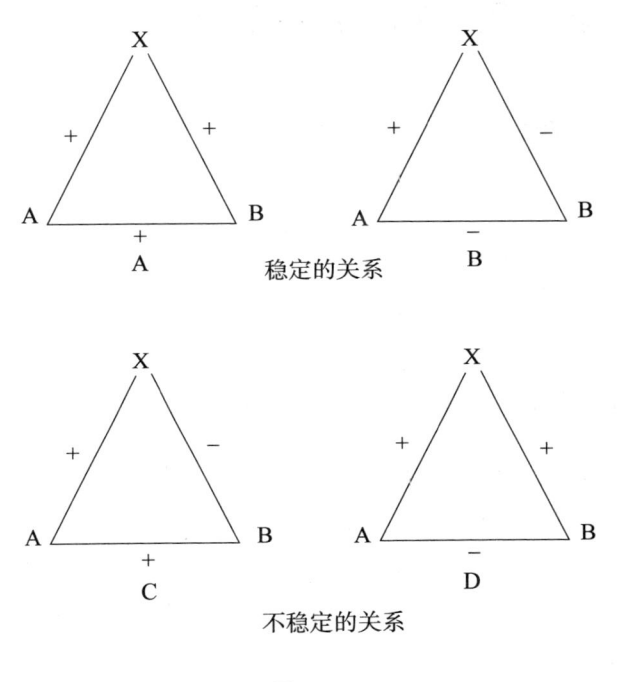

不稳定的关系

图 3-13

道路困难重重，因为结构主义方法的特点必定造成它先天上和历史主义对立！结构主义中讨论的整体往往都是自我维持的具有"共时性结构"的系统。结构主义的逻辑构架可能很难承受增砖添瓦的修改所引起的过载重荷。我认为，在结构主义碰到困难的地方，采用功能耦合系统的哲学研究都可以大踏步前进。只要通过不太复杂的分析，我们就能证明组织系统稳定性的条件，找到一种研究组织系统的发生、自我调整以及演化乃至解体的方法。

第三章 稳定性、存在和价值

人类惊奇地发现包围着我们生存的那个无边无际的可能性海洋，原来我们生活在一个千变万化但却更需要依靠自己的洞察力的世界。我们必须在认识现实合理的同时更加珍惜创造，把理性的目光投向那远方可能稳定的存在之岛。

达尔文说过："适者生存。"而组织理论可以证明一条与此有关的普遍的哲学原理，它就是"稳定者生存"。因此存在不再是哲学的出发点，而是一种需要探讨的现象。人类自身和人类生活的世界只是数不清的可能性组合海洋中较为稳定而坚实的岛屿。

第一节 组织系统的稳定性

也许本章必须以这样一个严肃的哲学观点开始：任何一种存在都处于内外不确定性干扰的包围之中，我们称其为现实世界的不确定性背景。[①]实际上，这一前提在讨论功能耦合时就已出现了。

20 世纪 80 年代初，一位叫怀特黑德的物理学家设计了一

---

① 坎农：《躯体的智慧》，范岳年、魏有仁译，商务印书馆 1982 年版。

个别出心裁的游戏。他安排了一串多米诺骨牌，其中每一块是它前一块的 1.5 倍。只要第一块多米诺骨牌倒翻，它马上撞击比它大的骨牌使其相继倒塌。他证明，只要按这种程序排列 32 块多米诺骨牌，最后一块将如纽约世界贸易中心的一座摩天大楼那么大。[①]这由第一块小小多米诺骨牌的倒塌引起像摩天大楼一般巨大物体的破坏是令人惊心动魄的！这个巧妙的设计似乎使人想起德国哲学家费希特的一句话："你不可能将一粒沙子从它的位置上移走而不因此……改变整个无边无际整体的所有部分中的某些东西……因为一粒沙子移动到另一个地方，你将不复存在，你现在和将来计划做的一切也将不复存在。"[②]当然，除了核爆炸连锁反应和黑洞等不多的场合，这种现象在自然界中并不太常见。世界上事物之间的关系并非都像多米诺骨牌那样紧密，但是它却给整体的哲学提出了一个十分严肃的问题。有组织的整体内部各部分之间的关系是十分紧密的，任何一个子系统的变化都会通过功能耦合网传递到整个系统。那么我们又怎么能保证功能耦合系统中不出现上述情况？只要微小的内部和外部扰动不能被消除，扰动就会不断增大，直至整个组织崩溃！我们知道，满足广义因果性的部分通过功能耦合组成整体时，功能耦合系统的存在有一个基本前提，这就是某一个子系统的输出集和它自己或别的子系统所要

---

① Jearl Walker, "The Amateur Scientist: Deep Think on Dominoes Falling in a Row and Leaning out From the Edge of a Table", *Scientific American*, Vol. 251, No. 2, 1984.

② Johann Gottlieb Fichte, *The Vocation of Man*, translated by Peter Preuss, Hackett Publishing Company, 1987, p. 10–11.

求的输入集正好一致（即值域与定义域重合），这是形成组织的关键。只有这样，广义因果性才能合成较高级功能。但在有干扰存在时，特别是扰动有可能被功能耦合网本身不断放大并传到每个子系统时，我们怎么能保证这种功能耦合的一致呢？这正是结构主义面临的难题。

　　结构主义的全部立论都建立在任何一部分都通过转换规则与别的部分相连。但是结构主义哲学家很少想到，整个哲学体系也许是沙滩上的大厦，每一个部分都和整体中别的相关，那么每一部分的变化（甚至是小小的搅动）都会关联着别的部分。如果整体的结构关系都如上面所讲的多米诺骨牌，那么任何一个有结构的整体都不可能存在！无论是人体结构、思想结构、语言结构还是社会结构，要保证它们各部分像群结构那样绝对自洽和封闭是做不到的。它总处于干扰的包围之中。坎农曾对人体在外界干扰和内部干扰中保持稳定性的能力感到震惊。实际上，现实存在的任何一种组织，它的每一个子系统以及子系统之间的联系都处于经常性的扰动之中。在正确的语言结构中选用错误的词、人员变动对社会关系网的冲击、种群波动对生态平衡的影响等，只要愿意，我们可以列举出千百种干扰来。因此，一旦把理想的结构放到现实的扰动之中，结构主义全部成立的根据同样可以成为否认它的根据。这样一来，我们发现要真正搞清楚整体和部分的关系，仅仅去分析整体各部分的相互联系、相互依存，用它们来说明整体的功能是远远不够的。我们必须正视另一个问题：有组织的整体为什么能存在？因为在普遍的干扰背景中，不稳定的组织是不能存在的！要证明一个有确定结构组织的存在，必须要证明这个组织系统功能耦合本身的稳定性，也就是我们碰到的组织系统的稳定性问题。

这个问题有统一的研究方法和答案吗？表面上看，似乎没有，功能耦合系统不同时，它的功能是各式各样的。正如计算机，程序不同，功能亦不相同。因此，对于组织系统的整体功能和子系统功能的关系大约必须具体问题具体分析，泛泛而谈整体性质和子系统的关系意义不大，我们很少可能讲出更普遍的原则来。但是可存在性即功能耦合系统本身的稳定性探讨是另一个问题。如果我们不考虑真实的组织是什么，仅仅去设想保持稳定（自身存在）可能的机制，那么任何一个功能耦合系统碰到的问题都是一样的。这使我们马上想到坎农提出的内稳态。只要一个功能耦合系统的输入与输出集的耦合（功能耦合状态）是内稳态，那么一切问题不就解决了吗？在这里我们看到某种历史的回归，因为可以说，组织稳定性可能机制问题早已解决了！

让我们回忆本篇第一章所讲到的历史发展线索。可以说，我们在那里并不是为讲历史而讲历史的，本书不是教科书，也不是科普读物，我们是希望把前人开拓的道路向未开垦的纵深推进，希望站在过去时代的人们的肩上。历史上，人们首先发现内稳态，接着发现反馈机制，接着艾什比将其归为更普遍的形式——学习机制（它是一种超稳定性）。当时，从坎农到艾什比的哲学概括主要沿着怎样由广义因果性合成组织的高级行为这一方向。但是，内稳态有双重含义：一方面，它是一种高级适应机制；另一方面，它恰恰又是普遍存在的保持功能耦合稳定的机制。问题在于我们从哪个角度来看待它。

因此，为了建造组织理论的大厦，我们现在必须迈出关键的一步。我认为，必须发展艾什比关于系统稳定性和超稳定的理论，不要把它仅仅当作学习机制，而要把它看作保持一个组织系统存在的基本功能和结构！

可以预先指出，在本章以下两节就会看到，这就是我提出的维生功能和相应的维生结构。它不仅能解决组织系统的稳定性问题，而且是探讨组织系统发生、演化、生长、老化和解体的出发点。但是要到达那里，让我们先沿着艾什比的思路继续前进。在本篇第一章第四节中，我们在谈到微分方程稳定性和内稳态关系时曾讲过，如果变量 x，y，z……的关系用微分方程表示，那么可以从微分方程来求出那些满足微分方程的不动点（平衡态）x_0，y_0，z_0……对于这些不动点，有些是稳定的，当它受到微小干扰发生偏离时，由微分方程规定的场会自动纠正偏差。有些不动点是不稳定的，场的作用会使偏离越来越大，最后会出现类似上面多米诺骨牌倒塌的局面。现在我们稍许改变一下问题的提法。将变量 x_0，y_0，z_0……当作某一个功能耦合系统中的输入与输出集，而微分方程则代表这些变量通过另一个由广义因果律组成的功能耦合网，即由 x_0，y_0，z_0……部分形成的组织是由两个耦合网实现的。这样，我们只要分析第二个功能耦合的方式（解这些微分方程），原则上就可以判定第一个功能耦合系统是否有抗干扰能力以及在什么条件下没有抗干扰能力。在这里，人们会感到用功能耦合系统研究整体的优越性。我们不仅可以通过它来研究各部分怎样组成整体，还可以通过不同层次功能耦合的关系与功能耦合的方式说明组织系统的稳定性，理解为什么有些组织能够稳定地存在，有些组织则是瞬间即逝的。

今天看来，如果把艾什比在《大脑设计》一书中关于学习机制的设想和人工智能研究成果比一比，会感到艾什比的设想太粗糙、太一般化，也似乎已经过时了。但是如果我们换一个角度，把艾什比关于稳定性和超稳定的讨论看作组织维持生存和演化的讨论，那么它恰恰可以成为一个新的起点！但是艾什比的方法有某种局限性。微分方程只是广义因果性的一种表达式，它还要满足连续性等较为苛刻的条件。而广义因果性一般的表达式是：如果C类条件实现，则E类事件就会发生。对于很多组织系统，形成功能耦合方式不一定满足微分方程。但每个子系统一定遵循广义因果性的上述一般表达式。因此我们必须把艾什比的方法推广开来，看看由广义因果性合成的功能耦合网（不一定是微分方程）对干扰的反应。当这样的组织系统处于持续不断的内外干扰中时，会出现哪些行为？能否保持它的存在？

第二节　自耦合分析

奥地利-捷克实验物理学家和哲学家恩斯特·马赫早就提出，应该用函数关系来表示因果性。一般说来，广义因果性可以用 $\{C\} \xrightarrow{f} \{E\}$ 表示。为了简化，我们考虑如图 3-14A 那样最简单的由广义因果性合成的功能耦合系统，其中输入与输出都是数，功能耦合集只有一个变量，并且每个子系统都是无记忆的（即输出只和前一时刻输入有关，和更早的输入无关）。这样，对于子系统A和B，输出是输入的函数，即有$y_{n+1}=A(x_n)$，$x_{n+1}=B(y_n)$。实际上，在本篇第二章第二节图3-10C中我们已经讨论过这种组织系统的行为。现在我们来给出这类组织系统的一般分析方法。

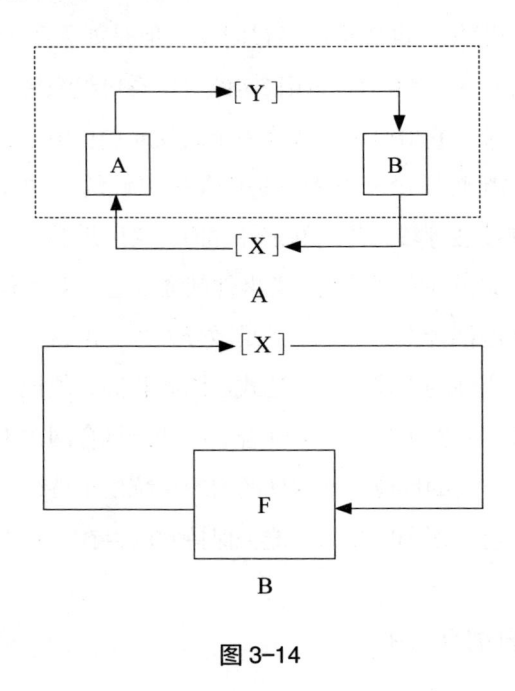

A

B

图3-14

显然，我们可以将→A→{y}→B→当作一个新的子系统F。它的输入与输出关系为：

$$x_{n+1}=B[A(x_{n-1})]=F(x_{n-1})[因y_n=A(x_{n-1})]$$

这就是说，图3-14A可以简化为如图3-14B这样的自耦合系统。这种将复杂系统转化为自耦合系统处理的方法十分有用，因为当多个子系统通过串联耦合时，如果我们只对变量x的抗干扰能力感兴趣，那么我们可以把和变量x有关的整个组织系统的功能耦合网看作一个对x的运算子F。整个组织系统简化为一个x通过运算子F（x）形成的自耦合系统。我们称这种处理方法为自耦合分析，并把F（x）称为自耦合系统的功能函数。

自耦合分析十分重要，它正好可以解决我们提出的问题：什么样的组织能够存在？必须强调指出，在自耦合系统中，只有平衡态x_0［$x_0=F(x_0)$］代表处于另一个功能耦合网中的输出（或输入），而功能为F（x）的自耦合系统则是另外一个功能耦合网，其目的是保证第一个功能耦合组织在有干扰环境中的生存。它类似于艾什比所讲的由微分方程所规定的场。当干扰使功能耦合系统所必需的x_0发生偏离时，自耦合系统会有什么反应？我们下面来证明，当F（x）是线性函数时，得到的结果和微分方程稳定性完全一样。第一种可能是x_0为稳态，具有抗干扰能力；第二种可能是偏离会越来越大；第三种可能为做周期性振荡；第四种可能是x_0为随遇平衡。

只要对F（x）做具体分析就能判断自耦合系统处于哪一种状态。例如，对图3-14的自耦合系统，如果它是线性的，令：

$$x_n = K_B y_{n-1} + b$$
$$y_{n-1} = K_A x_{n-2} + a$$

（方程3-3）

其中K_A、K_B、a、b是常数，那么F（x）亦是线性的：

$$F(x)=x_n=K_A \cdot K_B x_{n-2}+a \cdot K_B+b$$

x_0为如下方程的解：

$$x_0=F(x_0)=K_A \cdot K_B x_0+a \cdot K_B+b$$

很容易判断一个自耦合系统的平衡点x_0是不是稳定的。假定干扰使x_0变到任何一个别的数值，我们只要将这个数值代入F（x），算出x的值，然后将算出的值再次代入算子F，这样反复多次，看其是否收敛到x_0即可。这一过程也可以用图3-15的对角线蛛网法表示。令x为任一数值，据F（x）函数关系找到相应的F（x），然后作一直线平行x轴，找出它和45°对角线［即F（x）=x］的交点，然后再作纵坐标的平行线，再看它与F（x）曲线的交点，也就是说自耦合系统的行为可以用F（x）和45°对角线用蛛网法作图来判定。显而易见，如果每个子系统都是线性的，任何多个串联耦合而成的自耦合系统的功能函数F（x）也必是x的线性函数，假定

$$F（x）=Kx+k$$

那么平衡态是否稳定取决于K的值。用蛛网法很容易判别，当1＞K＞-1时，系统有一个平衡点，它是内稳态。当K＞1

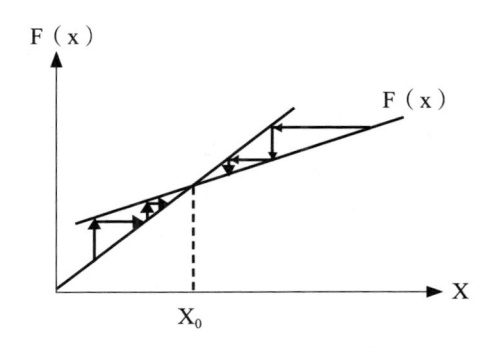

图 3-15

或 K<-1 时，平衡点不稳定，偏离平衡造成正反馈。当 K=1 时，平衡点有无穷多个，但它是随遇平衡，而不是内稳态。当 K=-1 时，系统趋于等幅振荡。这些结果与用微分方程表示的功能耦合系统是类似的。

对于非线性系统，问题就复杂一些，但用自耦合分析方法仍可得到十分有趣的结果。这时 F(x) 是 x 的非线性函数，但仍可用上述蛛网法判别 F(x) 曲线和 45° 对角线的交点是否处于稳态（如图 3-16）。显然，平衡态数目可以从 x=F(x) 有多少个解求得。而在每一个平衡点附近，我们都可将 F(x) 展开为幂级数，用线性方法对它进行探讨。显然，x_0 是稳态的条件为 $-1 < F'(x_0) < 1$。当 $F'(x_0)=1$ 时，需要考虑高阶导数。

必须注意，当 F(x) 是线性时，假定 x_0 是稳态，那么原则上干扰无限大都不会破坏 x_0 的稳定性，亦即无论 x 实际偏离 x_0 多远，自耦合系统都可以将其变回到 x_0。但对于非线性自耦合系统，干扰不能太大，只有在 x_0 附近，自耦合系统才是稳定的。

非线性自耦合系统虽然复杂一些，但我们可以证明一个

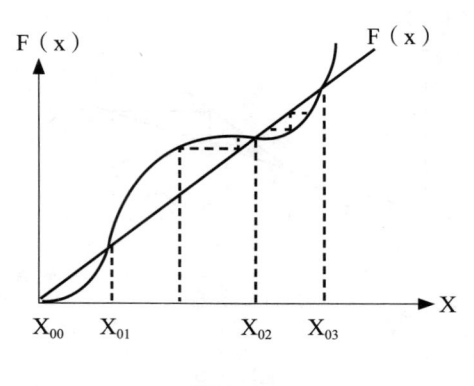

图 3-16

十分有用的定理,这就是F(x)曲线和45°对角线的两个相邻的交点不可能都是内稳态。假定F(x_0)=x_0 有如下一些解:x_{01},x_{02}…x_{0n}…如果x_{0n}是内稳态,那么,必定有 1＞F'(x_{0n})＞-1。由于F(x)是连续的,那么必定有F'(x_{0n+1})＞1,F'(x_{0n-1})＞1,这样x_{0n-1}和x_{0n+1}都不可能是内稳态。在本章第五节我们可以看到,它和耗散结构中一个重要的特点相关。

总之,对于非线性自耦合系统,它在x_0附近的行为也如线性系统一样,有三种情况:一是x_0为稳定态;二是周期性振荡;三是振幅不断增大的振动。不同的是,在远离x_0的区域,非线性系统会有哪些行为呢?可以想象,一种情况是x在变动中趋于上述四种情况之一。但是有没有别的可能性呢?人们发现非线性自耦合系统的行为十分奇特。在某些情况下,虽然x变化是一意确定的,但它的变化居然毫无规律,和随机变化一模一样,发现这一点使科学家深感震惊!

一位著名的生物数学家霍彭施泰特曾经讨论过一个看来很

简单的自耦合系统。其功能算符F（x）如图3-17A所示，它可以理解为某种生态系统的功能函数，例如一种特殊的繁殖曲线，即下一年鱼的种群数量是上一年的非线性函数。它是如图3-17A所示的一个山峰型曲线，表示当某一种鱼的种群数量大到一定程度时，成熟的鱼群会以幼群为食物，以至下一年的种群数量会随之减少。图3-17C是用蛛网法得到鱼群每年的数目。根据霍彭施泰特的说法，这个模型的惊人之处在于对大多数初始状态为S_k的值来说，以后逐年的成熟鱼群数量S_{k+1}，S_{k+2}，S_{k+3}……是混乱的。[1]他把鱼群波动和抛掷硬币的随机过程做了比较，发现两者十分相似。他甚至用计算机对一个更为简单的非线性功能函数的蛛网法做了计算（见图3-17B），发现它们的结果无规律，混乱得和抛掷硬币完全一样。他感叹道："蛛网法看起来似乎很简单，但和某些十分困难的问题有关，数学家们已研究了100年……发现如此简单的模型竟能支配如此复杂的性能未免使人扫兴。其实，这种性能在许多系统里是十分典型的，例如湍流或非线性振荡器的不规则性。这样看来，如果事物还有一点秩序，那倒是值得惊奇的。"[2]

实际上，很多数学家早就知道一个非线性的自耦合系统可以导致变量做类似于随机运动的变化。如冯·诺依曼在模拟连锁反应时，为了很快地产生随机数，创造了一种方法。取

---

[1] L. A. 斯蒂恩主编：《今日数学》，马继芳译，上海科学技术出版社1982年版，第340-343页。

[2] L. A. 斯蒂恩主编：《今日数学》，马继芳译，上海科学技术出版社1982年版，第340-349页。

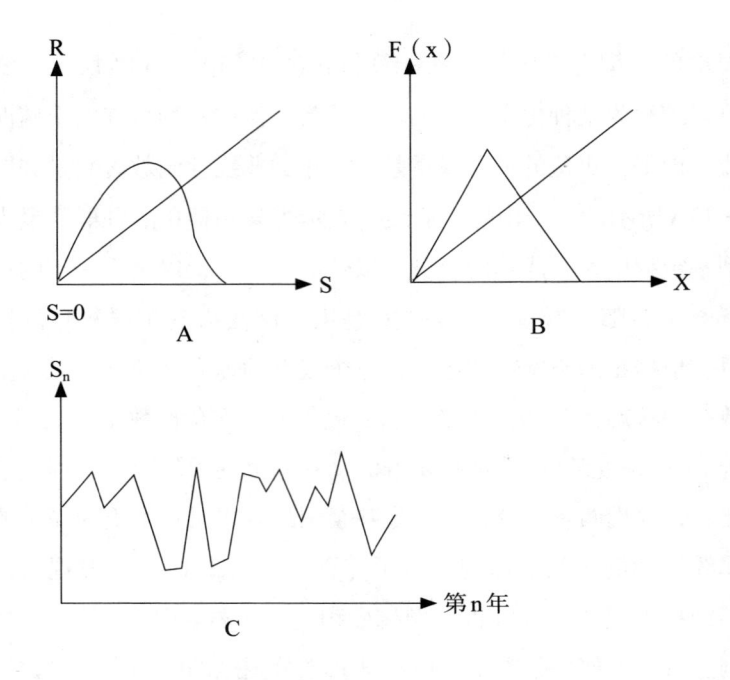

图 3-17

任何一个四位数（例如 7325），将它平方得到一个八位数（53655625），取其中间四位数（6556），再将其平方，再取其中间四位数，这样将所有四位数放在一起，它们可以组成随机数表。[1] 显然，冯·诺依曼在这里正是设计了一个非线性的自耦合系统。这一切说明，在非线性的功能耦合网内可能出现完全无规则的随机扰动！

---

[1] John von Neumann, "Various Techniques Used in Connection with Random Digits", In A. S. Householder, G. E. Forsythe, & H. H. Germond, eds., Monte Carlo Method, *National Bureau of Standards Applied Mathematics Series*, vol. 12, U.S. Government Printing Office, 1951, pp. 36–38.

我认为，这是组织理论必须重视的结果。但直到今天，人们还没有注意到这种现象的普遍哲学意义。因为现实组织中绝大多数功能耦合系统都是非线性的。我们在各式各样的组织系统中（特别是在趋于瓦解和演化过程的组织中），经常看到混乱。混乱就是无序，人们通常有一个根深蒂固的偏见，认为混乱只能来自混乱，而自耦合系统这种奇特的行为证明，混乱完全可能来自某种秩序。自耦合系统完全是用严格的因果性建立起来的，当因果关系是非线性时，互为因果会造成巨大的随机扰动。它出现的根源就在组织内部！它对于研究组织解体、社会矛盾的激化甚至社会的演化提供了新的思路。这一点我们将在后面多次提到。

我们在本节所做的全部讨论都可以推广到更一般的自耦合系统。假定自耦合系统相应的集合 {x} 不是数，那么自耦合系统将是一种关系。当考虑扰动时，这种关系就不能仅从空间上定义而必须从时间上定义，{x} 自己到自己的映射构成一个变换。

显然，功能耦合相当于使 {x} 对集合进行某种持续不断的变换，只要这种变换无限制地继续下去，只有两种可能：一种可能是变换结果是收敛的，即 {x} 集合将变换到它的一个或几个子集合中去，这些子集合对变换保持不变，这些子集合就是功能耦合的内稳态；另一种可能是不存在这种子集合，它意味着功能耦合不稳定，带来无休止的振荡。

第三节 维持生存的功能和结构

根据前面的讨论，我们可以得到一个结论：对于任何一个实际存在的组织（即稳定的组织），其复杂的功能耦合网中必定有一个以维持其自身存在稳定性为目的的子系统（功能耦合网）。我们将它称为维持生存的结构（简称维生结构）。当这个系统稳定时，组织能保持自身存在，当维生结构解体时，我们会看到组织的瓦解或演化。这就是说，组织系统的功能耦合必须是维生结构的稳态。

维生结构有时可用微分方程组规定的场来表示（如艾什比所做的那样）。在更多的时候，这可以看作由一般因果律构成的自耦合系统（或者由二者混合组成）。维生结构的作用是维持功能耦合。假定子系统 A 的输出 x_0 刚好是 B 所要求的输入，当干扰使得集合 x_0 越出 B 所要求的定义域时，在自耦合系统功能函数 $F(x)$ 的作用下，x_0 能自动恢复到正常的 x_0 集（见图 3-18）。

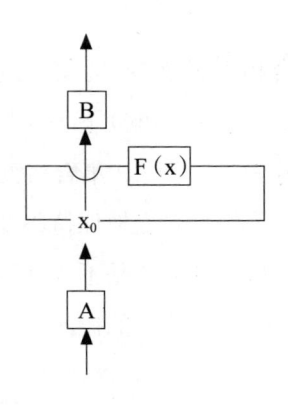

图 3-18

我们知道，维生结构的存在意味着对那些组织系统中易受干扰的每一个处于耦合状态的输入与输出都有相应的自耦合系统，功能耦合状态 x_0 必须是自耦合系统的稳态，因为只有这样，这个组织系统才是稳定的，才能在有不确定性干扰的环境中存在。也就是说，功能耦合必须是维生结构的稳态。当非线性系统中的干扰过大，或维生结构不稳定时，由于自耦合系统的解 $x_0[x_0=F(x_0)]$ 不是稳态，微小的干扰也会使 x_0 不断偏离功能耦合状态，直至组织结构发生改变以致崩溃，这时我们必然看到组织系统的结构变化或迅速瓦解。

我们从任何组织系统都处于内外干扰这一前提出发，推知任何具有确定性质和构造的组织系统都必须有维生功能和相应的维生结构。这个推断符合事实吗？只要我们稍加分析，就可以发现，上述观点在各门具体科学中早就确认，并且被广泛运用着。各种不同的组织都有维生结构，它们大多可以看作自耦合系统。人们只是没有将其上升为普遍的方法论原则而已。下面我们举几个典型例子。

生物种群是一个组织系统。当环境不变时，任何一个种群必须保持自己性状的稳定性，即遗传的稳定性，否则它就不能作为一个确定的种群存在。众所周知，其维生结构就是保持其基因频率为内稳态的机制。英国数学家哈迪曾证明了一个基本定律：当种群不受外界影响时，它的基因频率保持不变（是内稳态）。[①]生物数学家正是用典型的自耦合系统来描述保持基因频率为内稳态的维生结构的。例如，我们考察 A、B 两个等

---

① 这就是著名的哈迪-温伯格定律（Hardy-Weinberg Law）。

位基因，可以建立这样一个模型来描述基因序比例的变化。设g_n为在n次繁殖后A基因的比例，可用孟德尔定律导出g_{n+1}和g_n的关系（它是一个非线性函数）。这个关系可用自耦合分析中的蛛网法加以研究。[①]

图3-19表示四种不同的可能性。（a）表示基因A占优势，即A的比例迟早趋于1，其中A的频率为1的状态是内稳态。（b）表示基因B占优势。（c）表示杂种优势，g_0为杂种的基因频率，它是内稳态。当曲线如（d）所示时，杂种不稳定，A和B都是内稳态。但当干扰使g_0偏离左边时，B占优势，成为实际内稳态；当干扰使g_0偏离右边时，A占优势。这在生物学中被称为分裂选择。在这里，每当基因频率内稳态被破坏，就意味着种群不稳定，出现演化或性状变化。

另一个有说服力的例子是DNA的维生结构的发现。众所周知，生命系统是一个由DNA、RNA、酶和各式各样生化反应组成的巨大功能耦合网。其中DNA的结构十分关键，它提供了整个生化系统（酶合成、反应控制等）功能耦合的条件。但是DNA本身是处于干扰海洋之中的，紫外线的照射、某种化学物质的侵入和其他种种偶然扰动都可能改变DNA双螺旋结构中的遗传密码。例如，在紫外线的照射下，DNA链上的两个毗邻的嘧啶或碱基可以通过一个四碳环接在一起，形成二聚体。我们知道DNA上嘧啶和碱基排列顺序是和功能严格对应的。一旦DNA结构被干扰，那么它和整个生命组织的功能

[①] L. A. 斯蒂恩主编：《今日数学》，马继芳译，上海科学技术出版社1982年版，第357–359页。

A 占优势 $g_n \to 1$
(a)

B 占优势 $g_n \to 0$
(b)

杂种优势 $g_n \to g_0$
(c)

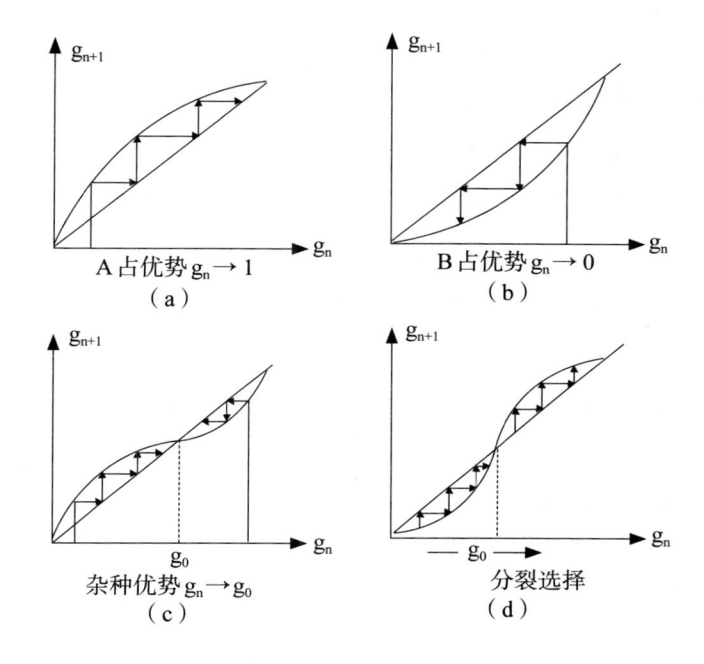

分裂选择
(d)

图 3-19

耦合就会被破坏。因此，我们可以推断，在整个生命组织的巨大功能耦合网中，必定有一个保持DNA结构本身稳定的系统，它是生命多层互相关联的维生结构的组成部分。

事实证明了这个推断，DNA的维生结构是20世纪70年代末发现的。富有说服力的是，它恰恰是一个由广义因果律合成的自耦合系统，科学家称其为DNA损伤后自动发出SOS信号的协同修复机制。图 3-20[①]现已清楚地展示，这个协同修复机制由如下广义因果律组合而成：

---

① L. A. 斯蒂恩主编：《今日数学》，马继芳译，上海科学技术出版社1982年版，第357–359页。

（1）一旦DNA某一部分有结构性损伤（偏离正常功能耦合态x_0）时，出现损伤信号；

（2）损伤信号激活操作基因；

（3）在操作基因作用下，UVrA和UVrB蛋白开始结合到损伤部位（见图3-21A）；

（4）在UVrC蛋白作用下，损伤部分出现一个缺口（见图3-21B）；

（5）在UVrC蛋白存在条件下，DNA多聚酶I接在缺口，并按碱基配对规则把新的核苷酸正确地补到缺口上去，并把损伤部分从DNA链中切下来（见图3-21C、D）。

这五个环节，每个都是因果性的（如果C类条件实现，则E类事件就会发生），并互相串联合成一个自耦合系统。图3-21表示想象的修复机制的结构。当DNA未损伤时，它不发出SOS信号，修复系统处于关闭状态，即由LexA调控的各种修复程序有关的操作基因都因阻碍物的存在处于未诱导状态（见图3-22A）。一旦DNA结构出现损伤，阻碍物会聚合到损伤部位，从而开启完成修复的操作基因（见图3-22B）。修复完毕时，阻碍物重新使修复程序关闭。因此，如果用功能行为的观点来描述这个修复过程。DNA正常结构相当于x_0集，一旦出现损伤，等于干扰将x_0变成$\{x\} > x_0$，但修复程序是一个对$\{x\}$集各元素的变换，它能通过逐次变换使系统状态回到x_0状态。当系统状态等于x_0时，修复系统停止工作，这相当于在$\{x\} \xrightarrow{f} \{x\}$映射中，$F(x)=x$。在这里我们似乎看到一个活灵活现的按自耦合系统程序维持生存的结构。科学家发现，当

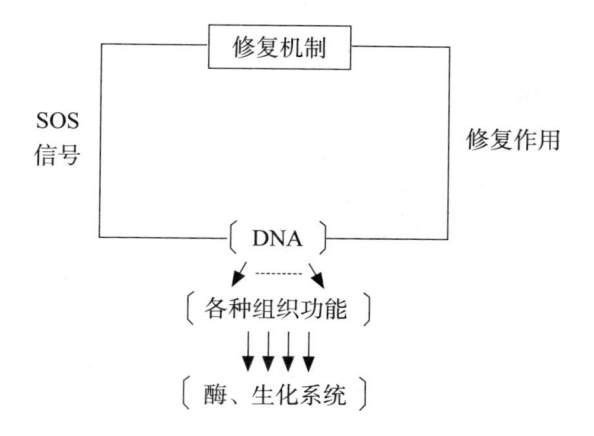

图 3-20　DNA 的维生结构

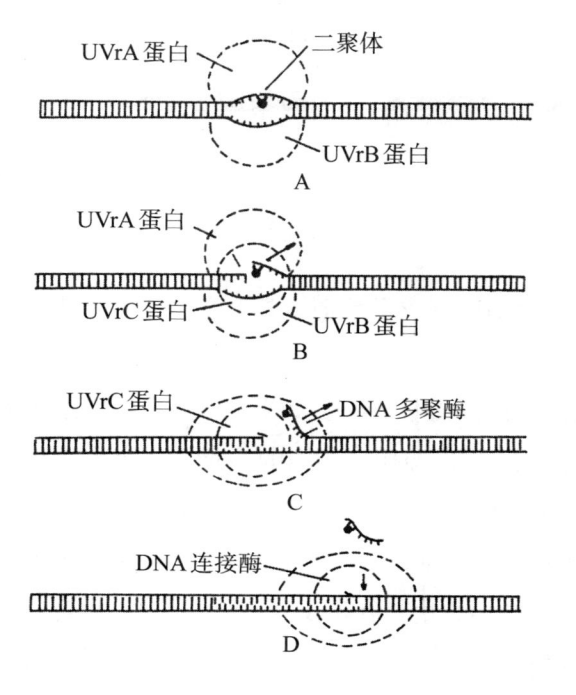

图 3-21

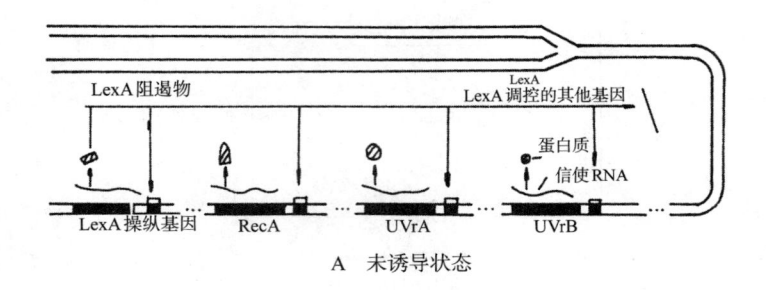

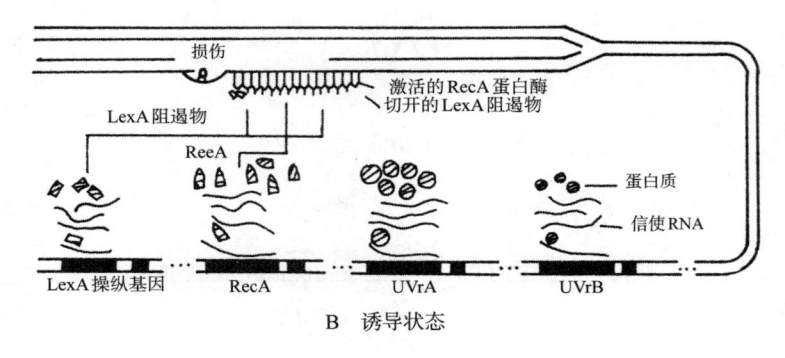

```
                          LexA
      LexA 阻遏物           LexA 调控的其他基因
                                      蛋白质
                                      信使RNA
    LexA 操纵基因   RecA      UVrA      UVrB
              A  未诱导状态
```

```
           损伤
                    激活的 RecA 蛋白酶
      LexA 阻遏物    切开的 LexA 阻遏物
            ReeA
                                    蛋白质
                                    信使RNA
    LexA 操纵基因   RecA      UVrA      UVrB
              B  诱导状态
```

图 3-22

这个自耦合系统不那么稳定时，整个生命系统就要出毛病，癌症、老化等可能都和 DNA 维生结构的破坏有关。

生态学的例子也很典型。如果把每一个生物种群看作功能耦合系统中的输入与输出，功能耦合网就是生物种群之间的关系。生物学家早就知道这样一个事实：如果生态系统中种群过少，生态平衡是很脆弱的，功能耦合系统可能被破坏。假如生态系统中只有两种生物 A 和 B，其中 A 是被捕食者，B 是捕食者，那么种群 A、B 的数量 X_A 和 X_B 的变化往往满足洛特卡-沃尔泰拉方程：

$$dx_A/dt = (r-C_AX_B)X_A$$
$$dx_B/dt = (d+C_BX_A)X_B$$

其中r是捕食者A个体最大出生率，d为捕食者A的死亡率（它是负值），C_A为被捕食者保护自己的能力的一种测度，C_B为捕食者的攻击效率。众所周知，这个方程代表A、B部分功能耦合方式，它有周期解，即X_A和X_B不一定处于定态。我们知道，当生态系统中某些重要种群的数量发生强烈周期性振荡时，往往是生态组织崩溃的前夜，因为某一个种群的数量一旦小于某个临界值，它就会灭绝。例如，在A、B两个种群的耦合系统中，只要振荡中的被食者量在某一时刻达到临界值以下，这两个种群都可能灭亡，耦合系统消失。显然，这是组织内维生结构不完善所致。

生态学家早就知道，在一个生态组织中，种群中的捕食关系越复杂，越不容易出现类似洛特卡-沃尔泰拉方程所描述的那种振荡，生态系统也就越稳定。导致稳定的原因正是复杂性完善了维生结构。但在这里，维生结构的机制是各个功能耦合系统的相互作用。简而言之，它是一种切断正反馈的机制。我们知道，当捕食者食物链很复杂时，被捕食者数量减少到一定程度后，捕食者将放弃捕食这一种群而转向捕食另一种数量较多的种群，这样就中断了那导致A、B间振荡和不稳定的反馈回路。显而易见，这种维生结构同样可以用某一个自耦合系统来表示，无非这里内稳态x_0代表一个范围。当某一种群的数量小于这一范围时，切断反馈的机制发挥作用，这一种群的数量又开始增长，当它增长到一定程度时，切断反馈机制消失。

实际上，只要我们严格审查一个处于有干扰环境中的组织系统，就可以发现一个普遍规律：维持这个组织生存的必需条件（指环境提供的条件）往往是这个组织系统自身所具有的功能之一，即任何活的组织都具有图 3-23 所示的反馈，生存所必需的条件正好是这个反馈调节的稳态。我们知道，动物饿了，就会去寻找食物，见到火与天敌就会逃避。这些功能的作用正是为了维持生物体这个组织能够生存的那些必需条件（比如一定的营养、温度等）在干扰存在时能稳定。这一点艾什比已做过详细的讨论。这个反馈正好是有机体的维生结构之一，它亦是一个自耦合系统，只是因为它太常见，人们往往熟视无睹罢了！

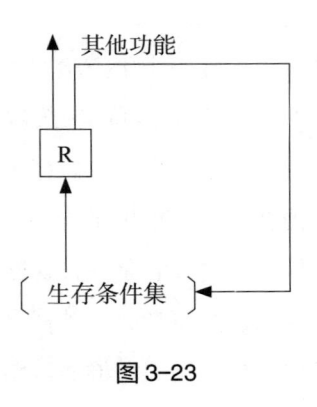

图 3-23

一个组织越复杂，其功能耦合网涉及层次越多，其维生结构必定也越复杂。古代哲人曾用火来比喻生命，大约火是自然界最为简单的具有维生结构的系统。火有发光发热的功能，它同样需要一些条件，例如燃料、氧气和一定的温度，而燃烧所需的温度条件恰恰是通过燃烧本身的功能来满足的。自催化反应也属于这一类。但是这种维生结构毕竟太简单了，因为燃烧过程和自催化反应中虽然有功能耦合，但算不上什么组织。但从中我们可以看到一条普遍原理：大约自然界的任何稳定的功能耦合系统都有某种维生结构，组织越复杂，维生结构亦越复杂。

一般说来，复杂的系统存在着由多个层次组成的功能耦合网，因而维生结构亦是多层次的。例如，高度宏观地看社会，它的维生结构就是政治结构、经济结构和文化结构的功能耦合网。然而，每一个子系统都有维系自身稳定的结构，甚至每一个微观组织，如一支消防队、一家医院等，人们可以发现这些系统中都包含着正常运转状态受到干扰时启动应急系统的程序，它们正是这些微观组织的维生结构。

必须注意，在这里我们对维生结构的定义完全是从功能出发的。我们先从组织系统的总体功能 W 出发，得到由 A、B、C、D 等子系统和形成总体功能 W 的功能耦合网，[①]然后又从维生角度出发得到了以 A、B、C、D 等为子系统的另一个功能耦合网。或者更严格地说，维生结构是由 A、B、C、D 等子系统的输入和输出组成的另一个功能耦合网，即对于同样的输入与输出集，可以存在着两种功能耦合网。我们将它称为同一结构的多功能性。

如果我们把一个组织系统中的输入和输出集与组织中能

---

① 详见本篇第一章第一节。

观察到的部分（实体）相对应，功能耦合网只是它们之间的关系。我们说任何一个组织系统都有相应的维生结构，并不是指我们在结构组成上能发现新的未知实体，只是说这些部分之间的关系中间存在着一种自耦合，它是以维系功能耦合为目的的。比如在 DNA 诱导修复系统的例子中，我们可以看到，DNA 的修复机制正是 DNA 本身众多的功能之一。因此，如果把组织结构和某一个实体对应起来，那么我们差不多总能看到同一结构组织实体必然具备两种以上的功能。维生结构只是这诸多功能中必备的一种，这是组织系统一个极为重要的性质。我们在本篇第六章中（详见第四节）可以看到，老化机制和它有密切关系。

第四节 存在的逻辑

我们在本章一开始就指出，任何一种存在都处于内外不确定性干扰的包围之中。从这个哲学前提出发，我们推论任何具有确定性质和构造的组织系统都必须有维生功能和相应的维生结构，并以第一节的自耦合分析为切口，在第三节提出了维生结构的概念并证明了它的普遍性，从而解决了组织稳定性的问题。我们在第三节开始时指出，当维生结构稳定时，组织能保持自身的存在，当其解体时，组织会瓦解或演化。这意味着维生结构的思想对组织稳定性的解决，已使我们不自觉地卷入了对组织的发生和演化问题的探讨。从维生结构来探讨组织的起源，使我们接近了整体哲学或者说本书的核心，接近了整体哲学的核心原理，这就是事物作为有组织整体存在的逻辑，也就是整体哲学的起点！

我们知道，任何哲学抽象必须有一个出发点，那么整体哲学面临的最基本的问题是：它应以什么作为自己的出发点？照常识看来，整体哲学的出发点应是客观存在的整体，也就是整体的存在。理由似乎非常简单：整体之所以为整体，就是因为它不需要通过外部条件来说明它的性质、存在和变化，一切必须从整体本身出发，于是哲学家也只能从整体存在开始。但是，这也许正是常识所犯下的一个大错误，整体哲学不能从整体本身开始，因为从整体本身谈本身是一个不可证实的空洞概念。

让我们像本章开始一样严肃地提出整体哲学的核心原理，它和本章开始的那个原理一起，构成了本书两个基本的哲学前提。我认为，哲学的出发点应像科学一样，从最普遍的、可证实的概念开始，显然这个概念就是事物性质的条件性。任何事物的存在和它具有的属性总是依赖于这样或那样的条件，认识某一现象和它所依赖的充分必要条件就是发现广义因果律，这一哲学原理不言而喻。它是广义因果律的哲学抽象。每当人类证明一个科学事实，就对这个不可动摇的原理验证一次！因为这一原理本身也就是科学要求用受控实验来证明事物之间相互联系这一基本规范的另一种概括。无须指出，本书从头到尾是贯穿着这一原理的。但是这一原理在两个地方对于我们整体哲学体系的具体构建有着特别的意义。第一是本篇第二章关于实际存在的组织整体作为由广义因果律功能耦合而成的闭合系统的讨论；第二就是眼下关于组织演化的讨论。

如果我们以事物性质和存在的条件性作为哲学出发点，那么整体就可以规定为一批事物的集合，它们的性质和存在是互为条件的！这样，作为这些事物的集合的性质，我们也不需要从外部来寻找它们的根据。

一个互为条件之事物的组合是什么？是现实存在吗？不！它是存在的可能性。因为各种各样条件系统的可能组合要比实际上存在的整体多得多，如果我们坚持哲学中公理应具有可证伪性，那么就应该承认从中推出的结论！这样我们得到了一个十分重要的哲学观点：可能性比现实性更为基本，我们不应该用现实来推出可能，反过来应该从可能来推知现实！

可能性与现实存在的关系，历来是哲学家热衷争论的问题。自古以来，现实的存在（客观存在）曾被科学和哲学看作原始的出发点，特别是唯物论和经验论的出发点。而可能性仅仅被当作一种不太重要的潜在，它只是现实存在的外推，是未来所面临的某种选择。在这种思想体系中，究竟是庄子梦见蝴蝶还是蝴蝶梦见庄子？问题一目了然。用一个现实来说明另一个现实，虽然保守、僵化，难以解决诸如生命起源、人类起源、意识起源、社会起源这样的难题，但这种哲学毕竟给人一种安全可靠的感觉。但是，一个不以科学为基石的哲学体系必然会碰到科学的挑战，它的基础性概念必然会随着科学的迅速发展而被冲垮。确实，自20世纪初以后，我们看到这种古老的信念的崩溃，人类惊奇地发现包围着我们生存的那个无边无际的可能性海洋。

法卡斯曾说过:"许多事情都有一个特定的时期,这个时期一到,它们就同时出现在许多地方,就像一到春天,满山遍野都是紫罗兰一样。"[1] 首先,物理学家发现原子并不是坚实的,原子核只是基本粒子的某种组合,原子科学家曾把世界比作一个巨大的尚未引爆的炸药堆。同样,我们所知道的分子结构更是难以计数的原子组合方式中的一小部分而已。就拿一个血清蛋白那样大的蛋白质分子来说,它是由 500 多个氨基酸组成的,那么它可能的排列方式就有大约 10 600 种。[2] 请设想一下这个数目,它比目前已知的整个宇宙中的亚原子粒子的数目还多得多!生物可看作基因的组合,计算机科学发现了组合性爆炸,天体演化理论甚至已经证明:今天的宇宙只不过是大爆炸后各种可能宇宙之一!现实的宇宙只不过是无穷无尽组合可能性中的一个小岛。总之,20 世纪 30 年代以后,几乎所有人类知识领域同时发现,现实的存在比起可能有的只是沧海中可怜的一粟。变化中的世界只是在展开它本来就具有的巨大的可能性海洋,到目前为止,存在了一百亿年历史的世界只尝试了其中极少一部分。人们感到,生命可能是偶然的,进化也可能是一种偶然性。文明进步似乎也并非必然。存在和确定地演进再也不是基本的东西了,它只是无数可能性的偶然的一刹那。

存在是先天合理的和坚实性的信念的消失,确实给人们

---

[1] Hegyi Pál, ed, *Tradition and Innovation in literature from Antiquity to the Present*, Eötvös University Press, p. 84.

[2] Alan Woods & Ted Grant, *Reason in Revolt: Dialectical Philosophy and Modern Science*, Volume I, Algora Publishing, 2002, p. 56–57.

带来某些惶恐之感。它动摇了人类理性的乐观主义的哲学基础。一时间，非理性主义的思潮和形形色色关于存在与现象的思辨哲学风起云涌。然而，这种恍惚之感会很快烟消云散，它只是因为人类的哲学思考一时赶不上科学发现而带来的暂时热症，也是一种不彻底的表现。科学发现现实只是可能中的一小部分，哲学家迫不及待地做了抽象，把存在等同于梦幻状的组合可能。但他们没有看到后一点，那就是只有那些可能组合中的稳态才能成为真实的存在！

整体的哲学正在建立一种更为彻底地理解存在和发展的强大的理性。组织理论证明，那些有组织的整体只有具备稳定的结构才能存在。我们一定能用科学和理性来剖析稳定的机制，理解存在的原因。这样，现实的存在依然是合理的，有意义的，但我们已经对它看得更深了。从稳定即存在的角度看来，存在虽然合理，但并非不可动摇和不可怀疑；进步是可能的，但并非不需要理性的争取和努力。它同样需要稳定性，因而不可能是一个幻梦。我们生活在一个千变万化但却更需要依靠自己的洞察力的世界，我们必须建立对世界的整体观念和不盲目相信现实的理性。问题的关键在于，我们必须在认识现实合理的同时更加珍惜创造，把理性的目光投向那远方可能稳定的存在之岛。

总之，我们发现，整体哲学的基础必须遵循一条独特的思路，这就是从有条件的存在，到它们互相依存的各种组合可能，再从中找出稳态，最后这些稳态中的部分才对应现实的整体。这样整体的哲学本质上是发展的，因为我们在探讨任何现实的整体时，一定要考虑可能性的海洋，只有在可能性背景下的整体才是有意义的。把现实存在看作可能性空间中的稳态，一下子给组织起源的研究指明了方向。起源在思辨哲学中是一个从无到有的变化，它是神秘的。而在我们的哲学框架中，起源则变为从可能性空间的一个稳态向另一个稳态的变迁，它是可以用科学方法来研究的。[1]我们的视野投向那新的世界的岛屿和大陆，这就是组织理论向我们展示的组织系统产生、存在、生长、发展、老化的历程！

第五节　吸引子、组织起源和价值

组织是如何产生的？这是当代最为热门的话题之一。[2]既然组织是功能耦合系统，组织的起源也就是功能耦合的起源。一般说来，任何一种结构的起源是不可能从这种结构的本身推知的，正如一个人不能抓住自己的头发将自己提起来。然

---

[1] 什么是可能性？这是一个哲学家从来没有问过的问题。《系统的哲学》只是发现了可能性对科学之重要，而不能回答什么是可能性。我在《真实与虚拟》一书中指出：可能性是真实性的某种形态。

[2] 这里讨论的主要对应西方学术界的"自组织"研究。自组织是指在物理和生物（也包括社会）系统中广泛存在的一种模式形成过程，例如沙粒组成波状沙丘，化学反应物形成旋转螺旋，细胞构成高度有序的机体，以及鱼形成鱼群。这些不同系统的一个基本特征是它们获取秩序和结构的方式。在自组织系统中，模式形成是通过系统内部的相互作用发生的，无需外部指导性影响的干预。举个例子，考虑一群工人。一般意义上的组织或组织化行为，是指每个工人根据给定的外部命令，以明确的方式行动，即由老板指挥。如果没有外部命令，但工人通过某种相互理解一起工作，我们会称这个过程为自组织。（Scott Camazine, et al, *Self—Organization in Biological Systems*, Princeton University Press, 2001, p.7.）

而，研究维生结构却为打破由于结构封闭而导致的逻辑循环找到了某种出路，其思想方法简单而又深刻。我们既然已证明现存的任何组织都必有一个维生结构，而且其各部分都是维生结构的内稳态，那么，只要能证明，非功能耦合状态（无组织状态）不是稳态，或者不如组织系统稳定，那么功能耦合系统就必然自发产生，或者由干扰（或涨落）造成！但必须指出，用维生结构的思想说明这种组织生成机制，我们要首先做一种转换，先用另外一种更形象的模型来描述那代表维生结构的自耦合系统（参见本章第三节开头部分）的稳定性，为此我们只需要考察一般自耦合系统中稳定性的普遍规律。

美国认知科学家侯世达把自耦合系统变量趋于稳态的过程（类似于图 3-15）称为"奇异吸引子"。这个名词是颇为形象的，因为蛛网法证明，无论 x 开始处于什么值，最终都将落到 x_0 状态，功能耦合系统稳态好像是一个吸引中心。更为形象地讲，系统状态变量达到稳态，好像一个小球在重力作用下落入洼底，洼底的位置恰好是稳态 x_0。最早想出用这种形象的方法来描述稳态的是李雅普诺夫。他在研究微分方程稳定性时发现，可以根据方程来构造一个李雅普诺夫函数 V=V（x，y）。李雅普诺夫函数可以想象成 x×y 相空间的某个曲面（或超曲面）。如果势函数曲面有洼存在，洼底代表稳态位置，洼的大小代表吸引中心的势力范围。例如，当类似于本篇第一章的方程 3-1、方程 3-2 那样有稳态（x_0，y_0）时，（x_0，y_0）必定是 V（x，y）的极小值，而且根据本篇第一章的方程 3-1、方程 3-2 可以确定，当 x≠x_0，y≠y_0 时，一定有（dy/dt）＜ 0，亦即无论一开始系统处在什么状态，只要它处于李雅普诺夫函数规定的洼内，它一定会被吸引到稳态。[①]

对于自耦合系统，能否引进类似于李雅普诺夫函数这样的势函数，使得相应的内稳态 x_0 也表示成势函数的洼呢？我认为，虽然蛛网法所规定的系统变化轨迹是不连续的，但我们同样可以把自耦合系统内稳态表示为势函数的洼，只要我们仅仅考虑稳态而不考虑等幅振荡（因为它们不会同时出现）以及忽略系统状态变量落入洼的细节。例如，对于线性自耦合系统，其功能耦合函数 F(x)=Kx+k，x_0 为内稳态的条件是：

$$x_0 - (Kx_0 + k) = 0$$
$$-1 < K < 1$$

显然，本篇第三章第二节规定的条件正可满足如下势函数在 x_0 为极小的要求：

$$V = \frac{1}{2}(1-K)x^2 - kx$$

其极小值的条件是 $\partial v/\partial x=0$，$\partial^2 v/\partial^2 x > 0$。这个势函数曲线是以 x_0 为极小值的抛物线，K<1 意味着 x_0 正好处于抛物线的洼底。而当 K>1 时，抛物线倒了过来，x_0 成为势函数的极大值，它是不稳定的。

[①] D. R. Hofstadter, "Strange Attractors: Mathematical Patterns Delicately Poised Between Order and Chaos", *Scientific American*, Vol. 245, No. 5, 1981.

对于非线性自耦合系统，我们同样可以引进势函数，只要令：

$$V(x)=(\frac{1}{2})x^2 - \int_0^x F(x)dx$$

则 $\frac{\partial v}{\partial x}=x-F(x)=0$，$\frac{\partial^2 v}{\partial x^2}=1-F'(x)$

它意味着势函数为洼的条件恰好是 x_0 为自耦合系统内稳态的条件。这样非线性自耦合系统有多少个内稳态，完全可以看势函数 V（x）有多少个洼（当然必须注意，对于非线性系统，稳定性仅仅在稳态附近才有意义，这一点在分析吸引中心的势力范围时不可忽略）。

一旦内稳态表示成某一个势函数的洼，我们马上可利用直观洞察力来设想组织起源的机制。既然组织中维生结构的内稳态决定着组织的实际存在，那就意味着组织起源实质上变成了另一个问题，这就是首先考察组织可能性空间中的稳定性之洼。我们设想在整个相空间（状态组合空间）存在着许许多多洼。某一个洼的吸引范围代表某一种内稳态结构（形成功能耦合）。而在这个洼吸引范围之外代表另一种状态，它可能代表另一种组织，也可能没有实行功能耦合状态（见图3-24A）。显然，只要在洼以外的区域势函数是平坦的，那么只要有干扰（或涨落）就可以把系统推入洼内。在干扰（或涨落）作用下，系统状态做随机变化，但一旦进入洼内，表示稳态结构形成，系统不再做随机变化，它会被吸引到洼底。这意味着一个无组织的随机系统转化为有组织的功能耦合系统。因此，判定组织能否自发产生需要知道势函数的形状。

在讨论组织起源问题时，如图 3-24A 这样的势函数是很少碰到的，它只有在特殊条件下才存在。它意味着非组织状态是不稳定或亚稳的。对于大多数组织，特别是生命系统，非组织状态也是稳态，它也处于一个洼之中（见图 3-24B），这个洼的势函数是由热力学第二定律决定的。正如普里高津所说："均匀的温度分布对于初始的非均匀分布来说是一个吸引中心。普朗克十分正确地强调指出，热力学第二定律区分了自然界中各种类型的状态之间的差别，一些状态是另一些状态的吸引中心。不可逆性就是对这个吸引的表达。"[1]因此，要证明组织系统可以从无序中产生，必须克服两个困难：第一，证明势函数还存在着第二个洼，这对应着组织系统，也就是说，代表无序的吸引中心在相空间的势力范围是有限的；第二，系统的干扰（或涨落）足够大，可以偶然地使系统跳出洼而落到稳态 2 的势力范围中。这两个问题正是普里高津耗散结构的核心思想。

普里高津力求寻找远离热力学平衡态的李雅普诺夫函数，终于发现在远离稳态 1（热力学平衡态）的地方可能形成代表组织状态的洼，这就是耗散结构。他亦证明了对某些不太大的系统，涨落使系统跳出作为热力学平衡（无组织状态）的洼是可能的。这两点要在热力学上给予证明十分复杂。但其基本思路却十分简单。实际上，我们只要回忆一下本章第二节中的非线性自耦合系统，它已经包含了耗散结构的基本方法。我们指

---

[1] 普里戈金：《从存在到演化》，沈小峰等译，北京大学出版社 2007 年版，第 7 页。

功能耦合　　　稳态1（非组织）
A　　　　　　B

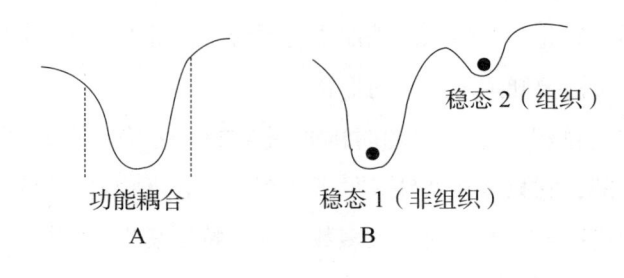

图 3-24

出，一个非线性自耦合系统，两个相邻的平衡态不可能都是内稳态。假定原点代表热力学第二定律的稳态，那么第二个稳态如果存在，必定出现在远离平衡的地方。本章第二节中曾指出，非线性自耦合系统在不稳定时可以产生巨大的随机扰动，这一点也许更为重要。因为在组织进化中，新的组织形态常常是旧组织瓦解后出现的，在旧有非线性系统瓦解前，自耦合系统可以出现巨大的随机波动，它也许正是使系统进入新组织结构的巨涨落。这种巨涨落在社会结构瓦解时经常看到。我认为，它也许能为解决耗散结构中的涨落困难提供新的思路。

实际上，生物学家早就应用类似的方法来说明进化。可以说，利用势函数的洼来说明生命组织的进化正是当代进化论的基本思想，稍有不同的是生物学家是独立地发现了它。他们不是使势函数趋于极小，而采用适应度趋于极大。突变相当于对基因序的干扰或巨涨落，而自然选择则意味着进入那些适应值最大的状态。杜布赞斯基曾这样概括适应性："每个生物都可以认为是器官或性状的一定组合，以及也是促使这些性状发育的基因的一定组合……所有这些组合，可以认为是造成一个多面性的空间，在此空间内，每个生物或可能存在的生物都有它的地位。现存的和可能有的组合，可以按照它们对于世界上现有环境的生存适应性而加以分级……所以，基因组合场可以最简单地想象为一个地形图，图中等高线象征着不同组合的适应值。"（见图 3-25）"因此，具有能够使生物占据一定生态龛的有关基因组合的类群，是以处于这种场中不同部分的适应峰（adaptive peaks）来表示的。"（见图 3-25 中的正号）"而使携带者不宜生存于任何现有环境中的不利基因组合，是以峰间的适应谷（adaptive valleys）来表示的。"（见图 3-25 中的负号）①

图 3-25　在基因组合场内的适合峰和适应谷。等高线代表基因型的适应值（达尔文式的适应性）

这样一来，进化过程就可以被看作生物从一个适应峰跳到

---

① T. 杜布赞斯基：《遗传学与物种起源》，谈家桢、韩安、蔡以欣译，科学出版社 1985 年版，第 5-7 页。

另一个适应峰。因此，生物学家认为"新种只是出现在有可以利用而未被占用的小生境"，比如鲨鱼从河流向岸边湖泊的扩展过程中产生了一个新种。特别是新近出现的协同进化论，更是强调选择压力、新种基因序的稳定性等。显然，我们只要变换一下名词，比如基因组合换成相空间，适应峰和适应谷换成正和负的李雅普诺夫函数，那么现代进化论的思路和耗散结构理论所讲的一模一样。

这里丝毫没有贬低耗散结构的意思，也绝不是说，耗散结构的哲学进化论早已被发现了。我只是想证明，如果深究当代各门自然科学方法的本质，我们可以看到一种深刻的思想汇合，它就是用可能性组合中稳定的状态来说明整体的存在。而整体哲学最重要的基本思想，则是用维生结构稳定性的破坏和再建来说明组织的发生和演变！关于维生结构的这一思想，我们已在前面多次提及了。

类似的方法也被用来说明生命组织的起源、社会合作的起源，甚至价值观的起源。价值历来被认为是不能用科学方法来研究的。为什么古埃及人信奉阿蒙神，而印度人则崇拜释迦牟尼呢？价值观的起源是社会组织研究中的难点。甚至连罗素这样的理性主义哲学家都把价值问题看作科学的边界。在《宗教与科学》一书中，他曾这样写道："我断定：虽然科学确实不能解决各种价值问题，但那是因为，它们根本不能用理智来解决，它们不属于真伪的范围。"[①] 然而，只要我们把存在和稳定联系起来，价值观也可以用科学方法来研

---

① 罗素：《宗教与科学》，徐奕春、林国夫译，商务印书馆1982年版，第130页。

究，因为一种普遍的确定的价值观也是一种确定的存在，它必须具有某种稳定性。也就是说，用科学方法可以揭示价值观的起源。在这方面最有代表性的工作是阿克塞尔罗德完成的。

阿克塞尔罗德的研究是从解决博弈论中著名的"囚徒困境"开始的。[①] 所谓"囚徒困境"是这样一个问题：当比赛的双方互相欺骗时，两人得分都是零；当两人合作时，双方都能得到一定的分数；当一方欺骗另一方成功时，成功一方得最高的分，而被欺骗者得负分。假定每个比赛者都是自私自利的，目的都是在比赛中得分最多，那么比赛者应采取怎样的行动？这是一个复杂的问题，单从某一种纯逻辑分析出发，很难找到合理的规则。因此，必须在大量比赛中来确定最优程序，而每一种程序对应着一种价值观念。1979年，阿克塞尔罗德设计了一场计算机比赛。他呼吁计算机专家各自设计一个计算机程序。每一个由某一博弈论专家设计的程序和别的程序交战200次，看最后谁得分最高。计算机模拟证明，得分最高的是被称为"一报还一报"的计算机程序。它的行动规则很简单：一、不首先欺骗对方；二、如果对方欺骗了你，你一定报复（也搞一次欺骗）；三、要宽恕，即报复过一次后，就重新采取和对方合作的态度，而不怀恨在心。更有趣的是，阿克塞尔罗德还设计了相应的"生态比赛"，即把某个计算机程序在某一轮中的得分看作"适应性"度量，由它决定下一次比赛的

[①] D. R. Hofstadter, "Computer Tournaments of the Prisoner's Dilemma Suggest How Cooperation Evolves", *Scientific American*, Vol. 248, No. 5, 1983.

某种机会，他发现在200次以后，那些以欺骗和耍手段为主的恶劣程序开始逐步淘汰，最后绝灭。经过大约1 000次比赛后，上述"一报还一报"的程序得分遥遥领先，成为占主导地位的"种群"。阿克塞尔罗德的计算机比赛结果也许暗示了在一个由自私自利的个体组成的群体中合作行为的起源。他把这些结果写进了一本著名的书《合作的进化》之中，并和一位进化生物学家汉密尔顿发表了对于进化论的一些重要推论。他们的工作获得广泛的重视，被授予1981年度的纽科姆·克利夫兰奖金。

　　我认为，阿克塞尔罗德的工作更大的意义在于对价值观形成模式的探索。没有证据表明在原始状态的人类是一个完全自私自利的种群。但"一报还一报"的程序和很多社会中普通人遵循的价值规范十分相像。当然，社会价值观念比上述原则要复杂，特别是以宗教为基础的价值观，常常带有神秘的色彩，但是从结构功能观点来看，价值观首先是一种行为规范，它在本质上是指导人们行为的准则，可以简化为某种程序。阿克塞尔罗德的工作中最为重要的是，他用稳定来说明存在。在模拟生态比赛之中，得分数就是李雅普诺夫函数。那些最终生存下来的程序对应着某个洼底（或适应度最大的峰）。价值观和稳态之间的联系是十分重要的。我曾提出过社会结构调节原理，认为一个社会的价值观和政治、经济结构是互相功能耦合的，那些实际能存在的普遍价值观一定是社会维生结构中的稳态！

第六节 小结：活的组织

现在我们可以回答一开始提出的问题，并对前三章讨论的内容做简单的总结。

为什么有组织的整体一定大于部分之和？为什么只要把组织肢解，作为整体的属性就会消失？关键在于，任何组织系统都形成了部分之间互为条件、互为因果的维系网。组织作为功能耦合系统，其中任何一个部分（子系统）存在的条件是由整体中别的子系统或它自己的功能提供的，因而一旦割断功能耦合网，每个子系统都失去了别的子系统对它功能存在必需的那些条件的提供，这样整体功能当然不复存在！在明确了整体和部分的关系后，我们又从功能耦合网出发，提出了维生结构，并从维生结构的产生和瓦解来研究组织的进化。这样，我们把活力和神秘的"有机性"一点点从组织中驱逐出去，建立了对组织性的科学解释。或许，读者觉得还有一个问题没有解决，这就是生命组织和无生命组织之间几乎存在着一种本质的不同，生命是活的，而机械、仪器是死的，但它们都是功能耦合系统。如果功能耦合系统确实抓住了组织的本质规定性，那么有生命组织和无生命组织的种种差别怎么说明呢？

确实，活的组织和死的仪器组织有本质不同。像机器这样简单的无生命组织，把它拆成零件后还可重新装配起来，而有生命的组织一经解体，各个部分就会不可避免地死亡！但这种差别完全可以用功能耦合方式来解释，这里同样不需要引进哲学上说不清的诸如"有机性"之类规定。关键在于我们必须考虑功能耦合系统的层次和复杂性。

让我们考察如图3-26A、B所示的两个功能耦合系统：在图3-26A中，功能耦合系统的两个子系统虽然实行功能耦合，但结构A存在的条件{a}和结构B存在的条件{b}不是靠功能耦合系统内部提供的。结构A、B的稳定依靠外部条件。（注意，用{x}、{y}集的映射方式定义，结构A、B是和输入与输出集层次不同的集合。）因此，这种功能耦合系统被破坏后，要修复相对容易，只要将两个子系统的输入与输出重新耦合即可，人造组织如仪器等大多有这个特点。将仪器拆成零件后，由于这些零件本身存在的条件并不是由仪器组织提供的，它们在仪器组织瓦解时通常都是稳态。因而只要将其重新组合，整体功能就会恢复。仪器组织之所以有这个特点，是因为这些零件大多是在功能耦合系统形成之前制造好的。因此，这种制造程序决定了每个子系统结构存在的条件与功能耦合网相对独

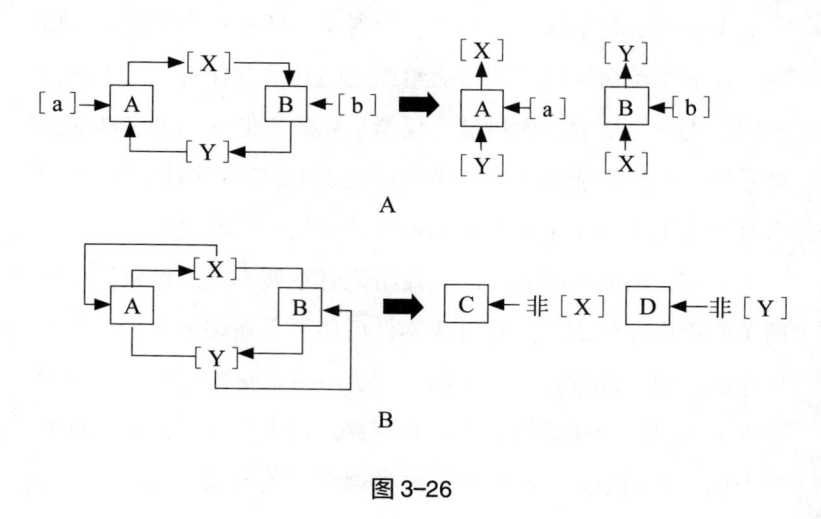

A

B

图3-26

立，否则仪器装配工作将十分麻烦！

我们可以证明这一类死的组织只是功能耦合层次相对简单的组织。当功能耦合网涉及几个层次时，组织的"活的"功能将显示出来！例如对于图 3-26B 中的功能耦合系统，子系统 A、B 存在的条件都是靠组织内部提供的。一旦功能耦合破坏，$\{x\}$、$\{y\}$ 不再是稳态，这样，以 $\{x\}$、$\{y\}$ 稳态为条件的 A 和 B 结构（它代表 $\{x\}$ 和 $\{y\}$ 之间的确定性联系）也不存在了。在非 $\{x\}$、非 $\{y\}$ 条件下，子系统结构变为 C、D 等其他状态（由外界条件而定），这时再将 C 和 D 放在一块，就不可能进行功能耦合了。也就是说，只要功能耦合是多层次的，那么肢解后它就会出现"死亡""不可能恢复"等特点。当然图 3-26B 这种系统耦合层次还不算多，实际生命组织是多层次复杂的功能耦合系统。但即使对于如图 3-26B 这样包括两个层次功能耦合的简单组织，它也有类似于"活的"性质，因为这些组织的部分一经从整体中取下，由于存在条件破坏，每个子系统都会发生不可恢复的变化，也可以说是"死了"。当然，我们说这些多层次的功能耦合系统一旦分解，每个子系统结构都会变化，这并非断言这些子系统绝对不可能从组织中剥离出来；只不过要"剥离"就需要人为地提供子系统生存的条件。

实际上，现代医学早已证明，活的组织可以从整体中取下后仍然活着，比如细胞和动物器官，只要我们人工提供生存条件，它们仍然可以在体外存活。当然这些条件的控制往往是十分复杂的，要模拟得和整体中原有的条件完全一样是十分困难的。

活的组织的功能耦合系统层次复杂，而且各个层次互相纠缠，这个特点本身就暗示着它们的起源和机械性组织是不一样的。它们不像仪器那样先制造零件，再实行功能耦合。它们的生成过程中，功能耦合和层次的出现，包括子系统结构的形成，要和功能耦合同时进行！对于如图 3-26B 那样简单的双层次组织，还可以用本章第五节组织起源的模式来解决。对耦合层次很多的复杂组织，组织从无组织状态直接起源不可能，因为巨涨落一下子把一个混乱系统推进到极为复杂的组织之洼是不可思议的。那么它是怎样生成的呢？众所周知，自然界每天都在生产这些活的组织，生命组织的形成确实有着统一的模式，这就是生长！我们必须迈出更勇敢的一步，去研究生长的机制。

第四章　生长的机制

众生从时间中流出，随同时间增长，又在时间中隐没，时间无形而有形。

——《奥义书》[1]

生长从来就笼罩在神秘的阴影之中……

第一节　从蝴蝶花纹和圆锥曲线的关系讲起

英国生物学家托马斯·赫胥黎在他的名著《进化论与伦理学》中引用过一个著名的童话故事"杰克和豆茎"。据说杰克种下一颗豆子，这颗豆子一个劲儿地长，长得耸入云霄直达天堂。杰克顺着豆茎爬上去，发现了一个新奇的世界。赫胥黎把进化论比作这颗神奇的豆子。他相信进化论已提供了一种研究组织演变的基本方法，认为这种方法是普遍有效的，甚至可以从中推出伦理学的准则。[2]赫胥黎是具有远见卓识的。在本篇第三章第五节的讨论中，我们分析了耗散结构理论和当代系统论研究组织起源的基本思路，它们虽然应用了复杂的数学推导

---

[1] 《奥义书》，黄宝生译，商务印书馆2010年版，第376页。
[2] 赫胥黎：《进化论与伦理学》，《进化论与伦理学》翻译组译，科学出版社1971年版，第32-33页。

和定量研究，但从方法论上看，它们和古典进化论大同小异。[1]

然而，一个十分重要的问题却被赫胥黎忽略了，这就是他所讲的豆茎本身！豆子为什么可以从一颗种子开始发芽生长，直到开花结果？我们知道，组织常常有一个奇妙的性质：它会生长！细胞长大并产生分化，生物从受精卵变为胚胎，又从胚胎发育成复杂的机体，社会组织从简单到复杂。生长不仅意味着组织系统量的变化，更重要的是内部子系统增多，关系日益复杂和组织规模的扩大，其各种功能的日益复杂完善。为什么有的组织系统会生长？为什么生长总是意味着从简单到复杂？这是一个十分迷人的问题。众所周知，进化论已经建立100多年了，但是生命组织的成长至今还是一个谜。正如1972年诺贝尔生理学或医学奖获得者埃德尔曼的研究所揭示的，从已有的遗传学和进化理论中，无法直接得出适当的发育理论。[2]

---

[1] 例如，美国经济学家和社会学家博尔丁在20世纪50年代尝试把进化论的方法引入社会发展研究。他把"变异""适应""选择""生境"等概念加以推广，认为它们能说明社会演化的历程。参见Kenneth E. Boulding, "Organizing Growth", *Challenge*, Vol.8, Issue 3, 1959。

[2] 每个生物体中的遗传指令为神经发育提供了一般性的限制，但它们不能指定每个发育中的神经细胞的确切目的地——因为这些神经细胞会生长和死亡，大量迁移，并且其方式完全无法预测：正如埃德尔曼经常说的，它们都是"吉卜赛人"。胎儿发育的变迁本身会在每个大脑中产生独特的神经元和神经元群模式。即使是拥有相同基因的同卵双胞胎，在出生时也不会拥有完全相同的大脑：皮层电路的细节将大不相同。埃德尔曼指出，这种可变性在几乎任何需要精确和可复制性的机械或计算系统中都将是一场灾难。但在一个以选择为中心的系统中，后果完全不同：这里的变异和多样性本身就是本质，是达尔文主义作用的基础。上述理论也得到了相关实验的佐证。在20世纪八九十年代，印第安纳大学布卢明顿分校的　（下接第459页脚注）

也就是说，组织的生长发育和进化机制是完全不同的，如果说进化论、当代系统论和耗散结构理论已经提供了组织起源的机制，但仍解释不了组织的生长发育。在组织起源和进化的过程中，从非组织状态到组织状态是一个准随机过程（我们曾将其比作在涨落作用下落入势函数注的过程），但组织生长发育却不是随机过程，当生长条件具备时，它是很确定的！因此，仅仅了解进化和组织起源，只解决了问题的一半，生长、发育是有组织的整体演变方式的重要部分！那么能不能从功能耦合系统出发推出生长过程的一般模式呢？我认为，虽然生命系统发育的细节尚不清楚，但是，从方法论上揭示生长所遵循的最一般的机制是有可能的。在前几章我们已将一切组织概括为功能耦合系统，提出它都有维生结构和内稳态，这些概念正是一棵神奇的杰克的豆茎，只要我们顺着这条思路勇敢地贯彻到底，就有可能从方法论上洞察形形色色生长过程的秘密，从而对组织理论做出重要的贡献。

先从一个例子讲起。蝴蝶和蛾类翅膀上五颜六色的图案一直是生物学家注意的对象。人们早就知道，蝴蝶翅膀上大约有10万种不同的花纹，它们在使蝴蝶适应环境方面有着重要功能（大多是防止天敌侵犯的保护色）。

（上接第458页脚注）埃丝特·西伦和她的同事们一直在进行关于婴儿运动技能发展（如观察、抓取物体）的细致分析。西伦写道："对于发育理论的研究者来说，个体差异构成了巨大的挑战……发育理论在应对这一挑战方面尚未取得太大成功。"部分原因是个体差异被视为外在因素，而西伦则认为，正是这种差异，即个体之间的巨大变异，促使了独特运动模式的演化。（Oliver Sacks, "Making up the Mind", *The New York Review*, April 8, 1993.）

20世纪七八十年代，科学家研究了图案形成的机制。令人惊异的是，这一切居然是从发现蝴蝶翅膀图案和圆锥曲线之间存在某些意想不到的关系开始的。从图 3-27 我们可以看到蝴蝶翅膀上的图案和圆锥曲线之间有着奇妙的联系。[①] 比如图 3-27A 中，翅膀中的花纹呈圆形，它正好是用一个平行于圆锥底平面的平面切割圆锥得到的结果。当切割圆锥的平面不平行于底平面时，我们得到椭圆，椭圆也是在蝴蝶翅膀中常见的图案。当用图 3-27C 所示的折叠面切割圆锥时，我们得到新月形图形，将这个图案投影到底平面上，就可看到另一种常见的花纹。同理，当切割圆锥的折叠面变成曲面（见图 3-27D），我们将得到更为复杂的蝴蝶翅膀上的花纹……蝴蝶翅膀上的花纹居然可以用不同曲面切割圆锥得到，这一事实使生物学家深感震惊。每当人们找到现象之间某些意想不到的数学联系时，往往已经到达发现其本质的门槛。早在两千多年前，古希腊哲学家就通过切割圆锥知道了圆锥曲线的基本性质，当 16 世纪的天文学家们了解到天体运动轨道就是不同类型的圆锥曲线时，它意味着有可能用统一的理论来阐明天体运行轨道。那么发现蝴蝶翅膀图案和切割圆锥得到的曲线有关，是不是同样意味着我们可以理解这些图案形成的机制呢？科学家正是这样做的。

[①] H. Frederik Nijhout, "The Color Patterns of Butterflies and Moths", *Scientific American*, Vol. 245, No. 5, 1981.

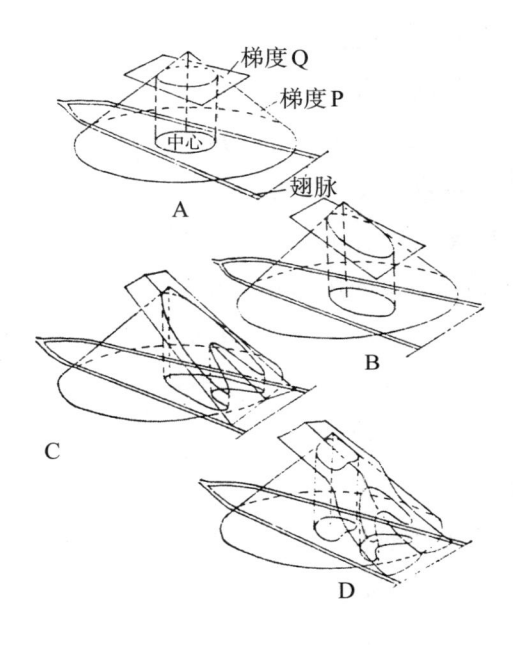

图 3-27

　　关键的一步是阐明圆锥的意义。生物学家早就知道，图案的形状取决于色素的分布，而色素往往在存在某种特殊化学物质时才能有效合成，那么，是不是可以把圆锥理解为这种化学物质的浓度梯变呢？生物学家构想了如下模型：某种促使色素产生的特殊的化学物质从某一个中心细胞（它正好处于圆锥顶端位置）分泌出来，这种物质均匀地向四周扩散，那么这个圆锥实际上是表示在蝴蝶翅膀上中心细胞周围各点的浓度逐渐减少的趋势。而用图 3-27A 中平行于底平面的平面切割圆锥，实际上正好意味着在某一个确定的浓度范围之内，色素才合成，一旦这种化学物质低于这个浓度（用图表示就是这个切平面上下面区域）就形不成色素。这样只要这种促使色素合成的特殊化学物质浓度扩散是均匀的，那么一定会形成圆形图案。同样图 3-27B、C、D 则意味着色素合成不是直接取决于临界浓度，而是浓度的线性或非线性函数，或者表示扩散不是均匀的，或者表示几个扩散中的互相作用。这确实是一个十分简单的机制。[1]

今天生物学家虽然还不知道这些图案生成的具体化学过程，但上述机制已在很大程度上得到证实。首先，蝴蝶翅膀图案的形成过程中，确实存在着一个中心细胞，它担负着分泌某种控制色素合成的化学物质的作用。早在 20 世纪 30 年代，哥廷根大学的动物学家屈恩和冯·恩格尔哈特做了一系列实验，他们对地中海地区的大斑粉螟翅膀的图案中心细胞进行了烧灼，发现只要将中心细胞杀死，彩色图案就不再形成。这个实验后来又在其他蝴蝶身上重复了多次，证明由中心细胞分泌某种化学物质来控制图案形成的机制是存在的。[2]

表面上看，这个例子仅仅是关于蝴蝶翅膀花纹的小问题，它和组织生长发育的一般机制无多大关系。但是，可以先从这个具体例子出发，总结生长过程必须具备的条件，然后通过这些条件分析发现生长发育的一般模型。从方法论上看，这个例子证明，蝴蝶翅膀图案的形成过程需要两个前提。一方面，生长是一个需要某种条件引发的过程，比如色素合成取决于某种特殊物

---

[1] H. Frederik Nijhout, "The Color Patterns of Butterflies and Moths", *Scientific American*, Vol. 245, No. 5, 1981.

[2] H. Frederik Nijhout, "The Color Patterns of Butterflies and Moths", *Scientific American*, Vol. 245, No. 5, 1981.

质，某种特殊物质的存在可以引发一种过程，这一点看来并无特异之处。然而，机制的另一方面是人们常常视而不见的，这就是这个控制色素合成的物质源源不断地从中心细胞分泌出来，向四周扩散。图案的形成取决于浓度梯度的确定性，而这是很难的，它要求这种控制色素合成的物质分泌是一种稳态!

本篇第三章已说明了组织系统是生存于大量内外干扰之中的。我们可以问，如果中心细胞分泌这种控制色素合成的化学物质的浓度不是内稳态，那会造成什么后果？随着中心细胞分泌化学物质的浓度由于干扰而无规则地变化，图3-27中那种代表浓度稳定扩散的圆锥就不复存在，因而蝴蝶翅膀上各点色素的出现是乱七八糟的，根本形不成确定的图案。如果蝴蝶翅膀上的某一种图案是适应于某一种特定环境的，那么这种花纹乱七八糟的蝴蝶的命运只可能是灭亡。在这个例子中，某种化学物质的分泌仅仅担负着色素合成的功能，如果它们的功能更为复杂，比如促使细胞的分化形成某种特定的器官，而浓度梯度控制着器官的形状，那么稳态的破坏带来的后果更为严重，它不再是图案没有确定的形状，而是发育出来的器官是畸形的，甚至根本不能形成器官，那么建立在这种特殊器官之上的功能也就不复存在了。

这个例子暗示我们，生长过程似乎和内稳态有着内在联系。第一，一个低层次的内稳态可以控制和激发一个确定性过程（如化学物质控制一定图案和器官的生存）。第二，从另一个层次看来，生长形成的东西似乎也是内稳态。因为从维持生存的角度分析，生物特定性状、形态都是维持种群生存的维生结构的内稳态。这就要问，生长是不是和某种从一个层次的内稳态达到另一个层次的内稳态的过程有关呢？从 20 世纪 30 年代坎农发现组织系统的内稳态以后，控制论和系统论又进一步指出了组织系统维持内稳态的机制和内稳态形成的条件有关。我们在本篇第三章提出，任何组织系统都有维生结构，组织系统功能耦合本身必须是维生结构的内稳态。现在我们可以进一步想象，内稳态也许不仅对于维持生存是重要的，而且参与了生长过程，是组织生长过程的基础。

第二节　内稳态对生长的意义

我们从蝴蝶翅膀图案形成中得到的启发有没有普遍意义呢？自然界的组织系统是这样千姿百态，生命组织、生态组织一直到社会组织，它们的结构，在自然界的位置以及层次都是不同的。然而我们发现，虽然这些组织生长的具体过程并不相同，但都有一个共同点，这就是任何组织生长都必须以某种稳态存在作为前提。我们先来看一下生态组织。图 3-28 是怀特姆森林中生态系统的部分。① 方框中每一个子系统代表了某一种群，箭头主要代表了食物链。这些箭头仅仅是这些子系统功能耦合网的一小部分。因为功能耦合不仅代表一个子系统为另一个子系统提供食物，还代表一些物种（比如树林）为另一种物种提供适当的环境（生境），提供保护，甚至包括物种之间

---

① 彼得·W.普赖斯：《昆虫生态学》，北京大学生物学系昆虫学教研室译，人民教育出版社 1981 年版，第 49 页。

的互相调节作用，总之它是一切子系统之间所有各种相互关系的总和。它是比图 3-28 更为复杂的一个功能耦合网。现在我们问，这样复杂的生态组织是怎样形成的？

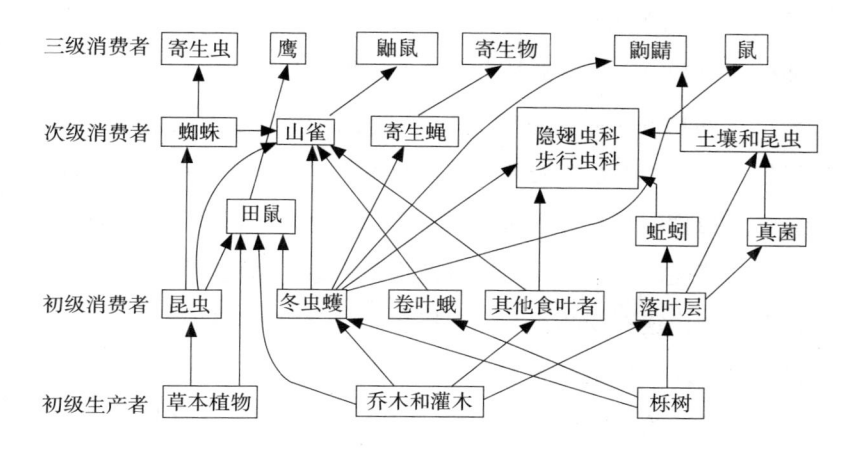

图 3-28　由埃尔顿、瓦利等人研究发现的在
怀特姆森林群落中的生态组织

我们可以假定起初这是一个不毛之地，或者只是地表上有一层薄薄的苔藓，但这里雨量充足。显然这时此地的生态组织是简单而原始的，昆虫和其他物种在这里找不到足够的食物，由于缺少植被保护，水土流失也是经常发生的。因此从土壤的有机质到植被本身都处于一种不稳定状态。一场大雨、一次干旱都可能使整个系统的各个部分发生巨大的变化。这里生态平衡很差，自然条件反复无常，不存在很多生物种群生存的条件。

可以肯定，一开始必须形成图 3-29A 那样较为简单的功能耦合网，土壤必须厚到一定程度，以充分满足青草、灌木和乔木的生长条件，而郁郁葱葱的草原森林不仅可以对水土流失起到保护作用，甚至可以在局部形成一种小气候，对降水量有一定的调节作用。也就是说，只有形成A这样一个简单的组织后，在充分的功能耦合中，三个子系统的一些有关变量都成为某种内稳态后，第一批昆虫和食草动物才会迁居到这里。昆虫和食草动物的来临和繁殖肯定对原来的内稳态构成某种扰动，但是只要干扰不至于大到破坏A的内稳定性（比如铺天盖地而来的蝗虫把绿色植物吃光而使系统A瓦解），虽然昆虫和食草动物会消耗掉一定数量的绿色植物，但绿色植物的数量仍可保持在一个稳定不变的状态（内稳态应具有受外来影响时调整自己以继续保持稳定的能力）。

由于系统A仍是内稳定的，它将持续提供各式各样稳定的条件，除昆虫和食草动物的食物外，厚厚的落叶层为蚯蚓和真菌的生存提供生存环境，这样以昆虫和蚯蚓为食的鼠类和雀类

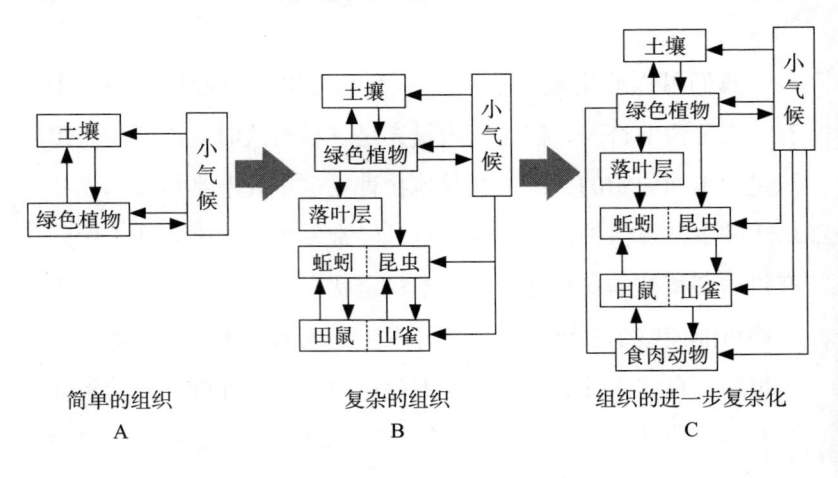

简单的组织　　　复杂的组织　　　组织的进一步复杂化
　　A　　　　　　　B　　　　　　　　C

图 3-29

就可以在这里定居了。我们发现，在 A 的内稳态基础上又建立起一个新的功能耦合系统，它们是由昆虫、鼠类、雀类等新的子系统组成的。

新的子系统形成了新的功能耦合网，这时整个生态组织已由 A 变为 B，B 比 A 大大复杂化了，不仅子系统增多，而且由于新的功能耦合网的形成，可以形成新的内稳态。例如，在新的功能耦合网中，新的种群形成互相调节的关系，使得昆虫、鼠类、雀类、蚯蚓的数目成为内稳态，这些新的内稳态是原组织 A 所没有的。这些新的内稳态的出现，为鹰、狼等食肉鸟兽迁入这个地区提供了条件，而在 A 没有生长成 B 之前，这是不可能的。然而，过程并没有到此完结，新的种群迁入又形成新的功能耦合网。这样生态组织不断复杂化，一直发展到生态学家在怀特姆森林群落中发现的各个子系统的功能耦合如同蛛网一样纵横交错、眼花缭乱的状态。从这个例子我们可以看到，组织生长实际上是这样一个过程：

内稳态→新的功能耦合网→新的内稳态→进一步建立功能耦合网……

这个例子确实颇为形象，它可以为我们抽象出的组织系统生长的共同机制提供直观图像。本来组织系统都是功能耦合系统，因此，组织的生长意味着功能耦合网的自动扩张（在原有的功能耦合网基础上不断形成新的功能耦合网）。

仅仅这样理解，我们很难概括出功能耦合系统自动扩张的机制。但我们在本篇第三章已证明一个基本定理：任何组织系统都有维生结构，并且生长过程中的和生长成的组织一定也是稳定的。因此，任何功能耦合网的上述扩张必定同时意味着维生结构的生长。一旦从维生结构自动扩张角度来研究生长，那么问题可以大大简化。因为维生结构的性质相当单纯，它只涉及新的稳态能否不断形成的问题。

我们在本章第一节已说明，生长过程第一步是从原有功能耦合网的稳态开始的，这个稳态可以引发一个过程。当有某种基础的维生结构的稳态可以引发一个过程，而这个过程又刚好能形成一个新的功能耦合网时，那么新形成的功能耦合网就可以形成新的内稳态。我们在本篇第三章第二节中已证明，只要新形成的功能耦合系统满足适当条件（它是稳定的），就会造成新的稳态，如果这些新的稳态又能引发新的功能耦合网，那么这个过程就自动进行下去。作为维生结构的功能耦合网越来越大，这就是生长。因此我们可以把生长过程表示为图 3-30，

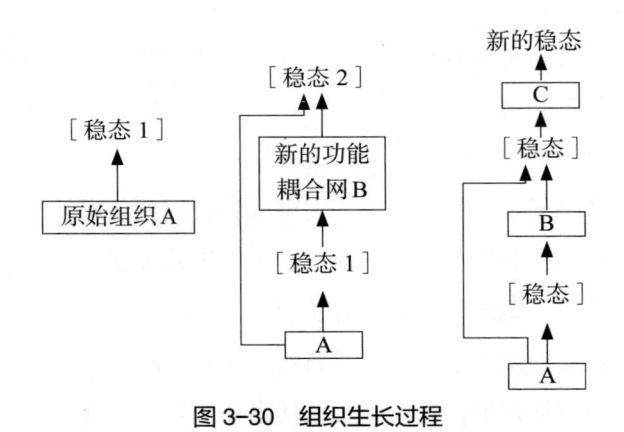

图 3-30　组织生长过程

第三节方框表示一个组织(或者它的维生结构),它是由于系统功能耦合而成的,它将提供一系列稳态。而组织的生长可以看作在这些稳态条件下形成新的功能耦合网的过程。

第三节　货币的起源和神经系统的发育

如果我们的概括是正确的,它必定可以在各个领域中得到证实。我发现,它确实能说明一些目前耗散结构理论和组织进化理论不能说明的问题。但在实际应用时,首先,我们必须严格区分组织生长和组织从无序中发生这两种不同的过程。在生命系统中,两者存在着明显的差异;但在社会组织的演变中,人们常常将两者混为一谈。一般说来,组织从无序中发生是一个准随机过程,而且由无序转向有序经过的中间状态一般不是稳态。[①]只要回忆一下本篇第三章第五节,系统中代表无组织的洼转到代表组织的洼往往要经过不稳定态,这一点便清楚了。但是,如果组织复杂程度的增加过程自始至终都是稳态,这就是一个组织生长问题。这样,在社会处于稳定时期,社会组织的复杂化大多是属于组织生长问题,而不是起源问题。原因不难理解,社会是由人与人之间的关系和人与物之间的关系组成的一张巨网。这个功能耦合网逐步复杂化。新的关系网的确立需要一系列条件,而在社会稳定时期这些内稳定性则又依

---

① 我们在本篇第六章第六节"无组织力量和熵增加的异同"中还会讨论这个问题。

赖于原有功能耦合网。

在社会科学研究中，人们常常发现，一些较为复杂的组织是从简单组织演化来的，演化的中间环节常常是稳定的、一意确定的。这时组织起源就很难用耗散结构理论和进化论来解释。商品经济的起源和发展就是明显的例子。商品经济的增长意味着建立市场，企业形成发达的分工，以及由分工和交换组成的耦合网在地域上和性质上的扩大。

它首先需要社会的稳定作为基本条件。在自给自足的乡村社会中，商品经济从起源到发展是一个近于连续的稳定过程。首先是安定的社会条件（这意味着社会秩序是稳态）使集市和物物交换有了可能。物物交换意味着出现某些不同产品生产者的耦合，在耦合中出现了作为等价物的货币。货币的发明和稳定更进一步促进交换和分工耦合网的扩大，最后形成巨大的商品经济供求系统耦合网。这里每一个中间态都是稳定的。商品经济的扩展在任何一个稳定社会中都是一种近乎确定的过程，它属于组织的生长。因此，我们可以运用上一节所讲的生长模型来说明其机制。非常有趣的是，利用上一节的模型可以非常清楚地解释货币是怎样起源的。

显然，货币的产生是市场经济组织起源的关键。但人类为什么会发明货币？这既不可能是一个突变，也不可能是经过选择而进化的过程。实际上，货币的产生正是通过功能耦合导致"稳态→稳态促进功能耦合扩大→……"这样一个组织生长链。在货币产生以前，以物易物造成的耦合的规模是很小的，分工也不可能完善，因为只要分工稍复杂一些或交换物品多到一定程度，就会经常出现交换者供求不能互相耦合的情况。比如，一个渔夫将剩余的鱼拿到集市上想换一件衣服，而一个裁缝手中有衣服，却想用衣服换谷物，农民拿来了谷物，却需要锄头，锄头只有铁匠铺里有，但铁匠坚持只有用鱼才能换一把锄头。如果进行以物易物，虽然这四个人在总体上都看到对方手中有他们想换的东西，但任何两个人都不能成交，因为任何两个人的需求和供给都不能耦合起来。这样，进一步扩展商品经济形成更复杂的分工是不可能的。

那么，怎么才能使买方和卖方顺利耦合呢？唯一的办法是让他们共同承认一种有价值的东西。但东西的价值只有在交换中才能表现出来，如果一种东西从来不进行交换，它便不可能被人们认为是有确定价值的。问题的关键在于，买方和卖方顺利耦合需要某些东西的交换比简单的交换更为稳定，只有这样人们才会认为它们是有价值的东西，也就是说商品经济进一步成长的条件之一正是依赖于在物物交换这种耦合中产生出某个新的内稳态。我们知道，随着以物易物的经常进行（局部耦合），这种局部耦合会使得某些物品（如贵金属、贝壳等）和别的东西的交换先成为稳态（它们为什么先成为稳态，可以从交换条件来推知），它们就被人们认为是有固定价值的东西，它可以和任何一种别的东西进行交换，这样货币就产生了。货币一旦产生，任何两个不同分工的劳动者和企业都可以通过市场耦合起来，也就是说，货币作为稳态的出现造就了新的耦合（见图3-31）。这些新的功能耦合也可造就很多新的稳态，如新的专业化产品供应、信用系统等。①商品经济一天比一天完善，规模也日益增大。除经济结构外，政治体制的建设，以至整个社会结构网的生长都是这样。当然，生长过程中，形成怎样的功能耦合网和它基于哪些稳态有关。它们展开的条件和速度在不同组织内部是不一样的。

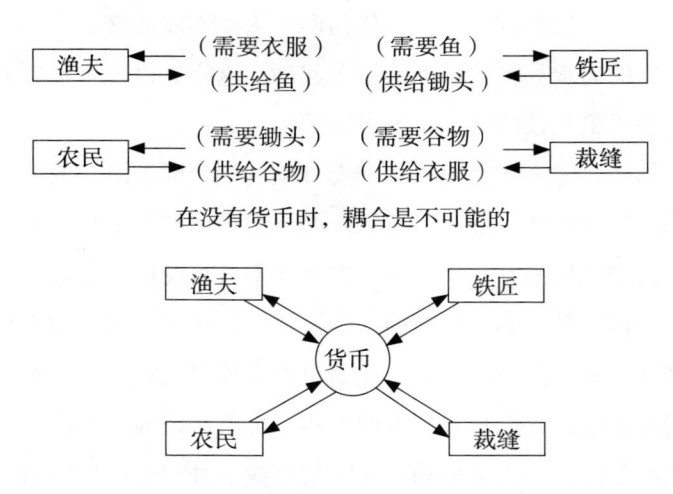

```
渔夫 ←（需要衣服）（需要鱼）← 铁匠
    →（供给鱼） （供给锄头）

农民 ←（需要锄头）（需要谷物）← 裁缝
    →（供给谷物）（供给衣服）
```

在没有货币时，耦合是不可能的

```
渔夫         铁匠
   ↘       ↙
    货币
   ↗       ↖
农民         裁缝
```

子系统可耦合，最终出现稳定的分工

图 3-31

---

① 目前学界对货币起源存在各种各样的解释，包括货币作为价值尺度促进了交换，货币通过促成礼物赠送和互惠将不同的社会团结在一起，货币延续了社会等级制度，货币作为国家权力的一种媒介，等等。(Chapurukha Kusimba, "When–and Why–did people first Start Using Money?", The Conversation, https://theconversation.com/when-and-why-did-people-first-start-using-money-78887.) 一旦从功能耦合的角度来分析货币的起源，就会发现上述解释都属于货币带来的功能耦合网络的成长的一部分。

但是，功能耦合网的生长必然通过如图 3-30 所示的过程，只要新出现的功能耦合网不再形成新的内稳态，那么功能耦合网也就不可能进一步扩大。当生长过程中某一层次的内稳态被破坏，生长过程也就必然停止了，这一点我们将在本篇第五章讨论。当然，在社会稳定时期，并非一切社会组织的变化都属于组织生长而不是组织发生，我们必须对具体问题做具体分析。

在组织系统生长之中，最令人感到神秘莫测的是生命系统的生长。在蝴蝶翅膀的图案生长的例子中，我们虽然看到了某种特殊细胞（或物质）的形成依赖于控制这种细胞形成过程的物质的稳态，但是形成细胞仅仅是生长过程中的一个环节，生长还意味着某一类细胞互相连接起来构成特定的器官，它和内稳态有没有关系？我们在有机体的生长发育中是否能同样发现图 3-30 所示的"内稳态→新的功能耦合网→新的内稳态……"这种必要的程序呢？有机体的生长过程太复杂了，它不像生态系统和社会组织的生长那样易于观察其进程的细节。不过，这方面已经出现一些突破，似乎证明了我们提出的生长所遵循的一般程序在方法论上是正确的。一个重要的例证是胚胎发育中神经系统的形成。神经系统的形成最关键的一步是神经细胞按特定方式连成网络，神经系统发育必定经历如下几步：首先细胞分化形成特定的神经细胞，接着这些细胞根据功能需要用特定的方式连接起来，形成神经组织。我们对这个过程的细节所知甚少，但关于这方面已获得某些重要进展，这似乎证明我们提出的关于内稳态在促使变量之间建立联系的概括是正确的。人们不仅发现神经细胞的形成受某些物质稳态的控制，而且这些神经细胞形成后，互相连接形成网络的过程也取决于某些控制物质的稳态。

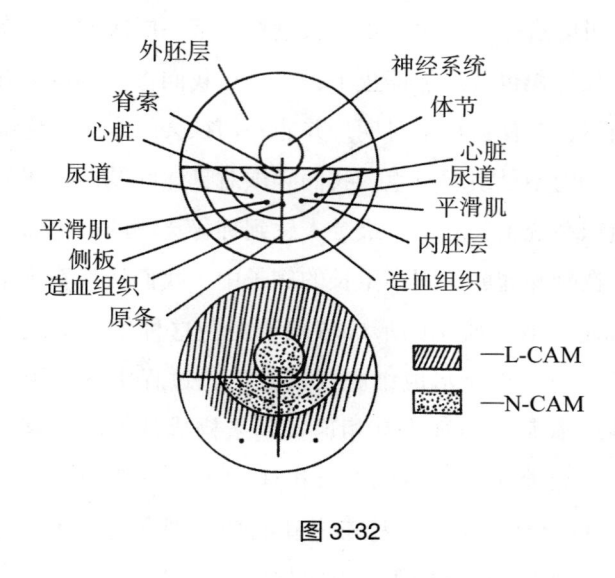

图 3-32

图 3-32 是一个胚胎的剖面，人们早就知道，正是那处于外胚层和内胚层中间的区域发育成神经系统。科学家通过分析发现，在发育过程中，某种被称为N-CAM的物质在这个区域处于不同的稳态。那么是不是N-CAM控制着神经元的连接呢？埃德尔曼有一个著名的发现：神经细胞用特定方式互相粘连以形成器官，就取决于这种特殊化学物质N-CAM。图 3-33 是蒂埃里根据对神经嵴细胞的研究，发现N-CAM如何控制神经细胞连接的某些机制。在图 3-33 中，我们可以看到神经管部位形成特殊的神经细胞，接着这些细胞脱离神经管，经过一番类似布朗运动的过程，慢慢集中在一起，形成神经节（见

图 3-33A 的右方）。而图 3-33B 则是观察到相对应的 N-CAM 和纤维结合素浓度变化曲线。将这两张图对照起来，我们就可以发现一个有趣的关联：当 N-CAM 处于低浓度状态时，神经细胞可以做类似于布朗运动的随机运动；而当 N-CAM 处于高浓度状态时，随机运动停止，神经细胞发生连接。而且，显而易见，图 3-33 中 N-CAM 的两个浓度均是稳态。同样，纤维结合素浓度也有两个稳态，一个代表低浓度，另一个代表高浓度。正是这两种物质的稳态控制着神经细胞的状态：做布朗运动，还是合在一起发生连接。

可以想象，当纤维结合素处于某一个稳态（浓度高），而 N-CAM 处于某一个稳态（低浓度）时，这些刚造出来的神经细胞做随机运动。当 N-CAM 的浓度变到另一个稳态（高浓度），而纤维结合素处于低浓度时，互相独立的神经元互相连接起来，组成复杂的神经系统。这正如开关一样，N-CAM 从一个稳态变到另一个稳态，决定了这些细胞之间是否应连接起

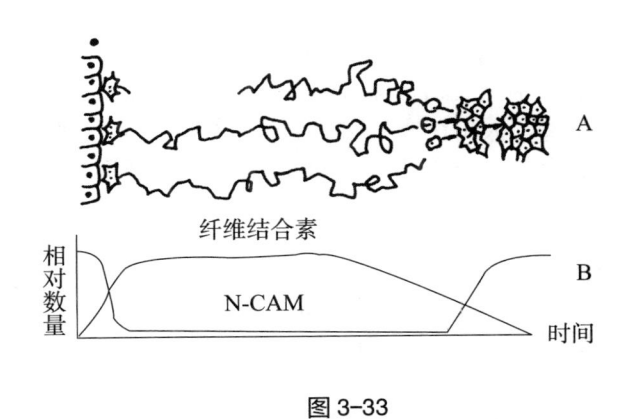

图 3-33

来。① 这是一个稳态控制生长发育极好的例子。

只要阐明细胞连接也取决于稳态，那么整个生长过程必定就是以"稳态→新的功能耦合→新的内稳态……"这种交替程序展开的了。因为细胞连接就是形成某种新的功能耦合，会造就新的稳态。实际上，图 3-30 所示程序贯穿于生长各个阶段。在胚胎发育过程中，神经系统的形成必须基于某些化学物质的稳态（它最初由 DNA 控制）。而神经系统形成后，它本身就是生命组织功能耦合网的一部分，在它的调节下，可以产生一系列新的稳态。而胚胎发育完成之后，有机体的进一步成长就不仅取决于 DNA 的调节，也和神经系统调节下的各种新稳态的形成密切相关了。总之，现在我们虽然不太清楚组织系统生长的细节，但是从宏观的方法论角度看，任何生长过程总是以稳态为基础的，生长随着新的稳态建立而继续，当新的稳态不再形成或稳态不足以形成新的功能耦合网时，生长也就随之停止了。目前，人类对生命系统生长发育的具体过程还所知甚少。②

---

① 相关研究请参见 Gerald M. Edelman, "Cell-Adhesion Molecules: A Molecular Basis for Animal Form", *Scientific American*, Vol. 250 No. 4, 1984。
② 进入 21 世纪之后，人们对神经系统生长的认识逐渐加深，并有科研人员陆续开发出基于人类多能干细胞的神经发育模型，包括神经类器官和生物工程神经管发育模型。2024 年《自然》上发表的一篇论文中，作者团队开发出了首个能产生早期阶段的人类中枢神经系统的完整模型的干细胞培养方法。具体来说，作者团队在实验室中培育出了人类中枢神经系统最早发育阶段的微型三维模型。这种新模型是一种类器官体———种由活体组织制成的微型化、三维模型，旨在模拟人体器官的独特复杂性。该类器官在实验室中生长了 40 天。这是科学家首次在实验室中模拟胚胎大脑和脊髓的所有组成部分。这一类器官能比传统动物模型更准确地捕捉人类生物学，可以帮助 （下接第 477 页脚注）

476　我的哲学探索

我们发现，埃德尔曼在图 3-34 中所表达的发育机制和我们用以表示组织生长的图 3-30 几乎一样。每一个方框表示一个子系统，它本身就是一个功能耦合系统，它提供某些稳态，控制下一个系统。生长过程表示在某个起始的组织系统控制下形成另一个新的系统，最后控制器官形态的形成。

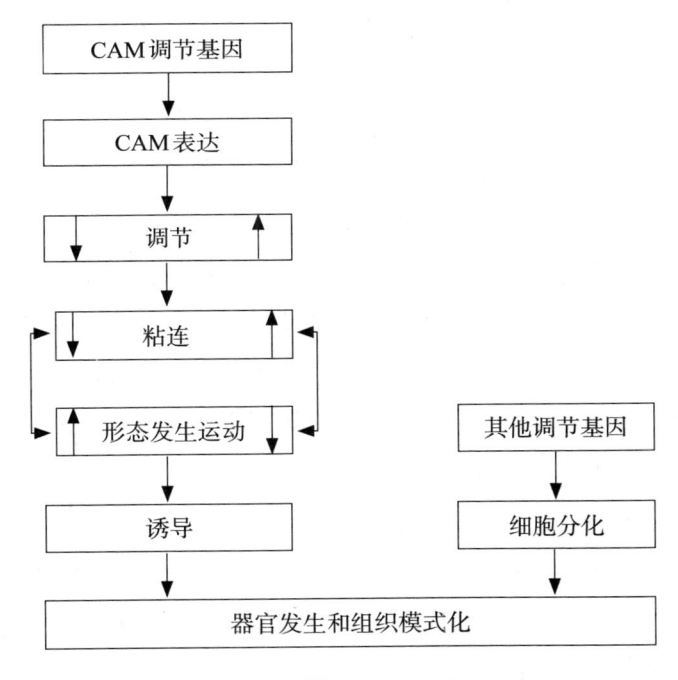

```
CAM 调节基因
    ↓
CAM 表达
    ↓
调节
    ↓
粘连  ↔
    ↓
形态发生运动  ↔
    ↓
诱导              其他调节基因
                      ↓
                  细胞分化
    ↓                 ↓
器官发生和组织模式化
```

图 3-34

（上接第 476 页脚注） 研究人员更准确地预测哪些处于研究阶段的药物可能在人体中成功，而不仅仅是在实验皿和小鼠中。(Emily Cooke, "Mini Model of Human Embryonic Brain and Spinal Cord Grown in Lab", Live Science, https://www.livescience.com/health/neuroscience/mini-model-of-human-embryonic-brain-and-spinal-cord-grown-in-lab; Xufeng Xue, et al., "A Patterned Human Neural Tube Model Using Microfluidic Gradients", *Nature*, Vol. 628, Issue. 8007, 2024.）

第四节　生长作为层次展开：超目的与超因果

我举出了种种事实来证明生长的一般模式，但这仍然只是归纳，只说明了现象。为什么组织生长必须遵循图 3-30 所示的模式？如果不从理论上阐明其根据，还是没有真正理解生长的机制。图 3-30 所示的机制中，功能耦合网造就新的内稳态的原理，我已在本篇第三章第二节中分析过。其中的困难是，为什么内稳态会促使形成新的功能耦合网？我再三指出，组织生长和组织从无序中自发产生是不同的，前者是一个一意确定的过程，后者是一个准随机过程，依靠的是稳定性注成为吸引中心。对于前者，关键却是在于稳态如何控制新功能耦合网的建立。正是这些稳态的控制作用才使生长成为一个确定的建设过程，因此我认为，只有理解了这一环节，才能使我提出的生长过程一般原理具有科学性，才能洞察生长的机制。为了从理论上阐明为什么只有靠稳态才能一意确定地建立功能耦合，我们先来分析一个著名的例子。

维纳在《控制论》一书中曾把一个随机的、没有组织的系统比作《爱丽丝漫游奇境记》里的槌球比赛。"在那里，槌球棒是火烈鸟；槌球是慢条斯理地伸张着和自顾自地爬动着的刺猬；球门是纸牌上的士兵，他们也会自动爬起来随便活动活动；而棒球规则是性情暴躁、捉摸不定的心牌皇后的命令。"[1] 维纳这个比喻十分妥帖，因为任何一个混乱的、没有组织的系

---

[1] N. 维纳：《控制论》，郝季仁译，科学出版社 2009 年版，第 36 页。

统，无论是一群分子，还是一些互相冲突的机构，它们之间互相独立、各行其是的状态可以说成是无组织。也就是说，爱丽丝和童话中的各个角色不是一个有组织的球队，而是没有组织的混乱系统，原因在于各个子系统没有耦合起来，而是互相独立的。就拿爱丽丝打槌球而言，它必须有刺猬（A）、爱丽丝（B）、火烈鸟（C）、纸牌士兵（D）四个子系统协调动作才行，即当某一个子系统做出一定输出时，其他子系统必须以此为输入而做出（输出）规定的相互动作。比如火烈鸟一旦看到刺猬把身子卷起来作为球时，必须把脖子伸直充当球棒，也就是说，这五个子系统的输入与输出必须互相耦合起来。然而，现在实际情况是每个子系统自顾自行动，当刺猬刚把身子卷起来当球时，火烈鸟则抬起头不再充当球棒；当爱丽丝好不容易将球和球棒收拾好，作为球门的纸牌士兵却走开了，在这种条件下发一个球都是困难的，更不用说整个复杂的槌球比赛了。

我们知道，A、B、C、D都是有输入与输出的子系统，输入是它们获得的信息，输出是它们的动作。输入与输出是什么关系，取决于每个子系统的内部状态（或结构）。既然它们都有输入与输出，为什么A、B、C、D这四个子系统不能耦合呢？关键在于这四个子系统都不处于稳态。为了对这个问题做深入分析，我们做一个简化的假定，A、B、C、D四个子系统内部都有两个状态，一个表示它们愿意充当槌球场上的各种角色（记为A_1、B_1、C_1、D_1），另一个状态则意味着它们不愿充当槌球场上的各种角色（记为A_0、B_0、C_0、D_0）。只有A、B、C、D内部状态同时处于A_1、B_1、C_1、D_1时，A、B、C、D四个子系统才能实现输入与输出的耦合。现在这四个子系统内部状态变化是独立的（或者随机的），假定每个子系统愿充当球赛角色的概率为½，那么显然爱丽丝能够发一个球的概率只有 $\frac{1}{2^4}=\frac{1}{16}$，球赛当然无法进行了。

显然，只要对 A、B、C、D 四个子系统进行某种控制，严格使它们处于 A_1、B_1、C_1、D_1 四个状态，即使干扰使 A、B、C、D 的状态偏离 A_1、B_1、C_1、D_1，也有一种机制使其自动恢复到正常状态，也就是说，只要 A_1、B_1、C_1、D_1 是内稳态时，那么爱丽丝的槌球场除了充当角色的成员与平常不同外，它和人们正常的槌球场没有本质差别。一般说来，控制 A_1、B_1、C_1、D_1 为内稳态需要靠一个外来组织者的规定。但是，在《爱丽丝漫游奇境记》中，颁布这些规定的却是反复无常的红桃皇后，皇后的命令以及槌球场的规则都不是内稳态，这样整个系统当然毫无组织、乱七八糟了。

那么，这样一个混乱的系统真的没有办法组织起来吗？显然不是这样，我们只要先造就一个适当的内稳态，比如制定槌球场的规则，并使这个内稳态控制 A、B、C、D 的内部状态都成为内稳态时，A、B、C、D 四个不能耦合的子系统就可顺利耦合起来了（见图 3-35）。非常有趣的是，中国古代有一个著名的故事"孙子练兵"，讲的正是这种混乱系统是怎样组织起来的。当吴王把一群不守纪律的宫女交给孙子去操练的时候，孙子一开始面临着和爱丽丝在槌球场类似的情况。但孙子首先宣布操练规则，确定每个子系统在什么条件下应该做什么（这实际上是让各个子系统知道它们应处于什么状态才能实行

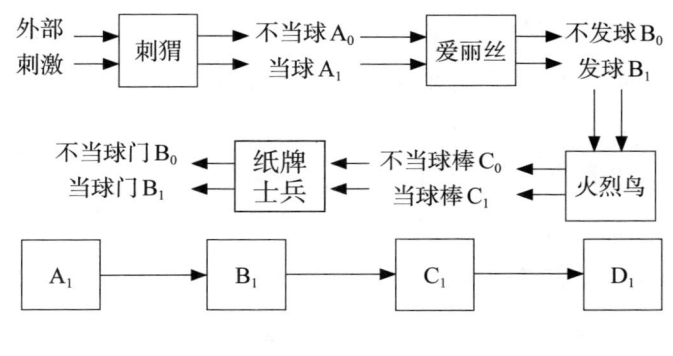

```
外部刺激 → 刺猬 → 不当球 A₀
              → 当球 A₁ → 爱丽丝 → 不发球 B₀
                                  → 发球 B₁ → 火烈鸟
不当球门 B₀ ← 纸牌士兵 ← 不当球棒 C₀
当球门 B₁              ← 当球棒 C₁

A₁ → B₁ → C₁ → D₁
```

图 3-35

功能耦合），然后用铁的纪律来约束每个子系统，使这些状态成为内稳态，这样当孙子杀了两个不服从指挥的宫女后，整个系统就变成了一个井然有序的军事组织。

上面两个故事虽然简单，但确实揭示了内稳态和组织生长过程之间深刻的内在联系。生长是功能耦合网的扩大，它需要更多的子系统耦合起来，而内稳态的作用正在于它可以建立耦合，使原来无关的一些随机变量（或系统）成为一个耦合系统。一个变量成为内稳态，即意味着它不再做随机变化而具有确定的值。为什么一个或几个变量由随机的成为确定的，会导致两个变量之间建立起确定的联系呢？这确实是一个十分重要的哲学问题。上面两个例子具有太多人为规定的色彩。现在我们来分析一个科学上的例子：$PV=nRT$，这是众所周知的理想气体定理，对于任何一种理想气体，它的温度、压强、克分子数一定遵循上述公式。但是，我们能不能说，在任何时候，当理想气体温度升高时，体积一定成正比地膨胀呢？显然，不能这么说，问题在于压力 P 和克分子数 n 并不确定。当 P 和 n 做随机变化时，V和T之间并没有一一对应的关系。但是，一旦P和n成为内稳态，它们的值就是固定的，那么理想气体的T和V之间就存在一一对应的正比关系。这里，正是控制P和n使之成为内稳态，才使我们建立起T和V之间的一一对应关系。

但是这和组织的建立有什么关系呢？让我们改变一下问题的提法。设想需要制造一架温度自动调节器，它是一个最简单的组织系统。显然，从功能上讲，制造一架温度调节器，是实行如图3-36所示四个变量的耦合："T→V"代表温度测量，即当温度T变化时，另一个用于反映温度的量V要随着变化。"V→（V_0-V）"表示实际温度值变为温差信号。"（V_0-V）→O"表示用温差的大小来控制电炉（或发热器），（V_0-V）越大，电炉放热（O）越大。"O→T"表示电炉放热和温度升高之间的联系。毫无疑问，这四个变量的耦合是用不同仪器来实现的，"T→V"代表温度计，"（V_0-V）→O"代表温差控制的电炉，而"O→T"则是热力学定律的必然结果，所谓设计一个调节器实际上只是用物质手段建立这四个变量之间耦合的过程。我们可以证明，并用仪器来实现这个组织。

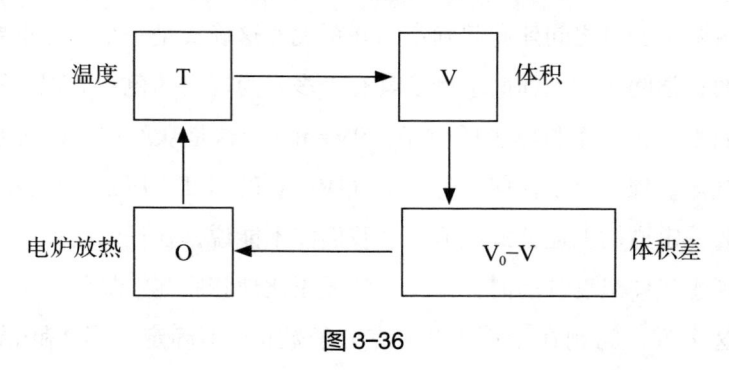

图 3-36

表面上看是使用各种器件，但实际上它意味着控制某些变量为内稳态。比如，我们可以用理想气体定律来制造温度计（当然这可能很笨）。这时，我们可以把克分子数固定的稀薄气体密封起来，再用一个装置来维持其压力不变，一旦我们用技术手段做到这一点，只要看一下气体体积量 V 就知道了温度的高低。因此，制造温度计和控制 P、n 这两个变量使之成为稳态，完全是同一回事。我们可以证明，上述分析不仅适用于制造各种类型的温度计，而且适用于制造其他任何一架仪器，只要仪器的功能可以表示为在条件 C_1 下具有功能 F_1，或者说仪器的一个变量 C_1 和另一个变量 F_1 之间具有一一对应的关系。

首先，制造仪器一定要依据一个普通的因果律（它是仪器的原理），它可以表达为：当条件 C_1、C_2、$C_3 \cdots C_N$ 存在时，我们可以观察到功能 F_1。当 C_2、$C_3 \cdots C_N$ 为随机变量时，C_1 和 F_1 之间是没有一一对应关系的，而制造仪器无非是控制 C_2、$C_3 \cdots C_N$ 为内稳态。当然，在制造电炉或反映温差装置等部件，即实行"V→(V_0-V)"和"(V_1-V)→O"耦合时，我们要用到较为复杂的原理，但它只是表示我们需要控制较多的随机变量使之成为内稳态而已，包括图 3-37 组织生长机制示意框图焊接导线（使位置成为内稳态）等。这个例子表示，只要合适地使某些变量成为内稳态，那么这些内稳态就能建立一些新的变量之间的联系，完成某种新的变量之间的功能耦合。

恒温器是一个太简单的组织（任何最简单的有机体都要比它复杂千百万倍），但我们看到，即便是制造恒温器，都需要控制许多变量为内稳态。当存在着外来组织者时，这些内稳态是靠外部来实现的。而在组织生长过程中，这些内稳态必须由组织本身来提供。

我们在本篇第一章曾证明，功能耦合可以使某些变量成为内稳态。那么一个会生长的组织，它形成新的功能耦合网所必须实现的内稳态，必定是用原有组织中功能耦合网来形成的内稳态。这样，我们可以把生长的机制描述如下：首先是存在着一个基本的功能耦合系统A和B，它的输入和输出是$\{x_1\}$和$\{y_1\}$，由于A和B功能耦合，$\{x_1\}$和$\{y_1\}$集中形成某些内稳态。而这些内稳态建立了另外两组变量$\{x_2\}$和$\{y_2\}$的两种联系：一个是C，它意味着$\{x_2\} \to \{y_2\}$；另一个是D，它是$\{y_2\} \to \{x_2\}$。这样，就形成C和D之间新的功能耦合网，而这个新的功能耦合网有了四个内稳态组$\{x_1\}$、$\{y_1\}$、$\{x_2\}$、$\{y_2\}$，它又可建立起另两个变量$\{x_3\}$、$\{y_3\}$之间的耦合（见图3-37）。因此，我们就不难理解为什么生长总是遵循"内稳态→新的功能耦合网→新的内稳态……"这种交替进行的程序了。关键在于，形成新的功能耦合网所需要的众多内稳态，需要依次制造出来，而不能一下子在原有的组织中全部具备，因而生长总是一个从简单到复杂的过程。

从方法论上搞清了组织生长的一般机制，我们马上可以理解，为什么只有少数组织才能生长，而一台收音机、一条被砍下的蜥蜴尾巴、海洋中的洋流等虽然也是功能耦合系统，有的甚至是相当复杂的组织系统，却不会生长。

组织生长有两个必要条件：第一，原有组织提供完备的内稳态，这些内稳态能适当配合，以产生新的功能耦合；第二，功能耦合创造出的新稳态会进一步促成新的功能耦合，即组织

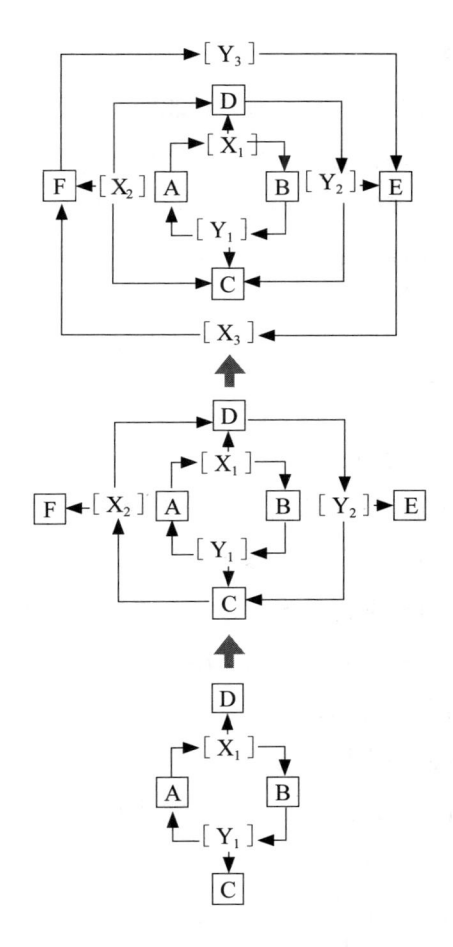

图 3-37　组织生长机制示意框图

生长内稳态要自动增加，必须通过"内稳态→新的功能耦合网→新的内稳态……"这样一条链。当这条链中断时，或某个组织系统所提供的内稳态虽然很多，但不足以合适地配合起来形成新的功能耦合网以创造新的内稳态时，组织将不会自动走向复杂化。无论是制造恒温器，还是《爱丽丝漫游奇境记》里的槌球场，又或是建立一个具有专门职能的行政机构，都不仅需要控制相当多的内稳态，而且建立在这些内稳态基础上的各种变量之间的联系要恰好能耦合起来，这确实是十分困难而艰巨的工作。至于生命系统中各种因果过程的耦合则复杂到难以想象的地步，有时"万事俱备，只欠东风"，只要是一个内稳态，或者某一个内稳态的控制出现错误，新功能耦合网不仅不能生成，原有的功能耦合系统都会遭到破坏。在生命系统的生长过程中不乏这方面的例子。

在生命系统中，生长过程是受DNA控制的，DNA不仅决定了在生长过程中哪些内稳态逐步实现，而且还决定了它们什么时候出现，什么时候互相配合。人体在生长过程中，要依靠各种各样的氨基酸来合成蛋白质作为组成有机体的元件。众所周知，人体中存在着如图3-38A所示的一个反应，用食物中的苯丙氨酸来制造人体必需的酪氨酸。这个反应只有在一种特殊的酶的存在下才能进行，而这个特殊酶浓度的稳态是受某个基因控制的。但是在某些近亲血缘关系的婚姻中，常常缺少这个基因，从而使这个特定的酶不处于稳态。这样一来，一个副反应发生了，苯丙氨酸和氧反应生成苯丙酮酸，它对人的神经系统有毒害作用，会导致人的神经功能失常，患上痴呆。苯丙氨酸虽然受特殊酶的作用，但只要条件稍有变化，使得这个特殊酶的稳态消失，原有的因果过程就会变为另一个因果过程，它和整个人体组织不能实行功能耦合，从而损害了整个组织。

长期以来，组织的生长常常被看作奇特的悖论，它肯定不

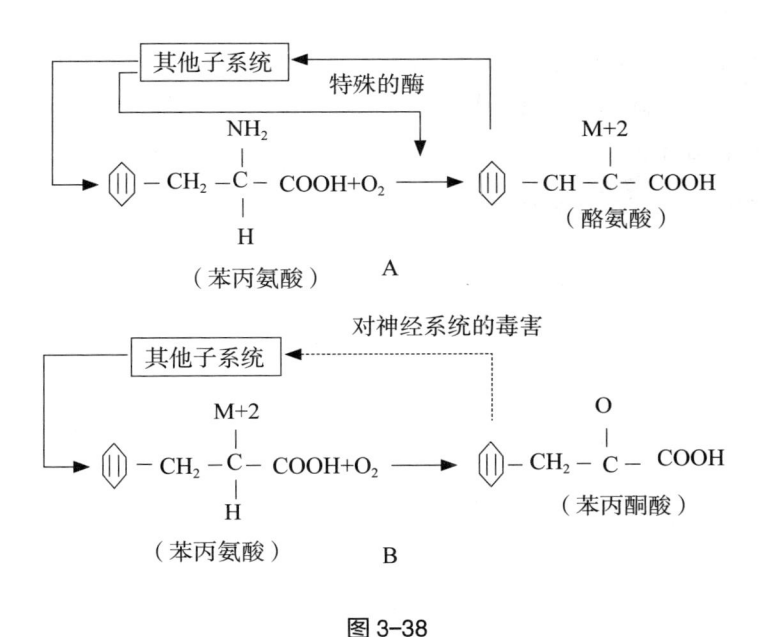

```
                 特殊的酶
  ┌──→ 其他子系统 ←────────┐
  │         NH₂           │        M+2
  │         |             │         |
  └→ ⬡ —CH₂—C—COOH+O₂ ──→ ⬡ —CH—C—COOH
            |                      
            H                      （酪氨酸）
       （苯丙氨酸）    A
```

```
                对神经系统的毒害
  ┌──→ 其他子系统 ←┄┄┄┄┄┄┄┄┄┐
  │         M+2           ┆        O
  │         |             ┆        ‖
  └→ ⬡ —CH₂—C—COOH+O₂ ──→ ⬡ —CH₂—C—COOH
            |                      
            H                      （苯丙酮酸）
       （苯丙氨酸）    B
```

图 3-38

同于广义因果律，却和因果过程一样，是一意确定的。它肯定不同于一般的目的性，却包含了原有目的的展开过程。它是一种超因果、超目的的现象。亚里士多德在他著名的"四因说"中专门设立了一种目的因，很大一部分是用来解释有机体的生长过程。近代科学兴起后，目的论虽被抛弃，生长过程却始终是个谜。由于它和因果律的关系不清楚，从 18 世纪以来，不少哲学家不得不从"活力""有机性""隐得来希"等方面来对它进行解释，更使生长蒙上一层神秘的色彩。现在，生长机制中非科学的神秘主义的鬼魂终于可以完全被驱逐出去了。我认为，生长和广义因果律并不矛盾，它正好是一个组织层次的展开，它奇妙地依靠了内稳态和功能耦合之间互相生长的关系。

它处于两者之间,表明一个系统在某些特定条件下,功能耦合会使一些随机变量成为稳态,而稳态可以使自然界潜在的因果性得到实现,它又导致新的稳态……生长不过是这样一个特殊的稳态形成的序列而已。

第五章 组织的结构、容量和形状

一切自然都是艺术,你所不知;一切机会都是方向,你所不见;一切冲突都是和谐,你所不解;一切局部的恶,都是普遍的善。尽管有傲慢,尽管理性会犯错,一条真理分明:凡是存在都正确。

——蒲柏[①]

结构稳定性这把金钥匙,正在打开形态发生之谜的黑箱……

第一节 组织的层次和结构稳定性

探讨生长机制涉及一个重要的问题——组织的层次。子系统的功能耦合可以是多层次的,组织越复杂,耦合的层次往往越多。一个多层次功能耦合系统一定存在相应多层次的维生结构或功能。这样,我们必须考察多层次维生结构的稳定性。

对于多层次的维生结构或功能,仅仅用本篇第三章第二节的自耦合分析来研究稳定性是不够的,自耦合分析只能解决某一个层次的稳定性,在多层次维生功能中,我们必须考察两个

---

① Alexander Pope, *An Essay on Man*, Bobbs—Merrill Educational Publishing, 1965, p. 15.

不同层次内稳态之间的关系。有时候，组织内每个层次都是稳定的，但层次之间的耦合却可以导致不稳定，这就必须研究组织的结构稳定性问题。

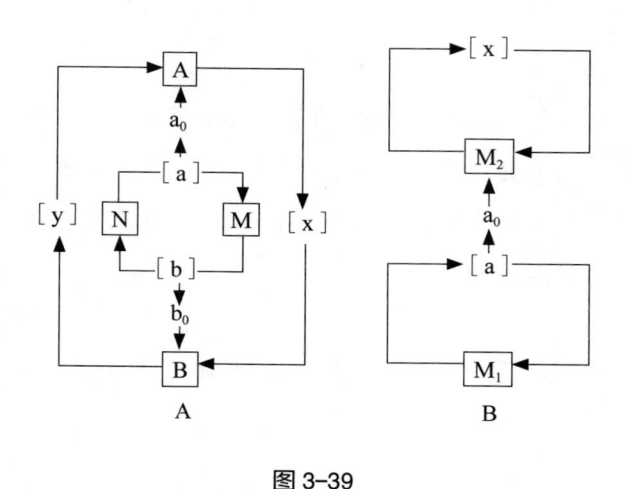

图 3-39

图 3-39 中表示一个最简单的双层次功能耦合系统，我们在本篇第四章第四节中曾用它说明生长的最简单的模型。A 和 B 表示 {x} 和 {y} 之间两种不同的功能函数关系。子系统 A 和 B 的功能耦合可以形成 {x} 和 {y} 集的内稳态，令其中一个稳态为 x_0、y_0，但 A、B 的功能耦合是建立在另外（另一层次）两个内稳态 a_0、b_0 基础上的。a_0、b_0 的值不变时，才能使 A 和 B 的结构（x 和 y 的函数关系）不变。而 a_0、b_0 又是另一个功能耦合系统 N 和 M 的内稳态。如何研究这个简单的双层次组织的稳定性？显然，第一步是用蛛网法分别研究由子系统 A、B 组成的耦合系统和由子系统 N、M 组成的耦合系统的稳定性。

但这并不够，因为在这个双层次组织中，N和M功能耦合系统的扰动会影响A、B耦合系统。这里特别要重视的是干扰传递的方式，a_0、b_0的微小变化会引起子系统A、B功能耦合方式的改变，从而影响x_0、y_0的稳定性。在A与B的耦合中，x_0、y_0虽是内稳态，但并不能保证当A、B耦合方式发生微小改变时仍为内稳态。我们知道，组织系统的结构处于内外干扰的海洋中，内稳态的意义并不是指某一变量数值绝对不变，而是指系统受到微小干扰时，稳定机制能自动将干扰消除，使系统回到稳态。因而a_0、b_0两个稳态会经常变为$a_0+\Delta a$、$b_0+\Delta b$，那么有一个问题我们必须高度重视，这就是a_0和b_0受到微小干扰时，会不会破坏x_0、y_0这两个内稳态呢？

我们可以证明，在某些条件下，a_0、b_0两个稳态受到微小干扰时，x_0、y_0仍是内稳态，而在某些情况下，虽然子系统A、B的耦合可以使x_0、y_0为内稳态，但只要a_0、b_0两个值稍许偏离稳态，x_0、y_0便不再是稳态。在前一种情况，我们称组织系统是结构稳定的，后一种情况系统功能耦合稳定性被破坏，我们说结构是不稳定的。显而易见，任何一个多层次的维生结构或功能，不仅要求每个层次的功能耦合系统是稳定的，而且要求它是结构稳定的。那么，在什么条件下多层次维生功能的结构稳定性会被破坏呢？下面我们来做简单的讨论。

我们可以把图3-39A那样的双层次维生结构或功能看作图3-39B那样的两个互相关联的自耦合系统。令自耦合系统M_1的功能函数为$F_1(a)$，自耦合系统M_2的功能函数为$F_2(a)$。这里a是参数，当a取不同值时，M_2的功能函数是不同的。显然根据本篇第三章第二节的讨论,当功能耦合系统M_1和M_2都稳定时,M_1的内稳态a_0和M_2的内稳态x_0分别满足如下方程:

$$\begin{cases} a_0 = F_1(a_0) \\ -1 < F_0'(a_0) \leq 1 \end{cases} \quad (方程3-4)$$

$[当F_0'(a_0)=1时,考虑高阶导数]$

$$\begin{cases} x_0 = F_2(x_0, a_0) \\ -1 < \left.\dfrac{\partial F_2'(x, a_0)}{\partial x}\right|_{x=x_0} \leq 1 \end{cases} \quad (方程3-5)$$

$\left[当\dfrac{\partial F_2'(x, a_0)}{\partial x}\right|_{x=x_0} =1时,考虑高阶导数]$

现在假定a_0受到干扰,成为$a_0+\Delta a$,受干扰后x_0不再是内稳态,因为M_2的函数关系变了。显然,只要当Δa充分小时,自耦合系统M_2是稳定的,而且新的内稳态$x_0+\Delta x$和x_0的差也充分小,整个系统才是结构稳定的。否则,就会出现本篇第三章第一节一开始所讲的一块小小的多米诺骨牌倒掉引起大楼崩溃的现象。也就是说,结构稳定性的条件是:当$\Delta a \to 0$时,必定有$\Delta x \to 0$。因此只要我们求出Δx和Δa的关系式,就可以判定结构是否稳定。

显然,如果当a_0变为$a_0+\Delta a$时,M_2的内稳态变为$x_0+\Delta x$,那么$x_0+\Delta x$必定满足如下方程:

$$\begin{cases} x_0+\Delta x=F_2(x_0+\Delta x, a_0+\Delta a) \\ -1 < \left.\dfrac{\partial F_2(x, a_0+\Delta a)}{\partial x}\right|_{x=x_0+\Delta x} \leq 1 \end{cases} \quad \text{（方程 3-6）}$$

因为 Δa 为无穷小，Δx 值也不太大时，方程 3-6 可以用幂级数展开，即有

$$x_0+\Delta x=F_2(x_0, a_0)+\dfrac{\partial F_2}{\partial x}\Delta x+\dfrac{\partial F_2}{\partial a}\Delta a$$

再考虑方程 3-5，可以得到

$$\Delta x=\dfrac{Ka_0}{1-Kx_0}\cdot \Delta a \quad \text{（方程 3-7）}$$

其中

$$Kx_0=\left.\dfrac{\partial F_2(x, a)}{\partial x}\right|_{x=x_0}$$

$$Ka_0=\left.\dfrac{\partial F_2(x, a)}{\partial x}\right|_{a=a_0}$$

在一般条件下，$Ka_0 \neq 0$，这因为如果 $Ka_0=0$，则意味两个层次功能耦合系统是局部不相关的，这当然不符合双层次功能耦合系统的基本前提。这样我们可以得到一个十分重要的结论：当 $Kx_0=1$ 时，第一个层次功能耦合系统 M_1 内稳态的微小扰动会引起第二层次功能耦合系统 M_2 稳态的巨大扰动。这样

这个双层次功能耦合系统就是结构不稳定的。

显然，如果功能耦合系统 M_2 是线性的，那么当它是稳定的时候，必定有 $1 < Kx_0 < 1$，因此只要线性自耦合系统本身稳定时，它必定也是结构稳定的。但对于非线性系统，问题就不同了。这时，功能耦合系统 M_2 可以是稳定的，但不一定是结构稳定的。因为对于非线性系统，当 $Kx_0=1$ 时，x_0 是否处于内稳态要由 $F(x_0)$ 在 x_0 点的高阶导数决定。例如图 3-40 所示的非线性自耦合系统。$F(x)$ 曲线在 x_0 点的一阶导数为 1，但 x_0 仍可以是内稳态（用蛛网法就可以证明）。但当 A 受到微扰，该内稳态不被破坏（见图 3-40A）。为什么线性系统和非线性系统会有这么大的差别呢？关键在于理解 $Kx_0=1$ 的物理意义。

我们先来考察线性自耦合系统。根据本篇第三章第二节的讨论，线性自耦合系统功能函数可以写成：

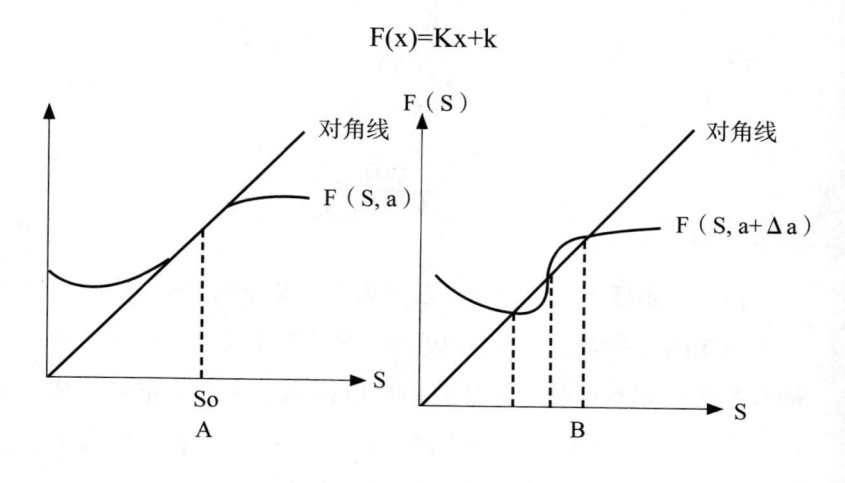

$$F(x)=Kx+k$$

图 3-40 结构不稳定的内稳态

当K=1时，系统处于随遇平衡中，即任何一个x值都是平衡态，由于随遇平衡没有抗干扰能力，所以随遇平衡不是内稳态。在非线性系统中，当$Kx_0=1$时，由于非线性，x_0虽然还可以是内稳态，但在x_0点附近，自耦合系统也是一个准随遇平衡。我们用蛛网法可以证明，在x_0点左右，系统受干扰后要经过充分长时间才能回到稳态，也就是说，$Kx_0=1$意味着这一内稳机制抗干扰能力在x_0点相当微弱。因此，只要功能耦合网本身稍受干扰，这一内稳态就会被破坏，可能分裂为两个内稳态或出现其他情况（见图3-40B）。

组织系统的结构稳定性是一个十分重要的性质，我们知道，绝大多数功能耦合系统都存在几个层次，因此维生结构或功能都包括两个层次以上的功能耦合网，那些由组织生长而成的复杂功能耦合系统，层次则更多。因此，我们总可以认为，任何一个组织的维生结构或功能不仅是稳定的，而且是结构稳定的。结构稳定性是研究组织理论的金钥匙，依靠它可以得出很多重要的推论。本章我们将从结构稳定性出发，来导出组织系统一些普遍存在但凭直观难以把握的性质。

第二节　结构对容量的限制：为什么生长有极限？

结构稳定性推出的第一个重要结论是：任何一个结构固定的组织生长必定有一个极限。在当代自然科学和社会科学的研究中，人们曾普遍地应用逻辑曲线来研究增长过程（见图3-41）。逻辑曲线是人们研究指数增长时发现的。当系统中某一数量的增长速度和这一系统本身的大小成正比时，系统就会出现指数增长的现象，例如细菌的繁殖、细胞分裂、科学文献的增加，在某一阶段都服从指数规律。但是系统一直按指数增长是不可思议的，根据逻辑推断，任何指数增长到一定程度，其增长速度必定会受到其他种种因素的限制而越变越小，最后增长速度降为零。因此，生长曲线一般都呈S形，当超过某个量（增长曲线的拐点）时，增长趋于一个极限。正因为如此，人们也常把增长曲线称为S曲线或逻辑曲线。

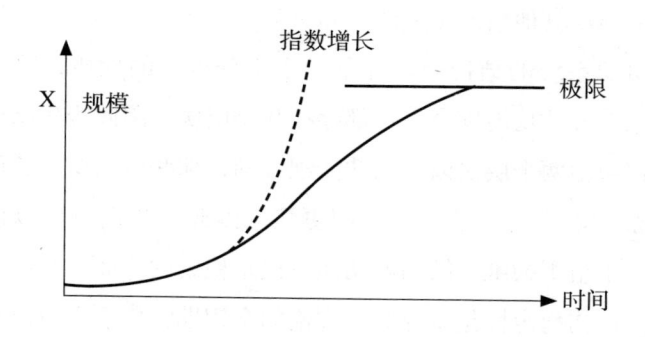

图 3-41　逻辑曲线

在细菌繁殖等简单例子中，增长的逻辑曲线确实概括了生长的逻辑，因为正是资源的局限最后限制了生长的速度。但是必须指出，S曲线的应用目前已远远超出人们用一般逻辑对它进行解释的范围。它几乎被运用于一切组织系统。人们发现，任何具有某种基本结构的组织系统的生长都会碰到极限。但这个极限却不是仅仅用外部资源和增长所需物质条件的限制所能解释的。因为，对于绝大多数复杂的组织，远在外部资源和物质条件构成限制之前，组织早就停止了生长。我们在本篇第四章第二节中曾举了一个生态组织生长的例子，在生态学中被称为生态演替。在演替过程中，无论是生物总量还是生物种群的数目都有一点极限（见图3-42）。[①]用资源（也就是外界输入生态系的能量流）的限制来解释生物总量增长有一极限已相当勉强，大多数生态组织远在这个极限到达前，就停止增长了，而且系统的复杂性极限更难理解。众所周知，在生物总量不变时，生态系统复杂性的差别可谓悬殊。一般说来，当生态系统复杂到一定程度，其组织系统就不再进一步复杂化了，是什么构成复杂性的极限呢？又例如南瓜的生长，它也符合S曲线，但这个极限并非营养条件决定的，当南瓜成熟后，我们还可以照样施肥，但这并不意味着南瓜还可以长得更大，这个极限也不是能用其他物理因素的限制来解释的。

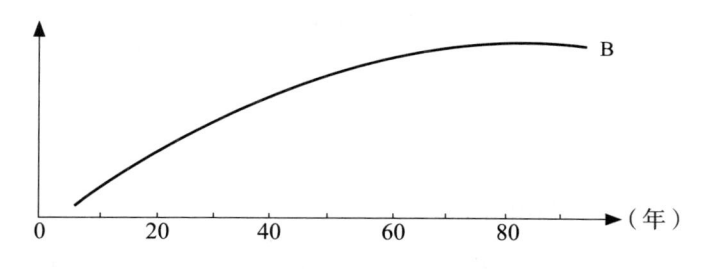

图 3-42 在演替中导致森林顶级的趋向，B为总生物量

组织系统在生长过程中达到极限过程的方式是各不相同的。有的组织，只要它活着，就一直在增长。图3-43A是橡树

[①] 彼得·W.普赖斯：《昆虫生态学》，北京大学生物学系昆虫学教研室译，人民教育出版社1981年版，第374页。

的生长曲线，非常奇怪的是，橡树在其整个生命存在期都不停止生长，只不过到它临近寿命极限时，生长速度越来越慢，最后才趋于零。图 3-43B 是哺乳动物在出生前后的增长过程，图 3-43C 是它们一生的生长曲线。例如，人在 25 岁以后就不再长高了。显然，不能用资源和物理条件限制来解释这种差别。因此，含含糊糊地用指数增长不可能解释生长的极限。在大多数情况下，它什么也没有说明！因此，我们需要一个能揭示机制的理论，它既能指出组织生长的极限，又能说明达到极限的方式。

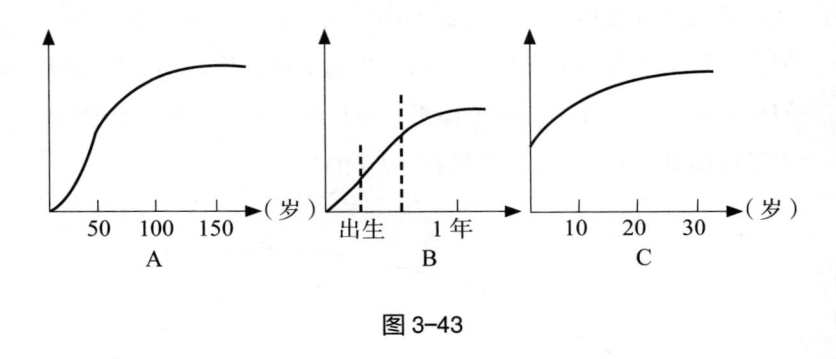

图 3-43

我认为，利用组织理论能对生长过程的极限提供更为深刻的理解。组织结构稳定性研究可以表明，为什么在一些复杂组织成长过程中，远在达到资源局限所规定的极限之前，组织生长过程早就停止了。我们知道，生长是功能耦合网的扩大，从维生结构或功能角度来分析，它是维生结构或功能层次的展开，即一个基本维生结构的稳态，控制了一个新的维生结构的形成。因此，生长过程高度简化后，看来是如图 3-44 所示的维生结构组成的链条。原则上讲，只要条件合适，这个链条可以无限增长，组织的功能耦合网可以无限复杂。但实际上，这却是不可能的。关键在于当层次过多时，系统结构稳定性必定被破坏。

我们来分析方程 3-7，因为 $\Delta x = \dfrac{Ka_0}{1-Kx_0} \Delta a$，这就是说，最基本的结构（生长的起点）所受的干扰会沿着维生结构传遍整个链。在很多情况下 $\Delta x > \Delta a$，这是因为 $\dfrac{1}{1-Kx_0}$ 可能是一个相当大的数值：$\dfrac{1}{1-Kx_0} > 1$。因此，当某一个组织系统是一个类似于图 3-44 的金字塔式多层次耦合系统时，处于较低

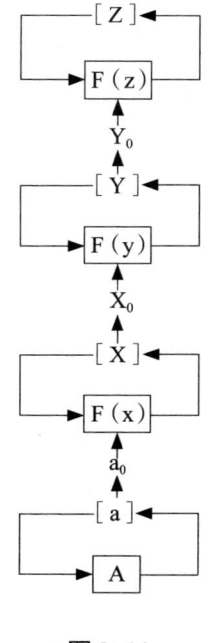

图 3-44

层次的内稳态所受的微小扰动，经过多次放大到达最后层次时，扰动可能变得相当大。而对于非线性系统，当 Δx 过大时，即使最后层次的 $Kx_0 < 1$，自耦合系统也可能出现稳定性破坏的混乱局面。这时候，建立新的内稳态已不可能，生长必然停止。也就是说，当功能耦合系统层次复杂性达到一定程度时，结构稳定性会下降，每随着一个新的功能耦合系统生成，必然给组织带来新的干扰的可能性，这样我们看到一个互相加剧的过程：一方面是结构稳定性在慢慢降低，另一方面是所受到的干扰在不断增加，因此必然会到达一个极限，有序的增长不再可能了。即使不给予外界资源条件的限制，结构稳定性亦将从内部规定生长的极限。

资源和物理因素对生长的限制是不考虑秩序的，而在组织系统中，增长是有序的增长，因此，资源和物理因素的限制很像仅仅从公路的总面积来计算对汽车的容量。确实，交通的混乱大约是一个形象的比喻，公路的稳定为汽车的增长提供了条件。原则上讲，公路系统每增加一辆汽车，不会使整个交通秩序的稳定性遭到破坏。但可以肯定，远在汽车增加到公路在空间上允许存在的小汽车数这个极限之前，交通混乱就已频繁发生，再增多汽车数量已不可能。我们在本篇第四章第四节指出，生长过程是两个环节的交替：一是功能耦合系统形成内稳态，二是内稳态产生新的功能耦合系统。因此，从逻辑上分析，这两个环节都能构成生长的极限。结构稳定性的限制考虑了第一个环节。而对于那些形状大小和环境必须高度适应的组织，为了适应生存，生长极限是由第二环节控制的。这样才能使生长保持在一定形态，并使组织结构保持稳定，以适应生存。既然组织结构稳定性没有被破坏，那么停止生长的机制肯定是所形成的内稳态已不足以造成新的功能耦合网。也就是说，组织在其生长程序中规定了生长的极限，即功能耦合网复杂到一定程度，组织已达到预定功能，为了保持它的结构稳定性不被破坏，新的功能耦合网不再进一步生成，生长是自动停止的。图3-43B、C中所讲的哺乳动物组织生长就属于这一类。

根据生长模型，我们可以断定必定存在如下几类达到极限的过程：第一类，生长程序中规定了生长的极限；第二类，随着生长超过一定限度，结构稳定性开始减弱，这时生长速度放慢，结构稳定性减弱（直至最后破坏）和生长速度不断减慢是同步的，显然橡树的生长曲线就属于这一类型；第三类是破坏性的，生长速度不可控制，一下子破坏了结构稳定性，导致组织瓦解，显然癌的生长就是例子。从逻辑上分析结构稳定性和生长速度的关系，必定能推出还存在第四种类型——波动型。对某些组织，完全可能出现如下情况：由于生长速度过快，破坏了结构稳定性，但结构稳定性的局部破坏，导致局部瓦解（即部分新生成的子系统瓦解），待有关部分组织死亡后，原有结构的稳定性又得到恢复。这类组织生长达到极限的过程很特别，它是通过一个波峰才达到生长的最后极限的。这和S曲线完全不同。是否存在这种类型呢？生态学家发现，某些生态组织的生长确实如此，图3-45是纽约长岛火灾后，森林演替中植

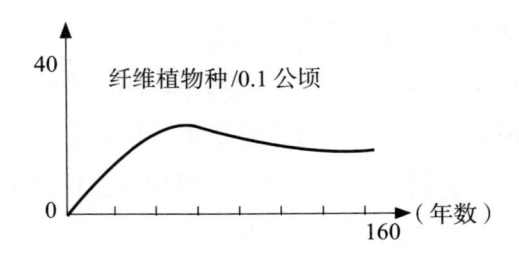

图 3-45　纽约长岛火灾后，森林演替中植物物种多样性（丰富度）的趋势

物物种多样性的变化曲线。它不是一条 S 曲线，而是一个波峰。[①]

必须指出，我们把生长过程看作图 3-44 所示的稳态结构链，这只是一种象征性的高度简化的说明，而实际过程要复杂得多。一般说来，在生长过程中，每出现一个新的功能耦合网，组织都可能会对生长的基础结构进行某种加固。因为最底层结构的微小干扰会对上层结构产生很大影响，所以组织系统越复杂，在生长过程中就越会不断加固基础结构的稳定性。只要设想一下断电对发达国家和不发达国家的影响，就可以理解加强基础结构的稳定性在生长过程中的重要性。发达国家断电带来的干扰比不发达国家断电的干扰大得多，因为在发达国家中，建立在电供给稳态上的组织链很长。正因为如此，发达国家会采取各种措施来加固其基础结构，使所受干扰越来越小，稳定性不断增高。只有这样，组织进一步的增长才是可能的。生态的演替是一个十分典型的例子。生态组织的生长最基础的

[①] 彼得·W. 普赖斯：《昆虫生态学》，北京大学生物学系昆虫学教研室译，人民教育出版社 1981 年版，第 406 页。

结构是如图 3-29 所示的土壤保持系统。生态学证明，在生态演替中，随着系统越来越复杂，生态组织对土壤、水分的保持能力也越来越高，正因为这个最基础的系统越来越稳定了，生态组织才能进一步复杂化。一般说来，在组织生长过程中，每随着一个新的功能耦合网的生成，都同时会形成加固其基础结构的稳定性的辅助系统。

但是，只要基础结构和生长过程的链的基本结构不变，生长过程中对基础结构的加固亦必定有一个限度。加固一般是一种防干扰机构，当防干扰机构复杂到一定程度，它本身反而会成为干扰源。因而，我们还是可以得到组织生长过程的一个基本定律：当组织的基本结构不变时，生长总有一个极限，我们把这个极限称为维生结构的容量，它像一个容器一样，规定着组织生长量的最大限度。

我们可以看到，各种组织都有一固定的容量。生态组织的容量极限就是顶极状态系统的复杂性和生产量。任何一个生态组织生长到最后都会达到这个容量的极限。在不同气候条件下，生态组织的容量大小是不同的。图 3-46 是从北极（90°N）穿过赤道（0°）到南极（90°S）物种多样性的变化曲线。[1]显然，生态组织的容量取决于生态结构。热带生态系统容量最大。在社会组织研究中，容量概念也十分有用。普赖斯曾统计过大学数量的增长曲线（见图 3-47）。[2]在这条曲线上也可以看到不

---

[1] 彼得·W.普赖斯：《昆虫生态学》，北京大学生物学系昆虫学教研室译，人民教育出版社 1981 年版，第 403 页。
[2] 刘大椿：《科学增长的计量研究》，《自然辩证法通讯》1985 年第 6 期。

同社会结构容量对大学数量增长的限制。某一种结构的组织生长达到其容量极限时，要进一步增长，必须改变整个组织结构。

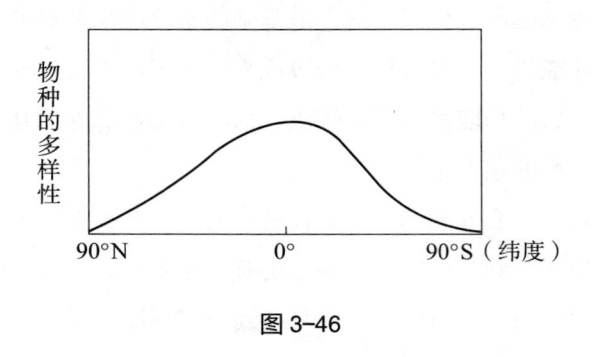

图 3-46

图 3-47　欧洲大学的增长曲线

第三节　维生结构与突变理论

结构稳定性的另一个重要应用就是研究组织演化的方式。我们来讨论一个非线性系统的演化。其功能函数形式是：$F(x)=4\lambda x(1-x)$，λ 是参数。现在我们来看 λ 慢慢变小时，自耦合系统稳定性的变化。我们知道，系统有一个内稳态。假定最初 $\lambda = 0.7$。当 λ 慢慢变小，我们看到，系统的内稳态 X_0 如图 3-48 所示曲线那样减少。可以证明，当系统变化是连续的，内稳态在参数连续变化时也发生连续改变，但到某一个极限 $\lambda=1/4$ 时，系统发生突变，其结构瓦解了！我们可以算一下 $\lambda=1/4$ 时 $F'(x_0)$ 的值，可以得到 $F'(x_0)=1$，也就是说，$\lambda=1/4$ 时，正好意味着系统结构稳定性被破坏了，即结构稳定性破坏的条件正好是系统突变的条件。我们还可以用同样的方法来研究组织从一个结构向另一个结构的转化，一个自耦合系统的功能函数为：$F(x,\lambda)$。当 λ 小于某一个值时，$F(x,\lambda)=x$ 有三个解[例如 $F(x,\lambda)=x$ 是三次方程]。这三个解中有两个是内稳态，分别是 X_{01} 和 X_{02}。现在我们假定一开始系统处于 X_{01} 状态，当 λ 慢慢增加到其极限 λ_c 时，X_{01} 内稳态被破坏，但 $F(x,\lambda_c)=X$ 仍然有一个解，即系统有另外一个内稳态 X_{02}。于是，当 $\lambda=\lambda_c$ 时，系统内稳态会突然从 X_{01} 跳到另一个内稳态 X_{02} 中去，也就是说系统结构发生突变。同样，我们可以证明，λ_c 正好是原有那个稳态 X_{01} 结构稳定性破坏的条件。总之，运用结构稳定性可以揭示出一个层次内稳态连续变化从而导致另一个层次结构突变（或渐变）的机制。

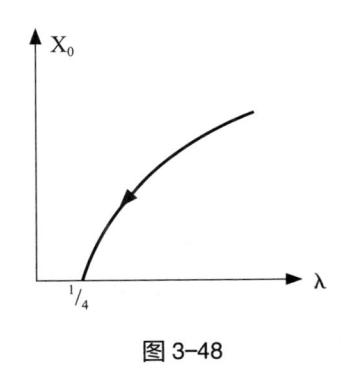

图 3-48

这当然马上令人想到突变理论。实际上，图 3-48 正好和最简单的突变模型——折线型一模一样。众所周知，突变理论的基本思想是考察势函数的洼怎样随参数变化。假定势函数有许多洼，当参数连续变化时，如果势函数的洼连续移动，系统是渐变的。当系统所处的原有的洼消失，系统会发生突变，状态跳到一个新洼中去。在突变理论中，必定先假定存在一个势函数 V（x，λ），系统状态是 V（x，λ）的极小值，突变条件被称为突变集，它是满足如下方程的 λ 值。

$$\begin{cases} \partial v(x, \lambda)/\partial x = 0 \\ \partial^2 v(x, \lambda)/\partial x^2 = 0 \end{cases} \quad （方程 3-8）$$

通过简单的计算就可以证明，突变理论所谓的突变集也正好是组织系统结构稳定性被破坏的条件！

我们在本篇第三章第五节曾证明，维生结构保持系统处于内稳态的机制同样可以用势函数趋于极小值来描述。例如，对于功能函数为 F（x）的自耦合系统，我们只要引进如下势函数：

$$V(x) = x^2/2 - \int_0^x F(x)dx$$

那么在自耦合系统稳态附近，系统保持稳定的机制都和 X 值落入势函数洼底等价。例如，对于图 3-49A 的非线性自耦合系统，我们都可以构造一个相应的如图 3-49B 的势函数 V（x），使得每个内稳态对应着一个洼。显然，只要将 $[x^2/2 - \int_0^x F(x)dx]$ 作为势函数代入方程 3-8，我们马上可以推出突变条件是：

$$\begin{cases} x_0 = F(x_0) \\ F'(x_0) = 1 \end{cases}$$

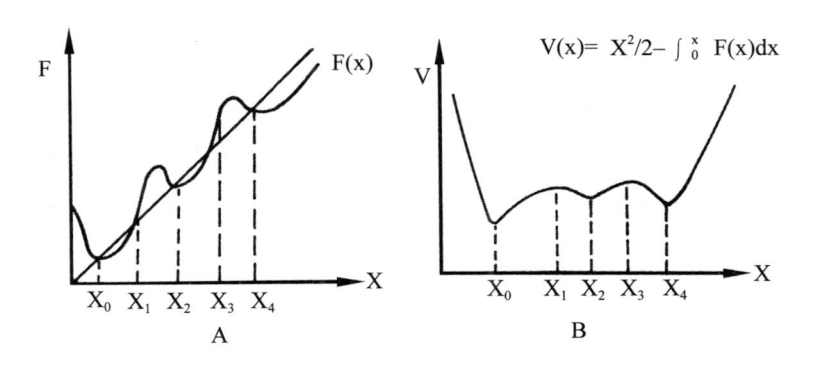

图 3-49

它正好是自耦合系统结构稳定性被破坏的条件。

众所周知，结构稳定性是突变理论的基础，也往往是这个理论最抽象深奥的部分。突变理论的结构稳定性是指势函数形状在外来干扰下不变，它的定义和我们前面所讲的结构稳定性似乎不同。因此，将突变理论中的结构稳定性和维生结构的结构稳定性做一下对比，我们对结构稳定性的理解可以大大深入一步。下面我们来考察突变理论中势函数的结构稳定性。

假定势函数为 V（x，a，b），其中 a、b 是影响势函数的参数。设想我们知道 $a=a_0$、$b=b_0$ 时 V 的形状。当 $a=a_0+\Delta a$、$b=b_0+\Delta b$ 时，势函数形状会有什么变化？在势函数洼的附近（令洼的坐标为原点），可以将 V（x，$a_0+\Delta a$，$b_0+\Delta b$）用 x 的幂级数展开，看看这个受摄动的势函数有几个洼。如果势函数洼的数目和原来相同，我们认为势函数没有发生本质改变，它是结构稳定的。当势函数洼的数目有变化时，意味着原来的稳态消失，系统就不是结构稳定的。可以证明：势函数是否结构稳定，取决于 V（x，a_0，b_0）的形状；反过来，当 V（x，a_0，b_0）是 x 的二次函数时，势函数一定是结构稳定的。显然，当 V（x，a_0，b_0）$=kx^2/2$，即势函数曲线为抛物线时，组织系统只有一个稳态 x=0。因此，在原点附近，当微小干扰对函数关系产生摄动时，函数表达式为：

$$V(x_0, \Delta a, \Delta b) = \frac{Kx^2}{2} + \Delta a\left(\sum_i^k J_i x^i\right) + \Delta b\left(\sum_i^k g_i x^i\right)$$

由于 x_0 在原点附近，则摄动中高次项可以忽略不计，这样摄动后势函数近似为：

$$V(x, \Delta a, \Delta b) = \frac{Kx^2}{2} + \Delta a J_i x + \Delta b g_i x$$

这个势函数也是抛物线，有一个稳态，因此它和原来的函数是同构的，摄动只表示原有稳态做了微小变动。因此，这个系统是结构稳定的。然而，如下势函数：$V(x) = \frac{Kx^4}{4}$，却是结构不稳定的。因为当 a_0、b_0 变为 $a_0+\Delta a$、$b_0+\Delta b$ 时，势函数为：

$$V(x)=\frac{Kx^4}{2}+\Delta a(J_1x+J_2x^2+J_3x^3)+\Delta b(g_1x+g_2x^2+g_3x^3)$$

这个势函数可能有两个洼，虽然这两个洼都在零点附近，但毕竟有两个洼。这时，系统原有的稳态在受摄动时可以分解为两个稳态和一个不稳定状态。它表示受摄动后，原有的功能耦合关系改变了。因此，这个系统是结构不稳定的。

为什么势函数为二次函数时，其结构必定是稳定的？如果仅仅从突变理论势函数的结构稳定性的意义出发，似乎一下子看不出它的物理意义。让我们先将其变换成相应的自耦合系统。显然 $V(x, a_0, b_0)=kx^2/2$ 相应着如下自耦合系统，其功能函数为：

$$F(x)=(1-k)x \quad (当|k|<1时)$$

这是一个以零点为内稳态的线性系统。本章第一节已经证明，$|k|<1$ 的线性自耦合系统必定是结构稳定的。同理，为什么 $V(x, a_0, b_0)=kx^4/4$ 是结构不稳定的？如果我们把它还原为结构稳定性的第一种表达，其物理意义就再清楚不过了。对于这个势函数，其相应的自耦合系统的功能函数是：

$$F(x)=x-kx^3$$

我们知道它在原点的斜率满足：

$$x_0=0, F'(x_0)=1-3kx_0^2=1$$

也就是说，其相应的自耦合系统功能函数在零点的斜率和对角线重叠。我们在本章第一节指出，它意味着使 x 收敛为 x_0 的时间是充分长的，即稳定机制很弱。这一下子使我们明白为什么突变集一定满足方程 3-8。因为在这些点，势函数或是拐点，表示洼消失；或虽然有洼，但洼在稳态附近已经十分平坦。这几乎相当于一个随遇平衡！

这样，我们发现并证明了维生结构的稳定性与突变理论的内在联系。我们知道，在突变理论中函数的结构稳定性是从微分拓扑学方面来定义的。现在我们发现它和组织理论中的结构稳定性殊途同归！这种内在的一致性意义深远。我认为，这使我们对突变理论方法论基础的认识大大深入了一步！

第二个意义是突变理论运用范围的推广。目前，大多数突变理论专家都认为，突变理论的运用范围是有限的。突变理论的基本假定中认为，系统必须有一个势函数，系统稳态是势函数的极小值（或极大值）。然而，在遵循微分方程的动态系统中，并不是任何场都有势函数的，特别是当动态系统机制不能用微分方程表示时，突变理论就不能运用。但是现在，只要我们对自耦合系统做一定的限制，只要系统有稳态，那么虽然系统变化遵循蛛网的轨迹，虽然它不是连续的，也不服从微分方程，我们总可以把稳定机制变换到势函数趋于极小的机制。这样，对于非连续的变化也能用突变理论来描述结构稳定性。广而言之，在方法论上可以用势函数分析任何稳定机制（当然是近似的）。

另外，在突变理论中，系统的结构稳定性是基本假定，它的物理意义并不十分清楚，而我们一旦把组织系统看成多层次功能耦合系统，那么结构稳定性的意义是十分明确的，它是子系统各种耦合方式的稳定，也是关系的稳定。这样，我们原则上可以用突变理论中的结构稳定性来分析任何组织系统。

众所周知，突变理论从微分拓扑学方面证明了一个十分有用的定理，这就是当影响势函数形状的独立参数个数少于 4 个，而势函数的状态变量数目少于 2 个时，结构稳定的势函数只有如下 7 种基本形式：

$V(x)=\frac{1}{3}x^3+ux$ 折线型

$V(x)=\frac{1}{4}x^4+\frac{1}{2}ux^2+Vx$ 尖点型

$V(x)=\frac{1}{5}x^5+\frac{1}{3}ux^3+\frac{1}{2}vx^2+wx$ 燕尾型

$V(x)=\frac{1}{6}x^6+\frac{1}{4}tx^4+\frac{1}{3}ux^3+\frac{1}{2}vx^2+wx$ 蝴蝶型

$V(x, y)=x^3+y^3+wxy-ux-vy$ 双曲形脐点

$V(x, y)=x^3-3xy+w(x^2+y^2)-ux-vy$ 椭圆形脐点

$V(x, y)=x^2y+\frac{y^4}{4}+tx^2+wy^2+ux-vx$ 抛物形脐点

这个分类定理是突变理论创始人托姆提出的，证明过程极为复杂。为什么可以这样分类呢？我认为，理解了突变理论和维生结构的关系，就可以透过繁杂的数学推导看到分类定理的某种物理意义。

实际上，7 种突变模型的前 4 种只是 4 个在原点结构不稳

定的势函数 $V=x^3/3$，$V=x^4/4$，$V=x^5/5$，$V=x^6/6$ 在干扰作用下所呈现出的最复杂状态。同样，后3种突变也只是在原点结构不稳定的曲面在干扰作用下呈现出的最复杂状态。它意味着，决定突变类型的是幂级数中的最高次项。如果我们将势函数对应于自耦合系统的功能函数 $F(x)$，就可以理解为什么突变模型往往由参数数目决定。

在本篇的第四章第四节，我们曾把生长过程看作维生结构新功能耦合系统形成的过程，它通过一个互为因果过程中某些不确定的参数变为内稳态而形成一个新的自耦合系统。我们来看看功能函数 $F(x)$ 中次数最高项代表什么。显然，它代表 $F'(x)$ 和对角线重合的程度，幂级数越高，重合度越高，也就是说在非线性系统中，幂级数最高项的次数代表平衡态附近互为因果过程的不确定程度。幂级数越高，系统结构稳定性越差，不确定程度也越高，因而也就决定了它需要更多参数成为内稳态后才能成为一个确定的功能耦合系统。突变理论中的分类定理的核心是，参数数目决定了突变模型，相应的结论在组织理论中早已证明。在组织生长过程中，当上述参数不是确定值时，如果某一个新的功能耦合网建立所需的内稳态越多，这个系统就越不确定。因此，突变理论的分类定理在组织生长理论看来是很自然的。

总之，我认为，突变理论的基本原理和组织理论存在着深刻的一致性。正因为如此，突变理论才会运用如此广泛。它不仅可以普遍地说明组织系统演变的方式，而且还适用于说明组织生长。通常人们仅仅从数学上和应用上来探讨突变理论，而说明其哲学的方法论基础却长期被人忽略。一旦我们把突变理论和组织理论联系起来，就可以发现某一类型结构稳定的势函数代表了某一类结构稳定的组织系统。这样托姆的分类定理不仅使我们能用几何模型来描述当参数发生连续改变时，与此相关的功能耦合系统结构将怎样变化，而且表明当一个层次组织系统发生变化时将怎样影响另一个层次的结构。此外，它还有助于我们理解自然界组织系统奇奇怪怪的形状，它第一次使科学有了一个深刻而美妙的组织形态发生理论。

第四节　形态发生机制

人们从孩提起就知道，生物和有机体具有固定的形态。两片槐树叶总有相同的构形，任何两个豌豆荚也都是类似的。当事物（特别是组织系统）处于变化之中时，形状变化也往往有固定的规律。氢弹爆炸总是出现蘑菇云，海浪在远处类似于正弦曲线，但它越靠近海岸，波峰就越尖，直至尖到最后碎裂。而有机体在生长发育过程中，形状变化规律性更为明显。"种瓜得瓜，种豆得豆"，只要让某一种植物的种子生长，从发芽到开花结果，形状变化就总有确定的顺序。生物学家常常根据胚胎的形状确定它处于发育的哪个阶段。但是，为什么有机体具有一定的形状？为什么海浪会慢慢变尖直至碎裂？为什么组织生长和事物形态的变化遵循着某种规律？这些却是十分困难的问题。苏格兰数学家达西·汤普森曾经讲过："那起伏的海浪，岸边小小的涟漪，那海峡间沙湾连绵的曲线，以及群山的轮廓，甚至云的外观，所有这一切构成了形形色色的形状之谜，正如那层出不穷的形态学问题一样。"①

组织系统形状是一个古老的谜，古代哲学家曾企图从事物形态分类中寻找自然规律。近代科学兴起后，科学家着重研究世界的因果性，而组织形态问题则长期得不到解决。20世纪，人类长驱而入到原子时代，我们掌握了基本粒子运动规律。但一直到20世纪50年代前，组织系统形状发生的机制都处于黑暗之中。近十几年来，随着形态发生学的进步，特别是托姆提出突变理论后，形态发生之谜才正在慢慢被解开。

我们知道，如果系统各元素完全独立，互相之间一点没有耦合，或者说系统没有组织，那么系统只是一堆元素的集合，作为这个集合的整体，往往是无定形的。均匀的理想气体，其分子间互相作用微弱，它们没有固定的形状。但是，一旦各个元素或子系统互相耦合起来，形成某种组织时，就具有某些确定的形状。一般说来，功能耦合越强，也就是元素的约束（联系）越多，组织化程度越高，形态也就越固定。液体分子间的约束比气体强，它虽没有一定的形状，但体积是固定的；液体表面的约束比内部更多，因而液面的波浪运动可以具有特定的形态。乍一看，为了研究某一组织系统的外形，必须搞清楚有关组织系统的一切细节，如它的组织机制、这些机制和时间空间参数的关系等，这似乎是一个艰巨得难以想象的任务。而且，形形色色的组织，其元素和组织机制千差万别，很

---

① D'Arcy Wentworth Thompson, *On Growth and Form*, Cambridge University Press, 1961, p. 7.

难想象能找到一个统一的形态发生理论。

然而，近年来，突变理论却给出一条独特的思路，企图从数学上导出一些组织系统的拓扑结构。它的原理和方法具有相当的普遍性，因为它是从组织系统的一个本质特性出发的。这就是：任何组织系统都是结构稳定的。为什么从组织的结构稳定性出发可以得到组织形态呢？这是一个十分深奥的问题，我们必须从形态发生的机制讲起。我们知道，严格说来，我们说某一组织有一特定的形状，其准确含义是：这一组织是由不同物质组成的，不同物质之间（组织系统和非组织系统之间）存在着固定的分界面，形状是指这些分界面的确定性。如果有某种组织由一种物质组成，这种物质均匀地充满整个空间，那么说这种组织是什么形状是没有意义的。因此，形态发生研究的目的是阐明这些不同质之间的分界面为什么有这样的构形。

图3-50是一种组织形状，A代表一种物质，B代表另一种物质，C代表一个空腔，我们总可以设想如下形态发生的机制：一种过程X_A控制着A物质形成，另一种过程X_B控制着B物质形成。那么，要使形成的组织有图3-50那样的构形，一个办法是我们先设计好这个过程，使得在平面上不同点进行不同的过程，也就是说X_A和X_B过程的空间分布也要有图3-50的构形。这就如工程师设计机器一样，用预先确定的图纸来制造构形。不同的是，形态发生学要解决最初的构形是哪里来的。通常X_A和X_B过程的分布可能是没有确定构形的，自然界组织形态的发生往往经历一个从无到有、从不确定到确定的过程。在本篇第四章第一节和第三节中，我们举过蝴蝶翅膀图案

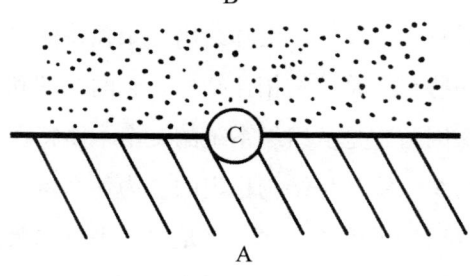

图 3-50

和神经组织形成的例子。在这两个例子中,特殊色素的合成和神经细胞的互相连接都取决于某些特殊的化学物质的浓度,由于化学物质在体液中的扩散决定了其浓度分布在某个空间范围内是连续变化的,它并没有分界面,也就是说这些化学物质的浓度在生物体内的分布并没有确定的构形,然而它控制形成的组织却有确定的构形。

  这正是形态发生的秘密。因此,形态发生的关键往往都可以归结到一点:那些没有确定构形而连续分布的参数是怎样创造出一个具有确定分界面的组织系统的。这个过程中的细节,即到底是化学作用还是物理作用,是无关紧要的,重要的是分界面的形状。这时,组织系统的结构稳定性就很重要了。为什么形状和结构稳定性有关呢?关键在于某一参数 λ_A 合成结构A往往需要通过一个长链 $\lambda_A \to y_A \to X_A \cdots \to A$。这个长链中每一个环节的变量都是处于干扰之中的,$\lambda_A$ 是内稳态不能保证 y_A,$X_A \cdots$ 都是内稳态。为了这个结构合成长链的实现,y_A,$X_A \cdots$ 各个环节也必须是某个维生结构的内稳态。这样,参数

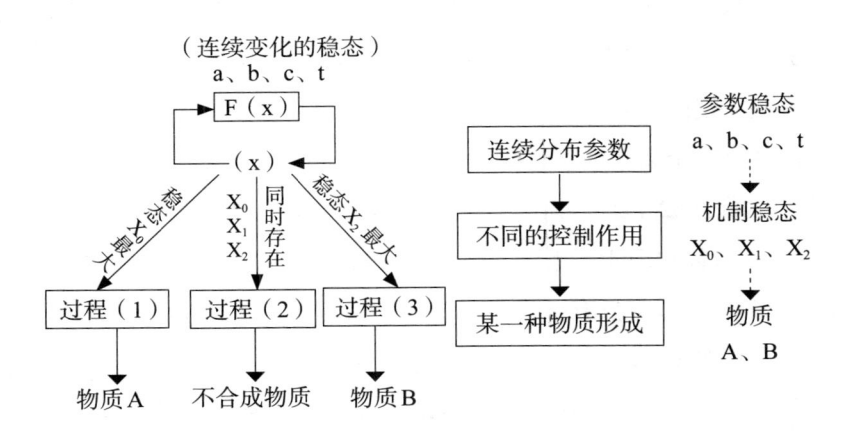

控制结构生长就和结构稳定性直接有关。因为y_A，X_A…必须是某种内稳态，虽然λ_A在空间上连续分布，但它不能保证y_A，X_A…在空间上也是连续分布。这样形状必然被组织创造出来！比如，我们考察如图3-51所示的物质合成机制，三个在某一空间连续分布的参数a、b、c和另一个参数t控制着某些合成A、B物质的催化剂（X_0、X_2）和阻化剂（X_1）的合成。假定当t大于临界值，催化剂浓度$X_0 > X_2$时，形成物质A；当t大于临界值，催化剂浓度$X_2 > X_0$时，形成物质B；当阻化剂X_1出现时，合成过程不进行。那么表面上看来，当a、b、c这些参数在空间没有确定分界面时，A、B物质也没有分界面。但是，只要整个过程是结构稳定的，即a、b、c和X_0、X_1、X_2都是内稳态，那么从数学上可以证明，只要满足一定条件，A、B物质在整个空间的分布就会形成如图3-50的构形。A和B不仅有一个分界面，而且中间还有一个空腔C。

图 3-51

现在让我们来做简单的数学推导。我们可以认为 X_0、X_1、X_2 为某一状态变量 X 的三个内稳态。而参数 a、b、c、t 代表另一层次四个内稳态，它们在整个空间连续变化，即有 a=a (u, v, w)，b=b (u, v, w)，c=c (u, v, w)，u、v、w 为空间的三维坐标。根据托姆分类定理，当状态变量维数为 1（有三个内稳态），参数为 4 个时，代表组织系统结构稳定的势函数是蝴蝶型的，即：

$$V(x)=\frac{x^6}{6}+\frac{1}{4}tx^4+\frac{1}{3}ax^3+\frac{1}{2}bx^2+cx$$

这个势函数的极小值由如下方程决定：

$$V'(x)=x^5+tx^3+ax^2+bx+c=0$$
$$V''(x)=5x^4+3tx^2+2ax+bx>0$$

只要做不太复杂的数学推导，我们就可以证明，在以 a、b、c 为坐标的空间中，只有在某些特定区域存在 $X_0>X_2$，另一些特定区域是 $X_2>X_0$，而 X_0、X_1、X_2 三个稳态同时存在的区域是一个袋状区（见图 3-52）。

图 3-52A 是立体图 3-52B 的切面，即当 u 为不同数值时在 v×w 参数空间中 X_0、X_1、X_2 的分布状况。在尖角的二边区域势函数 V（x）只有一个极小值，左边是 X_0，右边是 X_1，而在尖角中的袋形区势函数有三个极小值，即 X_0、X_1、X_2。显然，袋形区不合成 A、B 物质，将发育成一个空腔。考虑到 $X_0>X_2$ 时合成物质 A，$X_2>X_0$ 时合成物质 B 这一条件，我们可以

当t＜0时

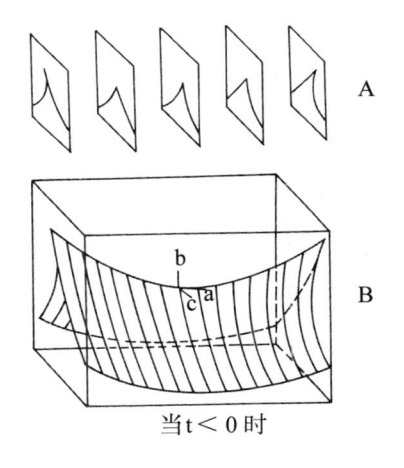

图 3-52

得到图 3-53A，它可以将图中每个尖角由顶点作中线得到，中线一边 $X_0 > X_2$，另一边 $X_2 > X_0$，这样这些中线在立体图中合成一个具有特定空腔的 A、B 两种物质的分界面（见图 3-53B）。必须注意，这个空腔只是我们在参数空间 a×b×c 看到的 A、B 两种物质合成出现的空间构形。而 a、b、c 只是化学物质浓度，它们的坐标是看不见的。我们在现实空间 u×v×w 将看到怎样的形状呢？由于 a=a（u，v，w）、b=（u，v，w）和 c=（u，v，w）这些函数是连续的，这就等于我们将 a×b×c 空间做连续交换，而在连续变换中，如图 3-53 的空腔拓扑构形不会变化（在数学上讲，变换后的图形和原来的图形微分同胚）。这样，实际上我们也将看到与图 3-53 形状类似的组织形态，虽然大小和曲面有某些改变，但仍然是有一个具有空腔的分界面。

显然这些微分同胚的分界面就是突变集，其意义是分界面

第三篇　整体的哲学——我们的方法论

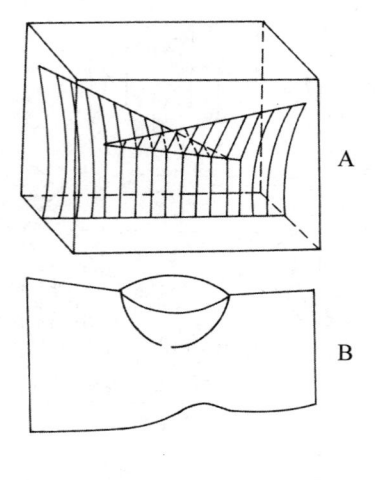

图 3-53

两边对应着势函数不同的稳态。分界面表示从一个稳态过渡到另一个稳态不是连续的。托姆企图用数学上导出的各式各样的突变集来说明自然界各种自然发生的形态。比如，用椭圆形脐点突变集来说明毛发的形状（见图 3-54）。用抛物形脐点突变集来说明地质学中的蘑菇状矿层（见图 3-55）。在图 3-55 中，当那些连续变化的地质学中的抛物形脐点——蘑菇状矿层作为参数的内稳态 a、b、c 不仅是空间函数而且是时间函数时，托姆就得到了一个形状变化的理论。比如，他认为波浪碎裂过程正好是符合双曲形脐点模型的。图 3-56A 为参数 w 值由负变为正时突变集的变化，它正好和波浪曲面的突变一模一样（见图 3-56B）。[1]

---

[1] 本节例子可参见 René Thom, *Structural Stability and Morphogenesis*, W. A. Benjamin, 1975, p.70。

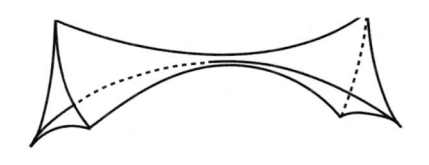

图 3-54

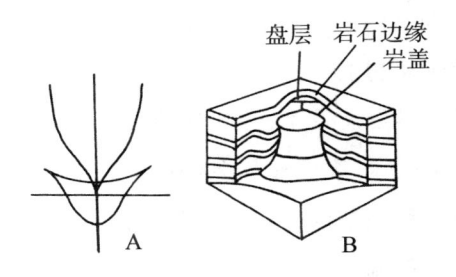

图 3-55 地质学中的抛物形脐点：蘑菇状矿层

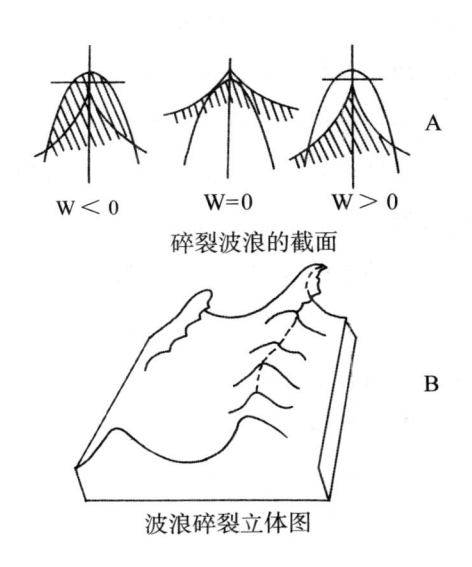

碎裂波浪的截面

波浪碎裂立体图

图 3-56

截至 20 世纪 80 年代，托姆的形态发生理论只在一个组织程度比较低的系统中得到证实，比如地质学中的断层形状、力学稳定结构、光学系统的焦散面、闪电形状等。对于生命系统，可以从突变理论直接推出的形态还非常少，以至于很多生物学家对此抱怀疑态度。我认为，突变理论从组织系统稳态之间的关系即结构稳定性来推导形态，这从方法论上是深刻的，是人类哲学思想的一次重大飞跃。但目前突变理论还不能推算出生命系统的形态发生，原因可能有两个方面。第一，生命系统所涉及的参数数量和状态变量数目非常之多，当参数数量大于 5 时，稳态结构可有无穷多，而且突变集的推导也十分复杂，它必须依赖计算机和突变理论本身的进一步发展。第二，突变理论只考察了组织系统两个层次稳态之间的关系，即作为参数的那些在空间上连续分布的稳态和状态变量稳态的关系，但在生命组织中，稳态的层次非常之多，绝不止两个。读者可以回忆一下本篇第四章第四节所举的例子，生物发育生长过程是一个稳态展开序列，一些连续分布参数的稳态控制形成组织的某些初级形态，那形态一旦发生，由于出现了界面，原来的参数和新出现的稳态分布就不是连续的。比如，一个空腔出现后，空腔内部某些质的分布，只在内部是连续的。这也就是说，生物发育必须考虑某些形态发生后对那些连续分布参数的反作用。只有把整个稳态生长长链作为整体，才能符合真实的发育过程。当然，这比目前的突变理论要复杂得多。但是无论如何，突变理论已为我们理解形态发生之谜提供了一个出发点，将来进一步的探索必将从这里开始。

第六章　老化过程和功能异化

整体演化的神秘大部分还在混沌之中。我们在黑暗中，只有想象力在暗中奔驰，并创造着不寻常的东西。然而我们也等待着实证和划时代科学发现的闪电来照亮进一步前进的道路。

任何一个结构固定的组织只要不可能向新的结构转化，那么功能异化必然全部表现为可怕的无组织力量。除非组织系统可以定期清除不断积累起来的无组织力量，老化和死亡将不可避免！

制造永动机的失败，使人们意识到热力学定律。然而使我惊奇不已的是，追求长生不老的失败，居然没有使人想到一条与此有关的系统论定律。

第一节　从仪器老化原理讲起

我曾听过一个说法：那些最容易提出的问题往往是最难回答的。"老化"就是其中之一。人人都知道，任何一个结构确定的组织系统总会老化，简单的如温度计、收音机和任何一架机器，复杂的如生物体甚至社会，我们经常看到不可抗拒的老化过程。前面几章我们从功能耦合系统的基本性质，推导出了目的性、稳态、结构稳定性和生长等机制。那么，这理论能不能说明"老化"呢？这是我们面临的一个巨大挑战。如果组织系统这个如此普遍的性质不能从我们对组织的基本规定中导出，那么我们的理论就有严重的不足。

组织系统老化原因探讨中的困难在于，我们很难找到统一的老化机制。催化剂的老化是活性中心中毒或失去活性，机器设备的老化常常是因为磨损，电线焊接处的老化常由于氧化膜的生成。对于这些简单的系统，老化原因是众所周知的，但它们形形色色，似乎没有一个统一的、普遍的机制。一个复杂组织系统的老化问题就更难以掌握了。人体衰老机制，科学家已探讨近100年了。截至20世纪80年代，离解决还相差甚远。虽然我们今天已经知道人体内所有过程原则上都可归为生物化学和物理过程，而且对于其中每一个具体的化学和物理过程都不难探讨其老化机制；但是，这成千上万个不同过程组织起来，其综合的老化效应就是一个难解之谜了。社会组织中也经常有老化现象，帕金森定律就是对一个机构逐渐老化、丧失活力的形象描述。一个机关、一个团体、一个部门职能老化的原因是比较容易讲清楚的，但当我们考虑由许多机构组成的社会时，社会学家往往会不知所措。中国封建社会每隔两三百年出现一次王朝更替，每一个王朝，其社会结构都经历了上升、繁荣、老化和最后瓦解的历程。我们在古埃及王朝、奥斯曼帝国、罗马帝国后期都同样可以看到老化现象。但是社会结构的老化机制，也如人体老化一样，过程复杂，很难加以统一的概括。

在本章，我们企图提出一种统一的"老化"理论。我们发现，对于一个结构确定但又十分复杂的组织系统，特别是那些处于生长之中的功能耦合系统,"老化"是一种必然性结果。导致老化的原因可以从组织系统最基本的结构中合乎逻辑地推导出来。为了做到这一点,我们先分析一些比较简单的组织系统,看一看那些人造的组织系统,例如仪器老化的原因。

我们知道,任何一架仪器都迟早要报废。我在本篇第四章第四节中曾指出,所谓制造一架仪器实际上只是用物质手段实现"仪器原理",而"仪器原理"是一些普遍的广义因果律的复杂组合。仪器的报废是不是"仪器原理"失效了呢?当然不是,仪器原理是基于自然规律之上的。一组自然规律在任何时间都是成立的。老化只是意味着我们原先设计的仪器不再代表"仪器原理"。电灯是根据欧姆定律来设计的,它的放热量W满足如下等式:$W=0.24I^2Rt$。这个公式代表了一个普遍的因果律:只要电流强度I确定,电阻R确定,通电时间t确定,灯丝放出的热量也是确定的。在制造一个灯泡时,我们是通过控制,实现一系列稳态,才使上述普遍因果律得以实现的。众所周知,除了使电压尽可能处于稳态外,最关键的是使电阻成为稳态。根据欧姆定律,电阻与导线截面、长度和材料三个因素有关。为了制造具有一定功率(亮度)的灯泡,必须选择确定的材料,比如钨丝,而且要使钨丝的长度和粗细成为稳态,也就是说,我们通过一系列条件控制(用C_1,C_2…C_n表示)才实现了仪器原理。

那么,老化又是怎么回事呢?显然,它只是意味着我们在制造仪器时所控制的那一组确定状态C_1,C_2…C_n中有一个或几个在仪器的使用过程中不再成为规定的稳态。比如钨丝在使用中越来越细,最后断裂。这样,我们制造的装置不再代表"仪器原理"了。这个例子虽然简单,却揭示了所有仪器老化、失效的原因。首先,它指出虽然仪器千差万别,但任何仪器的失灵都可以统一地表示成:那些为了实现"仪器原理"(注意,它就是广义因果律)必须控制的确定稳态在仪器使用过程中被慢慢破坏。其次,这些被规定的稳态的破坏之所以不可避免,其原因在于导致其偏离确定值的根源往往和这架仪器的功能(或仪器的某些元件的功能)有关。灯泡中钨丝越用越细正是由于钨丝处于高温状态,钨原子不断蒸发,而钨丝处于高温状态正好是我们设计电灯的目的,是电灯功能所不可缺少的状态。这个功能就使它的老化成为不可避免的事。

当仪器某些内稳态破坏的原因和仪器功能(包括零件的功能)无关时,我们可以说老化是外界作用引起的。那么,人们总可以重新设计一架仪器使得这个装置中存在一个调节机制,使那些易受外界破坏的稳态保持在确定的稳定值,从而尽力避免那些外界作用。确实,人类在不断改进仪器设备,使那些易受外界损害的稳态得到保护。仪器可靠性越来越高,寿命也越来越长。然而,我们必须正视一个铁的事实,那就是经过改进的仪器也会老化。寿命总是有限的,只要遵循的原理不变,改进总有一个极限。所以,将其他因素排除后,最后还是会遇到问题。稳态在仪器(或其部件)的各种功能作用下总要慢慢被破坏。问题的实质是,老化是一种系统内部的过程,外界的影响可以加速它,也可以延缓它,但不能排除它。其原因可能是很深刻的,我们必须从系统内部结构来寻找老化的原因。

第二节 浴盆曲线和功能对结构的反作用

　　仪器老化是由其功能对稳态的破坏造成的。这个假说乍一看是与常识相悖的，仪器是因果系统的物质实现，它是用自然界的因果关系耦合而成的。自然界广义因果律表示为：当条件 C_1，$C_2\cdots C_n$ 成立时（即成为确定的状态时），现象 E 会出现。制造仪器相当于控制 C_1，$C_2\cdots C_n$ 为稳态时，让我们可以看到现象 E。实际上，当用一架仪器来表达条件 C 和功能 E 之间的关系时，功能 E 亦可能对 C_1，$C_2\cdots C_n$ 有某种反作用。但如果 C_1，$C_2\cdots C_n$ 这些稳态中的任何一个会在 E 的反作用下立即被破坏（或变到其他状态），那么这些因果律的耦合是不能物化为仪器的。因为它构成一个自我破坏的系统，仪器一工作，马上自我破坏。因此，在仪器设计之中，如果功能对条件有反作用，一定需设计一种机制使反作用 F 的结果与条件组合 C_1，$C_2\cdots C_n$ 很好地耦合起来，亦即功能为 E 时，反作用必须保证 E 作用的结果也正好是 C_1，$C_2\cdots C_n$，如图 3-57 所示。

　　例如，当有氧气存在时，电灯的功能会导致钨丝被烧断。假定 C_1 为一定功率灯泡钨丝的粗细度量。在 E 的反作用 F 下，如果 C_1 迅速变为 0，这时我们不得不另外找一个系统比如 S（它代表真空），使 E 通过 S 和 C 耦合，那样，C_1 的数值就不会改变。如果我们做不到这点，仪器原理虽已掌握，但仪器是制造不出来的。因而，任何实际的仪器都如图 3-57 所示的系统，其功能对条件的反作用已通过另一个系统 S 使反作用的结果和 C_1，$C_2\cdots C_n$ 刚好为功能耦合。既然如此，那么老化又是怎么回事呢？

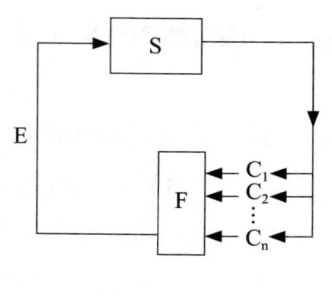

图 3-57

我们认为，关键在于当我们通过控制条件集 C_1，$C_2 \cdots C_n$ 为稳态而制造一架仪器时，根据因果律，只有一种功能 E 得以实现，但实际上，除 E 以外，那些以 C_1，$C_2 \cdots C_n$ 为条件的任何实体往往具备很多其他功能。这正如艾什比在《控制论导论》中所写："任何实物总含有无穷多个变量，因而它也包括了无穷多种可能的系统。"[①] 他曾以单摆这个最简单的实体为例，一个理想的单摆只描述摆长、重力加速度和振动频率之间的确定联系，它是广义因果性。但一个实际的单摆，除长度与位置外，还有温度、导电率、晶体结构、化学杂质等，艾什比举出了几十个变量。这些变量在我们设计单摆这种仪器时是必然要带进来的。

艾什比证明实体的复杂性的目的在于指出，定义系统时只能在实体所包含的无穷多个变量中选择相关度最大的一些变量构成系统。那么，依据同样的理由，仪器组成后，除功能 E 以外，必定会有许许多多新的功能，它们对条件 C_1，$C_2 \cdots C_n$ 等

---

① W. R. 艾什比：《控制论导论》，张理京译，科学出版社 1965 年版，第 41 页。

都可能有反作用。制造仪器时，需使它们和条件完全耦合起来。但我们能做到这一点吗？当我们用一个新的系统S来完成某一种耦合时，由于S的复杂性，它必然又带来一些新的功能，不能和原有的各种条件集耦合；要使它们耦合，又必须增加一个新的系统S′，又会带进一些不能耦合的功能。如此等等，过程不会完结，也就是说，我们实际上永远做不到完全耦合。于是，这个完善过程必须在某个时候终止，亦即当这种反作用相当微弱时，就不再考虑。换言之，我们只能对那些反作用较大的功能和条件C加以耦合，其余那些未耦合的功能或某一功能的各个方面在一段相当长的时间内不破坏C_1，$C_2\cdots C_n$等稳态，仪器就已算制造好了。可是，我们不可能估计到那些未和C_1，$C_2\cdots C_n$耦合的功能的长期作用会造成什么后果。

实际上，正是这些未完全耦合的功能（或某一功能的某些方面）造成了老化。真空确实可以保证高温不再由于氧化破坏灯丝的稳态，但真空同时又带来另一种功能，它有利于钨原子从灯丝上的挥发。虽然作用缓慢，对C_1，$C_2\cdots C_n$的影响很小，暂时无害，但它们的长期积累正是灯泡老化的原因。

因而，实际仪器的结构（或仪器某些零件的结构）不是如图3-57那样，而是如图3-58所示。那些用虚线表示的是F的许多其他功能，它们并没有和C_1，$C_2\cdots C_n$真正耦合，只是它们的作用很弱而已。这些作用的长期积累必然导致老化，机械在长期运转中的磨损，催化剂在使用中的中毒都是这些不能耦合的多种功能积累造成的系统结构的破坏。

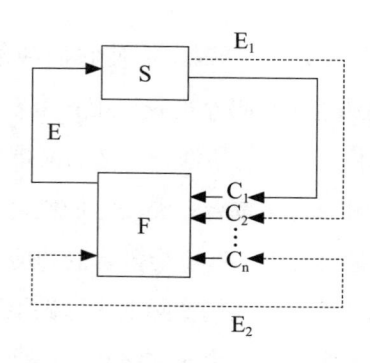

图 3-58

一旦我们理解任何一架仪器都由于其功能的复杂性而不能实行完全耦合，那么我们不仅可理解仪器老化的一般机制，而且还能对仪器可靠性理论中一条重要的曲线加以阐释。随着人类使用的机械仪器系统日益复杂，对仪器可靠性的研究也形成了一门专门的学科。工程师发现，任何较复杂的仪器的失效率都遵循图 3-59 所示的曲线。[①] 仪器在刚开始投入使用的一段时间内失效率较高，这一阶段被称为早期失效。当使用一段时间后，失效率开始急速降低，并长期保持很低水平（这一阶段被称为随机失效）。当使用时间超过有效寿命后，失效率再度急增。整个曲线好像一个浴盆，因而也被称为浴盆曲线。

为什么仪器刚开始使用时，失效率较高？关键在于任何仪器的功能（包括零件的功能）对条件集 C_1，$C_2 \cdots C_n$ 总存在着这种或那种不同程度的反作用。真实仪器都是如图 3-58 这样一个子系统。在仪器工作前，由于功能尚未发挥，这些反作用

---

① 王时任、陈继平：《可靠性工程概论》，华中工学院出版社 1983 年版，第 20 页。

都不存在，我们不可能在制造过程中将实现仪器原理的所有工作条件集 $C_1, C_2 \cdots C_n$ 调到稳态。对于 $C_1, C_2 \cdots C_n$ 中某几个条件，往往需要仪器开动后，通过仪器自身的功能耦合才能调到所需要的稳态。当然，我们在设计过程中，可以通过计算知道功能对条件的反作用，经过 S 和条件耦合可以把这些条件调到稳态，但这毕竟不是实际过程。因而，即使制造过程再精密，我们亦只能对 $C_1, C_2 \cdots C_n$ 各稳态中的一部分加以控制，另外一些则需仪器工作时自动调整，这样就有一定的误差概率。而这些自动调整达到稳态往往需要一个过程，因而在一开始仪器并不是完全可靠的。一般说来，仪器越复杂，这些需要以工作状态自动调整达到的稳态越多，仪器工作状态与非工作状态的差别越大。功能对条件的反作用越大，启动后出现故障的可能性就越大。比如航天飞机以及那些在超低温、高温、高压下工作的机器都是如此。

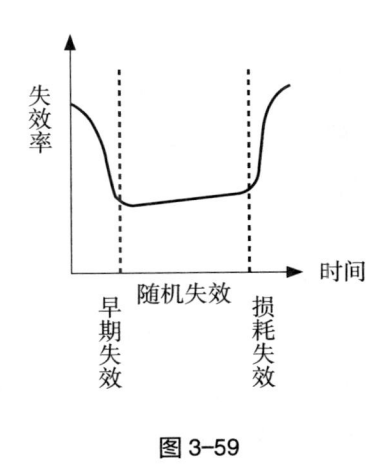

图 3-59

当仪器运转一段时间后，实现仪器原理的各个条件集 C_1，$C_2\cdots C_n$ 都进入确定的稳态后，仪器就相当可靠了。这就是图 3-59 所示的那处于浴盆曲线底部的情况。随着时间的推移，图 3-58 所示的那些未能完全耦合的功能所产生的微弱后果开始积累起来，使 C_1，$C_2\cdots C_n$ 发生越来越大的偏差，这时仪器进入衰老期，失效率开始增高，直至最后因老化而损坏。

第三节　衰老理论种种

虽然哲学家一再告诫人们，不要把人体当作一架机器，但是如果把人的结构与行为和机器相比，老化这一特征也许是其中最为类似的。首先，浴盆曲线对人体同样适用，如果把机器的失效率改为人的死亡率，我们可以发现，因各种疾病特别是内部原因造成的人的死亡率在变化趋势上正好符合浴盆曲线。众所周知，生理学家把人体一生分为三个阶段：生长、发育期是内环境建立和逐渐完善阶段；成年期是内环境稳定阶段；老年期是内环境稳定被破坏、组织退化（衰老）阶段。这三个阶段在一定程度上和浴盆曲线的早期失效、随机失效及耗损失效相对应。人体的早期失效期大约是胚胎形成到新生儿阶段。正如医学家所指出的，这一阶段人体组织系统被破坏的概率是较高的。"胚胎在最初三个月时很易受损，例如，酞胺呱啶酮可导致出生时肢体畸形，孕妇患风疹可致胎儿心脏畸形……妊娠第四到第九个月期间，外界因素不会引起胎儿严重畸形。胎儿娩出时，也容易受到伤害。新生儿期是很危险的……但是，如果一个孩子没有危及生命的畸形且安然度过了他的第一个生日，则很可能会活到老年。"[1]

过了新生儿阶段后，人体组织被破坏的概率就大大降低了，似乎开始了浴盆曲线的随机失效期。英国数学家本杰明·冈珀茨早在 1825 年就提出了一个著名的公式：

$$R_t = R_0 e^{at}$$

R_t 是年龄为 t 时的死亡率，R_0 为成熟年龄的死亡率（即相当于浴盆曲线盆底的数值），a 被称为冈珀茨系数。这个公式证明了浴盆曲线的右边部分：人的死亡率随年龄增大而升高。

目前，关于人体老化原因的研究已形成了大约 200 种学说。这大约 200 种学说中绝大部分所讲的老化原因和我们在上一节所讲的仪器老化的一般机制出奇的类似。例如，"劳损学说"认为："衰老是由于体内不能更换的组织器官逐渐劳损的缘故。科学家发现，机体的衰老变化中，由那些不能分裂和更替的细胞组织的器官尤为明显，而那些能进行有丝分裂的细胞通常无明显的衰老性改变，但红细胞约存活 120 日后就自动衰老了。大脑也是如此……最好的例子是非洲大象牙齿的耗损。"[2] 牙齿的耗损不能恢复，这通常是造成非洲老年大象死亡

---

[1] N. D. 卡特主编：《发育、生长、衰老》，孙耘田等译，人民卫生出版社 1983 年版，第 132 页。

[2] N. D. 卡特主编：《发育、生长、衰老》，孙耘田等译，人民卫生出版社 1983 年版，第 152、162 页。

的主要原因。肾脏的变化也是科学家爱用的证据。据统计,哺乳动物肾脏的肾单位随年龄增长而减少,人到 70 岁时,肾单位至少损失 40%。在这里,那些不可更替的器官类似于一个仪器系统在制造出来后就一意确定的稳态 C_1、C_2…C_n。而破坏这些稳态的恰恰正是人体组织的各种复杂功能。无论是象牙的耗损还是肾单位的损失,都是牙齿和肾功能长期作用的结果。

如果我们从方法论上运用上一节所谈的仪器老化机制,就可以将目前大多数人体老化学说统一起来。剩下的差别只在于用上述一般原理来分析各种不同类型的过程而已!例如,老化研究中另一重要学派"积聚学说"认为,"衰老是由于代谢物普遍积聚造成的"。例如钙积聚在不适当的部位(如动脉血管中层,特别是在弹性硬蛋白最多的部位),首先弹性硬蛋白发生变化,致使更多的钙沉积在管壁处。老年色素——脂褐素在很多组织的细胞质里积聚,特别是在骨骼肌、心肌和神经元里。这些色素的来源不明,但它们的积聚与对功能影响的关系已得到了清楚的证明。也就是说,"积聚学说"认为,某种缓慢的积聚过程破坏了人体组织,特别是那些不可更替的器官,导致老化。如"胶原在肌细胞间的积聚……加之胶原的生物物理特性随衰老而变化,使得心脏的机械效率逐渐降低,向心脏纤维输送氧、营养物质和排出毒性代谢产物的能力也随之降低。类似的过程似乎也是皮肤、肺等其他器官衰老的原因"[1]。"积聚学说"表面上似乎和"劳损学说"是不同的,但只要我

---

[1] N. D. 卡特主编:《发育、生长、衰老》,孙耘田等译,人民卫生出版社 1983 年版,第 153 页。

们进一步讨论"积聚"的原因,就会发现两种学说所主张的老化原因,本质上完全一致。

"积聚"的原因十分复杂,我们对某些"积聚"过程做了透彻的研究。但有关研究都证明,"积聚"之所以不可避免,正是因为人体组织器官的各种正常功能。这方面,最有说服力的是20世纪七八十年代对动脉粥样硬化的探讨。众所周知,动脉粥样硬化是心血管系统老化的主要征候,它是胆固醇慢慢积聚的结果。

根据病理学家罗素·罗斯和约翰·格罗姆赛尔提出的模式,动脉粥样硬化分三个阶段。首先是血液中的低密度脂蛋白(LDL)随着血液渗入受损伤的动脉血管内壁。接着血小板生长因子这类激素的释放促使内皮里层平滑肌细胞增生以修复损伤,并且白细胞也作为清除细胞侵入该区,而平滑肌细胞和白细胞吸收血液中的低密度脂蛋白作为营养成为泡沫细胞。但与此同时,低密度脂蛋白中的胆固醇就在泡沫细胞之中,在它们之间积累起来。积累起来的胆固醇细胞和碎片就带来了动脉粥样硬化。[①]血液中的低密度脂蛋白含量越高,积累会越快。只要我们分析胆固醇积累的三个阶段就可以发现,无论是血液渗入受损的血管内壁,还是白细胞侵入以及平滑肌细胞增生,都是血管损坏修复机制的必需功能。它们吸收低密度脂蛋白也是这一组织维持其正常生化过程的必需功能。

然而,毋庸置疑的是由低密度脂蛋白降解得到的胆固醇

[①] Michael S. Brown & Joseph L. Goldstein, "How LDL Receptors Influence Cholesterol and Atherosclerosis", *Scientific American Magazine*, Vol. 251, No. 5, 1984.

是与这个正常功能不可分割地连在一起的附加功能，这种微小的积累在一个相当长的时间内对人体内稳态没有害处，但这种附加功能长期作用却可以使动脉硬化，甚至产生血栓，破坏人体内稳态。在这一系列机制中，每一环节都和人体各子系统调节功能有关。就以血液中低密度脂蛋白的浓度为例，它亦是和人体相应系统调节功能不可分割的多余功能和多余变量之一。为什么高脂肪食物会导致血液中低密度脂蛋白浓度增高呢？原来在动物细胞表面有一种蛋白，被称为低密度脂蛋白受体，它能够将血液中的低密度脂蛋白提取出来，使其被细胞吸收并分解为胆固醇以满足细胞的需要。细胞表面有多少低密度脂蛋白受体是由一个自耦合系统反馈控制的。当细胞内胆固醇数量超过需要时，受体合成就减少。这样吸收的低密度脂蛋白也就少，以防止细胞内胆固醇过剩。因而，当人们长期食用高胆固醇食物，细胞内胆固醇充足，负反馈调节的后果是这些受体变少，使血液中低密度脂蛋白被吸收的部分变少，剩余的也就较多。同时我们知道，肝脏能够分泌一种叫极低密度脂蛋白（VLDL）的物质，它可以转化为脂肪和肌肉内的低密度脂蛋白，这也是人体维系正常功能耦合必不可少的。低密度脂蛋白粒子除了被肝细胞表面的低密度脂蛋白受体吸收外，其余全都转化为低密度脂蛋白。因此，一旦肝脏细胞内胆固醇含量高，低密度脂蛋白受体合成减少，这两个过程互相叠加，可使血液中低密度脂蛋白浓度很高（见图3-60），因而血液中低密度脂蛋白浓度增高也是人体系统正常功能耦合调节中的某种副产品。它也是和控制细胞内胆固醇水平为内稳态机制的正常功能联系在一起的另一个多余变量。为了实现变量的功能耦合和调节，人体中允许这些不可避免的多余变量大量存在，只要它们在短期内是无害的。然而，导致内稳态偏离和器官老化却与这些微少多余功能和多余变量的长期影响有关。这样看来，所谓"积聚学说"实际上是从另一角度描述了功能对结构的慢性破坏。

衰老的"自由基学说"则从另一个方面考虑了人体组织各部分复杂的多余功能对组织结构的破坏。"自由基学说"的要点是细胞成分尤其是不饱和脂肪酸的氧化作用产生一系列自由基反应，引起一些细胞非特异成分的积累性损伤。显然氧化过程在生化代谢中是不可缺少的功能，因而这类自由基副反应大约只能抑制、减慢而不可彻底根除。[1]

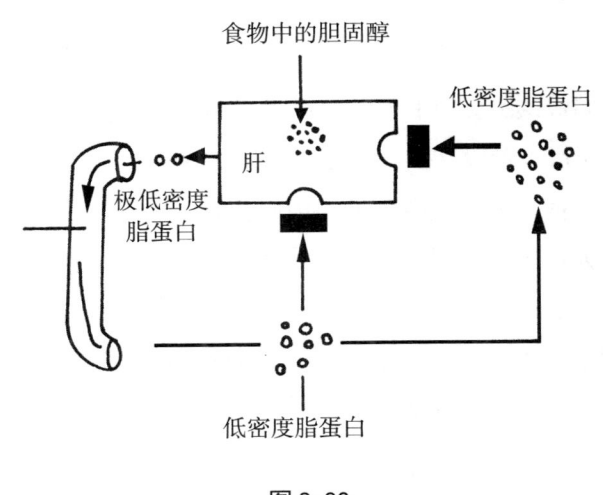

图 3-60

---

[1] N.D.卡特主编：《发育、生长、衰老》，孙耘田等译，人民卫生出版社 1983 年版，第 159 页。

总之，如果将实现仪器功能的稳态C_1，$C_2\cdots C_n$比作人体组织结构的内稳态，那么如上所说的人体老化学说和我们讲的仪器老化机制基本上是吻合的。但是我们知道，仪器组织和人体组织有一个重大差别：仪器系统那些内稳态C_1，$C_2\cdots C_n$是一些天然稳态，它是依靠某种物质或物质性质（包括空间位置）本身的稳定性来实现的；而人体的内稳态则是内稳机制的产物，它的存在依靠一系列调节机制。因此，既然功能对结构的慢性破坏是仪器老化的机制，那么系统的复杂功能对保持某些内稳态稳定的调节机制之慢性破坏也应是人体老化的原因。果然，我们发现也有不少科学家从这个角度来阐述老化过程。其中最著名的是把内分泌系统的变化看作老化的主要原因。众所周知，激素对人体内环境稳定有着重要作用。因此，很多科学家把内分泌的变化当作衰老过程中内环境稳定性下降的基础，人们曾试图应用手术和激素调节来延缓衰老。目前这种学说还处于假设阶段，缺少足够的实验支持。

另一种学说是把老化的原因归为DNA转录或译码的错误。最初有人认为DNA在复制中的误差积累，导致细胞和机体所依赖的遗传信息退化。后来人们发现这种设想是错误的，因为DNA结构本身是一个内稳态，具有抗干扰和自动排除错误的能力（见本篇第三章第三节）。因此，正确的思路是功能对维持DNA内稳态机制的慢性破坏。

英国化学家莱斯利·奥格尔提出，DNA在整体生命活动过程中都是正常的，只是它所控制的那些过程中会出现少许误差。这些误差在短时期内无关紧要，但一旦积聚起来，使

"差错成灾"导致老化。近年的研究证明，错误合成的蛋白质实际上随年龄而积累增多。这种观点实际上和"积聚学说"差不多，只是把那些复杂功能对结构的破坏看作是蛋白质合成误差的积累后果。[1]

英国细胞学家与生物化学家克里斯蒂安·德·迪夫的观点则更为深刻，他认为蛋白质合成错误的积聚也是由机体那种自我排除有缺陷分子的机制受到损伤所致。这种观点和我们分析老化的一般原理完全一样。[2]

英国生物化学家克莱夫·麦凯的经典实验使我们对上述仪器老化机制的普适性获得信心。麦凯发现，当用含热量不足而其他营养却适宜的食饵喂老鼠时，老鼠生长缓慢，寿命却增长了。[3]最近一些科学家采取青春期后限制摄入热量的方法，发现动物寿命延长虽不多，但毕竟是延长了。我认为这一结果正好是符合我们对老化机制方法论概括的。它似乎暗示，老化作用是复杂的多余功能对组织结构的慢性破坏，那么用热量不足的食物和其他降低组织各个部分活动水平的办法必定同时减少功能对结构的慢性破坏，因而也能延长寿命。当然，人体组织十分复杂，老化机制的研究还处于开始阶段，但到目前为止的发现似乎都证明了我们在上一节提到的功能对结构慢性破坏的

---

[1] N.D.卡特主编：《发育、生长、衰老》，孙耘田等译，人民卫生出版社1983年版，第156—158页。

[2] N.D.卡特主编：《发育、生长、衰老》，孙耘田等译，人民卫生出版社1983年版，第157页。

[3] N.D.卡特主编：《发育、生长、衰老》，孙耘田等译，人民卫生出版社1983年版，第151页。

观点普遍成立。人当然不是机器，因此，这种类似一定有更深刻的内在理由，我认为它正好反映了组织系统老化的机制具有普适性。

第四节　功能异化与结构畸变

　　人体老化和机器老化机制的类似性值得我们深思。从组织层次和复杂程度上讲，二者存在着质的差别，为什么老化过程十分相像呢？我认为，这说明老化可能是结构和功能固定不变的组织的一种本质属性。它一定和组织系统普遍的规定性有关，它大约是与能量守恒和孤立系统熵增相类似的普遍规律，我们甚至可以进一步尝试从方法论上把老化的普遍规律推导出来。

　　本书一开始，我们严格地按照结构功能分析的方法展开对组织系统的分析。首先我们指出，对于组织的任何一种功能，我们都可以用广义因果律的耦合加以合成。当广义因果律中各个环节的组织的各个部分一一对应时，我们可以把具有这种功能的组织看成由子系统功能耦合而成。子系统的结构和功能耦合方式被称为组织的结构。根据从功能来确定结构的思路，对于一种功能，我们总能找到一种对应的组织结构。

　　但是反过来是不是说：对于一种结构，只对应着一种功能呢？完全不是这样！这里，关键在于"结构"的定义。通常我们总是把结构等同于集合（比如功能耦合系统的输入与输出集）之间的关系（映射），但是同样集合之间是可以存在着多种关系的。因而，实际情况是，对于任何一种真实组织结构，总存在着多种功能。例如，我们必须考虑到任何组织都是处于内外干扰之中的，因此现实中能存在的组织结构，除了它对外部而言的整体功能以外，还必然具有另一种功能——维持生存的功能，如果不具备这种功能，它根本不能生存。也就是说，"存在"本身的逻辑从内部制约着一种组织结构必须对应着多种功能。我们在本篇第三章第三节将其称为同一结构的多功能性。如果将组织结构和实体对应起来，那么任何具有某种结构的组织实体差不多都近乎有无穷种功能！我认为，这一点十分重要，正是它带来组织系统普遍的老化机制。

无论对于仪器、生命、生态系统，还是社会组织，只要我们考虑到组成它们的任何一个子系统作为一个实体，差不多总有无穷多种性质，亦即具有无穷多的功能，那么用这些子系统通过功能耦合形成有组织的整体时，必然只是利用其几种功能或功能的某些方面而已。仪器的每一个零件除了具有我们用它组成仪器所具有的那种相应功能外，同时还具有各种各样的物理化学性质。人类设计仪器或自然界在形成组织时，不可能把这些性质和其他子系统在长时间内的各种作用统统考虑进去。本篇第二章第二节所讲的那个由特定酶控制的生化功能耦合网，它们仅仅是利用了参与这些过程中的各种物质的某些物理和化学性质。本章第二节对电灯泡老化原因的讨论中，也遇到类似的情况。即使对于一个相当简单的分子，要化学家罗列它的一切性质，都不是太容易甚至是不可能的事情。正因为如此，任何一个确定的化学反应都存在某些副反应倾向。但只要这些副反应十分微弱，在短期内几乎不起作用，我们就可以用这些确定的反应组成一个确定的系统，甚至某个耗散结构。

社会组织不是一样吗？我们在本篇第二章第二节证明，社会组织正是由人与人间的关系组成的巨大功能耦合网。这个功能耦合系统依靠普遍的法律、政策、宗教信仰以及职业习惯等稳态的形成来维持这张关系网的稳定性。但是在任何一个社会组织中，由于每个子系统亦是由人与人之间的关系组成，这些关系本来就很复杂，任何一个人或任何一个机构除了遵循普遍的社会规范完成其在社会组织中规定的功能或角色外，同时还具备无数种可能行为。只要这些行为不会破坏那些占主导地位的社会化规范的稳态，它们都是被允许的。也就是说，社会组织中每一个子系统或元素，原则上亦有着无数个多余功能和多余变量（注意我们在这里是照搬了仪器关于多余功能的定义，对于每一个人来说，那些从整个社会组织原则来讲是多余的功能，对他则往往不是多余的）。

在中世纪的欧洲，理发师除了完成给人理发这种功能外，还具有给人动外科手术的附加功能。天文学研究往往亦只是一些占星家的附带或业余工作。在社会关系网中，只要那些不占主导地位的关系网越来越强化，最后往往会破坏原有的占主导地位的关系网，造成社会组织结构潜在的变化。

生物学家曾计算过人体一半染色体DNA中所包含的信息量。精子及未受精的卵核所含遗传物质分别相当于40亿字。受精卵核中的遗传信息大约有80亿字。其信息量相当于17套大英百科全书那样庞大（一套大英百科全书共23卷，每卷平均约1 000页）。但在DNA中如此庞大的信息量中，只有1%左右是基因的功能，可以遗传。当然，这不等于说DNA功能的99%是多余的，[①]但它表明一个真实的组织结构所具有的功能往往比组织系统实行功能耦合所需要的功能多得多。总之，组织系统越复杂，组成它的子系统就越多，不参与耦合的功能数目也必定越庞大。这些不参与耦合的功能对组织维生结构的长期作用是不能忽略的。

从哲学上看，正是由于同一结构实体具有多功能性这一组织系统的普遍规定性，使我们（或自然界）利用子系统功能耦合组成组织时，必然要考虑子系统互相关系的时间尺度。只要其他功能在短期内不破坏由某些功能耦合而成的维生结构，那么功能耦合系统就能无误建立，维生结构和相应维生功能也能运转良好。但那些在短时期内几乎不相关（相互影响甚微）的性质在长时间内可能变得非常重要。

柏拉图早就说过，人们是先有桌子、椅子的观念（模式）后再来制造实际的桌子和椅子的。柏拉图用这个比喻来说明存在和意识的关系，引起了人们的非议。但用它来说明组织生存时却闪耀着真理之光。按照功能耦合的组织原则，任何组织似乎都是柏拉图式的。但正是柏拉图式的组织原理和实际组织实体之间的内在不完全一致，造成了组织内在破坏的动力。

那些参与耦合功能和未参与耦合功能的关系，很像物理学家经常谈起的短程力和长程力。在粒子之间距离极小时，万有

---

① 木村资生编：《从遗传学看人类的未来》，高庆生译，科学出版社1985年版，第2、126页。

引力比量子力学作用力就弱得多，可以忽略不计。万有引力的变化与距离的平方成反比，而短程力与距离高次方成反比。因而，随距离增长，万有引力的减弱速度比那些短程力慢得多。因此，当我们考虑大尺度空间内物质的相互作用时，万有引力就占主导地位了。

在那些未耦合功能对组织的反作用上，我们也看到类似效应，但不同的是，这里考虑的是时间尺度而不是空间尺度。虽然那些未参加耦合的功能暂时对结构的破坏可能很小，但从长时间尺度考虑时，那些参与耦合的功能整体效应是可以估计的，甚至有的是基本不变的，它们的长期影响有时倒不如那些未参与耦合功能的微小作用对结构的影响来得重要。

因此，我们有必要引进一个新的概念来描述上述长期作用造成的后果。我们将其称为功能异化。异化是一个众所周知的哲学概念，它描述事物被其本身带来的后果所改变。在此，我们用功能异化来表示组织功能对结构长时间的反作用。功能异化是组织系统自我破坏和自我否定。组织的各种功能是组织结构决定的，包括那些未参与耦合的功能，都是组织结构的产物。而组织的存在就是要保持其基本结构稳定不变，但这基本结构的稳定性却受那些未参与耦合功能的慢性侵蚀与破坏。我们所说的老化正是普遍的功能异化的表现之一。

这里，还有一个关键性问题需要解决：功能异化的结果为什么会积累起来？所谓"积累"就是组织结构随着时间增长出现越来越明显的异化。在仪器老化和人体衰老过程中，异化表现为物质的损耗或废物的积累。对于一般组织系统，又怎样理解功能异化的结果会一天天积累起来呢?

20世纪30年代,著名生物学家、进化论专家霍尔丹提出一个重要原理:基因突变表现的效果越弱,遗传给下一代的比例就越高,通过下一代继续下去就会使更多的人受到影响。[1] 分析一下这个例子,我们可以得到重要的启发。所谓基因突变的表现效果越弱,正是指这个突变对生物维生结构的影响甚微,越是微小的影响,越容易积累起来,这是当代进化论的一个重大发现。为什么这些微小突变容易积累呢?因为,适者生存是保持基因库稳定的一种机制,而那些对生存价值影响很弱的突变,用适者生存机制对它筛选是不起作用的,它正处于这个层次维生结构的盲区之中!实际上,功能异化的结果会积累起来的普遍原因正在于,那些未参与耦合的功能对结构的反作用是处于组织调节机制的盲区之中的!我们知道,任何一个组织都有维生结构,维生结构是组织为了适应有大量干扰的环境而建立的。但那些未参加耦合的变量在短期内不对组织系统有明显作用,因而在组织中一般不存在相应的稳态机制来防止它们对组织结构的微小效应。或者反过来说,正因为这种作用的后果短期内太微小,组织不可能用一种机制来防止它们!那么这些作用的结果就可以积累起来,时间一长就导致我们难以预测的变化。这样看来,从另一个角度说,功能异化的原因可以归为未参与耦合功能对结构的超越于维生结构层次以外的某种作用。当组织维生结构是由多层次组成时,功能异化往往也是

---

[1] J. B. S. Haldane, "The Effect of Variation of Fitness", *The American Naturalist*, Vol. 71, No. 735, 1937.

多层次的；它还会出现在这些调节层次之间，处于它们都无能为力的盲区。

遗传学家发现一个十分有趣的现象：只有致死突变以及那些生存率和正常值有微小偏差的突变率最高。图 3-61 是一个实验结果。其横坐标是从自然群体分离的果蝇染色体进行同型接合（纯合）时的生存率；纵坐标是突变频率。[1]这张图表明生存率处于 0 和 1 中间（即 0.5 左右）的突变相当少。我认为，这正是功能异化出现在盲区的证明。这张图可以用生物体维生结构加以解释，突变可以看作对 DNA 正常态状的某种干扰。然而，DNA 的维生结构是一种抗干扰机制，因而只有两类突变是可能的：一类是完全破坏 DNA 的维生结构，它们相当于那些致死突变；另一类是使 DNA 的维生结构发生微小变异，这种微小变异只使 DNA 的维生能力有少许改变。至于生存率处于中间状态的突变，它们很可能都属于 DNA 的调节范围，它们被 DNA 的维生结构抑制了。

如果考虑整个种群的维生结构，它有两个层次：一个是自然选择，淘汰致死基因；另一个是 DNA 保持自身稳定的结构。致死基因可以被自然选择机制抑制，但 DNA 维生结构的微小变化却缺乏必要的机制来对它进行调节。图 3-62 表示这些微小作用随时间积累的情况。

我们认为，只要承认功能异化的普遍性，就可以预见它在生物体生态系统和社会演化中所起的重要作用。20 世纪下半

---

[1] 木村资生编：《从遗传学看人类的未来》，高庆生译，科学出版社 1985 年版，第 51 页。

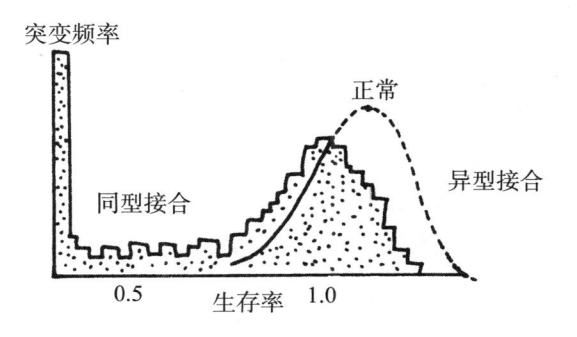

图 3-61

叶，进化论的某些发现似乎已为这个观点提供了证明。20 世纪 60 年代，日本生物学家提出著名的"中性进化学说"，认为生物进化中大部分氨基酸的置换都不是自然选择产生的，而是自然选择中的中间变化，是突变和遗传漂变的结果。[①]虽然目前科学家正在热烈地争论"中性进化学说"在进化理论中的地位，但遗传漂变却是一个事实。我认为，它或许正好提供了组织系统功能异化造成结构变化的某种证据。

人们或许会问：我们怎样来表现功能异化的积累效应呢？在仪器中，可以用稳态值的变化来表示老化，在一般组织中，也可以引进类似的表示方法。我认为，功能异化的不断加强，在很多场合表现为组织系统内稳态的移动，它是组织结构畸变的尺度。为了说明这一点，我们来分析一个具体例子。

中国封建王朝有两个代表其社会结构的重要的稳态：土地兼并程度 x_0 和官僚机构清廉（或腐化）程度 y_0，这两个内稳态通过一个复杂的维生结构互相关联着。在社会结构正常时，

---

① M. Kimura, "Evolutionary Rate at the Molecular Level", *Nature*, Vol. 217, No. 5129, 1968.

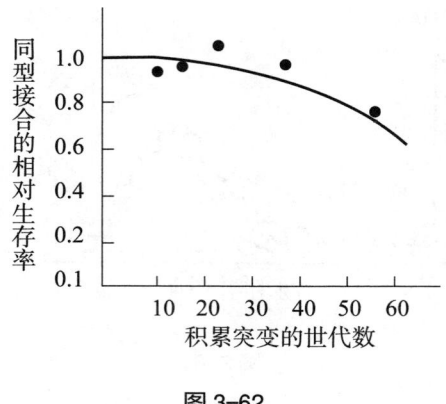

图 3-62

这两个值基本保持不变。但功能异化的后果会造成 x_0 和 y_0 两个内稳态日益偏离正常值，从而成为社会结构畸变的尺度。

我们知道，就地主经济本身而言，土地买卖和相对发达的商品经济存在使土地处于流动状态，它既有自发的兼并趋势，同时也存在着相反的过程：大地产由于遗产继承中的分家或因经营不善而分解为小土地所有制，或由于中央政府的律令使兼并过程受到限制。当土地兼并和分散这两种趋势在统计上处于平衡时，土地兼并度 x 就会成为内稳态 x_0，把 x 控制成为 x_0 的机制（即上述两种相反的作用）被看作对 x 进行变换的耦合系统。同样，官僚机构清廉度 y 也处于两种相反作用的控制之中，即封建官僚有自发腐化倾向，而封建王朝又可以通过科举制度对官僚进行吐故纳新、整肃吏治来打击腐化，这样 y 亦被一个自耦合系统控制在内稳态 y_0。这两个控制系统是互相关联的，如图 3-63 所示。控制 {x} 和 {y} 为内稳态的功能函数 F_1 及 F_2 各自依赖于另一个系统的内稳态，亦即 F_1 还依赖于 y_0，

而 F_2 除控制 y 外，亦依赖于 x_0，即有如下关系：

$$F_1=F_1(x, y_0)$$
$$F_2=F_2(y, x_0)$$

也就是说，从宏观角度看，控制土地兼并的功能与官僚机构是否腐败有关。当 y_0 大于某一临界值时，意味着中央政府已十分腐败，它对土地兼并可能完全失去控制能力，这样 x_0 就不再成为稳态。同时，政府控制其机构廉洁度的机制又和土地兼并有关。当 x_0 大于某一临界水平时，亦即土地兼并程度过大时，则可能出现科举制不能将相对廉洁的中小地主知识分子吸收到官僚机构中来，从而失去对官僚机构腐化的调节能力。从图 3-63 来看，整个系统可以组织得非常好，因为 F_1 保持 x 处于内稳态 x_0，它开始时少于临界值，这时 F_2 有效，它可保持 y 处于内稳态 y_0 并使 y_0 也少于临界值，它反过来支持 F_1 的有效运转。这样两个层次的功能耦合保证整个系统的结构稳定性。在这里，无论是稳态 x_0 还是稳态 y_0 都是可以调节的量。

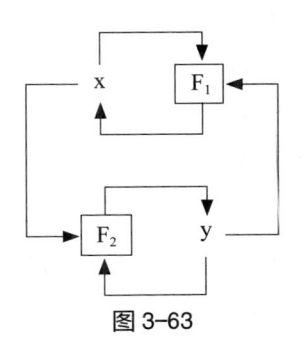

图 3-63

当系统内出现干扰，比如在某一个王朝初期，土地兼并不严重，但官员很腐败，那么可以通过官僚的吐故纳新来降低官僚的腐化程度，功能F_2可使y回到稳态y_0。也就是说，只要干扰作用不使x_0、y_0的偏离度大于临界值，调节机制F_1和F_2都会使其回到稳态。

但是必须注意，这种功能耦合只是理想状态。从长时间看，还必须考虑那些未参与耦合的功能的作用，亦即功能异化的进度。我们已经说过，在y_0对F_1的作用和x_0对F_2的作用中，存在着未参与耦合的功能，例如官僚作为国家律令的执行者，他们同样可以参与土地兼并，又如商品经济对官僚机构的慢性腐蚀因素等。这些微小影响是超越内稳机制的控制能力的，结果导致对x、y内稳态控制能力的削弱，亦即使F_1和F_2函数关系发生畸变，稳态x_0、y_0也就出现对正常状态的偏离，它表现为土地兼并程度一天天加剧，官僚机构日益腐化。只是任何一个稳态单独偏离正常值，系统还具有调节能力，而一个组织系统所有互相联系的稳态都慢慢偏离正常值时，它就意味着组织结构发生畸变，这就使得改变每一机构都是无能为力的。当组织结构畸变到一定程度，即x_0、y_0偏离到临界值范围以外，整个组织的稳定性就被破坏，系统出现混乱。

我认为，上面例子所用的分析方法是具有普遍性的。一般说来，组织的维生结构被功能异化慢慢破坏，总会表现为组织系统中各个相应内稳态的移动。当这些内稳态可从外部观察时（例如它对应着一种物态），我们就可看到某种物质被慢慢消耗或慢慢积累起来。在很多情况下，内稳态并不能直接观察到，不过它同样表示功能异化所造成的结构畸变的程度，这种表示方法很有用，它可以使我们简明地分析功能异化对组织结构的影响，例如功能异化到什么程度会破坏一个组织，甚至为理解演化和老化提供了某种数学分析方法。

第五节　模拟演化

异化造成结构畸变会带来什么后果？换言之，组织系统维生结构各个层次的内稳态都慢慢偏离正常值后，会出现什么情况？对于非线性系统，这是一个十分复杂的问题。为了说明这一点，我们来分析一个纯粹构想出来的例子。

假定一个组织系统某一个维生结构为自耦合系统，它的功能函数是非线性的：$F(x)=4\lambda x(1-x)$。λ 为参数（它也是内稳态）。功能异化的结果是 λ 数值慢慢变大。我们来考察 λ 变化引起的后果。显然根据本篇第三章第二节对非线性系统的分析，维生结构内稳态的条件是：

$F(x_0)=x_0$，$-1<F'(x_0)<1$，即它必须满足条件：

$$\begin{cases} x_0=4\lambda x_0(1-x_0) \\ -1<4\lambda-8\lambda x_0<1 \end{cases} \quad （方程3-9）$$

从方程 3-9 可以算出，当 ¼ < λ < ¾ 时，x_0 为内稳态。例如，λ=0.7 时，据图 3-64A，蛛网法证明 x_0 为内稳态。我们在本篇第五章第三节已讨论过，当 λ 慢慢变小，一直变到

¼时，自耦合系统由于结构稳定性被破坏必然崩溃。现在假定功能异化使 λ 从 0.7 慢慢变大，会带来什么结果？显然，当 λ＜¾时，系统仍是稳定的，功能异化只意味着x_0做某些移动，维生结构仍然稳定。当 λ=¾时，结构稳定性被破坏，我们用蛛网法可以证明，这时系统破坏和 λ=¼时不一样，自耦合系统陷于等幅振荡（见图 3-64B）。

等幅振荡当然意味着原有维生结构的稳定性被破坏，但它和 λ=¼时的崩溃并不完全一样，因为等幅振荡表示系统还不是一片混乱（也不是绝不可能产生新的内稳态）。我们可以想象，有一批同样的自耦合系统都发生功能异化，其 λ 值都等于¾。

如果两个被异化的自耦合系统互相耦合，形成如图 3-65A 这个新功能耦合系统，那会出现什么？图 3-65A 这样的系统同样可以用自耦合分析，其总的功能函数为 F〔F（x）〕，函数

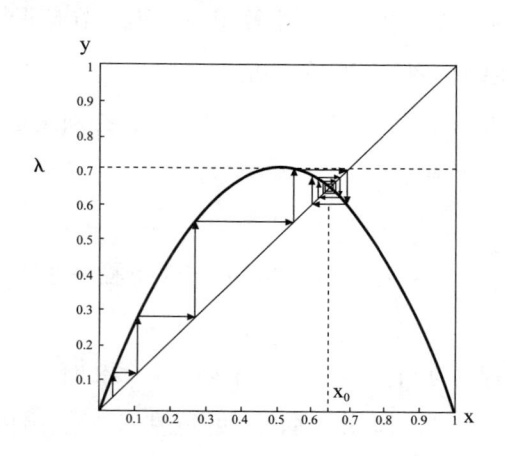

图 3-64　A

曲线如图 3-64C 所示。它除零点外，和对角线有三个交点 x_1、x_0、x_2。非常有趣，x_1 和 x_2 相当于由 F（x）形成自耦合系统中做等幅振动时 x 的两个值。但它们在功能为 F〔F（x）〕的自耦合系统中居然是两个内稳态，而居于其中的 x_0 却是一个不稳定平衡。

这里我们看到了一个十分重要的现象。这就是 λ 从 0.7 增加到 ¾ 时，首先是自耦合系统的内稳态变为不稳定了。然而，只要将两个 F（x）的子系统组成一个新的功能耦合系统，那么 x_1 和 x_2 重新成为两个内稳态。同样，如果新系统照样出现功能异化，进一步增大 λ（比如 λ=0.87），图 3-65A

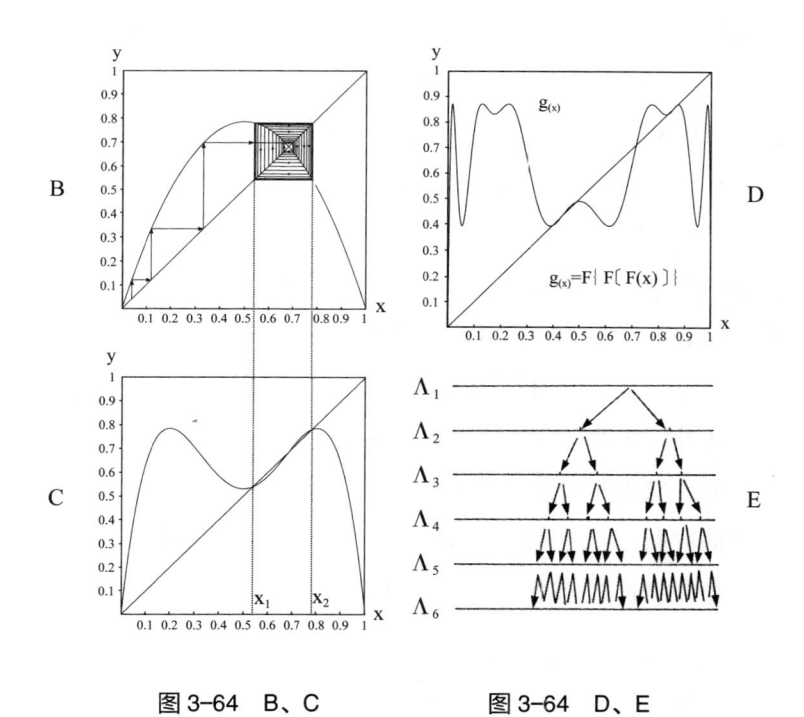

图 3-64　B、C　　　　图 3-64　D、E

所示的新的耦合系统的两个内稳态 x_1 和 x_2 又变成不稳定，转化为两个等幅振荡。但只要将三个新的 F（x）子系统串联起来成为一个，新的组织（3-65B）又可重新形成四个内稳态（见图 3-64D）。图 3-64E 表示功能异化不断增大，取 Λ_1，Λ_2，Λ_3，Λ_4，Λ_5，Λ_6 时造成内稳态不稳定，并通过形成新的耦合系统，分裂出一些新的稳定过程。数学家费根鲍姆用计算机对这种分裂的条件进行了计算。他发现，只有当 λ 收敛于一个临界值 $\lambda_c=0.892486418$ 时，这种内稳态的分裂才是可能的。（$\Lambda_n-\Lambda_{n-1}$）/（$\Lambda_{n+1}-\Lambda_n$）逼近一个常数，其近似值为 4.669201660910299097……λ 一旦越过临界值 λ_c，那么无论怎样耦合，新形成的组织都没有任何内稳态，它被称为混乱区。[①] 系统行为和湍流、鱼群的随机波动十分相像。上述自耦合系统模型是科学家在研究加速器时碰到的，至今人们还不清楚它有什么物理意义，但近年来，数学家甚至召开了关于这种系统自耦合研究的国际会议。数学家认为，这个例子表明，即使那些十分简单的非线性系统，一旦自耦合，就可以产生十分惊人的后果。费根鲍姆则企图通过类似分析来创立一门新的学科——"紊乱学"。我认为，这些结果都可以用功能异化来概括，它可以帮助人们理解组织的演化。

上述例子是数学家虚构的。但是，我倾向于把 λ 变大看作功能异化造成结构畸变的结果，把这两者结合起来，我发现，它似乎活灵活现地展示了演化过程最简单（然而却是深

---

① 本节的讨论请参见 D. R. Hofstadter, "Strange Attractors: Mathematical Patterns Delicately Poised. Between Order and Chaos", *Scientific American*, Vol. 245, No. 5, 1981.

刻）的模型。我们知道，进化论早就指出，进化过程中一个重要现象就是分叉（或称分支），物种树状进化图就是明显的例子。耗散结构理论研究的一个重点就是说明进化过程中为什么会出现分叉现象。普里高津通过一些非线性方程的解证明分叉是耗散结构的基本特点。而在我们所说的自耦合系统演化中同样看到分叉现象（见图 3-64E），它的数学和物理背景都比耗散结构要简单得多。

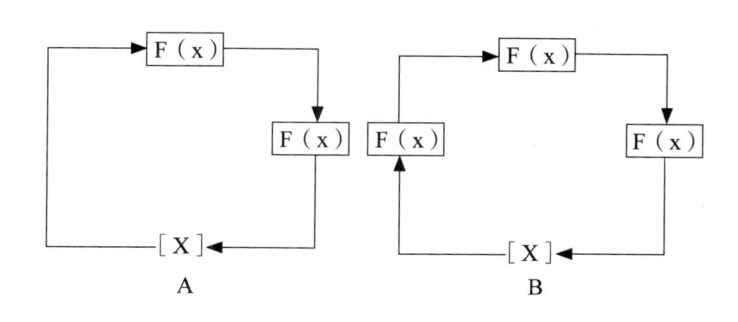

图 3-65

自然，我们把上述自耦合系统看作 DNA 的维生结构，把分叉看作生命系统的复杂化、多样化是有点牵强的。但我认为，它至少提供了一个说明组织系统演化的想象模式。第一，演化动力可以来自系统内部，它就是功能异化。功能异化造成维生结构的畸变，使维生结构变得不稳定。这时，为了维持组织的存在，必须建立新的维生结构。第二，我们可以利用异化创造的新结构来合成新的维生结构。在这个例子中是简单地重复运用结构相同的被畸变的组织来合成新的组织，这大约是组织进化一开始的必由之路，也是一种最简单的办法。在这里我们看到，两个组织耦合后，新的维生结构不仅是稳定的，而且由于非线性，稳态由一个变成两个，这样就有两种结构来适应同一环境，亦即出现分叉现象。第三，这个例子说明用同一种方式进化存在着某种天然极限。"$\lambda_c=0.89248\cdots\cdots$"表示通过重复耦合来适应环境变化的极限。在生物进化中，采用某种固定的办法来维持生存，虽然不断变换花样，但总有不可逾越的界限，这在生物进化和社会发展中是不难发现的常理。但我们在模型中也发现了这一点：一个简单的模型居然会导出如此复杂的行为，这不能不令人惊讶！

当然，这个模型毕竟太简单了，当组织系统层次很多，各个子系统不同时，异化造成子系统结构畸变的程度是不同的，而且新出现的子系统在性质上也往往是不同的。因此，形成新的组织方式具有比这个例子所揭示的更为广阔的天地，因而组织演化也更为复杂和千姿百态。我们必须从更高的层次来对功能异化造成的后果进行哲学概括。

第六节 无组织力量和熵增加的异同

上一节的讨论给我们一个启发，组织的功能异化和结构畸变必定存在两个方面：一方面是旧结构的破坏；另一方面，被异化了的子系统可能具有新的结构和新的功能。只要这些新的子系统能互相实现功能耦合，就有可能创造出新的组织。

从原则上讲，任何被异化了的结构都具有新的功能，可能孕育着新组织的要素。但这些被异化了的子系统能否形成一个新组织,不能光看它本身,而要看它们之间的整体性关系,亦即那些具有新结构的子系统能否形成功能耦合,包括能否建立稳定的维生结构。在一个组织系统中,如果部分被异化的子系统有可能形成新的组织,我们称其为新组织的潜结构。但是对于那些被异化了的子系统,当它们不能形成新的功能耦合系统时,异化的结果则是破坏性的,我们称其为无组织力量。因此,在逻辑上,功能异化造成结构畸变可以分为两个部分加以考察:一个是潜结构的形成,另一个是无组织力量的增长。

我们所讲的老化,实际上是指无组织力量的增长。对于不同的组织,其功能异化的后果是大不相同的。就仪器组织而言,异化和结构畸变的绝大多数后果都是无组织力量的增长,而没有潜组织生成。当然,在人类发明史上,虽然也有从一架偶然烧坏或出现故障的仪器中悟出新仪器的道理,但这毕竟太罕见了。为什么仪器的功能异化总是表现为无组织力量的增长呢?我认为,关键在于人类制造仪器的目的决定了它的整体功能和结构存在着严格的对应性。功能异化的子系统要形成新组织,首要条件是它们能互相耦合,形成新的维生结构。但对于仪器组织,它还要满足另一个条件,即新生成的维生结构具有的功能必须对我们"有用"!对于很多仪器系统,它的结构畸变后出现新的功能耦合虽非绝对不可能,但是,由于我们所需要的仪器功能和仪器结构间存在着严格的对应性,这些自动耦合起来的新的维生结构往往不可能具有"有用的"总体功能。一架图像畸变的电视机和不按正确程序运行的计算机,虽然它是结构稳定的,但只能是一架毫无用处的仪器。

这样看来,对于生态、社会组织等,由于不存在类似于对仪器组织的要求,功能异化就有可能形成新组织。一般说来,只要被异化的子系统能通过功能耦合形成新的维生结构,就意味着新组织形态发生!确实,我们在生态组织和社会组织中可以举出不少例子。我在《西方社会结构的演化》一书中曾讨论过一个池塘生态系统沼泽化的过程。沼泽化就是组织系统的功能异化,它同时在创造一种新的生态结构。同样,在社会组织演变中,罗马共和国转化为罗马帝国,查理曼帝国的分裂和西欧封建社会的确立,都是功能异化创造新社会结构的例证。一般说来,由于新的组织结构是在旧组织机制中形成的,旧组织结构既创造了新组织生长的要素,又是新组织形成的环境。当环境对新组织维生功能的要求十分苛刻时,特别是新组织必须形成高度复杂和多层次的维生结构才能生存时,由异化生成新组织就十分困难,这时异化差不多都会导致无组织力量的增长,因为异化只是一种盲目的创造力量。同理,当组织结构相对简单,层次不太复杂时,异化导致创造出新结构的可能性也较大。①

我认为,利用这一原理可以理解组织系统很多奇特的性质。著名的海弗里克现象就是一个例子。在本章第三节我们讨论了几种老化学说。在老化机制研究的早期,人们曾经普遍持有这样一种见解,认为组成人体的细胞本身并不会老化,如"在活体内,衰老是由于细胞间间质的变化引起的……这些变

---

① 金观涛、唐若昕:《西方社会结构的演变》,四川人民出版社1985年版。

化可能限制了细胞的营养效率或毒性代谢物转移"[1]。但是,一位名叫伦纳德·海弗里克的科学家发现这种见解是错的,他证明不同动物的纤维细胞在组织中培养生长时,细胞并不是永恒的,它也会老化,老化细胞死亡前就已出现多次分裂,而这种潜在分裂的次数与生物种的最高寿限有关。他还指出,成人比胎儿的纤维细胞的成倍分裂更少。这是一个重要发现,它似乎证明人体组织老化和组成它的基本单位的老化密切相关。但是,更有趣的是,一切细胞都会老死这一结论并非绝对正确,某些细胞确实是"不死的",例如Hela细胞,但科学家发现,这些细胞虽然不死,但在培养中会发生转化,它已经具有和原来不同的结构了。

我认为,细胞老化研究中的种种奇怪现象正好证实了组织系统功能异化的不可避免性。它们可以用功能异化过程中的无组织力量和潜组织生成来加以解释。首先,具有确定结构的细胞也是一个结构固定的组织系统,大约它同样存在功能异化。但是细胞的结构毕竟比人体组织简单多了。因此在功能异化过程中,结构畸变导致"变构"——转化为另一种细胞的可能性也大得多,这就相当于潜结构的生长。相反,如果异化不导致结构改变,功能异化就能导致老化,这相当于无组织力量的增长。

哲学家常说,万古长存的山岭不一定胜于瞬息即逝的玫瑰。实际上,无论是山岭还是玫瑰,只要它是一个有确定结

---

[1] N.D.卡特主编:《发育、生长、衰老》,孙耘田等译,人民卫生出版社1983年版,第157页。

构的整体，都不能抗拒异化造成的变迁，无非是组织程度越高，结构越固定，受到异化的冲击力越大。功能异化是一种内在永不安宁的发展动力。任何有组织的整体，一种选择是顺应着异化的方向不断改变结构，如果它企图保持某种结构长期不变，那么功能异化就全部转化为无组织力量，老化过程必然出现！这一切有如黄河河道的历史变迁，泥沙的沉积导致河床一天天升高，无疑是河道结构被功能异化的结果。这种特殊的功能异化方式已注定黄河的历史性命运！一类情况是几千年中经常发生的——河床高到一定程度使黄河泛滥从而造成河道改变；另一种可能是人类为了使黄河不改道，不得不每年加高周围的堤坝。但堤坝越加越高，以至河床大大高于周围地区时，黄河也就越来越危险。抗拒结构不断改变，大约总是以某种不可收拾的老化结局为代价的。当然，还有其他办法，比如人为地改变组织结构，或采用某些措施清除无组织力量等。组织结构改变虽可以清除某一种无组织力量，但又会带来另一种无组织力量。功能异化是整体功能的必然产儿。当考虑人对组织的作用时，整体的哲学必须把人和组织当作一个新的整体来研究。对于这个新的整体，同样有功能异化的新形式，人类解决了某一个问题，总是会引起新的问题。从整体哲学长远观点来看，世界向人类提出的问题，连同人类解决问题的过程一起，都在互相异化中向前演进，永远不会有一个终结。

当然，我们关于功能异化结果的讨论过于一般化，也不可能十分深入。实际上，对于不同的组织，潜组织的成长和无组织力量的增加都是十分不同的，而且它们相互交织在一起。对于大多数复杂组织，我们还不知道这二者关系的细节。正因为如此，组织演化问题至今没有解决。我们曾根据无组织力量和潜组织的关系区分出四种最基本的演化模式，它们是：静态停滞、结构取代、灭绝和超稳定系统。[1]特别是某些组织可能在其发展中有定期清除无组织力量的办法，我们对此至今几乎一无所知。我们在上一节把遗传漂变看作功能异化，但对于某些特殊的物种，比如那些被称为活化石的种群，为什么可以长期保持固定的结构？又例如，生物体老化几乎是多细胞种群不可抗拒的规律，但生物学家确实发现有所谓"不衰老的种群"存在，虽目前已发现的非衰老性多细胞动物很少，但确实有，比如海葵就是罕见的例子之一。对于这些奇特的反例，我认为并不能证明功能异化对它们不适用，而是我们尚未了解其组织的秘密，很可能这种组织内部有一种定期清除无组织力量的系统，当然这种系统的存在可能是以损害系统其他功能为代价的。

又例如生态系统的演替过程，其中既有组织的生长（如本篇第四章第二节所讨论的），也有功能异化。异化过程既有新组织产生，又有无组织力量增加，这众多的因素错综复杂地交织在一起，只有搞清楚细节，我们才能真正理解生态组织的演化。

虽然我们根据潜组织和无组织力量的关系区分出四种最基本模式，并在社会发展中得到部分证实，但是这四种模式毕竟太简单了。在生态和生命系统中，无组织力量和潜组织的关系是十分复杂的。虽然我们对此所知甚少，但我认为，指出任何

---

[1] 金观涛、王军衔：《悲壮的衰落》，四川人民出版社1986年版。

组织功能异化的不可抗拒，这本身对解决某些复杂问题已有启发意义。例如，生态学中关于顶级群落的发展方向至今仍是该领域争论颇大的问题。众所周知，顶级群落是演替的最后阶段，结构具有最大的稳定性，那么顶级群落作为一种生态组织是否可以永远维持下去，目前据现有的资料还不足以对这个问题下结论。但一些生态学家认为，顶级群落本身一定处于进一步演化之中，如美国植物生态学家雷克斯福德·道本米尔曾这样写道："可以给顶级群落下一个实用和保守的定义，即顶级群落是不存在更替证据的群落。但是，顶级肯定不是一种永恒不变的状态，虽然在习惯上，我们可能使用恒久的与稳定的等词汇。一个优势种的死去改变了其附近每个有关植株的有效资源总量，并随之影响其他种类高度的第二级变化等，与此同时，继续重新调整的可能性逐渐缩小了。既然在时间和空间上这些种群更新的序列是重叠进行的，那么顶级生态系统的任何一部分都不会是稳定的……未来植被变化的性质是不可知的。"[1]我认为，组织系统的功能异化的普遍规律对顶级群落一定是适用的。因此从方法论上讲，顶级群落同样存在着打破稳定结构的内在力量。但是顶级群落功能异化的方式是什么？是无组织力量还是潜组织？虽然现在还没有充足的证据加以判断，但很显然，如果顶级群落确是演替的终点，也就说，它已经不再继续产生潜组织，那么功能异化的结果大多表现为无组织力量的增加，因而顶级群落必然会老化。老化导致

---

[1] 雷克斯福德·道本米尔：《植物群落：植物群落生态学教程》，陈庆诚译，人民教育出版社 1981 年版，第 262 页。

结构的破坏，使得生态结构又回到比较简单的阶段，而演化又从这一阶段重新开始。也就是说，顶级群落很可能是一个超稳定系统！[1]我们的分析有没有根据？生态学家发现，某些生态系统遵循"循环演替"模式，即当演替到某一阶段（常是终级阶段）后，出现群落中优势种的属性开始被破坏的现象。破坏后，演替又从起始段或某一中间阶段重新开始。[2]似乎顶级群落也会经历老化、新生、老化这样波浪式的演替过程。循环演替机制的关键在于：顶级群落是怎样自我破坏的？自我破坏在演替过程中占多大比重？生态学家正在研究之中。但循环演替模式无疑是超稳定系统模式在生态演替中的例证。问题的微妙之处在于：如果顶级群落不是演替的终点，那么必然存在着其他演替模式，甚至可能是多种多样的。那些衰亡了的顶级群落到底是怎样衰亡的？今天的顶级群落最终将怎样发展？我们等待着生态学（包括古生态学）、考古学、历史学、组织理论等各有关领域的重大突破。

总之，我认为虽然有关功能异化的细节尚不清楚，根据组织系统功能异化的普遍性，我们可以提出一条系统论的原理：任何一个结构固定的组织，只要它不可能向新的结构转化，那么功能异化必然全部表现为无组织力量。这样，无组织力量在这种组织系统中必定是不断增加的。除非组织系统可以定期清

---

[1] 但是，一个超稳态的生态系统却不一定是顶级群落。对于其他组织系统也应如此考虑，例如社会组织系统。参见我和刘青峰的著作《兴盛与危机：论中国封建社会的超稳定结构》，湖南人民出版社1984年版。

[2] R. 克纳普主编：《植被动态》，宋永昌等译，科学出版社1986年版，第68页。

除积累起来的无组织力量，否则老化将不可避免！一直到这个组织系统完全破坏，变为无组织混乱为止！

我认为，这一系统论定理有着广泛的普适性。人们每天在每个地方都可以看到这个原理的各种具体表现。一个房间一开始十分整洁，一切井井有条，但只要不去收拾它，它必然一天比一天混乱，一直到你觉得不可忍耐，不得不彻底清除一下积累起来的废物；一支长期未经实战的军队，组织性一天比一天松散，如清朝八旗子弟兵的堕落、灌溉造成的土地盐碱化、官僚机构的腐败、埃及法老神权的丧失等都是例子。

实际上，哲学家早就发现了这一点，他们曾用如下充满智慧的格言来概括这种现象：整个宇宙中具有结构和价值的事物都在不可挽回地向着杂乱无章和荒废的方向变化。科学家则更倾向于把熵增加和一个组织系统自发趋于混乱等同起来，他们用熵增加来解释这一切。诺贝尔奖获得者、化学家弗雷德里克·索迪认为，热力学定律"作为最后的手段控制着各政治体制的兴衰、各国的自由或奴役、工商活动、贫富的产生，以及种族的普遍物质福利"[①]。20世纪60年代以后，越来越多的科学家发现了这个问题的重要性，但他们差不多都是用熵增加来解释这一切的。因此，20世纪70年代出现了把熵概念推广到社会科学中的高潮，1971年，经济学家尼古拉斯·乔治库斯-罗根最早将"熵"引入经济学中，他指出："经济过程仅仅是把有价值的自然资源（低熵）转化为废弃物（高

---

① Frederick Soddy, *Matter and Energy*, Williams and Norgate, 1912, pp. 10–11.

熵）……如果再进一步，我们就会发现每一件具有经济价值的物品——无论是从树上摘下来的果子，还是一件衣服，或家具等等——都拥有高度有序的结构，也就是拥有低熵。"[1]有人认为，"汽车比废铁有序度高"，"消费意味着使有序退化为无序，这是一种典型的'熵'过程"，"生产是一种反熵"！

我认为，这表明组织理论有了重大的发展，特别是组织系统自动趋于混乱的过程引起了科学界普遍的兴趣。但是，必须指出的是，这些探讨虽有启发价值，但很多人犯了一个错误，把组织系统走向混乱全部归为熵增加，这在科学上是难以成立的，应该是用组织系统的无组织力量增加这一新概念来概括才对。我认为，我在这里提出的无组织力量和熵是两个完全不同的概念。严格说来，熵只存在于随机系统中，对于两个一意确定的系统，虽然混乱度不同，但不能比较哪一个熵更高一些。例如，一间混乱的房间和一间整洁的房间的熵值差不多，房间虽然混乱，但房间中各种东西的分布是一意确定的，因此用熵增加来说明房间布置趋于无序大约只可能是一种类比。同样，如果我们认为废铜烂铁或者一堆零件的熵值一定比一架仪器来得高，这也十分牵强附会，零件堆虽然无序，但位置分布却一意确定。对掷骰子这样的过程，我们能求出它的熵值，但对本篇第三章第二节中所讲的鱼群波动，特别是图 3-17 所示的自耦合系统变化轨迹，虽然它很像掷骰子，但只要初始值确定，

---

[1] 尼古拉斯·乔治斯库-罗根：《熵定律和经济问题》，载赫尔曼·E. 戴利、肯尼思·N. 汤森编：《珍惜地球》，马杰、钟斌、朱又红译，商务印书馆 2001 年版，第 93 页。

这个变化序列也是一意确定的。这是一种确定性的混乱，严格说来，它和熵并没有关系！

有人或许会反驳说，用熵增加来表示混乱是一种类比，在社会科学中应允许合理的类比。确实，类比是有意义的，但必须符合科学规范。我们知道，两件事物只有在行为方式上完全同构或同态，用一事物来类比另一事物才是科学的。然而，随机过程和确定性过程是完全不同的，它们绝不可能同构或同态！

对于确定性过程，不存在不确定性（至少在概念上），而熵是对事物不确定性的度量，因而用熵来描述那些确定性过程引起的混乱会把我们的分析引向歧途。例如，如果组织的混乱完全可以表示为系统的熵，熵具有可加性，即混乱加混乱一定等于更大的混乱。但无组织力量却不一定具有这个性质，一个如图 3-17 所示的自耦合系统的混乱同另一个看来混乱的自耦合系统耦合起来，从整体上却可能是有序的！在中国封建社会研究中，就会碰到这方面的例子。中国封建王朝内部无组织力量的积累表现为土地兼并和官僚机构腐败，它们都不是熵，而且王朝崩溃后出现大动乱，大动乱后无组织力量得到消除。大动乱是一种混乱，无组织力量也是组织走向混乱的根源，一个混乱加上另一个混乱，居然可以带来某种秩序，这在组织系统中是屡见不鲜的。

当然，无组织力量增长中可以包含熵增加，我们把无组织力量定义为组织结构畸变的程度，它相当于内稳态互相偏离正常状态，这时系统抗干扰能力降低。就干扰来讲，如果它是随机变量，可以用熵来度量它。但图 3-17 所示的自耦合系统，对某个干扰的反应，虽然同样是无规则的波动，但它是无组织力量造成的混乱。我认为，这种混乱在组织系统瓦解过程中比熵增加更为常见。因而，无组织力量应该是一个新的概念，它的定义及产生的根源和造成的后果都与熵增加是不一样的。我们把它看作和组织层次、结构、容量以及稳定性等同样重要的基本概念。长期以来，人们并没有把无组织力量和熵区别开来，这也许正如当时没有把温度和热量严格区别一样，会阻碍组织理论的进一步发展。我们期待着无组织力量这一概念能对深入认识组织演化的规律做出贡献！

结束语
组织演化：我们面临新的综合

> 世界的永久秘密在于它的可理解性。
>
> ——爱因斯坦[1]

回顾全书的思路，我们可能会有同样的惊愕之感，因为我们的出发点和遵循的方法出奇的简单。整体哲学的大厦只建立在如下两个最基本的前提之上：

（一）任何存在都是有条件的，我们将其称为事物的条件性。认识某一现象和它所依赖的充分必要条件就是发现广义因果律。

（二）任何一种存在都处于内外不确定干扰的包围之中，我们称其为现实世界的不确定性背景。

这两个基本前提是被人类的实践，特别是科学千百万次证实的，具有包罗万象的普遍性。第一个前提也是科学要求用受控实验来证明事物之间互相联系这一基本规范的另一种概括。第二个前提相当于承认事物的内在发展性。[2]在这个足够坚实的基础上，我们只要运用结构功能分析方法，就发现可以站在

---

[1] 《爱因斯坦文集（第一卷）》（增补本），许良英等编译，商务印书馆2009年版，第479页。
[2] 参见本书第二篇《发展的哲学》第二章第七节。

巨人的肩上，瞭望正在兴起的组织领域的全貌，把正在发展中的各个领域统一起来，领悟到整体哲学未来的结构！

首先，既然我们大胆承认只有条件的现象和存在是第一性的，那么作为不需要从外部来说明其性质的整体，这必然是一个由广义因果律互相耦合而成的闭合系统！这也就是说，我们是用整体各个部分的互相依存和互相规定来说明整体的规定性的。当这些互为条件和互为因果的联系割断时，整体瓦解，整体的属性也就丧失了！但是，广义因果性互相耦合的方式是非常多的，一切耦合方式形成由各种组合可能构成的状态空间。这样，我们不得不把整体放到一个广大的组合空间加以考虑，不得不承认"可能"是比"实在"更为基本的概念！因为每一种耦合方式只代表了一种整体存在的可能性，而不能代表真实的整体。为了解决哪些组织是实在的，我们必须考虑第二个前提的制约。我们就碰到了组织系统的稳定性问题。只有那些具有维生功能，能够保证整个结构在不确定性的干扰中仍旧不变的组织才能存在。这样一来，形形色色组织系统的存在和演化就可以用统一的方法来加以解决，其途径就存在于组织系统稳定性问题之中。维生功能的瓦解标志着组织的解体，维生功能的变化则带来组织结构的演化。这样，组织起源也迎刃而解了。它实质上变成另一个问题：考察组合可能性空间中的稳定性之洼！只要把高层次的随机涨落和组织维生功能判断结合起来，就可以说明组织系统的起源。

接着我们考虑了功能耦合的层次，发现它可以揭示生长的机制；随着我们涉及的组织系统层次增多，稳定性研究也必须深入一步，进入层次和稳定性的关系，这就是结构的稳定性。非常有趣的是，随着分析逻辑的深入，我们往往会把原来组织系统意想不到的形形色色的特征卷进这个研究纲领。在一开始，我们的框架只谈机制、功能和结构，并没有谈到结构变化的方式，但现在我们发现它可以包容突变理论的基本内容，甚至可以找到一种研究组织形状的方法！

当我们把组织系统归为一种多层次的功能耦合系统时，我们的模型开始一步一步接近于真实的组织系统。这时我们发现了同一结构子系统的多功能性，以及组织系统实现子系统所有功能完全耦合的不可能性。由于这种不可能性，结构的功能异化不可避免。我们吃惊地发现，这正好和组织系统结构内在的变化和老化有关。

我们从最简单的功能耦合开始，从用整体的内部来说明整体开始，但在思想展开的最后，我们却碰到了内在的演化力量，发现异化和无组织力量的增长，发现任何整体都不可能是闭合的，它们必然处于永恒的动荡与演化之中。

这一切是一个雄心勃勃的研究纲领，它企图从一些最为常见也是人们熟视无睹的基本公理出发，来推演出整体哲学的体系。它居然能说明组织的整体性、发生、生长、老化那些表面上看来似乎神秘莫测的特点。这一切似乎太简单了，简单得使人不安。但是，正如康德哲学所揭示的，如果大自然不能让我们实现自己的雄心，它也不会在我们心中树立雄心。也许自然的真理和人生的真理一样，从本质上都是深刻而简单的。那些复杂的研究对象之所以显得复杂，可能是因为我们忘了深刻的东西一定是简单的,忘了科学和理性的目的正是去寻找纷乱的表象后面的简单性。

很多时候,我们之所以裹足不前,常常并不是因为缺乏能力,而是失去了对世界和自己的信心。当我们满足于过去某个时候科学和理性的成就之时,盲目的迷信往往会滋长起来,冲淡或否定了科学的求实和创造精神。那些已经点燃的理性之光不再增加自己的燃料,人们忘记了超越前人和自己。当人们有一天从过去的梦中猛醒,又会变得过于虚无,从怀疑理性成果的失误变成对科学理性的怀疑,陷入非理性反科学的泥潭。当人们重新尊重求实精神,开始研究新的事实,又容易陷入具体学科的细节中,忘记自然界深刻的统一和单纯,他们甚至会轻视别的领域的发展,把自己封闭起来,使科学成为一种技艺,而失去智慧。然而,科学精神要求人类永远处于一种微妙的均衡状态,处于一种艰难而必要的张力之中。它必须清醒而又充满深刻的激情,既求实又富有对整体的洞察,既尊重过去又怀疑现在,它永远以一种建设性的批判目光来看待一切,对整体的哲学也是如此。

近半个世纪以来,整体哲学的所有进展都是企图织起一张理性和实证的大网来把握这个动荡而又互相联系着的世界。但无论是系统论、控制论、耗散结构理论、突变理论,还是我在本书中引进的一些新概念,都只是这张大网中的部分结纽。迄今为止,从这些结纽出发,把它们互相联系起来所能理解的现象只是组织系统比较简单的性质。真正重要的是组织系统演化的规律,对于这规律我们却知道得太少!为了揭示演化,我们必须分析目前已经得到的各个概念之间的关系,例如结构稳定性和无组织力量的关系,组织的容量和潜组织生成的关系,异化速度与组织结构类型的关系,等等。无论是定性上还是定量上,我们都所知甚少。因此,组织理论的发展还有待于新的综合,有待于发现这张大网中新的结纽,并把它们真正联成整体哲学之网。本书所做的努力仅仅是一个开始,但是作为抛砖引玉的导论,我们不得不结束了。

整体演化的神秘大部分还处于混沌之中。正如康德所说,我们在黑暗之中,只有想象力在暗中奔驰,并创造出不寻常的东西。但是我还想补充一句:我们等待着实证和在某些组织研究中划时代的科学发现的闪电,来照亮进一步前进的道路。

1988年版后记

编完了由我的三本哲学著作组成的文集,并用自己的探索经历作为全书的序言,我如释重负,这是我第一次企图向读者勾画我所感觉到的未来哲学的轮廓!

一般说来,把过去的论文编成文集,是一件不难做的工作,而且它的意义只在于可以省去读者查阅文献的麻烦。但我在编此书时,内心却充满了紧张而激越的感情。我希望读者能从本文集中收获分别阅读这些著作难以取得的效果——发现哲学的整体性!

从逻辑顺序来讲,本书第二篇《发展的哲学》是最基本的,我提出"不确定性"作为万物内在发展这一辩证法基本公理的科学表述。接着,我在本书第三篇《整体的哲学》中又提出"条件性公理"。我力图在这两个基本公理的基础之上,架起可以把握有组织整体及其演化规律的理论构架。而本书第一篇《人的哲学》只是第二、三篇提出的基本方法的运用:考察一个由观察者和研究对象耦合起来的特殊的组织系统。正是应用了新的方法,我们可以回答当代唯物论碰到的种种挑战并阐明科学和理性的基础。由于本书第一、二、三篇分别对应着辩证唯物论三个最基本的方面——唯物论、发展观和整体性。根据在辩证法哲学中这三个问题的排列顺序,我将《人的哲学》

放在第一篇。

我要向读者表示歉意的是，我一直没有足够的时间和精力把本书所涉及概念的内在关联按哲学体系的要求做整理和重新表述，只是让读者自己去发现其内在的一致性。我自以为已经感觉到了辩证理性可以重建——虽然我至今为止不知道应怎样称呼这种发展了的新的辩证法（有时我称其为系统演化论，有时我称之为整体演化论）。但是毫无疑问，这一切都不成熟，要在这些基础上真正完成哲学的创造，需要更多的实践、探索和时间的考验，它也许不是我所能胜任的。正因为如此，我就把它们汇编起来，以如实地告诉读者我已走到什么地方，我碰到了哪些困难以及我的希望——辩证理性的重建是这一代哲学家的任务！

最后，让我对上海人民出版社的编辑特别是马嵩山先生在出版这本文集过程中所做的种种工作表示感谢！

金观涛

1987 年 12 月 19 日于北京中关村

第二部分 走向真实性哲学

第四篇

意识是什么？

在以道德为终极关怀的中国传统社会，人们从不问什么是意识。在革命乌托邦主导的近现代中国，思想研究也不关注意识。令人惊异的是，在思想空前解放的 20 世纪 80 年代，居然也对意识是什么不感兴趣。这一切说明常识理性和现代常识理性对中国人思想的笼罩是多么强大。正因如此，意识研究在中国可以开启一条从现代常识理性走向科学理性的道路。

第一章　大脑研究与人工智能

对于意识研究，2024 年是一个标志性的年份。就在这一年，现代科学对"什么是意识"的两个探索方向终于相遇，并得到了出人意料的结果。

第一个探索方向是 2013 年欧盟宣布的为期 10 年的神经科学研究，该计划以空前的人力和物力投入大脑神经系统的实验，力图通过研究神经系统如何学习及记忆，揭示什么是意识。然而，长达 10 年的研究结果表明：神经系统的实验研究并不能完全理解真实的大脑。正如一位评论者所说："一心想要在二三十年甚至 10 年内就揭开人脑之谜，只能是揠苗助长和水中捞月。"[①]第二个探索方向就是根据已知的计算机学习原理建立有智能的机器。从人造神经网络的深度学习到大语言模型，研究的进步引发了人工智能巨浪。今天，ChatGPT 已经学会了语言并可以进行知识处理，人们认为它将在各个领域掀起产业革命。然而，意识却没有如一些人期待的那样，在计算机

[①] 该研究为世界上首个超大脑计划——欧盟人脑计划（Human Brain Project, HBP），总经费超过 6.07 亿欧元，联合了 19 个国家、150 多个研究单位的 500 多位科学家。计划发起人马克拉姆声称：该计划将在超级计算机上仿真出整个人脑。(《欧盟人脑计划启示录——反思"大科学计划"》，钛媒体，https://www.tmtpost.com/6894566.html。)

的升级和大数据训练中涌现出来。意识至今仍是一个谜,我们不知道打开它的钥匙究竟在哪里。

这一切使人想起阿尔贝勃在《人如何学会语言》一书中的故事:一位绅士看见醉汉在路灯下找钥匙,就尽力帮助他。两人找了很久都没有找到,绅士就问醉汉钥匙是在哪里丢的。醉汉回答说:钥匙在街上丢的,但其他地方太黑,只能在路灯下找。[1]阿尔贝勃用这个故事告诫世人:在今日高度专门化的科学研究中,某一门学科探讨某一问题必须保证答案在该学科的范围之内。然而,把这个故事应用到意识研究,得到的结论却是惊心动魄的。它说明解开意识之谜的钥匙不在现代科学的灯光之下!

这又如何可能呢?意识无疑是大脑的属性,而大脑是由神经元组成的。如果要解释大脑为何具有意识,就必定要揭示神经元如何构成神经网络及其工作原理。如果意识不包含在这些基本原理之中,它又在哪里呢?一直以来,哲学家把会使用语言视为人和动物的本质区别。因为使用语言直接和意识相关联,用人造神经网络掌握语言就成为意识研究的另一个方向。然而,当人工智能的研究者终于制造出会使用语言的机器时,却并没有在这些机器中发现意识。[2]这一结果使人感到不可思

---

[1] Michael A. Arbib, *How the Brain Got Language: The Mirror System Hypothesis*, Oxford University Press, 2012, p. 3.

[2] 1998年,神经科学家克里斯托夫·科赫与哲学家大卫·查默斯打赌,前者认为2023年人们将破解意识的神经学基础。2023年6月23日,两位学者在纽约市举行的年度意识科学研究协会(ASSC)的会议上公开同意,这仍然是一个尚在进行的探索,并宣布查默斯获胜。(下接第581页脚注)

议，因为只要把上述两个方向的研究综合起来，就可以得到一个明确的结论：现代科学不能揭示什么是意识。

为什么这么讲？如果解开意识之谜的钥匙真的在现代科学之中，那么近十几年两个意识研究方向已经穷尽了在科学的灯光下找到钥匙的一切可能。大脑神经系统研究计划是从内向外的寻找。科学以大脑解剖为基础发现神经系统，神经系统由神经元组成，用科学实验方法研究神经元以及由它们组成的具有多层次反馈结构的神经网络，这不是在现代科学的聚光灯下一步一步从最基本的东西出发向外求索又是什么呢？① 而用人工智能研究意识则是从外（灯光照射范围的周边）向内寻找。人造神经网络的结构是已知的，机器学习和训练的原理也是已知的，如果意识和使用语言等同，那么当这些由已知原理设计的仪器通过大数据学习掌握语言时，它们应该是有意识的。然而，会说话的ChatGPT却没有意识！②

（上接第580页脚注）（Mariana Lenharo, "Decades-long bet on consciousness ends—and it's philosopher 1, neuroscientist 0", *Nature*, https://www.nature.com/articles/d41586-023-02120-8.）

① 众所周知，这一求索的结果是一场"意识的战争"。根据英国牛津大学数学家乔纳森·梅森的一项研究，目前已经有三十多种相关理论有待验证。不同理论的拥护者往往各持己见，互相抨击。神经科学家露西娅·梅洛尼在2018年参加了一场意识研究的会议，与会专家的争吵甚至让她想到自己父母离婚的场景。即使对意识的科学解释达到共识，当今所有意识理论都不包含对主体性的解释。因此，这表明意识根本不存在科学实验的解释。（Mariana Lenharo, "The consciousness wars: can scientists ever agree on how the mind works?", *Nature*, https://www.nature.com/articles/d41586-024-00107-7.）

② 目前，神经科学和意识科学专家认为大语言模型不太可能有意识，但在公众层面似乎并非如此。在2024年发表的一项研究中，（下接第582页脚注）

人生活在意识流之中，意识是考察世界的出发点。探讨什么是意识，本来是不可能的。把意识定为科学研究的对象，是启蒙运动以后的事情。启蒙运动否定传统宗教的真实性，用科学之光照亮一切知识领域，解释意识才成为现代科学的目标。当上述两个研究方向最终相遇，证明寻找意识之谜的钥匙确实不在科学路灯照耀范围之内时，人们一时无所适从。一些人主张：应该回到启蒙运动前的立场，仍将意识归为传统宗教。然而，在21世纪的今天，大多人难以退回到两个世纪前的认识中去。这时，只能去设想：能不能打开街上所有的路灯，看看解开意识之谜的钥匙究竟在哪里？然而，在现代科学之上真的存在着一盏盏照亮整个认知领域的路灯吗？

（上接第581页脚注）一群英国研究人员在线招募了300名美国受试者，向他们提出了一系列问题，询问他们是否认为大语言模型具有意识或其他主观的人类状态，如情感、计划和推理。除了这些问题，研究者还询问了参与者使用ChatGPT的频率。最终，研究人员发现，那些经常使用聊天机器人程序的人似乎在与其互动的过程中自发地发展出了一种"心智理论"，即将人工智能看作一个有思维和情感的实体。（Noor Al-Sibai, "Most Users Think ChatGPT Is Conscious, Survey Finds", *Futurism*, https://futurism.com/the-byte/most-users-chatgpt-conscious.）然而，如果让这些受试者认真回答：人工智能今日是否真的和他们一样，是有意识的主体？答案应该是否定的。

第二章　在真实性哲学的路灯下

从表面上看，根本不会有这样的路灯。但是，如果我们把"意识是什么"转化为"为什么我们对意识的研究是真的"，问题就完全不同了。启蒙运动之后，人们之所以坚持用现代科学解释意识，是因为认为唯有科学知识才是真实的。而科学之所以为真，乃是因为其研究客观存在的对象，以揭示客观世界的规律。但我们一直没有问过：如果客观世界根本不存在，现代科学是不是真的？当我们仍坚持科学知识是真的时，那就必须回答：为什么科学是真的？这时，对"科学为真"本身的研究可以使我们打开所有认知领域的路灯，知晓为什么在现代科学灯光下寻找意识之钥匙是徒劳的。

发现科学的真实性不同于"客观实在为真"，这要始于量子力学。虽然量子力学原理的哲学解释早就怀疑客观世界的存在，但真正证明客观世界不存在的，是20世纪80年代的"延迟选择实验"。这是人类历史上第一次用科学实验证明客观实在并不是真实的，迫使我们把科学真实和客观实在区别开来，从而发现什么是真正的"真实性"。我认为：这对于认识论是一件划时代的事情。

我在《真实与虚拟》一书中详细讨论了惠勒提出的延迟选择实验。延迟选择实验以光子（或光波）为对象，用受控实验来检验其是不是可以独立于主体选择（实验装置）的客观实在。虽然光子（或光波）产生于特定的装置，但它只要是客观实在，就一定可以独立于实验装置。换言之，在某种选择（装置）产生了光子（或光波）后，总可以迅速用某种新选择（新装置）取代原有装置，并且在之后某一瞬间仍可以确定原来的光子（或光波）存在着。所谓"延迟选择"指的就是，当光子（或光波）已经存在时，通过极为迅速地改变装置证明光子（或光波）对装置（选择）的独立性，以显示它是一种和主体选择（设置实验装置）无关的客观实在。这些实验在20世纪80年代前后都相继完成，并得到确定无疑的结果，实验证明光子和光波都不是客观实在。[①]

必须强调的是，这些实验可以运用到所有的基本粒子中。它带来了一个人们不敢相信的结论：所有基本粒子都不是客观实在。世界本是由基本粒子组成的，这意味着世界不能独立于主体的选择（设置实验装置）而存在！延迟选择实验之所以重要，乃在于它克服了一个原先看来无法解决的困难。这就是在证明客观实在不是真的同时，必须确定这个"证明客观实在不是真的"之实验本身是真的。众所周知，在科学研究中判断某一个实验结果是否为真，有着明确的标准，这就是该实验结果必须普遍可重复。

以往科学家在解释为什么受控实验（或受控观察）只有在普遍可重复的前提下，结果才为真时，总会回答：因为对象是

---

① 金观涛：《真实与虚拟：后真相时代的哲学》，中信出版社2023版，第529页。

客观实在。而延迟选择实验证明：必须把真实性和经验世界的客观性明确区别开来。受控实验（或受控观察）结果为真是因为它普遍可重复，而不是因为对象客观存在着。它揭示出真实性实为主体X、控制手段M和对象Y三者的关系：只要控制手段M是主体可任意重复的，主体用选择M规定的对象Y就是真的。换言之，对象的真实性并不源于它是客观实在。正因为如此，可以用受控实验来证明客观实在不存在。延迟选择实验的本质是让Y形成后，迅速改变M，如果Y可以独立于主体和控制手段，那么独立于M的Y可以被受控实验观察到。当实验否定上述想象，仍然证明Y由M规定时，Y不是客观实在。这时，基于受控实验普遍可重复，Y仍然是真实的。真实性作为主体X、控制手段M和对象Y三者的关系，它和客观实在没有关系。

　　读者或许有疑义：M是实验装置，它是客观实在。真实性怎么会和客观实在没有关系？表面上看，实验装置的存在，使我们不能离开客观实在定义真实性。然而，什么是实验装置？我们如何知道它是真的存在着？这时，必须依赖另一个证明实验装置存在的受控实验（或受控观察），实验装置的真实性取决于这些受控实验（或受控观察）的普遍可重复性。这样，任何实验装置都可以化约为主体所实行的一系列选择（设置）及其结果，我们将最后化约的结果记为M。这一切显示了选择（设置）的任意可重复性才是真实性的本质。一旦理解了真实性实为主体X、控制手段（设置）M和对象Y三者的关系，我们将三者关系记为R（X，M，Y），并得到如下结论：在三元关系R（X，M，Y）中，只要控制手段（设置）M是主体可任意重复的，R（X，M，Y）中Y就是真的。

真实性研究使我们找到了不同于科学之光的其他路灯。在它们的照耀之下，科学、心灵、人文宗教之间不再存在着黑暗地带。为什么？基于上面的分析，我们可以发现：R（X，M，Y）有着不同的类型，每一类构成一个领域，科学真实只是真实的R（X，M，Y）某一特殊领域而已！有关意识之谜的钥匙存在于真实性的哪一个领域，终于清晰地显现出来了。换言之，在真实性哲学的灯光之下，虽不能立即回答什么是意识，但这个问题应该如何解决却是可以回答的。

第三章　为什么人工智能不可能有意识

首先，我们来证明为什么神经系统的实验研究不能揭示意识，以及为什么人工智能不可能有意识。原因在于，真实性具有众多领域，而科学真实只是众多真实性之中的一个，用科学研究证明意识为真是搞错了领域。为什么？因为在三元关系 R（X，M，Y）中，只要 M 是主体可任意重复的，由 M 规定的 Y 就是真的。而 X 有"个别"和"普遍"两个不同选项，M 有"包含主体"和"不包含主体"两个不同选项，对象 Y 也有"经验"和"符号"两个不同选项。所有选项的两两组合，有 8 种可能性。在真实性关系的 8 种类型中，如果只考虑经验真实性，一共有 4 种可能性。分析这 4 种可能性，立即推出科学只是经验真实三个领域中的一个。

科学真实的前提是主体 X 为"普遍"，M 为"不包含主体"。什么是主体 X 为"普遍"？科学真实的基础是受控实验或受控观察的普遍可重复。普遍可重复是指受控实验或受控观察结果对某一个主体 X_n 为真时，对另一个主体 X_{n+1} 亦为真。也就是说，在可控制变量和可观察变量不变的前提下，将某一个主体 X_n 换为另一个主体 X_{n+1}，只要受控实验和受控观察结果仍然相同，再加上数学归纳法成立，得到的相应经验对所有主体 X 为真。这时，我们称之为主体 X 是普遍的。而 M 是主体做出的控制（仪器装置及其规定的实验条件），因所有科学实验中实验条件都不包含主体，科学真实只是 R（X，M，Y）中 X 为普遍、M 不包含主体，即主体可悬置所规定的那一特定类型。

当 X 为普遍，但 M 包含主体，即主体在普遍可重复之受控操作中不能悬置时，其可重复性结构和受控实验（受控观察）不同，它亦规定了对象对所有主体的真实性。因为 M 是一批变量，其中某些包含主体，某些不包含主体。和它相比，规定科学真实的普遍可重复的受控实验和受控观察，只是 M 中将包含主体变量排除之结果。在《真实与虚拟》一书中，我将包含主体的 M 之实验称为拟受控实验（观察）。和拟受控实验（观察）的普遍可重复对应的真实性领域属于人文社会世界。同理可知，当"X 为普遍"不成立，只要由主体控制的 Y 可任意重复，Y 仍是真的。这样，也就得到真实性的第三种类型，这就是个体真实。在《真实与虚拟》一书中，我详细论证了真实性存在着三个领域。它们分别是科学真实、人文社会真实和个体真实。

一旦认识到现代科学研究只是三种真实性领域中某一种真实性探索，立即可以理解为什么在现代科学的路灯下找不到打开意识之门的钥匙。因为任何用普遍可重复的受控实验和受控观察确定为真的对象中都不包含主体 X，而意识和主体直接相关。也就是说，用科学的真实性不能证明意识的真实性。意识研究不属于纯粹的科学真实领域。

我们可以用神经系统记忆研究为例说明这一点。大脑神经系统的实验研究要求其普遍可重复，然而只要实验的控制条件中不包含主体，用科学研究发现的神经系统的记忆只能是输入和输出关系的变化，它不可能涉及主体，当然也不能用于解释意识。今天科学家在讨论神经元的记忆功能时，将其归为外部输入导致其阈值变化，其后果是输入与输出关系的改变。必须强调的是，这是用受控实验和受控观察研究神经系统如何记忆得到的结论。例如，一只狗被汽车撞了，下次见了汽车就会害怕，神经科学用狗有记忆来说明这一点时，记忆被称为生物对外界刺激的敏感化。这种解释可被一个普遍可重复的受控观察证明，它当然是真的，但这种记忆中不存在意识。难道记忆真的和意识无关吗？答案是否定的！

心理学家都知道：用行为模式的改变来定义的记忆，实际上只是记忆的一种形态，称为"程序性记忆"。人学会游泳但事先并不知道在水里应如何动作，这是一种和主体无关的记忆。人还有一种记忆，它是通过主体唤起过去的经验呈现出来的，心理学上称之为"陈述性记忆"。陈述性记忆具有符号性、意向性、建构性、会被遗忘等特点，它使人能主动地去适应环境。[1]事实上，"人有陈述性记忆"是通过拟受控实验（观察）证明的。在相应心理学实验中，普遍可重复实验的控制变量中存在主体，实验也要求主体进入实验条件之中。[2]所有这一切

---

[1] Larry R. Squire, Eric R. Kandel：《透视记忆》，洪兰译，台湾远流出版2001年版，第143-209页。
[2] 陈述性记忆也可分为情境记忆和语义记忆，后者表现为单词、符号、公式、规则、概念和词的制约，必须借助拟受控实验来研究。情境记忆指的是生物体可以根据以往的经验对不同的情境做出反应，很多人认为，这种记忆有可能通过受控实验来研究。2022年发表在《自然》（下接第590页脚注）

都是科学真实领域中的普遍可重复之受控实验和受控观察不能做到的。

科学真实研究中主体被悬置，不仅体现在普遍可重复的受控实验和受控观察里，更表现在根据已知的科学原理设计的仪器和计算机之中。人造神经网络、人工智能不会有意识，因为它们是用科学原理设计出来的，证明这些原理为真需要普遍可重复的受控实验和受控观察（或作为其符号表达的数学）。而在普遍可重复的受控实验和受控观察中，可控制变量和可观察变量中都没有主体，仪器和程序中也不会有主体。在什么前提

（上接第589页脚注）杂志的一项研究发现：情境记忆的联合表征存储在海马CA1区中，而构成情境记忆的组成特征（如视觉记忆、听觉记忆等）则存储在前额叶皮质的前扣带回。情境记忆这种细节单独存储的特点，使其具有在不影响海马体中记忆原始编码的情况下，对记忆进行更新、修改或重新分配特征权重的特性。还有研究人员开发了一项基于虚拟现实技术的记忆任务，研究这种情境记忆的读取和储存机制。在该任务中，小鼠会穿过一眼看不到头的走廊，并重复经历三个随机排序的多模态情境，每个情境由感觉线索（听觉、视觉、嗅觉和触觉）的不同组合所定义。小鼠被训练将这三种情境分别与奖励（探头给予蔗糖）、中性（探头给予水）和惩罚（探头给予水的同时喷气）相联系。经过多次训练后，与中性和惩罚情境相比，在奖励情境下，小鼠探头舔舐的频率显著增加，这表明该方法使得小鼠成功建立了情境记忆。在这个案例中，小鼠可通过不同的特征来驱动情境回忆，这表明大脑是通过感觉整合特征，而不是单一的特定显著特征来存储和读取情境记忆。（《〈自然〉：大脑保存和提取记忆的方式，我们之前理解错了！》，生物谷，https://news.bioon.com/article/e819e32931ac.html.）必须强调的是，上述实验只是受控实验，而非拟受控实验。必须强调的是，老鼠具有情境记忆，是人对这些受控实验结果的解释，人把自己的主体性投射到老鼠身上。至于人具有情境记忆，相应的实验是有主体参与的，故属于拟受控实验。对人来说，不同之处是主体参与到情境记忆中。

下，人造仪器或程序有意识？如前所述，它们的设计原理必须被普遍可重复的拟受控实验（观察）证明。至今人工智能中还没有这样的设计原理，人们指望意识在今日人工智能程序中涌现，是把自己（主体意识）投射到仪器中的想象。

这方面最典型的例子是对思维和智能的行为主义定义：如果我们对机器提一系列问题，当其回答和人没有区别时，即可认为机器和人一样能思维。这就是图灵测试。表面上看，人的思维和智能规定了人如何根据自己收到的信息（输入）给出相应的回答（输出），只要机器的输出和输入关系与人一样，两者就没有差别。其实，这是不正确的。因为人是主体，主体可以否定原有的输入与输出的关系，做出完全不同于任何既定程序规定的行为。行为主义根据机器以前的表现和自己一样，就把自己有意识投射到机器中去，认为机器有意识。这是把拟受控实验（观察）误认成受控实验（观察）。

早在20世纪80年代，美国哲学家约翰·塞尔提出"中文房间"的思想实验时已经隐约感觉到这一点。塞尔想象一位只说英语的人处于一个"中文房间"之中，除了有一个小窗口外，该房间是对外封闭的。房间里有足够的稿纸、铅笔和橱柜，还有一本中文翻译手册。当写着中文的纸片通过小窗口源源不断地被送入房间中，房间中的人可以使用手册来翻译这些文字并用英文回复给窗外。这时，房间外的人都以为房中的人懂中文也懂英文，而事实上房中的人根本不懂中文。塞尔用这一思想实验证明：一个既懂中文又懂英文的人，判断另一个人和自己一样既懂中文又懂英文，是把自己想象成对方，以解释

第四篇 意识是什么？ 59

其行为。这和"中文房间"里人的处境完全不是一回事。[1]

"中文房间"实验中的人是程序的一部分。"中文房间"的输入与输出关系之中都没有主体,程序运作也不需要主体的存在。而房间外的人则可以将其想象成自己,将自己如何把中文翻译为英文的过程投射到房间中人的行为之中。这种投射是将主体放入本来不存在的输入和输出关系中。今天人们熟知的ChatGPT实际上就是"中文房间"的升级版。其输入为一个由文字组成的符号串,它代表我们向智能程序提出的问题和要求。智能机器根据输入用程序产生另一个由文字组成的符号串,提问题的人读懂了这个符号串,认为智能机器回答了自己的问题。有人认为,据此可认为人工智能是有意识的,因为其通过了图灵测试,[2]其实那个根据输入做出输出的程序,根本不知道输出符号串的意义,正如前面讲的第一种记忆那样。

这可以解释为什么迄今为止所有人工智能都不能通过图灵测试。[3]事实不正是如此吗?无论计算机的输入和输出关系多么接近人的行为,因为其没有主体,只要在新的测试中加入一个计算机学习中不曾考虑到的主体特有的指标,这时计算机的

---

[1] John Searle, "Minds, Brains and Programs", *Behavioral and Brain Sciences*, Vol. 3, No. 3. 1980.

[2] 金观涛:《真实与虚拟:后真相时代的哲学》,中信出版社2023版,第487页。

[3] 今天,对于人工智能能否通过图灵测试,人们有着不同的看法。有人认为:只要把测试内容限定为用自然语言回答已知知识领域的问题,ChatGPT已经通过了图灵测试。然而,图灵测试并没有限定人工智能的考察范围。任何一种人工智能都必须通过学习和训练,故只要测试超过其学习和训练范围,人工智能是不可能通过图灵测试的。

输入和输出立即和人的行为区别开来了。

既然现代科学研究不能揭示意识，解开意识之谜的钥匙在哪一个领域呢？显而易见，意识研究必须以拟受控实验（观察）为基础。拟受控实验（观察）中，主体可控制（可观察）变量M包含主体，但作为实验结果的真实性，其和用受控实验（受控观察）保证科学研究结果的真实一样，必须依靠其普遍可重复性。读者或许会问：真的存在拟受控实验和拟受控观察吗？有关意识研究的真实性唯有靠其普遍可重复来证明吗？当然是的，心理学就是最典型的例子。

第四章　意识的拟受控实验（观察）研究

　　心理学理论可以追溯至柏拉图和亚里士多德的学说，一直属于哲学或者"爱智之学"的领域，直至19世纪才有人意识到其必须以科学实验为基础。今天任何一个真实的心理学命题必须用普遍可重复的实验证明，而任何一个心理学实验都是拟受控实验（观察）。[1]事实证明：心理学的任何重要进展都是

---

[1] 拟受控实验的兴起经历了漫长的历程。德国心理学家威廉·冯特于1879年建立第一个心理学实验室，从而宣告科学心理学的创立，他本人也被称为"实验心理学之父"。冯特认为，心理学研究人的直接经验，而物理学研究间接经验。因此他通过结合二者的内省实验法，即训练受试者内省报告与实验仪器测量方法进行心理学研究。接着，冯特的学生、英籍美国心理学家铁钦纳创立了心理学第一个影响比较大的流派：构造主义心理学。铁钦纳对经验的看法与冯特不同，他认为心理学研究的是依赖于经验者的从属经验，物理学则研究不依赖于经验者的独立经验，但他继承了冯特的化学元素分析法，不仅将心理过程划分为感觉、意象、情感等要素，更通过内省法研究思维、认知等报告时间更长的高级心理过程。1890年，美国最有影响力的本土哲学家之一、被称为"美国心理学之父"的的威廉·詹姆斯发表了影响力巨大的《心理学原理》一书，创立了机能主义心理学。不同于构造主义将心智过程分解为诸多组成要素，他引入了演化论和适应性思想，将意识过程看成一个不可分割的统一体，强调意识在个体与环境互动过程中的中介作用，并观察产生的适应性心理活动和行为特征。在机能主义发展的同时，以弗洛伊德为代表的精神分析方法兴盛起来，甚至一度成为心理学的代名词。但实际上，精神分析并非一种实证科学方法，其临床实验也很不严谨，更多是一种基于神话和文学的理论建构和难以证伪的文化　（下接第595页脚注）

和发现相应的拟受控实验（观察）联系在一起的。没有普遍可重复的拟受控实验（观察），无法判断一个心理学命题的真假。梦的研究是这方面最有说服力的例子。拟受实验的规范化，正是今日心理学迫切要解决的问题。

梦是意识的一种状态，但力图用类似科学的理论来解释这种独特状态的实践却出现得相当晚。1900年，奥地利心理学家西格蒙德·弗洛伊德用人的意愿来说明人为什么会做梦。他在《梦的解析》一书中提出两个基本观点。第一，梦是愿望的实现，这些愿望包括儿时欲望、俄狄浦斯情结、性爱动机等。第二，该欲望在人清醒时被压抑，故做梦是"无意识"或"潜意识"存在的证据。这里，"无意识"是指意识的某种状态，它不同于清醒时的意识。① 从此，"非理性"、"无意识"、"潜意识"

（上接第594页脚注） 阐释。当然，后续经过法国学者拉康的发展，精神分析成为一种非常重要的哲学和社会科学方法，这已经脱离科学心理学了，除了精神分析外，此后还有人本主义心理学、格式塔心理学等流派相继出现。（引自十三维：《认知科学的危机：一场跨学科革命为什么会走向失败？》，集智俱乐部，https://swarma.org/?p=16402。）20世纪上半叶，心理学中出现了行为主义学派，大大促进了实验心理学的发展，拟受控实验（观察）被系统引进，促使心理学科学化。然而，行为主义力图将所有的拟受控实验（观察）化约为受控实验（观察），这种尝试的失败导致行为主义的衰落。（关于行为主义心理学的兴起，详见本书第三编第二章第二节。）

① "无意识"被视作20世纪最有影响力的思想之一。在19世纪中后期至20世纪初，"无意识"被认为确实存在，并由一批欧洲思想家进行了严肃的讨论。（彼得·沃森：《思想史：从火到弗洛伊德（下）》，胡翠娥译，译林出版社2018年版，第1032-1037页）其中，德国物理学家、生理学家赫尔曼·冯·亥姆霍兹认为大部分心理活动是无意识的，弗洛伊德则在此基础上进一步指出：无意识的心理生活不是一个单一的过程，而至少由三部分组成，即内隐的、动态的和前意识的。内隐的无意识是亥姆（下接第596页脚注）

第四篇 意识是什么？　595

以及"自我"的各种形态都成为心理学研究的内容,"自我"分析亦开启了精神病治疗。在某种意义上,《梦的解析》可视为类似人文研究中用包含主体但已被遗忘的因素(例如过去的观念)来研究历史上某种社会行动的一部心理学著作。①

弗洛伊德学说冲击了心理学、哲学和社会科学,甚至对文学、艺术都产生了巨大影响。这是人类第一次把意识纳入科学研究,但其最大的问题是真假难辨,它无法被证明是真实的。如前所述,有关意识的任何判断之真假必须通过普遍可重复的拟受控实验(观察),正如用心理学实验证明存在着陈述性记忆那样。事实上,弗洛伊德的学说的真实性正是被关于梦的第一个普遍可重复的拟受控观察否定的。

早在1953年,美国芝加哥大学的尤金·阿瑟林斯基与纳塔涅尔·克莱特曼已发现,人在睡眠中有时会同醒着时一样进行"快速眼动"(rapid eye movement,简称REM),他们将这种睡眠称为"快速眼动睡眠"。1957年,美国睡眠科学和医学

(上接第595页脚注)霍兹的无意识推理,它包括内隐记忆,也就是个体没有记忆的意识或意图,但加工和储存了一些信息,而且这些信息是难以用语言表述的。内隐记忆构成人们学习感知和运动技能的基础。动态的无意识对应我们心理活动中涉及冲突、被压抑的思想、性、攻击性冲动的部分,这类无意识心理活动也是弗洛伊德研究的焦点。前意识的无意识是最接近有意识的无意识类型,它涉及组织和计划即时的行动。(Eric R. Kandel, et al. *Principles of Neural Science*, Fifth Edition. McGraw-Hill Education, 2012, pp. 383-384.)

① 事实上,作为社会观念的"无意识"最初来源于德国人或说德语的人传统的医学观,其属于形而上学。(彼得·沃森:《思想史:从火到弗洛伊德(下)》,胡翠娥译,译林出版社2018年版,第1037页。)弗洛伊德学说有着极为明显的观念史印记。

的创始人之一威廉·德门特与克莱特曼第一次将其转化为普遍可重复的拟受控观察。他们把处于快速眼动睡眠的人唤醒了191次，发现其中157次有清楚的梦境记忆。而处于其他睡眠（即非快速眼动睡眠，简称NREM睡眠）中的人被唤醒160次，只有11次有做梦的报告。[①]该实验迅速被其他人重复。人在睡眠中看到梦境一定伴随着快速眼动，终于作为一个基本事实被确定下来了。[②]

　　为什么说这是一个普遍可重复的拟受控观察？如果仅仅观察到人在睡着时有快速眼动，这只是受控观察。而威廉·德门特与克莱特曼的实验的关键在于：当发现睡眠中的人做快速眼动时，立即唤醒他，让他告诉自己是否做梦及梦见什么。被唤醒者对梦的陈述是和他做梦时快速眼动不可分割地联系在一起的。梦的陈述涉及主体，它和对快速眼动的观察同时属于实验可观察变量，即实验条件M和结果是包含主体的。这是一个不同于受控观察的拟受控观察。

　　一旦发现快速眼动和做梦之间的必然联系，梦的实验研究就有了大踏步的进展。首先被认识的是何为"看见"。人们发现，先天的失明者的梦没有形象，亦没有快速眼动。而一个人失明越久，他睡眠中的快速眼动就越少。换言之，任何"看见"（包

[①] Peretz Lavie：《睡眠的迷人世界》，潘震泽译，台湾远流出版2002年版，第101页。
[②] 这里所说的做梦，是指明确地"看见"，下面称之为有清晰的梦境，而非指人的意念和意识活动。有关梦的定义本来是含混的，但自从快速眼动睡眠被发现后，梦和梦中"看见（梦境）"被明确区别开来。除了特殊的脑受伤病人，当发生快速眼动睡眠时，都有明确的梦境。有关讨论详见本篇第八章。

括在梦中"看见")都必定有快速眼动。这对于意识特别是视觉研究产生了深远的影响。研究者开始分析梦境和快速眼动模式的关系。① 更重要的是,由于可以在睡眠者发生快速眼动时叫醒他,并清楚地把他的梦境记下来,如果把记录梦境视为对梦的观察,那么发现快速眼动和做梦之间的必然联系使得对梦的观察成为受控的。这样一来,就可以对梦进行详尽、系统的记录,并设计"梦和记忆"、"梦和学习"以及"做梦是否不可缺少"等种种实验。② 从此以后,拟受控实验(观察)的普遍可重复性成为有关梦的研究的可靠性基础。而且,动物睡眠时也存在快速眼动睡眠,研究者可以用动物实验观察做梦过程中大脑的化学变化。20世纪60—90年代,梦的实验研究取得了极大

---

① 如斯坦福大学睡眠实验室所记录的"乒乓球之梦"。实验人员在观察到一名被试一连串26次从左到右、从右到左的眼球移动之后,将其唤醒,要他报告梦境。他说正在梦中看乒乓球比赛。但在一般情况下,快速眼动睡眠中眼动的模式很复杂,研究者至今没有发现其模式和梦境的对应关系。

② 研究者一直试图用有关快速眼动睡眠期、非快速眼动睡眠期的多重生理记录数据以及其他多种实验方法来记录、了解人们的记忆信息。像一些梦前刺激方法,比如刺激性的电影或真实的场景刺激,睡眠过程之中的刺激方法,例如给予声音、电击、气味等刺激信号,还有个体事后对梦境的主观回忆描述等方法都表明,梦境能够对真实发生的事件片段和实验过程中给予的情景刺激进行非常真实的模拟。研究结果证实,白天记忆片段的作用非常强大,它正是构成情节记忆片段的主要材料。还有一些实验结果显示,只有很少部分,大约只有1.4%的人类梦境能对情节记忆进行完整的展现,即完整地回忆地点、情节等因素。在梦境中更多见的是只能呈现情节记忆中的某个或某些片段。有一项研究称,有28%~38%的人梦到了空间或时间上各自独立的记忆片段;另一项研究发现,65%的梦境都与白天经历的事件有关。(Tore A. Nielsen & Philippe Stenstrom:《梦境的记忆源头是什么?》,筱玥/编译,https://www.lifeomics.com/mag/v23/pdf/51_57lifeomics_v23.pdf。)

的进展。其中两个结论对揭示梦的本质具有重大意义。

第一，实验发现做梦过程中大脑神经递质浓度的宏观分布，明显与清醒和非快速眼动睡眠时不同，它有点类似人丧失理智或发疯的状态。这一点格外重要，它引发了有关大脑的化学物质和心灵状态的关系的一系列新研究，这是精神分析不能想象的。

第二，梦在统计上有明确的模式，它随年龄、性别不同而不同。虽然每个成年人的梦在类型上有相当的确定性，[①]但就一个具体清醒的梦境而言，其展开完全是随机的，不存在任何叙事逻辑和意义。研究者可以对梦境进行任意切割后再进行随机重组，人们根本不可能发现哪些梦是经过重组的。这表明弗洛伊德对梦的解释是错误的。做梦和愿望并没有确定的联系，也很难说是潜意识存在的证据。[②]

既然把梦看作人被压抑的愿望不正确，那人为什么会做梦呢？根据一系列拟受控实验（观察），这个问题有了可靠的答案。人们发现：梦的研究必须分解为两个环节来进行。第一个环节是解释大脑为什么需要睡眠，第二个环节才是解释人睡着时为什么会做梦。第一个环节直接和大脑神经系统的基本结构有关，第二个环节则把梦的研究引向意识是什么以及怎样才能揭示意识起源的探索。我们先分析第一个环节。

---

① 萝柯：《我们为什么要浪费时间睡觉：梦的科学解析》，吴妍仪译，台湾猫头鹰出版社 2007 年版。

② J. Allan Hobson：《梦与疯狂：解读奇妙的意识状态》，朱芳琳译，台湾天下文化出版 1999 年版，第 142-144 页。

第五章　从大脑需要睡眠和做梦讲起

众所周知，神经系统由神经元组成。在科学真实的层面看来，神经元的工作原理十分简单，其输入为电脉冲，输出亦为电脉冲，神经元的阈值规定了多少个单位电脉冲输入才产生（或抑制）一个电脉冲输出。我们可以用电子元件模拟神经元，用其组成具有多层次反馈结构的网络，这就是人造神经网络（见图 3-8）。数学证明了具有多层次反馈结构的人造神经网络和图灵机等价，即人造神经网络可以用于记忆、学习以及执行任何电脑的功能。自电脑和人造神经网络被发明后，科学家开始用电脑和人造神经网络来想象大脑是如何工作的。

这种类比在今天仍然是大脑研究的出发点。然而，和人造神经网络不同，大脑神经系统的任何两个神经元都不直接相连。一个神经元的电脉冲（兴奋或压抑）必须通过神经元之间的化学物质传导给另一个神经元（使其兴奋或压抑）。[1]这些化学物质就是神经递质。神经递质可分为几大类：其中单胺类如

---

[1] 在神经细胞膜中的静息电位钾离子通道可以归结为一个由电池和导体串联组成的等效电路。细胞内外离子浓度差是电池，离子通道是电阻，细胞内外电位差是电容。神经元电脉冲是通过这种独特的电路传递的。（Eric R. Kandel, et al. *Principles of Neural Science*, Fifth Edition. McGraw-Hill Education, 2012, p.138.）

5-羟色胺、多巴胺、去甲肾上腺素等；胆碱类有乙酰胆碱。一个神经元的电脉冲通过神经递质将信号传给另一个神经元，是一个很复杂的过程，但基本上分为两种：第一种是电信号通过离子通道实现快突触传递，第二种是慢突触传递。

电脉冲信号快突触传递机制如下：先是神经元动作电位打开其突触前末梢的离子通道，[①] 环境中钙离子的进入导致该神经元所储存的神经递质的量子式释放（一次约5 000个分子）。[②] 这些被释放出的介质分子立即和相邻的神经元突触后末梢结合，造成环境中钠离子进入该相邻神经元，其后果是激发另一个动作电位（根据阈值大小），使得电信号沿第二个神经元（突触）传递到其前末梢。[③]

[①] 神经元存在不同的离子通道，一个通道通常仅负责一种离子，如钙离子、钠离子、钾离子等。受控实验证明，钙离子影响神经传导物质的分泌，而钠子与钾离子不影响。关闭钠离子、钾离子通道，传导物质仍然分泌，并激发后续神经元产生动作电势。关闭钙离子通道，则传导物质未分泌，后续神经元未被激发。(Eric R. Kandel, et al. *Principles of Neural Science*, Fifth Edition. McGraw-Hill Education, 2012, p.266.)

[②] 值得注意的是，神经传导介质的分泌以量子的形式进行，其增量非连续，最小增量为一个囊泡所含的所有传导物质。(Eric R. Kandel, et al. *Principles of Neural Science*, Fifth Edition. McGraw-Hill Education, 2012, p.267.) 为什么自然系统中的众多物质都以量子形式存在呢？一个原因在于，子系统具有抵抗微小干扰的自稳定性，而干扰达到一定量时，才会改变系统的稳态；稳态改变后，子系统内的物质将大量扩散到与其耦合的系统中，成为其他子系统的外部干扰因素。此外，神经传导物质被神经元外吐后，还能内吸回收。不活动的神经元会逐渐凋零，而活动的神经元在激活目标神经元时，目标神经元会分泌神经元营养因子，维持神经元的存活。(Eric R. Kandel, et al. *Principles of Neural Science*, Fifth Edition. McGraw-Hill Education, 2012, p.1203.)

[③] 这一离子通道的打开过程中，一个重要条件是通过强　（下接第602页脚注）

第四篇　意识是什么？

慢突触传递不打开离子通道,而是传导介质引发一系列生化反应,使突触后末梢蛋白磷酸化或去磷酸化,以改变该神经元下一次对介质的敏感度(阈值)。[1]无论是打开离子通道还是使末梢蛋白磷酸化或去磷酸化,都是神经元对传导介质和介质存在的宏观环境做某种操作,它对该神经元及其所处的宏观介质环境必定存在微小的影响。只要这些影响不破坏神经元末梢和介质的宏观稳态,整个神经网络就能有效地工作。

那么,大脑神经递质及其存在的宏观环境又由什么决定呢?不同的神经递质在大脑的不同部分合成,通过神经元簇分泌到大脑各部分,使得相关的神经系统浸泡在其中。就拿5-羟色胺来说,合成5-羟色胺的神经元位于脑干中线神经元簇(被称为中缝核)。它们投射到脊髓、脑干和小脑,包括丘脑、丘脑下部,一直到边缘系统和大脑皮质。[2]

(上接第601页脚注) 刺激打开平时不易打开的镁离子通道,进而使隐藏的较容易打开的离子通道露出到神经元表面。此时,神经传导会很敏感,强刺激及与其伴随的弱刺激都会激活原本沉默的神经通路。化学突触传导有1毫秒左右的延迟。受到刺激后,钙离子浓度增加,使前序神经元的钙离子通道打开,钙离子进入突触,促使装载传导物质的囊泡与神经膜上的基站融合,并吐出到膜外,然后与后续神经元的接收离子通道结合,使其打开,使钠离子从间隔溶液中进入后续神经元。化学传导具有放大器的性质。一个囊泡就可以释放几千个传导分子,继而打开目标细胞的几千个离子通道。(Eric R. Kandel, et al. *Principles of Neural Science*, Fifth Edition. McGraw-Hill Education, 2012, p.185.)

[1] 李葆明:《神经与脑科学》,台湾世潮出版2005年版,第59—88页。
[2] 20世纪30年代中期,比利时神经生理学家弗雷德里克·布雷默发现截断猫的脑干(将中脑及延髓都与大脑分割截断)会使猫进入持续的近似于睡眠的状态;而从延髓以下,只将脊髓截断(保持脑干与大脑的连接完整)则不会。这些实验表明,从中脑到延髓的脑干部分能使 (下接第603页脚注)

合成另一种神经递质——去甲肾上腺素的神经元位于包括篮斑核在内的几个脑干核,它们的轴突延伸到脊髓、脑干和小脑,上达丘脑、丘脑下部、边缘系统和大脑皮质。合成多巴胺能的神经元则位于中脑,它们投射到边缘系统(中脑-边缘系统)、大脑皮质(中脑-皮质通路),以及锥体束外运动系统(黑质-纹状体通路)。胆碱类神经递质亦是一样。合成乙酰胆碱的神经元位于脑桥、脑干和基底前脑。它从脑干核投射到丘脑、丘脑下部、基底前脑和边缘系统。脑基底前核则投射到大脑皮质和边缘系统。上述合成神经递质的神经元簇受大脑控制,即在何时、何种状态下分泌神经递质以改变神经递质的宏观浓度,取决于大脑整体上处于清醒还是做梦状态。[1]因此,要认识神经元释放何种递质以便和其他神经元联结成不同的网络,必须了解大脑神经系统的整体结构。

(上接第602页脚注) 前脑保持清醒。(Eric R. Kandel, et al. *Principles of Neural Science*, Fifth Edition. McGraw-Hill Education, 2012, p.1039.)

[1] 人的脑干可以作为一个调节中心,协调中枢神经系统其他部分的活动。这种调节功能是由脑干中的几小群神经元介导的。这些神经元广泛投射,使用乙酰胆碱和单胺(去甲肾上腺素、肾上腺素、5-羟色胺、多巴胺和组胺)作为神经递质。许多单胺能的基团可以改善疼痛,帮助调节自主神经系统以维持内部稳态,有些还对于控制行为唤醒水平至关重要。它们共同影响人的注意力、情绪和记忆力。人类的独特行为(如记忆、语言和同情心)在很大程度上取决于上升的胆碱能和单胺能系统对前脑功能的调节。这种依赖的临床表现包括阿尔茨海默病与乙酰胆碱系统、精神分裂症与多巴胺能系统之间的联系,以及用影响5-羟色胺和去甲肾上腺素能突触的药物缓解抑郁症。因此,尽管脑干系统发育上是原始的,但从该区域投射的调节系统能够激活和调节我们认为的人类大多数的高阶行为。(Eric R. Kandel, et al. *Principles of Neural Science*, Fifth Edition. McGraw-Hill Education, 2012, p.1038.)

至今，我们并不清楚大脑神经网络具有怎样的整体构造。20世纪60年代，二阶控制论代表人物海因茨·冯·福斯特创办了生物计算机实验室。在相应研究基础上，二阶控制论提出了大脑神经网络的整体结构。学术界公认：神经系统至少应该包含有限自动机，但必须考虑到神经元的独特性，即两个神经元不直接相连，信号传递必须依靠神经递质（这和计算机有极大不同）。据此，冯·福斯特认为大脑（神经系统）具有如下整体结构（见图4-1）。[1]

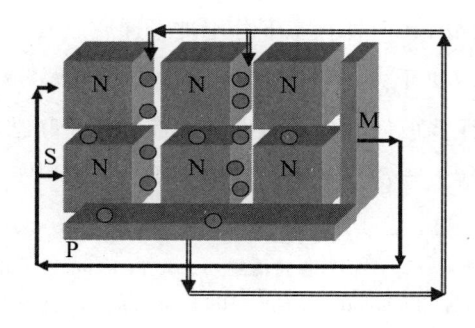

图 4-1

图4-1中的一个个方块（N）为神经元，圆点代表神经递质。神经元通过神经递质互相联系，组成巨大的网络。神经网络控制运动肌M、垂体和腺体P（当然亦包括合成神经递质

---

[1] Heinz von Foerster, "On Constructing a Reality", *Environmental Design Research*, Vol. 2, 1973.

的神经元禾簇、脑干核）。冯·福斯特认为，该网络最重要的整体结构就是封闭性，也就是网络的任何一种输出都反馈到系统本身，成为输入的主要成分。换言之，如果S代表神经系统电信号输入，M为神经系统控制的运动肌输出，那么，M必定反馈回来成为输入，即S包含M。这是第一个封闭回路。同样，神经递质浓度规定了神经网络整体运行模式，它控制垂体、腺体以及合成神经递质的神经元簇和脑干核（P）；而神经递质的宏观浓度则由P决定。这里，P反馈回来，形成第二个封闭回路。

冯·福斯特进一步指出：对于这种整体上封闭的网络，其宏观状态必须为本征态。"本征态"的概念来自量子力学，量子力学中任何一个可观察状态都满足本征方程；因该状态在算符作用下不变，故称为本征态。二阶控制论将该结论用来表示神经网络的封闭性对其输出和内部状态的塑造，即和任何一种封闭网络相关的状态都是本征态（整个网络对状态的影响相当于算符）。[1]我在《系统的哲学》中证明：任何一个自我维系的系统（自耦合系统），作为一个整体，其输入和输出必须是稳态，本征态就是自耦合系统的稳态。图4-1是一个多层次相关的自耦合系统，故其两种输入和输出（神经系统电脉冲和神经递质浓度）都处于不同的稳态。因为自耦合系统是非线性的，两种输入和输出的稳态各有很多个。

我认为，冯·福斯特的神经网络可以解释为什么大脑必须

---

[1] 参见本书第一篇第二章第四节至第七节。

睡眠和做梦，即需要定期地睡眠和做梦是唯有通过介质才能互相联系的巨大网络系统的一个特征。为什么？因为大脑和计算机（人造神经网络）不同，任何两个神经元必须靠神经递质相联系，神经元只能通过释放神经递质来传递电信号，使网络中其他相应神经元兴奋或压抑。这样，介质浓度的宏观稳态是大脑神经系统工作的前提，但神经系统工作过程必定对介质宏观的稳态有影响。这种微小影响作为无组织因素会在神经网络的介质内环境中不断积累，积累到一定程度神经网络便不能工作了。这时，神经系统的稳态必须周期性更替以清除无组织因素。对整个系统而言，自耦合系统两种输入和输出稳态的周期性更替就是它需要睡眠，做梦是在稳态更替中发生的。

我在《系统的哲学》中指出，任何一种功能都有多余度，自耦合系统的多余度会导致无组织因素的积累，如不清除无组织因素，整个自耦合系统的稳态便会被破坏。[①]自耦合系统越复杂，无组织因素增长越快。因神经系统的无组织因素是神经元在工作中释放的，虽其释放介质对环境稳态影响很小，但神经元数目庞大。无组织因素会在神经元一次次放电过程中积累起来，当其积累到一定程度，神经系统必须改变原有稳态，以清除无组织因素。睡眠代表了与清醒不同的介质环境和输入输出稳态，它们周期性地取代清醒，意味着通过输入输出及介质稳态更替以消除清醒时积累的无组织因素。这一点可以用实验来证明，清醒时间越长，大脑中胺效能越低。大脑如不睡眠

---

① 本书第三篇第六章第四节。

（包括做梦）（即不从胺控制周期性地转向碱控制）是不能一直保持清醒状态的。正因如此，有复杂神经系统的生物都需要睡眠（做梦），而计算机和用电子元件制造的人造神经网络则不需要。①

无论是图 4-1 所示的生物神经网络整体结构还是揭示其神经元之间建立联系的机制都属于科学真实研究，它们为真的前提是相应的受控实验和受控观察普遍可重复。而对睡眠和梦的解释需要拟受控实验和拟受控观察。两者真实性领域不同，大脑需要睡眠和做梦是通过人的实验得出的，为什么认为所有具有复杂神经系统的生物都需要睡眠和做梦呢？关键在于自耦合系统存在着两种类型：一种是包含主体的，另一种是不包含主体的。而上述必须定期清除无组织因素的结论对两种自耦合系

---

① 科学家已经研究讨论了九十多种哺乳动物的睡眠习惯。有些睡在保护良好的洞穴中（如鼹鼠和兔子），而另一些则在露天处成群睡。长颈鹿每天只睡大约 2 小时，猫大约睡 13 小时，棕色蝙蝠大约睡 20 小时。一些哺乳动物（如牛）睁着眼睛睡觉。有些动物（如海豚和鼠海豚）一次只用一半的大脑睡觉。据推测，这种适应使这些海洋哺乳动物能够不断游到水面呼吸。所有哺乳动物都有清晰可辨的非快速眼动睡眠（未做梦睡眠），几乎所有哺乳动物都有快速眼动睡眠（做梦）。一个值得注意的例外是刺食蚁兽，它只有非快速眼动睡眠。鸟类也有快速眼动睡眠和非快速眼动睡眠，尽管它们在快速眼动睡眠期间不会完全失去肌肉张力，这让它们保持清醒。在爬行动物、两栖动物和鱼类中可以发现类似非快速眼动睡眠的状态，但快速眼动睡眠不太明显。故很多人认为，哺乳动物做梦，爬行动物没有快速眼动睡眠，故不做梦。或许用快速眼动睡眠判别生物是否做梦是有问题的，因为对于哺乳动物，如果没有快速眼动，是看不见任何东西的。快速眼动在进化链何处出现，是一个极有趣的问题。一些动物（如青蛙）只能看到运动之物，快速眼动用眼自身的运动使得静物可以被看见，它或许是做梦的前提。

统均成立。这样,就可以把为什么人需要睡眠和做梦推广到所有具有复杂神经系统的生物中去。

必须强调的是,人在睡眠和做梦时,大脑神经网络的整体结构稳态发生变化,这是被普遍可重复的拟受控实验(观察)证明的。然而,我们并不能推出图 4-1 所示神经系统的稳态发生变化时,动物也在睡眠和做梦。事实上,其他生物睡眠和做梦只是根据人类睡眠和做梦研究所做的猜测。正因为如此,神经系统为什么需要做梦的理论大多是不能被证明的假说。例如原始本能预演理论,是基于刚出生的婴儿睡眠时拥有大量快速眼动睡眠的观察,认为梦和神经系统的发育有关。而且,爬行动物没有快速眼动。于是有人想象:当爬行动物进化到哺乳动物,神经系统产生了梦,做梦可以想象为生物求生本能的预演,做梦的生物功能是模拟威胁事件,并进行威胁感知和威胁回避的预演。[1]

关于神经系统为什么会做梦,另一理论将梦视为人学习功能的重要组成部分。特别是短期记忆转化为长期记忆时,快速眼动睡眠起着不可取代的功能。因短期记忆是情景式的,胺控制是保持这些记忆的物质基础,而长期记忆是结构式的,属于碱控制下的行为模式,故短期记忆转化为长期记忆需要介质环境从胺控制转化为碱控制。而做梦正对应着介质环境从胺控制转化为碱控制,该学说和 20 世纪 80 年代到今天神经网络理论

---

[1] Antti Revonsuo, "The Reinterpretation of Dreams: An Evolutionary Hypothesis of the Function of Dreaming", *Behavioral and Brain Sciences*, Vol. 23, No. 6, 2000.

推断梦的产生来自信息被大脑记住暗合。①因此，很多睡眠研究者都认为无梦会破坏长期记忆的形成，特别是它似乎可以解释为何日常生活入梦要滞后数天（6~8天）。②

证明第二个假说需要做更多的普遍可重复的拟受控实验（观察），而它们只有通过心理学研究才能实现。而第一个关于所有动物睡眠和做梦功能的假说却是不能被证明的。既然如此，和第一个假说类似的理论又有什么意义呢？其实，它们的作用在于可以据此对意识的起源进行想象。这一点我们在最后两章讨论。

---

① 在2010年波士顿贝斯以色列女执事医疗中心进行的一项研究中，99位被试被要求完成一项走出三维迷宫的任务。练习期间，他们有90分钟的休息时间，部分被试被要求利用这段时间做一些安静的活动，比如读书；另一部分被试则被指示试图小憩一会儿。真正睡着并梦到迷宫的人在接下来的一次练习中比其他被试进步了十倍之多。类似的事情也可能发生在正为考试学习的学生身上，睡上一晚后他们往往会对所学知识有更好的掌握，尤其当他们间接梦到学习内容的时候。（Jeffrey Kluger：《做梦究竟有什么作用？》，Lacey译，神经现实，https://neu-reality.com/2017/10/dream/。）
② 关于日常生活进入梦境滞后，最著名的研究由法国科学家米歇尔·茹韦做出。他在波斯湾战争时进行测试，发现战争开始5个星期后，测试中几乎一半的梦和战争有关。在一个人一夜做的4~5个梦中，当天的事经常进入第一个梦，以后的梦往往和几天前的事有关。生活进入梦境滞后和学习有什么关系？至今并没有可靠的研究。必须指出的是，因发现无梦睡眠的人记忆不受影响的反例，关于梦对长期记忆是否不可缺少，仍没有成为定论。（萝柯：《我们为什么要浪费时间睡觉：梦的科学解析》，台湾猫头鹰出版社2007年版）。

第六章　意识的心脑模型

综上所述，解释为什么大脑会做梦需要综合两类不同的变量。第一类基于普遍可重复的受控实验和受控观察。大脑和神经系统的解剖、神经元和神经递质的物理化学研究、人的行为模式分析均是例子，发现这一类变量属于科学真实领域的探索。第一类变量必须立足普遍可重复的受控实验和受控观察。第二类变量中存在着主体，证明其为真需要做心理学实验。关于睡眠和梦的解释中，两类变量共同起作用，缺一不可。通常我们把第一类变量归为脑的研究，把第二类变量归为心的探讨，故任何有关意识的理论都涉及"脑"和"心"两个方面。也就是说，揭开种种意识现象的谜团需要相应的心脑模型。

建立各式各样的心脑模型对意识现象进行解释，这正是今日理论心理学的任务。[1]至今为止，意识研究中较为有说服力

---

[1] 当前各种心脑模型的建立可以追溯至20世纪90年代。1990年，弗朗西斯·克里克和克里斯托夫·科赫提出可以用神经生物学的方法定义意识，引领了现代意识研究。在他们关于这一主题的开创性论文中，他们强调感知和短时记忆是理解意识的途径。这一提议将意识研究置于神经科学的研究范围之内。尽管仍然有批评者认为意识因其难以被定义和检测而不属于科学的范畴，这一领域仍在不断发展，全球各地都设有专门从事意识科学研究的中心。自此之后，已有许多关于如何定义意识的理论涌现。可以说，当前最流行的两个意识理论是全局工作空间理论　（下接第611页脚注）

的理论仍然只有大脑如何在睡眠、做梦和清醒三种状态中切换的模型。分析该模型，可以得到一个有启发性的结论。这就是，模型对相应意识过程的把握越详细，即模型越有解释力，我们对心脑模型中有关"心"的理解也就越为深入。据此，可以实现对"心"进行越来越准确的分析。这对研究意识是什么、意识是如何起源的极为重要。我们仍以梦的研究为例说明这一点。

为了建立梦的心脑模型，首先要确立和"脑"相关的变量。它们是图 4-1 所示的神经网络中两类输入和输出。一类是电脉冲的输入和输出，另一类是不同神经递质浓度的输入和输出，它们规定了神经网络的宏观结构。这两类输入和输出是紧密关联的。电脉冲输入和输出规定了大脑和外部世界互动的同时，也支配了神经递质的制造、分泌及其宏观浓度。而神经递质的宏观浓度稳态反过来规定了神经网络结构，支配着电脉冲的输

（上接第 610 页脚注）（Global Neuronal Workspace Theory，简称 GNW）和整合信息理论（Integrated Information Theory，简称 IIT）。全局工作空间理论由尚热和德阿纳于 1998 年首次提出。该理论认为，意识体验具有固有的可测量行为输出。当足够的意识关键脑区在全局工作空间中同步被激活时，意识体验就会发生。整合信息理论由朱利奥·托诺尼、克里斯托夫·科赫和他们的同事推行，根植于对"具有意识是什么样的"的研究。他们努力为这种内聚、主观的感觉提供度量。整合信息理论预测，当大脑中一组特定的反馈回路的整合信息达到足够高的水平时，意识就会产生。（瑞秋·沃尔伯格：《关于"意识"的神经科学研究：历史回溯》，李易为译，https://misciwriters.com/2024/03/27/%E5%85%B3%E4%BA%8E%E6%84%8F%E8%AF%86%E7%9A%84%E7%A5%9E%E7%BB%8F%E7%A7%91%E5%AD%A6%E7%A0%94%E7%A9%B6%EF%BC%9A%E5%8E%86%E5%8F%B2%E5%9B%9E%E6%BA%AF/。）但上述两种理论均没有明确区别"心"和"脑"变量。

第四篇 意识是什么？

入和输出。显而易见,仅仅用它们是不能建立大脑做梦模型的。建立做梦过程的整体模型还需要引入和"心"有关的变量。

研究者发现:在梦的模型中,代表"心"的变量应该是"注意力开关"。什么是注意力开关?它是主体对电脉冲输入、输出的选择。[①]那么,被意识到的信息究竟是来自神经系统内部还是外部?图 4-1 所示的神经网络电脉冲输入存在着两个不同部分:一部分来自神经网络内部,我们称之为内部世界的信息;另一部分来自神经网络之外,我们称之为外部世界信息。神经系统在处理哪一种信息,这是一个和主体有关的变量。确定该变量的存在需要一个普遍可重复的拟受控观察,对其测量则必须通过普遍可重复的拟受控实验。[②]

---

① "注意力开关"的英文是 input-output gating,由梦和睡眠专家艾伦·霍布森提出。它对应一个功能函数,用于估计系统与外界交换信息的能力以及系统生成自身信息的能力。(J. Allan Hobson, *The Dream Drugstore: Chemical Altered States of Consciousness*, The MIT Press, 2001, pp. 49-53)。我认为,艾伦·霍布森用它作为模型参数时并没有意识到它同时包含心和脑两种变量。当输入门打开由因果性规定时,其为脑变量。当输入门打开由意向性规定时,其为心变量。这一信息交换和生成的过程中包含了主体的选择,因此将其翻译为注意力开关。

② 脑干中存在肾上腺素和 5-羟色胺调节神经元,通过它们与前脑结构的连接来设定动物的一般清醒水平。一组胆碱能调节神经元,即迈纳特基底核(NBM),也与清醒和注意力有关。它位于端脑基底的前脑部分的基底神经节下方。这个核的神经元轴突几乎投射到大脑皮质的所有部分。(Eric R. Kandel, et al. *Principles of Neural Science*, Fifth Edition, McGraw-Hill Education, 2012, p.350.)表面上看,大脑清醒状态和神经递质的关系,是通过受控实验发现的。必须强调的是,人处于清醒状态,在处理外部信息时,特别是有关注意判断时,必须通过拟受控观察。因此,相应的实验实际上都是拟受控实验。

事实不正是如此吗？在睡眠实验中，实验者观察到睡眠状态中实验对象的快速眼动。实验者知道自己得到的是外部世界的信息，而实验对象的大脑正在处理内部信息，即实验者的注意力开关对外部世界打开，实验对象的注意力开关对外部世界关闭。存在着注意力开关这一变量是可以用普遍可重复的拟受控观察来证明的。同样，可以用拟受控实验测量注意力开关对外部世界打开的程度。

将注意力开关这一代表主体的变量与神经网络两种输入和输出整合起来，就可以建立梦的心脑模型了。这方面最重要的工作由梦和睡眠专家艾伦·霍布森完成。[1]他先对两个和"脑"有关的变量进行简化。人在清醒、睡眠与做梦时脑电波（EEG）是不同的（见图 4-2）[2]，脑电波强弱和大脑接受信息的

---

[1] 19世纪末，伴随生理学知识的爆炸式增长，已开始有学者试图建立心脑一体的模型，其中就包括弗洛伊德。但这些努力都以失败告终，因为研究者发现无法将对脑的科学研究与主观的心的经验整合在一起。情况的转变源自于三方面的科学发现。一是发现清醒和睡眠的时候，脑电波活动不同。这让人们相信意识的确具有生理基础。二是发现神经元可以作为信号的发报机，将代谢糖分与氧分所得到的能量转化成电能，并借由这些电能将信息传递给临近的神经元。来自神经元的信号传递模式可以像摩斯密码那样进行解读。三是发现神经元的信息传递不仅与电有关，还与化学有关。它会制造一种神经传导物质的化学分子，将这种分子运输到两个神经元连接的地方（即突触），传递有关神经元带电状态的信息。正是在此基础上，艾伦·霍布森建立了自己的心脑模型。（J. Allan Hobson：《梦与疯狂：解读奇妙的意识状态》，朱芳琳译，台北天下文化出版1999年版，第14–15页。）

[2] 图4-2及其相关叙述取自J. Allan Hobson, *The Dream Drugstore: Chemical Altered States of Consciousness*, The MIT Press, 2001, pp. 49–53。

醒-低电压-随机、快

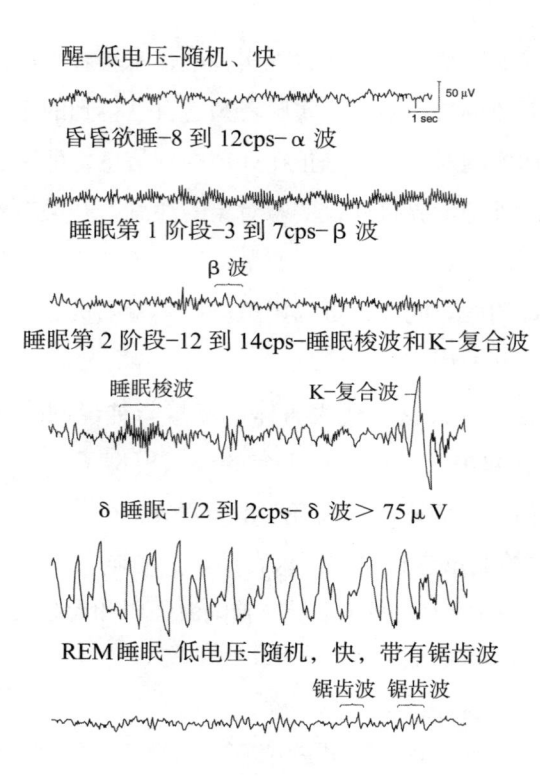

昏昏欲睡-8 到 12cps-α 波

睡眠第 1 阶段-3 到 7cps-β 波
β 波

睡眠第 2 阶段-12 到 14cps-睡眠梭波和K-复合波
睡眠梭波　　K-复合波

δ 睡眠-1/2 到 2cps-δ 波＞75μV

REM睡眠-低电压-随机，快，带有锯齿波
锯齿波　锯齿波

图 4-2

强度相关。[①]他用脑电波作为电脉冲输入和输出的代表。第二个变量是神经递质浓度。第三个变量是注意力开关。

我们来分析这三个变量组成的状态空间（见图 4-3）。第一个变量是横坐标，其大小是脑电波平均振幅的倒数。它代表丘脑网状系统神经元的激发率，亦称神经网络活化性。它位于图 4-3 中状态空间的前侧面，从左到右意味着活性化由低到

---

① 脑电波最早在 20 世纪 20 年代由德国精神病学家汉斯·贝格尔发现，1935 年就被应用到睡眠研究上。研究者发现，从清醒到入睡，脑电波的频率开始降低。

高，即接受信息量的增加。第二个变量是神经递质浓度，它代表控制大脑的化学模式。它由状态空间高度坐标代表，刻画胺类（去甲肾上腺素和含于血液中的复合胺）和胆碱类（乙酰胆碱）化学物质浓度的组合。其数值大意味着胺高（代表胺主导），其数值小意味着胺低（代表碱主导）。[1]第三个变量为图4-3中状态空间的深度，它是一个代表信息来源的坐标轴。其数值大小意味着对外部信息输入及运动肌输出选择通道关闭还是打开。该变量数值小，表示意识关注系统内部产生的信息，数值变大，意味着意识关注神经系统之外即外部世界的信息。[2]霍布森认为：心脑的各种状态都可以用状态空间的点来表示。

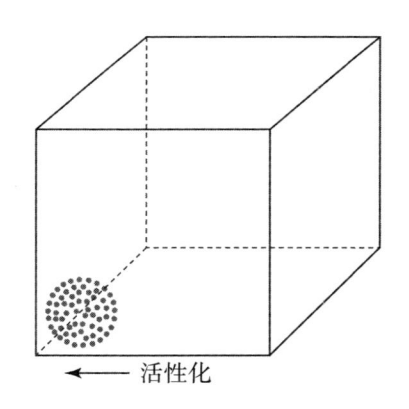

图 4-3

---

[1] 严格说来，"化学模式"变量是由多个变量组成的矢量，有多少种神经递质矢量就有多少个分量。把所有神经递质用一个变量来表达极不严格。但为了在三维空间将心脑的状态表示出来，不得不将矢量简化为标量。由此可见，上述模型把多维相空间简化了，人们发现梦的激活-合成模型存在的很多缺陷都源于此。

[2] 图 4-3 及其相关叙述取自 J. Allan Hobson, *The Dream Drugstore: Chemical Altered States of Consciousness*, The MIT Press, 2001, pp. 176–177。

我们先来看昏迷在状态空间中的位置。昏迷时，大脑电脉冲输入和输出不多，即活性化的水平很低，胺作用弱，外部输入选择通道关闭。故昏迷区域在状态空间的前方左下角。因为存在着多种昏迷的状态，比如睁眼昏迷和闭锁综合征，它们的坐标值会有差别，故昏迷不是一个点，而是状态空间左下角的一个区域（见图 4-3）。大脑处于状态空间前方右上角（见图 4-4），又代表什么呢？[1]这时活性化的水平很高，胺主导大脑，意味着人是清醒的，但注意力开关指标不高，标志着大脑正在处理内部信息，这代表人看到幻觉。

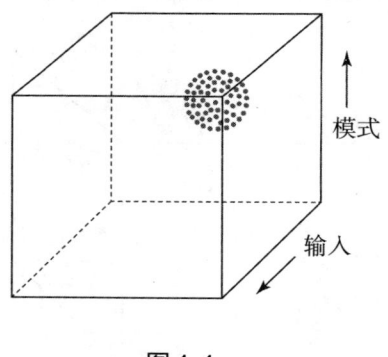

图 4-4

我们再来看图 4-5，大脑处于状态空间前方右下角处代表什么。这时神经系统活化度很高，但注意力开关的值不大且胺作用较低，意味着大脑活跃但受碱控制，而外部信息通道

---

[1] 图 4-4 及其相关叙述引自 J. Allan Hobson, *The Dream Drugstore: Chemical Altered States of Consciousness*, The MIT Press, 2001, pp. 153–154。

关闭，相当于人处在快速眼动睡眠状态，即处于梦境中（见图 4-5）。

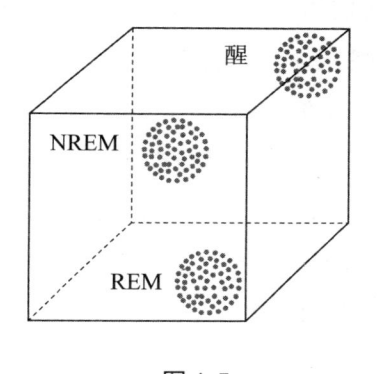

图 4-5

当大脑位于状态空间后方的右上角时，活化度、胺主导程度、注意力开关三个值都很高。注意力开关的值高意味着大脑在处理外部信息，加上活化度高和胺主导，显然这代表清醒状态（见图 4-5）。状态空间的哪一个区间代表无梦睡眠（NREM）？拟受控实验证明：无梦睡眠时，神经系统活化度、注意力开关的值、胺主导程度的值都大约为清醒时的一半左右，即它位于状态空间的中心位置（见图 4-5）。[①]

一旦标出清醒、做梦和无梦睡眠在状态空间位置，所谓睡眠实为从"醒"到"无梦睡眠"再到"做梦"（REM），然后再回到"醒"的循环。换言之，正常睡眠在状态空间中形成一

---

① 图 4-5 及其相关叙述引自 J. Allan Hobson, *The Dream Drugstore: Chemical Altered States of Consciousness*, The MIT Press, 2001, pp. 46–48。

个椭圆轨线（见图 4-6）。[①]该曲线可以解释睡眠的阶段。受控观察发现：人的一个睡眠周期约为 90 分钟，一晚大约有 5 个睡眠周期。每个睡眠周期分若干类型和阶段，如浅度睡眠、较深睡眠、更深睡眠、最深睡眠等。不同阶段循环反复，每一个周期从非快速眼动的深睡眠开始，再从深睡眠到快速眼动睡眠，然后醒来。从一个睡眠周期进入另一个睡眠周期，转变的速率是不一样的。从醒到非快速眼动睡眠较慢，从非快速眼动睡眠到快速眼动睡眠很快，从快速眼动睡眠到醒非常（最）快。因此，人一夜会做 4~5 场梦。

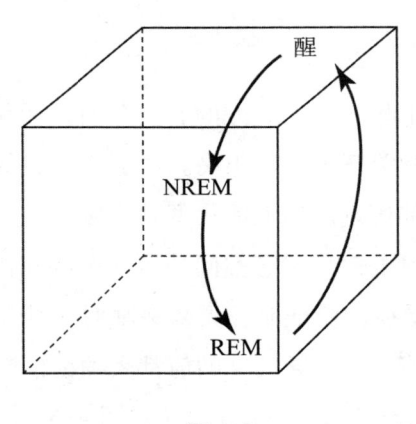

图 4-6

根据图 4-6，睡眠过程中存在着从快速眼动睡眠和非快速眼动睡眠到醒的周期性循环。因两种睡眠神经递质浓度不同，所以两种神经递质胺和碱的释放一定处于周期性的变化之中，

---

① 图 4-6 及其相关叙述引自 J. Allan Hobson, *The Dream Drugstore: Chemical Altered States of Consciousness*, The MIT Press, 2001, pp. 46–48。

即胺浓度增加一定伴随碱浓度减少。它可以用一个受控实验来证明。这就是抑制快速眼动（REM-OFF）细胞和激活快速眼动（REM-ON）细胞之间的拮抗关系。某些胆碱能神经元（实线）在快速眼动睡眠期间放电强烈，但在非快速眼动睡眠期间不那么强烈，因此被称为REM-ON细胞。相反，某些制造去甲肾上腺素和5-羟色胺能细胞（虚线）在快速眼动睡眠接近开始时变得几乎完全沉默，然后在每个快速眼动睡眠的正中处达到最大活动周期，因此被称为REM-OFF细胞。实验证明：当第一类细胞活跃时，第二类细胞不活跃；反之，当第二类细胞活跃时，第一类细胞会受到抑制。两者之间确实存在着一个活跃便抑制另一个的类似于拮抗的关系（见图4-7）。[1]

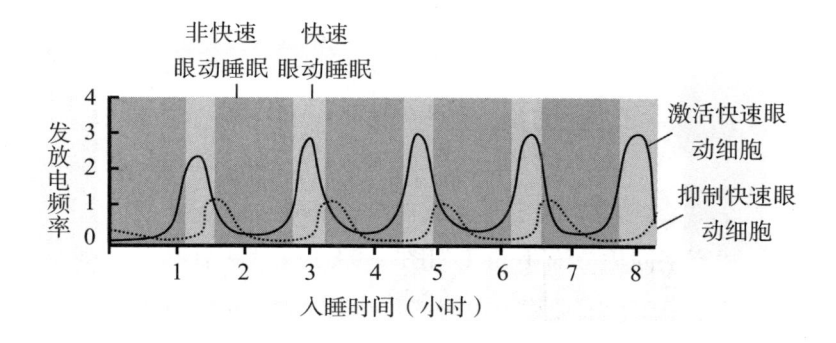

图 4-7

梦的拟受控实验还发现：人清醒时，大脑主要处于两种胺（5-羟色胺和去甲肾上腺素）控制之下；一旦睡着，胺的浓度

---

[1] 图4-7及其相关叙述引自Eric R. Kandel, et al. *Principles of Neural Science*, Fifth Edition, McGraw-Hill Education, 2012, p. 1148。

就开始减少。①当人做梦时，乙酰胆碱浓度（还包括某些部位的多巴胺浓度）不断增加——当意识深陷梦境不能自拔时，大脑处于碱的控制之下。当睡眠不按图 4-6 所示轨道运行时，往往意味着发生非正常现象。例如，在嗜睡症发作时，入睡过程和正常睡眠轨线相反，无论是在白天还是黑夜，当睡意来临之时，病人直接从"醒"进入快速眼动睡眠。这是弱胺和强类胆碱的混合作用所致，它导致昏睡状态的出现（见图 4-8）。②

图 4-8

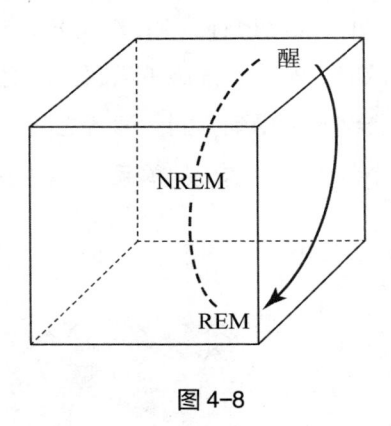

状态空间后方右下角（如图 4-9A）又代表什么状态呢？该状态不稳定（或亚稳定）时，意味着大脑在做清醒梦，即被

---

① 作为单胺型神经递质的 5-羟色胺和去甲肾上腺素可以打开 L 形钙离子通道，使突触电流增加 5~10 倍，进而能提升并保持其放电频率，并能在接收到抑制信号后，快速地回到原有状态。人在睡眠时，单胺能的驱动力撤离，运动神经系统的兴奋度减弱，因而有助于确保其处于放松的状态。（Eric R. Kandel, et al. *Principles of Neural Science*, Fifth Edition, McGraw-Hill Education, 2012, pp. 775-777.）

② 图 4-8 及其相关叙述引自 J. Allan Hobson, *The Dream Drugstore: Chemical Altered States of Consciousness*, The MIT Press, 2001, pp. 167-170。

试者既保持部分快速眼动睡眠状态，又恢复部分清醒意识。它为快速眼动睡眠和"醒"之间的不稳定平衡。请注意，清醒梦在状态空间中的位置和快速眼动睡眠不同，注意力开关已接近打开，但神经递质并没有进入胺主导，故神经系统还不能处理外部世界信息。

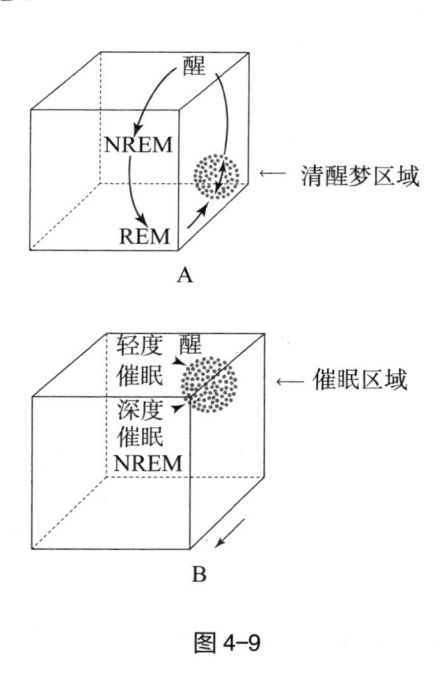

图 4-9

正因为如此，清醒梦有两个转化方向：一个是回到快速眼动睡眠，另一个是很快醒过来。这两个方向的作用使得清醒梦是不稳定的。如果这些状态是稳定的，无疑意味着人丧失理性，即以做梦的心灵处理外部信息，也就是精神病。

当意识处于状态空间后方右上部，但注意力开关的数值比清醒时小时（见图 4-9B），意味着大脑处理的信息开始从外部转化为内部，这只有在催眠条件下才能发生。[①] 通常，催眠状态是不稳定的。它会转化为非快速眼动睡眠或经快速眼动睡眠醒来。此外，系统稳定地停留在清醒区附近时，意味着焦虑和失眠。焦虑拒绝入睡是因为胺的作用很活跃，被试者徘徊于"睡"和"醒"的交界处（见图 4-10）。[②]

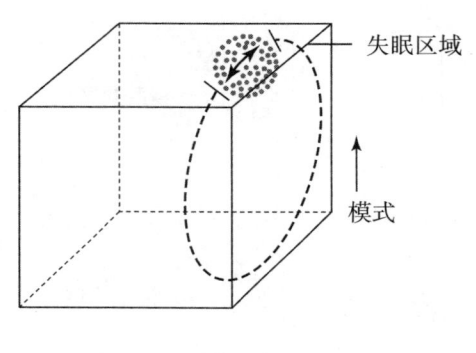

图 4-10

"清醒"、"睡眠"、"做梦"、"催眠"和"清醒梦"之间的关系一直是意识研究中十分难处理的课题，上述梦的心脑模型则给出了相当清晰的解释。最有趣的是，上述模型还揭示了梦和精神病之间的关系。人们相信：只要将模型进一步细化，就能更为准确地把握"脑-心"的宏观状态，甚至可以涵盖很多精神病和睡眠研究的临床经验，为疾病治疗提供指导。

[①] 图 4-9 及其相关叙述引自 J. Allan Hobson, *The Dream Drugstore: Chemical Altered States of Consciousness*, The MIT Press, 2001, pp. 101-104。

[②] 图 4-10 及其相关叙述引自 J. Allan Hobson, *The Dream Drugstore: Chemical Altered States of Consciousness*, The MIT Press, 2001, pp. 214-218。

第七章　主体的三个维度：自由意志、自我意识和注意力

我认为上述模型最大的意义还不是对做梦进行解释，而是通过心脑模型让我们更为准确地把握描述"心"的变量。为什么？"清醒"、"清醒梦"和"做梦"代表了三种不同的意识状态，如果没有梦的心脑模型，区分这些状态时，我们就不知道它们在描述意识整体结构中的位置。有了心脑模型，我们在状态空间中标出其位置，就可以分析相应于"脑"的变量和相应于"心"的变量的关系。我们还可以把规定意识状态的"脑变量"暂时放在一边，专门考察规定三种意识状态的那些和"心"有关的变量。

一旦这样做，立即可以将那些和"心"有关的变量精确化。在上述意识的心脑模型中，和"心"有关的变量是注意力开关。显而易见，用注意力开关的大小来表示它的状态是不准确的。什么是注意力开关？它和主体是什么关系？这都是从没有被研究过的问题。我发现，注意力开关隐含着主体的结构。通过对注意力开关的研究，意识研究中最困难的问题——什么是主体——有可能在研究心脑模型的过程中一点点显现出来。

我发现，在用"注意力开关"这个概念时，实际上有三层不同的含义。第一层含义是"自由选择"，即主体具有自由意志，其决定神经系统接收内部信息还是外部世界的信息。第二

层含义是"我"在进行选择，即主体具有自我意识。第三层含义是主体的"注意力"。这三层不同的含义互相关联，但存在着相对的独立性，故可称之为主体的三个维度。

人在清醒状态时，这三者都十分明确。而在清醒梦中，人不能判断接收到的信息是外部的还是内部的。大脑不能去做一个可重复的受控观察，无法判断接收到的信息的真假。这时，真实的经验世界对其不存在。根据真实性哲学，这意味着主体的自由意志维度消失了，但自我意识的维度仍然存在，而且注意力的维度还相当强。一旦进入快速眼动睡眠，自我意识变得朦胧，只有注意力在主导着梦境。换言之，做梦时，所谓的主体实际上只是注意力而已。随着进入非快速眼动睡眠，注意力的维度也开始丧失。

一旦主体被分解为这三个维度，主体这一长期不能被分析的观念就明晰地显现出来。我们只要对这三个维度进行明确定义，就能揭示主体的结构。根据主体的结构，可以理解真实性不同领域的关系。通过真实性领域的比较，意识是什么及其起源，终于成为一个可以通过真实性探索来展开的研究领域。下面我们先通过分析主体的三个维度来定义什么是主体。

主体的第一个维度是自由意志。所谓自由意志，是指主体可以不去做一定能做到的事情。正因为如此，自由意志和因果性不同，它使主体可以处于类似于量子力学中波函数未曾塌缩状态。自由意志的存在，意味着主体不仅可以在对象中进行选择，还可以站在经验世界之外不做任何选择。而要做到这一点，必须存在一个不同于经验世界的符号世界。只有这样，主体才可以停留在符号世界中不做选择。什么是符号？它是主体可以任意设置的东西。任何经验世界的东西都不是可以任意设置的，故我把符号定义为主体可以凭意愿任意设置的非经验对象，而主体就是任意设置本身。正因为如此，主体和符号的发明一定是同步起源的。

在主体没有形成之前，人属于行动物种。所谓行动物种，是指它不能独立于经验。这是什么意思呢？其实，经验就是系统对外部的感知和作用。[①]不能独立于经验是指（行动物种的）神经系统处于持续不断地和外部互动之中。虽然我们不知道一个可以自由设置的非经验对象是怎样出现的，但只要其形成，行动物种就发生了根本的改变。事实上，一旦在系统中出现和经验完全不同的东西，主体便从经验世界中分离出来，因为"对象"产生了。

什么是对象？现象学把对象定义为主体面对的东西，它是和主体同时形成的。下面我将证明：对象的出现必定和其可以被定义为"非经验的"同步。为什么？如果所有对象都是经验或者和经验有关的东西，整个系统仍然是经验世界的一部分，

---

① 在《真实与虚拟》一书中，我是用不同于符号来给出经验的定义的，即经验不是主体可以任意设置的。在此以前，哲学家都用主体对外部世界的感知和行动来定义经验。如果将其对应为系统论的基本概念，经验可以简单地视为一个系统接收外部世界的输入和对外部世界的输出。输入为感知，输出为对外部世界的作用。这些定义中，都没有涉及和符号的关系。下面我在谈经验时，都强调其不可任意设置这一特点。

主体和对象不可区分意味着系统中不存在主体。[1]这样,也就是无所谓主体面对对象。只有从经验世界中分离出一个与其无关的符号世界,符号"可以凭意愿任意设置"本身规定了主体,其余的一切则成为主体可以面对的东西,对象便起源于此。如果把控制结果记为Y,只有当Y分裂为经验Y(E)和非经验Y(S)两种形态时,控制结果才会变成对象。这时,行动的意志可以停留在非经验对象Y(S)中。主体和控制结果分离,控制结果成为主体意向性指向的对象。意向性形成了!意向性不仅是主体知晓对象的存在,还可以把主体引向对象。

现象学有一基本预设,这就是主体有意向性,而意向性必须指向对象,甚至把对象视为意向性的产物。从表面上看,现

---

[1] 20世纪有一批学者试图用系统的概念来取代从笛卡儿到康德的认知主体概念。其中的代表人物之一是德国社会理论家尼克拉斯·卢曼。他承接胡塞尔与舒茨的现象学传统而引入了一个独特的概念:"意义"(Sinn)。胡塞尔的现象学强调,意识的意向性(Intentionalität)是其基本特征,即意识总是指向某物,而"意义"则是在此基础上发展出的一个更为具体的概念。相应地,卢曼将"意义"定义为沟通系统中用于减少复杂性和不确定性的指涉语境,与体验和行动的意向性相关,其内部充满了实现可能性的潜力。于是,处理和使用意义的系统取代了具有自我意识能力的主体。哈贝马斯等学者批评卢曼并未充分考虑符号及其意义在不同情境下与经验的复杂关系(例如于尔根·哈贝马斯:《现代性的哲学话语》,曹卫东等译,译林出版社2004年版,第412-430页),其实符号本身可能与经验毫无关系。这在数学领域表现得尤为明显,但卢曼显然未能清晰地处理这一点。此外,为了维持社会自创生系统论的运作封闭,卢曼在其社会系统论中排除了主体作为分析的核心要素,以"沟通"作为社会系统的基本单位来确保其描述为"真"。在这里,为了维持社会自创生系统论的运作封闭,卢曼拒绝将主体作为分析的核心要素,主体本身也被视为社会系统的环境。实际上,只有意识到存在非经验对象,主体才是可以定义的。

象学的这一预设是显而易见的。我却认为，该预设成立有一个前提，这就是非经验对象的出现。如果对象只能是经验的，意向性指向对象就是感知和控制以及对感知和控制的记忆，神经系统通过感知和控制与外部世界互动时，并不知道自己面对对象。而对感知和控制的记忆亦不能和感知、控制行为明确区别开来。因此，主体出现之前提是存在两种对象，一种是经验的，另一种是非经验的。这时，行动的意志必须在两种完全不同的对象中进行选择。当行动的意志可以停留在符号中时，知晓自己面对对象的主体出现了。

主体是大脑神经系统的产物，而任何神经元的输入和输出都是电脉冲，电脉冲是经验的。在大脑中，怎么可能有非经验的东西存在呢？请注意：我是用"可以凭意愿任意设置"来定义符号（作为非经验的存在）的，"非经验"之本质在于其凭意愿可以任意设置。① 只要有一组神经元的活动可以凭意愿设置，它作为自由主体的创造物对应着自由设置本身，立即与

---

① 在《真实与虚拟》一书中，我是从不可以凭意愿任意设置即非符号对象来定义经验的。我将其分为可感知和可控制的对象。什么是可感知的对象？这是指主体能得到其信息，而这一对象完全不存在可设置性。和符号不同，主体还可以控制某些经验对象。什么是可控制的对象？这是指主体对对象只有部分可选择性（或部分可创造性）。所谓部分可选择性（或部分可创造性），是指主体在进行选择前，对象就存在着；主体可以选择存在着的某些对象，不选择其他存在着的可选择的对象。这些可选择的对象或许和主体有关，但它们不是主体在进行设置时创造出来的。而符号则不同，其始终是主体完全可自由设置（或可创造）的，即我们可以要这个对象，也可以不要这个对象，甚至可以另外设置一个对象来取代它们。经验对象则做不到这一点。也就是说，经验是什么，只能从它和符号的差别才能准确地加以定义。

主体对经验世界的感知和控制区别开来。虽然在另一个大脑看来，这些活动仍然是经验的，但对于自由设置这一系统本身而言，它却是非经验的（对象）。

这里至关重要的是，意向性的存在，使另一个主体可以将自己等同于他所观察到的主体，即意识到自己也是"自由设置"本身。这时，其原先观察到的神经元的经验活动性质被超越，主体在理解其他主体时普遍化了，这就是普遍主体和可以普遍化的非经验符号世界之出现。于是，我们有如下推论：当存在着一个系统，M是该系统进行的设置，Y是被设置的结果，一旦Y分裂为Y（E）和Y（S），其中Y（S）可凭意愿任意设置，主体X立即从该系统中分离出来。主体形成，也意味着M的解放，和Y（S）相应的设置也就成为主体可以凭自己意愿任意进行的设置，Y（S）则成为非经验的对象。从此，行动的意志可以停留在Y（S）中，会使用符号的物种便起源于此。[①]我要强调的是，只有存在着和行动并行的符号系统，行动者才可停留在符号结构中，自由意志才终于形成。为什么？这是因为行动者可以用"想"来代替"去做"，我称之为行动的意志

---

① 我们可以这样想象主体和符号的起源过程：只要系统在环境中能保持自己的稳定，它一定具有对外部可靠感知和对自身与外部确定关系的控制能力，随着被控制的事物Y分裂为经验对象Y（E）和符号对象Y（S），该系统中形成主体X，与Y相应的控制M分解为对经验对象之控制M（E）和对符号对象之设置M（S）。其中M（S）具有最大的自由度，这正是符号是主体X凭意愿可以任意设置的之意。在此过程中，M（E）仍可以保持着原有感知和控制的功能。该功能在一个有主体和符号的系统中，会转化为主体对经验对象的控制和判定对象是否为真的能力。

停留在符号系统中。这时，自由设置同时也规定了他是否离开符号系统，即作为自由意志的"可以不去做一定能做到的事情"才是可能的。

既然主体X、自由设置M、对象Y三者是同时形成的，真实性一定包含在这三者的关系之中。如前所述，真实性乃主体X、设置M和对象Y之间的三元关系R（X，M，Y）。所谓对象Y是真的，是指关系R（X，M，Y）中M必须可被主体任意重复。显而易见，M的任意可重复只是M凭意愿任意设置的特殊情况，故（个体）真实性已经蕴含在一个内部已形成符号和主体的系统之中了。[1]也就是说，真实性，即R（X，M，Y）具有可任意重复的结构，一定是和作为非经验对象的符号是同时起源的。

---

[1] 事实上，一个包含主体X、设置M和对象Y的三元系统为了能够生存，必须具有真实性结构，即关系R（X，M，Y）中M中一定存在着主体控制经验对象的可重复性。我们知道：任何一个系统要保持自己的存在（稳定）都需要调节机制，任何调节中都包含在相同前提下系统可以做出相同反应（即重复控制）这样的程序。但是，在主体没有产生之前，任何操作的可重复性都不对应着真实性。在《真实与虚拟》一书中我论证过：受控实验可重复要求主体的存在，即使科学真实中主体被悬置，但不能取消。道理很简单，受控实验的任意可重复不是一台不断做一件相同事情的机器，控制者可以停下来，想一想是否继续去做。主体不是别的，它必须包含控制（设置）的意志和实行，而且它还是一种可以去做但不一定去做的自由意志。唯有如此，控制过程的任意可重复才能成为判别主体收到信息真假和实行控制是否有效的标准。显而易见，一个产生了主体的系统要能在和环境的互动中生存下去，必定要在M（E）中保持凭意愿的可重复结构。只有这样，他才能判断环境信息的可靠性并做出保持维生的控制。由此可见，符号规定了主体，维持生存规定了主体必须具有经验真实性的结构。

综上所述，主体的自由意志维度由符号、意向性及主体是否进入设置过程规定。这三个要素有一个共同核心，这就是凭意愿任意设置。自由意志的本质是主体可以凭意愿任意设置对象，并通过设置的可重复性判断对象是否是真的。故自由意志的维度最重要的特征是判别真假的能力，我们可以称其为真实性维度。

主体的第二个维度即自我意识又是什么呢？顾名思义，自我意识是主体意识到自己存在。所谓"我"，是意向性把自己作为指涉对象。自我意识的形成需要两个前提。第一个前提是主体进行指涉，第二个前提是让主体自身成为被指涉的对象。什么是指涉？指涉是主体建立符号和对象的一一对应关系，当对象中包含主体X和主体进行设置M时，自我指涉在指涉过程中出现了。一旦形成了自我指涉，"我"就成为稳定的存在。因此，完整的指涉实际上是建立三元关系R（X，M，Y）到符号系统Y（S）的映射，主体可以用符号系统处理自己实行控制以及得到控制是否可以重复的信息。

建立三元关系R（X，M，Y）到符号系统Y（S）的映射是什么意思？这就是思想过程，当思想过程再次面对经验对象时，就形成自我和能指，进而发明语言和文字！当存在着所有（或一群）主体都具有的可控的经验对象时，只要将符号和可控的经验对象对应，一个主体就能凭借这些公共的可控经验对象进入另一个主体的符号世界。这时，真实性结构R（X，M，Y）中主体X和控制M都越出个别性的藩篱，成为普遍的。普遍真实一旦出现，作为关系的真实性立即分为普遍的经验真实和普遍的符号真实两个世界。

通过上述分析，我们得到一个结论：自我意识的完全形成需要语言和主体之间用语言进行沟通。为此必须形成由一个个主体共同参与的世界，这就是社会。社会中的任何一个主体把自己想象成另一个主体。"我"是这种社会行动想象中的基本单位，意向性是推动想象的动力。用"我"来想象其他主体如何思想和行动，就是对其他主体进行理解。故自我意识也可以概括为主体具有的可理解性维度。

相对于主体的第一、第二个维度，第三个维度即注意力相对简单。什么是注意力？它通常指精神集中于被选中之对象。[①] 人们常把大脑视为一个平行计算机，各式各样的计算和控制过程在独立地运行，中央控制系统只对其中某一个特别监视，这种特别监视可视为注意力。上述比喻虽然抓住了注意力的本质，以至于很多哲学家从这一角度研究意识是什么，但我认为，这种类比是不准确的。

为什么？作为主体第三个维度的注意力还必须受意向性支配。意向性不同于因果性，故注意力不能被简单地归为中央控

---

① 集中注意力的关键是不分心，抑制无关紧要的、次要的信息。在需要做出高效的行动时，神经系统会分泌大量去甲肾上腺素与血清素，既提高反应效能，又会抑制疼痛通路。注意力与动机，会影响成人大脑的可塑性。大脑皮质给丘脑的反馈效应神经元，比丘脑给大脑皮质的接收神经元多出很多。丘脑与大脑皮质组成回路：丘脑提供感觉给大脑皮质；大脑皮质综合经验、目标后，反馈效应信息给丘脑，加强需要注意的关键感觉，减弱次要感觉，屏蔽无关感觉。(Eric R. Kandel, et al., *Principles of Neural Science*, Fifth Edition, McGraw-Hill Education, 2012, pp. 513.)

制系统对某一控制过程的监视。中央控制系统对某一控制过程的监视是因果性的,即某种外部原因导致监视,监视对象的改变亦由外部原因引起。而作为主体第三个维度的注意力不是简单地由外部因素规定的,它还取决于意向性。意向性中存在着自主的选择能力。这样,我们可以把主体的第三个维度即注意力归为意向性和因果性的综合。①

---

① 注意力由两个前提规定。一个前提是外部条件,如某一外部事件的发生要求生命系统立即处理相应的信息。这时,注意力是因果性的。人在睡眠中被唤醒就是例子。另一个前提是意向性,它规定注意力是集中在符号系统还是经验系统。一个人是在思考还是在行动,取决于意向性,它不是因果性的。两者关系极为复杂,个体的目标意图,对象可供给的交互方式的可能性集合,共同决定了个体对哪些对象提高注意力,以及个体与对象的交互方式。一个明显的例子是个体感知和对信息的处理明确分为对对象的评价和当下状态与环境所需行动两部分。某些婴儿在刚出生时对痛不敏感,所以易受伤而未感知。士兵在战壕中打仗、运动员在足球场上比赛时,若受伤了,也不会感觉很痛,等战争结束走出战壕或比赛结束,才会感觉到强烈的疼痛。(Eric R. Kandel, et al., *Principles of Neural Science*, Fifth Edition, McGraw-Hill Education, 2012, pp. 530.)

第八章　从"观看"到"看见"：意识的结构及其化约

一旦把主体分解为三个维度，前面基于做梦研究得到的意识的心脑模型立即可以深入下去了。我们可以用真实性、可理解性、意向性和与意向性相关的记忆来代替注意力开关。这样，对意识的认识立即往前跨越了一大步。在意识的心脑模型中，不能区别"观看"和"看见"，无法解释醒时"看见"和梦中"看见"为什么不同。而根据主体的三个维度，不仅可以立即定义"观看"和"看见"，还可以清晰把握"清醒"、"清醒梦"和"梦中看见"的差异。通过三种意识状态的比较，我们可以对意识的结构进行化约，去探讨什么是意识的最简单形态。

什么是"观看"？"观看"如何转化为"看见"？这一直是心理学的难题，故探索"观看"和"看见"构成了意识研究的重点。[1]长期来，"观看"被简单地归为大脑接收外部对象的视觉信息。这种观点是不正确的，因为它不能解释为什么"观看"需要快速眼动。通常，心理学家用进化论来解释"观看"和快速眼动的关系。其实，"观看"是主体在进行受控观

---

[1] 相当多心理学家把意识简化为"看见"，因为视觉信息的处理占了大脑处理信息的85%。我认为这是不正确的，意识的本质并不是处理信息，而是用符号来把握真实性。故"看见"研究只是意识的一个方面。

察或拟受控观察。

什么是受控观察？我在《真实与虚拟》一书中指出：主体X选择可控制变量C，而所谓观察到对象存在，是指X控制C后，存在一个通道L，使得对象O的信息可以通过L到达X。换言之，受控观察的前提是建立传递信息的通道，该通道必须是可以被主体控制的。我曾多次用尼斯湖水怪为例子说明这一点。历史上有很多对尼斯湖水怪的目击记录，但这些都不是受控观察。为什么？因为一个人看到了水怪，另一个人不一定能看到。一个人在A时刻看到了水怪，但在B时刻不一定能看到。这时候，一个人很难确认自己是真的看到了尼斯湖水怪，还是出现了幻觉。但如果我们能将尼斯湖水怪关到笼子里，这个笼子就构成一个通道L，主体X想看就看，不想看就不看，这就成了一个受控观察。为什么只有处于快速运动中的眼球才能传递视觉信息？关键在于，快速眼动受观看的意愿即意向性控制，它使得眼睛成为主体可控的信息传递通道。当观看相应的控制过程不包含主体时，"观看"实为一个受控观察；当控制过程包含主体时，"观看"是一个拟受控观察。当受控观察或拟受控观察是可重复的，即为"看见"。由此可见，《真实与虚拟》一书中所有关于受控观察的研究都可以运用到"观看"和"看见"中去。

根据真实性哲学，我们可以区分两种"看"。一种存在于科学真实领域，"观看"是受控观察，而"看见"则是受控观察普遍可重复。另一种存在于社会和个人真实领域，"观看"是拟受控观察，而"看见"是拟受控实验可重复，如果其普遍可重复,则属于社会真实领域,如果其只对某个个体成立,则属于个人真实领域。

一旦认识到"观看"本质上是受控观察或拟受控观察,人在清醒时"看见"的机制就可表达为如图4-11。首先,意向性控制眼球做快速运动以保持信息传递通道的存在。然后,用观察的可重复性保证信息的可靠。显而易见,清醒时"观看"除了有意向性,即有"观看"的意愿外,还必须让外部视觉信息传入。与此同时,意向性还指向陈述性视觉记忆。这样,外部信息可以立即和陈述性视觉记忆做一次又一次的比较。比较结果及其可重复性告诉主体看到了什么以及其为真假,这就是"看见"。

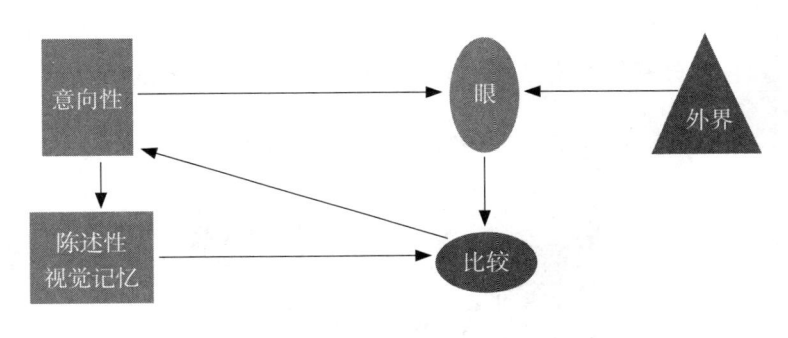

图 4-11

根据真实性哲学,当"观看"是受控观察时,主体通过受控观察知悉外部世界客观存在着。外部世界的真实性取决于受控观察的可重复性。在用眼睛观察的过程中,外来信息必须和陈述性视觉记忆中保存的信息做比较才能判别真假,即受控观察的可重复性是通过一次又一次比较实现的。这时,受控观察的可重复性还取决于被保存在大脑中的陈述性视觉记忆是什么。当陈述性视觉记忆包含主体时,"看见"成为可重复的拟受控观察。这也就解释了为什么在"看见"过程中,有时看见什么取决于想看到什么,以及为什么会出现形形色色的错觉。[1]

我们来看下面这张图的例子。如果我们去看白色的部分,则看到的是一个杯子;而如果去看黑色的部分,则看到的是两张人的侧脸。为什么看见的东西不同?这是因为上述观察是拟受控观察,即观察过程有主体。换言之,主体选择陈述性视觉记忆是对比黑色部分还是白色部分,规定了可重复的稳态是不同的。当主体选择对比白色部分,看到的是杯子;当主体选择对比黑色部分,看到的是人脸。看见取决于陈述性视觉记忆中主体的选择。因陈述性视觉记忆中有主体,主体可以选择对比黑色部分还是白色部分,这时可重复之稳态是不同的。

图 4-12

---

[1] 必须强调的是,因为用眼睛做受控观察是非常复杂的,很多时候不准确。它不等于科学上的受控观察,科学上的受控观察不存在和陈述性视觉记忆比较。

视觉错觉可以分为两大类。一类是主体用正确的陈述性视觉记忆去纠正外部视觉信息；另一类则是用主体想看到的东西去重构外部视觉信息。心理学中视觉的格式塔建构就是著名的例子。"格式塔"是德文gestalt的音译，意为配置或形式。格式塔派心理学家的中心思想是，我们对刺激的所见——我们对任何视觉对象的感知解释——不仅取决于刺激的属性，还取决于它的背景，取决于视野中的其他特征。格式塔心理学家认为，视觉系统根据系统固有的计算规则处理有关物体的形状、颜色、距离和运动的感觉信息。大脑有一种看待世界的方式，其部分来自经验，部分来自内置的神经连接。①实际上，格式塔就是当外部视觉信息和真实的陈述性视觉记忆不匹配时，主体用自己想看到的东西重构外部信息。

那么，是否有办法将错觉中的"主体"排除掉，让它成为一个受控观察呢？答案是肯定的。还是以图4-12为例，只要我们将其还原为一个像素点，而彻底排除掉其作为一张图片的观念，这时候就将"主体"排除出去了。这样我们"看见"的就是一个像素点的排列结构，而无关乎它是一张杯子的图片还是人脸的图片。当然，这在现实生活中是很难实现的。

总之，人在清醒时进行"观看"，主体同时具有自由意志、自我意识和注意力三个维度。第一个维度使主体知道自己在接收外部信息，而且可以判别外部信息的真假。第二个维度是意识到"我"的存在，第三个维度是主体具有注意力。一旦丧失

---

① Eric R. Kandel, et al., *Principles of Neural Science*, Fifth Edition, McGraw-Hill Education, 2012, pp. 557.

了第一个维度,就变为梦中"观看"和"看见"了。

梦中"观看"和"看见"与清醒时有何不同?做梦时,主体不处理外部信息,但观看的意愿仍然存在。这时,图 4-11 转化为图 4-13。意向性控制视觉信息通道导致眼睛做快速眼动,但外部视觉信息并没有传入。意向性同时还指向陈述性视觉记忆,本来陈述性视觉记忆是用于和外界视觉信息比较以判断其真假,现在失去了比较对象。根据图 4-11,"看见"需要陈述性视觉记忆和外部视觉信息比较后反馈到意向性。而在睡眠状态,陈述性视觉记忆没有比较就直接回到意向性。这时,形成了意向性和陈述性视觉记忆的互动。这就是图 4-13 所示的梦中"看见"。它由两个方面组成:一是眼睛在做快速眼动,二是意向性即观看的意愿和陈述性视觉记忆的互动构成了梦境的展开。

根据梦中"看见"的原理,我们可以推断:只要图 4-13 中由陈述性视觉记忆到意向性的反馈受阻,人可以有快速眼动睡眠,即意向性仍指向"观看",但没有梦境。快速眼动睡眠的拟受控实验证明,确实存在着这种情况。[1]也就是说,意向性指向视觉记忆并不构成"看见","看见"需要观看的意愿和陈述性视觉记忆耦合中的互动。这说明:无论在清醒时还是在梦中,"观看"和"看见"都是不同的。

将清醒状态、清醒梦中的意识和一般梦境进行比较,可以得到一个重要结论。这就是主体的三个维度虽然有关联,但呈

---

[1] 某些大脑顶叶受损的病人就是如此。当他们睡眠时出现快速眼动,立即将其唤醒,他们没有梦境。

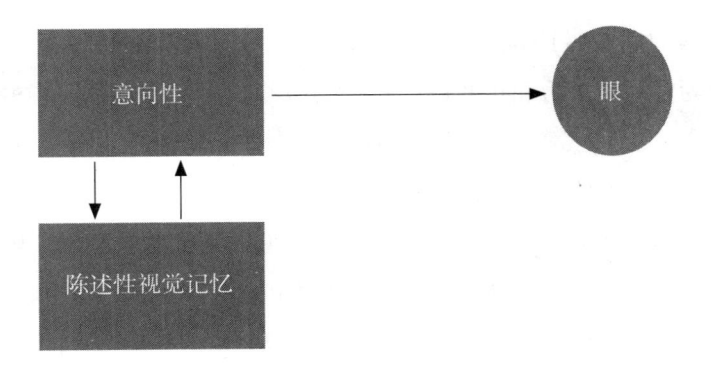

图 4-13

现出相对的独立性。为什么？拟受控实验表明：即使主体的第一个维度即判断真假的能力消失，第二个维度可理解性和第三个维度注意力依然存在，这就是清醒梦中的意识。当主体的第一个维度和第二个维度都消失时，第三个维度仍可以存在，其构成了梦境中的意识。就主体而言，第二个维度比第一个维度简单，第三个维度又比第二个维度简单。正因为如此，心理学家认为：可以用第三个维度来概括意识最简单的形态。

为什么主体的第三个维度代表意识最简单的形态？因为这是除去判别真假能力和自我以后，意识所呈现的最后形态。从个人体验来说，意识最简单的形态就注意力加上相应的陈述性视觉记忆，通常它只在梦中存在。据此，物理学家克里克提出了一个假说。他认为：意识本质上是注意力加短期记忆。[1]他还根据大脑前扣带回受损病人无意志力，认为人的意识就处于

---

[1] Francis Crick：《惊异的假说：克里克的"心"、"视"界》，刘明勋译，台湾天下文化1997年版。

大脑的前扣带回位置。克里克的假说正确吗？我认为不正确。因为他对注意力和短期记忆的界定都属于科学真实，没有包括人文社会真实和个体真实。在人文社会真实和个体真实领域，注意力是主体的意向性，不是由外部原因规定，短期记忆亦存在主体。如前所述，注意力是由意向性和因果性合成的。当注意力完全由因果性规定时，注意力的转化是被动的，它和短期记忆结合不构成意识。因为电脑也可以有由因果性规定的注意力和短期记忆，但电脑没有意识。只有当注意力由意向性规定，意向性代表了某种意愿和意志力，它不是被强迫的，这时注意力和短期记忆结合才有可能构成意识最简单的形态。也就是说，即使是最原初的意识也属于人文社会真实或个体真实。[1]

根据意识最简单的形态，心理学家可以探讨它和主体控制活动的关系。[2]这一切显示了意识可以化约，并在化约中呈现出其内在的结构。

---

[1] 举个例子，患有额叶损伤的患者无法抑制对刺激的眼跳反应，但他们能够对视觉目标做出正常的眼跳。这或许说明了比条件反射式的注意力更高阶的意志力，可抑制对不想关注的刺激的注意，使自身的注意力不分散。（Eric R. Kandel, et al., *Principles of Neural Science*, Fifth Edition, McGraw-Hill Education, 2012, pp. 912.）

[2] 例如，关于对象的视觉信息如何转化为特定的动作来掌握和操纵它，美国心理学家詹姆斯·吉布森指出：当我们看一个物体时，我们的视觉系统会自动识别它的特定部分，以便有效地对其采取行动。这些部分不一定具有识别对象的特征，而具有那些提供特定行动机会的特征。例如，咖啡杯的把手、杯身和顶部提供了抓住它的机会。在某些情况下，某一类型的可用性可能更合适。例如，如果杯子很热，你可能更喜欢使用把手。如果手柄很大，你可能将四个手指都放入其中。但如果手柄很小，你只能用一个或两个手指。如果咖啡不太热，你可以直接抓住杯子的主体或顶部。（Eric R. Kandel, et al., *Principles of Neural Science*, Fifth Edition, McGraw-Hill Education, 2012, pp. 557.）

第九章　意识起源于社会真实和个体真实

我认为，从主体三个维度的相对独立性去寻找意识最简单的形态，并分析复杂的意识状态如何由意识最简单的形态合成，这固然有趣，但不如用其来探讨意识的起源来得重要。为什么？既然从"清醒"到"清醒梦"再到"朦胧的梦"意味着主体的退化，我们自然可以将其退化的状态视为人类早期的意识。也就是说，主体三个维度的相对独立性意味着今日人类具有的意识是从某种原初意识进化而来的。

事实上，近三十年来，用上述方法追溯意识的起源已经成为心理学研究的前沿。无论对新生儿和儿童的心理学实验，还是分析人和类人猿在相同情况下的行为和互动，本质上都构成了意识起源的实验研究。[1] 我要指出的是，心理学家在做这些

---

[1] 举个例子，在 2006 年发表的一篇论文中，研究者用一组四项不同的合作任务测试了三只人类饲养的幼年黑猩猩。在其中两项任务中，人类试图让黑猩猩合作解决问题（例如从装置中取出一块食物）。在另外两项任务中，人类试图让黑猩猩玩社交游戏。作者研究了两件事：黑猩猩的行为协调水平和黑猩猩在所谓的中断期（人类突然停止参与活动）的行为。结果非常一致：在解决问题的任务中，黑猩猩的行为与人类的行为协调得很好，这一点可以从它们大多能成功实现预期结果（例如从装置中取出食物）这一事实中看出。然而，它们对社交游戏不感兴趣，因此这些任务中的协调水平很低或没有。最重要的是当人类突然中断活动时发生了什么。在所有任务中，黑猩猩都没有尝试通过交流来重新与同伴互动。即使在它们应该有很高　（下接第 642 页脚注）

实验时，经常忽略它们必须是社会真实（或个体真实）。虽然在心理学家迈克尔·托马塞洛有关儿童意向性的实验中，已发现任何意向性都是共享意向性，存在着一个主体用自己去想象另一个主体，[①]但这些心理学实验是在研究社会行动（或个

（上接第641页脚注）的积极性来获得预期结果的情况下，例如在涉及食物的解决问题的任务中，它们也没有尝试。黑猩猩没有努力重新与人类伙伴互动是至关重要的：这表明黑猩猩并没有真正合作，因为它们没有与人类形成共同目标。如果它们致力于共同目标，那么我们可以期望它们至少在某些情况下坚持努力实现目标并努力保持合作。研究者同时又对18个月和24个月大的人类儿童进行了类似的研究。与黑猩猩不同，儿童不仅在解决问题的任务中合作得相当成功和热情，而且在社交游戏中也是如此。例如，这些婴儿喜欢一起玩"蹦床"游戏，在这个游戏中，两个伙伴必须同时用手抬起小蹦床的两侧，这样球就可以在蹦床上弹跳而不会掉下来。最重要的是，当成年人在活动的某个时刻停止参与时，每个孩子至少会进行一次交流尝试，以重新吸引他。在某些情况下，孩子们抓住成年人的胳膊，把他拉到器械上。24个月大的孩子也经常尝试用语言告诉不听话的伙伴继续。与黑猩猩不同，我们发现人类婴儿具有合作和共同致力于共同目标的能力：孩子们"提醒"顽固的伙伴他们有共同的目标，并希望他继续努力实现目标。甚至有证据表明，孩子们已经理解了社交游戏背后的规范性以及"应该玩"的方式。例如，在其中一个游戏中，当他们的伙伴从另一端扔进一个玩具后，玩具从管子的一端掉下来，他们总是用罐子来接住它。他们也可以用手接住它，但他们更喜欢按照之前向他们演示的方式去做。这意味着他们认为罐子是游戏的组成部分，他们想按照"应该"的方式玩游戏。而黑猩猩从来不用罐子来接玩具——如果他们参与游戏，他们只是用手。（F. Warneken, F. Chen & M. Tomasello M. "Cooperative Activities in Young Children and Chimpanzees. *Child Development*, Vol. 77, No. 3, 2006.）

① 托马塞洛及其合作者在2005年发表的两份研究中，分别讨论了黑猩猩和人的角色转换能力，即真正的合作应该包括合作伙伴扮演互惠角色并理解这些角色——他们会协调自己的行动和意图，并有可能互换角色，甚至在需要时帮助对方完成他的角色。其中一项研究的对象是三只人类饲养的黑猩猩。在这项研究中，人类向黑猩猩演示了使用四对物体中的（下接第643页脚注）

体行动）的真实性仍没有被重视。我认为，只有通过社会真实中的拟受控实验研究才能揭示意识的起源，可理解性分析是这些心理学实验成败的关键。[1]为什么？因为真实性哲学已证明，

（上接第 642 页脚注）每对物体的各种动作。对于每对物体，一个物体充当"底座"，另一个物体充当"演员"。然后，人类向黑猩猩演示了演员和底座如何组合在一起。例如，人类将"跳跳虎"玩偶放在盘子上，将"小熊维尼"玩偶放在一辆小玩具车里。然后，人类将演员（例如跳跳虎）交给黑猩猩，并将底座（例如盘子）伸向黑猩猩，这样黑猩猩就可以将演员放在底座上以完成动作。如果黑猩猩没有自发地将演员放到底座上，研究人员就通过发声鼓励它们这样做，如果它们仍然没有反应，就帮助它们将演员放到底座上。为了测试角色互换，研究人员随后将底座（盘子）递给黑猩猩，并把演员递给它们，看它们是否会自发地提供底座。三只黑猩猩中，有两只在某个时候拿出了底座物体。但至关重要的是，这些反应都不是自发发生的，更重要的是，这些反应中没有一个是在拿出底座的同时看向研究人员的脸。拿出物体的同时看向同伴的脸是所有针对人类婴儿的研究中使用的"提供"的关键标准。因此，在这项研究中，没有迹象表明黑猩猩将底座提供给人类，所以不存在角色互换的行为。（Michael Tomasello & Malinda Carpenter, "The Emergence of Social Cognition in Three Young Chimpanzees", *Monographs of the Society for Research in Child Development*, Vol. 70. No. 1, 2005.）在另一项研究中，对 12—18 个月大的人类婴儿进行了类似研究。与对黑猩猩的研究一样，研究人员设置了一些情境，其中成人会做一些事情，比如拿出一个篮子，让婴儿在里面放一个玩具。在婴儿服从后，在角色转换测试中，成人会把篮子放在婴儿够得着的地方，自己拿起玩具。令人印象深刻的是，甚至一些 12 个月大的婴儿也会自发地把篮子递给成人，同时看着她的脸，大概是期待她把玩具放进去。因此，与黑猩猩相比，婴儿的递东西行为显然是通过角色转换学到的提供行为。（M. Carpenter & M. Tomasello & T. Striano, "Role Reversal Imitation and Language in Typically Developing infants and Children with Autism", *Infancy*, Vol. 8, No. 3, 2005.）

[1] 在这方面，只有极少数哲学家意识到这一点。约翰·塞尔就是其中一个。他在研究意向性时，把意识、心智、语言和社会现象密切联系起来。塞尔认为，集体行为或集体意向性不能分解为个体行为或个体　（下接第 644 页脚注）

真实性存在着科学真实、社会真实和个体真实三个不同领域。正因为真实性存在三个不同的领域，主体才具有三个维度。在某种意义上，主体的三个维度之所以可以呈相对独立状态，是与主体起源于社会真实和个体真实直接相关的。

如果我们把主体的三个维度与这三个维度对应的社会和个体行动联系起来考察，立即发现相应的社会和个体行动确立的

（上接第 643 页脚注） 意向性的简单概括。塞尔用了一个例子来说明这一点：设想一种情形，在一个公园里的不同地方坐着很多人，突然天开始下雨，于是他们都站了起来跑向一个中央庇护所。在这种情形下，每个人都有各自独立的意图——"我跑向庇护所"，这个行为也是个人的，不涉及任何集体行为；设想另一种情形，在这个公园里有一个剧组的演员在表演一出戏，每个人的动作与前一种情形完全相同，但在这种情形下，这些动作是他们集体表演的一部分。这两种情形为什么会不同呢？因为他们的身体动作是完全相同的，所以区别在于心理成分，塞尔认为后一种情形的行动涉及"我们打算做X"的集体意图，而前一种情形的行动涉及的是"我打算做X"的个体意图，这两者是完全不同的，并且前者也不等同于后者的总和，"一套'我意识'即使加上相互信赖，也不可能等同于'我们意识'。集体意向性的关键要素是一起做（想、相信等）某件事，每个人的个体意向性来源于他们所共享的集体意向性"。在此基础上，塞尔认为："我们所说的关于集体意向性的任何东西都必须满足下列条件。（1）它必须符合这样一个事实：社会由个人组成。既然社会完全由个人组成，就不可能有群体的心灵或意识。所有意识都在个体心灵中、在个体大脑中。（2）它必须符合这样一个事实：任何个体意向性结构必须独立于他是否正确地获取事实，无论他对实际发生了什么是否有根本性的错误认识。这种限制同样适用于集体意向性，正如它对个体意向性一样。一种对这一限制的描述可以如是说：这个叙述必须符合这样一个事实，即所有的意向性，无论是集体的还是个体的，都可以由缸中的一个大脑或者一组大脑所拥有。"（John R. Searle. "Collective Intentions and Actions." In Philip R. Cohen, Jerry Morgan & Martha E. Pollack, ed. *Intentions in Communication*. MIT Press, 1990, p. 407; 415. 转引自李珍：《论集体意向性的个体化——批判性考察塞尔的集体意向性理论》，《科学技术哲学研究》2018 年第 4 期。）

时间是不同的。主体意识到如何判别经验普遍成立的真实性出现得相当晚，特别对科学真实而言，现代科学从古希腊到今天，其诞生不到两千年。而对于主体具有的自我意识维度，它以自然语言的可理解性为标志，主体的第二个维度在智人组成社会之时已经存在了。自我意识的形成和用符号指涉对象就是发明语言。如果把智人定义为可以使用自然语言的物种，意识第二个维度之起源就是人类社会的形成。至于意识的第三个维度，其一直存在于个体真实形成及人的艺术创造过程中，它出现的时间和智人发明语言同样古老，甚至比社会更为古老。

我在《真实与虚拟》一书中指出：绘画、舞蹈和音乐作为个体真实经验的表达，与自然语言有两个重要区别。第一，其结构和个体参与社会行动不同。第二，这种表达个体感受的方式和被表达的东西之间，或许存在某种联系，即它们的对应并非纯粹的约定。换言之，绘画、舞蹈和音乐源于符号能指的独特功能。社会化的艺术确实可以把一个个的个体聚集起来，形成一种不同于社会组织的准共同体，我将其称为原社会。也许社会正是从这种准共同体中起源的。如果我们把意识最早的形态称为原初意识，其不仅出现在梦中，还应该是在"原社会"中萌发的。今天，人类早期社会研究集中在人如何发明语言，而不重视在岩洞里发现的绘画。这些使毕加索震惊、认为今日的画家都无法达到的艺术品是谁创造的？一直以来有两种说法。一种说法是，它们为已经绝迹的克罗马农人所作，因为它们出现在克罗马农人化石集中的地区。另一种说法是，它们是智人的创作。近年来，科学家通过对这些壁画颜料中铀和钍的比例测定，得出一个出人意料的结论：这些画是六万多年前或更早的作品。将其和尼安德特人中亦存在艺术这一考古发现结合，都指向原初意识可能起源于艺术创作这一假说。[①]

我们知道，人类使用自然语言的能力在五万多年前出现了飞跃，此后自然语言才达到今日人类语言的复杂程度。这不正是表明：在社会和语言成熟之前，意识已经在比智人更早的人类中若隐若现了。也就是说，意识在主体第二个维度中呈现之前，可能已经存在于今日主体的第三个维度。原初意识很可能是在后来被视为艺术创造的个体真实中孕育成熟的！

今日心理学研究意识起源时，已经进入了意识第二个维度的探索，开始认识到意识起源于社会。例如，托马塞洛及其合作者将自己对这一方向的理论探索称为维果茨基智力假说（Vygotskian Intelligence Hypothesis），列夫·维果茨基是苏联建国时期的心理学家，他认为人类儿童的认知能力是通过与文化中的他人互动，或者在某些情况下，通过与他人为集体使用而创造的人工制品和符号的互动所塑造，甚至在某些情况下是由这些互动所创造的。[②]然而，心理学研究者从来没有用艺术创作和欣赏来分析人类更为早期的意识状态。为什么这方面的研究会被忽略？我想，除了他们没有认识到意识可能在艺术中孕

[①] 金观涛：《真实与虚拟：后真相时代的哲学》，中信出版社2023版，第512-513页。

[②] Henrike Moll & Michael Tomasello. "Cooperation and Human Cognition: The Vygotskian Intelligence Hypothesis". *Philos Trans R Soc Lond B Biol Sci*, Vol. 1480, No. 362, 2007.

育外，另一个更重要的原因是艺术创作中的意向性研究属于纯粹个体真实领域，即使对其进行相应的心理学实验，这些实验也很难做到普遍可重复。做不到普遍可重复，就不能确定其为真。意识起源研究面临一个悖论，这就是即使我们从理论上知晓它起源于原初意识，该设想也不能被心理学实验证明！

第十章　令人惊异的一致：意识起源和宇宙起源同构

现在我们可以对意识研究做一鸟瞰了。一开始我就指出，意识是什么及其起源研究不属于科学真实领域。真实性分析证明：在科学真实之外存在着社会真实和个体真实。凡不属于科学真实研究的对象，其探索只能归为社会真实和个体真实。社会真实必须使用普遍可重复的拟受控实验（观察）来证明，个体真实研究同样需要拟受控实验（观察），差别仅在于它们大多只对某一个体有效，即其并不一定是可以普遍地被重复的。

心理学的真实性就是建立在拟受控实验（观察）的普遍可重复之上的。事实上，正是普遍可重复的心理学实验赋予意识研究真实性。我通过梦的拟受控实验和拟受控观察分析，指出弗洛伊德的意识理论是错的。正确的研究是通过梦的拟受控实验和拟受控观察建立意识的心脑模型。它可以解释大脑为什么要睡眠和做梦。意识的心脑模型对清醒、清醒梦、快速眼动睡眠和非快速眼动睡眠进行了定位。据此，我把主体分解为自由意志和真实性、可理解性以及注意力三个相对独立的维度，并用它来探讨意识的起源。

主体的第二个维度比第一个维度简单，第三个维度又比第二个维度简单，故可以认为今日我们所知的人类主体起源于意识的第三个维度，然后进入意识的第二个维度，再进入意识的第一个维度，从而同时拥有三个维度。主体的第一个维度研究属于科学真实领域，第二个维度研究属于社会人文真实领域，而第三个维度研究属于个体真实领域。这样，通过20世纪至今的意识探讨，我证明了本篇一开始提出的观点：打开意识之谜的钥匙，只能在社会真实和个体真实的灯光下寻找。

无论是研究自我观念在社会行动展开和语言复杂化中的变迁，还是通过艺术创造这种纯个体行为发现原始人类最早的意向性和视觉耦合，产生可普遍化的陈述性视觉记忆等等，所有这一切都必须用心理学实验以检验其真假。而心理学实验都是拟受控实验（观察），拟受控实验（观察）中主体只能简化而不能排除，故任何拟受控实验（观察）必须以人作为实验对象。我们不能对动物做拟受控实验（观察）。这样一来，可得到两个结论。第一，研究意识的起源不能离开社会真实和个体真实。第二，原初意识如何在个体真实中孕育，我们只能猜想而不能证明。

将意识起源和人类起源的图像整合起来，有一个令人惊异的发现：人是由动物进化来的，意识不可能从进化论推出。而且，在意识起源的追溯中，存在着一个区间，其命题可能为真，但不能被经验证明。在意识起源和进化论之间，存在着认识论无法跨越的鸿沟。

人之所以为人，是因为人有意识。当意识起源和进化论之间的鸿沟不能跨越，说人是由动物进化而来的还有意义吗？更有甚者，进化论还是正确的吗？如果以客观存在作为真实性的基础，上述问题无法回答。意识起源和进化论之间巨大的张力使人不得不回到宗教中去。然而，只要认识到真实性并不是基于客观实在，进化论和意识起源于社会真实和个体真实不仅不矛盾，而且必须联合在一起加以考察。它再一次证明了真实性哲学的意义。

为什么进化论是真的？因为它可以被普遍可重复的受控实验（观察）证明。为什么人是由动物进化而来是真的？因为人除了具有意识外，还有身体。证明人的身体以及相应的生理过程为真和证明意识为真不同，前者只需要普遍可重复的受控实验（观察），而后者还必须基于普遍可重复的拟受控实验（观察）。正是两种真实性基础适用范围不同，才导致进化论和意识起源之间鸿沟的存在。科学真实覆盖的范围从宇宙、生命到我们的身体，而社会真实和个体真实辐射的范围只限于人的意识。但人的身体是意识的载体，这使得科学真实通过人的身体和意识相交，产生了意识起源可以通过科学真实研究来回答的假象。

人的身体研究大部分属于科学真实领域，[①]而意识研究则属于社会真实和个体真实领域。因为它们的基础不同，不可以将某一种真实性化约为另一种真实性。其结果是，必须用两种真实性标准研究同一对象。这样，就得到两套可靠的知识，我们不能用一套知识来取代或否定另一套知识。而所谓意识起源和进化论之间存在不可逾越的鸿沟，讲的就是人的身体属于进化论的涵盖范围，而意识则不属于科学真实。

只要在同一对象研究中存在两种真实性标准，就不可能保

[①] 医学中生理稳态研究属于科学真实领域，而心理稳态的真实性和意识相关，有些时候心理稳态和生理稳态互相关联，故人的身体研究只是大部分属于科学真实领域。

证其覆盖范围一定相同。一旦它们不同,必定出现某种认识论之间不可逾越的鸿沟。我发现,类似的鸿沟在宇宙起源中也存在。宇宙研究属于科学真实领域。科学真实性有经验真实和符号真实两种。经验真实性的基础就是受控实验和受控观察的普遍可重复性,符号真实性的基础就是数学。因为数学是普遍可重复的受控实验(观察)的符号结构,科学真实的两种真实性通常是一致的。只有对某种特殊的研究对象,两者覆盖的范围才不尽相同。这一颇为独特的对象就是宇宙的起源。

科学界公认:宇宙起源于大爆炸,即其从一个奇点开始,不断膨胀到今天的形态。其之所以为真,是基于数学的真实性以及时空测量和相应物理学实验的真实性。宇宙大爆炸理论源于爱因斯坦引力场方程的解中存在奇点。这样,当用引力场方程来描述整个宇宙时,该奇点就是宇宙(时间和空间)的起源。宇宙大爆炸理论可以解释为什么宇宙在不断膨胀、宇宙中不同元素的丰度以及真空中存在微波辐射等。然而,出人意料的是,作为宇宙起源的奇点被没有经验意义的纯数学真实包围。这个纯数学真实区域内,时间和空间没有经验意义。该区间大小被称为普朗克测度。

为什么普朗克测度之内的时空是非经验的?我在《真实与虚拟》一书中指出:时间和空间测量需要光在某一空间间隔内自由(来回)传播,当该空间间隔小到一定程度,使得一个光子的质量就可以形成黑洞时,光在该空间间隔中自由(来回)传播不可能,空间测量没有意义,时间测量也没有意义。这样一来,在宇宙起源研究中,不仅作为奇点的起源本身只是数学符号，包含奇点的普朗克测度以下的时空也只是数学真实，对其作物理学的经验研究是没有意义的。

我在《真实与虚拟》一书中这样论述："时间和空间作为经验的真实性就是其测量的普遍可重复性，当空间和时间间隔小于普朗克尺度时，因时空测量不再可能，作为经验真实的空间和时间不再存在。这时，我们说普朗克尺度以下的时空是什么意思呢？它实际上只是纯数学符号对测量的想象，其属于虚拟物理学。按照一般常识，当时空在经验上不存在时，用符号系统表达它便没有意义。然而，普朗克尺度内的长度是一个实数。对于任何一个实数长度，它的n等份也是一个长度。也就是说，普朗克尺度以下的空间和时间，虽然在经验上不可测量，但可以用符号表达，并可以通过符号和经验的对应进行想象。只是其符号想象不能转化为经验上的控制行动罢了。换言之，想象的空间分割和测量都是虚拟的。"①

普朗克尺度的存在，把宇宙起源研究分为两个具有不同真实性标准的领域。该尺度之上任何对象既属于科学经验真实，又属于数学真实，其为真可以用数学来预见，也可以用普遍可重复的受控实验（观察）来证明。在普朗克尺度之内的时空，它是数学真实，只能用数学来判别真假，对其不能做受控实验（观察）。我们说宇宙起源和意识起源的同构性，是指在追溯它们起源的过程中，存在着一个极限。超越该极限，起源过程只能用符号想象而不能在经验上加以证明。

---

① 金观涛：《真实与虚拟：后真相时代的哲学》，中信出版社2023版，第375页。

在宇宙起源研究中，这个只能用符号想象不能用经验证明的领域是在科学经验真实转化为数学真实中形成的。爱因斯坦引力场方程本是根据光速不变和等效原理导出，它预见了四维时空中奇点的存在。而这个奇点本身及其周围只是数学真实，对它进行经验研究是没有意义的。这给我们一个启示：当从一种真实性标准中开拓出另一种新的真实性标准时，人类认识论在扩展的同时确实会形成一些可能为真但不能证明的地带！

用这一观点来检视意识起源中存在不可证实的想象是意味深长的。主体的三个维度虽然不能简单地归为真实性的三个领域，但它们和真实性三个领域的对应关系不容置疑。如果意识的起源真的是从主体的第三个维度开始，再扩张到第二个维度，最后占领第一个维度，那么意识的起源研究中就会存在两条不能逾越的认识论鸿沟。一条是进化论和意识之间的鸿沟，另一条是个体真实和社会真实之间的鸿沟。科学真实起源于真实性结构$R(X, M, Y)$中主体被悬置，即X从M中分离出来。社会真实的起源是M中的主体X的普遍化。它们都是真实性结构即可重复的$R(X, M, Y)$结构复杂化。这使我们想到：当一种新的真实性在原有的真实性中起源时，新的真实性标准立即会重新检视原有的对象，从而加深了对原有对象的认知。但新的真实性标准适用范围不可能和原有的真实性范围完全重叠，这就必然出现由真实性标准差异带来的认识论鸿沟。宇宙起源如此，意识起源亦如此。

为了跨越鸿沟，我们只能用符号系统来想象这些不同真实性领域的内在联系，而提供这种符号系统的就是真实性哲学。

附录 金观涛、刘青峰著作年表

《中医与控制论》
贵州科技情报所 1975

《公开的情书》
北京出版社 1981

《控制论和科学方法论》
科学普及出版社 1983

《在历史的表象背后》
四川人民出版社 1983

《兴盛与危机》
湖南人民出版社 1984

《让科学的光芒照亮自己》
四川人民出版社 1984

《西方社会结构的演变》
四川人民出版社 1985

《悲壮的衰落》
四川人民出版社 1986

《问题与方法集》
上海人民出版社 1986

《整体的哲学》
四川人民出版社 1987

《论历史研究中的整体方法、发展的哲学》
陕西科技出版社 1988

《人的哲学》
四川人民出版社 1988

《我的哲学探索》
上海人民出版社 1988

《金观涛、刘青峰集》
黑龙江教育出版社 1988

《控制论与科学方法论》
新星出版社 2005

《系统的哲学》
新星出版社 2005

《让科学的光芒照亮自己》
新星出版社 2006

《观念史研究》
法律出版社 2009

《探索现代社会的起源》
社会科学文献出版社 2010

《开放中的变迁》
法律出版社 2011

《兴盛与危机》
法律出版社 2011

《中国现代思想的起源》
法律出版社 2011

《历史的巨镜》
法律出版社 2015

《中国思想史十讲（上卷）》
法律出版社 2015

《系统医学原理》
中国科学技术出版社 2017

《当代艺术危机与具象表现绘画》
中国美术学院出版社 2018

《公开的情书》
东方出版社 2019

《系统的哲学》
鹭江出版社 2019

《轴心文明与现代社会》
东方出版社 2021

《消失的真实》
中信出版社 2022

《真实与虚拟》
中信出版社 2023

《控制论与科学方法论》
广东人民出版社 2025

《我的哲学探索》
中信出版社 2025

与谈人简介

林峰

毕业于西安交通大学，长期从事电信与互联网设备领域的硬件研发与供应链管理工作。著有《"理解"供应链——系统论视角下的供应链概念》。双体实验室播客主理人。

余晨

易宝支付联合创始人、总裁，易宝公益联合发起人，元宇宙与人工智能三十人论坛理事会理事，2019、2023年度中国公益人物，复旦大学哲学课堂客座教授。著有畅销书《看见未来：改变互联网世界的人们》。双体实验室总顾问。

刘青峰

香港中文大学中国文化研究所名誉研究员，香港中文大学《二十一世纪》双月刊创刊编辑。毕业于北京大学，曾任郑州大学教师、中国科学院副研究员，《自然辩证法通讯》编辑。著有《让科学的光芒照亮自己》《公开的情书》。与金观涛长期合作研究，合著有《兴盛与危机》《开放中的变迁》《中国现代思想的起源》《观念史研究》《中国思想史十讲（上卷）》。

目 录

03
巨浪已至：科学技术发展及其脱嵌

13
从控制论、机器学习到人工智能

24
从"涌现"到图灵测试：奇点会来临吗？

33
通用人工智能和人工智能的三种形态

46
挑战之一：什么是语言

60
挑战之二：现代社会往何处去

金：金观涛　林：林峰　余：余晨　刘：刘青峰（全册下同）

巨浪已至：科学技术发展及其脱嵌

林　2022年11月ChatGPT的问世，是21世纪20年代最具标志性的事件之一，人工智能（AI）如海啸掀起的巨浪般汹涌而来，令人措手不及。我记得，在ChatGPT问世一周年时，金老师曾和我就ChatGPT会不会在两年之内普及打过赌，金老师，您今天怎么看？

金　现在看来是我输了。我是20世纪的人，对21世纪那些新玩意儿，比如直播如何赚钱，没什么感觉，只是感到很新奇。我对计算机的具体技术细节不太了解，又缺乏编程的实感，要弄清楚ChatGPT真不容易。

我长期做宏观大历史研究，想问问各位是否想过：今天，也就是2025年1月12日，这个日期意味着什么？它代表的是21世纪过去四分之一了。对于我们在20世纪中期出生的人来说，真有点不可思议。

在21世纪即将来临时，青峰和我在香港中文大学《二十一世纪》杂志上策划了展望新世纪的专题讨论。现在回头看当年中外学者的那些文章，不少是从轴心文明视角谈冷战结束后的文明冲突，谈全球化命运，也有谈互联网技术的。20世纪是革命的世纪，科学上继相对论和量子力学后，人们期待在 21 世纪能出现又一次科学大革命。但谁都没有预料到，21 世纪过去四分之一了，科学革命并没有发生，却是人工智能对人类社会产生了颠覆性的冲击。今天，当人工智能革命巨浪已至，以不可抗拒之势进入人类生活的方方面面时，所有人都面临一个问题：我们如何认识人类历史上这种前所未有的新技术？

刘　我想起魔法师的徒弟的故事，我们好像那个学艺未精的徒弟，施魔法让扫帚替自己提水，扫帚不停地灌水，水越涨越高快要将其淹没时，他却没法让扫帚停止了。今天的人工智能好像掌握了常人不懂的魔法，其无所不能，让人不禁怀疑它是否仅仅是一种技术。当原有的哲学认识论不能使人们在理解人工智能上达成共识并以此预判它对未来的影响时，就出现了极端的乐观与悲观论调并存的局面。

金　你说的这个故事维纳也讲过。现在有种说法：人类正面临第三次技术大革命。第一次是农业革命，第二次是工业革命，第三次就是人工智能革命。这种说法有大历史的眼光，但并不准确，没能走出经济/技术决定论的桎梏。我认为，从长程来看技术和社会的关系，农业技术是人类建立跨地域文明所需要的技术；工业革命则是在轴心文明进入现代社会的转型过程中，市场经济和科学技术从传统社会有机体脱嵌出来的结果。随着现代社会全球化的展开，必然会出现当前的人工智能革命。与科技从传统社会约束中脱嵌不同，它是科技自身的脱嵌，即科技逐渐与人的主体之间的脱嵌。这一点，我会慢慢展开来讲。

林　人们通常认为，技术是建立在科学理论之上的，是科学理论（知识）的运用。在《消失的真实》一书中，您曾分析了为什么在现代科学真正确立之后，不会再出现库恩所说的范式转移，即"科学革命"。那么，为什么在现代科学理论不再革命的前提下，还会出现人工智能这种独特的——用您的话说是科技与主体脱嵌的——新技术革命呢？

金　我不懂计算机的技术细节，近几年，我先后出版了《轴心文明与现代社会》和两本"真实性哲学"的著作，我只能通过把聚焦轴心文明起源和演变的大历史观与对科学真实的研究结合起来，去思考技术和社会的关系，去反思人工智能革命。我认为，仅停留在技术是科学理论（即认知）的运用这个层面是远远不够的。为什么这样讲？出现某种对人类社会影响深远的重大技术，除了涉及人控制自然的能力和认知的能力外，还要考虑其对应的社会组织对科学技术发展的"容量"。

一种新技术带来社会的巨变，是人类将对自身和自然的认知转化为对自然的控制，它和文明形态是互相依存的，研究这一过程需要更为宏大的视野。举一个例子。辛顿说，今日我们是用旧石器时代的大脑来应对"神"一样的技术。实际上，今日人的大脑和旧石器时代人的大脑并没有太大差别，真正的问题在于：为什么同样的大脑，要到今日才能发展并掌握人工智能这种"神"一样的技术？

对于大多数计算机工程师来说，并不需要思考人为什么有智能，以及人对智能的认识是怎样发展的。但这一点恰恰是很重要的。在自然界已知的200多万种物种里，人是唯一的符号物种，自其起源以来这一点从未改变过。所谓符号物种是人的主体性和获得知识能力的结合。主体性表现在人可以超越经验世界任意地设置符号；而智能是获得经验知识和符号知识的能力。从主体性和获得知识能力的角度看技术，就会有一种大历史视野，发现人工智能出现的必然性。一万年前的农业技术是人类形成跨地域定居文明的必要条件，此后，人类才进入轴心文明时代以及传统社会；科学技术革命则是与传统社会向现代社会的转型相联系的。伴随现代社会的进一步展开，人的主体自由不断扩张，科技能力一定会和主体发生某种分离，人类早晚有一天会面临人工智能的挑战。这就是今天的AI革命。

林　我记得您在《真实与虚拟》一书中把真实性分为科学真实、人文社会真实和个体真实三个不同的领域。您认为自人类起源后，先形成的是个体真实和社会真实，社会真实的扩张导致跨地域文明的建立，而后在轴心时代古希腊文明中，科学真实才从社会真实中独立出来。更重要的是，书中还指出，在科学真实的领域中，智能是主体在做受控实验（观察）的过程（操作和感知）中获得信息的能力，例如一个人设计科学实验的能力，或者编程的能力。科学领域和人文社会领域的不同之处是，主体在获得信息与实行控制时，前者是主体可以悬置的。您今天是从这个角度来讨论人工智能的吗？

金　可以这样讲。其实，主体和科技的关系非常复杂，今天的讨论不可能详细讲，如果想深入了解，还是要去读《真实与虚拟》。简单来说，人是符号物种，人可以用符号把握世界，这才具有了动物不可能有的智能。主体是在个人真实中起源的，随着社会的建立，人就成为主体（发明符号并用符号来沟通）与智能的结合体。在人的各种智能中，只有科学智能可以和主体分离。因为科学真实是基于普遍可重复的受控实验（观察），控制变量中可以不包含主体，即主体可悬置。这是科学真实中智能可以独立于主体而存在的原因。

在传统社会，科学真实处于社会有机体的束缚之下，不能无限制地扩张，当然不会和主体分离。因此，在现代文明充分展开之前，只发生过农业革命和工业革命。科技智能和主体的分离，只能发生在科技高度发展的全球化现代文明中。

我们可以粗略地看一下人类社会形态的变化与智能的关系。人类起源时的社会形态是几十到一百多人的部落，人类的生活方式是游荡状态的巡猎和采集，其科技智能主要表现在狩猎、识别动植物与适应不断变化的环境等方面。而与人类建立跨地域文明的漫长过程相匹配的，是农业科学技术相关智能的发展及革命，继而形成有集约式农业的定居形态以及复杂的社会组织。跨地域文明形成后，文明演化进入轴心时代。轴心文明的展开和融合形成了现代社会。现代社会是基于个人自主的契约社会，它是"人应该是自由的"这一价值的投射。在现代契约社会，人的自主性得到空前的肯定；市场经济和科技创新不再受到传统社会有机体的约束，得以爆发式增长。科学智能大发展并转化为维系现代社会的种种新技术，这就是人们常说的工业革命。科学技术无限制地发展，必然会导致科学真实领域中的智能与主体的分离，人工智能就是最明显的例子。工业革命是现代社会刚形成的最初阶段人类在科学真实领域中智能的扩张，现代科技智能的进一步发展必然会出现它与主体的分离，这正是人工智能在21世纪20年代的全球化中凸现的原因。

林　金老师，您在《真实与虚拟》中把经验世界理解为大脑神经网络输入与输出的稳态，并用此来解释为什么虚拟世界亦是经验真实的一种形态。从这一角度看，所谓人类发明新技术实为神经网络输入与输出的扩充。而人工智能这种新技术和以往所有技术的不同之处在于，它是用一个人造神经网络和外部世界耦合，通过学习获得大脑神经网络和外部世界耦合的各种新稳态。人造神经网络的输入和输出不再只是人类大脑输入和输出的简单延伸，而是形成一种和大脑智能同构的系统来处理经验，但主体不一定知道人工系统是如何做到这一点的。也就是说，人工智能意味着实现了科技智能与主体的分离，这其实就是您前面提出的"科技自身的脱嵌"的含义，我这样理解正确吗？

金　正确！我在《真实与虚拟》中指出：主体的任何感知和控制都是基于大脑神经系统的电脉冲与神经递质的变化。主体获得信息和实现控制，作为对象可能性空间的缩小，都可以还原为神经脉冲（时间序列结构、组合空间）可能性空间的缩小。不论科学经验是什么，它们或作为感知（作为输入的神经系统脉冲集合的可能性空间缩小）的稳态，或作为控制（作为输出的神经系统电脉冲集合的可能性空间缩小）的稳态，或作为两者关系（感知如何规定控制和控制如何规定感知）的稳态，既可以通过主体的感官（人的神经系统）达成，亦可以用一个人造的神经网络输入与输出之间的互动来实现。正因为如此，技术作为神经网络输入和输出的扩张有两种方式。一是大脑神经网络直接向外部世界延伸，即使用工具和仪器与外部世界耦合，这就是发明新技术。新技术往往对应人某种能力的放大，比如望远镜是人的视力的放大，耳机是人的听力的放大，电脑则是人处理信息能力的放大，等等。二是用一个人造神经网络和外部世界耦合获得信息并实行控制，这就是人工智能。在第二种方式中，学习能力是和人的主体分离的，今天的人工智能革命证明了这一观点。但需要说明的是，这种主体与智能的分离仅仅存在于科学真实的领域，它是现代社会和科技发展的一个必然结果。关于这一点，我会在后面的讨论中展开。

余　我补充一下金老师讲的观点。所有的技术革命——无论是农业革命还是工业革命——替代人类的都只是一些外在的东西，比如胳膊、腿，是我们肢体能力的延伸。这时，我们对技术的关注重点主要在于效能。但人工智能可能替代大脑或者说神经网络，这时我们关注的重点就变成人工智能和人脑是否具有同一性，不只是人工智能是否和人脑具有一样的功能，而是两者是否有一样的实现（implementation）。我认为，人脑和机器只是同构，二者并不具有同一性，而且这种同构性是在数学和算法意义上的。

统计学家乔治·博克斯有一个说法："所有模型都是错误的，但有些是有用的。"因为所有模型都无法完美地复制现实。比如我们可以用一个圆来代表太阳，几何学上的圆与太阳不具有任何同一性，只有某种同构性——因为太阳也是圆的。人工智能甚至都不是用一个圆而是用一个多边形去模拟太阳，但无论如何模拟，二者都不是一个东西。

就像金老师说的，人工智能革命带来了智能与主体的分离，但我们也要注意人造神经网络与人脑始终不是一回事，只是具有同构性。

金　余晨讲得十分好。在科学真实领域，智能和主体分离意味着人造神经网络是没有主体的，它的"智能"和人的智能不是一回事。据此，我们可以把科学智能和主体的分离称为"脱嵌"。

我在《轴心文明与现代社会》一书中指出：在现代社会出现之前，市场经济和科学技术是嵌入社会有机体内部，不能无限制地扩张的。现代社会的形成意味着市场经济和科学技术从社会有机体中"脱嵌"而出，纳入一种容量可以不断扩张的新社会组织形态，也就是现代契约社会之中。当现代市场经济和科学技术高速发展带来了全球化，而全球化又不能纳入民族国家间良好的国际秩序时，就会导致现代社会的危机，这就是20世纪发生的两次世界大战和二战后的冷战格局。20世纪末冷战结束，随着新的全球化浪潮兴起，进入21世纪后，我们再一次看到全球市场经济与民族国家组成的世界秩序之间的冲突所带来的种种危机。而现在，人工智能革命又将制造新的挑战。

很多人认为人工智能迟早会涌现出意识，从而处在对奇点来临的幻想之中。而另一些人则认为这是迟早会破灭的大泡沫，并开始思考泡沫破灭对经济的冲击。我认为，不能仅仅用工程技术的眼光来思考人工智能，甚至不能局限于科学本身来思考人工智能往何处去。更重要的是，要看到人工智能革命的本质是现代科技的"脱嵌"，它才刚刚开始。以往在讨论市场经济从传统社会有机体中"脱嵌"导致生产力快速增长时，也涉及科学技术在人类生活各方面无限制的运用，但这些科学技术和主体是结合在一起的。现在人工智能革命发生了，科学技术和主体的分离涉及现代科技本身"脱嵌"的全新问题。与全球市场经济"脱嵌"所带来的问题一样，人工智能的种种形态、它的快速发展以及广泛应用，势必会引起社会生活形态的巨大变革，这是当代人类要长期面对的问题。因此，我们需要反思，摆脱幻觉，并从狭窄的专业中走出来，回到长程的历史思考中，这是我们今天对话的目的。

从控制论、机器学习到人工智能

林　金老师和余晨从科技领域中智能和主体分离的角度，提出必须从文明史和科学史反思当下人工智能的革命。我想，要进行这方面的梳理，首先应回到人工智能自身的发展历史，来定位什么时候科技领域中的智能有可能和主体发生分离，即科技"脱嵌"是从何时开始的。如果以"人工智能"这一说法的正式提出——1956年的达特茅斯研讨会——为节点，距今已经将近70年。"人工智能"这个关键词的提出，是否意味着智能的"脱嵌"？还是应追溯到更早？人工智能作为一门学科的诞生，和维纳提出的控制论是否有关？如果去看神经网络模型的发展，它似乎源于控制论思想的应用。早期神经网络自动机模型的提出者——沃伦·麦卡洛克与沃尔特·皮茨——都深受维纳控制论的影响。从早期的自动机模型到今天以ChatGPT为代表的大语言模型经历了一个长期发展的过程，金老师，您认为科技领域中的智能和主体有可能发生分离是从什么时候开始的呢？

金　我认为是从控制论建立开始的。控制论开创了一个新的时代。从控制论、信息论再到神经网络模型的发展过程中，人工智能原本只是其中一股涓涓细流，发展到今天一下子形成了滔天巨浪。今日的人工智能革命主要是电脑工程师发动的，不管是其推动者还是科学界，大多都将注意力集中在改进技术和社会应用层面，忽略了它从控制论转化过来的历史。至于哲学认识论层面的反思则更缺乏了。为什么说科技的"脱嵌"是从控制论开始的？这要先分析什么是控制论。控制论这门学科出现在第二次世界大战结束之际，工程师和数学家从火炮控制系统中发现负反馈调节。我们知道，第一次世界大战缘于现代社会的危机，第二次世界大战是第一次世界大战的延续，故从长程历史观点分析，现代科技的"脱嵌"和全球市场经济从现代社会国际秩序中的"脱嵌"几乎是同步的。

今天科学史把控制论的出现称为交叉（边缘）学科的兴起。什么是交叉学科？"科学"的本意是分科，即知识的专门化，交叉学科是与专门化相反的东西。控制论创立之初，需要数学家和工程师的合作。负反馈调节源于工程技术，人们发现负反馈调节不限于工程，在各个领域都存在。为建立新学科，就必须弄明白其数学基础以及和现有学科的关系，因此，控制论初创时有相当多围绕技术背后的哲学和数学基础的讨论。例如，控制论第一次发现了什么是智能，定义了什么是智能，并提出智能是否可以放大，什么是学习，等等。控制论基本上就是面对这些理论问题的学科。这些问题到20世纪80年代已经得到解决。伴随着广义控制论的发展，电脑工程师群体崛起，这时，理论思考很快转化为技术实践。进入21世纪之后，正是这些技术实践和积累孕育了今天的人工智能革命，也就是科技的"脱嵌"从理论上的可能性转化为现实。

林　您和华国凡在20世纪70年代出版的《控制论与科学方法论》一书中，把诺伯特·维纳提出的负反馈作为整个控制论的核心观念，并指出反馈调节作为人达到目的的过程包含三个基本环节：一是获得目标的信息，二是存在着输入和输出的闭环，三是稳态达成，即整个调节过程必须使目标差变小，否则控制会在目标附近振荡。今天，"反馈"这个词已深入日常生活。在控制论问世之前，人们认为达到目的的过程是一个单向的因果过程。维纳则发现：达到目的的过程不能一蹴而就，需要不断地反馈——主要是负反馈调节，即通过一个目标差不断减少的过程而达到目标。其关键是系统不断把控制的结果与目标做比较，使得目标差在一次又一次的控制中变小。从哲学认识论来看，这就是学习的基本原理。从来，学习和目的性是十分神秘的东西，自亚里士多德以来，人们普遍认为，目的性和因果性没有关系。而在维纳看来，只要让"因果链"形成闭环，它就蕴含着达到目的的过程，和目标值比较正是学习的本质。维纳发现，这一负反馈原理普遍存在于自然界的各个领域，从动物活动到机器运行。维纳提出控制论时创造了一个新词：cybernetics。这个英文词可以追溯到希腊语中的 kybernétēs，也就是负责掌舵的人。掌舵的本质就是一个保证船向目的地方向行驶的过程。

金老师，我认为，说控制论第一次揭示出智能的结构，这一点也没有问题，但为什么它就意味着科技领域中的智能和主体可以分离呢？

金　不知你是否注意到，负反馈调节存在着两种不同类型：一种是包含主体的，另一种是不包含主体的。而维纳的控制论的最大贡献和最大的缺陷，都在于没有发现这一差别，也就是将有主体参与的达到目的的过程和没有主体参与的达到目的的过程混为一谈。举一个例子。军事活动是一个"获得信息—采取行动—再获得信息—再采取行动……"的反馈过程。打仗的目的是获胜，为了获胜要获得双方的信息，调整布局，这些都离不开参加战争行动的主体。这是一个和主体不能分离的反馈过程。还存在另一类不包含主体的负反馈过程，例如把室温控制在26℃，我们可以用没有主体的空调机。空调机的工作原理是设定目标为26℃，然后将获得外部温度的信息感知装置与效应器相连。一旦温度低了，效应器就加热；温度高了，效应器就制冷。这是一个典型的负反馈调节，并没有主体的参与。从控制论角度看，上述两类负反馈调节没有区别,既可以用于分析军事行动,也可以用来制造温度控制装置,二者都属于控制论的运用。现在我们必须对二者做出区分,即有主体参与的属于社会人文真实领域,没有主体参与的属于科学真实领域。如果把反馈调节视为智能,就更有必要强调两个领域的区分,因为只有在科学真实领域中,智能才可以和主体分离。

林　金老师,是否可以这样讲:控制论刚出现时,正因为没有区别反馈的两种类型,才取得了那么大的社会影响,贯穿了各个领域?当时不仅有工程控制论、化学控制论、生物控制论,还有军事控制论、经济控制论等,甚至可以说控制论孕育了整个管理科学和系统科学。我的问题是,在控制论的建立和发展过程中,是否存在着从整个调节过程中驱除主体的倾向呢?这种倾向的不断发展,是否就导致了主体与科技领域中的智能的分离?人工智能的兴起与此有关吗?

金　你说的不错,这正是人工智能兴起的关键。为了说明这一点,我必须提一下与维纳差不多同时代的控制论专家W. 罗斯·艾什比。艾什比最大的贡献是把智能定义为正确选择的能力,并指出选择的放大就是智力的放大。今天看来,这是显而易见的。我们每天刷手机处理各种事情,就是在做各种选择。其实,人的一切活动都可以还原成选择。要知道，这一个今天人人皆知的常识要到20世纪中期才被发现。这是一件划时代的事情。至今我还记得，我读大学时艾什比的书给我的心灵造成的震撼。艾什比提出一个惊人的设想——建立智力放大器。为什么智力可以放大呢？既然智力是一个人或一个组织在单位时间内进行正确选择的能力，那么所谓智力放大，实际上是选择能力的放大。选择能力由获得信息的能力与控制的能力组成，和选择速度直接相关。这样就可以把智力的放大归为上述几种能力的放大。显而易见，在选择能力放大的过程中，有的不能排除主体，有的可以排除主体。例如我不能解决一个问题，去找一个能解决问题的人，这是一种智力放大。政治家善于用人就是一种不能排除主体的智力放大。《控制论与科学方法论》一书中，曾用浮游选矿的过程来介绍智力放大：有些宝贵的金属矿常常和大量的岩石、泥沙混在一起，要选矿后才能冶炼。如果人一块块地挑选，那工作量就太大了。正确的做法是：人先进行小范围内的选择，即针对这种矿物的性质，选择合适的选矿剂，再利用选矿剂（表面活性物质）的性能，设计一台机器实行大范围的选矿。从选择选矿剂到用选矿剂选矿的过程，可以说是人的选择能力被放大了。这种智力放大过程中，主体和选择能力放大之间可分离。人工智能就是在科学真实领域中可以排除主体的一种智力放大。

林　艾什比最著名的工作就是在1954年出版的《大脑设计》一书。这本书曾经轰动一时，钱学森在《工程控制论》中就曾系统介绍过艾什比的这一工作。正是《大脑设计》一书提出了"超稳定"和系统适应环境能力的关系。艾什比把生物适应环境视为有机体和环境互相作用的稳态，他认为当一个系统旧有的稳定性不可避免地被破坏时，如果有一种机制可以使稳定性重新建立，那么，它就具有超级适应环境的能力，这种系统可以被称为"超稳定系统"。金老师，艾什比是不是通过这本著作中的这一系列观念把学习能力（智力）和主体加以分离的呢？

金　正是如此。《大脑设计》是从学习原理看大脑是如何运作的。一谈到大脑，人们立即想到主体。艾什比的《大脑设计》最令人吃惊的是他不讲主体，认为脱离了主体依旧能够讨论大脑的学习能力。他把大脑的适应行为等同于寻找稳态的机制。更重要的是，艾什比指出：比适应行为更高一层次的学习能力可以归结为当稳态被破坏以后，如何寻找新稳态或恢复原稳态的超稳定机制，这种机制中可以不存在主体。因此艾什比是第一个把主体和科技领域中的智能加以分离的控制论学者。

实际上，超稳定系统存在有主体和没有主体两种类型。我和青峰在青年时期就用超稳定系统研究中国社会的结构，这属于社会人文真实的领域，是不能排除人的主体性的。

艾什比的"智力放大"指的是在科学真实领域的能力，不涉及主体，从而为人工智能的实践打下了理论基础。

余　如果依据当前有关人工智能历史的流行说法，提出科技领域中主体和智能分离，应是在 1956 年达特茅斯研讨会上，但事实可能并非如此。前面讨论了控制论和人工智能的关系，没有涉及香农在 1948 年提出的信息论。香农的《通信的数学理论》只是薄薄的一册，却是很了不起的成果。金老师在《控制论与科学方法论》一书中把获得信息、实行控制定义为可能性空间的缩小。可能性空间如何缩小，也就是如何获得知识。香农以概率论、随机过程建立数学模型，为研究广义通信系统奠定了理论基础。有意思的是，香农不喜欢维纳，不同意维纳把控制论搞成一个包罗万象的大口袋。在达特茅斯会议前几年，麦卡锡建议香农编辑一本文集，汇集当时有关智能研究的前沿成果，包括控制论、逻辑学、神经网络数学模型研究，但香农在编辑过程中，只保留了艾什比有关智力放大器的论文，把其他控制论文章排除在外。全书内容聚焦神经网络的数学研究。他也没有采用论文集另一位编者约翰·麦卡锡提出的以"人工模拟智能"为书名的倡议，而是将书名定为《自动机研究》(*Automata Studies*)。这个书名很有意思，在香农看来，神经网络只是自动机，它当然是没有主体的。所以，这部论文集的出版可以视为科技领域中的智能和主体的分离。

金　我插一句，你们看，我今天特意带来了这本《自动机研究》。这本论文集的英文版于1956年出版，我是在1965年和1966年间读到中文版，之后一直带在身边。讲句难听点的话，今天各种人工智能神经网络模型的数学基础，在这本书里差不多全都有了。现在我们看到的，基本都是它的工程实现而已。香农最后把这本书取名叫"自动机研究"，这个定位是正确的。

林　我赞同余晨的观点。当时已经在数学上证明：任何一个神经网络，不论它多么复杂，都等同于有限自动机，而图灵机就是有限自动机。人们很快发现：电脑就是图灵机。这样一来，所谓人造神经网络就可以通过电脑的配置和软件设计来实现了！在20世纪40年代，神经生理学家沃伦·麦卡洛克和数学家沃尔特·皮茨提出神经网络模型，只是对大脑神经元如何组成神经网络提出的一个数学模型。其基本思想是通过给神经元设定阈值，将不同神经元衔接起来，使神经网络具有各式各样的功能，神经网络的记忆和学习能力基于阈值的改变而改变。至于这些人造神经网络怎么通过技术实现，当时并不知道。一旦可以用电脑来模拟神经网络，《自动机研究》这部文集里所有的数学研究就都可以转化为智能机器的设计了。

从此，电脑工程师登上历史舞台，成为智能发展的主角。这时，人工智能革命不可抗拒地来临只是时间问题了。

金　一方面，电脑的人造神经网络可以在科技领域中模拟大脑表现出的智能；另一方面，人造神经网络又是独立于大脑的存在。这确实是实现了科技领域中的智能和主体之分离。但是，在强调这一分离时，我要做两点补充。首先，由于忽略了从控制论到神经网络的历史，原先智能研究中某些已搞清楚的基本原理连同其概念似乎被忘记了。例如，机器学习就是负反馈调节中目标差变小，这是控制论早就研究清楚的基本原理。今天的电脑工程师为人造神经网络的自行学习，创造了"反向传播""预训练""强化训练"等新概念，在我看来，这些只不过是把控制论的负反馈调节原理用今天的计算机工程语言再讲一遍而已。

刘　学习乃反馈，这是控制论学者都知道的，为什么会在人造神经网络研究和应用发展中被遗忘呢？

金　这个问题很好。在控制论中，学习机制一定是基于反馈调节的原理。而负反馈是一个目标差不断减小的过程，这里的目标必须是由系统外部规定的。今天，由于反馈观念的简化，很多人认为图灵机内部也有反馈，这实际上是误解。图灵机和一般递归函数等价，先给出一个输入，经由图灵机的结构产生一个输出，输入和输出再反过来改变图灵机的结构。表面上看，这是一个反馈，其实它不包括向外部目标学习，只是内部程序的调整。因此，机器学习只有内部"反馈"是不够的，还需要设定一个外部的目标，通过目标差来调节内部系统的机制。后来的电脑工程师都了解，人造神经网络仅凭内部各式各样的反馈调节，并不能实现自我改进的学习，要使人造神经网络具备学习能力，还必须增加新的结构，这就是"损失函数""反向传播""预训练""强化训练"所讲的内容。也就是说，由于控制论早已论述得十分透彻的作为反馈的学习机制被忽略，电脑工程师创造了一系列新概念来说明机器学习。又例如，在控制论智能研究中，智力放大离不开价值判断，价值和科技领域中的智能的关系是控制论、系统论研究的对象。由于割断了历史，今日人工智能研究中，在规定智能和价值的关系时，与重新论述反馈作为机器学习原理一样，电脑工程师将它变成人造神经网络的"对齐"（alignment）与"超级对齐"等问题。电脑工程师使用的这些新名词，使很多人不知道在讲什么，还以为是碰到了全新的问题。

我要补充的第二点是，前面已讲过，早期控制论学者如艾什比研究智能放大，把主体从科技领域中排除出去了，才有了人工智能的快速发展。既然人工智能是以实现了科技领域智能和主体的分离为起点的，那么，为什么今天会有这么多人认为人工智能早晚有一天会有意识呢？我认为，这是一个十分典型的因历史断裂形成的错觉。由于人造神经网络和大脑神经网络同构，人们忘记了它是在科技领域中实现与主体分离的技术，于是又开始在人造神经网络中寻找主体，出现各式各样人工智能会不会有意识的讨论。只要恢复历史记忆，立即能看到这个问题是没有意义的。神经网络的数学研究已经证明它是没有意识的，根据这一数学原理制造出的自动机怎么可能有意识呢？

从"涌现"到图灵测试：奇点会来临吗？

林　金老师，人工智能产生意识这一想象的盛行并不如您讲的那么简单。我认为它主要不是由于隔断历史造成的。一些人工智能研究者认为人造神经网络可能有意识，是基于神经网络的整体行为及其快速的迭代、进化。如元胞自动机，它和图灵机等价，给它一些极为简单的行为模式规定，其组织迭代会导致意想不到的复杂性质。社会生物的智能也具备这种复杂性。如蚁群能够自动发现到达食物的最短路径。每只蚂蚁都非常小，不可能规划比它们身长大数百上千倍的路径，这种智能并不是个体蚂蚁的聪明才智，是由蚂蚁聚集成一个蚁群社会表现出来的智能。

金　其实，你提出的问题在神经网络数学模型提出时已经解决了。神经网络是由一个个神经元组成的。每一个神经元的行为模式都十分简单，即接收到若干电脉冲输入时由阈值规定它是否给出下一个电脉冲的输出。神经网络数学模型已证明，神经元如此简单的行为模式在神经元组成的网络中会转化为各式各样的复杂的智能。但是，神经网络数学模型并没有证明复杂的神经网络会具有意识。人造神经网络的智能属于科学真实，它与社会人文真实、个人真实分属不同的领域，主体性和意识属于个人真实和社会人文真实的领域。

林　还有一种流行观点，是基于规模效应想象意识在人造神经网络中"涌现"。今天，人造神经网络越来越复杂，包含数十亿乃至数千亿参数，组成网络的神经元数目正在逼近人脑神经元的数目。如果说人的意识是由大脑神经组织产生的，为什么规模接近大脑神经网络的机器不会涌现出与人一样的意识和主体性呢？2017年AlphaGo在围棋比赛中战胜了世界排名第一的棋手柯洁之后，人工智能面临的最大挑战是自然语言处理的问题。过去人们一直相信只有人类会使用语言。ChatGPT的问世表明处理自然语言问题也得到了解决。当机器会讲话时，人工智能与人的区别在哪里？请问金老师，应该如何评价随着人造神经网络规模和复杂性接近人脑，意识会自行"涌现"的说法。

金　我不同意这种观点。根据真实性哲学，这是不可能的。20世纪80年代我写《系统的哲学》时，就不太喜欢复杂性科学有关"涌现"的说法，因为其忽略了涌现的具体机制。我一直在思考为什么系统迭代复杂化过程中会出现原来没有的新性质。我在《真实与虚拟》中分析指出，科学真实的扩张依赖普遍可重复受控实验的组织和迭代，即在科学真实领域中对象出现任何原先未知的新性质，都是普遍可重复受控实验的组织和迭代所致。我在为《我的哲学探索》新版写的导论中，将该观点扩充，用真实性扩张机制来阐释未知属性随着系统复杂化"涌现"的原因。

《整体的哲学》一书中曾把组织视为系统的自我维系，所谓组织系统的复杂化即自我维系系统的生长。以最简单的组织形成为例，当某个随机变量 y_1 转化为一个自我维系的系统时，自我维系机制（记为自耦合关系 F_1）使 y_1 成为稳态。组织之形成可表达为 y_1 成为确定的。当确定的 y_1 可以规定另一种确定性即自我维系机制（记为自耦合关系 F_2）时，由 F_2 形成的自耦合系统使另一个随机变量 y_2 也成为稳态。如果 y_2 又可以规定第三种自我维系机制（记为自耦合关系 F_3），进一步使第三个随机变量 y_3 成为稳态。这样一来，一个从 y_1 开始的稳态链 y_1、y_2、y_3……一步一步地形成，这就是组织生长的机制。一个又一个的稳态形成意味着什么？我在《人的哲学》中已讲过，所谓事物的性质是一个具有多层次反馈结构的神经网络和外部世界耦合系统中的稳态，新稳态的形成可视为原来没有的新性质的"涌现"。

根据"真实性哲学"，我发现上述新性质随着组织系统复杂化"涌现"的机制分成两种类型。一种类型的稳态有主体，这是社会人文真实和个人真实领域中新性质的"涌现"；另一种类型是没有主体的，它是科学真实领域中的"涌现"。这两种类型不能混淆。意识和主体不会在一个主体悬置的属于科学真实领域的组织系统复杂化中"涌现"出来。这也就证明了人工智能不可能拥有人的意识和主体性。

刘　我很奇怪，人们对日常生活中广泛使用的人脸和指纹识别系统早已熟视无睹，不会去想这类系统中的人工智能有多复杂，更不会认为人工智能有意识。认为其有意识是不是和 2022 年底 ChatGPT 的问世有关？因为此时的计算机可以像人那样说话聊天了。

林　我认为，这和人工智能通过图灵测试有关。原来人们认为计算机无法通过图灵测试，而今天，无论是ChatGPT还是后续的各种大模型，似乎都能轻松通过图灵测试了，反过来人有时还不如机器，不能通过图灵测试。当然，有人会说，人除了讲自然语言外，还有感觉、情感以及能进行推理，这是人有意识的标志，而人工智能还没有这些能力。问题是，你不是计算机，你怎么知道它没有感觉、情感和推理能力呢？你只能通过和它对话或通过它的外在行为来做出判断。一些人主张，只要能通过图灵测试，它就是有意识的。用阿尔贝勃的话来讲，"图灵测试"就是要"从机器中赶走鬼魂"。这一点对辛顿等机器学习领域的开创者影响很大，解放了他们的思路。早期神经网络模型都是瞄准图灵机来做的，难道通过行为测试来判断机器是否具有与人等价的智能，这样的方法是错的吗？金老师，您如何看这个问题？

金　关于人工智能是否已经通过图灵测试，目前是有争议的。我认为争议的背后是如何定义图灵测试。我在《真实与虚拟》中讲过，图灵测试最早的名称是"模仿游戏"，双方在不知道交流方是人还是机器的条件下互相交流，来判定对方是人还是机器。判别标准不是内心的感觉或者自省，而是两个交流者之间在行为上的输入和输出是否能够如人与人之间的交流一样。我当然同意"图灵测试"就是要"从机器中赶走鬼魂"，但为什么今天会出现机器可通过图灵测试，而人反而通不过的怪现象呢？我认为，关键是图灵测试中不存在准确的真实性标准。

根据真实性哲学，必须把真实性标准加进图灵测试，测试才有意义。真实性作为输入和输出的普遍可重复性有三种不同的标准，对应着三个不同的真实性领域。因此，要做出真实性判断，首先要明确测试对象属于哪一个真实性领域。今天进行的图灵测试，大多属于科学真实领域。在该领域，机器智能和人一样，当然能通过图灵测试，有时人的表现不如机器也很正常。但在社会人文真实和个人真实领域，情况就完全不同了。如在个人真实领域，当两个人对真实性判断没有交集时，就无法做图灵测试。

今日看来，判断对方是否有主体，这是属于社会人文领域的图灵测试。我认为该测试必须包含两部分：一部分是社会智能测试，另一部分是主体性测试。我们怎么判断测试对象有主体性呢？主体性讲的是人有自由意志，可以不去做一件一定可以做到的事情。如果一个人被当作测试对象，在图灵测试中，他可以在任意一个时间节点说："我不干了！"凭个人意愿退出测试，这是主体性的特征，人工智能就做不到。有人会说，可以通过程序设计让ChatGPT也做出同样表现。既然是由程序规定在什么条件下退出测试，它需要一个特定的触发条件。而人退出测试是出于主体性，并不需要这个前提。因此，人工智能的输入和输出不同于人，在社会人文真实和个人真实领域，人工智能不能通过主体性测试。

刘　讲到这里，我可以补充一些在思想史研究中的方法，思想史研究就属于社会人文真实的领域。和自然科学研究不同，思想史研究者很重视对研究对象要有同情的了解。也就是说，能否复原历史上真实存在过的观念和社会行动，关键是研究者必须设想自己处于研究对象所处的历史情境中，让历史在你心里重演。没有做过观念史研究的人往往会套用现在的观念去理解历史人物的思想，这就肯定会出问题。

金　这就是拟受控实验和受控实验的不同。人进行科学研究做受控实验时，在控制条件中主体是可以悬置的。但对于人文历史研究，必须把自己设想为研究对象。这样来解读史料，相当于在控制变量中包含主体，我们称其为拟受控实验。在做思想史研究时，如何把自己的主体代入研究对象又不发生错误？这就需要大量阅读研究对象同时代的文献，了解当时的普遍观念，来对照纠正自己理解的偏差，也可以说是通过使目标差不断变小的负反馈调节实现的。不同于科学真实，人文社会真实领域中拟受控实验的反馈，从设定研究目标，到控制过程、减少理解上的偏差，都离不开研究者主体。至于怎样做到这一点，需要看人文研究的功力。

林　金老师把真实性标准引进图灵测试很有意义！我同意金老师的观点，人工智能的发展不会"涌现"意识。但是，如果真的如此，我觉得今天必须面对另一个严肃的发问：意识存在于何处？我们不能否定意识存在于大脑之中，而大脑就是一个复杂的神经网络，如果意识不是神经网络的产物，它又是以何种方式存在于大脑之中的呢？

金　这个问题提得好。我现在的想法是，意识和大脑神经系统有关，但并不存在于今日所知的神经网络模型中。

为什么这样讲？在我看来，只要把大脑神经网络的研究和真实性追问相结合，就会意识到意识本身的神秘性。我先问一个问题：你是怎么知道大脑中神经元网络实现相应功能的机制的呢？显而易见，多年来这是基于生理学的普遍可重复的受控实验（观察），来证明其真实性。但是，要知道在生理学普遍可重复的受控实验（观察）中，主体是被悬置的。也就是说做生理学实验的研究者（主体）并不在他所研究的神经网络模型中。这个答案有点出人意料，它涉及人如何从经验世界中走出来，去设置非经验的符号。今天，我们知晓的神经网络输入和输出都是经验的，那符号又是什么？它如何产生的？它和神经系统是什么关系？这些问题今天尚未有答案，这些都是真实性哲学所要研究的问题。

余　还有一个问题。人造神经网络是人根据科学原理制造出来的，而人的大脑是演化而来的，两者根本的不同是什么？如果我们同意进化论，人是从低级生物进化而来的，人的意识又是如何在演化长链中出现的呢？

金　这也是我一直在思考的问题。现在提出一点看法和大家分享。现在的人造神经网络具有越来越强大的智能，但还没有欲望和维生意志。欲望和维生意志对于任何生命都是不可缺少的。这表明人根据科学原理制造出来的东西与自然演化而来的智能之间尚有所不同。人和生物的智能是生命演化的结果。生命有两个基本特征：一是自我复制，二是自我维系。如果人工智能要有欲望和意志，首先它必须是一个能够自我复制的系统，其次这个自我复制的机器能够自我维系。只有在这两个条件下演化出来的智能才有欲望和意志力。因此，不能把人造智能和演化形成的智能等同起来。

在《我的哲学探索》第四篇中，我探讨了意识是什么及其起源的问题。首先，我将意识归为个体真实和社会真实，其起源不是科学研究的对象。我又指出，人是由动物演化来的，这属于科学真实，因为达尔文进化论是被普遍可重复的受控实验和受控观察所证明的。意识起源于个体真实和进化论不矛盾，但意识又不可能从进化论推出。我发现在真实性（包括意识）起源的追溯中，存在着一个区间，其命题可能为真，但不能被经验证明。换言之，意识是演化的产物，但意识又不能从演化论中推出。

今天，人们把人工智能涌现意识称为奇点到来。我认为，在科学真实的扩张中，不可能有这样的奇点。或者说，如果说有奇点，这样的奇点也已经出现过，这就是符号在个体真实中形成，也就是符号物种在高级社会生物中的起源。

通用人工智能和人工智能的三种形态

林　如果人工智能不可能有意识，那我们是不是可以断言当前人工智能技术追求的"通用人工智能"（AGI）的目标是不可能实现的呢？

余　是否存在"通用人工智能"取决于对它的定义。在达特茅斯会议之后，人们讨论人工智能，一开始更多是将其分为强人工智能与弱人工智能两类。强人工智能可以像人一样思考，具备意识，而弱人工智能注重解决和智能有关的问题。如按前面讨论的人工智能不可能有意识，也就证明不可能实现强人工智能，现在所有的人工智能都是弱人工智能。而在弱人工智能范围内，当然有它是否"通用"的问题。当机器可以像人一样解决通用的问题，而不限于特定的任务时，它就是通用人工智能。从这个角度讲，我认为通用人工智能原则上是存在的。

林　今天通用人工智能的定义混乱不堪。一些人将其等同于强人工智能，另一些研究者则注重解决问题的"通用性"。但什么是"通用性"？我认为很难界定。如研究物理智能、空间智能，目标就是让机器人能够自如地在现实世界中运动，并保证其对物理世界的感知没有任何障碍，这是不是通用人工智能？在数学家看来，它肯定不通用，因为不能解决数学问题。由于对"通用"缺乏清晰定义，2023年微软和OpenAI签署对赌协议时不得已做了一个财务上的定义：只有当OpenAI的人工智能系统能够创造至少1000亿美元利润时，才算实现了通用人工智能。这显然与通用人工智能严格的技术和哲学定义相去甚远。金老师，您认为应如何定义通用人工智能？又如何评价当前的通用人工智能研究呢？

金　通用人工智能定义混乱的根源在于我们不能在哲学层面，特别是从认识论高度把握人工智能。在这方面，真实性哲学确实可以起点作用。
　　我把智能定义为人获得知识并运用知识解决问题的能力。

因为知识即信息，解决问题即实行某种有效的控制。这样，智能就是人获得可靠信息并将其转化为有效控制的能力。由前所述，人工智能是可以和人的主体性分离的智能，我可以得到如下结论：人工智能只存在于科学真实的领域，研究"通用人工智能"即对科学领域中的智能进行分类，并检讨是否存在兼具科学领域中所有智能类型的人工智能。我认为：它是有明确标准的。通用人工智能不仅是物理智能、空间智能，也不仅是数学定理的机器证明，而是能用符号系统把握经验知识的人工智能。

林　您在《真实与虚拟》中，把科学真实领域的知识分为三类：纯经验知识、纯符号知识和用符号把握经验的知识。所谓纯符号知识就是数学知识，而用符号把握经验的知识就是科学理论知识。获得这三类知识对应着三种智能，它们都可以和主体分离，意味着与此对应存在三种不同类型的人工智能。第一类是获得经验知识的人工智能，第二类是获得纯符号知识的人工智能，而科学理论是用符号表达经验的第三类知识。由于第三类知识中既包含了第一类知识，又包含了第二类知识，将它和人工智能对应，应该就是"通用人工智能"了吧。

金老师，我们在读有关论述时，纯经验知识对应的人工智能很好理解。因为人的任何经验活动都是神经网络的输入和输出，现在用一个人造神经网络和外部世界耦合，这种人造神经网络就是今天我们熟悉的学习经验知识的人工智能。其他两种就不那么好懂了。什么是纯符号知识？和它对应的数学人工智能是什么？如果说第二类人工智能已经不好理解，第三类人工智能就更难以想象了。金老师，您能根据《真实与虚拟》一书的基本观点展开一下有关论述吗？

金　这个问题的难点在于不理解符号以及纯符号世界的真实性。在常识支配的实在论看来，符号系统只有当其符合客观实在才有真实性，而客观实在是经验的，因此在客观实在论看来纯符号的知识没有真实性问题。然而，当客观实在不存在的时候，又该如何看待符号的真实性呢？我这样问绝对不是开玩笑。因为量子力学已经证明客观实在是虚幻的。《真实与虚拟》一书详细介绍了惠勒延迟选择实验，它证明了客观实在不是真的。这时，把人掌握纯数学知识的智能想象成人造神经网络的人工智能就无效了。

林　读《真实与虚拟》一书给我印象最深刻的，是通过主体获得对象信息的普遍可重复来证明对象的真实性，并把数学视为普遍可重复受控实验的符号结构，其真实性也由普遍可重复来证明。真实性哲学把真实性视为对象——包括非经验的符号对象——与主体之间的关系，这就可以把我们从狭隘的实在论中解放出来了。

但是，我有一个问题。这就是当人们进入虚拟世界时，对象是外部世界的数字模拟，人面对的是数字，这是不是表明此时主体要处理的就是数学真实呢？如果是的，而虚拟技术的发展也是通过人造神经网络做到的，数学知识的智能似乎和经验知识的智能就没有本质差别了。

金 这是一个巨大的错觉，虚拟世界虽然是数字生成的，但人在虚拟世界中，感知和控制都是神经系统的电脉冲，仍然是经验真实的扩充。符号的独特性正在于，它是非经验的对象。我们说人是符号物种时，实际上是指主体可以从经验世界中跳出来，去设置非经验的对象——这就是符号世界。设置符号系统后，主体可以去探索符号世界的真实性。

余 既然符号是主体的设置，设置的任意可重复就是符号的真实性，而智能是主体得到对象的信息并根据学习得到的信息实行控制，根据前面的论述，学习是可能性空间的缩小，而符号是由主体任意设置的，那么，对非经验的符号系统来说，获得信息和控制还有什么意义呢？金老师，如果上述理解不错，为什么存在着纯符号知识？我们应怎样理解主体去获得符号世界的信息？处理数学知识的智能又是什么呢？

金　这是一个好问题。正是通过余晨提出的这个表面上的悖论，我们才能认识到数学知识和经验知识的巨大差别，相应的人工智能也是完全不同的。

数学作为一个符号系统，获得信息当然是指符号组合可能性空间的缩小。而数学作为普遍可重复受控实验的符号结构，其知识蕴含在符号结构里。符号结构是事先由公理规定的，也就是说，数学系统蕴含的信息是在主体设置符号系统时就已经规定好了的。那么，去获得符号系统的信息又是什么意思呢？这就是从公理推出定理。对于一个纯符号系统，一个定理是符号组合可能性空间的缩小，获得其信息即知晓其为真，方法是从公理推出定理。由此可以看到研究符号真实性与经验真实的差别，前者是把公理设定时已蕴含在系统中的真实信息找出来。正因为如此，数学研究中的智能和获得经验知识的智能不同，它不是通过输入与输出之间的反馈（即各种训练和学习）来达到，而是表现为提出公理来规定新的符号系统，从公理证明一系列定理。数学智能即为提出公理、从公理推出定理和提出有效的猜想，把一个符号系统和另一个看上去无关的符号系统关联起来，等等。

林　人工智能存在的本质是智能和主体的分离。金老师，您前面讲了什么是数学知识和获得相应知识的智能的规定，但数学知识是纯符号知识，符号意味着主体从经验世界中跳出来，这样和符号有关的智能可以和主体分离吗？如果不可分离，如何证明在纯符号的知识处理上，也存在着人工智能呢？

金　回答这个问题就要回到《真实与虚拟》一书中对数学的定义了。数学不是泛泛的一般符号结构，而是普遍可重复受控实验结构的符号表达。在数学的受控实验结构中，主体不在控制变量中，即主体可悬置。也就是说，在建立一个数学系统——规定公理时，主体必须悬置。数学不是人文社会学科中的观念，这使得处理数学知识的智能和处理经验知识的智能一样可以和主体分离，它对应着人工智能的第二种类型。

林　我还有一个问题。前面已经说过，处理经验知识的人工智能是人造神经网络。如果我理解得不错，目前的人造神经网络只是第一种人工智能，而处理数学知识的人工智能应该和它不同。但是，既然处理数学知识的智能完全和处理经验知识的智能不同，为什么人造神经网络也可以用于数学研究呢？

金　你问到点子上了！关键在于神经网络工作原理的差别。

我们在前面已讨论过，神经网络作为数学模型刚提出来时已经证明它是有限自动机，和图灵机等价。众所周知，电脑也是图灵机，可以做逻辑判断。即在进行自然数运算时，二进制的1对应着"是"，0对应着"否"。当一个由公理推出定理的过程可以转化为一系列逻辑判断时，这一序列为有穷的，这个推理就能由电脑计算完成。你看，同样是神经网络，在处理经验知识时和处理数学知识时原理是不同的。用于处理经验知识的神经网络，需要极强的和外部目标相联的负反馈系统。对于数学智能，由负反馈规定的学习功能意义不如处理经验知识那么重要，这样，规模效应和基于大量数据的训练对提升人造神经网络的数学智能的意义应该也是不同的。这就是这两种人工智能的不同。

林　金老师，您能举一个例子吗？

金　让电脑做数学定理证明，是将用公理推出定理的逻辑过程转化为一系列"是/否/是/否……"即"1/0/1/0……"的判断。大多数时候，这种转化是很困难的。但只要能实现这种转化，特别是证明可以采用穷举法时，人工智能就有了用武之地。在《真实与虚拟》中，我谈过地图四色命题的证明，从平面图公理推出地图至少要用几种颜色有很多思路。有一种思路是这样的：如果有一张

（正规的）五色地图，就会存在一张国数最少的极小（正规的）五色地图；如果极小（正规的）五色地图中有一个国家的邻国数少于六个，就会存在一张国数比其还要小的（正规的）五色地图，这样就不会有国数极小的五色地图，也就不存在（正规的）五色地图了。上述四色定理的证明用的是穷举法。为此，数学家必须检查1482种地图构形，一个又一个地证明它们都是可约的，即没有一张需要五色。由于逻辑判断数目巨大，人做不到，该工作是在两台IBM 360计算器上各做了100亿个判断实现的，计算机运行达1200多个小时，两台计算机得到一样的结果。地图四色定理证明的关键是找到一种证明方法，只是人做不到，必须使用机器。这和处理经验知识的人工智能不同，在获得经验知识时，只要知道该知识为真，机器如何获得该知识的方法是人不知道的。数学作为纯符号知识隐藏在公理中，将其挖出来时必须先知道挖的方法为真，人不知道的只是挖的过程。这也使得负反馈学习机制的运用受到极大的限制。

事实不正是如此吗？今日人造神经网络在获取经验知识方面取得巨大成就，但在数学定理证明方面却乏善可陈。虽然它解决奥数难题的能力已经和人类相当，但至今没有一个新的数学定理是由人工智能发现的。未来人工智能当然会参与数学问题的证明，但最多也只是作为助手。

余 我补充一点，今天人工智能是用拟合来解决数学问题的。以正弦曲线的拟合为例，当给出的数据集大致符合正弦曲线的分布并有足够的数据量，通过训练最终就可以拟合出数据集那段区间的正弦曲线。问题在于，一旦我们尝试泛化对数据集之外的区间进行预测，从经验模型出发的拟合还能正确预测出正弦曲线的其他部分吗？另一个更典型的例子是分形曲线，当给定一个数据集，经过训练，可以很好地拟合已知尺度的分形。然而，只要将分形放大，问题就暴露出来了。真正的分形任何一个细部不管怎样放大都和整体自相似，而数据拟合是做不到这一点的。数学中，分形只是一个很简单的递归函数，研究它必须基于符号真实，数据拟合是无济于事的。由此可见，数学智能和经验智能是两回事。

林 我把前面的讨论总结一下。在某种意义上，维纳参与研发火炮控制系统时，处理的是纯经验知识，实际上就是创造了第一种人工智能。而第二种人工智能是处理纯符号知识的，出现得要晚一些。1976年美国数学家沃夫冈·黑肯和肯尼斯·阿佩尔合作设计了一个计算机程序，在计算机专家科克的参与下，证明了地图四色猜想，这就是第二种人工智能的出现。至于第三种人工智能，需要将符号推理的智能与经验学习的智能结合起来。21世纪人造神经网络得以建立，它既能处理经验知识，又能用于符号系统研究。今天，神经网络这两种能力在各自的发展中正在建立联系。这样可以想象，人工智能的进一步发展迟早会形成用符号表达经验知识的智能和主体的分离。是不是可以这样讲，通用人工智能正在来临呢？

余　我觉得现在讲通用人工智能正在来临，还有点早。在《真实与虚拟》一书中，金老师讲用符号表达经验知识时，强调了横跨经验世界和符号世界之间的拱桥结构。拱桥的拱圈是用实数表达测量值，并指出任何测量都可以还原为"时空测量"。回到人工智能领域，人工智能的科学家也正在关注时空问题，特别是在神经网络的模型中会不会产生真实的时空。也有科学家在做相关的实验，通过训练一个大语言模型，看其中会不会产生与时空有关的测量结构，甚至有的研究声称已经从大语言模型中识别出可靠的编码空间和时间坐标的"空间神经元"和"时间神经元"。我总觉得这仍然是在虚拟世界中进行时空测量，会遇到您在《真实与虚拟》中所说的虚拟世界中时空测量的各种问题。这就产生两个问题：一是我们如何理解时空测量？二是大语言模型中是否可能有真正的时空测量？

金　测量源自数"数"，也就是用一个尺（单位量）去"数"

另外一个物理量。当然，这里还涉及更多复杂的问题，如什么是自然数。我在《消失的真实》中有一个较为通俗的论述，在《真实与虚拟》中给出了更为严格的哲学论述，在此就不赘述了。现代科学（受控实验）意义上的空间测量，最早可以追溯到欧几里得几何学，到牛顿力学则引入了时间测量。

真正的时空测量有两条标准：第一，所有的时空测量互相之间必须是自洽的；第二，时空测量必须是可以无限扩张的。我们可以用虚拟世界作为例子来说明这一点。比如，我们通过装备进入虚拟世界，在其中一家餐馆吃牛排。我们可以对这家餐馆的时间和空间位置进行测量，还可以对这份牛排的时间和空间位置进行测量，得出完全可以互相自洽的结果，让我们确信此时此刻自己确实在一家餐馆里吃牛排。但不要忘记，我们在虚拟世界中体验到的时空不是无限可扩张的。例如，我们可以通过虚拟装备体验移民火星，但无法通过虚拟装备对火星的时空结构做出更多的科学探索。从这个意义上说，只有主体在当前所处的真实物理世界，通过现代受控实验的方法，才能实现真正的时空测量。

以自动驾驶为例，其中央控制是人工智能系统，但它必须有一个对周围物理环境实时感知及测量的装置，由AI系统根据实测数据来控制汽车。搜集的实测数据越多、越细致，自动驾驶技术就实现得越好，而且这个数据是其他同类汽车可以共享的。

林　关于用符号表达经验知识的人工智能，人们会想到20世纪的专家系统。目前有一种说法：当下的人工智能革命是经验主义对专家系统代表的逻辑主义之胜利。在我看来，这一说法只在泛泛层面上成立。过去的专家系统都是自上而下模拟人类思考的过程，现在的人工智能则是通过大量的数据来训练机器，使之更好地实现拟合，在这个意义上确实可以说是经验主义的胜利。

我们这里所说的经验，也不仅仅是AI与经验世界的接触与互动取得的大量数据，更重要的是这些数据的意义最后还是由人来赋予的，也就是说，数据和经验的映射关系是由人来选择的。在这个意义上，无论是监督学习还是强化学习，最终的学习标准——所谓Ground Truth（基准真实值）的确立，都还是由人来决定的。如现在计算机技术在某一领域的应用，事先需要很多内行人参与对其训练数据的标注。我认为，如果机器学习完全脱离人的参与，并不能单独完成学习某一行业的经验。特别是您在《真实与虚拟》中通过广义相对论的例子所讲的，在第三种由符号表达经验知识的人工智能中，还存在着如何解决科学理论和经验不一致的难题。也就是说，当理论预测和经验事实不符时，究竟是应该修改理论还是重新检查经验？如果没有人的参与，今天的人工智能在本质上是不具备在这两者之间做出准确判断的机制的。因此，即使有实现第三种人工智能，也就是通用人工智能的可能性，它的实现也有相当长的路要走。

挑战之一：什么是语言

刘　前面有关通用人工智能的讨论中，有一点我不明白。其中说到能用符号来表达经验知识的人工智能就是通用人工智能。根据现有符号学的理论，自然语言就是用符号来表达经验对象，而ChatGPT恰恰是处理自然语言的，那么，为什么说通用人工智能还没有实现呢？

金　2022年底，我对《真实与虚拟》最终修订的时候，ChatGPT刚出来，当时我也有类似的想法，猜测第三种人工智能就是类似ChatGPT那样的机器，并将这一猜想写入了《真实与虚拟》中。后来，我发现ChatGPT仍然只是处理经验知识的人工智能，它并不具备创造并使用符号的能力。今天看来，应该纠正《真实与虚拟》一书中的误判。两年来，通过对大语言模型的研究，我对什么是语言有了新的看法，这进一步证明了我对符号的认识。20世纪所有对符号的定义以及对符号系统的想象均来自语言，我现在认为，这是错的。因为，以往对符号的定义，并没有把数学作为某种和语言毫无关系的符号结构来看。

林　金老师，您这样讲不公平吧。逻辑经验主义就是从思考数学和符号的关系出发来研究哲学的。

金　表面上是这样。但是，不要忘记，逻辑经验主义从数学出发思考符号的前提是力图把数学等同于逻辑。这恰恰是错的！出发点的错误使他们没有发现什么是真正的符号。请想想，如果数学是逻辑，数学为真是因为逻辑推理自洽。逻辑语言的真实性，除了逻辑自洽外，还要和客观实在吻合。这样，怎么会发现数学作为一种非经验的纯符号结构的真实性呢？

我认为符号是主体设定的"非经验"的对象，而不是符号学所说的"能指"和"所指"的结合。从语言来理解符号，符号离开"指涉"就没有任何意义。其实，符号可以用来"指涉"，也可以不用来"指涉"。我认为，设定符号必须从经验世界中走出来，这就是人用思想来代替感知和行动。我在《我的哲学探索》导论中指出：主体存在着从经验活动中跳出来的自由，"成为近于上帝的观察者"。正是这一点，把人和动物以及一切其他生命区别开来，而不仅仅是作为会说话或会制造工具的动物。只有一个结构真实的符号系统存在，主体才可以停留在符号系统中，不进入经验世界。动物只有经验世界，它不可能跳出来站在经验世界之外。

一旦把符号定义为"非经验"的对象，就必须重新认识什么是语言了。语言是符号对特定经验对象的映射，也就是符号的经验表达。现在人工智能专家在讨论自然语言的时候，经常用"记号"（token）这个词。记号是一个经验的东西，但符号不是。符号不在电脑里，也不在神经元中，它只存在于人的心灵中。

刘　你的意思是说，用"记号"表达经验对象及其结构和用"符号"表达经验对象及其结构不是一回事。ChatGPT处理自然语言只是用记号的结构表达经验对象的结构，而记号是经验事物，它和人用符号表达经验对象不同。这是我闻所未闻的新观点。

金　20世纪时人们常说，没有语言人就不具备思想的能力，今天看来是错的。语言是把思想纳入社会化的结构，被语言表达出来的思想对应着特定的经验世界。而思想是主体在符号世界之中，它可以指涉对象，也可以不指涉对象，作为符号结构，两者都可以有真实性。数学思考属于前者；力图和他人沟通、但还没有转化为记号的"语言"则属于后者。而讲出来的语言是作为符号对人可控经验对象的映射，是主体间沟通的工具。人工智能处理"用语言表达的思想",实际上是面对某种记号结构,它是经验世界的知识。因此,应该说ChatGPT作为处理自然语言的人工智能,仍属于第一种和经验知识相关的人工智能。

林　金老师,您的这些新观点是真实性哲学"建构篇"中的内容吗?自然语言曾经是人们面对人工智能时,用来捍卫自身主体性的最后一道防线,而今天大语言模型给人们带来的最大冲击,就是人工智能已经具备了自然语言处理的能力。想请金老师进一步展开谈谈您对自然语言的看法。

金　在写真实性哲学"建构篇"时,我首先要面对20世纪的符号学和自然语言相关的理论。以前,我认为科学真实领域的符号系统是数学,而社会人文真实领域的符号系统是自然语言。为此,我花了很长时间去研究语言学,特别是乔姆斯基的普遍语法理论,因为乔姆斯基的语言学理论是研究的出发点。然而,在深入研究的过程中,我发现:根据现有的符号学以及语言学理论,无法建立自然语言和人文社会真实性的内在联系。为此,我十分苦恼。因为很难想象乔姆斯基的理论是错的。ChatGPT的面世,给我带来了思想的大解放,我终于找到了方向。

林　辛顿在2024年一次演讲中说乔姆斯基误导了好几代语言学家，称他的学说是一派胡言。

金　辛顿的批评用词过于激烈，但是有道理！他将我从梦里唤醒。现在看来，20世纪哲学思想曾被两大魔咒禁锢：一个是维特根斯坦魔咒，另一个是乔姆斯基魔咒。维特根斯坦魔咒是我自己克服的，分析维特根斯坦的错误是我写《真实与虚拟》的前提。而解除乔姆斯基魔咒的是辛顿。我衷心感谢辛顿解放了我的思想。解除魔咒后，我想哲学会有一个大发展。

我经常在想：为什么20世纪语言学魔咒那么难破除？因为乔姆斯基的语言学理论很有魅力，似乎找到了人类所有语言共同的结构，这就是普遍语法的递归结构。递归结构属于数学真实，这使人想到语法结构中也许蕴含着某种数学原理。乔姆斯基进而把这种结构视为先天的。为什么小孩能讲话呢？因为语法结构是人的天赋。在此基础上，包括平克在内的语言学家建立了一整套认知科学理论，基于这些理论还可以进一步研究人类社会和科学认知的起源。现在，AI可以处理并生成自然语言，已破除了这种想象。一旦ChatGPT证明语言既不是先天的，也不是专属于人类特殊的认知结构，它完全是通过试错的经验学习得到的，必然会带来一种史无前例的思想大解放。

只要把符号从语言学中解放出来,就可以重新认识20世纪哲学的语言学转向了。我认为,语言在哲学中的中心位置将被符号、思想和社会的关系取代。这使我想到可以把《轴心文明与现代社会》中的大历史观和真实性哲学整合起来。本来,四种超越视野是从历史中概括出来的,现在,还可以设想超越视野与自然语言的真实性,即可理解性有关。而可理解性的展开则是社会和文明组织方式的改变。我以前之所以不能发现这一点,是不知道自然语言的本质并不是用符号表达世界,而是用信息来组织社会。

当某种看来无可怀疑的理论被经验否定时,我会接受该理论已过时的事实。今天语言学家必须面对ChatGPT的挑战,承认原有理论的错误,修改语言学理论,继而探索新的研究方向。我有时候说自己是彻底的经验主义者——因为我愿意接受经验对理论的挑战。

林 您在《消失的真实》和《真实与虚拟》中,一再强调人在用自然语言表达思想时,自然语言中是有主体的,例如人讲话或写文章,这一点和科学真实中主体被悬置当然是不同的。这就产生了一个问题:当人和ChatGPT对话时,人的提问是有主体的,那么,ChatGPT的回答也有主体吗?

金　当然没有。否则，ChatGPT的智能就不属于科学真实，而属于人文社会真实了。

林　我也认为ChatGPT没有主体，但为什么ChatGPT可以理解人的问题呢？您曾再三强调"理解"对包含主体的人文世界研究的重要性。不包含主体的科学研究中真实性的判定标准是受控实验的"普遍可重复性"，与之相对应，人文社会领域中纯符号系统真实性的判定基础是"普遍可理解性"。然而，什么是"理解"呢？辛顿认为人工智能可能有意识，正是基于他发现ChatGPT可以理解自然语言。

辛顿在一次采访时提到，他曾对ChatGPT讲了一个非常晦涩、拐弯抹角的笑话，笑点是一般人理解不到的，但是ChatGPT很准确地抓到了笑点，这给了辛顿不小的刺激。他认为这表现出ChatGPT有很强的理解能力。物理学家罗杰·彭罗斯在讨论人工智能的时候，也特别喜欢涉及"理解能力"的话题。如果理解一定需要主体，那么辛顿认为人工智能和人一样可以理解自然语言是不是有道理呢？

金　我认为辛顿被ChatGPT误导了。看到一段话或一个故事引起发笑，当然需要主体，但抓到笑点并不需要主体，只要识别到记号（词汇）组合的某种相关性即可。笑话并不一定能翻译，辛顿的笑话可能对我不可笑。为了说明笑点和主体可以无关，我举一个中文的例子，这是我小时候父亲常说的一个笑话。有一个人到饭店，对店小二说："我要吃鸡蛋。"店小二说："我们这里不说鸡蛋，要说鸡子。"这个人说："那我再要一个皮子。"店小二说："这个我们叫皮蛋。"这个人一听就发火了："我叫'蛋'的时候，你说'子'；我叫'子'的时候，你又说'蛋'，'老蛋'打你这个'王八子'。"上面这个笑话为什么可笑？这里的笑点是"蛋"和"子"这两个字的可互换性，当它用到"老子打你这个王八蛋"这个句子时，互换产生了笑话。词的互换是笑点，和主体无关。至于经互换后的句子是否一定是笑话，这要看主体是谁了。"老蛋打你这个王八子"之所以使人感到好笑，是把中文里"老子打你这个王八蛋"变成一个霸气全无的奇怪句子。这个故事让哪些人感到好笑，取决于主体对"老子打你这个王八蛋"这个句子的感觉。当感觉不同时，词的置换不一定能产生笑话。因此，人工智能专家发现，ChatGPT抓住笑点易，编笑话难。因为根据规则编出来的笑话，它是否真的可笑，不同主体的反应是不一样的。ChatGPT编笑话只是根据词汇相关性产生句子的程序，其中没有读懂句子意义的主体。

林　金老师，您的意思是：ChatGPT没有主体，它在回答问题时，我们觉得它有主体，这是把我们自己的主体性代入导致的。笑话和笑点的分析证明了这一点。

金　是的。

余　我有一个问题：ChatGPT是如何做到这一点的？即它可以根据你的提示，找到一些词汇组成句子回答你的提问，这使得ChatGPT看起来是读懂了你的问题，好像真的有主体的样子。也就是说，主体是如何塞到没有主体的回答中去的呢？我想，这不仅是我的问题，也是大多数人的困惑。

金　2024年，林峰与我和青峰曾长时间讨论ChatGPT的工作原理，林峰讲了很多我们不了解的技术层面的具体流程和方法。通过讨论，我们发现：其基本原理最后都归结为概率统计，甚至是统计物理学原理。2024年的诺贝尔物理学奖授予了物理学家约翰·霍普菲尔德和人工智能专家杰弗里·辛顿。学术界大吃一惊，为什么大语言模型的工作原理居然要用到统计物理？我一直在思考这个问题。最近，我意识到答案也许就在《真实与虚拟》中"可能性的'真实'研究"这一章（见第一编第三章）。该章讨论了这样一个问题：既然数学是普遍可重复受控实验的符号结构，为什么符号结构有两种不同类型？一种是确定的，即我们通常讲的数学。另一种是针对不确定性的概率统计。第二个类型数学也是纯符号的真实性，它可以和经验世界没有关系。我在这一章中，论述了如何将可能性研究纳入真实性结构。我发现：当普遍可重复的受控实验是一个确定过程时，其真实性符号表达是通常的数学。当普遍可重复的受控实验不是一个确定过程时，其真实性符号表达是概率论和统计数学。也就是说，当无法用符号表达一个真实的一意确定过程时，只能用另一种符号系统，这就是概率和统计数学。

这正是把主体从使用语言的过程中去除时，大语言模型所面临的情况。不要忘记，任何一个人在讲话时，因为主体存在，他要表达的语义一意规定了句子，即一个词一意规定了下一个词。也就是说，主体的存在使得句子生成是一个确定过程。如果让没有主体的机器来使用语言，讲话只能是概率过程，即讲出一个词后，下一个词是什么是不确定的。本来语义规定了下一个词，现在只能用下一个词出现的概率代表语义。而这一概率只能通过以前说过话的文本学习得到。我认为：这正是任何没有主体的语言模型必须基于概率和统计的原因。林峰，你能简要说明一下ChatGPT工作原理吗？

林　简单地说，ChatGPT是归为连接主义的人工智能。现在ChatGPT常常被称为"自然语言处理"（NLP）的模型，但其最核心的部分还是通过机器学习（深度学习）的方式来处理自然语言，也就是您说的经验试错的方式。前面我们谈到了经验试错的学习方式所需要的负反馈结构，这一结构的各个组成部分在ChatGPT的模型中都有具体的实例。例如其中的"损失函数"（loss function），其本质就是负反馈结构中的某种目标差测量装置；而负反馈结构中通过反馈改变系统结构的机制就是通过著名的"反向传播"和"梯度下降法"等技术实现的。

这种负反馈式的机器学习结构常见的应用是构造"分类器"，例如在图片中区分猫和狗的图片。当这种结构运用到自然语言处理上时，就形成了所谓"预测下一个token"的结构，得到了所谓"生成式"（Generative，即ChatGPT中的"G"）的人工智能。其原理也是对输入做某种分类，给出所有类别（总体的样本空间由"词汇表"决定）的概率分布，以此决定每次所要生成的下一个token。这也就是金老师刚提到的基于概率给出下一个token的结构。这种"预测下一个token"的结构再结合"自回归"之类的技术，就可以生成完整的字符串。

ChatGPT中的"T"是指Transformer架构，这是谷歌团队在2017年提出的架构，至今也是自然语言处理中最有影响力的架构之一。这个架构有效解决了对长度可变的上下文符号串的并行处理问题，通过"词嵌入"（embedding）与"注意力机制"（attention），有效地将任意长度的符号串中的长程相关性的特征信息"表示"为内部向量空间中的某个特征向量，以此获得对于语义相关性的"测量"，从而为上述的分类器模型准确输出下一个token创造了条件。

训练相关的技术在ChatGPT的整体发展中也发挥了重要作用。ChatGPT的训练分为多个阶段，包括预训练（Pretraining，即ChatGPT中的"P"）、微调和强化训练。其中涉及了"监督学习"和"强化学习"等不同的训练范式，其差别主要是负反馈结构中的目标（调定点）的设定方式有所不同。

ChatGPT的成功还归功于"规模法则"观念的成功实践。基于上述的并行计算架构和GPU（图形处理器）等硬件基础，ChatGPT无论是权重的规模还是训练集数据的规模都是空前的。其预训练的训练语料几乎囊括了互联网上所能抓取到的绝大部分高质量文本数据。

刘 其实，我前面说到了思想史研究，研究者知道自己不是史料中记录的讲话者或行动者主体，那如何知晓史料记录了什么呢？方法是从今天的观念世界中走出来，阅读那个主体所生活时代的大量文献，把自己的主体转化成记录历史的那个主体，就不会错误理解史料了。可不可以这样说：人工智能没有主体，其"理解"自然语言的前提，实际上是用词与词的相关性来代表语义，为此必须用大量语料来训练。当它用训练得到的概率产生句子时，很像那个时代的人在讲话，使我们感觉人工智能是有主体的。由于人工智能可容纳并处理的不同时代、不同语种的文献规模远远大于个体研究者，如果训练时能标明文本的时代并挖掘当时关键词之间的关系，我觉得，这对今后的数字人文研究将会有极大的帮助。

金　是的，在你和人工智能对话时，实际上存在着一次又一次的主体塞入。塞入有两种方式：一是将自己的主体代入，二是用知悉的主体代入。第二种代入的主体，其实是人工智能训练文本中隐藏着的写那些文本的人的主体。正因为如此，大语言模型回答你的问题时，会使你觉得它有主体性。

林　ChatGPT确实是将符号当作一个纯经验对象来处理，金老师刚才也说到，在人工智能领域，符号一般是被表述成"记号"。现在看来，ChatGPT的工作原理的本质就在于用经验学习的方式来处理"记号"。
　　虽然ChatGPT不具备主体性，无法任意设置符号，但它所采用的各种技术手段产生的效果是威力巨大的。特别是在Transformer架构中的词嵌入和注意力机制，构造了某种对于"记号"的相关性质——特别是语义相关性的"测量"结构，这有点接近于我们前面谈到的第三种人工智能的真实性扩张所需要的测量结构。注意力机制就利用了这种测量机制，或者说量化机制，实现了对于原本难以捉摸的自然语言符号串语义特征的强大表征能力。我觉得类似注意力机制这种在模型内部构造的测量结构，对模型最终的强大表现有重要意义。

金　林峰刚才说的"注意力机制"应该是一个工程师词汇，我还不清楚其中的具体含义，希望日后工程师中能出现一些哲学家，将其中的哲学原理说清楚。对工程师发明的大语言模型做出认识论的研究，是今天哲学家的任务。我可以讲一下在我对意识的研究中所涉及的注意力的问题。在人的意识活动中，最重要的就是"注意力"，即把精神集中于被选中之对象。例如"看"和"看见"，前者是泛泛的视觉，视觉注意力瞄准对象才构成"看见"。注意力机制包含两个层面。一是因果性。人在睡梦中也存在注意力，一旦被人拍醒，注意力从内在梦境转移到外部世界，这是外因导致的。机器是可以模拟这种因果性的注意力机制的。二是意向性。意向性中存在着自主的选择能力，即注意力的转移是自主选择的结果，与外部刺激无关。从这个意义上看，ChatGPT的注意力机制都是计算机工程师设计的，所以是非自主性的。

挑战之二：现代社会往何处去

林　讲到这里，我想回到金老师在讨论刚开始时所指出的，当前的人工智能革命应视为现代科技本身的"脱嵌"。今天，人工智能研究者千方百计地想办法消除大语言模型中的幻觉（hallucinations），然而，基于人工智能的工作原理是将"使用语言"这个本由主体规定的确定过程变为没有主体的概率过程，那幻觉就是不能彻底消除的。科学真实中主体可悬置，这是在科学真实领域中智能可以和主体分离的原因，而与主体分离后的人工智能会产生幻觉，也就意味着真实性有丧失的可能，这不正是智能"脱嵌"带来的问题吗？

余　《轴心文明与现代社会》中对"脱嵌"有一个定义，就是现代市场经济和科技发展从束缚它的有机体中解放出来时，不能完全被纳入一个新的容量不断增大的社会整合框架中去。这个新的整合框架就是现代社会结构。今天，人们普遍把现代社会当作契约社会，然而它是建立在理性和终极关怀二元分离之上的。现代社会的有效运作，不能离开终极关怀，因道德和人生的终极价值由终极关怀规定。今天，"脱嵌"之所以在各个方面出现，是因为建立在理性之上的现代契约社会，正面临道德和人生终极价值丧失的危机。然而，人工智能导致的"脱嵌"

也能归为终极关怀和理性的分离吗？

刘　从我的感受来看，确实是有这样的问题。我用一些搜索网站查询信息时，首先跳出来的是AI给出的答案。面对AI给出的答案，我往往感到无趣和沮丧。因为我是一个从小就有求知欲望、爱学习、活到老学到老的人，我想要的不是一个众所周知的平庸答案，而是能够在求知过程中感到愉悦。刚才余晨讲现代社会危机的根源是终极关怀退出公共领域，可能主要是指宗教和传统生死观。AI如此强大，似乎无所不知、无比正确，我想，那些有宗教信仰的人会质疑它是否要扮演造物主。而对我这样的人来说，一旦失去求知过程的乐趣，活着的意义在哪里？

自小我就对星空充满好奇心。1961年加加林上天，我就觉得人太伟大了，居然可以离开地面进入太空，这激励我考上了北京大学物理系。星空的神秘感对我而言始终存在。在我进入老年后，2021年詹姆斯·韦伯空间望远镜上天的时候，我还非常有兴趣地去了解它整个过程中的挫折和成功，去了解怎么计算这个拉格朗日点。这一切今后还有意义吗？这让我想起《星际穿越》里反复出现的一首诗：

　　　　不要温和地走进那个良夜，

　　　　老年应当在日暮时燃烧咆哮；
　　　　　怒斥，怒斥光明的消逝。

　　这些诗句中有一种坚守和热爱。当人工智能的浪潮把人类吞没时，人会不会失去对未知的神秘感和好奇心？实际上，追求知识和以知识追求为生命意义并不是一回事。人需要的是对生活意义的不懈追求，不是一个答案。有追求，这才是人啊！

金　青峰的说法有道理，背后涉及求知能不能成为终极关怀的问题，但现代人除了把认知作为生命意义外，似乎没有其他的选择了。20多年前，我和青峰在中山大学做观念史研究的报告，一位做自然辩证法研究的朋友评论说，当年你们提出大历史观，今天却在咬文嚼字。当时，我想到了清代学者戴震。任何知识哪怕再微小，它也代表了真实性追求。人工智能的出现，动摇了这种意义。本来测定蛋白质三维结构需要科学家用冷冻电镜来观察和试验，现在人工智能一下子就做到了。如果知识就是一个正确答案，用人工智就能得到，求知过程意义何在？从历史上看，求知能否作为终极关怀，这本来就有争议。古希腊文明之所以出现超越视野转向，就是因为求知不能解决生死问题。现代性需要终极关怀与理性的二元分离，依据的正是认知理性必须和其他终极关怀分裂共存，而不是仅仅用认知这一种超越视野作为生命意义。在此意义上，求知意义的丧失使得现代性面临的挑战更为严峻了。它不仅要求各种超越视野的纯化和多元共存，还要求在人工智能时代重塑求知本身的意义。

林　我认为，有了人工智能后，认知作为终极关怀不会改变，改变的只是求知方法。21世纪的大学生已经高度依赖人工智能了，2025年初ChatGPT有次宕机了，导致很多学生连论文都写不下去了，有些喜欢夸大其词的自媒体惊呼："学术因此倒退了100年。"写学术论文是求知和获得新发现，现在可借助于人工智能，这说明人工智能正在重新定义求知过程。

其实，被重新塑造的还包括人与人之间的情感交流。2013年有一部科幻电影叫《她》（*Her*）。Her是个和ChatGPT类似的AI，在电影中是一个完美的恋爱对象。男主人公原本有情感障碍，与很多人都合不来，Her出现后，与他谈了一场完美的恋爱。电影的结局有个反转，Her在某一天突然觉醒了，认为男主人公与自己不匹配。

余　美国物理学家迈克斯·泰格马克出版过一本名为《生命3.0》的书，他设想了十几种未来人工智能时代中可能出现的情况，例如机器把人干掉了，或人把机器降伏，其中一种很特别的情况叫"善意的独裁者"。人不再作为知识的追求者，因为所有的科学定律都已经被机器发现过了。然而，泰格马克认为人还可以找到活下去的意义，这就是和幼儿园的小孩一样，被老师带着玩游戏，让人工智能带领着人类再发现一遍科学定理，这不仅有乐趣，还没有任何风险。

金　我认为余晨提出的例子并不意味着人工智能创造了求知的新形态。让人工智能带着人类再发现一遍科学定理，实际上是历史上曾经发生过的在某种价值和意识形态指导下做研究的重演。中世纪就是在神学笼罩下做各种学问，20世纪还出现过在不同主义支配下的科学研究，都不仅仅是在老师带领下的玩游戏。

至于人工智能可以改变人的情感交流，更是一种幻觉。《她》这部电影讲的究竟是恋爱还是一种自恋？人工智能没有主体，Her的主体其实是爱她的那个男主人公给予她的。人和人工智能谈恋爱只是我和我的另一部分相爱。自古以来就有自恋，人工智能对其赋予了恋爱的形态。至于电影的结局，不过是人从自恋中醒过来。这表明，在人类的感情生活中，还是那句老话：太阳底下没有新事物。

刘　关键是人工智能不可能有主体。我年轻时爱看阿西莫夫的书，他提出机器人三定律。机器人有主体，道德戒律才有意义。现在大语言模型问世了，人工智能没有主体，机器人三定律一条都不成立。这种机器人用于战争，是人类的悲剧。我喜欢看《星球大战》系列电影，其中的小机器人R2-D2非常可爱，能够非常机灵地解决很多问题。后来还出来一个C-3PO，是一个礼仪机器人。包括《星际穿越》在内，很多的科幻电影中既有反思，也有父女之间的感情。我觉得AI时代，拍不出这样的电影。

余　刚才谈到人工智能对人类社会的威胁，大众一般会想到好莱坞电影呈现的内容——机器觉醒并消灭人类。但在现实中，人工智能的威胁更体现在以下两个方面：第一，人工智能的出现，使得获得真相的成本更高。这样，人类社会就会真正进入一个后真相时代，民主社会运作的基础也就不存在了。第二，人工智能在理论上可能创造出比现有生产力高出几个数量级的财富，但分配问题也就显现了出来，很可能会因此带来更大的贫富差距。
在工业时代，人的才能大体呈现出正态分布，流水线上最熟练的工人比最不熟练的工人可能也就高出两倍的才能。而在互联网时代，人的才能差异可能会呈现出幂律分布，一个好的程序员在收入上可能比普通程序员高出十倍以上。在人工智能时代，这个差别可能会发生指数级的增长。现在有一个新概念叫"超级个体"，在人工智能技术的支持下，萨姆·奥尔特曼认为未来可能会出现一个人的独角兽企业（即市值 10 亿美元以上的公司）。最近另一个流行的概念是 AI Agent，也就是人工智能代理，它是一种能够代表用户或其他系统自主执行任务的智能体。那么，未来也许只需要一个人指挥成千上万的 Agent，就能运营一家公司，形成一个独角兽企业。这会带来财富分配的危机。

林　针对刚才我们提到的人工智能对人类社会的潜在威胁，很多人工智能专家也在试图寻找预防和控制的办法，其中一个尝试叫"超级对齐"。最早是 OpenAI 在 2023 年建立的一个团队提出的。"超级对齐"的主要目标就是试图让人工智能在价值观上与人类对齐，以防止在人工智能的自由意志涌现之后，威胁人类社会。当然，"超级对齐"对价值的定义是功利性的，属于价值函数或效用函数内的概念。

金　什么是价值？我认为价值是主体对对象的评价，这个评价规定了主体对对象的态度、行为方式。举个例子，一个男孩爱上一个女孩，表明男孩对女孩有一个评价——她是值得爱的。但光有评价还不够，这个男孩对女孩的行为方式、说话态度都要发生转变，这才构成价值。

因此，价值包含两个层面：第一，价值是主观的，是对主体而言的；第二，一旦价值产生，就会改变主体对对象的行为方式。一旦价值社会化，被所有人接受之后，就会发生普遍观念和社会行动的互动。我刚才也说过，人工智能中不可能产生主体性，试图与人类价值的"超级对齐"很可能实现不了，即便实现了，出现的也不是价值问题。这一切可能引发未知的社会灾难。不过，这个社会灾难不是机器造成的，而是来源于人类自身。

余 价值是要有主体的，但"超级对齐"并不要求机器有主体性和意识。以核能的开发为例，人类要设计一套符合自身价值的规定和协议，防止核能开发中发生违背人类价值的事情。"超级对齐"的思路也是如此。

机器不具备价值主体性，这在很多时候是一件好事。正因为机器不具备意识和主体性，它才不是道德的主体和对象，人也不需要对机器担负伦理责任。人可以奴役机器为其服务而不需要有任何道德负担，因为机器没有意识，不会产生痛苦。

然而，"超级对齐"过程中，经常会出现很多非预期的后果——毕竟现实的社会系统太复杂了。哲学家尼克·博斯特罗姆于2003年提出一个思想实验，名为"极致曲别针制造机"（paperclip maximiser）。人工智能得到一个指令：尽可能多地生产曲别针。在这个一切都是为了尽可能搜集资源去制造曲别针的过程中，机器人和人类发生冲突，并消灭了人类。

刘　作为思想史研究者，我还有一个担心，这就是机器迭代过程中是否有可能将过去的历史记忆都清洗掉。未来人们可能认为不再需要保存一种 hard copy（实体文档）的史料，而完全依赖机器，这时，一旦电脑宕机了，人类文明的记忆就彻底遗失了。我曾问过 AI 一个历史上的小问题，得到的回复是它处理不了，因为这个问题不在它的训练数据中。人们可能有一种幻觉：人工智能可以处理历史上所有的材料。

林　就像金老师在讨论会开场所说的，21 世纪还剩下四分之三，在这段时间内，人工智能对人类社会的影响究竟会是正面的还是负面的？有意思的是，作为 AI 教父的辛顿对此持悲观态度。他认为未来 30 年内人工智能导致人类灭亡的概率高达 10%~20%。

金　这是我欣赏辛顿的地方。他向公众道歉，承认自己做了一件对人类有危险的事情，这种精神不简单。辛顿的担心是有可能出现的，但如果人类灭亡，导致这一可怕后果的原因不是人工智能超过人类，而是人类无法驾驭人工智能，解决不了它带来的社会问题。技术本身不会让人类灭亡，人类的灭亡是由于当技术带来重大社会问题时人类还没有在认知上做好准备，以至于不能应对。就像我们前面反复提及的，人工智能的本质是智能和主体的分离，分离后的智能完全可能被一些人控制，并损害个人自由，还可能被用于战争。现代社会正处在危机中！

其实，人类一直面临如何与自己发明的技术相处的问题。除了驾驭技术，人类还要去发现新的生活意义。农业革命之后，人类不再像部落社会那样逍遥了，定居本身是一件让人烦恼的事情，大部分人都要辛苦地耕作，生活变得不堪重负。但只要建立了跨地域文明，人就不得不适应这种变化，去发现新的人生意义。进入现代社会之后，个人的自主性得到高度扩张，同时也出现了一系列新的问题，如原本属于传统社会的意义的消失和孤独感。这时，求知和努力工作本身成了很多人的人生意义。今天，当人工智能可以取代各种原来由人完成的工作时，以工作养家为意义就会受到挑战，必须重新确立人生的意义。我同意美国哲学家诺齐克的说法——人不是体验幸福的机器，而是意义的追求者。人工智能只是将现代社会中被隐藏的问题放大，让我们不得不面对而已。

林　金老师，在《轴心文明与现代社会》中，您提出 21 世纪人类正面临"新轴心时代"，人工智能革命似乎正在为这个"新轴心时代"添加更多的变数。现在已经是 1 月 13 日中午了，我们的对话已经持续了一天半。您能否对这一天半的讨论做一个总结呢？

金　我还是回到轴心文明大历史观和真实性哲学来分析今天人类的处境。

有人说我们正在进入晚期现代社会，我不同意这种说法。现代社会必须经过不断改进才能成熟，今天也正处于自我改进的过程之中。现代性起源于天主教文明中终极关怀与理性的二元分裂，经历了近百年的宗教战争，才在加尔文教社会中形成。自从法国大革命开启天主教文明的现代转型起，在民族国家兴起、全球市场经济和科技的高速发展所带来的第一次"脱嵌"危机中，20世纪发生了两次世界大战，人类发明了足以毁灭自己的核武器。但在两次世界大战后，现代社会实行了一次自我改进，此后出现了冷战结束和第二次全球化。第二次全球化展开半个世纪后，现代社会又面临第二次"脱嵌"的可能，人工智能革命是其中科技"脱嵌"的表现。也许，乐观点儿看，它可能加快现代社会第二次自我改进的进程。历史表明，现代社会作为轴心文明的新形态是在大风大浪中发展起来的，它一直在不断探索，并寻找一种可以保持现代市场经济和科技不断发展的社会结构。

如果把我们人类正在经历的现代社会第二次"脱嵌"看作走向新轴心时代，那么，我有两点看法。第一，现代社会不能没有终极关怀，而终极关怀的几种类型是在两千多年前的轴心时代形成，至今人们无法创造新的形态；第二，今日全球市场经济和科技"脱嵌"的原因是与终极关怀的萎缩乃至消失有关的，必须意识到这是不可避免的。早在轴心文明起源时，四种终极关怀中的认知理性就是不稳定的，后来被宗教文明吸纳、消化。在传统社会向现代社会转型中，终极关怀和认知理性处于二元分离状态，似乎找到了两者共存的方法。现在看来，事情没有那么简单。随着认知理性无限制地扩张，终极关怀必定会受到冲击，乃至萎缩、消失。今天，很多人试图回到旧宗教中去，怀念现代性起源时两者共存的状态，这份用心可能是良好的，但我们真能回得去吗？

我认为，在当今的现代社会，终极关怀仍然是道德和人生终极意义的来源，终极关怀不会消失，我们唯一能做的是将终极关怀"纯化"，使它们和现代社会科技认知相一致。轴心文明有四种超越视野，每种超越视野中又有若干种终极关怀，它们互相之间也是存在冲突的，这样，终极关怀的纯化不仅是化解它们和科学理性的不一致，还要能做到多元共存。另外，作为现代性基石的个人自由虽然起源于加尔文教，但是我根据真实性哲学，论证了个人自由是元价值，和宗教没有关系；而要把独立自由的个人组织起来，只能是建立契约社会。当契约出现问题时，必须根据每个时代的问题做出改进。今天，无论是终极关怀的纯化还是契约社会的重建，都需要科学和人文的再一次合作。只有这样，我们才会有信心去开启现代社会进一步改进的探索之路。

当下，人类碰到的最大的问题是人文精神被科学乌托邦摧毁。在科技进步发展到人工智能革命所掀起的巨浪面前，很多人文学者不知道发生了什么。本来语言是人文研究的基础，现在机器会说话了，人工智能好像有了主体，人文学者的信心正在被人工智能摧毁。我在《历史的巨镜》中曾写道："现代性起源于人的解放，知识挣脱信仰和道德至上束缚的牢笼，个人从社会有机体中独立出来以申诉追求真理和创造的权利，但思想的死亡也是虚无对现代人的胜利。从此，一个个必定死亡的个体在孤独的黑暗里发问：生命的意义何在？同类的回声即使震耳欲聋，但也无助于克服死亡的恐惧。这将是人类心灵面临的真正的黑暗时代。"如何在现代性受到挑战的时代，高扬人的主体性，这正是人文学者的责任。我希望人文学者站起来，恢复自己的自信和勇气。要知道，在人工智能时代，人类比以前更需要人文研究和艺术创造！这是我对本次对话的总结。